现代分子光化学

（1）原理篇

[美] N. J. 图罗（Nicholas J. Turro）

[美] V. 拉马穆尔蒂（V. Ramamurthy）　　著

[加] J. C. 斯卡约诺（J. C. Scaiano）

吴骊珠　佟振合　吴世康　等译

化学工业出版社

·北京·

《现代分子光化学》是有关分子光化学的经典之作，中文版根据内容设置划分为原理篇和反应篇两个分册。"原理篇"系统总结了光化学与光物理的理论基础，如辐射跃迁、非辐射跃迁、电子组态、电子转移和能量转移等。"反应篇"在"原理篇"基础上，对有机光化学反应的机制进行了深入探讨，以各类典型有机分子如分子氧、烯烃、酮、烯酮、芳香族化合物、超分子化学为例，对其反应过程、反应产物及反应的可行性展开细致的讨论。

本书属于基础理论著作，对于从事光化学、材料化学、生物化学等相关领域的研究生和科研工作者都会有不同程度的裨益。

图书在版编目（CIP）数据

现代分子光化学 原理篇 / [美] 图罗(Turro, N. J.), [美] 拉马穆尔蒂(Ramamurthy, V.), [加] 斯卡约诺 (Scaiano, J. C.)著; 吴骊珠等译. 北京：化学工业出版社，2015.5（2023.1重印）

书名原文：Modern molecular photochemistry of organic molecules

ISBN 978-7-122-23120-8

Ⅰ．①现… Ⅱ．①图… ②拉… ③斯… ④吴… Ⅲ.①分子-光化学-化学反应 Ⅳ．①O644.1

中国版本图书馆 CIP 数据核字（2015）第 038298 号

北京市版权局著作权合同登记号：01-2010-3678

责任编辑：李晓红　　　　　　　　　　文字编辑：陈　雨
责任校对：边　涛　　　　　　　　　　装帧设计：王晓宇

出版发行：化学工业出版社（北京市东城区青年湖南街 13 号　邮政编码 100011）
印　　装：北京捷迅佳彩印刷有限公司
710mm×1000mm　1/16　印张 25½　字数 494 千字　2023 年 1 月北京第 1 版第 6 次印刷

购书咨询：010-64518888　　　　　　售后服务：010-64518899
网　　址：http://www.cip.com.cn
凡购买本书，如有缺损质量问题，本社销售中心负责调换。

定　　价：148.00 元　　　　　　　　　　　　版权所有　违者必究

▌译者的话 ▌

呈献于读者面前的这本《现代分子光化学》包括原理篇和反应篇两册。本书英文版由国际著名光化学家 N. J. Turro、V. Ramamurthy 和 J. C. Scaiano 撰写并于 2009 年出版。该书完整地介绍了有机光化学的基础知识，包括光物理和有机光化学反应，内容丰富，论述条理清晰。它不仅为初学者介绍了现代分子光化学的基础，也为专家学者提供了详尽的参考资料，是从事光化学领域教学与研究工作者的必备参考书籍。

Turro 教授生前任职于美国哥伦比亚大学，是美国科学院院士。他是超分子化学、有机光化学、分子光谱学、主-客体化学、化学反应的磁场效应等领域的领导者和开拓者。Ramamurthy 教授现任职于美国佛罗里达州迈阿密大学。他在固体化学、超分子化学以及有机光化学等领域做出了杰出贡献。Scaiano 教授现任职于加拿大渥太华大学。他在光化学及物理有机化学等领域的杰出工作受到了同行的广泛认可。

早在 1987 年，中国科学出版社曾组织翻译出版过 Turro 教授所著的《现代分子光化学》一书（英文版 1978 年出版）。虽然 30 年前出版的这本译著积极推动了我国光化学研究的发展，但由于当时有关电子转移理论以及超分子化学理论处于成长与发展阶段，相关理论都未成为书中的重要组成部分。因此，Turro、Ramamurthy 和 Scaiano 教授撰写了该图书，增加了 30 多年来光化学理论的发展与应用，弥补了之前的缺憾。同时，该书在结构编排上也做了较大的变动，许多理论用图形给出了清晰的描述，有助于读者理解相关内容。

"原理篇"详细介绍了分子的基态和激发态的电子构型、电子自旋和振动能级，讨论了光和物质的相互作用，深入论述了激发态失活过程，包括辐射跃迁（荧光和磷光）、非辐射跃迁（内转换和系间窜越）以及能量传递和电子转移过程，内容深入浅出，层次分明，使读者，特别是对现代量子力学不够熟悉的化学工作者能够清晰了解现代分子光化学的基础理论。

"反应篇"详细论述了各类激发态能够发生的化学反应，包括反应中间体和反应动力学以及检测相关中间体的技术，从前线轨道理论出发，按照发色团分类对反应机理进行了详尽的描述，具有显著的创新性和前瞻性。

参与本书翻译工作的人员分别是中国科学院理化技术研究所吴骊珠、佟振合、吴世康、陈彬、冯科、李治军、孟庆元、陈玉哲，华东理工大学赵春常，汕头大学佟庆笑，北京师范大学杨清正，北京大学汤新景，中国科学院大连化学物理研究所赵耀鹏，南昌大学周力，以及超分子光化学研究中心的多位研究生王登慧、丁洁、罗林、徐红霞、王文光、刘贤玉、李欣玮、汪晶晶、王晓军、俞茂林、王红艳、程素芳、彭荣鹏、王格侠、王锋、邢令宝等。

"原理篇"由冯科（第 1 章和第 2 章）、孟庆元（第 3 章和第 6 章）、陈彬（第 4 章）、李治军（第 5 章和第 7 章）进行了修订和润色；"反应篇"由赵春常（第 8 章）、佟庆笑（第 9 章）、赵耀鹏（第 10 章）、汤新景（第 11 章）、杨清正（第 12 章）、陈玉哲（第 13 章）、冯科（第 14 章）、陈彬（第 15 章）进行了修订和润色；全书由吴骊珠、佟振合和吴世康进行了最后的汇总、修改和定稿。

由于本书涉及不同学科领域，限于我们水平、肯定存在许多不妥之处，恳请读者批评指正，我们将竭诚欢迎，并衷心感谢。

吴骊珠　佟振合　吴世康
2015 年 7 月于北京

前言

《现代分子光化学》是一本内容全面、特色鲜明的教材。它可以使教师和学生理解有机光化学反应的机制及其在合成上的应用。这本书在详细介绍有机分子光物理和光化学知识的基础上，通过众多生动的实例描述了如何利用先进的光谱技术阐明有机光化学机制，如何利用激发态电子的自旋控制光化学反应的途径，如何利用官能团或发色团研究、分类和理解羰基、烯烃、烯酮、芳香化合物等光化学反应。这本书首次根据主客体非共价键相互作用介绍了超分子光化学，论述了单重态氧参与的有机光化学反应，有助于理解有机官能团光化学反应的本质。

水平和方法

本书意在让研究者和学生能够熟悉有机光化学研究的基本概念和方法。每一章开始都配有详细的案例说明。具备大学普通化学、有机化学和物理基础知识的学生能够容易地理解这些材料。本书的特点在于避免了复杂的数学运算，而将这些理论概念转化为可视化的表达形式，给读者一个完整、统一的理论基础理解光化学反应的光吸收、辐射过程或非辐射过程。例如，结合分子势能面和简化分子轨道理论形象化地描述了光化学发生过程。这使得通过电子激发态将成千上万的有机光化学反应归类成为数不多的基本光化学反应。

这本书的任何更新、补充或勘误表都可以在 www.uscibooks.com 的书页上找到。

发展史

1978 年出版的《现代分子光化学》（Modern Molecular Photochemistry，MMP）距今已有 30 多年，其中的概念和理论已成为当今光化学合成和机制研究的重要组成部分，同时也为物理有机化学、化学生物学、高分子化学、材料科学和纳米科学等领域的发展提供了有用的智能工具。大部分基本理论仍然是当前光化学反应机理研究和应用的基石，但该书中对于电子自旋和电子转移过程尚未详细阐述。一本包含电子自旋和电子转移理论并融合 MMP 成功教学理念的教材显然有益于光化学家和他们的学生，对生物科学、高分子科学、材料科学和纳米科学等众多领域的专家大有裨益，并将光化学和光物理的概念融汇于相关研究和教学之中。

《现代分子光化学》作为一本入门书籍，包括原理篇和反应篇两部分。"原理篇"共 7 章，它从化学和其他学科学生熟悉的原理入手，介绍了光化学和光物理的概念。书中先介绍初步概念，通过电子激发态的结构、光化学反应中间体和产物，论述了光物理和光化学过程中光子和反应物分子结构的关系。通过图像化的描述，使得电子激发态、分子振动和电子自旋的相互作用易于理解，并应用于有意义的研究体系之中。对于光化学相关内容，书中首次采用图像化和矢量模型直观地描述了电子自旋及其对光化学和光物理过程的影响。运用这种模型更易于处理光化学和光物理过程中的自旋耦合、系间窜越、磁场效应等过程。此外，书中的光化学相关内容还首次将能量传递和电子转移的概念与其他基本概念集成起来，涵盖了电子转移在理论和实验中近年取得的巨大进展，特别有助于理解分子光化学中所阐述的内容。"反应篇"参照原理篇的这些概念，按官能团分类描述有机分子光化学的机制和反应。

致谢

本书源自有机光化学的课程和讲座。在此感谢我们三个课题组参与其中的学生。他们通过自身探索和不断提问，在求知和理解有机光化学过程中协助了本书的成形；感谢众多同事允许我们"借用大脑"，使得我们能够将一些深奥的数学概念转化为具体的模型表达帮助学生的理解。本书的完成比我们预计的时间要长，在此要感谢光化学委员会对我们的不断敦促，使我们最终能完成这个计划。特别感谢纽约大学 D. I. Schuster 教授和夏威夷大学 R. S. H. Liu 教授对本书初稿的批评和指正。同时感谢光化学家 J. R. Scheffer、F. D. Lewis、L. Johnson、C. Bohne 和 A. Griesbeck，他们仔细阅读了本书，并提出了建设性意见。感谢 J. Michl，通过讨论和阅读他的出版物，我们在光物理方面受益匪浅。

大学科学书籍的 Bruce Armbruster 和 Jane Ellis 一直耐心鼓励和支持我们冒险撰写这本书。感谢 J. Stiefel 对书稿的编辑，J. Choi、T. Webster 和 L. Muller 的版面设计，J. Snowden 和 P. Anagnostopoulos 的排版制作。对我们所有人而言，这是一个美妙而特殊的经历。

特别感谢我们的妻子和家人。在我们近二十年的构思和撰写过程中，正是他们的耐心和包容才成就了这本书。

Nicholas J. Turro
V. Ramamurthy
J. C. Scainano

《现代分子光化学》总目录

（1）原理篇

第1章　绪论

第2章　激发态的电子构型、振动及自旋

第3章　能态间的跃迁：光物理过程

第4章　辐射跃迁

第5章　非辐射跃迁

第6章　分子光化学原理

第7章　能量转移和电子转移

（2）反应篇

第8章　有机光化学

第9章　羰基化合物的光化学

第10章　烯烃光化学

第11章　烯酮和二烯酮的光化学

第12章　芳香化合物的光化学

第13章　超分子有机光化学：通过分子间相互作用控制有机光化学和光物理

第14章　分子氧和有机光化学

第15章　有机光化学反应归纳

本册目录 | CONTENTS |

第1章　绪论··· 1

1.1　什么是分子有机光化学？·· 1

1.2　通过分子结构的形象化及其转换动态学来学习分子有机光化学···························· 2

1.3　为什么要学习分子有机光化学？·· 3

1.4　图像化表示的价值和科学概念的形象化··· 4

1.5　分子有机光化学的科学范式··· 5

1.6　实验研究和理解分子有机光化学的指导性样本·· 6

1.7　分子有机光化学的范式··· 6

1.8　可能的、似乎可能的、最有可能的光化学过程的指导性范式··································· 7

1.9　通过分子有机光化学的范式来回答几个重要的问题·· 8

1.10　从全局性范式到日常可用的工作范式··· 8

1.11　单重态、三重态、双自由基和两性离子：经由*R 到 P 光化学途径的
　　　关键结构··· 11

1.12　能态图：电子和自旋异构体·· 13

1.13　分子光化学势能面的描述··· 16

1.14　结构、能量和时间：光化学过程中分子水平的基准和校正点······························ 20

1.15　分子能量中的校正点和数值基准··· 21

1.16　光子计数··· 22

1.17　计算 1mol 波长为λ频率为ν的光子能量·· 23

1.18　电磁光谱中光子能量的范围·· 23

1.19　分子尺寸和时间尺度的校正点与数值基准·· 26

1.20　本书的计划·· 29

参考文献··· 30

第2章　激发态的电子构型、振动及自旋··· 32

2.1　通过分子有机光化学范式来考察电子激发态的结构··· 32

2.2　分子波函数和分子结构··· 34

2.3　Born-Oppenheimer 近似：分子波函数及能量近似的起点······································ 36

2.4　近似波函数的重要定性特征·· 38

2.5　从量子力学的假设到对分子结构的观察：期望值与矩阵元······································ 39

2.6　量子力学波函数、算符及矩阵元的运用精髓·· 41

2.7 从原子轨道，到分子轨道，到电子构型，到电子态 ················ 41

2.8 基态及激发态的电子构型 ································ 42

2.9 从电子构型构建电子态 ································ 45

2.10 从电子激发构型和 Pauli 原理构建激发单重态和三重态 ········ 45

2.11 单重态和三重态的特征构型：缩写符号 ··················· 46

2.12 *R 单重态和三重态的电子能差：电子相关性与电子交换量 ····· 47

2.13 相同电子构型下电子激发态（*R）单重态与三重态相对能量及单重态-三重态能隙的评价 ································ 48

2.14 分子体系中的单重态-三重态裂分样本 ··················· 50

2.15 双自由基活性中间体单重态与三重态之间的电子能差：自由基对 I(RP) 和双自由基 I(BP) ································ 53

2.16 振动波函数模型：经典谐振子 ························· 56

2.17 经典谐振子的量子力学版本 ························· 60

2.18 量子力学谐振子的振动能级 ························· 62

2.19 量子力学谐振子的振动波函数：双原子分子波函数的形象化 ····· 63

2.20 谐振子模型的一级近似：非谐振子 ····················· 64

2.21 对于采用波函数来建立量子直觉 ····················· 66

2.22 电子自旋：形象化自旋波函数的模型 ··················· 66

2.23 电子自旋的矢量模型 ······························· 68

2.24 矢量的重要性质 ································· 68

2.25 电子自旋的矢量表示 ······························· 68

2.26 自旋多重态：电子自旋的允许取向 ····················· 70

2.27 两个耦合电子自旋的矢量模型：单重态与三重态 ············· 71

2.28 不确定原理和电子自旋的可能取向锥 ··················· 73

2.29 两个 1/2 自旋耦合的可能取向锥：以单重态和三重态取向锥为基础对自旋态的相互转换进行形象化 ··················· 75

2.30 因自旋角动量而建立起自旋角动量与磁矩间的联系 ··········· 75

2.31 角动量和磁矩的关系：电子角动量的物理模型 ············· 76

2.32 电子在玻尔轨道上的磁矩 ··························· 76

2.33 磁矩与电子自旋间的关系 ··························· 78

2.34 经典磁体在外加磁场下的磁能级 ····················· 79

2.35 无耦合磁场下的量子磁体 ··························· 81

2.36 磁场中的量子力学磁体：为外加磁场下的自旋态构建磁态能级图 ·· 81

2.37 单电子自旋及两个耦合电子自旋的磁能级图 ··············· 82

2.38 包括电子交换相互作用 J 的磁能级图 ··················· 83

2.39 两个磁偶极间的相互作用：磁相互作用能量的取向和距离依赖性 ········ 84

2.40　概要：电子、振动、自旋的结构和能量 ··· 86

参考文献 ··· 86

第3章　能态间的跃迁：光物理过程 ·· 87

3.1　能态间的跃迁 ··· 87

3.2　状态间模式转换的起始点 ··· 89

3.3　经典的化学动态学：一些初步的评述 ·· 90

3.4　量子动态学：态与态间的跃迁 ·· 90

3.5　扰动理论 ··· 90

3.6　跃迁概率选择规则的宗旨 ··· 94

3.7　作为电子跃迁触发的核的振动运动；电子振动耦合和电子振动态：
　　　核运动对于电子能量和电子结构的影响 ·· 95

3.8　振动对于电子态间跃迁的影响；Franck-Condon 原理 ··································· 98

3.9　Franck-Condon 原理对辐射跃迁的经典和半经典谐振子模型 ·························· 99

3.10　Franck-Condon 原理及辐射跃迁的量子力学解释 ····································· 102

3.11　Franck-Condon 原理和非辐射跃迁 ··· 104

3.12　在不同多重性自旋态间的辐射和非辐射跃迁 ·· 108

3.13　自旋动态学：角动量矢量的经典进动 ··· 109

3.14　在可能取向的锥体中量子力学磁体的进动 ·· 112

3.15　自旋进动的重要特征 ·· 113

3.16　耦合磁场强度和进动速度间的一些定量基准的关系 ··································· 114

3.17　自旋态间的跃迁：磁能及相互作用 ·· 116

3.18　在电子自旋耦合中，电子交换（J）的作用 ·· 116

3.19　自旋与磁场耦合：自旋跃迁和系间窜越的图像化 ······································ 117

3.20　磁态间跃迁的矢量模型 ··· 119

3.21　自旋-轨道耦合：有机分子中诱导自旋变化的主要机制 ································ 120

3.22　两个自旋与第三个自旋的耦合：$T_+ \to S$ 和 $T_- \to S$ 跃迁 ······················ 126

3.23　涉及两个相关自旋的耦合：$T_0 \to S$ 跃迁 ··· 128

3.24　双自由基 I(D)中的系间窜越：自由基对，I(RP) 和双自由基 I(BR) ·············· 129

3.25　I(D)中的自旋-轨道耦合：相关轨道取向的规则 ·· 129

3.26　柔性双自由基的系间窜越 ··· 132

3.27　各种跃迁的共同特征 ·· 135

参考文献 ··· 135

第4章　辐射跃迁 ·· 136

4.1　有机分子的光吸收和光发射 ··· 136

4.2　光的本质：系列范式的变迁 ··· 136

4.3　黑体辐射和"紫外灾难"及光能的普朗克量子化：能量量子化·············138

4.4　光电效应与爱因斯坦的光量子化——光的量子：光子·············139

4.5　如果光波具有粒子的性质，那么粒子是否也具有波动的性质呢？——德布罗意统一物质和光·············141

4.6　有机分子的吸收和发射光谱：分子光物理的态能级图·············142

4.7　有机分子的吸收和发射光谱实验：基准·············143

4.8　光的本质：从粒子到波动，再到波动的粒子·············145

4.9　光吸收的图像表达法·············145

4.10　电子与光的电力和磁力间的相互作用·············146

4.11　光与分子相互作用的机制：光作为一种波动·············147

4.12　光和物质相互作用的样本：氢原子·············148

4.13　对氢原子与氢分子光吸收的经典叙述到量子力学的叙述·············149

4.14　光子，一种无质量的试剂·············152

4.15　光谱实验值与理论值的关系·············154

4.16　振子强度概念·············155

4.17　振子强度的经典概念与量子力学瞬时偶极矩间的关系·············156

4.18　ε，k_e^0，τ_e^0，$\langle \psi_1/P/\psi_2 \rangle$ 与 f 间关系的例子·············157

4.19　与发射和吸收光谱相关的定量理论实验测试·············159

4.20　吸收和发射光谱的形状·············160

4.21　Franck-Condon 原理和有机分子的吸收光谱·············163

4.22　Franck-Condon 原理和发射光谱·············166

4.23　轨道组态混合与多重性混合对辐射跃迁的影响·············167

4.24　有机分子对光的吸收或发射的实例·············170

4.25　吸收、发射和激发光谱·············171

4.26　辐射跃迁参数的数量级估计·············173

4.27　发光（$^*R \rightarrow R + h\nu$）量子产率·············178

4.28　荧光量子产率的实验例子·············183

4.29　从发射光谱测定 E_S 和 E_T 的"态能量"·············187

4.30　自旋-轨道耦合和自旋禁阻的辐射跃迁·············188

4.31　涉及多重性变化的辐射跃迁：$S_0 \leftrightarrow T(n, \pi^*)$ 和 $S_0 \leftrightarrow T(\pi, \pi^*)$ 跃迁的样本·············189

4.32　自旋禁阻辐射跃迁的实验样本：$S_0 \rightarrow T_1$ 吸收和 $T_1 \rightarrow S_0$ 的磷光辐射·············192

4.33　磷光量子产率 Φ_P：$T_1 \rightarrow S_0 + h\nu$ 过程·············194

4.34　在室温下流动溶液的磷光·············195

4.35　电子激发态的吸收光谱·············196

4.36　涉及两个分子的辐射跃迁：络合物和激基复合物的吸收·············197

4.37　基态的电荷转移吸收络合物的例子·············198

4.38　激基缔合物和激基复合物 ·· 199

4.39　激基缔合物的样本：芘和芳香化合物 ································ 203

4.40　激基复合物和激基复合物的发射 ······································ 205

4.41　扭曲的分子内电荷转移态（TICT） ·································· 207

4.42　"上层"激发单重态和三重态的发射；薁的反常 ················ 209

参考文献 ··· 210

第5章　非辐射跃迁 ··· 213

5.1　非辐射跃迁是电子弛豫的一种形式 ································ 213

5.2　非辐射电子跃迁可看作是代表点在电子势能面上的运动 ········ 214

5.3　态与态间非辐射跃迁的波动力学解释 ···························· 217

5.4　非辐射跃迁与 Born-Oppenheimer 近似失效 ···················· 221

5.5　强避免与匹配势能面间的本质区别 ································ 221

5.6　接近于零级能面交叉的锥体交集 ·································· 221

5.7　非辐射跃迁参数化模型的公式表述 ································ 222

5.8　通过振动运动及电子振动混合促进非辐射跃迁的图像化 ······· 222

5.9　系间窜越：通过自旋-轨道耦合促进非辐射跃迁及其图像化 ···· 226

5.10　分子中系间窜跃的选择规则 ·· 227

5.11　分子结构与非辐射跃迁效率和速率间的关系：诱导电子非辐射跃迁的
　　　伸缩和扭曲机制 ·· 231

5.12　"油滑栓"（loose bolt）和"自由转子"效应：促进体与接受体的振动 ··· 232

5.13　大能量间隔"匹配"面间的非辐射跃迁 ·························· 234

5.14　影响振动弛豫速率的一些因素 ······································ 236

5.15　从定量的发射参数来评估非辐射过程的速度常数 ·············· 238

5.16　从光谱发射数据来评价光物理过程速率的例子 ················ 240

5.17　内转换（$S_n \to S_1$, $S_1 \to S_0$, $T_n \to T_1$） ··································· 242

5.18　*R 的激发态结构与内转换速率的关系 ·························· 243

5.19　内转换（$S_1 \to S_0$）的能隙定律 ·································· 245

5.20　内转换的氘代同位素试验 ··· 246

5.21　$S_n \to S_1$ 内转换反常减慢实例 ···································· 247

5.22　$S_1 \to T_1$ 的系间窜越 ·· 247

5.23　$S_1 \to T_1$ 系间窜越与分子结构间的关系 ······················ 248

5.24　$S_1 \to T_n$ 系间窜越的温度依赖性 ······························· 250

5.25　系间窜越（$T_1 \to S_0$） ··· 250

5.26　$T_1 \to S_0$ 系间窜越与分子结构间的关系 ······················ 250

5.27　$T_1 \to S_0$ 系间窜越的能隙定律：氘同位素对系间窜越的影响 ·············· 251

5.28 自旋禁阻非辐射跃迁的扰动 ································· 252

5.29 重原子效应对系间窜越的内扰动作用 ························· 253

5.30 系间窜越的外部扰动作用 ································· 254

5.31 非辐射跃迁与光化学过程间的关系 ························· 255

参考文献 ··· 256

第6章 分子光化学原理 ······································· 259

6.1 有机光化学反应导论 ····························· 259

6.2 势能曲线和势能面 ····························· 261

6.3 经典代表点在势能面上的运动 ····················· 262

6.4 碰撞和振动对代表点在能面上运动的影响 ··············· 263

6.5 在势能面上的非辐射跃迁：从*R 到 P 过程中的能面极大、能面极小和漏斗 ··· 264

6.6 有机光化学反应的范式 ························· 264

6.7 以势能面为基础的有机光化学反应的一般性理论 ············· 266

6.8 光化学反应中可能的分子结构和可能的反应路径 ············· 267

6.9 从激发态能面到基态能面的"漏斗"的拓扑学：光谱极小、延伸的能面接触、能面的匹配、能面的交叉及分开 ··············· 267

6.10 从二维 PE 曲线到三维 PE 面：二维到三维的"跳跃" ········· 270

6.11 初始光化学过程中涉及的对应于面回避和面接触的漏斗 ········· 270

6.12 "非交叉规则"及其违例：锥形交叉及其可视化 ············· 271

6.13 锥体交叉的一些重要且独特的性质 ··················· 272

6.14 类双自由基结构及其几何构型 ····················· 276

6.15 从伸长的σ键和扭曲的 π 键产生类双自由基结构 ··········· 278

6.16 由σ键伸长和键的断裂产生类双自由基几何结构的范例：氢分子σ键的伸长 ··· 278

6.17 π 键的扭转和断裂产生类双自由基几何学结构的范例：乙烯 π 键的扭曲 ··· 281

6.18 前线轨道相互作用导向能面上的最低能量途径和能垒 ········· 283

6.19 前线轨道的最大正重叠原理 ····················· 285

6.20 通过轨道相互作用的稳定性：基于最大正相重叠和最小能隙的选择规则 ··· 285

6.21 有机光反应中常见的轨道相互作用 ··················· 286

6.22 从反应*R→I 或*R→F→P 的轨道相互作用来选择反应坐标：涉及类双自由基中间体的协同光化学反应和光化学反应的范例 ········· 288

6.23 电子轨道和态相关图 ························· 289

6.24 光化学协同周环反应的范例：环丁烯的电环开环和 1,3-丁二烯的闭环 反应 ················· 289

6.25 涉及以自由基为半充满分子轨道模型的前线轨道相互作用 ················· 290

6.26 轨道和态的相关图 ················· 293

6.27 选定反应坐标的电子轨道和态相关图的构建 ················· 294

6.28 对于协同光化学周环反应的典型态相关图 ················· 294

6.29 环丁烯和 1,3-丁二烯电环反应的轨道和状态分类：一个协同反应的 范例 ················· 294

6.30 协同的光化学周环反应和锥体的交集 ················· 297

6.31 非协同光反应的典型态相关图：含中间体（双自由基和两性离子）的 反应 ················· 297

6.32 固有的轨道相关图 ················· 298

6.33 小势垒在决定光化学过程效率中的作用 ················· 298

6.34 n, π*态光化学反应的范例 ················· 299

6.35 对称面的假设：Salem 图表 ················· 300

6.36 n, π*态的 n 轨道引发的反应的态相关图：通过共平面反应坐标提取氢··· 301

6.37 样本态相关图扩展到达的新境况 ················· 303

6.38 酮的断裂的态相关图 ················· 303

6.39 π, π*和 n, π*态可能的初级光反应标准组 ················· 306

6.40 π, π*态可能的初级光化学反应特征 ················· 306

6.41 n, π*态可能的特征初级光化学过程 ················· 307

6.42 结论：能面可作为反应图表 ················· 308

参考文献 ················· 309

第 7 章 能量转移和电子转移 ················· 310

7.1 能量转移和电子转移概述 ················· 310

7.2 能量和电子转移的电子交换相互作用 ················· 314

7.3 能量转移和电子转移的"简易"机制 ················· 318

7.4 能量和电子转移的机制：相同点和不同点 ················· 321

7.5 偶极-偶极相互作用能量转移的图像化：发射天线与接收天线机制 ········· 324

7.6 偶极-偶极能量转移的 Förster 理论定量分析 ················· 325

7.7 k_{ET} 与能量转移效率和给受体间距离 R_{DA} 的关系 ················· 328

7.8 偶极-偶极能量转移的实验测试 ················· 330

7.9 电子交换过程：由碰撞和轨道重叠机制所引起的能量转移 ················· 333

7.10 电子交换：能量转移的轨道重叠或碰撞机制 ················· 334

7.11 导致激发态产生的电子转移过程 ················· 335

7.12　三重态-三重态湮灭（TTA）：通过电子交换相互作用能量转移的特例··336

　　7.13　电子转移：机制和能量学原理 ·································338

　　7.14　电子转移的 Marcus 理论 ····································345

　　7.15　对电子转移反应坐标的进一步考察 ·························354

　　7.16　对光诱导电子转移 Marcus 反转区的实验证明 ···········356

　　7.17　一些证明 Marcus 理论的光诱导电子转移的例子 ·········358

　　7.18　长程电子转移 ···359

　　7.19　长程电子转移的机理：通过空间和通过键的相互作用 ····360

　　7.20　三重态-三重态能量转移和电子转移的定量比较 ·········362

　　7.21　分子内的电子、空穴以及三重态转移的关系 ··············363

　　7.22　通过柔性连接体连接的给体与受体间的光诱导电子转移 ···363

　　7.23　溶液中自由扩散物种的 Marcus 反转区实验观测 ·········364

　　7.24　通过控制电子转移驱动力（ΔG）的变化来控制电子转移分离的速度和
　　　　　效率 ···365

　　7.25　Marcus 理论在控制产物分布中的应用 ·····················367

　　7.26　电荷转移到自由离子的结构连续性：激基复合物、接触的离子对、溶剂
　　　　　分离的离子自由基对以及自由的离子对 ···················369

　　7.27　激基复合物与接触的离子自由基对间的比较 ·············373

　　7.28　能量转移和电子转移的平衡 ································375

　　7.29　能量转移的平衡 ···375

　　7.30　基态下的电子转移平衡 ······································377

　　7.31　激发态的电子转移平衡 ······································378

　　7.32　电子转移反应导致激发态的生成：化学发光反应 ········378

　　7.33　溶液中能量转移和电子转移过程的分子扩散作用 ·········379

　　7.34　通过扩散控制的能量转移样本 ·····························380

　　7.35　对扩散控制过程速率常数的估算 ···························382

　　7.36　近程-扩散控制反应的实例：碰撞复合物的可逆生成 ·····385

　　7.37　笼效应 ···386

　　7.38　扩散的距离-时间相互关系 ···································388

　　7.39　涉及荷电物种体系中的扩散控制 ···························389

　　7.40　概要 ···390

　参考文献 ···391

第1章

绪论

1.1 什么是分子有机光化学?

　　分子有机光化学是研究光与有机分子间相互作用而导致相关结构和动态变化的科学,按其研究领域可方便地分为有机光物理(光和有机分子相互作用而引起净的物理变化)和有机光化学(光和有机分子相互作用而引起净的化学变化)。分子有机光化学是一门相当宽广的交叉性学科,涵盖了化学物理、分子光谱学、物理有机化学、合成有机化学、计算有机化学及超分子有机化学等。

　　用最简单的术语来说(图示1.1),分子有机光化学一般包括这样的全过程:R+$h\nu$→*R→P,式中的有机分子R吸收了一个光子($h\nu$),其频率为ν,*R是电子激发分子,P是分离产物(或产物)。另一方面,分子有机光物理则包括这样的全过程:R+$h\nu$→*R→R,式中的有机分子R吸收了一个光子后,并没有发生任何净化学变化。通常说来,R不仅代表了吸收光子的反应物分子,而且还代表任何为得到产物(P)而必须引入的分子(M)。如未作明确说明,可假设所述反应均在惰性试剂溶液中或在近室温条件(约25℃)下进行。电子激发态分子(*R)则是在所有光化学和光物理过程中通用的重要物种。

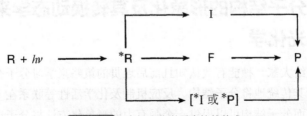

图示 1.1　有机光化学反应的总范式

　　注:为简化起见,这里并不包括由*R回到R的光物理过程。有关*R→R的光物理过程参见图示2.1

　　本书将着重采用结构、机理、理论、实验术语等形象化的方式来描述光化学全过程 R+$h\nu$→P 及光物理全过程 R+$h\nu$→R。如在图示 1.1 中，我们就以总范式的方式列出了光化学过程 R+$h\nu$→P 的可能路途，以方便大家加深理解。分子有机光化学的"精髓"可以用图示 1.1 来阐述，即确立从有机分子（R）吸收光子直至生成最终分离产物（P）或再生为起始原料（R）过程中发生的所有物理和化学步骤中的结构和动态机制。其中，有关物种 I 和 F 的性质，将在 1.9 节和 1.10 节中加以讨论。

图示 1.1 及其光物理过程（R+$h\nu$→R）的确立为我们提供了一个全方位、多角度的通用范式，能够作为分析有机光化学反应和光物理过程的基础。由于光物理和光化学的概念、定律往往密不可分，因此我们将使用"分子光化学"这一名词来涵盖*R 的光物理及光化学过程。的确，我们会发现如果没有对*R 的相关光物理过程有所了解，要想正确理解*R 的光化学过程也绝无可能。

图示 1.1 中给出了三个不同的基本路途，可称之为初级光化学过程，而*R 则可经由这些路途生成 P：

（1）*R→I→P 路途，生成独立活性中间体（I），可典型描述为具有自由基对（RP）、双自由基（BR）或两性离子（Z）特性。

（2）*R→F→P 路途，不涉及独立活性中间体（I），而是通过"漏斗"（F）过程。如果从势能面的角度来概括这种由 R 到 P 的过程的话，可以用"锥面交叉"或避免表面交叉使之最小化来描述。

（3）*R→*I→P 或*R→*P→P 路途，涉及电子激发中间体（*I）或电子激发产物（*P）的生成。

对于上述三种可能的情形，*R→I（RP、BR 或 Z）是有机光化学反应中最为常见的路途。

分子光化学中的"分子"一词着重强调统一利用分子结构、分子亚结构（电子构型、核构型、自旋组态等）及其隐含的动态学（态态间跃迁）等重要知识概念单元组织和描述这些可能的（possible）、似乎可能的（plausible）、最有可能的（probable）光化学反应路途，即从"摇篮"（反应物 R 吸收光子而形成*R）至"坟墓"（*R 经由图示 1.1 中的三种路途之一生成分离产物 P）的整个过程。

1.2 通过分子结构的形象化及其转换动态学来学习分子有机光化学

本书打算教给大家一种能有效认知且前后连贯的策略来学习分子有机光化学。物理有机化学由于其传统地将分子结构、反应机制及化学活性等联系在一起，因而学科发展十分迅速。而分子结构可以提供一个强有力的形象化方法将分子动态学与分子结构变化结合起来。我们将致力于形象化地描述图示 1.1 中的分子结构及其动态学过程，从而使大家对光化学反应有一个清晰的了解。

1.3 为什么要学习分子有机光化学?

在基本要素的水平上,图示 1.1 展示的结构和动态学内容,对于学习和了解现代分子光化学十分重要。每一种有机光化学反应都可以借助图示 1.1 中的范式或在某些细节上对其进行部分直观、合理的修正来解释和说明。至于有机分子光化学的学习和研究动机,则从拓展学生视野角度涵盖了许多相关领域的研究进展。

例如,如何形象化地理解宇宙中两个最基本的通用组分——光子($h\nu$)和分子(R)间的相互作用,从而产生电子激发态分子(*R),并最终被转换为分离产物(P),这的确能够使我们的求知欲得到极大的满足。特别是当我们在学习过程中,将如光谱学、量子力学、反应机制、分子结构、磁共振以及化学动态学等各领域融会贯通,并迸发出知识火花时,内心所感受到的欣喜。因此,定性了解每一相关领域对于分子有机光化学的学习来说是十分重要的。

这一领域的知识结构,其本质就是多学科间的交叉。因此需要实践者去寻找一种在概念与方法上,均具有多学科共有性和集合性的结构体系,这对学生是有挑战性的。对于学生来说,在开始学习一个新的科学主题和理论时,在他们看来这往往是一种分散的、并且在表面上似乎是一些矛盾的概念和定律的集合,例如光的波动理论和粒子理论。分子有机光化学是许多不同领域理论的集合,在本书中,对这些理论与概念所要求的集合,则是通过对分子结构、能量以及包含于分子有机光化学反应中的动态学的形象化理解而完成。

有关学习分子有机光化学的其他动机,也可以从光化学在现代技术、分子和化学生物学、医学以及太阳能利用等领域的重要性中找到。例如,分子有机光化学可以解释光合作用的机制,对这一过程中如何通过吸收阳光中的光子、收集太阳的能量,为我们的行星生产食物和能量的基本过程提供认识。而光合作用就是通过一个包括电子转移反应在内的初级光化学过程(第 7 章)而引起的。视觉,作为我们观察和感受外部世界的最重要感官,则是以顺-反异构化反应的简单初级过程为触发点,并引发层层生理事件,而导致大脑的视觉感知。

20 世纪后期,激光技术的到来使得电信工程领域发生了革命性的变革,信息可以通过用光(经光纤)而非用电子(经金属导线)来传输。光子学,这一新技术使得原来是由电子来完成的任务现在可以由光来完成。光化学还在健康科学诸领域中发挥着越来越重要的作用,如治疗某些类型的癌症(通过光治疗)、修复组织以及用激光来进行微型外科手术。其他一些光化学重要应用包括利用光平板印刷术(photolithography)制造计算机芯片,利用光聚合技术对高价值材料(如光纤)进行涂层保护等。光化学的"圣器"之一是它发现了将太阳光转换为高级燃料的实用路途,并可代替化石燃料。光物理,特别是将荧光用作传感器,这在当前材料科学与生物科学的应用中极其重要。而所有的这些应用都要求我们对分子有机光化学中的主要对象有所了解,即在图示 1.1

中所列出的光子（$h\nu$）、分子（R）及其电子激发态分子（*R）等。

在过去的四十年里，光化学的发展中最为激动人心的莫过于以不断加快的速度来获取反应分子*R 的"照片"。激光器现在已经可以常规地提供持续时间为几个飞秒（$1fs=10^{-15}s$）量级的光脉冲。采用这样短的脉冲就有可能实时地、在小于其振动周期的时间尺度内对真实的原子运动进行"拍照"。典型的原子运动（即键的伸缩和弯曲）发生在约 $10^{12}nm/s$（$10^{13}Å/s$）的尺度范围内。因此，对于约 1nm（10Å）键的伸缩和断裂，其时间尺度约在 1000fs 的量级，10fs 量级的脉冲是足够用于跟踪这样一个快速的原子过程，而飞秒级激光器现在也已经成为物理学家和化学物理学家们构建实验室时的常规配置[1]。

究竟多短的激光脉冲才是化学家们的兴趣极限呢？由于化学包括电子的运动，因此我们可以用电子运动的最小时间尺度来定义化学家们所关心的极限。Bohr 氢原子中的电子可在 $10^{-16}\sim10^{-17}s$ 内作完整的轨道运动，因此我们可用这一时间尺度作为化学家们所关心的极限。目前，已经能够得到短至 100as（$1as=10^{-18}s$）的脉冲激光[2]。如果以既有事实作为参考，化学家们迟早在某一天能够对运动在轨道中的电子进行拍照。化学家们可能会同意 zs（zeptosecond，$1zp=10^{-21}s$）的时间尺度只是物理学家们才应关心的范畴，因为这样他们就能够对激发核的爆炸进行拍照了。

激光的独特性质是它所发射的为相干（相对齐的）光，这种相干性有望实现对化学反应进程的控制，并"操纵"反应沿着特定的路途发生。

1.4 图像化表示的价值和科学概念的形象化

分子光化学采用了一系列分子结构理论和表示方法来描述光和有机分子的相互作用生成电子激发态（即图示 1.1 中的 R+$h\nu$→*R），并进而由电子激发态最终生成产物（即图示 1.1 中的*R→P）的整个动态学过程。有机化学家们习惯于借助分子结构、分子能学及分子动态学来分析基态和 R 的热诱导反应。应当指出，我们所熟悉的有机化学分子结构理论可以为理解有机光化学的机制提供一个很好的基础。然而，我们有必要对已有的基态反应理论进行某些重要的修正。我们需要发展光的理论以及光和分子相互作用的理论，而其中传统有机化学结构理论应该用波的相互作用理论来加以替代，其中态与能量的经典连续性也应该用量子态与量子能级来予以表述。因此，我们必须加深理解，寻找波和量子力学的形象化范式，使之不断发展成为了解分子有机光化学结构和动态学方面最为权威、有力的方法。

为了更好地理解分子有机光化学，除了要熟悉分子结构和动态学的化学表示方法外，还必须提高对电子自旋、电磁辐射以及光子等概念的理解，后面的这些概念可以十分有效地通过波和量子力学的数学方法定量地加以描述。然而，由于本书所针对的学生通常不具备对量子力学分子性质进行定量计算所必须的数学背景，因此，我们将在分子有机光化学的学习中引入一些经典的表示方法，这样就可以更加容易、形象地抓住相关量子力学的本质和精髓。这些形象化的经典表示方法可以从"量子直觉"的视角给学生提供一个理解图示 1.1 的路途。而对于那些打算深入了解量子力学相关数学基础的同学来说，这种图像化的表示方法将为他们更加量化的数学方面的学习提供一个有用的框架。对于感兴趣和有能力在数学方面进行深入钻研的同学，可以阅读量子力学标准教科书及相关文献作为参考[3]。

1.5 分子有机光化学的科学范式

科学家们对于如何开展研究和描述实验观察常常存有这样的共识，即当权威性的科学范式存在时，如何提供一个可接受的过程来处理某些非常重要的问题，如：什么是宇宙中存在的基本实体？它们的性质是什么？以及用来理解和测定存在实体性质所需要的合理理论概念和实验工具是什么？权威性的范式允许实验科学家们进行他们每日的研究工作，也使学生们可以通过研究、学习和掌握领域中的这些范式，从而容易地进入一个成熟的科学领域。

现在，我们简要地来考察一下这些科学范式的概念，并使之与分子有机光化学所发展的范式相关联。如图示 1.1 所示，现代分子光化学的简单范式可帮助我们回答相关光化学与光物理路途中存在的基本实体是什么；当然，我们也可以回答其中实体的结构、能量及动态学的性质是什么；以及什么合理的理论概念和实验工具是我们在了解和测定这些实体的性质时所必需的。我们在全书中都采用"范式"一词，这是因为它在科学上的重要性。现在我们要适当离开主题来说明这一用词是如何在科学社会中发展起来的。

在题为《科学革命的结构》[4]一书中，一位名叫 Thomas Kuhn 的科学哲人将"科学范式"定义为包括假定、概念、策略、方法和技术等一整套的知识和实验结构的复合体，它能够为某个领域科学研究的进行以及用系统与有组织的方式对宇宙中所观察到的现象进行解释而提供一个框架。根据 Kuhn 的说法，"一个领域中已被接受的范式就成为一种权威，使得科学家们能够借助于它决定每天的工作进程、正常的科学活动、认识期望的结果、异常的结论、亦或可能的错误和假象"。一个科学范式在它所支配的领域内，往往在科学界被认为是合理的概念、定律、理论，用于设定研究目标和调整研究基准。实际上，科学界也正是在这些范式的定义下，指导着实践者日复一日地努力研究。而本书所涉及的正是现代分子有机光化学科学范式的描述和发展。

当前还在起支配作用的权威范式还可防止相关领域的实践者为那些基本的、不相关的、错误的、虚假的概念浪费时间进行争论。由于相同范式的分享，实践者们能迅速在所质询的问题上达到较高层次，而无需为一些基本问题再进行争论。例如，原子和分子结构范式的权威性已为人们所普遍接受，这使得现代化学家或物理学家无需为分子是否是由通过电子与核相互作用而形成键的三维（3D）原子模型连接而成的表示方式有所争论。然而在 150 多年前，有关分子结构三维几何模型的描述还在科学界内被热烈讨论，即使是 1955 年以前，有关有机光化学反应的描述还没有一个权威性的范式存在。但是，今天的光化学家们确信，所有观察到的光化学现象不论有多么复杂，都可以利用隐含在图示 1.1 中的分子结构和动态学范式及其合理的细节修正来加以理解和研究。可以认为，有机光化学的范式现在已趋于成熟。

由于现代分子光化学范式的成熟，使有机光化学家们不必再为列于图示 1.1 中的范式在本质上是否正确而进行争论。这样，根据图示 1.1 的定义，有机光化学家所感兴趣的重要实体就可以立刻被锁定为 R、hv、*R、I、F、*I、*P 和 P。而这些实体的结构、能量和动态学也因此成为光化学家的主要兴趣所在。本书将通过现代分子有机光化学基础范式，来帮助大家发展和理解这些实体的结构、能量、动态学及其转化动态学。

在结束有关范式部分的介绍之前，还要提醒同学们注意的是，这些流行的范式绝非是一成不变的，而是经常会有所变化。这里至少有三方面的原因，即理论的暂时特性、实验信息的不完整以及由未来新技术的发展和完善所带来的、观测到全新意外结果的必然性。过去两个世纪的科学历史已经显示，那些曾被认为是绝对毋庸置疑的权威范式，最终不是被修改就是被新的范式所取代。例如，将光看作为电磁波的经典范式，就被后来的量子力学范式所代替，后者将光看作是同时具有波粒二象性的量子实体。即使是在 19 世纪时看作是经典粒子的电子，现在也已被认为是一种同时具有波粒二象性的量子实体（这两种范式的变化，将在 4.2 节~4.5 节中讨论）。

1.6 实验研究和理解分子有机光化学的指导性样本

在通常的教科书中，都会谈到一些由该领域中重要假设、概念、策略、方法以及技术等所构成的范式。而对某个领域的范式进行研究的重要认知工具往往基于对特定信息的清晰考虑以及经得起检测的样本实例。样本所提供的教学工具可引导学生进入新的科学领域。例如，在有机化学中，官能团的概念就为理解有机结构、有机反应机制以及有机合成提供了一组熟悉的样本。羰基、烯烃、烯酮、芳基以及其他一些官能团等都是涵盖广泛化学和物理性质的样本，而且可以被扩展到许多实际的例子中。因此，我们就可以将官能团作为样本在极其宽泛的范围内预测相关分子的反应类型和性质。

样本也可宽松地定义为在一段时期内被普遍认可的科学成就，或一系列科学成就，这为科学家们如何研究新的体系提供了理论和实验框架。例如，二苯甲酮与醇的光反应就可以作为如何研究有机光化学反应机制的样本。图示 1.1 中所示出的实体和过程的样本，在本书中已得到广泛的应用，这为理解分子有机光化学奠定了基础。

1.7 分子有机光化学的范式

分子有机光化学集合了物理有机化学领域内结构-能量-活性相关性的范式，并结合这些范式来讨论电磁辐射（光子）与物质（有机分子的电子与核）的相互作用。有机化学的范式应用分子结构（以及它所包含的电子、核以及自旋构型）为关键的组织概念，而电磁辐射范式则用光子或振荡电磁波为关键的组织概念。因此如图示 1.1 所详细列出的那样，分子光化学领域涉及光（以光子或振荡的电磁波为代表）和物质（以分子中的电子和核为代表）间的相互作用，导致*R 形成，并最终转化为 P（光化学过程）或者回到 R（光物理过程）的路径过程。

1.8 可能的、似乎可能的、最有可能的光化学过程的指导性范式

在考虑如何学习和解释光化学与光物理的过程时，图示 1.1 中的范式可以为有机光化学家对可能的（possible）、似乎可能的（plausible）、最有可能（probable）的进程提供指导。你应该如何来对一个反应路途如*R→P 进行表征呢？对于任何可能的反应路途，分子（及其振动和自旋亚结构）必须服从四个化学反应守恒定律的每一个，即：（1）能量守恒；（2）动量守恒（线动量和角动量）；（3）质量守恒（原子的数目和种类）；（4）电荷守恒。我们可以看到，这些守恒定律对于光化学反应所追踪的一批优先可能结构（*R、I、*I、P、*P 和 F）和优先可能路途（图示1.1）以严格限制，即仅仅只有那些能符合守恒定律的结构和路途才被认为是有可能发生的反应，而其他都将被绝对地、毫无例外地排除在外！

然而，即使在这些守恒定律都得到充分满足的时候，考虑到分子结构细节及其隐含的结构转换所关联的能量与重组问题、偶合结构所涉及的相互作用以及动量和能量交换时可经历的机制，已有的范式将大大限制那些"似乎可能的"（plausible）光化学反应的实际路途数目。由此还可以引出一系列"选择规则"，用来在那些"可能的"（possible）反应中（于某些假定的近似水平上）进一步筛选出那些"似乎可能的"反应。

至于从"可能的"路途转移到"最有可能的"（probable）路途的过程中，你还必须考虑结构及其相互作用、重组能，以及应用于"似乎可能的"结构中的时间尺度等特定细节。这些决定着图示1.1 中每一步的动力学（或速率）。在剔除了基于动力学考虑的相关路途后，所留下的（很小）一部分则是最有可能的反应路途，通常那些具有最快反应速率的反应路途将赢得从*R 到 P 比赛的胜利，因此也就是最有可能的反应路途。我们所提出的范式将表明如何借助结构、能量以及引起结构间跃迁的相互作用来得到那些有用的选择规则，以决定何种路途是可能的、似乎可能的、或是最有可能的。我们还将为光化学工作者提供一些有用的实验和计算方法，使得在给定条件下能够方便地确认哪一个才是最有可能的路途。

为理解 R+$h\nu$→P 光化学转变的整个过程，首先列出 R 在吸收一个光子而成为*R 后的所有可能的历经路途是十分有用的（例如，如图示 1.1 中经由漏斗 F 通道生成 I，

或是生成*I 或*P），然后根据 4.13 节所描述的选择规则来定性地预测经由这些似乎可能的反应路途生成 P 的相对速率，并与其他所有可以到达*R、但不能生成 P 的似乎可能的路途的速率进行比较。对于在给定条件下，预测一个观察到的或最有可能发生的光化学反应路途需要运用图示 1.1 中分子有机光化学的范式，并根据已有的知识、测得的速率、样本，或是基于特定条件下的结构、相互作用、能量和动态学等估算得到的理论速率做出综合的判断。

本书的目的是教授同学们学习那些从始至终与分子结构、能量、动态学相关的全局性的、日常可用的工作范式，诸如 R+$h\nu$→P 的光化学过程和 R+$h\nu$→R 的光物理过程。

1.9 通过分子有机光化学的范式来回答几个重要的问题

现在让我们仔细考虑一下图示 1.1 所给出的综合范式的可能路途之一，*R→I→P 过程的细节，其中可包括下列几个步骤：

（1）反应分子（R）吸收光子（$h\nu$），产生出电子激发态（*R）。

（2）电子激发态（*R）经初级光化学反应，生成热平衡的基态活性中间体（I）。

（3）I 经热诱导反应生成观察到的产物（P）。

图示 1.1 中的范式建议光化学家们应经常提问或试图回答一系列与整个光化学反应 R+$h\nu$→P 细节相关联的标准问题，例如：

（1）我们如何形象化地描述光子与 R 中电子的相互作用从而诱导对光子的吸收生成*R，以及光子如何与 R 中的电子相互作用，并与理论及一些实验量，诸如吸收系数、辐射寿命、辐射效率等建立联系？

（2）经由*R→P 反应路途，所出现的*R 和 I 有哪些可能的或似乎可能的结构、能量和动态学过程？

（3）对应于*R→I 的初级光化学过程有哪些可能的和似乎可能的情况？

（4）对于"观察"或确认反应路途*R→P 所涉及的*R 和 I 物种，可以采取哪些合理的理论方法、实验设计策略、实验技术以及计算策略？

（5）*R→I 过程中最有可能的路途是什么？

（6）最有可能的路途如何通过*R 光物理和光化学的动力学竞争过程决定？

（7）经由*R→P 反应路途发生的每一个基本步骤的绝对速率（速率常数）是多少？

（8）在典型的有机光反应中，对于*R 和 I 有哪些类型的结构、能量和动态学？

对于上述这些问题以及图示 1.1（及其细节）中所隐含的更多问题，可以借助那些在光化学反应分析中作为基准的参考样本，建立一个更加具体的工作范式来加以解决。

1.10 从全局性范式到日常可用的工作范式

在解决普通科学疑题时，我们采用那些基于大量经验或先例、可以很宽泛地应用于一般常见情况的"日常工作范式"，就能节约相当多的时间。这种借助工作范式的快捷处理方式应用了一类所谓"奥卡姆剃刀"原理，能够帮助光化学家们从事后看来是毫无必要的大量筛选中脱离出来，而无需对那些很有可能的假设逐一进行光化学反应分析、实验设计或理论探讨。范式使得科学家们无需再浪费时间去考虑那些在理论和实验上脱离范式的情况。在我们学习分子有机光化学时，我们应当总是以图示 1.1 为全局性范式的起点，使之在细节上进一步完善，从而得到一个特别适用于分子有机光化学的日常工作范式。而完善图示 1.1 最为有效的方法就是求助于众多样本。

正如 1.6 节中所提及的那样，有机化学的学生可以通过对官能团的学习来熟悉样本方法的有效性，这里官能团可以是一个原子，也可以是一组原子，独立于分子并定性地与所处分子保持着相似的反应活性、光谱性质和物理性质。

将官能团方法与分子轨道（MO）理论中的样本相结合，就可以提供一个强有力的定性预测化学活性的手段。它将广泛地应用于本书中，并提前帮助我们理解有关光化学的样本体系。在我们对有机化学一般官能团（如酮、烯烃、烯酮、芳香化合物等）的光化学性质有了初步认识的前提下，就意味着工作范式就只需考虑以下两点：①两个分子轨道［最高已占据轨道（HOMO）和最低未占据轨道（LUMO）］的电子构型；②图示 1.1 中关键结构（如 R、*R、I 和 P）HOMO 和 LUMO 分子轨道的电子自旋构型。

图示 1.2 即细化了的图示 1.1，包含了作为工作范式的 R、*R、I 和 P 的 HOMO 和 LUMO 分子轨道能级，用于检验经由 R+$h\nu$→*R→I→P 路途进行的分子有机光化学反应。图示 1.2 定性地显示了 HOMO 和 LUMO 的分子轨道能量，而在此水平上电子自旋未被明确地加以考虑。一般假设 R、*R 和 P 中 HOMO 和 LUMO 的分子轨道能差很大（通常>40kcal/mol），而 I 中 HOMO 和 LUMO 分子轨道能量十分相似，可近似看作非键轨道（NB）。可以假设在图示 1.2 的工作范式中，（按照构造原理和 Pauli 不相容原理）所有其他未被标示出的电子通常都是自旋成对地处于低能级轨道上，（因为这些

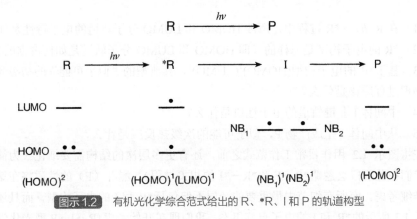

图示 1.2 有机光化学综合范式给出的 R、*R、I 和 P 的轨道构型

低能电子在光化学过程中很难被扰动，所以）它们在决定光化学和光物理过程中的历经路途时处于次要地位。

分析一个光物理或光化学过程的起点始于对 R 和*R 中 HOMO 和 LUMO 分子轨道电性的分配。这种分配对于 R 来说，其电子构型为 $R(HOMO)^2$，而对于*R 来说，则为 *R(HOMO)(LUMO)。活性中间体 I 一般为带有两个非键轨道的物种，它经由初级光化学过程*R→I(NB)^1(NB)^1 而产生。对于后者来说，其 HOMO 或 LUMO 分子轨道没有显著的能量差异，取而代之的是两个能量相似的非键轨道。因此，I 的化学性质将由一对非键轨道上两电子的电子构型所决定（同时也与两电子的自旋组态相关，这一点会在1.11 节中看到）。

当两个非键轨道主要是位于碳原子上时，I 的最低能量轨道构型相当于在每个非键轨道上各有一个电子（也就是 I(NB)^1(NB)^1），于是就形成了自由基对 I(RP) 或双自由基（BR）。

注：在光化学文献中，"biradical"和"diradical"有时可以互换，但我们将"biradical"一词仅用于两个非键轨道上各有一个电子，且两轨道均位于同一分子结构中的情况。我们可以用符号 D 来代表一个更普遍的"类双自由基"（"diradicaloid"）物种，它可以是 RP、BP 或某些相关结构。这类双自由基的定义将在第 6 章中详细讨论。

在某些情况下，当非键轨道能量明显不同时，活性中间体 I 处于两个电子都位于低能轨道的电子构型，即两电子自旋成对。具有这种电子构型的对应物种就是所谓的两性离子 $Z(NB)^2$，为了简化起见，我们对此情况暂不予考虑。

类似于同学们在有机化学和物理化学课程中所熟识的那样，在所有情况下，分配给 HOMO 和 LUMO 的分子轨道通常为简单的单电子轨道。此外，在这样的近似下，我们还忽略了电子-电子间的排斥作用，因为它会导致 R 和*R 中 HOMO 和 LUMO 分子轨道的能量不同。这一近似将在第 2 章中详细讨论，并在全书中贯穿应用。

在学习和分析任何有机光化学反应时，图示 1.2 的工作范式给出了需要回答的问题：

（1）在 R+$h\nu$→*R 过程中，所涉 HOMO 和 LUMO 分子轨道的电子特性是什么？

（2）*R 的电子构型是怎样的（即 HOMO 和 LUMO 分子轨道是如何占据的）？

（3）基于*R 的电子构型(HOMO)^1(LUMO)^1，其典型的"似乎可能"的初级光化学和光物理过程应该是什么？

（4）中间体 I 非键轨道的电子性质是什么？

（5）从中间体 I 生成产物 P，似乎可能的次级热反应是什么？

在将图示 1.2 用作日常工作范式之前，还有更多层次的结构需要细化（为简化起见，我们在此阶段会忽略*R→F 和*R→*I 的相关过程）。漏斗（F）的性质将在第 6 章进行详细考虑。而所有细节中最重要的一层不但包括*R 和 I 的电子构型，而且还包括如图示1.3所示的*R 和 I 的电子自旋组态。我们现在开始考虑*R→I→P 型光化学反应中电子自旋的作用。

(a) R $\xrightarrow{\quad h\nu \quad}$ P

(b) R $\xrightarrow{\quad h\nu \quad}$ *R $\longrightarrow$ I $\longrightarrow$ P

(c) R $\xrightarrow{\quad h\nu \quad}$ ^{1}*R $\xrightarrow{\quad ISC \quad}$ ^{3}*R $\longrightarrow$ ^{3}I $\xrightarrow{\quad ISC \quad}$ ^{1}I $\longrightarrow$ P

(d)

LUMO

HOMO

$(NB_1)^1$ $(NB_2)^1$

$R(S_0) \longrightarrow {}^{1}*R(S_1) \longrightarrow {}^{3}*R(T_1) \longrightarrow {}^{3}I(D) \longrightarrow {}^{1}I(D) \longrightarrow P(S_0)$

图示 1.3　经由三重态的有机光化学反应的样本范式

1.11 单重态、三重态、双自由基和两性离子：经由*R 到 P 光化学路途的关键结构

图示 1.3 描绘了样本光化学反应 R+$h\nu$→*R→I(D)→P 中有关轨道和自旋结构的细节。首先，我们需要考虑物种在沿着反应路途（b）的分子轨道细化描述，以及物种沿着反应路途（c）的电子自旋组态细化描述。

对通常的有机分子，R 和 P 基的电子构型一般为$(HOMO)^2(LUMO)^0$。按照 Pauli 不相容原理，两电子在同一轨道的自旋成对（可以用↑↓来表示，称为"反平行自旋"，对应于单重自旋组态，即单重态）。但如图示 1.3（d）所示，对于*R 和 I 的电子构型，二者典型地都在两个关键轨道上（HOMO 和 LUMO 分子轨道，或两个 NB 分子轨道）均具有一个电子，因此它们不需要按照 Pauli 不相容原理自旋配对，因此在半充满的轨道上，两个关键电子既可以是成对的（↑↓，单重态），又可以是不成对的（符号↑↑表示两电子"平行自旋"，对应于三重自旋组态，即三重态）。

分子的单重态可用符号 S_n 表示，其中下标 n 代表单重态能级的等级。下标 0 为最低电子能态的基态，对于通常的有机分子来说，基态总是单重态（即 S_0 态）。第一激发单重态可用 S_1 表示，而第二激发单重态则可用 S_2 表示，依此类推。当*R（或 I）在轨道上具有两个不成对电子且电子自旋方向平行，这种结构叫做三重态，可用 T_n 表示，其中的下标 n 则代表三重态能级的等级。[由于下标 0 已预留给具有最低能量的电子基态（即 S_0），因此对于三重态只有 n=1、2、…，而最低能量的三重态为 T_1]。在第 2 章中，我们将会知道有关单重态和三重态的名词是来源于电子自旋的磁性质。

一般说来，R 和 P 代表的是有机分子的单重态基态，因此其给定符号为 R(S_0)和

$P(S_0)$。如果在*R 中的电子是自旋成对的（↑↓），这就是单重激发态，可用 S_1 表示，其中的下标 1 表明第一激发态为单重态［即图示 1.3 中的*R(S_1)］。如果*R 中的电子是自旋平行的（↑↑），这就是三重激发态，可用 T_1 表示，下标 1 则表明第一激发态为三重态［即图示 1.3 中的*R(T_1)］。

类似地，活性中间体 I 具有两个能量相似的轨道（例如两个非键轨道），每个轨道上各有一个电子，它们可以是单重态 ^1I(↑↓)，也可以是三重态 ^3I(↑↑)。可用符号 D（表示双自由基的符号）作为经由*R 产生的、具有相近能量两个半充满轨道（典型的为两个非键轨道）的活性中间体 I 的通用标记。符号 D 可用以代表 RP 物种，其自由基中心位于两个分子片段中的任意一个上，也可用以代表双自由基 BR 物种，其两个自由基中心均位于同一分子结构上。因此，符号 I(D) 可用于表示具有双自由基特性的活性中间体，而且它的两个半充满轨道有着相似的能量。I(D) 物种不同于*R，因为*R 物种具有两个能量十分不同的半充满轨道。有关这种区别，当我们以单电子轨道数值来考虑轨道能量变化过程中的电子-电子的相互作用时特别重要。

我们分别用符号 ^1I(D)和 ^3I(D)来代表单重态和三重态的双自由基中间体。上标表明中间体的自旋状态，D 表明中间体在半充满轨道上有两个电子。当然，接下来的符号 ^1I(RP)和 ^3I(RP)分别代表单重态和三重态的自由基对，符号 ^1I(BR)和 ^3I(BR)分别代表单重态和三重态的双自由基。

如果 I 为单重态，那么可能的情况是两个电子都在同一个非键轨道上，而另一个非键轨道上没有电子，即 $I(NB)^2(NB)^0$。这样的物种就叫做两性离子，所用的表示符号为 I(Z)。物种 I(Z) 必然涉及一定单重态，总是包含在 ^{1}*R→^{1}I(Z) 及 ^{1}*R→F 的光反应步骤中，而物种 D 则总是包含在经由 ^{3}*R 引发的光化学过程如 ^{3}*R→^{3}I(D) 的光化学反应步骤中。有关 D 和 Z 的形成规则和这些物种的化学性质将在第 6 章中讨论。

图示 1.3 是代表有机分子通过三重激发态*R(T_1)进行的所有光化学反应的样本工作范式。对任意给定的反应，R 可以是羰基、烯烃、烯酮及芳香化合物等。我们需要知道每个结构中 HOMO 和 LUMO 分子轨道的性质，以便推导*R 的电子构型。在给定了*R 的电子构型后，我们就能够为似乎可能的初级光化学反应*R→I 提出"选择规则"。要想预测和理解图示 1.3 中的光化学反应，我们需要知道相关实体，如 R(S_0)、*R(S_1)、*R(T_1)、^{3}I、^{1}I、P(S_0)的结构及其经由图示 1.3（c）所示路途发生结构间相互转换的可能性。

在第 6 章中可以看到在酮、二苯酮以及许多其他酮类化合物的情况下，T_1 的电子构型为 HOMO =n（即非键分子轨道）和 LUMO=π*（即反键分子轨道）时，仅有一小部分*R(T_1)→^{3}I(D) 类型的初级光化学过程似乎可能发生。此时，电子自旋在整个反应中的角色十分重要，这是因为（图示 1.3 中）活性中间体 ^{3}I(D) 必须在单重态的最终产物 P(S_0) 形成之前转变为单重态中间体 ^{1}I(D)。

那么怎样才能够使得系间窜越（ISC）过程*R(S_0)→*R(T_1)和 ^{3}I(D)→^{1}I(D) 发生所要求的电子自旋转变呢？我们将在第 2 章中引入一个有用的矢量来代表电子自旋，并介绍电子自旋是如何操控单重态和三重态之间的转换步骤。在第 3 章和第 6 章中，这种电子自旋的矢量表示法，还可以为我们解答有关自旋态间的相互转换问题。现在我们已经为分析有机光化学反应引入了一类重要的综合样本范式，还需要发展一种能态图，以便对工作和样本范式进行可能的操作。

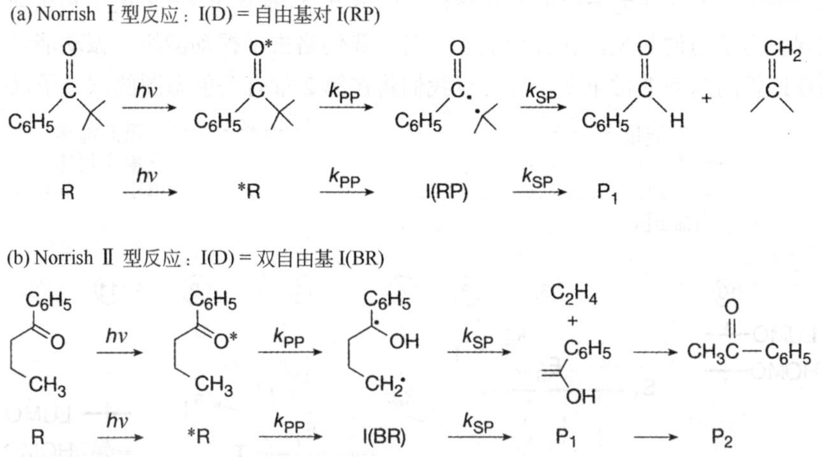

(a) Norrish Ⅰ型反应：I(D) = 自由基对 I(RP)

$$R \xrightarrow{h\nu} {}^*R \xrightarrow{k_{PP}} I(RP) \xrightarrow{k_{SP}} P_1$$

(b) Norrish Ⅱ型反应：I(D) = 双自由基 I(BR)

$$R \xrightarrow{h\nu} {}^*R \xrightarrow{k_{PP}} I(BR) \xrightarrow{k_{SP}} P_1 \longrightarrow P_2$$

图 1.1　（a）初级光化学过程*R→I（RP）的实例——"Ⅰ型"酮的α-断裂；（b）初级光化学过程*R→I（BR）的实例——带烷基侧链"Ⅱ型"酮的分子内抽氢反应

图 1.1 中列举了两个具体的*R→I(D) 初级光化学过程的样本。在 Norrish Ⅰ型反应的例一中，*R 经由与 C=O 官能团相连的 C—C 键的α-断裂而生成自由基 I (RP)。而在 Norrish Ⅱ型反应的例 2 中，*R 经由分子内抽氢反应生成双自由基 I(BR)。这两种类型的*R→I(D)初级光化学过程非常普遍，并为分析有机分子的初级光化学过程提供了众多极好的样本。

1.12　能态图：电子和自旋异构体

按照图示 1.3 中有机光化学的样本范例，当我们开始对有机分子的光化学反应进行分析时，必须经常对 R(S_0)、*R(S_1)和*R(T_1)这三个重要的分子态有所考虑。能态图（图示 1.4）为我们提供了一个简明的工作样本，在展示有机分子相对能量的同时，还便于我们追踪基态（S_0）、最低能量的激发单重态（S_1）以及最低能量的激发三重态（T_1）（这里 E_S 对应 S_1 的能量，而 E_T 对应 T_1 的能量）。有关 S_0、S_1 和 T_1 的电子构型也被列于其中。而较高能量的单重态（S_2、S_3 等）和三重态（T_2、T_3 等）也可根据需要包括进来，但不必明确地包含在工作能态图中，因为经验表明，这些具有较高能量激发态的激发一般都会快速失活而回到 S_1 和 T_1 态，而且其失活速度远快于其他可测量过程（Kasha 规则，第 4 章）。在能态图中，纵坐标 y 轴代表了体系的势能（PE），而横坐标 x 轴并无实际物理意义（它不是反应坐标或势能面）。代表 S_1 和 T_1 能态的直线可以适当平移，以方便能态图的陈列、避免拥挤。这样，能态图就可展示出 S_0、T_1、S_1 态的能级排序，如果这些能量的实际数值能够与 T_1 和 S_1 态关联起来，那么会更加有用。有关如何采用实验方法对 S_1 和 T_1 态的能量进行测定，将于第 4 章中加以讨论。

能态图也称 Jablonski 图[5]，这是为了纪念波兰物理学家 Aleksander Jablonski，他曾经用这种图示方法在无需指明相对核构型的情况下，描述 R 和 *R 电子和振动能级的相对位置。为了简便起见，在介绍能态图时，我们略去了振动能级。振动能级对于确定光物理过程的速率非常重要，这一点我们将在第 2 章有关能态图的部分予以介绍。

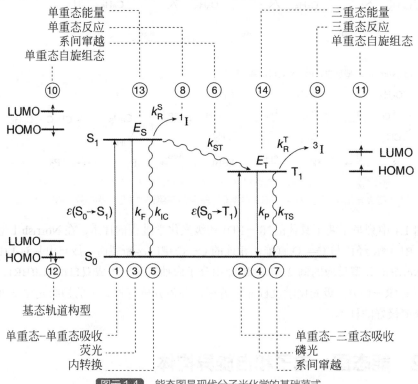

图示 1.4　能态图是现代分子光化学的基础范式
（系间窜越速率常数 k_{ST} 和 k_{TS} 在某些时候也可写作 k_{ISC}）

在能态图中，可以假定 R 和 *R 的平衡核几何构型是相似的，而且可以用 R 和 *R 的极小值加以表示。由于能态图中所有结构都与 S_0 一样有着相同的组分（即原子数目和种类）和构造（即原子的连接型式），但却与 S_0 有着不同的化学性质，因此能态图中所有的这些态（S_0、S_1 和 T_1）都是 S_0 形式上的异构体，而且它们相互间也的确是异构体！

什么是异构化的基础呢？这里的异构化源于所示能态中电子构型（电子异构体）和自旋组态（自旋异构体）的不同。如 S_n 和 T_n 间就互为电子异构体。电子异构体的不同源于其轨道构型的不同（即 HOMO 或 LUMO 占据着不同的分子轨道）亦或每个态中电子自旋组态的不同（即 ↑↓ 或 ↑↑）。S_n 和 T_n 态作为自旋-电子异构体而彼此相关，即单重态自旋组态（↑↓），或三重态自旋组态（↑↑）。除自旋-电子异构外，能态图中的各种态也可以互为空间异构体（即它们可以有着同样的构造和同样的自旋-电子构型，但其中的原子在空间上的排布却相互不同）。

能态图为我们提供了一个方便、有用的路途来系统地组织与 S_0、S_1 及 T_1 相关的所有可能的光物理过程，诸如能态的电子结构、能态的电子能量以及"能态"间跃迁的动态学等。能态图中，任意两个电子态之间的跃迁都对应于指定能态间某种可能的联系，它们可以是辐射过程，也可以是非辐射过程。然而要判断任意两个能态间发生似乎可能和最有可能的跃迁，还需要我们对特定分子结构和反应条件有所了解，而这会因为实验者的主观意愿而有所不同。在能态图中，光物理过程可定义为激发态之间或激发态*R 与基态 R 之间的相互转换。所有可能的从 S_1 到 T_1 发生的光物理转换，必须要通过对整个光化学过程*R→R 的分析来加以考虑，原则上，这是由于这两个关键态之间所发生的光物理过程都与光化学过程相竞争的缘故。如果光物理过程相对于光化学过程进行得非常快，那么那些在独立过程中还"似乎可能"发生的光化学过程，在与"似乎可能"的光物理过程的竞争过程中将非常低效且毫无可能，因为后者的发生速率实在是太快了。

作为一个样本，让我们来看看（在图示 1.4 中的过程①～④）如何用能态图来描述包含有光子吸收或发射的、可能的光物理辐射过程。

① 自旋允许的单重态-单重态光子吸收（$S_0+h\nu \rightarrow S_1$）在实验上可以用吸收系数 $\varepsilon(S_0 \rightarrow S_1)$ 加以表征。

② 自旋禁阻的单重态-三重态光子吸收（$S_0+h\nu \rightarrow T_1$）在实验上也可以用吸收系数 $\varepsilon(S_0 \rightarrow T_1)$ 加以表征。

③ 自旋允许的单重态-单重态光子发射称为荧光（$S_1 \rightarrow S_0+h\nu$），可以用速率常数 k_F 加以表征。

④ 自旋禁阻的三重态-单重态光子发射称为磷光（$T_1 \rightarrow S_0+h\nu$），可以用速率常数 k_P 加以表征。

在图示 1.4 中的过程⑤～⑦为似乎可能发生的非辐射光物理过程：

⑤ 自旋相同的态之间，自旋允许的非辐射跃迁（$S_1 \rightarrow S_0+$热）称为内转换，可以用速率常数 k_{IC} 加以表征。

⑥ 自旋不同的激发态之间，自旋禁阻非辐射跃迁（$S_1 \rightarrow T_1+$热）称为系间窜越，可以用速率常数 k_{ST} 加以表征。

⑦ 三重态和基态之间，自旋禁阻的非辐射跃迁（$T_1 \rightarrow S_0+$热）也称为系间窜越，也可用速率常数 k_{TS} 加以表征。

能态图中的所有结构均可归诸为单一固定平衡（极小）的核几何构型 R，且假定*R 的几何构型与 R 非常相似。作为能态图的一个有用延伸，初级光化学过程可被定义为通过电子激发态*R(S_1 或 T_1) 的一种转换得到与*R 有着不同构造或几何构型的分子结构。这些化学上不同的分子结构也就是图示 1.1～图示 1.3 中的活性中间体 I，它们可以经由图示 1.4 中的过程⑧或⑨而产生：

⑧ 光化学反应 $S_1 \to {}^1I$ 经由 S_1 得到活性中间体，称为初级光化学反应，可以用速率常数 k_R^S 予以表征。

⑨ 光化学反应 $T_1 \to {}^3I$ 经由 T_1 得到活性中间体，也称为初级光化学反应，可以用速率常数 k_R^T 予以表征。

最后，光化学过程的分离产物在该反应条件下，经由 I 的热化学过程而得到。因此，$I \to P$ 的热过程可称为二级热反应，可以预期它与通过基态热分解所产生的反应中间体 I(D) 有着完全相同的反应方式。虽说 $I \to P$ 路途完全基于基态反应，而并非光化学过程，但是深入理解这一反应对我们完整描述整个 $R + h\nu \to P$ 过程至关重要。而且通过势能面的工作范式，能够更加完整地对 $*R \to P$ 过程加以描述，有关这一点将在下一节定性描述，并在第 3 章和第 6 章中详细说明。

为了从 S_1 或 T_1 所有似乎可能发生的过程中确定哪个是最有可能发生的过程，需要知道所有那些"似乎可能"的光化学和光物理过程中发生竞争失活的相对速率信息。如图示 1.4 的能态图中所给出不同过程的速率常数（k）都是已知可用的，可以通过实验估计或者借助样本进行计算。不同给定态的转换相对速率，可以用来决定经由该"似乎可能的"过程发生态转换的可能性。而这些相对速率则依赖于第 2～6 章将要讨论到的一系列结构和能量因素。在这一阶段，这些样本工作范式并不完整，因此出于简化目的，我们不会明确考虑那些可能但并不普遍的路途，如图示 1.1 中 $*R \to F \to P$ 或 $*R \to (*I, *P) \to P$ 路途。这些可能性我们将在第 4～6 章中予以讨论。

1.13 分子光化学势能面的描述

在从能态图（假设 R 有固定的核几何构型）到光化学反应的完整分析（即建立起形成与 R 完全不同的核几何构型，先形成 I，再生成 P）过程中，保持对结构、能量及转换动态学等一系列问题的了解很有必要。这样，我们就可以通过势能曲线和势能面（将于第 3 章和第 6 章中详细讨论）的相关范式来很好地处理光化学反应中所有相关特性，包括复杂的能量、结构和动态学描述等。现在，我们先来看一下如何使用有关势能面的范式，对同时集成了结构、能量和转换动态学等诸多问题的光化学和光物理过程进行处理。

势能（PE）面可以显示分子体系的势能（y 坐标），并随着体系的分子结构（x 坐标）而变化。沿着给定势能面的最低势能通道称为反应坐标。严格来说，势能面是一种难以形象化的多维数学对象。但是，作为对势能面合理的"零级"（即工作）近似，可以采用二维（2D）"势能曲线"；为了简化起见，我们用"能面"这一名词来描述这些曲线。

势能曲线扩展了能态图的概念，描述了 $*R$ 在由十分类似于 R 的核几何构型通过 $*R \to I \to P$ 光化学过程转变为可能结构（如 I）过程中，体系势能态是如何变化的。考虑到图示 1.5 中所列举的有关基态和激发态势能面的假设，为了简单起见，可假定两个势能面均为单重态，这样样本能面可以设想是用来表示光化学反应中重要的共同特性，而并非某种特定类型的光化学反应。然而，在能态图中，类似于基态（R）的核几何构型可以假定是为所有结构而考虑，势能曲线上的每一个点则代表了一个不同核几何构型（指定于 x 轴上）及相关势能（指定于 y 轴上）。对于一个给定的核几何构型，分子势能主要由它的电子轨道构型及其自旋组态所决定。

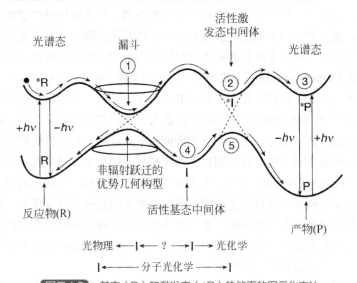

图示1.5 基态（R）和激发态（*R）势能面的图示化表达

能面上的点代表了分子的核几何构型，箭头指明了它沿从左到右的反应坐标的运动变化，图中的"？"则标记了光物理和光化学之间的"模糊区域"

作为图示 1.5 中的样本，较低的能量曲线对应于假设的 R→P 热转化反应坐标（最低势能通道）。当涉及多个能面时，为简单起见，我们可假设从 R 开始的基态能面与其后续的*R 激发态能面有着相同的反应坐标。然而一般说来，对于 R→P 基态转换过程中的最低能量路途，并不需要与*R→P 过程中的最低能量路途相同。在第 6 章中会对光化学反应理论进行讨论，这为定性预测激发态反应的反应坐标提供了可能。

图示 1.5 给出了全反应*R→P 中两个不同起始电子构型的假设能面，一个是基态的 R，而另一个是激发态的*R。其中，较低能面称为基态电子能面，较高能面称为激发态电子能面。两势能面上，任意一点 r 都可以作为体系 PE 中核几何构型（y 轴）沿反应坐标（x 轴）的代表点（representative point）。在这个过程中，我们可借助于代表点在 PE 曲线上的运动来设想相关光物理和光化学过程，而曲线上的每一个代表点则对应于其中一个能面上经由 R→P 路途在某特定核构型处的能量。从 R 出发，我们可以追踪从 R 出发的代表点 r，设想 r 沿着激发能面或基态能面运动的轨迹（通过与环境中其他分子碰撞而沿着反应坐标推进）。

电子激发态分子*R 可经由*R→P 路途在激发能面或基态能面上发生，并且除非它能找到激发态能面与基态能面之间的"漏斗"（F），代表点才可以在很短的时间周期内通过漏斗从一个能面"跳跃"到另一个能面（对于单重态而言，"跳跃"的时间尺度非常短）。

一定程度上看，这种有关能面的假设相当有效，它们使得所有过程更加形象化，并有可能绘制出*R→P 变化过程中所有似乎可能的路途。现在，我们可以通过图示 1.5 中的两条曲线绘制出电子激发态分子*R 核几何构型变化过程中所有那些"似乎可能"的优先路途。

首先，我们需要考虑图示 1.5 中两个假设能面的重要拓扑（定性的）性质。这些特性可包括每个能面上核几何构型的极大值和极小值，核几何构型的能面在能量上是否相互远离，极大值与极小值之间的相对排布，以及两能面在能量上相互靠近的几何学等。我们将针对下列有关两能面极大值和极小值处的重要特性进行讨论：

（1）**光谱（Franck-Condon）极小值**。光子的吸收（R+hν→*R 步骤）包括了从基态（如 R 或 P）能面极小值向激发态（如*R 或*P）能面极小值的跳跃过程。而光子的发射则包括了从激发态能面极小值向基态能面极小值的跳跃过程（如*R→R+hν或*P→P+hν）。在第 3、4 章中，我们会看到面间辐射跃迁最有可能发生在那些激发态和基态能面上同时处于极小值且有着相似核几何构型的体系中，这种极小值可称为"光谱"极小或"Franck-Condon"极小。如图示 1.5 左图所示的一个较小的极大值（能垒为几个 kcal/mol）就可以将这种光谱极小值与势能面的其他部分分离开。如果能垒较小，则相邻分子碰撞所产生的热能，就足以驱使代表点向势能面的右侧移动，即向区域①移动。如果能垒较高，那么*R 的代表点会"陷"在激发态的极小值处，直至光子发射（荧光）或非辐射失活（内转换）发生。

（2）**势能面交叉极小值**。激发能面所具有的极小值在能量上对应于激发态能面与较低能面之间的交叉。这种类型的交叉依赖于可用的电子相互作用，可以是真实的交叉，可以是弱的避免交叉（图示 1.5 区域①中的虚线），也可以是强的避免交叉（图示 1.5 区域②中的虚线）。在第 6 章中我们将对这些交叉作详细叙述。如果代表点接近弱的避免交叉，那么很有可能发生的是回到基态的快速跃迁过程。当发生由激发态到基态能面的快速跃迁时，激发能面上将存在一个所谓的"漏斗"（区域①）。在第 6 章中我们会发现，通过这样的漏斗，跃迁过程就可以在极快的时间尺度范围内发生。此外，我们还将了解为何这种漏斗被赋予"锥型交叉"（conical intersection）这样特殊的命名。

（3）**源于基态极大值的能面交叉**。在对弱电子相互作用加以考虑之前，存在于基态能面上的能垒常被看作是形成近似面交叉的源头。能面交叉或者弱的避免交叉会导致相同的结果，即当激发能面和基态能面在沿着反应坐标的某些几何构型上在能量上相互靠近时，能面的弱避免交叉（激发态区域①）可以看作是基态上沿着反应坐标的一个高能垒，而能面的强避免交叉（激发态区域②）则可以看作是基态上沿着反应坐标的一个低能垒。（详见第 6 章）。

R+hν→*R 过程将体系置于激发态能面上，即电子从 HOMO 分子轨道跃迁到 LUMO 分子轨道，带负电荷的电子也"瞬间"从 R 变成为*R 的电子构型。结果是使带正电荷的核感受到不同的负电力场，其方向和大小由激发能面（*R）的形状（即梯度）给定，而不再是由基态（R）给定。作用在核上的这一新力源于*R（即 HOMO 和 LUMO 分子轨道上各有一个电子）与 R（即 HOMO 分子轨道上有两个电子，LUMO

上没有电子）截然不同的电子构型。这种来自于 HOMO→LUMO 电子跳跃而产生的新电场可以引起核的重排，使之更好地适应新的电子分布。受新建电子分布的驱使，核在移动时产生核动能（在这种情况下产生的动能称为振动能），它使得*R 能够在几个皮秒（ps）内经由分子内及分子间转移迅速进入周围的溶剂中，达到最小振动能。对于这些振动能量转移过程的速率，我们将在第 3 章和第 5 章中予以说明。

除了在能面与另一能面相接近的某些区域中，代表点 r 在 PE 面上的运动可完全控制分子的核运动。当两个能面恰好相互靠近时，则每个能面都有机会"竞争"对代表点运动的控制，这样核运动就要受控于反应体系。因此在这样的区域中，核体系被"打乱"了，不知道该由哪个能面来控制其运动。

现在让我们跟随代表点，沿着图示 1.5 中能面的某些可能轨迹，从基态能面的 R 开始（即图示 1.5 左下方光谱的极小处）。吸收光子相对于振动运动而言快得多，因此使代表点可从基态（R）的能面上，通过"垂直跳跃"（即不改变 R 的核几何构型）到达激发态面，而产生具有较小相对能量的光谱（Franck-Condon）极小值的*R。对于可发生辐射跃迁的*R 来说，它能发射荧光光子而回到基态（R），也可以通过非辐射路途将体系导向 P 的结构：结果是相对于*R 的代表点 r 与周围分子发生热碰撞，在克服了沿着激发面的小能垒后而进入到区域①，而发生这一假设过程应是激发态和基态势能面间的弱避免"交叉"。这种情况对于从激发态面到基态面的快速跳跃非常有利（我们将在第 3、6 章中解释其发生的原因），因此激发态相应区域就可以作为"漏斗"（F）将代表点从激发态能面转到基态能面上。这些漏斗就是在图示 1.1 中首次碰到的*R→F 过程中的同一物种（F）。

在到达区域①后，代表点 r 可有两个选择：第一个选择是代表点跳至基态能面，并继续"摔落"到 R 的极小值（导致一个净"光物理"循环，R+$h\nu$→*R→F→R）。由于其起始状态与最终状态都是单重态，因此这些跳跃应当为内转换。但是当两个状态间有着很大能隙时，如在接近区域②的情况下，则从*R→R 发生内转换的效率不高（这些规则涉及内转换速率和效率的各种控制因素，将于第 5 章中说明）；而经历内转换时，态间能隙减小，则内转换会变得越来越快。

在第 2 个选择中，代表点可以从*R 面的区域①跳到基态面极大值的右侧形成活性中间体 I。这样的跳跃相当于初级光化学反应（即*R→I 转变）。由于 I 是一活性中间体，它可以存在足够长的时间，热活化然后越过能垒（图示 1.5 区域⑤）得到产物 P。对于*R→①→④→⑤→P 这个反应过程来说，其中*R→①反应部分的核运动由激发态势能面控制，而过程的另一部即④→⑤→P，则由基态势能面控制。这种情况下，尽管这里所给出的例子都是假设的，但它在许多光化反应中确是非常典型，如同我们将在第 6 章中讨论的那样。

由于通过漏斗（F）回到基态面的速度很快，因此对于在激发态能面上运动的分子*R，只有其中的少数一部分能够收集到足够的热能而进入到激发态能面的区域②，特别是在到达*I 的过程中还存在着较高能垒时。后者（*I）在激发态面上对应于一个电子激发活性中间体的极小值。应该注意到，它与区域①的弱的避免交叉面有所不同，

*I 是从基态的极大值经过相对较大的能量而分离出来。这类极小值-极大值/激发态能面-基态能面的相关，是一种强的能面避免交叉信号。

在一些罕见的情况下，代表点可以从区域②越过能垒而到达区域③；它具有一个相对于产物（P）激发态*P 的极小值。当*I 形成时，一个真正的光化学反应就发生了，因为活性中间体（I）及其激发态（*I）所具有的核构型与 R 的核构型截然不同。注意到激发能面*P 极小值，在基态面上还对应一个与之相应的极小值。这意味着*P 和 P 的核构型类似，如同于图示 1.5 右侧*R 和 R 的情况那样，因此在区域③中的代表点则可随着光子的发射（荧光）或热的释放（内转换）而跳回基态。

作为一个规则，光的吸收和发射都发生于接近反应物和产物核构型的光谱极小值处（这一规则称作 Franck-Condon 原理，将于第 4 章中讨论）。于是对于*R 就有从辐射路途（*R→R+$h\nu$），以及从非辐射路途（*R→F→R）回到 R 的两种过程。R 在吸光后，体系又返回 R 的路途叫做光物理路途。由于它们一般可与使*R 到 I 并最终到达 P 的光化学路途相竞争，因此非常重要。虽说*R 也有可能通过电子激发的*I 和*P 路途（称为绝热光反应）到达 P，然而这种情况很少出现。因此除了在某些特殊的环境下，这些路途只是当做可能的、而非似乎可能的过程。

图示 1.5 可代表任意假设的全光化反应（R+$h\nu$→P），所示的路途和过程可代表多数重要的光化学和光物理过程的样本，并在大量的理论和实践经验的基础上，允许做出如下的一般性考虑：

① 光子的吸收（R+$h\nu$→*R）和发射（*R→R+$h\nu$和*P→P+$h\nu$）一般趋向于在基态能面和激发态能面两者间、对应于光谱极小值的核几何构型处发生。

② 从一个能面到另一能面最可能的非辐射跳跃，是在其核构型两能面间、一个极大值和一个极小值能量接近处（*R→R 及*R→I）发生。

③ 在激发态与基态能面上能垒的位置和高度可决定光反应的特定路途。

④ 在激发态能面上的某些极小值（如漏斗 F），不易由常规的吸收和发射技术检出。

⑤ 光反应的过程依赖于竞争的光物理过程和光化学过程。

在第 3 章中，我们将解释如何用势能曲线来描述光化学和光物理的转换，然后将这些知识应用于后面章节许多不同的场合中。

1.14 结构、能量和时间：光化学过程中分子水平的基准和校正点

在化学领域中最有力的范式是将分子作为具有不同内在结构水平的粒子（原子、电子、核、自旋）而衍生得出。对分子尺寸、分子动态学以及分子能量在定性和定量两方面的正确评价，对于我们在电子和分子水平上来观察所发生的事件和评估事件的等级来说十分重要。对分子尺寸及电子和核在空间运动所需的时间和能量的理解就是

分子和光谱现象机制描述的核心。在分子水平上实现转换的能力有赖于初始状态以及最终状态的能量、可引起转换而用于做功的热能、为驱动重要结构变化的相互作用（力）以及为执行转化所需要的时间等。直观地说，转换的速率依赖于所得能量能否进入正确模式或引起结构改变至适当形式的自由度效率。

为了对能量、距离及时间尺度进行校准，我们现在可考虑一些在光化学中十分重要的能量和时间的基准数值。

1.15 分子能量中的校正点和数值基准

有机化学家们在计算分子时，习惯用摩尔以及 Avogadro 常数（6.02×10^{23}）作为含有 1mol 分子的分子数目的数值基准。纯分子物质的可测质量（以克表示，g），可通过除以分子的分子量（每摩尔的克数，g/mol）来计算得到该物质的摩尔数。

然而，光化学家们不仅关心分子的计数，而且还关心光源中光子的数目（光源的强度是指在特定波长 λ 下，每秒钟所发出的光子数）。如果我们把光子看作为一种"无质量的反应物"，那么在给定体积内，从光源发出能被吸收而产生*R 的光强就和溶液中分子 R 的浓度相关联。在给定分子浓度下，经过给定光程所吸收的光子数则代表（给定波长下）吸收波长光子流中分子吸收"截面"的量度（第4章）。而吸收每个光子所产生的 I 或 P 的分子数，就可称为活性中间体（I）或产物（P）生成的量子产率（Φ）。

现在我们可以尝试着来理解一些在所有化学转换尤其是光化学转换中都非常重要的量。在本节中考虑分子和光子能量的某些校准点和数值基准，而在 1.16 节中将考虑分子和光子尺寸与动态学的某些校准点。

一般说来，在光化学中，我们关注的是分子态间［公式（1.1）］的能隙（ΔE）差异，而不是态的绝对能量值。

$$\Delta E = |E_2 - E_1| \qquad （E_2 \text{ 和 } E_1 \text{ 间的能隙}） \qquad (1.1)$$

分子对于光子的吸收（$R + h\nu \rightarrow {}^*R$）可将光能（光子，$h\nu$）转换为分子的电子激发能（*）。光子可用它的能量做功，来改变分子的轨道电子、振动核或"进动自旋"的结构（参见 2.28 节）。光的吸收不仅可以为分子提供能量，用以形成或断裂化学键，而且还能够改变电子构型，从而改变围绕着核的电子分布。电子构型的变化相对于电子分布的变化一般可促进正电荷核的构型改变，而电子和核构型的改变也有助于电子自旋构型的改变。

产生电子激发态所需的能量（$R + h\nu \rightarrow {}^*R$）可以通过测定分子的吸收和发射光谱得到（见第4章），也可以应用光吸收 Einstein 共振条件［公式（1.2）］：

$$\Delta E = E_2 - E_1 = E_2({}^*R) - E_1(R) = h\nu = hc/\lambda \qquad (1.2)$$

式中，h 为 Planck 常数（1.58×10^{-34} cal·s = 1.58×10^{-37} kcal·s）；ν 为频率（常用单位 s^{-1} = Hz）；λ 为吸收波长（常用单位为纳米，nm）；c 为光速（3×10^8 cm/s）；E_2 和 E_1 分别为激发态（*R）和初始态（R）的分子能量。

公式（1.2）在光谱学和光化学中基础而且重要，它可将两态之间的能隙（ΔE）与一些可以测定的性质联系起来，即与吸收光子的频率（ν）和波长（λ）相关联。由于在公式（1.2）的应用中需要的只是两态间的能量差，因此对于这类能量的分析无需 E_2 和 E_1 的绝对能量值。

在图示 1.4 的能级图中，两个最重要的 ΔE 值是 S_1 和 S_0 态间的能隙（称作单重态能量，E_S）以及 T_1 和 S_0 态间的能隙（称作三重态能量，E_T）。这些能量反映的是相应的可用能量驱动力，用于光化学过程中化学键生成或断裂时在两个态之间做功。因此 E_S 和 E_T 二者对应于过剩的电子能量，它们可以转换为自由能来驱动初级光化学过程中的键的生成和断裂。例如在第 7 章中，E_S 和 E_T 的数值将在光诱导电子转移和能量传递过程中扮演着重要角色；而在克服热力学的吸热键断裂过程中，E_S 和 E_T 有着同样的重要性。

由于光化学关心的是吸收光子后化学键的生成和断裂，因此将吸收光子的能量与一般有机分子发生键断裂所需能量相比较，对于建立数值基准和校正点来说十分有用。此外，将键能与光的频率（ν）和波长（λ）联系起来也十分重要。在第 4 章中，我们将发展一种光子模式，它把光看作是由能量的"粒子"（或量子）组成，就像溶剂分子可以看作是由"粒子场"构成的那样，反应物分子的相互碰撞为反应活化能提供来源，而光束提供的"光子场"也能够与反应物分子相互碰撞，引起的能量吸收就可以作为反应的活化能。

1.16   光子计数

光化学家们是如何计算从光源所发出的光子或在光化学反应中被样品吸收的光子数目呢？公式（1.3）列出了第二个爱因斯坦光-能量关系，它将单光子的能量与光的波长（或频率）联系起来。因此，假如我们知道了光源的能量（E），就可通过公式（1.3）来"计算"光源所发出光子的数目。类似地，如果知道了被样品所吸收的光能量，我们也可以"计算"样品所吸收的光子数目。换句话说，1mol 给定波长（λ）或频率（ν）的光子对应于一特定能量（E），因此如果知道含于光源内给定频率 ν（或波长 λ）处的光能量，那么我们就可通过公式（1.3）计算出给定 ν（或 λ）的光子数。由于我们采用 kcal/mol 为能量 E 的单位，以 nm 为 λ 的单位，$Hz(=s^{-1})$ 为 ν 的单位，因而我们需要用 1.58×10^{-37} kcal·s 为 Planck 常数，以 3.00×10^{17} nm/s 为光速。

$$E = h\nu = h(c/\lambda) \qquad \text{单个光子的能量} \tag{1.3}$$

为纪念天才的光子之父，我们将 1mol（$N_0 = 6.02 \times 10^{23}$）光子的单位称为爱因斯坦。[对公式（1.3）和公式（1.1）的区分非常重要。公式（1.3）是将单光子的能量与光波的频率和波长相联系，而公式（1.1）则是将两个态之间的能隙（ΔE）和有着与 ΔE 能量完全相同的光子的光波频率相联系的共振条件。] 按照公式（1.3），含有任意光子数或含有一个爱因斯坦光子数的能量均依赖于相应光波的波长或频率，而由此可直接推导出公式（1.4a）和公式（1.4b），其中 n 是任意数量的光子，而 N_0 是 1mol 光子。

$$E=nh\nu=nh(c/\lambda) \qquad n \text{ 个光子的能量} \qquad (1.4a)$$
$$E=N_0h\nu=N_0h(c/\lambda) \qquad N_0 \text{ 个（1 爱因斯坦）光子的能量} \qquad (1.4b)$$

通过公式（1.4b）给出的 1mol（N_0）光子能量，可以提供体系所吸收的光能总量与所吸收光子数目之间的直接关系。因此，通过测定所吸收的光能量 E，并且知道所吸收光的波长（或频率），我们就有办法算出光子的数目！

1.17 计算 1mol 波长为 λ 频率为 ν 的光子能量

利用公式(1.4b)，以 kcal/mol 为单位的 1mol 光子的能量可由与光子频率相联系的公式（1.5a），或与光子波长相联系的公式（1.5b）进行计算。

$$E(\text{kcal/mol})= 9.52\times10^{-14}(\text{kcal} \cdot \text{s/mol})\nu \qquad (1.5a)$$
$$E(\text{kcal/mol})= 2.86\times10^{4}(\text{kcal} \cdot \text{nm/mol})/\lambda \qquad (1.5b)$$

表 1.1 中的数据给出了在光化学重点关注的波长范围（λ=200～1000nm）内，1mol 光子能量（1 爱因斯坦）是如何与相应光波的波长（λ，nm）和频率（ν，s^{-1} 或 Hz）相联系的。而这些数据都由公式（1.5a）和公式（1.5b）计算得到。由于历史上在研究电磁谱中不同区域的光时使用了不同的能量单位，因此许多不同能量单位都在光谱学和光化学中同时使用。因此相应于 1mol 不同频率 ν 或波长 λ 的光子能量数值常以千卡每摩尔（kcal/mol）、千焦每摩尔（kJ/mol）、波数（cm^{-1}）和电子伏特（eV）来表示。然而，在本书中所用的大部分单位是以 kcal/mol 表示，这是因为此单位在化学领域中已被普遍使用，并且与键能和反应活化能相关联。

表 1.1 能量、波长和频率之间的关系①

辐射类型	波长（λ）/nm	能量（E）/（kcal/mol）	频率（ν）/Hz
UV	200～400	140～70	1.5×10^{15}～7.50×10^{14}
紫光	～400	70	7.50×10^{14}
绿光	～500	60	6.00×10^{14}
红光	～700	40	5.00×10^{14}
近红外光	～1000	30	3.00×10^{14}

① 光谱的紫-绿-红（400～700nm）部分对应于光谱的可见光区。图示 1.6 为表中数据的示意性表示。

1.18 电磁光谱中光子能量的范围

电磁辐射的范围可从伽玛（γ）射线（高频、短波长的极限）一直到无线电波（rf，低频、长波长的极限）。在此范围内，最高能量的光子是与 γ 射线相对应（λ=0.0001nm，ν=$3.0\times10^{21}s^{-1}$，1 爱因斯坦 γ 射线的光子能量$\approx3\times10^{8}$kcal/mol！），而化学家们感兴趣的最低能量的无线电波频率的光子（$\lambda=1\times10^{10}$nm，$\nu=3.0\times10^{6}s^{-1}$，1 爱因斯坦无线电波的光子能量$\approx3\times10^{-6}$kcal/mol）。因此，相当于 1mol 光子的能量尺度可跨越 13 个数量级，即从 γ 射线的 3×10^{8}kcal/mol 到无线电波的 3×10^{-6}kcal/mol！

然而，有机光化学家们一般感兴趣的波长（即能量）范围只是电磁谱中的一个狭小区域，对应于波长从 200~1000nm（143~30kcal/mol）的光。这个波长范围相当于紫外（UV，200~400nm）、可见（vis，400~700nm）以及近红外（NIR，700~1000nm）的电磁波区域。之所以要切去更短波长的光（200nm，≈140kcal/mol）是取决于实际的考虑，例如对于 UV，在制作光解容器时就需要由石英或 Pyrex 玻璃制成的透明材料。一般可用的最透明的材料是石英，而当光波短于 200nm 时，石英对光的吸收就变得很强，因而也就如同为波长 $\lambda>200$nm 的有机光化学反应设置了一个实用的短波截止器。长波方向（1000nm≈29kcal/mol）的截止在某种程度上带有任意性，它对应于有机分子电子激发产生*R 的最长实用波长。而波长长于 1000nm 的光激发，往往是振动激发而不是电子激发了。

公式（1.5a）和公式（1.5b）提供了一个方便的公式，用以转换电磁波的波长为 1mol 光子的能量（kcal）。因此，如公式（1.6a）[公式（1.5a）×6.02×10^{23}] 所示，我们可用公式（1.5a）来转换 1 爱因斯坦（1mol 光子）波长为 700nm 的红光至每摩尔千卡当量值。

$$E=2.86\text{kcal}\cdot\text{nm/mol}\times10^{4}/700\text{nm}=40.8\text{kcal/mol} \tag{1.6a}$$

类似的，如公式（1.6b）所示 [公式（1.5b）×6.02×10^{23}]，也可将 1 爱因斯坦波长为 200nm 的紫外光转换成等能量的每摩尔千卡（kcal/mol）值。

$$E=2.86\text{kcal}\cdot\text{nm/mol}\times10^{4}/200\text{nm}=143\text{kcal/mol} \tag{1.6b}$$

图示 1.6 列出了一些典型的键能，用以比较在紫外-可见光区的光化学激发能。有机分子中常见的最弱的单键键能约为 35kcal/mol（如 O—O 键），而最强的单键键能约为 100kcal/mol 量级（如 O—H 键）。一个波长为 820nm 的光子就具有足够的能量（约 35kcal/mol）使一个 O—O 键断裂，而要断裂一个 O—H 键就需要一个波长约为 290nm（约 100kcal/mol）的光子。

有人可能会问，如果吸收了 250nm 的光（114kcal/mol）是否会导致有机分子中任意单键的随意断裂呢？答案是否定的。事实上，许多光化学反应都有明显的选择性，即使是有机分子吸收了比其最强的化学键有更高能量的紫外光子。的确，即使所吸收的每个光子的能量高于分子中大部分化学键的能量，也只有某些化学键可以断裂或生成。造成这种选择性的原因包括电子激发态过量振动能的快速失活、某些原子上电子激发的定域性以及电子激发在生成或断裂化学键时的专一性等。换句话说，存在某种特定机制使得电子激发能转换成核的运动，从而导致净化学反应（如：*R→I）。为更好地对光反应有所理解，在本书中我们将对这些机制进行深入探讨和解释。

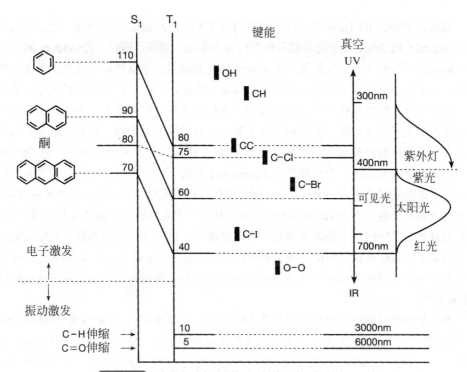

图示1.6 光化学反应对应能量、键能和太阳辐射能的比较

振动能列于图示底部。S_1 和 T_1 的能量单位均为 kcal/mol

波长范围为 $1000\sim10000$nm（$3\times10^{14}\sim3\times10^{13}$s^{-1}，$29\sim2.9$kcal/mol）的光对应于电磁光谱中的近红外（NIR）和红外（IR）光区。在此能区内的光子可激发有机分子的基本振动和谐波振动（伸缩和弯曲）。例如，波长 $\lambda=3000$nm 的光子对应能量约为 10kcal/mol（即 C—H 键伸缩振动所需能量），而波长 $\lambda=10000$nm 的光子对应能量约为 3kcal/mol（即 C—C 键伸缩振动所需能量）。

波长为 1×10^6nm（1cm，3×10^9s^{-1}，0.029kcal/mol）区域的光，其光子相当于处在电磁谱中的微波区域，而波长为 1×10^{10}nm（10m，3×10^6s^{-1}，0.0000029kcal/mol）区域的光，其光子相当于处在电磁谱中的无线电波区域。电子和核自旋态的 ΔE 值依赖于它们所处磁场的大小。当磁场约为 10000G（高斯）量级时，典型的电子自旋能量对应于微波频率（$10^9\sim10^{10}$s^{-1}），其对应能量为 $10^{-4}\sim10^{-5}$kcal/mol。在大约 10000G 的磁场中，典型的核自旋能量对应于无线电波频率（$10^6\sim10^7$s^{-1}），其对应能量依次在 $10^{-6}\sim10^{-7}$kcal/mol 量级。最后，有意义的是将光子数目（n）和光子摩尔数联系起来（$N=n/N_0$），它对应于一给定的光能量。作为一个样本，让我们来计算一下不同波长（频率）的光在 100kcal/mol 能量时的相对光子数目。从公式（1.4a）可知，n 值（光子数目）可由公式（1.7）给出，而 N 的数值（光子摩尔数）则可由公式（1.8）给出。

$$n（光子数目）=E\lambda/hc \tag{1.7}$$

$$N（光子摩尔数）=n/N_0=E\lambda/N_0hc=E\lambda/(2.86\times10^4\text{kcal}\cdot\text{nm/mol}) \tag{1.8}$$

波长为 350nm 的 1mol 光子的总能量约为 82kcal，而波长为 700nm（光子总能量约为 41kcal）的 2mol 光子的总能量也是约为 82kcal。然而，吸收一个 350nm 的光子后，瞬间就可为单个分子提供相当于 82kcal 的完整能量；也就是说，这个能量在原则上可以用来断裂单个分子中能量约为 82kcal/mol 的键。吸收一个 700nm 的光子，所能提供给单个分子的能量相当于大约 41kcal。而以普通灯具作为光源，要让同一分子同时吸收两个光子毫无可能（即使两个光子和一个分子同时处于同一位置，这就类似于要求三个分子同时碰撞或反应那样，绝无可能）。因此，无论光束有多强，用 700nm 的光绝无可能有效断裂一个离解能为 82kcal/mol 的键。由此可见，光的总能量并不如单个光子的能量那么重要；也就是说，即使是很强的红光灯，具有很大的光子总能量，也不能有效断裂能量为 82kcal/mol 的键，但即使是一个光强较弱的蓝光灯却可以工作。在断裂有机分子中的一个键时需要有一个阈值能量，这种关系完全类似于光电效应，只有当光子能量超过阈值才能够从金属中激发一个电子（见第 4 章）。的确，爱因斯坦最先利用量子化的光子来解释光电效应，这完全类似于普朗克有关能量量子化的解释（见第 4 章）。

表 1.1 中最后的校正点反映的是在不同波长 λ 或频率 ν 下，总能量为 100kcal/mol 的光与相应光子数目之间的对应关系。也就是说对应于这一能量，波长为 0.1nm（X 射线）的光束含有 3×10^{-4}mol 光子，波长为 286nm 的光束含有 1mol 光子，波长为 1000nm（近红外）的光束含有 3.5mol 光子，波长为 10^8nm（微波）的光束含有 3.3×10^4mol 光子，波长为 10^{10}nm（无线电波）的光束含有 3.3×10^6mol 光子。

1.19 分子尺寸和时间尺度的校正点与数值基准

化学家们常常借助于"球-棍"模型来研究分子，这对于评价如几何构型（键长和键角）等许多分子的静态（不依赖时间的）性质非常有用，但却无法应用于电子、核及自旋等微观粒子，因为它们从来就不是静止的。因为不确定原理，即使当温度接近于 0K 时，核也在进行着振动运动。除了振动的核外，轨道中的电子及其电磁自旋矩都在进行着特有的零点运动。的确，甚至电磁场也有零点运动（相当于在场中不存在有光子）。第 3 章中，我们将讨论物理和化学的非辐射跃迁，例如分子的核、电子及自旋结构重组等，都可看作为在零点运动中的变化。理解这种以时间为函数出现的、超越距离的结构重组（在分子尺寸的量级上），对于深入理解相关光物理和光化学过程至关重要。因此，我们需要某些有关分子尺寸和时间尺度上的数字基准。

首先，我们来考虑一些导致光吸收的典型发色团的尺寸。有机化学中标准的官能团（如羰基、烯烃、烯酮、芳环等）都对应于一些简单的发色团。如果我们在光吸收过程（R+$h\nu$→*R）中考虑到这些典型有机分子的原子或基团，会发现这些基团的"尺寸"一般都在 2~6Å（0.2~0.6nm）的量级上，只包含相当少量的连接原子。光子以

光速 $c=3\times10^{10}$cm/s$=3\times10^{17}$nm/s 运动，也就是说光子走过 1cm(10^7nm) 所需要的时间仅为 33×10^{-12}s(33ps)！

假如我们将光的波长（λ）与光子的"长度"或"尺寸"（d）联系起来，那么蓝光对应光子的尺寸约在 400nm 量级上（表 1.1）。我们可以按照它们与分子的碰撞（相互作用）能力来解释光子的尺寸或长度。于是，一个波长为 400nm 的"蓝色"光子通过一个点所需的时间就是 $\tau=d/c=$400nm$/3\times10^{17}$nm/s$\approx10^{-15}$s $=$1fs。粗略地，这可相当于一个分子吸收一个光子所用的"相互作用时间"。如果在这个时间段内没有吸收，那么这个光子就将飞快地移过这个发色团，吸收也就不会发生。

在此期间，电子能否从一个轨道跳到另一个轨道或从一个原子跳到另一个原子，亦或光子闪过一个分子实在过于迅速了呢？我们可以用一个具体的物理模型，即玻尔（Bohr）原子，来估计一个电子从一个原子轨道跳到相邻原子的另一轨道所需要的时间。一个电子在最低能量的氢原子玻尔轨道（氢原子的最低能量轨道半径约为 0.05nm 或 0.5Å）转一整圈所需要的时间大约为 10^{15}Å/s。因此，一个电子在 10^{-15}s 内可移动 0.1nm 或 1Å 的距离。因为有机分子的一般键长范围也就是 0.1~0.3nm（1~3Å）量级，所以我们可以确定光子相互作用和电子运动在时间尺度的数量级上是重叠的。

由于光吸收的发生可引起电子从一个轨道跳到另一个轨道（R$+h\nu\rightarrow$*R），而光的频率必须与电子运动的可能频率相匹配，也就是说公式（1.1）（$\Delta E=h\nu$）的共振条件必须满足。因此，如果共振条件满足了，光子的能量就可被吸收，而电子也可被激发。从波的图像上看，在光被吸收时，能量就可从振荡的电磁场转移给电子而被吸收，而与此同时电子由于激发也进入振荡。在第 4 章中，我们讨论量子力学的选择规则，也就是光怎样才更有可能被一个分子吸收。10^{-15}s 的周期为化学事件的时间尺度设置了一个上限。因为在电子运动发生前（即在电子的空间位置改变前），任何化学反应都不可能发生。因此，10^{-15}s（1fs）就可作为最快的化学或光化学事件的时间数字基准。显然，现代激光技术使得在 10^{-15}s 的时间尺度范围内测定这些过程的发生成为可能。Ahmed Zewail[1]由于在这一技术发展中所做的突出工作，于 1999 年获得了诺贝尔化学奖。

现在，让我们对在激发态（*R）寿命内发生反应的速率（或各过程的寿命），也就是图示 1.4 态能级图和图示 1.5 势能面图中各过程的寿命，在数量大小上有所感知。对于*R 的最慢和最快过程，其校准点或速率基准是什么？什么限制了*R 的最大寿命呢？

辐射过程限制了电子激发态（*R）的最大寿命。换句话说，*R 的寿命不能比它自然辐射的寿命更长；假如没有其他过程可使*R 失活，那么它最终会发射出一个光子，而*R$\rightarrow$R$+h\nu$过程也使得激发分子回到其基态。因此，任何从 S_1 或 T_1 的（光物理或光化学的）非辐射跃迁速率必须比自然辐射速率更快（时间尺度更短），否则辐射失活将会是"默认"的失活过程。也就是说，分子通过发射光子而失活来得比它经历其他光物理或光化学事件失活还快。

对纯的辐射过程来说，它最快或最慢的基准极限到底是什么？在第 4 章中，我们解释了有机分子的最大荧光速率（$S_1 \rightarrow S_0 + h\nu_F$）是在 $10^{-9}s^{-1}$ 量级，而最小荧光速率常数则在 $10^{-6}s^{-1}$ 量级。这一发现使得经由 S_1 发生竞争过程的时间尺度要短于 $10^{-6} \sim 10^{-9}s$ 的范围。换句话说，对于那些源于 S_1 的长达 $10^{-5}s$ 或更长时间的非辐射过程都会非常低效，即使是具有最长寿命的 S_1 都是如此，除非是小于 $10^{-10}s$ 的非辐射过程才能够与最快速的辐射过程相竞争。

另一方面，有机分子的最大磷光（$T_1 \rightarrow S_0 + h\nu_P$）速率常数 k_P 是在 10^3s^{-1} 量级，而最小磷光速率常数则在 $10^{-2}s^{-1}$ 量级。这意味着经由 T_1 的竞争过程必须发生在短于 $0.001 \sim 100s$ 的时间范围内。于是，对于一个经由 T_1 态的非辐射过程发生在 $10^{-5}s$（时间周期太长无法与经由 S_1 的荧光过程相竞争）或更长一些时间将十分有效。在第 4 章的讨论表明，k_F 和 k_P 的数值与 *R 的结构相关联，但现在我们还只有一些经由 S_1 或 T_1 所发生竞争过程速率极限的数字基准。当所有其他因素都类似时，如果只是单独基于寿命考虑，那么三重态光反应会比单重态光反应更易于发生。

现在，我们对光发射和分子内核运动（即振动）的时间尺度进行比较。有机分子所发生的最快振动频率为 $10^{14}s^{-1}$（C—H 伸缩振动），而最慢振动频率为 $10^{12}s^{-1}$（C—Cl 伸缩振动）。这意味着对于典型有机分子内的键合基团，可在 $10^{-12} \sim 10^{-14}s$ 内于某处完成零点振动。由于大多数有机分子的固有荧光寿命一般处于 $10^{-6} \sim 10^{-9}s$ 的范围，因此在 S_1 态发射光子之前，它可经历数千次至数百万次的振动！而 T_1 态所用时间为 $10^{-3}s$ 或更长些，在它发射光子之前已经经历了 $10^{11} \sim 10^{14}$ 次振动！因此，对于辐射失活过程而言，在电子激发分子的寿命期间内，核运动有大量时间可用于达到平衡。

电子自旋在许多光化学反应的路途中扮演重要角色，而且它还是单重态-三重态相互转换、辐射或非辐射过程的关键性结构特征。一般说来，自旋相互转换的速率变化很大，可跨越几个数量级，但相比振动运动来说还是相对较慢，而相比电子运动则慢得多。由氢以及元素周期表中第一完整周期中的原子所构成的有机分子，最快的自旋相互转换速率大约为 $10^{12}s^{-1}$，最慢的自旋相互转换发生速率为大约 $10^{-1}s^{-1}$。自旋相互转换的速率大小取决于电子自旋运动及其轨道运动之间的相互作用，这种相互作用称为自旋-轨道偶合，将在第 3 章中详细讨论。

光反应速率（k_R，图示 1.4）的变动范围巨大，约为 $10^{14} \sim 10^{-2}s^{-1}$。最快速的反应受到振动运动（经由漏斗）和电子转移（离子化）的限制，而最慢速的反应则受限于最慢磷光速率。因此，无论是经由 S_1 还是 T_1 发生光反应都依赖于 *R→I 过程的速率常数（k_R）及 Σk（这里 Σk 表示激发态所有失活路途速率之和）二者。

图示 1.7 比较了一些重要光化学事件所覆盖的时间范围，从大约 $10^{-16}s$（0.1fs）到 1s，以及从相同范围去回溯过往历史的时间跨度（约 $1 \sim 10^{16}s$，$10^{16}s=10Ps=3\times10^8a$）。在以这种方式进行比较时，我们可以发现光反应的历史已经历了数"十倍"于地球的历史！

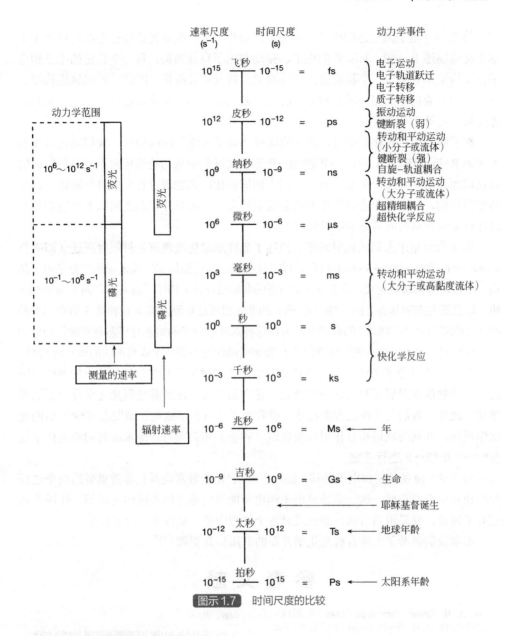

图示 1.7 时间尺度的比较

1.20 本书的计划

现在我们已对现代分子有机光化学有了广泛而一般性的介绍,而在本书中将采用范式-样本联系法,并对分子有机光化学中一些校正点和基准进行回顾。下面将对本书的计划内容作简单介绍。

有关结构、能量及动态学的概念对于理解分子光化学十分重要。在一开始的第 1 章中,我们需要对图示 1.1～图示 1.3 相关范式中的物种 R、*R、I 和 P 的结构有所了解。第 2 章（电子激发态的电子、振动及自旋构型）旨在如何能够在零级近似水平上形象化地描述 R、*R、I 和 P 的电子、振动和电子自旋结构。每一个稳定的电子和电子自旋构型都对应着一个稳定的核几何构型并具有相关能量。因此，采用轨道构型、核构型和自旋构型的相关术语对分子的电子激发态及其相关能量进行列举、分类和图像化描述是第 2 章涉及的主题。

在了解了有机光化学中经常遇到的这些"似乎可能"的结构后，我们就可以接着考虑如 R+$h\nu$→*R、*R→I、I→P 和*R→P 等相关过程中从初始结构向不同最终结构的转化问题。这些问题会在第 3 章（不同态间的转化：光物理过程）中进行阐述，并与势能面结构、动态学和能量等相关概念联系起来，从而对分子态之间似乎可能的相互转化路途进行高效而具体地图像化展现。

第 4 章（电子态间的辐射跃迁）描述了怎样形象化地理解各种辐射跃迁（即吸收 R+$h\nu$→*R 和发射*R→R+$h\nu$）过程，以及这些辐射跃迁如何定性或定量地与分子电子结构和电磁场结构联系起来。第 5 章（光物理的非辐射跃迁）描述了激发态之间（*R→*R′+热）以及激发态和基态之间（*R→R+热）的非辐射跃迁机制。第 4 章和第 5 章中考虑的跃迁之所以冠以"光物理"的称谓是因为在这种跃迁中分子的始态与终态有着非常相似的核几何构型，并不对应传统的化学过程，譬如明确的键断裂或生成具不同的核几何构型。

在第 6 章（分子光化学的定性理论）中，我们讨论了对应于化学反应的非辐射跃迁，借助势能面发展了相关理论和范式，这有助于我们理解并使得光化学反应更加形象化。此外，我们还从理论方面描述了吸收光子（$h\nu$）形成电子激发态（*R）后的光化学反应；并利用轨道相互作用以及轨道（和态）相关图等理论术语对初级光化学过程*R→I 和*R→F 进行考虑。

第 7 章（能量传递和电子转移）描述了涉及*R 的紧密联系且非常重要的两个过程间的相互关系及范畴。这一章还对电子和电子能量传递之间共同的轨道相互作用关系展开了讨论，并采用当前流行的范式对逐个过程中的大量样本进行了评述。

本章我们参考了大量有机光化学方面的有用信息资源[5~14]。

参 考 文 献

1. (a) A. H. Zewail, *Pure App. Chem.* **72**, 2219 (2000). (b) A. H. Zewail, *Angew. Chem., Int. Ed. Engl.* **39**, 2586 (2000).

2. (a) P. M. Paul et al. *Science* **292**, 1689 (2001). (b) D. Labrador, *Sci. Am.* **287**, 56 (2002).

3. P. W. Atkins and R. Friedman, *Molecular Quantum Mechanics,* 5th ed., Oxford University Press, Oxford, UK, 2005.

4. T. Kuhn, *The Structure of Scientific Revolutions,* 2nd ed., The University of Chicago Press, Chi-cago, 1970.

5. A useful guide to the terminology of photochemistry. S. E. Braslavsky and K. N. Houk, *Pure & Appl. Chem.* **60**, 1055, (1988).

6. A useful handbook on photochemical data of all types (energies, rate constants, spectral data, etc.). *Handbook of Photochemistry,* 3rd ed., M. Montalti, A. Credi, L. Prodi, M. T. Gandolfi, eds., CRC Taylor and Francis, Boca Raton, 2006.

7. An excellent text on photochemistry that in-

tegrates spectroscopy and quantum mechanics. M. Klessinger and J. Michl, *Excited States and Photochemistry of Organic Molecules,* VCH Publishers, New York, 1995.

8. A comprehensive annual review of all areas of photochemistry since 1969. *Specialist Periodical Reports,* The Chemical Society, London.

9. Reviews of a range of topics in all areas of photochemistry appearing every year or two, from 1963. *Advances in Photochemistry,* Wiley & Sons, Inc., New York.

10. Reviews of a range of topics in organic photochemistry in 11 volumes during the period 1967–1991. *Organic Photochemistry,* Marcel Dekker, New York.

11. Reviews of a range of topics in molecular and supramolecular photochemistry in 14 volumes during the period 1997–2006. *Molecular and Supramolecular Photochemistry,* Marcel Dekker, New York.

12. Reviews of a range of topics in organic photochemistry. (a) W. Horspool and F. Lensi, eds., *CRC Handbook of Organic Photochemistry and Photobiology,* 2nd ed., CRC Press, Boca Raton, FL, 2004. (b) J. C. Scaiano, ed., *CRC Handbook of Organic Photochemistry,* CRC Press, Boca Raton, FL, 1989.

13. The previous versions of this text. (a) N. J. Turro, *Molecular Photochemistry,* Benjamin, New York, 1965. (b) N. J. Turro, *Modern Molecular Photochemistry,* University Science Press, Menlo Park, CA, 1991.

14. Reviews of organic syntheses. (a) *Photochemical Key Steps in Organic Synthesis,* A. G. Griesbeck and J. Mattay, eds., VCH, Weinheim, 1994. (b) *Synthetic Organic Photochemistry,* A. G. Griesbeck and J. Mattay, eds., Marcel Dekker, New York, 2005. (c) A. Schonberg, *Preparative Organic Photochemistry,* Springer-Verlag, New York, 1968. (d) *Organic Photochemical Synthesis,* Vols. 1 and 2, R. Srinivasan and T. D. Roberts, eds., Interscience, New York, 1972.

第2章

激发态的电子构型、振动及自旋

2.1 通过分子有机光化学范式来考察电子激发态的结构

让我们先回顾一下从图示 1.1～图示 1.3 中所学习过的工作范式。在所有有机分子的光化学反应中，电子激发态*R 是重要的初始瞬态结构。任何直接从*R 产生的化学过程都可称为初级光化学过程；而任何经由*R 所进行的物理过程，则称为初级光物理过程。对于有机分子，一个最平常的初级光化学过程为如图示 2.1 中所给出的*R→I 过程，它是由图示 1.1 中加入了*R 的初级光物理过程扩充而来。一般说来，这些*R→R 的光物理途径会与任何初级光化学途径*R→I 相竞争。为了简化起见，这里不包括一些通常较少出现的初级光化学反应，如从*R 生成 P 的"漏斗"过程（*R→F→P）或经由电子激发中间体的过程（*R→*I）等。

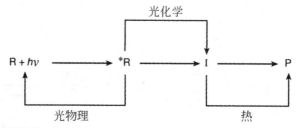

光化学

R + hν ⟶ *R ⟶ I ⟶ P

光物理　　　　　　　　　　　　　　　热

图示 2.1　总光化学途径*R→P 和总光物理途径*R→R 的综合范式

这些活性中间体（I）通过常规的热过程生成可观察到的产物（P）。结构 I 代表了一般活性中间体（如自由基对、双自由基、碳正离子-碳负离子对、两性离子物种及卡宾等），它们均可在初级光化学步骤*R→I 中产生。与 I 相关联的典型电子结构将在第 6 章中加以讨论。相对于初级光化学过程，从 I→P 的化学途径可称为次级热过程。尽管直接通过漏斗的初级光化学途径*R→F→P 以及包括形成产物电子激发态的途径（如：*R→*I 和*R→*P）是已知的，但是它们在实验中相对并不常见，因此我们在第

5、6 章之前将不作明确考虑。

在图示 2.1 中所给出的符号（如 R、*R、I 和 P）均为简写标记，它们并不局限于单分子物种。一般说来，*R 代表的是反应物体系，它可以包括初级光化学过程中除*R 以外的任何分子（M）。图示 2.1 中的所有物种，包括*R 在内，都可以用传统的 Lewis 结构表示，或借助常规的单电子分子轨道（MO）予以讨论。这当然需要假定同学们对 R、P、I 的 Lewis 结构和分子轨道表示相当熟悉。后者还包括有机分子中含有的各种普通有机官能团（如酮、乙烯基、烯酮、苯等），它们在所有基础有机化学课程中均有讨论。本书的目标之一就是要使同学们能够得心应手地应用（与 R、P、I 等基态结构相关的）Lewis 结构和分子轨道知识，从而对激发态结构（*R）和活性中间体（I）中电子、振动及自旋结构的细节有所了解。

量子力学[1]可以为有机分子结构和动态学的描述提供一种最常用、最有力、最有效的物理和化学范式。然而，通过量子力学来正确理解分子的结构和动态学，需要有复杂的数学基础，但这已经超出了本书的预想和目标读者受众。无论如何，在这一章和下一章中，我们会尽可能地采用量子力学的概念和方法把处理有机光化学所涉及的相关数学问题转换为形象的图像和结构，以方便那些少有数学兴趣、缺乏专业背景的同学加深理解。我们会将量子力学的数学问题转换为图像，进而依次讨论分子结构（本章中）和分子动态学（第 3 章中）。这使我们认识到，量子力学的数学处理方法可以定性地通过可视化和图像化的表达加以解释，而这种表达方式在一定程度上与真实体系相当接近。

有机化学的语言采用图形化对象，即分子结构（例如 Lewis 结构和分子轨道）来关联相关分子的功能、性质与反应活性等。而量子力学的语言则采用的是波函数（本章将对这一名词作详细叙述）这种数学对象，以及量子化的电子、振动和自旋能量概念。由于分子结构与波函数两者所描述的分子为同一对象，因此必须要存在某种方法能够将分子结构转换为波函数，或是将波函数转换为我们所更熟悉的、可通过 Lewis 结构和分子轨道来描述的、形象化的分子结构。图示 2.1 中的 R、*R、I 和 P 既可用普通的分子结构来加以描述，又可用波函数来加以描述。虽说只能通过近似模型对 R、*R、I 和 P 的波函数加以形象化的理解，但是它使得光化学家能够对总光化学转换过程 R+ $h\nu$→*R→I→P 中所发生的结构、能量和动态学事件建立起一幅如舞蹈艺术般的"动画"想象。

与所有相似模型一样，这种对波函数的形象化往往需要借助不完全近似的"恰当"数学表达对量子力学进行处理；然而，这种形象化的处理方式能够有效地通过定性的近似，在新领域中引入概念。的确，只要通过这种形象化处理方式得到的图像能够在本质和特性上正确抓住图示 2.1 中的基础结构、基本作用力和主要动态学过程，就可得到一种有价值的入门操作知识，那么"量子直觉"就能够作为一种有价值的引导操作知识，成为我们深入探索主题的有用基础[1]。

当"图像"本身就或可代表从拓扑和欧几里得几何[2]演化而来的数学对象时，那么借助图像方法来理解化学体系会十分有效。例如，Lewis 电子的"线-点"结构就具有数学或拓扑对象的性质，因此被称为图解法。Lewis 结构呈现的就是顶点（原子）之间，以及它们之间的连线（键）的几何关系。图示 2.1 中的 R、*R、I 以及 P 等符号可以用 Lewis 结构加以表达（拓扑对象或化学图表），也可用原子在三维空间中的位置加以表达（即欧几里德几何对象或化学结构）[2]。有机化学家们熟悉有机分子结构的拓扑或欧几里德几何表达。虽说这种结构是数学的抽象，但对化学家而言，它们却真实地呈现出结构-功能、结构-活性以及结构-性质之间的联系。在理解到传统分子结构实际上只是对有机分子这种数学对象（恰如量子力学波函数的数学抽象）的具体描述后，同学们也许就更容易接受我们将波函数的数学表达作为有机分子的另一种表述方式的原因。

虽说波函数完全以数学术语来进行阐述，但构筑波函数[1]的物理基础则完全是始于化学家们经常遇到的经典静电物理体系（即带负电荷的电子和带正电荷的核）。因此，从这一观点说来，量子力学的许多内容也并非是真正地提供了一种全新的对自然现象的研究和理解；在许多方面，量子力学所代表的是经典力学的一种进步，它在对微观粒子的描述中引入了波函数和量子化。在这一点上，以形象化的经典力学作为起点，发展出一个基于我们周遭经典力学世界的所谓"量子直觉"。因此，经典力学可十分有用地为我们提供某些图像，为我们对在量子力学世界所发生的过程加强理解。然而，量子力学还存在其他某些固有特性，不能在所有方面都把它看作是经典力学的自然进化，例如有关电子交换的一些结果（Pauli 原理），以及在微观水平上精确测量的不确定性（即 Heisenberg 测不准原理）等问题。

在本章中，我们将在如何应用电子轨道使得电子波函数更加形象化，如何应用弹簧连接的振动质量使得振动波函数更加形象化，以及如何应用进动矢量使得电子自旋组态的波函数更加形象化等方面进行解释。每种图像化的处理方式都可以定性地与量子力学的数学范式相联系，并能够对很宽范围内的光化学现象做出有用的解释。

2.2 分子波函数和分子结构[1]

按照量子力学原理，任何原子或分子体系的波函数是一种数学函数，它包含了所有为确定原子与分子体系任何可测定的稳态与动态性质所需要的全部信息，而且可以"简单地"通过对函数进行适当数学操作求得感兴趣的性质数值。通常情况下，任何分子体系的完整波函数由一个相当复杂、深奥的数学函数所组成，以符号 Ψ 表示。量子力学可以在计算的基础上，通过对波函数 Ψ 的数学"操作"，实现对分子结构、分子能量及分子动态学的了解。按照量子力学的原理，假如我们对给定分子波函数 Ψ 的数学形式有精确认识，原则上就可以在假定的起始条件以及内部和外部作用力下，计算出分子的电子、核、自旋构型，以及分子在任何状态下由实验观测性质（如电子能量、偶极矩、核几何构型、电子自旋能量、不同电子态之间的跃迁概率等）的平均值。量子力学在分子上的应用，可简化理解为利用数学方法对特定方程求解，其中包含我们感兴趣的性质或跃迁波函数。一旦这种波函数可用，那么相关分子的所有性质原则上都可以计算得到，因为量子力学已经教会我们如何来提取所有这些分子性质的对应数值。

按照量子力学定律[1]，波函数 Ψ 可通过求解 Schrödinger "波动方程"而得到［公式（2.1）］。

$$H\Psi = E\Psi \tag{2.1}$$

换句话说，公式（2.1）是量子力学对自然界基本定律的数学表达；在同样意义上，牛顿定律是经典力学对自然界基本规律的数学表达。量子力学的定律告诉我们，自然界中仅能存在某种"允许"的稳定状态，而这些允许的状态具有特定的（量子化）能量。这些稳定态中的每个态，相当于公式（2.1）中的某个解的特定波函数（Ψ），每个 Ψ 都有一个与之相关联的能量（E），它是通过求解公式（2.1）而得到的。波动方程中，H 可称为"哈密顿算符"，它与体系中某个可能能量（E）的数学"算符"相对应。而这些能量可以是分子的电子能、分子内原子的振动能、或电子的自旋能等。公式（2.1）的特殊性在于，凡是"允许"（稳定）的波函数（Ψ）就具有某个值得关注的性质，即在特定 E 值下，当数学算符 H 与 Ψ 相乘时，其结果得到 $H\Psi = E\Psi$［公式（2.1）］。这个波函数可称为本征函数，而它的解（E），就是算符 H 的本征值。本征值（eigenvalue）的前缀"eigen-"源自德文，即"特有"意思［即 Ψ 和 E 都是公式（2.1）的"特有"解］。按照量子力学定律，只有那些能与公式（2.1）的解相对应的本征值才是任何稳定状态所允许的能量，而所有这些（电子的、振动的和自旋的）分子态能量，都是公式（2.1）波动特性量子化的结果。因此，量子化就是波动方程［公式（2.1）］数学性质的自然结果，同时也可以看作是物质在原子和分子水平上表现出波动性质的结果。

在下面的讨论中，对于那些不熟悉量子力学数学基础的同学，就可能要考虑将完整分子波函数（Ψ）作为整个分子结构（如电子、振动和自旋）的一种数学表达。因此，对于图示 2.1 中的 R、*R、I 和 P 的分子结构表达，分别相应存在波函数 $\Psi(R)$、$\Psi(*R)$、$\Psi(I)$ 和 $\Psi(P)$。对于一个波函数是代表某算符本征函数的特定体系，具有稳定的可测性质被看作是该体系处于（稳定）本征态的标志。有关 Ψ 的明确数学形式不会在本书中出现，但我们会采用图像或图表的方式来表述波函数 Ψ，并将这些表述与我们所熟悉的分子结构特性联系起来。

量子力学可用来回答图示 2.1 中，有关*R 和 I 物种的下列问题：

① 有关*R 与 I 详细的电子、振动、自旋结构和能量是什么？
② *R 与 I 中原子的电子分布状况是什么？
③ 什么是 R 的光吸收概率和*R 的光发射概率？
④ 什么是*R 的光化学与光物理的跃迁速率？
⑤ 电子自旋在决定*R 和 I 的性质中起什么作用？

我们可以从量子力学公式（2.1）（及相关公式）出发，通过在波函数 Ψ 上进行适当数学操作（如将哈密尔顿算符 H 操作于波函数 Ψ 上，而求得各允许的能量）来计算特定性质的观察结果。但我们应如何在公式（2.1）中准确地应用这种数学"算符"

呢？数学"算符"往往与确定体系中可测定性质（如能量、偶极矩、键角、角动量以及跃迁概率等）的力或相互作用相关联。事实上，量子力学算符与计算经典力学性质时所用到的数学在形式上十分相似。例如，量子力学算符计算两个电子间相互排斥作用的形式为 e^2/r（式中的 e 为电子的负电荷，r 为电子间的距离），这与经典力学中计算荷电粒子、吸引和排斥相互作用的库仑定律的表达形式完全一致。

我们将以下列两个由量子力学定律[1]推演而得到的重要结论结束本章节的介绍。

（1）按照量子力学原理，唯一可能"允许"的测量值，必然是为公式（2.1）所概括的、且在形式上类似于公式（2.2）的本征值。例如，对分子体系（P）中每一个可测定的性质，都存在一个可操作于本征函数 Ψ 的数学函数 P，对应有本征值为 P 的实验测定性质。

$$P\Psi = P\Psi \tag{2.2}$$

（2）公式（2.2）涉及的是在单个分子上单次测定的实验。但在任何真实的实验中，大量实验实际上是在大量分子上进行的。因此在实验室测定中，所得到的应当是性质的平均值（P_{ave}）。按照量子力学定律，P_{ave}（可称为测量的期望值）通过形式为 $\int \Psi P\Psi$（公式 2.3）的数学积分得到，这里的 $\int \Psi P\Psi$ 是对其实际数学形式的一种简化，它包括了复杂的波函数和数学上的"归一化"等，因简明的需要而被我们忽略了。另一种可以用于完整替代期望值的表示符号为 $\langle \Psi | P | \Psi \rangle$，可称之为"矩阵元"[公式(2.3)]。其重点是通过算符 P 对波函数 Ψ 进行数学"操作"，计算与"矩阵元"$\langle \Psi | P | \Psi \rangle$ 相对应的实验测定期望值，从而将分子体系的相关信息提取出来。

$$P_{ave} = \int \Psi P\Psi = \langle \Psi | P | \Psi \rangle \tag{2.3}$$
$$\text{（期望值）} \qquad \text{（矩阵元）}$$

现在我们将介绍一些对于波函数 Ψ 的常用近似，可以用来求解公式（2.1），产生体系所允许的一组近似波函数和近似电子能级。然后，我们就可以利用近似波函数，来形象化地描述图示 2.1 中 R、*R、I 和 P 的电子构型、核构型和自旋组态。接下来，我们还将叙述如何应用这些近似波函数来估算诸如公式（2.3）中 R、*R、I 和 P 的电子分布和能量等相关性质。在这些情况下，我们除了要对波函数进行近似以外，还要形象化地定义相关性质所对应的算符 P，如公式（2.3）中，算符 P 就被"三明治式"地夹在两个近似波函数中间。

2.3 Born-Oppenheimer 近似：分子波函数及能量近似的起点

对于有机分子而言，Born-Oppenheimer 近似[1,2]是确定其分子波函数和相关能量最为重要的方法。按照这一近似，电子的轨道运动要比核的振动运动快得多。Born-Oppenheimer 近似假定质量小、运动快、带负电荷的电子相对于质量大、运动慢、带正电荷的核可以迅速调整分布。这一重要近似结果允许我们对电子和核的运动进行独立地数学处理。因为它允许电子波函数可对任意选定的静态核框架（即对任意核几何构型）进行计算，从而可以大大简化对公式（2.1）的求解过程。这一发现具有非常重要的实用效果，即对任意选定的固定核框架（冻结核近似）都能对其电子波函数进行计算。计算所得的能量即意义上的"势能"（PE），可看作是在分子总电子能量中核动能（KE）最小化的结果（这种情况下，假设每个分子几何形态都是不动的，因而在计算中就无需包括动能选项）。

原则上，核可移动至所有的可能构型，而且每种核构型都对应相应的计算电子能量。在对所有这些可能进行计算后，就可鉴别和确定作为平衡构型的最低能量构型是什么，并由此给出最为稳定的分子形态。在 Born-Oppenheimer 近似中，还可能计算出体系从 R 到 P（R→P）的基态反应能量，或体系从*R→P 的激发态反应能量（如图示 1.5 中所假设的例子）。在这种情况下，就可选出基态或激发态反应的最低能量途径，以及可称之为"反应坐标"（reaction coordinate）的特定最低能量途径。

对于基态有机分子（R 和 P），单重态是它唯一重要的态，其净电子自旋为零，因此自旋就不包含于公式（2.1）的解中。然而，对于*R 和 I，自旋在决定产物形成的整个途径中常具有关键性质。由于电子自旋运动源于磁相互作用（见 2.33 节），同时对多数有机分子来说，磁和电子现象的相互作用较弱，因此电子的自旋运动可与轨道中的电子运动以及核的振动和转动运动分离开来，独立地加以处理。

一般说来，Born-Oppenheimer 近似能够极好地处理稳定的分子态，例如未与其他（电子、振动或自旋）激发态发生有效相互作用的有机分子基态。但是当单个核构型对应有两个以上具有类似能量的电子态时（这种情况，*R 与 I 是经常碰到的，但对于 R 与 P 则较少碰到）就无法用 Born-Oppenheimer 近似来进行处理。因为当两个相等能量的态具有相同的核构型时，就具备了可共振条件，同时当体系中有两个或多个态的波函数接近这种特殊的几何构型时，就会对核运动的控制展开竞争。

Born-Oppenheimer 近似使之有可能计算出对 Ψ 的第一性推测，即分子的"真实"波函数。例如，Born-Oppenheimer 近似允许依据三个独立的近似波函数［亦即公式（2.4）中的 Ψ_0、χ 和 S］对 Ψ 进行近似计算。其中函数 Ψ_0 描述电子构型，χ 描述核构型，而 S 描述自旋组态。

$$\Psi \qquad \sim \qquad \Psi_0 \chi S \qquad (2.4)$$

"真实"的分子波函数　　　　　　（轨道）（核）（自旋）

公式（2.1）的精确解　　　　　　公式（2.1）的近似解

在公式（2.4）中的波函数 Ψ_0 代表近似的电子波函数（下标 0 代表"零级"或初始工作近似），包括电子的位置以及电子在空间围绕着正电荷（位置冻结的）核框架的轨道运动。波函数 χ 代表了近似的振动波函数（这将在 2.18 节中详细讨论）。而波函数 S 代表的则是近似的自旋波函数（这将在 2.22 节中详细讨论）。因此，在零级近似中，"真实"的分子波函数 Ψ 依据三个分立的近似波函数 Ψ_0、χ、S 来加以近似。但无论何时，只要当电子与振动间（称为电子振动耦合）或是自旋与轨道电子间（称为自旋-轨道耦合）存在着实质性相互作用，这种近似方法就无法适用。这在实质上表明，Born-Oppenheimer 近似借助于近似波函数 Ψ_0、χ、S 的形式来形象化地描述波函数 Ψ，这也在一定程度上证实了 Lewis 结构的正确性。现在，我们要详细介绍一种能够逐一形象化地描述这三种近似波函数的方法。

首先，让我们来说说近似电子波函数 Ψ_0，它可以形象化地看作是电子分布围绕在具有正电荷核结构的固定场轨道中。而 Ψ_0 的具体形式取决于其复杂程度和计算精度要求。通常近似处理波函数 Ψ_0 的做法不是通过公式（2.1）求解一个分子中的所有电子（由于电子-电子相互作用的复杂性，这并不可能），而是求解这个虚拟分子中仅含的"一个电子"（由于不存在电子-电子相互作用，计算会更加简单）。通过这样一个单电子分子的步骤来求解公式（2.1）所得到的波函数称为"单电子轨道"波函数 ϕ_i，而每个轨道都具有其能量的本征值 E_i。在对许多分子现象的定性分析中，Ψ_0 可有效地被近似为一个乘积，或是单分子轨道 ϕ_i 的重叠积分，如公式（2.5）所示：

$$\Psi_0 \quad\sim\quad \phi_1\phi_2\cdots\phi_n \tag{2.5}$$
近似的电子波函数   单电子轨道的叠合

式中的 ϕ_i（$i=1, 2, 3, \cdots, n$）为单电子分子波动方程［公式（2.1）］的解。对于这些近似的讨论，读者可参阅任一本基础教科书[1]。由于仅有一个电子的虚拟分子不会经历任何电子-电子间的推斥作用，因此这一模型明显仅为真实分子的一种近似；然而，出于定性或是形象化地描述核框架的轨道运动来说，它仍然是一种相当有用的零级近似。的确，单电子波函数只是一种轨道层面的近似波函数，但它们常常在有机化学丛书的导论中介绍（即所谓的 Hückel 轨道）。这些轨道已经为学过有机化学的同学们所熟识，当然也为那些不熟悉量子力学的同学们在一定程度上提供了更加直观的便利。此外，在讨论光化学反应时，在多数情况下将两个单电子轨道考虑为最高占有分子轨道（HOMO）和最低未占有分子轨道（LUMO）则是一种非常有用的起始近似。

在导论性的化学课程和教科书中少有对于公式（2.4）中核（振动）构型（χ）以及电子自旋位形（S）的描述，因此这一部分内容对于多数化学专业的学生而言是不太熟悉的。所以在本章中，除了严格的单电子波函数（ϕ_i）外，我们还从"量子直觉"的层面为同学们详细提供了一种与振动波函数 χ 及自旋波函数 S 相关联的图像表示法，在符合量子力学定律的前提下，方便同学们形象化地理解。

2.4 近似波函数的重要定性特征

量子力学的一个重要特性在于，尽管波函数 Ψ 中已经含有了为决定分子体系任何可观测性质所需的全部信息，但这种信息必须通过作用于它的数学算符才能从波函数中提取出来，然后再计算而得到可观测性质的期望值 P［公式（2.3）］。下列近似分

子波函数 Ψ_0、χ、S 的定性特征对于理解图示 2.1 中的有机光化学范式十分重要。相关内容将在接下来的章节中详细讨论。

（1）波函数（Ψ_0、χ、S）的性质与直接实验观察结果并不符合，而平方波函数 $[\Psi_0^2$（及 ϕ_i^2）、χ^2、$S^2]$ 的性质与直接实验观察结果相符合。

（2）平方波函数 $[\Psi_0^2$（及 ϕ_i^2）、χ^2、$S^2]$ 在空间上分别与分子结构特定点处所发现的电子、核、自旋概率相关联，因此能够为电子、核、自旋的几何构型结构提供一种图像化的表示方法。

（3）对于给定核构型的分子（如：R、*R、I、P），其波函数（Ψ_0、χ、S）在三维空间上具有特定的形象化结构。

（4）对于有着局部或整体对称元素的分子，其波函数 Ψ_0（及 ϕ_i）、χ、S 常具有一些有用的对称性质，能够与电子、核、自旋运动及空间位置相关联，并为两个态间跃迁的选择规则提供图像化的选择依据。

（5）在适当条件下，波与别的波之间可以发生"共振"，而任何分子态的波函数总可以看作是在或大或小的程度上与别的波函数之间的叠加（或混合）。当分子态与别的可能发生相互作用的分子态之间在能量上有着较大分离时，则它们波函数之间的混合程度通常较小；然而，当分子态与别的可能发生相互作用的分子态之间在能量上分离较小时，则它们波函数之间的混合程度就可能较大。我们需要明确"大能量"与"小能量"等相关术语的意义，当两个状态为简并时（亦即它们有着完全相同的能量），则共振所需的必要条件就存在了，而混合所需的充分相互作用已达到可耦合两个态时，则态的混合就成为可能。

在本章中，我们已涉及上述（1）～（5）的特征，并学习了如何将 Ψ_0、χ、S 等定性的图像知识引入到有机光化学重要工作范式中的关键电子激发结构，如*R(S_1)和*R(T_1)的形象化描述上（如图示 1.3）。特别是对于分子态的两个重要平衡（静态）性质，我们能够定性估计①不同态的电子、核和自旋构型，以及②相应于不同态的电子、核和自旋构型的能量的定性排布。通过对这两种性质的认知，我们就能够对给定分子的重要低能电子态进行能量排列，并方便地构筑出能级图（图示 1.4）。在第 3 章中，我们将讨论如何将相关近似方法扩展到图像化算符的处理，这也直接关系到能态图中触发态间跃迁的驱动力（图示 1.4），而且所有这些态都具有非常相近的核构型（例如*R→R 的光物理过程）。我们还会列举许多辐射（第 4 章中）和非辐射（第 5 章中）光物理过程的实验例证。在第 6 章中，我们将介绍如何运用近似波函数来图像化地描述在核构型中所引起的化学变化（例如*R→I 及*R→F→P 等初级光化学过程）。

2.5 从量子力学的假设到对分子结构的观察：期望值与矩阵元[1,2]

量子力学中最为重要的假设之一是任何可观察的分子性质的平均值（或期望值）P

（如态的能量，态的偶极矩，态与态间的转换概率，以及与电子自旋相关联的磁矩等）都可以借助于所谓的矩阵元 $\langle \Psi | P | \Psi \rangle$ [公式（2.6）] 进行数学评价。

$$P \qquad = \qquad \langle \Psi | P | \Psi \rangle \qquad\qquad (2.6)$$

期望值 矩阵元

（实验的期望值） （计算得到）

式中，P 代表操作于 Ψ 而产生性质 P 的力或相互作用的数学算符。按照惯例，当所感兴趣的性质（P）为体系能量（E）时，则算符 P 可用特殊符号 H，即 "Hamiltonian" 算符给出 [能量算符，公式（2.1）]。对于矩阵元的定量评价是理论化学中的一个重要步骤，但有关矩阵元计算的数学细节，由于它已经超出了本书的讨论范围，读者可以在一些标准教科书[1]中找到。

从我们的目的来说，公式（2.6）中的矩阵元 $\langle \Psi | P | \Psi \rangle$ 是分子体系可观察性质大小的量子力学代表。为了代替矩阵元在数学上的计算，我们打算设计一种方法能够对矩阵元的各个组分（即波函数 Ψ 和算符 P）进行图像化，从而定性地对矩阵元作出评价。这就使得我们能够将清晰图像代表的、与经典力学相关联的具体结构性质归属到这些数学对象中来。从这些图像出发，我们就可找出虽然近似，但却非常有用的经典模型的定性结论。矩阵元的大小可以提供作为估计态的能值大小的基础，同时也可对态间发生转换的似有可能和很有可能的情形及 "选择规则" 作出估计。

Born-Oppenheimer 近似波函数可用于计算矩阵元。因此，结合公式（2.3）与公式（2.4），通过公式（2.7）的矩阵元就可给出近似的期望值 P。

$$P_{ave} \qquad \sim \qquad \langle \Psi_0 \chi S | P | \Psi_0 \chi S \rangle \qquad\qquad (2.7)$$

（近似的期望值） （近似的矩阵元）

为了了解那些决定 P_{ave} 值大小的因子并定性评价其大小，我们需要对每种波函数 Ψ_0、χ、S 及算符 P 进行图像化操作，然后对所设计的波函数图像作定性 "数学" 操作。从公式（2.5）和公式（2.7），通过含有单电子轨道（ϕ_n）的矩阵元 [公式(2.8)] 就可以得到 P_{ave} 的近似值。

$$P_{ave} \qquad \sim \qquad \langle (\phi_1 \phi_2 \cdots \phi_n) \chi S | P | (\phi_1 \phi_2 \cdots \phi_n) \chi S \rangle \qquad\qquad (2.8)$$

P_{ave} 的近似水平是一种工作近似，即所谓的零级近似。换句话说，我们是处于 Born-Oppenheimer 的近似之中（即电子、核、自旋运动均是分离的），正如我们正在处理的单轨道波函数 ϕ_n 那样。在接下来的高级近似的水平上，即所谓的一级近似上，我们就要在某些方面对零级近似进行挑战，并指出它对 P 值大小的影响。例如，我们可从 "混合" 的单电子波函数开始，并引入电子-电子相互作用。波函数（ϕ_i）的混合仅仅只是一个可导致超过我们采用一级近似取代已有零级近似，并获得更好近似结果的数学过程。如果，新的波函数所作的混合更加恰当，那么它就将更接近于 "真实" 的波函数 Ψ 了。

在这种近似中，我们仅采用单电子波函数对简单的单电子分子模型进行求解。例如，我们可让电子轨道运动与磁自旋运动相互混合（即自旋-轨道耦合），或引入电子-

电子相互排斥概念（称为电子相关性或构型相互作用），或对电子态的振动进行混合（即振动相互作用）等加以考虑，并注意这种"一级混合"效应对 P 值大小的影响。假如我们所选择的是一种良好的零级近似，则混合程度较小，这种混合也可通过"扰动理论"加以处理，我们会在 3.5 节中加以讨论。假如混合较强，则零级近似偏差较大，则应当以另一种较好的零级近似替代，并以此为起始点来描述这种近似波函数。

2.6 量子力学波函数、算符及矩阵元的运用精髓

经典力学利用函数处理体系中的可观察实体，如粒子的位置和动量等，并假设其中所需要的全部信息，即在经典力学体系中用以描述构成体系实体位置与动量的函数均为已知。牛顿的运动定律将这些函数以一种简明扼要的数学形式加以描述。

类似地，量子力学假设分子体系的全部信息均包含于它的波函数 Ψ 中，为提取出可观察到的数值的信息，就必须在函数上［公式（2.3）］进行某些数学操作（P），类似于为了对某种态进行一次测量，就必须要在体系上作一次动作（一个实验）那样。量子力学中的问题常可归结为如何选择一个正确的近似来求解 Ψ 和/或正确地选择一个相当于适当相互作用的算符（P）。因此，正确算符（数学操作）或导致可观测性质相互作用的选择对于清晰求解量子力学问题、认知 Ψ 准确数学形式非常重要。

量子力学中两个关键性的算符与粒子（电子、核和自旋）的动量和位置这样的经典动态量相关联，这在牛顿公式中也非常重要。这些算符可用以确定能量，从而确定体系的电子、振动和自旋允许的能级排布。一旦这些动态变量的算符被选定，通常还可依据动量和位置这两个基本变量，使算子能够被设置为许多可观测量。同样的方式，零级波函数 Ψ_0、χ、S 可用来近似处理波函数 Ψ，在对矩阵元的定量评价中，我们几乎经常开始于一个可操作的零级近似的 Hamiltonian（或能量）算符 H_0，并假设它与分子电子轨道能量的支配性相互作用相关联。在一级近似中，我们需要考虑相互作用 H_i，相对于零级近似的相互作用 H_0，它是一种"弱"相互作用（例如：电子振动相互作用或电子自旋相互作用），但它在引发零级态之间的跃迁来说相当重要。在第 3 章中，我们会发现当诸多零级态在能量上比较接近时，这种弱相互作用特别重要。

2.7 从原子轨道，到分子轨道，到电子构型，到电子态

我们打算形象化地利用"确切"波函数 Ψ_0 来近似代表波函数 Ψ 的电子部分，而 Ψ_0 作为一种结构，称作重叠构型，而并非占据单电子轨道 ϕ_i 的相互作用［公式（2.5）］。分子轨道可近似看作是原子轨道的叠加。本章的主要目标是发展出一种标准方法，能够给出具有稳定基态核几何构型的有机分子（R）的能态图，或是通过低能单电子构型充填"单电子"轨道得到分子低阶电子激发态（*R）的能态图（图示 1.4）。

其通常包括以下步骤：对于一个分子的给定核几何构型，特定单电子分子轨道被

可用电子填充而产生出一组分子电子构型。但对于绝大多数的有机光化学反应而言，其中仅有最低能量构型（基态构型，R=S₀），以及第一或第二低能激发态构型（*R=S₂、S₁、T₂ 或 T₁）需要清晰地加以考虑。这种情况相当于零级分子电子构型（即依照 Born-Oppenheimer 近似充填的单电子轨道）。为了产生恰当的分子电子态，我们必须采用某些一级近似对电子的相关性加以考虑。而在单电子分子中，就无需对电子相关性加以考虑；在这种情形下仅有一个电子，不存在电子-电子相互作用。

2.8 基态及激发态的电子构型

有机分子的电子构型通过列出所有电子占据的分子轨道来加以定义。因此电子构型可以告诉我们电子是如何分布在可用轨道中，而且还能够依据轨道在空间分布的认知（如单电子波函数）对分子中的电子分布进行描述。基态的电子构型可以用轨道被占据而得到的最低能量状态（R）的构型来定义。而所有其他的电子构型则相应于电子激发态（*R）。按照工作能态图（图示 1.4），除了基态（S₀）外，我们主要感兴趣的是最低能量的电子激发态，特别是最低能量的激发单重态（S₁）和激发三重态（T₁）。

对于构筑基态及最重要的低能量激发态的电子构型，我们选择了甲醛分子（$H_2C=O$）作为样本。从这一样本出发，可以获得许多带有羰基官能团的重要有机分子在光化学基态和激发态构型的重要特征，而且从这一样本中所得到的教益，还可比较容易地扩充到更为复杂的体系中。对于 $H_2C=O$ 单电子分子轨道（ϕ_i）的能量在序列中的增大，已示出于公式（2.9）中。为简化起见，O 原子可假设为非杂化的。基于此，最高能量的占有轨道定域在分子平面氧非杂化的 p 轨道上（n_O）。在公式（2.9）中的 $1s_O$、$2s_O$ 及 $1s_C$ 等可归诸于定域在氧（下标 O）和碳（下标 C）等基本原子非键合的"核心"分子轨道上，而其他分子轨道则可归诸于常见的成键与反键轨道（上标 "*" 表示反键轨道）。这种比核电子有着更高能量的轨道电子称为"价"电子。而 $H_2C=O$ 中的碳原子则被假设为 sp^2 杂化。

$$1s_O < 1s_C < 2s_O < \sigma_{C-H} < \sigma_{C-O} < \pi_{C=O} < n_O < \pi^*_{C=O} < \sigma^*_{C-O} < \sigma^*_{C-H} \qquad (2.9)$$

注意：在公式（2.9）中存在着一系列反键轨道（$\pi^*_{C=O}$、σ^*_{C-O} 和 σ^*_{C-H}），它们在基态下是未占据的。在基态下，$H_2C=O$ 的反键轨道 $\pi^*_{C=O}$ 是 LUMO，而未占据的 σ^*_{C-H} 和 σ^*_{C-O} 轨道则位于很高能量处，它们在零级近似下可忽略。在 $H_2C=O$ 为基态时的 HOMO 是非键的 n_O 轨道，因此 n_O 轨道可近似地看作氧原子上非杂化的 p 轨道。

用一个简单而实用的近似来形象化地描述辐射过程 $R+h\nu \rightarrow *R$，即认为光的吸收是由于吸收光子而诱导引发的分子轨道间的跃迁（例如 HOMO→LUMO 的轨道跃迁）所致。类似地，发光过程 $*R \rightarrow R+h\nu$ 则可看作为 LUMO→HOMO 的跃迁。一般说来，在所有的分子轨道中，HOMO 和 LUMO 两者在有机光化学中，在描绘光物理过程 $R+h\nu$ →*R 和光化学过程 $*R \rightarrow I$ 二者时是最为重要的。初级光物理和光化学问题均起始于*R，它可看作是在 HOMO 和 LUMO 上各有一个电子而加以区分。现在，可以提出如下问题，即如何绘制和描述能态图中（图示 1.4）关键能态 S_0、S_1 和 T_1 已占轨道上的电子分布，以及如何估计这些态的能级。

对于样本分子 $H_2C=O$，其最低能量电子态（S_0）的电子构型应当是怎样的呢？$H_2C=O$ 分子中有 16 个电子，它们必须分布于由公式（2.9）所给出的可用分子轨道中。一般说来，分子轨道的能级、可用电子数目以及 Pauli 和构造原理都用于决定分子基态的电子构型（S_0）。S_0 的电子构型可以通过在最低能量轨道上同时加入两个电子，直至所有 16 个可用电子均被指派到轨道中而完成。按照 Pauli 不相容原理，不能有超过两个以上的电子占据同一轨道，而处于同一个轨道上的两个电子必须是自旋配对的。按照构造原理，分子的基态或最低能态，首先就是要依照 Pauli 原理在最低能量轨道上放置电子而完成。按照这些构型的建筑规则构筑出来的 $H_2C=O$ 基态构型（S_0）可用公式（2.10）表示，其中括号中的标记表示被占据轨道的种类，上标表示每个轨道上的电子数目，下标表示轨道的电子特性。为简明起见，一些空的高能轨道如 σ^*_{CO} 和 σ^*_{CH} 并未列出。而 $H_2C=O$ 在基态（S_0）的所有成键与非键轨道均被填充。

$$\Psi_0(H_2C=O)=(1s_O)^2(1s_C)^2(2s_O)^2(\sigma_{CH})^2(\sigma'_{CH})^2(\sigma_{CO})^2(\pi_{CO})^2(n_O)^2(\pi^*_{CO})^0 \qquad (2.10)$$

一个电子构型总的电子分布可以近似地看作是构成该构型［公式（2.5）］每个已占据分子轨道的叠加。然而，如同在书写 Lewis 结构时那样，一种有用且有效的简化方法是在化学和光化学过程中，仅对其价电子作出明确的考虑，而对那些接近于原子核的"内层"电子，则认为其在化学或光化学过程中十分稳定，无法受到扰动。在进一步简化中，通常可满足于仅对最高能量的价电子作出明确的考虑。在 $H_2C=O$ 这个例子中，我们所考虑的只是 $\pi_{C=O}$ 和 n_O 二者中的价电子，因为它们有着相当的能量，而且在许多取代羰基化合物中，它们都成为潜在的 HOMO 轨道。我们还可明确地将 $\pi^*_{C=O}$ 轨道也包括进去，虽说它在 S_0 态时是未占据轨道，但对于 $H_2C=O$ 及其他许多羰基化合物来说，$\pi^*_{C=O}$ 轨道是 LUMO 轨道。为方便对后者近似的记忆，$H_2C=O$ 基态电子构型的速写符号列于公式（2.11）中（式中消去了那些对扰动来说能量太低的占有轨道，而仅保留了 LUMO 轨道）。

$$\Psi_0(H_2C=O)= K(\pi_{C=O})^2(n_O)^2(\pi^*_{C=O})^0 \qquad 基态（S_0） \qquad (2.11)$$

公式（2.11）中，K 代表了所有 12 个"紧紧束缚"分子框架上的内核电子［在 σ 轨道或低能轨道上的电子如公式（2.10）所示］，它们接近于带正电荷的核，而被强烈地稳定化，并难于扰动。

$H_2C=O$ 样本之后的下一个类似方案是列于公式（2.12）中的第 2 个样本，乙烯（$CH_2=CH_2$）。公式中同样也忽略了其低能的分子轨道，而对其基态的电子构型表述为：

$$\Psi_0(CH_2=CH_2)= K(\pi_{C=C})^2(\pi^*_{C=C})^0 \qquad 基态（S_0） \qquad (2.12)$$

在 $CH_2=CH_2$ 这个例子中，要充分而明确考虑的只是 $\pi_{C=C}$ 和 $\pi^*_{C=C}$。因为那些处于 σ 轨道上的电子，在能量上要比处于 π 轨道上的电子低得多，而 σ^* 轨道和 π^* 轨道相比，则有着很高的能量。此外对于 $CH_2=CH_2$ 来说，$\pi_{C=C}$ 轨道是 HOMO 轨道，而 $\pi^*_{C=C}$ 轨道是 LUMO 轨道。从上述两个样本，我们已经可以建立起一个为描述任何一种有机分子 R 和*R 轨道构型的方案，只要它们的分子轨道已知或是能够被近似。

现在，我们已经能够利用轨道构型来描述 $H_2C=O$ 和 $CH_2=CH_2$ 的电子激发态（*R）。最低能量的电子态（*R）作为有机光化学中最为重要的物种（见图示 1.4 的能态图），它所具有的电子构型是其中一个电子已从基态的 HOMO 轨道中移出，并放置于基态构型的 LUMO 轨道，即*R 具有$(HOMO)^1(LUMO)^1$ 电子构型，拥有两个半占据轨道。作为例子，甲醛和乙烯的最低激发态所具有的电子构型分别列于公式（2.13）和公式（2.14）中。对于电子激发态的波函数 *Ψ 可以用星号 "*" 作为标记，着重指明这种态为电子激发态。在公式（2.13b）中，我们示出了 $H_2C=O\pi$ ，π^* 态的电子构型。对于 $H_2C=O$，其 π,π^* 电子构型相当于上一级的电子激发态**R（亦即 S_2 或 T_2）。另外，对于某些羰基化合物，由于其非键电子的稳定化或 π 电子的去稳定化，其 HOMO 轨道是 π 轨道，而不是非键轨道。在这种情况下，最低能量的激发态将会是 π,π^* 激发态。

$$*\Psi_0(H_2C=O)= K(\pi_{C=O})^2(n_O)^1(\pi^*_{C=O})^1 \qquad n,\pi^* \ 激发态，*R \qquad (2.13a)$$

$$*\Psi_0(H_2C=O)= K(\pi_{C=O})^1(n_O)^2(\pi^*_{C=O})^1 \qquad \pi,\pi^* \ 激发态，*R \qquad (2.13b)$$

$$*\Psi_0(CH_2=CH_2)= K(\pi_{C=C})^1(\pi^*_{C=C})^1 \qquad \pi,\pi^* \ 激发态，*R \qquad (2.14)$$

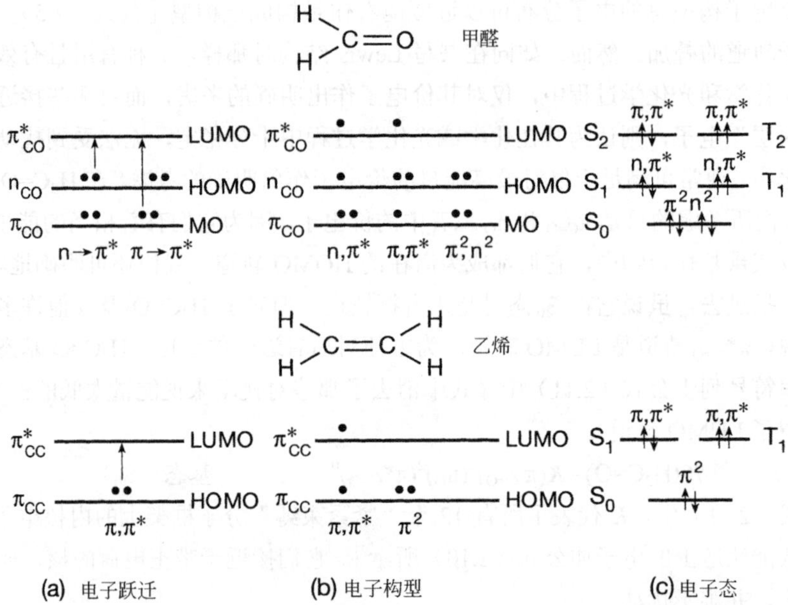

(a) 电子跃迁   (b) 电子构型   (c) 电子态

图 2.1 电子跃迁（a）、电子构型（b）、最低激发态的电子态（c）的图示代表
电子态内的箭头表示两个电子在 HOMO 和 LUMO 轨道中的相对取向

利用电子轨道构型，我们不仅可以形象化地列举其能量等级、方便地区分电子激发态（*R），而且还可以采用电子结构术语来描述电子态之间的跃迁。例如，甲醛的 n 和 π 轨道 [图 2.1（a）] 在能量上的区别并不大，但 $H_2C=O$ 拥有两个相当低能量的电子跃迁（用符号表示为 n→π* 和 π→π*）。这两个跃迁将依次从基态激发而分别产生两个对应的电子激发态构型*R(n,π*)和*R(π,π*)。对于羰基化合物的这两个态，实际上在

能量上是最低的，并依赖于结构和环境因子（第 4 章）。另一方面，乙烯却只有一个低能电子跃迁（π→π*）并对应有一个最低占据电子激发态构型*R(π,π*)，这是由于 σ 轨道能量很低，而 σ*轨道能量又非常高所致。

本书的其余部分对于电子激发构型的描述将借助于两个简单的已占据分子轨道，通常为 HOMO 和 LUMO（例如 n,π*和 π,π*）。而电子跃迁则仅借助于轨道电子占据所经历的变化来加以描述（例如 n→π*和 π→π*）。这种方便的电子构型缩写符号还可以用于激发态表示方法（例如 S_1 和 T_1），这些我们将在后面的章节介绍。

2.9 从电子构型构建电子态

本章的目的是为了发展分子结构的概念，列举和区分能量等级，以及对有机分子能态图中（图示 1.4）分子态的电子、振动和自旋性质作出定性的形象化描述。现在我们要对从相同电子轨道和核几何构型所衍生的，两个相同轨道均为半充满时（即 n,π*和 π,π* 构型）的激发单重态（S_1）和激发三重态（T_1）结构作出重要的区分。对于给定核构型和相同轨道占据体系来说，其结构上的差异在于两个半满轨道上的电子自旋构型不同，而基于 Pauli 原理这种截然不同的电子行为则依赖于两个电子自旋的相对取向。

2.10 从电子激发构型和 Pauli 原理构建激发单重态和三重态

Pauli 独占原理规定，不能有超过两个以上的电子占据任一给定的电子轨道，以及如两个电子占据同一轨道时，电子必须具有成对的自旋。Pauli 原理要求，任何基态构型（例如对于甲醛）它所有的轨道均应被两个电子所充满，而且在每个轨道内还必须满足电子的自旋成对。因此，有机分子基态是单重态；即当两个电子占据了单个轨道时，它们在轨道内成对，而且还必须在自旋上配对（将在 2.27 节中讨论"单重态"与"三重态"名词的来源）。在激发态（*R）中，两个电子在轨道上并非是成对的，亦即两个电子分别处于不同轨道上，一个在 HOMO 轨道而另一个则在 LUMO 轨道。此时 Pauli 原理允许处于不同的轨道上的电子自旋不必配对。因此，无论两个自旋是被相互抵消，成为无净自旋的单重激发态［即两个电子分别单独占据 HOMO 和 LUMO 轨道，但其电子自旋如基态那样是反平行的（↑↓），配对的］还是成为三重激发态［即两个电子不在同一轨道成对，而分别单独处于 HOMO 和 LUMO 轨道上，但其电子自旋是平行的（↑↑），不配对的］都可以从半充满轨道上的两个电子在同一电子构型下产生出来。这意味着图 2.1（b）给出的相同激发电子构型$(HOMO)^1(LUMO)^1$都可对应激发单重态（S_1）或激发三重态（T_1）的电子态，如图 2.1（c）所示。

因此，从甲醛的低能量电子构型可产生出四种低能的激发态，即两种单重态和两种三重态。对于 $H_2C=O$，低能的 n,π*态既可以是单重态（S_1）也可以是三重态（T_1），类似地，高能的 ππ*态也既可以是单重态（S_2）又可以是三重态（T_2）。这些态均展示于图 2.1（c）中（表 2.1 对轨道构型和自旋占据有更详细的描述）。对于 $CH_2=CH_2$，它仅有两个电子激发态，即 $S_1(\pi,\pi^*)$ 和 $T_1(\pi,\pi^*)$态，它们可被期望是位于低能量处（见表 2.2）。

表 2.1　甲醛（$H_2C=O$）低占据电子态、特征轨道、特征自旋电子构型及其缩写[①]

电子态	特征轨道	特征自旋电子构型	电子态缩写
S_2	π,π*	$(\pi\uparrow)^1(n)^2(\pi^*\downarrow)^1$	$^1(\pi,\pi^*)$
T_2	π,π*	$(\pi\uparrow)^1(n)^2(\pi^*\uparrow)^1$	$^3(\pi,\pi^*)$
S_1	n,π*	$(\pi)^2(n\uparrow)^1(\pi^*\downarrow)^1$	$^1(n,\pi^*)$
T_1	n,π*	$(\pi)^2(n\uparrow)^1(\pi^*\uparrow)^1$	$^3(n,\pi^*)$
S_0	π,n	$(\pi)^2(n)^2(\pi^*)^0$	$^1[(\pi)^2(n)^2]$

① 当一个轨道内含有两个电子时，它们的自旋必须是配对的，因此对于填充轨道的自旋不明确给出。

表 2.2　乙烯（$CH_2=CH_2$）低占据电子态、特征轨道、特征自旋电子构型及其缩写

电子态	特征轨道	特征自旋电子构型	电子态缩写
S_1	π,π*	$(\pi\uparrow)^1(\pi^*\downarrow)^1$	$^1(\pi,\pi^*)$
T_1	π,π*	$(\pi\uparrow)^1(\pi^*\uparrow)^1$	$^3(\pi,\pi^*)$
S_0	π^2	$(\pi)^2(\pi^*)^0$	π^2

2.11　单重态和三重态的特征构型：缩写符号

现在让我们对在第 1 章中所描述过的有关分子能态图中，在习惯上用于更方便地描述电子态和电子构型的基础符号作简要的评论。我们经常用 S_0 标示基态，而用 S_1、S_2 等标示电子激发态，其中下标代表的是与基态（S_0）相关电子态的能级。S_0 态是任意给定的、能量为零的能级，因此其他所有能级相对于基态而言都有着正的能量。于是，S_1 即为基态 S_0 上的第一电子激发单重态，而 S_2 则为能量位于 S_0 上的第二电子激发单重态。类似地，T_1 为位于 S_0 上的第一电子三重态，而 T_2 为 S_0 上的第二电子三重态。

作为简略的表达方式，我们可仅通过指定那些可期望用于支配这些构型能量和/或化学过程的关键分子轨道来描述电子构型和自旋组态。因此，对于甲醛我们在讨论其电子构型和在能态图中讨论其电子态时，就只需要明确考虑其 $\pi_{C=O}$、n_O 和 $\pi^*_{C=O}$ 轨道即可。在甲醛的光化学中，这种近似假设对其低占据的非键 σ 轨道以及高能量的 σ*轨道都无需加以考虑。结果每个电子态都可借助于特征电子构型来描述，而电子构型则可借助于 HOMO 和 LUMO 轨道以及单重态（↑↓）或三重态（↑↑）的特征自旋组态逐一描述。

单电子构型常用于近似某个电子态的电子特征。然而在某些情况下，为了实现对电子态的更好近似就需要组合两个或更多的电子构型。这种情况出现于两个零级态具有相似的能量，且能通过某些相互作用，如振动运动而相互耦合时。在这种情况下，基于单电子轨道的相关描述就不再适用，因为这些轨道已通过"振动而混合"；即由于振动导致非键轨道混入了某些 π 轨道的特征（见 3.7 节）。接下来，我们还可看到一些"混合"了 n,π* 和 π,π* 态的例子，这就无法利用"纯"（零级）构型对实际电子态进行表达，而需要混合某种程度的一级近似。扰动理论可以为这种混合提供相关规则，这将在第 3 章中讨论。

总的来说，本章利用电子和自旋构型描述了甲醛的 S_0、S_1、S_2、T_1、T_2 态以及乙烯的 S_0、S_1、T_1 态，分别列于表 2.1 和表 2.2 中。此外，基于各自的轨道能量，我们可以将给定自旋 n,π* 态的能量排布于具有相同自旋 π,π* 态的能量之下，例如 $S_1(n,\pi^*)$。不同电子构型的能态排布还会因为取代基或环境效应，而使列于表上的排列次序有所变动（第 3、4 章）。

2.12 *R 单重态和三重态的电子能差：电子相关性与电子交换量

向原子的原子轨道中填充可用电子时必须遵循 Hund 规则以确定原子的电子构型。这就是当电子被填充到等能的（即能量是兼并的）原子轨道时，它们必须首先在任一轨道的自旋配对前，以自旋不配对的方式半充满每个等能轨道。换言之，在充满两个等能轨道时，在相同已占据轨道上，三重态的能量要低于单重态的能量。

对于有机光化学，Hund 规则可以为分子轨道作如下改述，即具有两个半充满轨道，一个为 HOMO 轨道而另一个为 LUMO 轨道的分子，其三重态（↑↑）能量总是低于相应具有相同 $(HOMO)^1(LUMO)^1$ 电子构型的单重态（↑↓）。例如 $E_S(n,\pi^*) > E_T(n,\pi^*)$ 和 $E_S(\pi,\pi^*) > E_T(\pi,\pi^*)$，其中 E_S 为最低平衡振动能级中的单重态电子能量，而 E_T 则为最低平衡振动态的三重态电子能量。对于不同构型中单重态与三重态能量的比较，尚未给出一般性结论。例如 π,π* 三重态在能量上可高于也可低于 n,π* 单重态，而 n,π* 三重态依赖于取代基和环境，其能量也可高于或低于 π,π* 单重态。

对于 Hund 规则有关两个半填充轨道体系中单重态与三重态相对能量的物理和理论基础，可借助 Pauli 不相容原理进行思考。即对于给定轨道，可占据电子数不能超过两个，而且当两个电子占据同一给定轨道时，它们的自旋则必须配对。Pauli 原理可看作是一种要求，即分子内的电子在空间中的运动和位置必须相关，这是因为具有平行自旋（↑↑）的两个电子在相同时间占据相同空间是被绝对禁阻的。Pauli 不相容原理基于深刻的量子力学定律[1]，它要求体系总波函数在成对交换同样奇数自旋粒子（如电子）时应改变数学符号。

在单重态中，电子不必强制服从 Pauli 不相容原理，两个电子有时也可在空间的同一区域内靠近；但是在三重态中，Pauli 原理则禁止两个自旋不配对的电子相互靠近并占据同一个空间区域。Pauli 原理的这一显著特征，对从相同半占据轨道构型推演单重态和三重态的相对能量有着深刻影响。即具有相同$(HOMO)^1(LUMO)^1$ 电子构型，那么单重态能量（E_S）一般均高于三重态能量（E_T）。因此，Pauli 原理表明，在三重态中，电子为了要避免处于同一位置其电子间的排斥力相对 Pauli 原理允许的单重态有所减小。而这种形成 E_S 与 E_T 能差的基础甚至可以说是相当有趣。实际上，Pauli 原理对具有相同自旋的电子有趋于成簇的要求，这也超过了经典电子-电子间的排斥。这些特征导致单重态与三重态之间的能量差别，而这也是从相同半填充轨道构型所推演而来的。通过观察交通繁忙的十字路口，我们可以打个不甚完美、甚至是有些古怪的类比。如果那些被要求遵守交通规则的车辆可以看作是一种避免碰撞的低能状态，而那些并未要求遵守交通规则的车辆则可看作是一种允许碰撞的高能状态，于是 Pauli 原理起到了类似量子力学式的"电子运动交通警察"的作用，引导三重态中两个关键轨道上的非成对电子如何相互避开。

单重态与三重态间的电子能差 $E_S-E_T=\Delta E_{ST}$（它由相同电子轨道构型推演而来)与三重态内电子运动中"较好"的能量下降相关，并能够引起电子-电子排斥能降低。为了对于给定的分子构型中单重态与三重态的能差（ΔE_{ST}）进行形象化地说明，以及进一步对 ΔE_{ST} 依赖特征轨道构型程度的大小进行评价，我们尝试对轨道构型电子能量相对应的矩阵元进行形象化的描述。

2.13 相同电子构型下电子激发态（*R）单重态与三重态相对能量及单重态−三重态能隙的评价

电子激发态*R 的零级能量（如 E_S 或 E_T）可定义为全部已占据单电子轨道中（假设无电子-电子相互作用）所有零级能的总和。电子-电子排斥能则包括在一级近似中。在 Born-Oppenheimer 近似中，核的几何构型是固定的；带负电的电子与固定的带正电的核框架之间的吸引力基于经典的静电吸引，而被假设可以贡献一定的稳定化能量。在此近似中，不同态间在能量上的差别完全取决于电子-电子排斥。因此，当我们讨论两个电子态之间的电子能差时，仅需考虑两个态之间电子-电子间排斥的差异。具有较小电子-电子排斥的态，经常具有较低的能量。而对于因电子-电子排斥而引起能量增大的算符 H 的经典部分则可以通过电子间的静电排斥或库仑排斥加以定义 $H_{ee}=e^2/r_{12}$，这里 e 为电子电荷，而 r_{12} 则为电子间的距离。对于固定的正电核构型来说，两个分布电子间的库仑相互作用经常是排斥的，因此与零级近似（忽略了电子-电子排斥）相比，体系的能量经常是增大的。

电子排斥力的大小可在假定固定的带正电的分子框架下［通过对公式（2.3）矩阵元的计算］，对整个分子体积内排斥作用积分而计算得到。这些积分对应于总电子-电

子排斥能的矩阵元，在两类数学积分的计算中并不适用：（1）电子间的排斥力由电子负电荷分布间的经典力学静电相互作用所引起（等于数学上的库仑积分，给出的符号为 K）；（2）对电子间的电子-电子排斥力的一级校正 J，它是 Pauli 不相容原理所引起的量子力学相互作用（这是 Pauli 原理的必然结果，它要求电子波函数在任意两个电子间发生交换时改变其符号）。这一校正值 J 被称为电子交换能，它等于 ΔE_{ST}，对应于具有相同半满轨道构型单重态与三重态之间的能差。我们称 J 为经典电子-电子排斥力 K 的校正值，这对于得到正确的电子态能量非常必要。需要注意的是 J 仍然是一个排斥能，因而它具有正值。作为一个例子，由相同 HOMO 和 LUMO 轨道推得的 S_1 与 T_1 之间的能差对于矩阵元 J 有 $J \approx \langle \mathrm{HOMO} | e^2/r_{12} | \mathrm{LUMO} \rangle$ 的形式。

由于 Pauli 原理是在空间中两个电子相互交换位置时，假设其具有对称性质的基础上推演而得，因此 J 的量子力学积分可归诸为电子交换积分。这种交换积分是一种纯粹的量子力学现象，由它等于经典电子分布中的量子力学校正，因而并未考虑电子自旋对电子-电子相关的影响，进而也未考虑电子-电子排斥作用所带来的影响。

作为一种为图像化和定性评价矩阵元 $\langle \mathrm{HOMO} | e^2/r_{12} | \mathrm{LUMO} \rangle$ 以及由此对具有相同电子构型的电子激发态 *R 单重态与三重态能差进行评估的样本，我们在图 2.1 中所得 n 和 π 轨道电子能量计算的基础上，对 $H_2C=O$ 的基态（S_0）以及最低激发 S_1 和 T_1 态的能量加以考虑。这些 S_0、S_1、T_1 态的能量可通过公式（2.15）～公式（2.17）分别予以定义。由于我们仅关心态与态之间的能差 ΔE，而并非绝对能量，所以 S_0 的能量 [公式（2.15）] 可以方便地定义为零，而相对于这一标准能量的激发态能量均应考虑为正值。

$$E_0 = 0 \text{（通过定义）} \tag{2.15}$$

$$E_S = E_0(n,\pi^*) + K(n,\pi^*) + J(n,\pi^*) \tag{2.16}$$

$$E_T = E_0(n,\pi^*) + K(n,\pi^*) - J(n,\pi^*) \tag{2.17}$$

在公式（2.16）和公式（2.17）中，$E_0(n,\pi^*)$ 是由单电子轨道所推得的激发态零级能量（对于固定核框架）；而 $K(n,\pi^*)$ 则是由经典电子-电子相关而引出的一级库仑校正；$J(n,\pi^*)$ 是由 Pauli 原理所引起的电子-电子排斥能的一级量子力学校正。由于导致排斥的电子-电子静电相互作用的电荷是相同的，因此在公式（2.16）和公式（2.17）中的两种能量积分（K 和 J）值都可定义为数学上的正值（正数学量为能量升高，而负数学量为能量降低）。

一幅有关 Pauli 独占原理是如何运作的简单图画，可通过假设量子力学的相关要求：相同自旋（↑↑）（非配对，平行）的电子避免相互靠近，而相反自旋（↑↓）（配对，反平行）的电子实际上有与另一电子相互接近而被加强的可能。因此，从这一假设出发，我们就可以构筑起一个所谓的"量子的直觉"，即如果两个电子有着平行的自旋取向，则其平均排斥能将小于经典模型计算值，这是由于带有平行自旋的电子具有一种要求相互避开的趋势，因此就减小了电子-电子排斥。而另一方面，如果加入的两个电子有着反平行的自旋取向，则平均排斥能实际上将大于经典模型计算值，这是因为具有相反自旋的两个电子存在着相互"黏合"的趋向。其结果是三重态 T_1 中，电子间的平均排斥能比经典场合下 $[E(n,\pi^*)=E_0(n,\pi^*)+K(n,\pi^*)]$ 的期望值更低，为 $[E_0(n, \pi^*)+K(n,\pi^*)-J(n,\pi^*)]$。这里要注意的是我们在 $J(n,\pi^*)$ 前放置一个负号，表示总经典电子-电子排斥能 $K(n,\pi^*)$ 的降低。

现在，让我们将轨道重叠作为一个重要因子来形象化地描述公式（2.16）和公式（2.17）中积分的大小，用来估计具有相同 $(HOMO)^1(LUMO)^1$ 电子构型的单重态与三重态之间的能差。如上所述，我们开始于对 n,π* 态（单电子轨道）的零级近似，再让 $E_0(n,\pi^*)$ 为零级单电子轨道能量的矩阵元值。在这种情况下，电子被假设为不相互作用，因此单重态与三重态的能量相同（即 J 和 K 两者均为 0）。现在，我们让 $K(n,\pi^*)$ 为矩阵元，来测定由电子间库仑相互作用而引起的经典电子排斥，并将矩阵元 $J(n,\pi^*)$ 归诸为电子交换时电子排斥的校正。$S_1(n,\pi^*)$ 和 $T_1(n,\pi^*)$ 之间的能差为 ΔE_{ST}，从公式（2.16）中减去公式（2.17）可以得到公式（2.18a）。将 $E_0(n,\pi^*)$ 和 $K(n,\pi^*)$ 消去后，可得 $\Delta E_{ST}=E_S-E_T=2J(n,\pi^*)$。因此，$\Delta E_{ST}$ 仅与 $2J(n,\pi^*)$ 的值相关联，如公式（2.18b）所示。

$$\Delta E_{ST} = E_S - E_T = E_0(n,\pi^*)+ K(n,\pi^*)+ J(n,\pi^*)- [E_0(n,\pi^*)+ K(n,\pi^*)- J(n,\pi^*)] \tag{2.18a}$$

$$\Delta E_{ST} = E_S - E_T = 2J(n,\pi^*) > 0 \tag{2.18b}$$

由于 $J(n,\pi^*)$ 对应于电子-电子排斥（因而为正值），因而就可以得到公式（2.18b）这样的一般性结果，即 $E_S - E_T = 2J(n,\pi^*) > 0$。可归结如下，在这种近似下，对所有 n,π* 态，通常情况下其 E_S 值在能量上必然要高于 E_T。此外，ΔE_{ST} 值精确地等于 $2J(n,\pi^*)$，即单重态与三重态之间的能隙是电子交换能 J 值的两倍。由于涉及决定矩阵元的轨道细节并未在论据中加以考虑，我们可以扩充以上样本来预测任何 $(HOMO)^1(LUMO)^1$ 构型中 E_S 与 E_T 的相对值。例如对于 π,π*电子构型，我们可以推断 $S(\pi,\pi^*)$ 和 $T(\pi,\pi^*)$ 的 $\Delta E_{ST}=2J(\pi,\pi^*)$，而且 $S(\pi,\pi^*)$ 在能量上要高于 $T(\pi,\pi^*)$。这一定性的结果可以一般性地概括为：在具有相同半满轨道（即有着相同已占据轨道）的电子构型中，单重态与三重态之间的能隙是纯粹电子交换的结果，这也是在相同电子构型（相同的已占据轨道）下所观察到的有机分子三重态能量一般均低于单重态能量的缘故。因此，如果我们能够通过对 J 值的估计估算出 ΔE_{ST} 的值，至于 $\Delta E_{ST}(n,\pi^*)$ 或 $\Delta E_{ST}(\pi,\pi^*)$ 一般以何者为大？我们的回答是采用图像化的方法定性分析。

2.14 分子体系中的单重态-三重态裂分样本

现在，我们考虑首先尝试采用电子轨道图作为定性评价 $\Delta E_{ST}(n,\pi^*)$ 和 $\Delta E_{ST}(\pi,\pi^*)$ 能差的矩阵元方法。对于 ΔE_{ST} 的估算由公式（2.16）和公式（2.17）给出，并对应于数学交换积分 $J(n,\pi^*)$ 和 $J(\pi,\pi^*)$ 的矩阵元大小作出定性评价。对于这一估算以及 $J(n,\pi^*)$ 和 $J(\pi,\pi^*)$ 数值的相对比较，我们考虑以羰基的 (n,π*) 和 (π,π*) 态为样本官能团。图 2.1（c）中所示出的 $H_2C=O$ 能级图即可作为羰基官能团的样本。在样本 $H_2C=O$ 中，$S_1(n,\pi^*)$ 和 $T_1(n,\pi^*)$ 态是两个能量最低的激发态，这和有着稍高能量 $S_2(\pi,\pi^*)$ 和 $T_2(\pi,\pi^*)$ 态的许多羰基化合物（如酮）的情况相同。按量子分析，$J(n,\pi^*)$ 值代表的是由非键轨道与 π*

轨道发生电子交换而引起的静电排斥的 Pauli 修正。而参数 $J(\pi,\pi^*)$ 则代表 π 轨道与 π^* 轨道电子交换而引起的静电排斥的 Pauli 修正。

$J(n,\pi^*)$值的大小由公式（2.19）中的矩阵元值给出，式中 n 和 π^* 分别代表 n 和 π^* 轨道波函数。数字（1）和（2）代表占据轨道的两个电子，而 e^2/r_{12} 则是一个算子（其中 e 为电子电荷，而 r_{12} 为两个电子的分开距离），代表交换电子间排斥。公式（2.19）中 e^2/r_{12} 项可从积分中因子化出去，因此 $J(n,\pi^*)$ 值可看作直接正比于 n 轨道和 π^*轨道重叠波函数的数学积分［公式（2.20）］。轨道重叠的大小可用符号 $\langle n|\pi^* \rangle$ 表示，称为轨道重叠积分。量子力学的数学重叠积分对应于轨道在空间物理的重叠程度。重叠越小，重叠积分值就越小；重叠越大，重叠积分值也越大。重叠积分可形象化地作为两个波函数相似性的量度。假如重叠积分很大，则两个波函数就"看起来十分相似"；假如重叠积分很小，则两个波函数就"看起来很不相同"。在第 3 章中，我们会发现当两个态之间发生跃迁时，那些"看起来相似"的态常比"看起来不同"的态快。因此，重叠积分会是一个十分有用的指标，可以用来表示两个态之间跃迁的概率或速率。

$$J(n,\pi^*)= \langle n(1)\pi^*(2)| e^2/r_{12} | n(2)\pi^*(1)\rangle \qquad (2.19)$$
$$J(n,\pi^*)\approx e^2/r_{12} \langle n(1)\pi^*(2)| n(2)\pi^*(1)\rangle \approx \langle n|\pi^*\rangle \quad \text{重叠积分} \qquad (2.20)$$

因而，交换能 $J(n,\pi^*)$的大小正比于重叠积分值 $\langle n|\pi^*\rangle$［公式（2.20）］。由于 $\langle n|\pi^*\rangle$ 值的大小正比于 n,π^*轨道的重叠程度，我们就可简单地通过公式（2.21a）图像化地估计轨道重叠程度，进一步定性估算公式（2.20）的积分值。类似地，$\langle \pi|\pi^*\rangle$ 值也正比于 π,π^*轨道的重叠程度，即 $J_{\pi,\pi^*}\approx \langle \pi|\pi^*\rangle$，如公式（2.21b）所示。

$$J_{n,\pi^*} \longrightarrow \qquad \text{n,} \pi^* \text{间小的轨道重叠} \qquad (2.21a)$$
$$\langle n|\pi^*\rangle \text{ 小}$$

$$J_{\pi,\pi^*} \longrightarrow \qquad \text{n,} \pi^* \text{间大的轨道重叠} \qquad (2.21b)$$
$$\langle \pi|\pi^*\rangle \text{ 大}$$

重叠积分如公式（2.20）那样，可以通过图像化的方式对处于分子核框架空间内的两个波函数相互间的物理或数学相似性进行量度。假如两个波函数在空间中的占据形式相同，则重叠积分的归一化值 $\langle \phi_i| \phi_j \rangle = 1$。换言之，$\langle n|n\rangle$ 和 $\langle \pi|\pi\rangle$ 归一化的数学重叠积分值都被指派为 1。依次对应于轨道自身的重叠，这种最大可能的重叠在数学上也定义为具有最大归一化值 1。另一方面，如果两个波函数不完全重叠，则归

一化值 $\langle \phi_i | \phi_j \rangle = 0$。为了形象化地定性描述轨道重叠，采用单电子轨道 ϕ_n、ϕ_π、ϕ_{π^*} 已经足够了。我们可以形象化地描述重叠积分 $\langle n | \pi^* \rangle$ [如公式（2.21a）那样]，比如用 n 轨道图像来代替符号 n（代表甲醛 n_O 轨道的单电子波函数 ϕ_n），以及用 $\pi_{C=O^*}$ 轨道图像来代替符号 π^*（代表酮 π^* 轨道的单电子波函数 ϕ_{π^*}）。通过 n、π^* 轨道的图像化，可以在空间中勾画出这些轨道围绕着甲醛内核的重叠区域。然后，就可以定性地估计 n、π^* 轨道之间的重叠程度。经过检查，我们会立即注意到 $\langle n | \pi^* \rangle$ 的数学重叠积分必然较小，这是因为 n、π^* 轨道在空间中并没有占据太多相同区域。π^* 轨道的电子分子（假设为平面结构）平面的上方和下方都有一定的密度分布。此外，碳原子 π^*轨道的波瓣处于 n 轨道的结点平面内 [公式（2.21a）]，这意味着在这样的近似水平上，能够在数学上准确消除 n、π^*轨道波函数及其零级重叠，即在零级近似下，$J \langle n, \pi^* \rangle \sim \langle n | \pi^* \rangle = 0$。在这样的近似下，$S_1(n,\pi^*)$ 和 $T_1(n,\pi^*)$ 在能量上将不存在差别，由于重叠积分准确地等于 0。因此，这就相当于对 n,π^* 态单重态-三重态能隙值的选择规则进行确定，而此处的选择规则可以简单地通过重叠积分 $\langle HOMO | LUMO \rangle$ 来检查，并允许对 J 定性估计。

现在让我们将这些结果与 π,π^* 构型的轨道重叠相比较。如果将所用想法导入公式（2.20），我们将如公式（2.21b）所示得到 π,π^*构型的图示。

从公式（2.21b）诸轨道的比较可以看到，在 C 和 O 两个原子上有着实质性轨道重叠。因此，与 $J(n,\pi^*)$ 数值一般约等于 0 的结论不同，$J(\pi,\pi^*)$ 的数值有限而且相当大。换言之，J_{π,π^*} 值通常要比 J_{n,π^*} 值大，因为通常 $\langle \pi | \pi^* \rangle$ 的重叠积分要大于 $\langle n | \pi^* \rangle$ 的重叠积分。从以上图像化的讨论中我们可以得出结论，一般情况下 $\Delta E_{ST}(n,\pi^*) < \Delta E_{ST}(\pi,\pi^*)$，这是因为 π、π^*轨道的重叠常要大于 n、π^*轨道的重叠。

现在，我们要用一些定量数据验证上述这些定性图像化结论的有效性。实验上，酮的 $\Delta E_{ST}(n,\pi^*)$ 数值为 7～10kcal/mol，而芳香碳氢化合物的 $\Delta E_{ST}(\pi,\pi^*)$ 数值则在 30～40kcal/mol 量级。表 2.3 列出的一些 ΔE_{ST} 数值表明，n,π^* 构型衍生态总比 π,π^* 构型衍生态有着更小的单重态-三重态裂分能。

表 2.3 单重态-三重态裂分的例子

分子	S_1 和 T_1 的构型	ΔE_{ST}/(kcal/mol)
CH₂=CH₂	π,π^*	ca.70
CH₂=CH-CH=CH₂	π,π^*	ca.60
CH₂=CH-CH=CH-CH=CH₂	π,π^*	ca.48
	π,π^*	25[1](52)[2]
	π,π^*	31[1](38)[2]
	π,π^*	ca.34
	π,π^*	30

续表

分子	S_1 和 T_1 的构型	ΔE_{ST}/(kcal/mol)
$CH_2=O$	n,π^*	10
$(CH_3)_2C=O$	n,π^*	7
$(C_6H_5)_2C=O$	n,π^*	5

① 不同轨道对称性的态之间的 ΔE_{ST}。
② 相同轨道对称性的态之间的 ΔE_{ST}。

现在可对甲醛的零级态能级图 [图 2.1（c）] 进行修饰，其中包括一级的单重态-三重态裂分（图 2.2）。从这一点来看，能态图上的这些态均假设处于同一近似水平上。

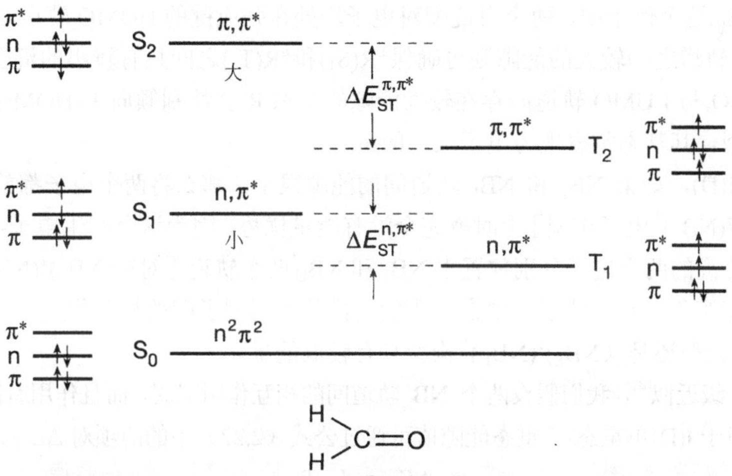

图 2.2　甲醛的定性能态图，包括单重态–三重态裂分及其电子态构型

2.15　双自由基活性中间体单重态与三重态之间的电子能差：自由基对 I（RP）和双自由基 I（BP）

现在我们要对一些具有"双自由基"特征（1.11 节）[2,3]的活性中间体 I(D) 的单重态与三重态之间的电子能差进行讨论。2.14 节讨论了电子激发有机分子（*R）具有 $(HOMO)^1(LUMO)^1$ 电子构型时的单重态和三重态能量及其单重态-三重态能隙。典型有机分子 HOMO 和 LUMO 之间的能差在 40～80kcal/mol 量级或更大一些。HOMO 是一个强的成键分子轨道，这意味着两个自旋配对的电子将很稳定地处在这一轨道上。HOMO 与 LUMO 轨道之间的能量分离要比振动或电子自旋能隙大得多。另一方面，图示 2.1 初级光化学转变*R→I(D) 中的活性中间体 I(D) 通常是一个双自由基物种，即自由基对 I(RP)或双自由基 I(BR)。

与拥有两个半充满 HOMO 和 LUMO 轨道且能量分离明显的*R(HOMO)^1(LUMO)^{1}截然不同，双自由基中间体 I(D) 的典型特征在于拥有两个能量可比且半充满的非键

（NB）轨道。这两个 NB 轨道，常常各自定域于 I(RP)或 I(BR)的碳原子上，我们称这两个非键轨道为 NB_L（低能非键轨道）和 NB_U（高能非键轨道）。而 NB_L 与 NB_U 之间的能隙 $I(NB_L)^1(NB_U)^1$ 通常较小，常处于〈1kcal/mol 量级上；的确，这一能隙可能小于振动能级之间的能隙，有时甚至小于电子自旋能值。两个 NB 轨道间，这种特征性的小能隙可能引起 I(D)相关态的混合，对 I(D)中 NB_L 和 NB_U 轨道的分离函数和空间取向、相关单重态和三重态的能级排布以及单重态-三重态能隙产生重大影响。在第 3 章中，我们会讨论这些小能隙及其 NB_L 和 NB_U 轨道分离和取向依赖性如何对单重态-三重态跃迁速率产生重大影响。

我们已经看到交换作用（J）是如何支配着*R 的 S_1 和 T_1 及其 ΔE_{ST} 的数值和方向。在基态 $R(S_0)$这个例子中，两个自旋配对电子均处在强成键的 HOMO 轨道，而 HOMO 与 LUMO 轨道之间较大的能隙则可确保*R(S_1)和*R(T_1)之间只有较小的混合。因此，对于 HOMO 与 LUMO 轨道间存在较大能隙的基态 R 会特别倾向于(HOMO)^2(LUMO)的电子构型，其基态常表现为电子配对的单重态。

对于 I(D)，如果 NB_L 和 NB_U 轨道间的能隙很小，那么将两个电子都放置在 NB_L 轨道［对应$(NB_L)^2$电子构型］上时就完全没有能量优势，因为这会产生电子-电子排斥，而将空间分离的两个电子分别放置于 NB_L 和 NB_U 两个轨道［对应$(NB_L)^1(NB_U)^1$电子构型］上时却避免了这种情形。现在让我们来检验不同因子间的相互作用，以确定到底是（NB_L）^{2}构型还是（NB_L）^{1}（NB_U）^{1}构型具有较低能量。

作为一级近似[4]，我们假设两个 NB 轨道间的相互作用很弱，而且作用有限。在这一近似中，对于 I(D)单重态-三重态能隙值可通过公式（2.22）中的两项对 ΔE_{ST} 进行估计。

$$\Delta E_{ST} = J - B \tag{2.22}$$

式中的参数 J 正比于$(NB_L)^1(NB_U)^1$构型的电子交换积分，而 B 则正比于两个轨道的重叠和成键构型$(NB_L)^2$的贡献。J 和 B 两者均为正值，而 B 对应于$(NB_L)^2$的成键贡献。由于"成键"是一种能量降低的相互作用［注意公式（2.22）中 B 前面的负号］，因此当 $B>J$ 时，I(D)自旋配对的单重态$(NB_L)^2$构型在能量上比三重态的$(NB_L)^1(NB_U)^1$构型低。在这种情况下，I(D)的基态将是单重态的（S），而非三重态（T）。然而当 $B<J$ 时，如 Hund 规则适用，则 I(D)的基态将会是三重态（T），而不是单重态（S）。

然而对于 I(D)，何时 $B>J$ 而又何时 $B<J$？我们就需要考虑公式（2.22）的图像表达，并借助两个非键轨道的重叠来确定 I(D)的单重态和三重态能量是如何随着轨道取向而变化，然后将空间上分离的两个碳原子之间发生弱相互作用的两个 p 轨道简单模型作为样本（图 2.3）。以上讨论表明，当轨道重叠而不能成键时（即 $B=0$ 而使得 $J>B$），I(D)的三重态将是低能量的基态；当轨道重叠且实质上成键（即 $B>J$）时，I(D)的单重态才是具有较低能量的基态。

现在，让我们对下列极限情况下，两个 NB 轨道的取向及其影响进行分析：①两个 p 轨道的取向是一个在另一个的节点面上［因为 p 轨道相互垂直，称为 90°取向，如图 2.3（a）左图所示］，以及②两 p 轨道"一个指着另一个"［因为 p 轨道："头对头"

的，称为 0° 取向，如图 2.3（a）右图所示]。对于类似（1）的轨道取向，两个轨道接近于相互正交，所以轨道间实质上不存在净的轨道重叠，此种情况下公式（2.22）中的 B 项接近于零。对于这种情况，交换作用要比成键作用重要得多（即 $B<J$）。而当后一种情况主导时，$\Delta E_{ST}\sim J$ [公式（2.22）]，则 I(D) 的 T 态成为基态 [图 2.3（b）左侧]。但当取向接近于"头对头"情况（2）时，轨道重叠主导两个电子置于 NB_L 轨道，倾向于"成键"构型。在这种情况下，$B>J$，于是 $\Delta E_{ST}\sim -B$ [公式（2.22）]，则 I(D) 的 S 态就成为基态 [见图 2.3（b）右侧]。

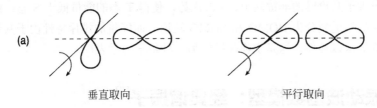

垂直取向　　　　　　　　　　平行取向

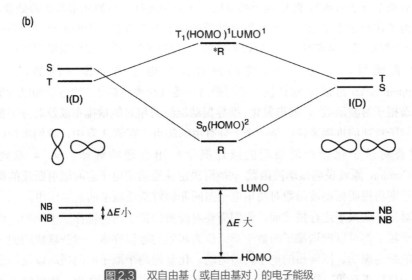

图 2.3 双自由基（或自由基对）的电子能级

（a）两个 p 轨道垂直取向（左）和平行取向（右）；（b）轨道取向函数 I(D) 的 S 和
T 态相对能量以及 S_0 和 T_1 与 S 和 T 的相关性

　　当 NB_L 与 NB_U 间只有少量重叠时，可以适用以下一般性结论：（1）当 p 轨道以垂直取向相互接近时，I(D) 的 T 态能量低于 S 态；（2）当 p 轨道以平行取向接近时，则 I(D) 的 S 态能量较低；（3）I(D) 的 ΔE_{ST} 数值可同时表示为 NB_L 和 NB_U 轨道距离和取向的变化函数。当 NB_L 与 NB_U 之间的能差增大时，NB_L 则变为 HOMO 轨道，而 NB_U 则变为 LUMO 轨道。在这种情况下，$(HOMO)^2$ 构型在能量上将大大低于 $(HOMO)^1(LUMO)^1$ 构型，于是单重态的能量低于最低三重态的能量。然而需要注意的是，在这个例子中我们比较的是(HOMO)^{2}构型和(HOMO)^1(LUMO)^{1}构型。而当我们比较单重态和三重态的(HOMO)^1(LUMO)^{1}构型时，三重态的能量总是低于单重态的能量。

由于对 I(D)可能状态的分析过于简单化，因此当我们将自旋也包括进去时，对于具有两个 NB 轨道的情况则实际上对应有四种可能构型，三个单重态 $NB_L(\uparrow)NB_U(\downarrow)$、$NB_L(\uparrow\downarrow)$、$NB_U(\uparrow\downarrow)$和一个三重态 $NB_U(\uparrow)NB_L(\uparrow)$。由于这些态的能量十分相似，因此它们可以强烈地相互混合。关于这 4 个态，我们会在第 6 章中详细讨论。

总的来说，双自由基中究竟是 S 态还是 T 态的能量较低，这依赖于轨道间的能隙。对于分离距离大于共价键的非键轨道，J 占优势，使得 T 态的能量低于 S 态；而当能隙增大时，非键轨道裂分为 HOMO 和 LUMO 轨道，而能量的排斥特性由于共价键合引起的能量降低得以补偿，这是交换作用的另一种量子力学表现。

2.16 振动波函数模型：经典谐振子[5]

我们已经采用单电子波函数 [ϕ_i，公式（2.5）] 和单电子轨道构型（$\phi_1, \phi_2, \phi_3, \dots \phi_i$）为模型对整个分子波函数 Ψ_0 中电子部分的电子轨道进行了近似和形象化的处理。但是现在，为了在分子水平上获得有关振动性质的量子力学直觉，我们需要对总分子波函数（Ψ）中振动部分波函数 χ 的近似和形象化进行讨论。化学家们常采用简单分子振动的经典模型，将分子带正电的核看作是电子来回振荡的势场（还是Born-Oppenheimer 近似）。这种核的来回振荡可通过经典谐振子[4]的运动加以近似。这种经典谐振子对波函数 χ 的形象化、推导振动能级的相对能量排布以及对分子振动某些特殊量子特征的推演来说，是一个十分有用的起点。在第 3 章中，我们将说明如何借助重叠对量子化振动能级间的跃迁概率给出合理的解释。第 4 章则借助Franck-Condon 原理说明振动波函数 χ 如何决定性地确定电子态间辐射跃迁的概率，而第 5 章则将说明振动波函数对决定电子态间非辐射跃迁概率的重要作用。

在对量子谐振子进行描述前，我们需要对经典谐振子的特征作一下回顾。许多重要的量子粒子都可以把谐振子的数学形式作为起始的近似样本。一些现成的例子有：电磁场的振荡振动、围绕核的电子轨道运动、化学键两个原子间的振动以及耦合磁场中的电子自旋进动等。谐振子的重要性可以在下列事实中得以体现，能对畸变力或扰动力作出类似动态响应的许多不同物理体系都可用相同的数学方法进行处理，并作出初始和近似描述。将这些谐振运动的数学作为样本，我们就可以处理许多明显"看似不同"的体系（例如：谐振光子、轨道电子、振动核、进动自旋等），把它们近似为谐振子甚至聚焦于某一个的具体样本。

对任何物理体系的谐振子可定义为：当体系因扰动偏离其平衡态后受到一个正比于偏离其平衡位置位移大小的回复力（F）。以柔性弹簧相联的一对物体为样本，其平衡距离为 r_e，而 r 为物体间不同于平衡距离的任意距离，于是体系重新恢复到平衡距离的回复力（F）可由公式（2.23）（虎克定律）给出。

$$F = -k\Delta r = -k\,|\,r - r_e\,| \tag{2.23}$$

式中，$\Delta r = |\,r - r_e\,|$ 是离开平衡距离的位移绝对值，F 为回复力，k 为比例常数，它与达到一定位移所需的力相关。比例常数（k）可称为振荡力常数。振荡的摆、小提琴振动的琴弦，以及振动的调音叉都是经典谐振子的常见样本。经典谐振子在平衡位置处于初始的放松状态，可以通过突然施加脉冲或扰动开始振荡。在经过了可称为弛豫时间的一定时间周期后，体系可通过扰动将多余的能量释放到周围的环境中并回到平衡位置。

根据经典物理学，力（F）可被定义为体系势能斜率的负值［公式（2.24a）］。按照公式，这一关系意味着存在着一个势能函数能够将势能与力常数和平衡位移关联起来［公式（2.24b）］。

公式（2.24b）提供了一个十分重要的结果，即对于谐振子而言，其势能（PE）会直接随着力常数（k）和振荡子平衡位置位移程度（Δr）平方的大小而变动。因此，简谐振动可利用抛物线 PE 定性，并由公式（2.24b）给出。

$$F = -\mathrm{dPE}/\mathrm{d}\Delta r \tag{2.24a}$$
$$\mathrm{PE} = 1/2\ k\Delta r^2 \tag{2.24b}$$

典型有机分子所共有的振动可分为两个束缚原子间的伸缩振动（如 C-H 单键或 C=O 双键的伸缩）和三个（或多个）受束缚原子间的弯曲振动（如 H-C-H 或 H-C-C 的弯曲）。实质上，谐振子模型所有振动的重要特征是将双原子分子的伸缩运动作为样本（此时只可能有伸缩振动）。因此，我们可以用一般化的双原子分子作为样本来进行分析，然后将所得的一般性结论用于有机分子的所有振动。

对于一个振动的双原子分子 X-Y，当离开原子平衡位置的位移较小时，谐振子是振动体系很好的零级近似。对于经典谐振子来说，X 相对 Y 的振动运动是时间 t 的周期性振荡函数（在以 τ 为周期的时间内发生）。振荡频率 $\nu(\tau^{-1})$ 由公式（2.25a）给出，其中 k 为 X 和 Y 原子间化学键的力常数［公式（2.23）］，而 μ 则为两个成键原子的折合质量［公式（2.25b）］。基于公式（2.25a）和公式（2.25b），对于任意经典谐振子我们可以推导出下列结果：①两物体 m_1 和 m_2 的振动频率（ν）仅由折合质量（μ）和力常数（k）决定，而并不是运动幅度决定（未出现于公式中）；②对于给定折合质量 μ 的两个物体，力常数越大，频率（ν）越高；③在给定力常数（k）下，折合质量（μ）越小，频率（ν）越高。量子力学中，量子粒子的运动频率可以通过公式 $E = h\nu$ 或 $\nu = E/h$ 与能量关联起来。因此，振动频率越高能量越高，振动频率越低能量越低。由于在本章中我们关心的是态的能量，将集中讨论那些由公式（2.25）给出的、决定经典谐振子振动频率的相关因素，然后通过关系式 $E = h\nu$ 计算其能量。

$$\nu\ (\text{频率}) = (k/\mu)^{1/2} \tag{2.25a}$$
$$\mu = [(m_1 + m_2)/\,m_1 m_2]^{1/2} \tag{2.25b}$$

按公式（2.24b），以核间距（r）为函数作出的双分子振动势能（PE）图可以给出经典抛物线状的 PE 曲线（见图 2.4）。在某个特定的核间距 r_e 时，体系的 PE 处于极小值（即当距离为 r_e 时，核与核间具有平衡构型）。如果这一距离减小到 $<r_e$ 时［图 2.4

(a)]，体系的 PE 会因为核间排斥力及电子排斥力迅速增大；如果核间距离增大至>r_e时［图 2.4（b）］，因为拉伸和 X-Y 键的弱化，PE 也会增大。而在平衡位置（r_e）时，则没有净的回复力施加在 r_e 处的原子之上［由于 $\Delta r=0$，$F=-dPE/dr=0$，公式（2.24a）］。对于任何偏离 r_e 的位移都存在回复力［$F=-dPE/dr\neq0$，公式（2.23）］驱动体系回到 r_e 处。这个回复力是一个矢量，以周期性的方式，在频率 ν 下，在相同的时间间隔即周期 τ 内不断改变其方向和大小，从而使得一对原子在经典谐振运动的拉伸和收缩下来回经过分离点 r_e，此处体系的 PE 有极小值。由于通常我们只对振动能级间的能差感兴趣，因此主观地指定 PE 的极小值为 $E_0=0$，而所有其他相对于 E_0 的振动能级则都可定义为正值（相对能量较高，稳定性较低）。

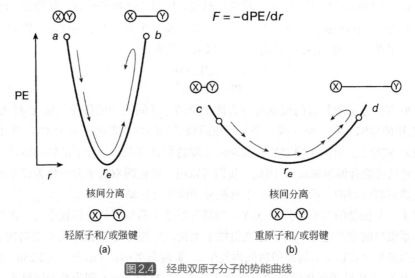

图 2.4 经典双原子分子的势能曲线
（a）具有轻原子强键的双原子分子；（b）具有重原子弱键的双原子分子

通过公式（2.25），我们可以将经典谐振子的重要一般特性应用于有机分子并得到两个重要结论：①对于有机分子，C—H 键趋于键最高频率，因为它们同时拥有较大的力常数（键强为 90～100kcal/mol 量级，类似于以一个硬弹簧将两个原子连接在一起）和较小的折合质量（H 为最轻的原子）；②两个重原子之间的弱键，如 C—Cl 键（约 60～80kcal/mol）就只有很低的频率，因为它们同时拥有较小的力常数（弱键，类似于以一个软弹簧将两个原子连接在一起）和较大的折合质量（重的氯原子对 μ 值起主导作用）。图 2.4（a）给出了高频振动势能曲线形状的样本（如 C 键 H 键），而图 2.4（b）则给出了低频振动势能曲线形状的样本（例如 C 键 Cl 键）。

结合了强键和小折合质量的 C 键 H 键，其伸缩频率处于约 $10^{14}s^{-1}$ 量级。这是有机分子中所发现的最高频率。这一频率相当于大约 3000nm 的波长（振动能隙约为 9.5kcal/mol 或 3323cm^{-1}）。另一方面，结合了弱键和大折合质量的 C—Cl 键，其振动频率相当低，$\nu\approx10^{13}s^{-1}$，这一频率相当于波长约 30000nm（振动能隙约为 0.95kcal/mol

或 333cm^{-1})。的确，经典谐振子为我们深入了解振动原子性质提供有力的量子视野。

图示 2.2 中列出了 X 和 Y 原子间的经典振动模型，即其中原子（物质）X 和另一原子（物质）Y 之间通过弹簧（代表 X 与 Y 之间的键）连接。如果两个原子具有类似质量，那么 X 和 Y 就可以相互沿着键轴在频率 ν 下来回振动［图示 2.2（a）］。如果两个原子中其中一个比另一个轻得多（如 HCl 中的 H），那么空间内的所有运动几乎都将发生在那个较轻质量的原子上。在这种情况下，我们就可以假设振动中较重质量的原子基本保持不动，其效果相当于"固定的墙"，振动中，通过弹簧联结于"墙"上的轻质量原子相对于"墙"来回运动，而"墙"则基本不动［图示 2.2（b）］。

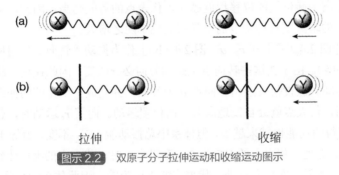

拉伸   收缩

图示 2.2   双原子分子拉伸运动和收缩运动图示

对于图 2.4 PE 曲线上的任意一点 r（除曲线极小值处），振动原子都可经受到一个吸引体系向平衡几何构型 r_e 回复的回复力 F。这个回复力的大小由 $F=-dPE/dr$［公式（2.24a）］给出；也就是说，回复力是体系中任一点处 PE 大小与平衡位移值 $\Delta r = |r-r_e|$ 的比值。数学上，dPE/dr 为 PE 曲线上任意一点 r 的斜率值。因此，斜率数值就可以成为我们衡量体系偏离平衡位置的产生能量抵抗的量度。由公式（2.24b）可看到，对于强键（即有着大的 k 值），仅仅是很小的位移就能引起 PE 值的很大变化，这是因为 PE 是位移值 Δr 的二次函数所致。因此，强键对应于陡峭墙壁似的 PE 曲线［图 2.4（a）］，即使是很小位移也能引起 PE 值的急剧增大，而这种振动也相对难以偏离其平衡构型发生形变。

另一方面，弱键则对应于浅薄斜墙似的 PE 曲线［图 2.4（b）］，即使是相当大的位移也不能引起 PE 值的较大增加。由于振动频率（ν）直接正比于键强而反比于振子的折合质量［公式（2.25a）］，因此陡峭的 PE 曲线意味着较高频率的振动，而浅斜的 PE 曲线则意味着较低频率的振动。于是，在我们比较具有近似折合质量的体系时，可以预期强键会呈现如图 2.4（a）所示的特征 PE 曲线，而弱键则会呈现如图 2.4（b）所示的特征 PE 曲线。例如，C—C 单键的振动频率远远小于 C=C 双键的振动频率，这是因为双键键强更强，而振动中所含原子折合质量相似的缘故。

现在可以对 PE 曲线上的"代表点"（r）一词给出定义：在图 2.4 曲线上的任意一点，沿着 x 轴都相应有相对于代表点的特定位移 $\Delta r = |r-r_e|$。当代表点沿着 PE 曲线运动时，r 将在"数学上"关系着动能（KE）、平衡点偏离位移（Δr）和 XY 原子对 PE 等的大小。例如，当代表点在 r_e 时，分子的 PE 值为零［式（2.24b），有 $\Delta r = |r-r_e| = |r_e-r_e| = 0$］。如果

不考虑KE的存在，经典谐振子将不会运动，当 X 和 Y 间的距离为 r_e 时，PE 曲线上任意一点的 r 值只要不等于 r_e，分子就具有一些过剩的 PE 值。除 r_e 外任何代表点对应的分子结构在动力学上都是不稳定的；也就是说，它们可以通过谐振子的回复力 $F=-dPE/dr$ 向 r_e 运动，这恰似处在斜面上的经典粒子被重力吸引滑向 PE 的极小值。因此，任意处于 r 位置的代表点都有向着 r_e 的自发运动趋势。

振动中，代表点离开平衡位置的位移程度（Δr）称之为振幅（A）。公式（2.25a）表明振动频率仅依赖于力常数和折合质量，而并不依赖于振动振幅。因此，对应于较大位移（Δr）的较大振幅，代表点必须以更快的速度运行才能保持恒定的振动频率（ν）。振幅越大，偏离平衡位置的位移程度越大，代表点的势能越高。因此，随着振子总能量（PE+KE）的增大是振动幅度而不是振动频率随之增大。

点 a、b［图 2.4（a）］和 c、d［图 2.4（b）］作为振动"转向点"对应有过量的振动能（也是势能）。由于在这些转向点上振动方向必须改变，因此在这一瞬间振动停止且原子停止运动。假设代表点由转向点 a 处开始，并完成一个完整的伸缩运动。由于回复力的作用，代表点就会自发地向着平衡位置运动。向着 r_e 运动时，代表点运动会越来越快，获得的动能也越来越多，但体系中总振动能（E_ν）不变，恒等于 PE+KE［公式（2.26）］。a 点处，代表点的 KE 为 0，而到达 r_e 时，代表点的 KE 达到最大值，而 PE 为零。另一方面，在转向点处，代表点的 KE 为零，因此体系的总能量等于图 2.4 中 a、b 点处 PE 的最大值。在没有摩擦力存在的情况下，代表点可永远在 a、b 间来回振荡。这种振荡可以通过图 2.4 中曲线上的箭头来表示，相当于振动振幅。

类似的概念也可应用于图 2.4（b）中 c、d 点间的振荡，但与 a、b 点间的振荡相比，这些振荡频率更低且振幅更大，这是由于其转向点仅对应较小的 PE 最大值。

$$E_\nu=PE+KE \tag{2.26}$$

2.17 经典谐振子的量子力学版本

作为双原子分子的经典谐振子样本，可近似为通过柔性弹簧连接在一起的两个振动物体，而我们现在则要发展一种双原子分子的振动量子力学模型。振动中的双原子分子可采用振动波函数 χ 来加以描述。对于给定电子态（S_0、T_1 和 T_1），波函数 χ 用来描述"核"的瞬时形态（即它们相对于电子云的空间位置）和核的运动，这类似于用 Ψ_0 来描述电子形态（即它们相对于核的空间位置）及其运动。我们已经形象化地讨论过单电子波函数 ϕ_i［公式（2.5）］的轨道模型。那么我们又应当如何来形象化地描述振动波函数 χ，以及从哪些新方面将量子力学应用于经典谐振子上呢？

对于谐振子［其能量算符作用于 PE 的有公式（2.24b）的形式］[5]，求解类似的电子波动方程［公式（2.1）］就可以得到一系列振动波函数 χ_i，它们中每一个都具有独特的 PE_ν，这里 ν 为振动量子数。振动中的双原子分子可以在图像上通过振动波函数的形式对其性质进行描述，这与低能振动的经典谐振子有着显著的不同，但与高能振动的经典谐振子却有着相当多的类似之处。现在，让我们来考虑如何将（1）振动双原子分子的量子力学特性、（2）振动能级的量子化及其相对能量排布以及（3）振动的波动特性形象化。对于 χ 的图像化，可以方便地从经典 PE 曲线（图 2.5）着手，然后将能级量子化，最后对量子化能级的振动波函数进行表观描述（图 2.6）。

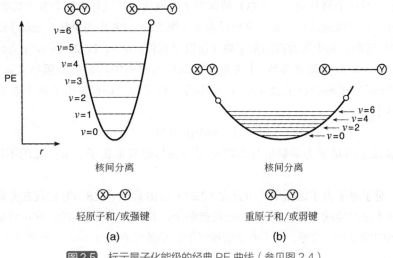

图2.5 标示量子化能级的经典 PE 曲线（参见图 2.4）

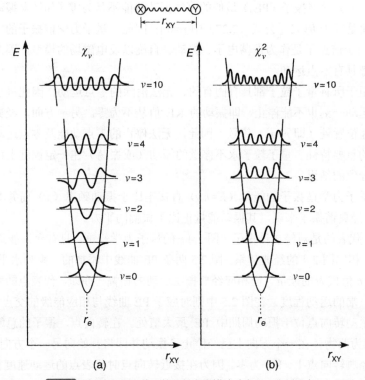

图2.6 振动双原子分子的量子力学描述（参见正文讨论）

2.18　量子力学谐振子的振动能级

和经典力学一样，在量子力学中，振动分子的初始模型是一个遵从公式（2.23）的谐振子。对这个遵从公式（2.23）的谐振子的波动方程进行求解会发现其能级 E_v 是量子化的，并可以通过量子数 v 来加以表征（图 2.5）。PE 中每个振动能级 PE_v 都由公式（2.27）给出，其中 v 为振动量子数（仅取整数值，v=0、1、2、…），v 为经典振子的振动频率，h 为普朗克常数。［注意在文献和教科书中，对振动频率（v，小写希腊字母 "nu"）和振动量子数（v，斜体小写罗马字母 "vee"）用了两个看来十分类似的符号］。

$$PE_v = h\nu(v+0.5) \tag{2.27}$$

由谐振子的量子力学解所导出的重要结果与经典谐振子有着明显的不同，要点如下：

（1）对于量子力学谐振子，由公式（2.27）给出其量子化的 PE 值仅在允许量子数的 v 值时才是可能的（稳定的）。而经典谐振子，其 PE 值是连续的，它可以取体系中任意可用的能量值。此外，量子力学谐振子的振动能级在高于 v=0 的能级以上以 $h\nu$ 为单位等间隔分布。

（2）量子力学谐振子（PE_0）最低的可能振动势能不是为零（如经典振动弹簧静止时那样）而是等于 $h\nu/2$［公式（2.27）中 v=0］。因此，量子力学谐振子的零点振动能为 $h\nu/2$。由于谐振子是作为振荡电子、振动、自旋以及电磁场的模型，因此这其中每一种振荡都具有零点运动。

（3）由于所有量子粒子都具有固有的、无法消除的零点运动，因此量子力学谐振子的振动运动一刻也不能停止，即振动的 KE 值从不为零。另一方面，经典谐振子则可在其平衡位置处（即 $r=r_e$）停歇。因此，无法停止的零点动能及零点运动成为每种量子粒子的重要特性。量子粒子永不停歇的振动（或振荡）在一定程度上可看作是不确定原理导致的结果。

（4）量子力学谐振子的能量（$E=h\nu$）直接正比于振动频率（v）而并非振动幅度（A）。但对经典谐振子来说，其振动能量正比于振幅的平方。

图 2.5 代表的是对经典谐振子（图 2.4）的量子力学修饰，只有允许能级的能量 E_v 显示其中。相比图 2.4 的经典体系，图 2.5 两条 PE 曲线中添加的一系列水平线（v=0～6）对应于 v 值代表的能量。而相应经典振动运动的振幅（亦即，代表点随着振动，从一端到另一端的运动程度）在图 2.5 中则对应于 PE 曲线与相应能级的交点。

经典振动转向点位于振动周期中 PE 最大值处。在转向点，振子的总能量均为势能，这是因为两物体在一个方向上已经停止了振动并即将开始向另一个方向振动回去。所以在此经典转向点上，KE 为零。因为在接近转向点时代表点的运动速度很慢，所以经典谐振子在转向点上会耗费大量时间。在核的拉伸和压缩运动期间，虽说 PE 和 KE

会连续变化，但它们的总和，即总振动能 [E_v，公式（2.26）] 保持守恒。对于相同 v 值，虽然图 2.5（a）势能井中的 PE 值大得多，但是这与高率振动 [公式（2.27）] 下，其相邻振动能级间隔较大有关。还应当注意的是图 2.5（a）中的振动体系有着较大零点能（$v=0$）。出现这种情况是因为图 2.5(a)中 PE 的频率值较大的缘故[公式（2.25a）]。

2.19 量子力学谐振子的振动波函数：双原子分子波函数的形象化

从经典物理的角度，基于振动波函数这种图像化的方式处理接近平衡距离处的量子力学谐振子是非经典、不直观的。因此在更近距离上图像化地审视振动波函数能够在某种程度上提供一点"量子直觉"，这对于解释电子态振动能级间的辐射和非辐射跃迁（第 3～5 章）非常有价值。对 $v=0$、1～4、10 时，其振动波函数 χ_v 的数学形式定性地由图 2.6（a）给出，水平线标出的是那些允许的（量子）能级。可以想见任意波，如正弦波，它有一个连续振荡的、数学上由正到负的振幅，因此必将经过一个 0 值（因为发生数学符号的改变必须要经过 0）。高于水平线的 χ_v 数值可被考虑为数学上的正值，而低于水平线的 χ_v 数值则可被考虑为数学上的负值。水平线上的 χ_v 值为零，除 $v=0$ 处，所有水平线都是波函数的节点线。

χ_v 经过零的次数为 v，即振动量子数。$v=0$ 的波函数并不具有节点，因此这一振动波函数就类似于无节点的 1s 原子轨道波函数。波函数 χ_v 的数学符号（高于能级线的为正，低于能级线的为负）相当于振动时在空间上某点 r 处的位相。粒子与波之间的一个重要区别是叠加的波可彼此发生建设性或破坏性的干涉，当然这取决于它们间的相对位相。假如两个波函数在相同空间区域内有着相同的位相或数学符号（即都为正或都为负），则波之间的干涉将是建设性的，且体系也在能量上稳定；假如两个波函数在相同空间区域内有着不同的位相或数学符号（即一正一负），波之间的干涉将是破坏性的，而体系在能量上也并不稳定。这种在干涉上发生建设或破坏过程的例子，可常见于两个波在"混合"时所发生的共振现象。我们反复看到在两个波间发生共振的关键特征是：要求两个波在空间的相同区域内，看起来"十分相似"，而且具有相同频率。这种相同的频率特征可以确保两个波具有相同能量（根据 $E=h\nu$）。而"看来相似"的特征则和波"结构"及位相等相关联。因此，如果一个波具有正位相，而另一个在相同空间区域内有负位相，则这两个波之间将发生破坏性干涉；然而，如果一个波有正位相，而另一个波在相同空间区域内也有正位相，（或一个波有负位相，而另一个波在相同空间区域内也有负位相），则这两个波之间将发生建设性干涉。

量子力学中，与实验观察量直接相关联的是波函数的平方（χ_v^2）而不是波函数（χ_v）。由于波函数的平方代表在空间中发现粒子（如电子、核或自旋）的概率，因此函数 χ_v^2 [图 2.6（b）] 代表在给定能级（即给定 v 值）振动中，某 r 值下发现核的概率。这如同你登上了图 2.6 中的振动梯子，在接近经典振动的转向点时（$v=0$ 是一个例外）波函数往往具有最高概率。在很高量子数的极限时，量子力学谐振子的表现行为与经典谐振子类似，它会在转向点处耗费大部分时间。图 2.6 的一个重要特征在于原子振动中存在一个有限且无法忽略的概率，即其振动能够越出经典谐振子 PE 曲线定义区域外。这一特性是对振动的波动性和经典粒子性图像化描述的必然结果。波在空间中具有向外传播的趋势，而振动的波动性描述允许核"逸出"到经典 PE 曲线的边界之外并探索超出经典描述所允许的空间区域。这种波函数逸出到经典势能阱 PE 之外的现象相当于量子力学中的"隧道"效应。

量子力学模型的另一特点在于，通过检视发现概率来表现高振动能级中核的分离情况［图 2.6（b）］。除如经典模型所预期的在经典转向点附近的概率分布有着明显的极大值外，在振动极限之间还存在着一系列的极大（对 $v>1$）。例如对于 $v=1$，在接近 r_e 时只有低的振动原子发现概率；但对于 $v=2$，在接近 r_e 时就有相当高的振动原子发现概率。相对经典模型来说，量子力学谐振子虽然在小 v 值时的行为比较奇特，但当 v 值的趋向越来越高时就越来越接近经典模型的情况（Bohr 的对应原理）；也就是说，原子在接近振动转向点时趋于耗费大部分时间，而在 $r=r_0$ 区域附近只耗费很少时间。换言之，经典代表点在接近 r_e 处 KE 值最大（因此飕地通过这点）而在转向点处 KE 值最小（因此在接近这些点时，运动缓慢）。

图 2.6（b）中，$v=0$ 能级的概率分布曲线与经典模型中的图像对比存在明显不同。代替经典模型所期望的两个转向点、是在 $r=r_0$ 处出现了一个明显的概率极大。经典模型中，振动态的最低能量对应静止状态（图 2.6 中的 r_e 点）。而在量子力学模型中，由于无法同时对某个态的位置和速度进行准确定义（与不确定原理冲突），因此振动量子体系常常有着一定程度的零点运动。这就如同我们将在第 4、5 章中所解释的那样，凝聚相中的辐射和非辐射跃迁源自振动态的热平衡，这就意味着 $v=0$ 是有机光谱光化学的起始振动能级。此外，量子力学体系中的零点运动，如轨道电子、振动核、进动自旋以及振荡电磁场都能引发单分子内或两个相邻分子间电子、振动和自旋能级的跃迁。

基于这些讨论，我们能够形象化地理解图 2.6 中的量子力学振动行为和量子力学谐振子波函数的量子化振动能级，这对于我们建立量子直觉非常重要。而这种量子直觉也允许我们从分析代表点在能面上"动态"运动的经典力学，平滑过渡到检视给定运动、位相空间范围内发现核的"静态"概率的量子力学。在第 3 章中，我们会利用这些概念来构建一个模型，以方便对不同电子态在振动能级间跃迁概率的各种决定因素加深理解。

2.20 谐振子模型的一级近似：非谐振子

谐振子的振动在接近 PE 曲线的底部时（即对于小的 v 值时），对振动中的双原子分子 X—Y（和有机分子）有着良好的零级近似。但是，当核几何构型中的 X—Y 键受到严重挤压或拉伸时，这个模型就不太可靠或不适用。在这种情况下，回复力并不遵从于公式（2.23）。例如，当某个键已经被拉伸到其正常长度的两三倍时（即从 1~2Å 到 5~6Å），原子 X 和 Y 之间只能经受很小的回复力；也就是说，键已经实质性断裂，而原子也已经相互分离。对于这种断键后的长距分离原子，显然其回复力为零。对于一个理想的经典谐振子，其回复力会无限平稳地随着平衡偏离位移而增大或减小（见图 2.4、图 2.5 和图 2.6 中的 PE 曲线）。然而对于一个真实分子，其 X—Y 键强会随着拉伸而变弱，当 r 较大时，其 PE 值会逐渐大于 PE=0.5$k\Delta r^2$［公式（2.24b）］的预测值。

以图 2.7 中的双原子分子氯化氢（HCl）作为样本，非谐振子可看作是在零级谐振子模型上的一级校正[6]。当 X—Y 键被拉伸时，非谐振子（键或键能）的 PE 会达到极值，此时回复力消失，而 HCl 键断裂。因此，图 2.7 中的 PE 曲线为能量渐近线，对应于 HCl 分子的解离能。如果体系能量完全对应于此渐近线，则原子间距较大时其运动速度近乎为零。在渐近线上方的点，两原子的 KE（实质上是连续的）有所增加。另一方面，当核受到挤压时，由于核-核之间和电子-电子之间的静电排斥会随着核间距的减小迅速升高，因此其 PE 值也会呈现出比谐振子模型预测值更加快速的增大（图 2.7）。

由之前的公式（2.26）可知，体系总的振动能等于动能与势能之和。例如，图 2.7 中的非谐振子 HCl，在 v=3 振动能级，在 A 点处的 PE 约为 40kcal/mol（全部为 PE），而在 B 点处体系则 KE 约 35kcal/mol、PE 约 5kcal/mol（相对于曲线最低点，即指定能量为零）。

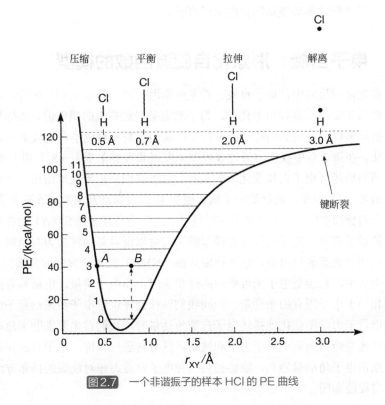

图2.7 一个非谐振子的样本 HCl 的 PE 曲线

非谐振子的另一重要特征是其振动能级虽说是量子化的，但与谐振子不同，它的能级间隔并不相同，而谐振子振动能级的间隔为常数，且并不依赖于 v（图 2.6）。图 2.7 还表明非谐振子的能量间隔会随着 v 的增大逐渐减小。例如对于 HCl，其在 $v=0$ 和 $v=1$ 之间的能量间隔约为 12kcal/mol，而在 $v=10$ 和 $v=11$ 之间的能量间隔仅约为 5kcal/mol。不管怎样，v 值较小时，能级间隔差不多相等，采用谐振子对这些能级进行近似仍不失为一种合理的选择。

2.21　对于采用波函数来建立量子直觉

虽然对量子力学范式的了解和应用需要复杂的数学背景，但是对于电子、振动和自旋波函数，却可以通过图像化的近似来帮助我们对有机光化学定性了解。电子波函数以及轨道构型和相关态的能量可借助单电子波函数 ϕ_i 的空间分布（即分子轨道）来形象化。而振动波函数（χ）则可借助量子化振动能级的 PE 曲线来形象化，其能量在数值上依赖于量子数 v。当代表点沿着 PE 曲线运动时，我们可以以波函数的形式勾画出这些量子化的能级。在第 3 章中，我们会利用这种量子直觉去检验振动波函数如何影响不同电子态振动能级间的跃迁速度。现在我们还剩一个波函数需要加以形象化，即电子自旋波函数 S。在下一节中，我们会讨论如何通过对空间内经典矢量的形象化，建立起我们对自旋波函数能量特征的量子直觉。

2.22　电子自旋：形象化自旋波函数的模型

在许多光化学反应中，电子自旋起着重要作用（例如图示 1.3）。因此，除了要对电子轨道性质和振动核进行形象化外，为了测定某些重要量的期望值，如磁场中自旋量子体系的能量以及自旋态的相对能量排布，我们也需要对电子自旋波函数 S 的性质进行形象化。在第 3 章中我们将通过 S 模型来发展和理解单重态（S_n）和三重态（T_n）相互之间系间窜越（电子自旋变化）的机制。这里我们会形象化地给出一个详细的电子自旋波函数（S）模型，就好像电子轨道模型 Ψ_0 以及振动波函数 χ 谐振子模型那样。我们的电子自旋模型[7]也基于经典的矢量性质，意在为自旋波函数（S）的性质建立起的相当强的量子直觉。电子自旋矢量模型的语言可以很容易地转换为对结构的描述，也就是我们相当熟悉的核自旋，它是核磁共振（NMR）波谱研究中的关键目标。

量子力学中，自旋是电子无可更替的性质表现，和电子质量、电荷具有同等重要性。自旋相当于电子固有的角动量。如同我们以往处理轨道电子和振动原子所做过的那样，在以量子力学图像化地描述电子自旋角动量时，我们首先要求助于角动量经典模型，然后还要恰当地采用量子力学和波动特性对它进行修饰。电子自旋和磁矩之间的重要关系由电子角动量确立，能够提供一种电子自旋态相对能级的排布方法，从而给出电子自旋能态图。

　　经典角动量中两个最为重要的类型包括：①一点在转动球（或转动柱）面上绕特定轴（主观假设为 z 轴）的环形自旋运动；②粒子垂直于圆平面轴（主观假设为 z 轴），围绕圆周中心在固定距离上的环形轨道运动。这里我们先通过旋转球的角动量（第①种类型）来描述电子自旋，然后在 2.31 节中再对旋转粒子的角动量（第②种类型）进行讨论。

　　我们可以将旋转球角动量的经典模型作为一种具体的物理模型来对电子自旋进行描述。与电子交换类似，电子自旋本质上是一个量子力学现象，与经典力学毫无类似之处，但是化学家们仍然接受一种简便的假设，即认为电子自旋类似于带负电的小球围绕着轴作无摩擦旋转所产生的角动量。更重要的是，这一具体的物理模型允许化学家们对绝大多数电子自旋的重要量子力学性质进行形象化。尤其是该模型能够帮助我们理解为什么电子不但拥有自旋，而且还具有源自荷电粒子自旋的磁矩。这一磁矩模型也反过来允许化学家们通过磁矩来考虑两个相互作用的自旋能量。

　　在具体的物理模型中，如果将电子看作是一带负电的小球，那么电子自旋就是电子沿 z 轴自旋运动产生的角动量。虽然经典自旋电子基于自旋运动的速度和方向可以有连续范围的角动量值，但是量子力学却要求电子自旋具有确实而准确的本征值 $\hbar/2$。如前所述，$\hbar$ 是角动量的基本单位，它等于基本量子力学角动量单位普朗克常数（h）除以 2π（当你处理圆周运动时常用的特征数学量）。无论这个电子是在星际空间中"自由"运动，还是与任何核都不相关联（即不受任何带正电荷核的束缚），或是为原子、分子、电子激发态或自由基中的核所束缚，它们的自旋常数值均为 $\hbar/2$。而且，不管电子占据的是何种轨道（例如 n、π 或 π*轨道），电子的自旋角动量总是恒等于 $\hbar/2$。因此，对于 n,π*态 n 轨道上的电子或是 n,π*态 π*轨道上的电子都具有相同的自旋，二者均为 $\hbar/2$。假如两个电子占据相同轨道，那么二者当然具有相同的 $\hbar/2$ 自旋；然而为了满足 Pauli 不相容原理，这两个自旋必须自旋配对，因此这两个自旋的角动量可相互抵消，表现为净角动量为零，且净自旋也为零（注意：在本书的剩余部分中，除非有明确说明，我们在处理自旋 S 时将默认使用单位 $\hbar$ 而不再特别提示）。

　　2.8 节已经讨论过，电子激发态（*R）的轨道构型由两个半充满轨道构成，且轨道上的不成对电子形成不同的自旋组态（即单重自旋组态或三重自旋组态）。例如，对于 $(HOMO)^1(LUMO)^1$ 电子构型，其 S_1 态中的电子自旋为"反平行"（↑↓），因而就表现为无净自旋（即一个电子自旋与另一个相抵消）；还有一种 T_1 态，其电子自旋"平行"（↑↑），因而净自旋就表现为 $1\hbar$（即每个电子对总自旋的贡献为 $\hbar/2$）。接下来，我们会形象化地借助陀螺或陀螺仪，利用物体围绕轴作旋转运动的经典矢量性质对两电子自旋时的平行和反平行构象进行说明。

　　由于我们感兴趣的是与不同自旋组态和电子态相关联的相对能量，因此在描述电子自旋相互作用时，可以采用类似于自旋磁矩（给出符号为 μ）的处理方式，将它与自旋角动量（S）相关联。这种策略基于的想法是为两个磁体之间的相互作用建立起一种经典直觉，然后将两个电子间的自旋相互作用与能量联系起来。为了简化起见，我们采用相同的符号 S 来描述自旋波函数及其相关量，即自旋角动量。而在处理自旋角动量时，可使用单位 $\hbar$。

2.23 电子自旋的矢量模型

如果物理量可以完全通过大小（如单个的数和单位）来进行描述，那么它就可以分类为标量。例如能量、质量、体积、时间、波长、温度以及长度等均为标量。另一方面，需要同时采用大小和方向才能充分定义的物理量则称为矢量。例如速度、电偶极、角动量、磁场以及磁偶极等均为矢量。在本书中，我们将用斜体表示标量，而用斜体加黑表示矢量。

自旋角动量[7]是一种矢量（如任何形式的角动量那样），可用符号 $\boldsymbol{S}$ 表示。但自旋角动量的大小却是一个标量，用符号 S 表示。标量 S 在数学上等于矢量 $\boldsymbol{S}$ 的绝对值，即 $S=|\boldsymbol{S}|$。自旋量子数是纯数值（无单位），可以用罗马字符 S 表示。参数 S 是代表总自旋量子数的符号，即两个或多个自旋耦合的集合（集合有 2，3 或 4 个自旋在有机光化学中最为常见），而符号 s 则代表单个自旋的量子数。例如，自旋量子数 $s=1/2$（纯数值）的电子可以通过自旋矢量 $\boldsymbol{S}$ 加以描述，其中 $\boldsymbol{S}$ 是代表电子自旋角动量的数学符号，有 $S=\hbar/2$（矢量）。沿 z 轴的角动量 S_z 可由实验测得，任意 z 轴上自旋角动量值（长度）$S_z=|\boldsymbol{S}_z|$。大写字母 S 在有机光化学中可代表相当多的意义（如 $\boldsymbol{S}_n$ 表示分子单重态），虽然会出现各种不同情况，但是其在上下文的讨论中代表的意义还是相当清楚的。

2.24 矢量的重要性质

在本节中，我们简要回顾一下矢量的某些性质，它们在描述电子自旋的性质和相互作用时会反复用到。矢量可以方便地通过一个箭头来加以代表。矢量箭头（头部）标明它相对于参考轴的方向（习惯上常指定为笛卡儿坐标系的 z 轴），而箭头的长度则代表矢量物理量的大小。矢量在空间上的取向，则可借助矢量与 z 轴间的夹角（θ）加以定义。相互作用的多个矢量必须与同一个 z 轴体系相关联。如果矢量间没有相互作用，那么每个矢量都有它自己的任意轴体系；如果矢量间有相互作用，那么必须采用单个特定的 z 轴来描述所有的矢量。因此，对于两个非耦合的自旋，自旋矢量可代表任意 z 轴取向；而对于两个通过特定相互作用（如电子交换或磁矩）耦合的自旋，则自旋相互之间以及相对于参考 z 轴都必须具有明确定义的取向。

2.25 电子自旋的矢量表示

本节中我们以自旋角动量 $\boldsymbol{S}$ 为具体样本，考虑所有矢量都具有的一些重要性质。图 2.8 总结了自旋矢量 $\boldsymbol{S}$ 与 z 轴间成 θ 角时的三角函数关系。重要的矢量性质有：①自旋矢量 $\boldsymbol{S}$ 在 z 轴上具有分量 S_z；②自旋矢量 $\boldsymbol{S}$ 在 x–y 平面上具有分量 $S_{x,y}$；③自旋矢量 $\boldsymbol{S}$

在 z 轴上分量 S_z 的大小与总矢量大小之间的关系可由公式（2.28）的三角函数给出，其中 $|S_z|$ 为自旋矢量在 z 轴上的分量大小（绝对值），而 $|S|$ 为自旋矢量的绝对值。

$$\cos\theta = \frac{|S_z|}{|S|} \quad\quad (2.28)$$

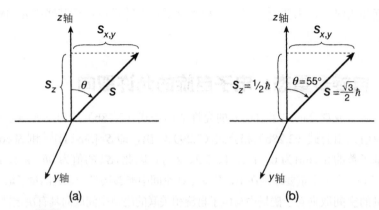

图2.8 任意自旋矢量 S、取向角 θ 和 z 轴分量值 S_z 间的三角函数关系

按照不确定原理，矢量 S 的精确值无法在任何实验中精确测定。但是还是有方法可以绕开不确定原理，这是因为不确定原理允许自旋矢量其中的一个分量（S_z 或 $S_{x,y}$）在其他分量完全未知时，就可准确地予以指定（而 z 分量就是一个典型的可被选择的分量）。此方法中，假如 x-y 平面内 S 的位置（如 $S_{x,y}$ 可称之为矢量 S 的方位角）完全不确定时，那么 z 轴分量 S_z 的大小就可在实验中准确测定。这一发现也解释了为什么在讨论相互作用的自旋态能量时只有 z 轴可以指定，习惯上也只在 z 轴上定义 S 值。

现在让我们来考虑任意自旋矢量 S 及其 z 轴分量值 S_z 的大小。回顾一下量子力学，我们可以知道物理量的大小对应于波函数的平方 Ψ^2 而不是 Ψ。因此，S^2 就应该成为我们讨论电子自旋度量值的起点。由量子力学定律，S^2 的可能值应由允许的自旋量子数 S（即求解适当波动方程所得的本征值）给出。而允许的 S^2 数值则由公式（2.29a）所限定。因此，对于一个给定的 S 值，就有一个相关的自旋角动量平方（S^2）可由公式（2.29a）计算得到。而 S 的数值可由公式（2.29b）给出。

$$S^2 = [S(S+1)] \quad\quad (2.29a)$$
$$S = [S(S+1)]^{1/2} \quad\quad (2.29b)$$

作为一个具体的例子，考虑单电子的自旋量子数有：$S=1/2$（S 为纯数值）。按照公式（2.29a），S^2 数值（单位为 $\hbar$）的大小为 $1/2(1/2+1)=3/4$；再按照公式（2.29b），单电子的 S 值为 $[1/2(3/2)]^{1/2}=(3/4)^{1/2}$。其他自旋为 1/2 的粒子，如 ^1H 或 ^{13}C 核，与电子一样具有相同的角动量值 1/2，因此将电子自旋矢量作为代表性样本，也能够用于对核自旋的讨论。虽然电子和所有自旋为 1/2 的核有着相同的自旋大小，但是与电子和核自旋相关联的磁矩大小却截然不同（见 2.33 节）。

图 2.8 中给出了 $S=1/2$ 情况下的矢量模型。虽然矢量的数值 $S=(3/4)^{1/2}$，但是其 z

轴分量 S_z 的数值则必须等于 1/2。因此，由公式（2.28），θ 值必为 55°。

现在，我们要详细讨论光化学中量子化的电子自旋矢量代表的两种重要情况，即单自旋和两个自旋相互之间的耦合，其结果必然表现为平行（↑↑）或反平行（↑↓）的自旋。其实对后者的描述实质上还停留在二维（2D）层面上，但涉及三维（3D）表示自旋的相互作用时，就需要对"平行"和"反平行"等术语进行某些必要的修正和重新解释了。

2.26 自旋多重态：电子自旋的允许取向

电子自旋（或耦合的电子自旋）的允许值由公式（2.28b）给出。而电子自旋在 z 轴上的对应值则由公式（2.28b）和公式（2.29）给出，即 $S=[S(S+1)]^{1/2}$ 和 $|S_z|\cos\theta=|S_z|$。电子自旋量子数的允许值为 0、1/2、1、3/2、2 等，因此 $|S_z|$ 的值为 $0\hbar$、$\hbar/2$、$\hbar$、$3\hbar/2$、$2\hbar$ 等。量子力学中一个重要原则在于，角动量在空间中能够接受一系列的量子取向，这就使得角动量的空间取向对于磁场中与电子自旋相关联的磁矩空间取向具有决定性作用。

考虑到量子力学在磁场空间中仅允许特定取向的电子自旋矢量这一事实，现在我们需要对相关电子自旋模型进行扩充。对于给定自旋角动量，多重态（M）是磁场中量子力学所允许的自旋取向 S 的数目。即由自旋角动量量子数 S 可计算出自旋多重态：

自旋多重态=M=2S+1=在空间中所允许的自旋取向数

每一个允许的取向可分配一个自旋取向量子数 M_S，其中下标 S 与自旋取向量子数以及自旋在 z 轴上的投影值相关联。对于给定多重态，其自旋值相同，但自旋投影的数值却依赖于 M_S。

在有机光化学中最感兴趣的莫过于单电子及两个耦合电子的重态。对于单电子，其自旋量子数为 1/2，因此 M=[2(1/2)+1]=2。由于 M=2，那么在磁场中，电子自旋矢量就有且只有两个允许的取向，对应于 M_S=+1/2 和 M_S=-1/2。这两个允许的电子自旋取向列于图 2.9 中。其中一个取向值为 S_z=+1/2（可归诸于单电子自旋的 α 取向），而另一个取向值为 S_z=-1/2（可归诸于单电子自旋的 β 取向）。由于单电子在磁场中有且只有两个允许的取向，因此 S=1/2 的态可称为双重态，所定符号为 D。双重态对应于自由基的自旋态，具有单个未成对电子。我们再次强调，同一符号以后可能会重复使用。例如字符 D 除了可以用来表示双重自旋态，还可以用来表示拥有两个半充满轨道且每个轨道均为单个电子所占据的活性双自由基中间体 I(D)（即自由基对或双自由基）。

注：同一符号在不同实体中多次使用是科学文献中无法避免的事实，因此读者在遇到这种情况时，必须注意上下文内容，而本书中我们也会尝试着注意这方面的内容。

与自旋球体的经典角动量特征类似，图 2.9 表明，角动量矢量垂直指向于自旋球体的电子旋转平面。虽然图 2.9 给出了自旋 1/2 矢量的特定任意取向，但是自旋矢量却能够处于与 z 轴成 55°（α 取向）或 125°（β 取向）可能取向锥体上的任意处（见 2.28 节）。

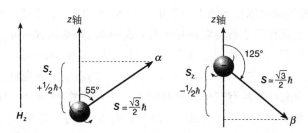

图 2.9 自旋为 1/2 粒子（如电子、质子和 ^{13}C 核）的矢量表示

符号 α 可归诸为 $M_S=+1/2$ 的自旋波函数，而符号 β 为 $M_S=-1/2$ 的自旋波函数

2.27 两个耦合电子自旋的矢量模型：单重态与三重态[7]

在有机光化学中，最重要的自旋耦合体系或许就对应于那些涉及两个自旋耦合的电子，并各自占据一个分离轨道的情形。对于两个没有发生轨道耦合的自旋为 1/2 的电子，其量子力学符合如下法则：双自旋体系最终的总自旋角动量（单位为 $\hbar$）必为 0 或 1。总自旋 $S=0$ 时，$M=(2S+1)=1$；而总自旋 $S=1$ 时，$M=(2S+1)=3$。我们现在应该能够明白术语"单重态"和"三重态"的来历，它们其实表明的是自旋重态，而且源于对磁场中分子自旋态数目的研究。回顾一下图示 1.3，我们发现 *R 和 I(D) 二者都可以是单重态或三重态。

现在，我们要用自旋矢量模型来讨论那些各自占据一个分离轨道的两个电子，在发生自旋耦合时产生的单重态和三重态。单重态由两个电子的自旋耦合产生，在这种情况下其自旋矢量为反平行（↑↓）或共线，两个矢量头头间的角度为 180°［图 2.10（a）］。这种矢量取向导致每个自旋矢量的净自旋角动量可以完全抵消，因此净自旋矢量长度 $|S|=0$。这也意味着单重态的净自旋及其在 z 轴上的投影准确地等于 $0\hbar$［图 2.10（a）］。虽然图 2.10（a）给出了两个自旋 1/2 矢量的特定任意取向，但是所有以 180°分开的两个自旋取向都会导致零自旋的角动量，因此在可能取向的锥体上根本就不存在（见 2.28 节）。

因此我们可以做出结论，虽然单重态由两个电子组成，而且每个电子的自旋均为 1/2，同时还具有磁矩，但由于两个自旋角动量的矢量可相互抵消，其净自旋为零，且其自旋矢量的分量在磁场中没有最优取向。

这种情况类似于线性分子中两个键的偶极矩相互抵消，如二氧化碳 O=C=O 虽有两个极性键，却没有净的偶极矩。单重态中，轨道上所有电子都按照 Pauli 不相容原理的要求进行配对，并有着如图 2.10 所示的自旋矢量取向。由于几乎所有有机分子在其各个基态轨道上都有两个电子，所以有机分子通常具有单重态的基态。

两个电子的自旋耦合也会产生三重态（$S=1$），但在耦合时两个 1/2 自旋矢量间的夹角约为 70°［图 2.10（b）］。70°夹角需要通过三角函数得出，因此两个自旋为 1/2 的矢量相加产生出一个单自旋矢量 $S=2^{1/2}$。当矢量相对于 z 轴的夹角为 45°时［图 2.10

（c）］，这一长度的矢量可以在 z 轴上产生出一个 $S_z=1$ 的值。于是对于 $M=3$ 的 $S=1$ 态，$S=1$ 体系在 z 轴上就有三个自旋取向量子数：$S_z=+\hbar$、$S_z=0$ 或 $S_z=-\hbar$ ［图 2.10（c）］。而这三个自旋态指派的量子数则分别为 $M_S=+1$、$M_S=0$ 和 $M_S=-1$，可称为三重态 T 的亚能级。因此，"三重态"这一叫法源于量子力学的需要，即当自旋体系处于磁场中时，$S=1$ 的自旋态必须具有三个分别对应于三个量子数 $M_S=+1$、$M_S=0$ 和 $M_S=-1$ 的亚能级。从三角函数关系看 ［公式（2.28）］，对 $S=1$ 的自旋态，矢量 $\boldsymbol{S}$ 在 z 轴上的分量值必须达到+$\hbar$、0 和-$\hbar$，对应夹角分别为 45°、90°和 135° ［图 2.10（c）］。对于 $M_S=+1$ 和 $M_S=-1$ 的自旋矢量 $\boldsymbol{S}$ 可被指定于可能取向锥体上的任意位置处。而对于 $M_S=0$ 的自旋矢量 $\boldsymbol{S}$ 则位于 x-y 平面可能取向的圆周上。有关自旋矢量取向可能锥体的假设将在 2.28 节中讨论。

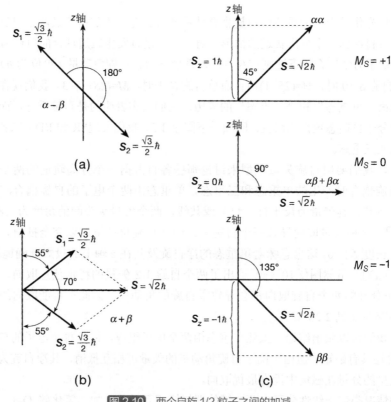

图 2.10 两个自旋 1/2 粒子之间的加减

现在，我们可以看到矢量模型和三角函数关系如何在量子力学规则的基础上，对单重和三重的自旋态进行形象化提供一种便利而清晰的方法。对于 $S=0$，两个耦合的自旋共线、相互间的相对取向为 180°，而且其自旋角动量可完全相互抵消。结果就是在空间任意处不存在净自旋，而仅有一个自旋态，即单重态的结果（量子数 $M_S=0$）；由于没有磁矩，这个态即使在磁场中也仍然保持为单重态。对于 $S=1$，耦合的自旋可彼此相加产生长度 $|\boldsymbol{S}|=2^{1/2}$ 的矢量（取向锥上的相对夹角为 70°）。这种耦合的自旋具

有固定值 $2^{1/2}\hbar$，而且在磁场中具有三种允许的取向之一，对应有量子数 M_S=+1、M_S=0 和 M_S=−1（图 2.10）。

如果让自旋波函数 α 代表"向上"的自旋（M_S=+1），那么自旋波函数 β 则代表"向下"的自旋（M_S=−1）。单重态 [图 2.10（a）] 和 M_S=0 的三重态都拥有一个 α 自旋和一个 β 自旋 [图 2.10（c）]。虽然单重态没有净自旋，而 M_S=0 能级的三重态净自旋为 $\hbar$，但是只用简单的 2D 上-下"箭头"符号（↑↓）会使单重态（M_S=0）和 M_S=0 能级的三重态呈现完全相同的自旋特征。因此，单重态和三重态在 M_S=0 上的区别仅仅表现在相对于 z 轴的矢量表示上，更好地说是在 2.28 节中的 3D 表示法上。

在结束本节时，我们必须对单重态和 M_S=0 能级三重态特定波函数中的 α 和 β 自旋标记进行有趣的数学修正。这种修正基于 Pauli 不相容原理和电子交换（2.9 节），规定可交换电子的所有性质必须完全相同。例如，我们可以假设两个态（即单重态和 M_S=0 的三重态）所标记的波函数一个自旋向上一个自旋向下，即 $\alpha_1\beta_2$ 或 $\beta_1\alpha_2$（这里的下标代表电子 1 和 2）。但是，这样一种指派也意味着我们在特定可微分自旋态中能够对电子 1 和 2 加以区分，尽管这种区分违反了 Pauli 不相容原理中有关两个电子在交换时必须是不可区分的陈述。量子力学允许对自旋波函数进行可接受的修正，对单重态有 $S=(\alpha_1\beta_2−\beta_1\alpha_2)$，这里的减号表示两个自旋完全反相为 180°[数学"归一化"因子 $(1/2)^{1/2}$ 在我们定性讨论时并不重要，因此可以忽略]。而对三重态（M_S=0）的自旋波函数有 $S=(\alpha_1\beta_2+\beta_1\alpha_2)$，这里的加号表示两个自旋相位相同，耦合产生的净自旋为 1。因此，我们可用符号 $\alpha\beta−\beta\alpha$ 表示单重态（S），用符号 $\alpha\beta+\beta\alpha$ 表示三重态（T_0，这里下标 0 表示自旋量子数 M_S=0）。这两种态具有相同的量子数（M_S=0），但有着不同的波函数及相应 α 和 β 自旋矢量取向。我们也可以将单重态波函数 $\alpha\beta−\beta\alpha$ 中的减号看作两个自旋具有"反相"特征，会使自旋角动量完全抵消 [图 2.10（a）]，而将三重态波函数中的加号看作两个自旋具有"同相"特征，表现为单个自旋矢量的叠加和相互增强 [图 2.10（b）]。

如果我们把 M_S=+1 的三重态波函数标记为 $T_+(\alpha\alpha)$，把 M_S=−1 的三重态波函数标记为 $T_−(\beta\beta)$，那么自旋交换将不存在所谓的 Pauli 原理。对于 M_S=+1 态，其自旋函数 $\alpha\alpha$ 的两个电子具有相同取向，因此在交换时无法加以区分。而对于相同情况的 M_S=−1 态，自旋函数 $\beta\beta$ 也同样遵循 Pauli 不相容原理。

2.28 不确定原理和电子自旋的可能取向锥

到目前为止，我们依据 2D 表示法讨论了相对 z 轴的自旋矢量。现在，我们要在 3D 空间中，相对 z 轴对更加实际的自旋矢量模型进行讨论。在 3D 空间中，S 在 x-y 平面上的指向角可称为方位角。按照量子力学的不确定原理[10]，如果要对 z 轴分量 S_z 精确测定，那么它在空间中的方位角位置就完全无法测定。如果我们接受了这一原理，那么只有 S_z 能被精确测定，而任何与方位角 S 相关的其他信息都无法通过实验测得。依据矢量模型，这意味着 S_z 的任何测定中（图 2.9），与 z 轴成

55°特征角且 $S_z=1/2$ 的 α 自旋必须投影到 x–y 平面内某个未知的方位角上。因此,存在有无限多组位置,使得自旋矢量在空间上与 z 轴成 55°角,而且其中任何一个都对应于自旋矢量的实际位置。这样一组可能的位置可以构成一个锥体,而且任何取自锥体上的自旋矢量的特定位置与 z 轴之间的矢量角及其在 z 轴上的矢量投影值总是相同,即为 55°和 $+\hbar/2$;但是在精确测定 S_z 的任何实验中,自旋矢量在 x 和 y 上的分量将完全无法测定。这一锥体可称为 α 自旋($M_S=+1/2$)的可能取向锥。图 2.11 左上给出了 α 自旋可能的取向锥体,并明确列出了可能的任意取向。虽然我们可以肯定 α 自旋会落在锥体内某处,但是我们却完全无法确定它处于锥体内哪个具体位置。对于 β 自旋($M_S=-1$)也相应地存在着一个这样的可能取向锥(图 2.11 左中),图中也明确列出了可能的任意取向。

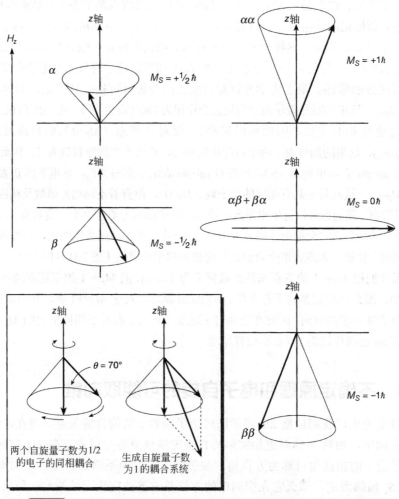

图 2.11 自旋量子数为 1/2(左)和 1(右)的角动量体系可能的取向锥体
列出了可能锥体中一个自旋矢量的任意位置

在没有相互作用磁场存在时，代表自旋角动量的矢量可设想为是静止的，并在可能取向锥的某处"休息"。如果施加一个耦合磁场（如静态实验室场、振荡实验室场、或由环境中的自旋运动而产生的磁矩场等），那么这种耦合会使得自旋矢量顺着耦合场方向并围绕着 z 轴沿锥体扫动。这种围绕着锥体的扫动运动称为自旋进动。第 3 章中，我们在考虑磁态跃迁时，会对可能取向锥内的自旋进动进行讨论。这里，只对"静态"磁态及其相关能加以描述。

2.29 两个 1/2 自旋耦合的可能取向锥：以单重态和三重态取向锥为基础对自旋态的相互转换进行形象化

让我们来考虑*R，它可以是单重或三重的激发态，并拥有近似于两个单占据轨道的电子构型，如 n,π*或 π,π*。对于*R，两个 1/2 电子自旋可看作是耦合生成净自旋为 1 的*R(T_1)或净自旋为零的*R(S_1)。

现在，我们要考虑自旋矢量 S 在三重态 S=1 的可能取向（图 2.11 右图）。在自旋等于 1 的情形下，类似于自旋等于 1/2 时的 M_S=+1($\alpha\alpha$)和 M_S=−1($\beta\beta$)，其可能取向锥存在"向上"和"向下"的情况。但是，在 M_S=0 时（波函数等于 $\alpha\beta+\beta\alpha$），自旋矢量 S 不是定义为一个锥体，而是定义为 x-y 平面上可能矢量取向的一个圆（图 2.11 右中）。这种情况下一个有趣的特性在于，即使 S 的长度达到 $2^{1/2}$=1.4$\hbar$，但其自旋矢量在 z 轴上的投影还是为 0。虽然在习惯上单位通常都不会明确地在图中标出，但是 S=1 时自旋矢量的大小（1.4$\hbar$）肯定比 S=1/2 时（0.87$\hbar$）大。对于单重态，同样有 M_S=0（波函数等于 $\alpha\beta-\beta\alpha$），其自旋矢量值为零，因此对单重态就不存在取向锥体。

讨论到此，可见"平行自旋"（↑↑）一词是用于描述三重态中两个耦合的 1/2 自旋。而为了具有 1.7$\hbar$ 的恰当结果，两个耦合的 1/2 自旋体系相互间的夹角必须保持在 70°（图 2.11）。现在，我们会发现平行自旋一词实际上表示的是一种条件，即在可能取向锥上，一个自旋与另一个自旋之间的夹角为 70°。而且对于 $\alpha\alpha$、$\beta\beta$ 及 $\alpha\beta+\beta\alpha$ 所有自旋态的夹角均为 70°。由此可见，三重态所谓两个自旋的平行并不是一种严格的说法。

2.30 因自旋角动量而建立起自旋角动量与磁矩间的联系

自旋的矢量模型形象化地描述了自旋耦合如何产生不同的自旋角动量态。然而，化学家们却习惯用能量而不是用角动量的方式对"态"进行讨论。现在，我们需要将角动量的矢量模型与另一些模型联系起来，这允许我们推导出磁态能量，并将其能量大小与空间中自旋矢量的取向联系起来。于是，我们不但可以借助它们的能量来排布磁态(本章的目标)，而且还可以对那些控制磁态间跃迁的动态学相互作用有所了解(第 3 章的目标)。

2.31 角动量和磁矩的关系：电子角动量的物理模型

现在，我们要集中考虑与自旋角动量[8]相关联的磁性质和磁能的电子自旋物理模型。电子和某些既带有静电荷又有角动量的核（如 ^1H 和 ^{13}C）都具有磁矩 μ（即磁偶极，类似于电偶极及自旋角动量的矢量）。在外加实验磁场时，这些磁矩可以相互作用。现在，我们来检查一下与 S 相关的自旋角动量（S）和磁矩（μ）之间的关系。首先，我们可以将矢量模型应用于我们熟悉的物理模型，如由波尔轨道中的电子轨道运动产生磁矩。这一具体物理模型允许我们借助于轨道角动量来计算轨道电子的磁矩。通过电子轨道角动量和磁矩间的关系，我们可以看到如何利用这一结果推导电子自旋角动量与磁矩之间的关系。

在 2.7 节中，我们曾经描述过如何通过构造原理和 Pauli 不相容原理对一组按能量排布的电子轨道进行填充，并对电子轨道和电子态的相对能量进行定性排布。此外，在 2.19 节中，我们还学习了如何通过它们的量子数和波函数中的节点数来定性排布振动能级的相对能量。我们现在的目标则是要发展一个模型，允许我们排布电子自旋以及自旋态的相对能量。磁矩的重要性在于，它和磁场之间的相互作用能可借助与电子轨道能态图（以及对振动的振动能量图）类似的磁能级图进行估计和排布。因此，通过对外加磁场中与电子自旋相关的磁矩进行评价，我们就能将不同角动量态对应的不同自旋取向能量进行排布，并建立起磁能级图，进而到不同磁矩。不同于轨道或振动能级图，磁能级图的一个重要特性在于，其能级之间分离程度依赖于耦合磁场与电子自旋磁矩之间的相互作用强度。

2.32 电子在玻尔轨道上的磁矩

电子围绕核作轨道运动的玻尔模型为我们描述磁矩（μ）与轨道角动量（L）如何相关联提供了一个具体的物理模型[8,9]（即电子作为负电荷粒子在圆形轨道上运动）。通过玻尔原子模型，我们可以通过轨道运动将电子轨道角动量 L 和相关磁矩 μ_L 联系起来。在发展了这一模型后，我们可以此为基础，通过相关自旋运动来推导量子力学自旋角动量（S）和磁矩（μ_S）之间的相互关系。

为计算电子在圆形玻尔轨道半径 r 上的相关磁运动，我们首先假设电子是一个带负电的点以恒定速度 v 在圆轨道平面上作轨道运动。图 2.12 描述了 μ_L 和 L 之间的矢量关系（图中以图解形式表明矢量大小程度无量纲，也没有特定尺度）。电子的圆周运动可产生轨道角动量 L，其旋转轴通过核且垂直于圆周运动平面 [图 2.12 (a)]。带有电荷 $-e$ 的电子轨道运动可产生一个磁场（实际上任何电荷的圆周运动都会产生磁场）。这种由电子轨道运动而产生的磁场 [图 2.12 (b)] 可用磁偶极 μ_L（矢量大小相似于电偶极）表示，其大小正比于垂直于轨道平面方向的角动量。在恒定

圆周速度 v 和固定轨道角动量 L 下，玻尔电子轨道运动可产生一个固定的磁矩 μ_L，并可以通过一个与旋转轴相符合的矢量加以表示（图 2.12）。箭头代表角动量矢量的方向并遵循"右手拇指法则"，即指向轨道运动旋转平面的上方。这一行为完全类似于电流在线圈内流动的经典图像，并产生出一个位于运动中心并且垂直于线圈平面的磁矩。

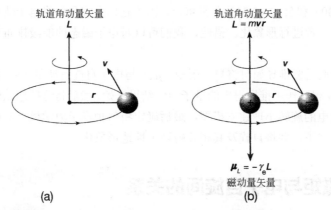

图 2.12 电子沿玻尔轨道作圆周运动产生轨道角动量和磁矩的矢量模型

磁矩矢量的方向与电子角动量矢量的方向相反。L 的单位为 $\hbar$，而 μ_L 的单位为 J/G

从经典物理可知，由电子轨道运动所产生的磁矩 μ_L 直接正比于轨道角动量 L 的大小。这一关系在（一般）角动量值和角动量相关联的磁矩之间建立起重要联系。从玻尔轨道电子模型得出的 L 和 μ_L 之间的比例常数为 $\dfrac{-e}{2m}$，即负 1/2 电荷单位（e）与电子质量（m）的比值，如公式（2.30a）所示。于是，公式（2.30b）表明了电子电荷和质量等基本常数与矢量 μ_L 和 L 之间存在的简单关系。

$$\mu_L = \left(\frac{e}{2m}\right)L \tag{2.30a}$$

$$-\mu_L / L = \frac{e}{2m} = \gamma_e \tag{2.30b}$$

比例常数 $\left(\dfrac{-e}{2m}\right)$ 反映出了磁矩 μ_L 和玻尔轨道电子角动量 L 之间的基本关系，因此也是量子磁学的一个基本量。这个常数称为电子的磁旋比，其给定符号 γ_e 如公式（2.30b）所示。于是，公式（2.30b）可以依据 γ_e 改写为公式（2.31）的形式（其中 γ_e 定义为一正值）。

$$\mu_L = -\gamma_e L \tag{2.31}$$

如果电子拥有一单位的轨道角动量（$L=\hbar$），那么其磁矩 μ_L 的大小可准确定义为等于 $e/2m$。这一量子磁学的基本单位称为玻尔磁子，给定符号为 μ_e，而其数值为 9.3×10^{-20} J/G。符号 μ_e 表示电子具有准确角动量 $\hbar$ 时产生的磁矩。

由公式（2.30）和公式（2.31）可以推导出如下重要概念：

（1）代表磁矩（μ_L）和轨道角动量（L）的矢量共线（即在取向上平行）。

（2）代表 μ_L 的矢量在方向上与 L 相反（反平行）[公式（2.31）中相关矢量的负号意味着共线矢量在取向上有着 $180°$ 的分离]。

（3）比例因子 γ_e 表明，由轨道运动产生的磁矩 μ_L 的大小正比于电子电荷（e）而反比于其质量（m）。

公式（2.30）和公式（2.31）非常重要，因为它们允许我们将电子轨道角动量（L）和磁矩（μ_L）二者进行形象化。借此，我们可以对电子磁态的能级排布有着更加形象化的理解。

现在，我们需要推导如何将自旋磁矩（μ_S）与电子自旋角动量（S）相关联。我们从前面 L 和 μ_L 相互作用推导得出的量子力学结果开始，然后将这些想法转移到电子自旋上，以带负电的旋转小球建立模型，最后确定将何种量子力学模型应用于我们的矢量模型来进行修正，并将自旋及其相关磁矩定性地形象化。

2.33　磁矩与电子自旋间的关系

电子是一种量子粒子，因此它的许多性质在经典粒子的观察中是无法理解的。但如果一开始我们就将电子看作一个经典的、具有确定质量且表面均匀分布着单位负电荷的球形粒子，那么就有可能得出一个清晰动人的形象化模型。在这一简单物理模型中，质量和电荷等经典性质会更加明确。由于电子质量是固定的，其自旋角动量也是量子化的（因而也有一个固定值，等于 $\hbar/2$），为了服从角动量守恒这一基本定律，可以很自然地假设球形电子必须绕着某个轴以固定速度 v 旋转 [见图 2.13（a）]。换而言之，由于电子质量和电荷是固定的，又由于电子具有固定量子单位的角动量（即 $\hbar/2$），因此所有旋转电子的自旋速度都必须为同一常数。现在我们可以直截了当地应用前文讨论过的玻尔原子结果，用来推断由自旋运动引起的电子自旋角动量（S）和磁矩（μ_S）之间的关系。

与荷电粒子的轨道运动类似，电子的自旋运动也可以产生磁矩（也称为磁偶极），如图 2.13（a）所示。与电子在圆形波尔轨道中产生磁矩（μ_L）类似，带电电子的自旋运动也能够产生磁矩（μ_S），并在 μ_S 和 S 之间建立起关系。

通过直接比对公式（2.31），可以看到轨道角动量（L）和相关磁矩（μ_L）的关系由 $\mu_S = -\gamma_e S$ [公式（2.32a）] 给出。换言之，如果这种将玻尔原子轨道运动产生磁矩和电子自旋运动产生磁矩进行的类比是有效的话，那么由自旋产生的磁矩（μ_S）应当直接正比于自旋（S）的数值，其比例常数应为 γ_e。这样一个简单类比虽然有着定性的正确形式，但是已有实验表明这一表述在定量上并不十分正确。虽然 μ_S 和 S 之间存在直接的比例关系，但对于自由电子而言，就有必要引入一个"校正因子" g_e 用来定量地关联 μ_S 和 S。这种定量关系可由公式（2.32b）给出。

$$\mu_S = -\gamma_e S \tag{2.32a}$$

$$\mu_S = -g_e\gamma_e S \qquad (2.32b)$$

公式（2.32b）中，g_e 是一个无量纲常数（校正因子），称为自由电子的 g 因子（或 g 值）。对于自由电子在真空中的 g 因子有一个接近于 2 的实验值。因此，简单模型中将轨道电子性质转换为自旋电子性质的尝试，仅在定性上正确，而在定量上不正确，因为存在一个接近于 2 的因子。如果考虑相对论效应，这个因子 2 可以通过更加严格的电子理论予以充分证实，但由于这与本书中我们感兴趣的自旋定性特征无关，因此对于这一问题不作深入讨论。

图 2.13 采用矢量模型总结了自旋角动量和电子自旋相关磁矩之间的种种关系。图 2.13 可与图 2.12 中轨道角动量及其相关磁矩的相似形式进行比较。

基于公式（2.32b）和图 2.13，可以就电子自旋和自旋产生磁矩之间的关系得出下列重要结论：

（1）因为电子自旋是量子化的，且自旋矢量和磁矩矢量直接相关，所以自旋相关磁矩（μ_S）如角动量（S）一样，其大小和取向也是量子化的；

（2）因为磁矩能依赖于它在磁场中的取向，所以量子化的自旋态能量也依赖于磁场中自旋矢量的取向；

（3）与轨道运动中轨道角动量和磁矩之间的关系类似，矢量 μ_S 和 S 也是反平行的 [图 2.13（a）]；

（4）矢量 μ_S 和 S 二者均处于由 M_S 值决定的取向锥中 [如图 2.13（b）所示 S 的情况 $M_S = +1/2$]。

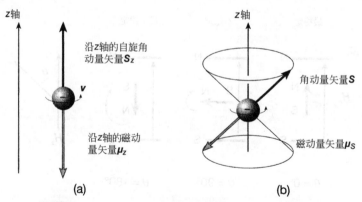

图 2.13 自旋角动量（S）和自旋相关磁矩（μ_S）的矢量表示

两个矢量（S 和 μ_S）共线但反平行，长度仅为示意

2.34　经典磁体在外加磁场下的磁能级

我们已经发展了一个如公式（2.32）的特定模型，允许将磁矩（μ_S）的特定值和自旋角动量（S）的特定值联系起来。我们的下一个目标是要发展一个能够将外加磁场中电子自旋（M_S）值和磁能级联系起来的模型。首先，让我们考虑一下当磁场被施加到

经典模型中时，这些磁能级会发生什么变化。我们可以对一些经典磁体样本的结果进行检查，然后利用这些结果确定量子力学磁体与外加磁场耦合时，是如何通过与电子自旋的联系而改变自身能量的。这一矢量模型不仅为处理磁能级相关定性和定量方面的问题提供了一个有效工具，而且还为磁能级跃迁中定性和定量方面的问题进行形象化提供了绝佳手段（第 3 章）。

依据经典物理学，一个实验磁场是以其磁矩为特征的，磁场矢量我们常以符号 H_z 表示。当将一个磁矩为 μ 的磁棒放置于磁场 H_z 中时，就存在一个扭矩作用于磁棒的磁矩上，这个力扭转磁棒并使得其磁矩方向与磁场 H_z 的方向趋于一致。描述磁棒在不同取向的磁场 H_z 中能量关系的精确方程由公式（2.33）给出，这里的 μ 和 H_z 分别代表磁棒的磁矩大小以及外加磁场在 z 方向（定义为实验室磁场从南极到北极的方向）上磁矩的大小。按照经典力学，磁场中磁棒的任意取向都是有可能的，但是磁棒的能量却有赖于它与 z 轴的相对取向。磁棒相对于磁场限定有三个重要取向，即平行（0°）、垂直（90°）和反平行（180°），图示于图 2.14 中，这三个取向值分别为 $-\mu H_z$、0 和 μH_z。

$$E_z（磁性）=-\mu H_z \cos\theta \tag{2.33}$$

公式（2.33）中，如 $\mu H_z \cos\theta$ 的乘积为正值时，公式右侧前面的负号则意味着体系是十分稳定的。根据定义，矢量 μ 和 H_z 的大小（长度）总为正值，因此无论体系的能量为正（比在零场情况下不稳定）还是为负（比零场情况下稳定）都依赖于 $\cos\theta$ 的符号（它在 θ 介于 0°和 90°之间时为正，而在 θ 介于 90°和 180°之间时为负）。

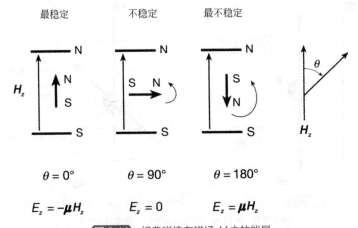

图 2.14 经典磁棒在磁场 H_z 中的能量

弯曲箭头标出的力使得磁体旋转并与磁场方向趋于一致

当考虑 μ 和 H_z 是互为两个平行矢量（$\theta=0°$或 0π）、还是两个垂直矢量（$\theta=90°$或 $\pi/2$），或是两个反平行矢量（$\theta=180°$或 π）时，$\cos\theta$ 分别对应于 1、0 和 –1 的情况（图 2.14）。因此，当任意取向 θ 角介于 0°和 90°之间时，磁棒是稳定的 [公式（2.33）中的能量 E_z 为负]；当任意取向 θ 角介于 90°和 180°之间时，磁棒是不稳定的（能量 E_z 为正）；

而当取向为 90°时，磁棒与外加磁场间的磁相互作用为 0 ［公式（2.33）中 cos90°=0]，这与没有磁场存在（$H_z=0$）的情况一样。有关磁场中磁棒取向效应更为详细的讨论，会在 2.39 节讨论两个磁偶极相互作用时给出。

2.35 无耦合磁场下的量子磁体

与经典磁体在磁场中可呈现任意取向不同，量子磁体依赖于磁量子数（M_S）仅能呈现一组特定取向。为了对有机光化学中一些最为常见的重要自旋情况，如单电子自旋和两个耦合的电子自旋，方便地进行描述，我们现在回顾一下某些符号和矢量的表示方法。表 2.4 中总结了单自旋和两个耦合自旋的符号和矢量表示方法；这些习惯用法，都可用于描述零磁场或高磁场条件下的自旋体系。我们用符号 D（双重态）来描述 $S=1/2$ 的单自旋态。对于 $M_S=+1/2$ 的情况（α，上旋，指向或沿 z 轴的正方向），标记为 D_+态；而对于 $M_S=-1/2$ 的情况（β，下旋，指向或沿 z 轴的负方向），标记为 D_-态。在两个耦合自旋的情况下，可用符号 S 来标记单重态（一个 α 自旋和一个 β 自旋，波函数 $S=\alpha\beta-\beta\alpha$）。这一自旋态具有的量子数 $M_S=0$。对于三重态，采用符号 T_+（两个 α 自旋）、T_0（一个 α 自旋和一个 β 自旋，波函数 $S=\alpha\beta+\beta\alpha$）和 T_-（两个 β 自旋），分别标记量子数 $M_S=+1$、0 和-1 的态。

当没有磁相互作用作用于电子自旋相关磁矩上时，所有六种态（D_+、D_-、S、T_-、T_0 和 T_+）具有完全相同的能量；也就是说，由于没有磁相互作用所引起的能级分裂[公式（2.33）中 $H_z=0$]，所有这些态的磁能级都是简并的（具有相同能量）。在没有任何磁相互作用时，电子自旋的矢量模型将自旋矢量看作是空间内角动量和磁矩的静态表示，具有无规任意取向。在零场中，由于不存在最佳取向轴，因而也就没有确切的 M_S 量子数。但是，即使在零场条件下，单重态、双重态和三重态的总自旋角动量（$S=0$、1/2 和 1）也有明确定义，然而 M_S 却没有。所以当 $H_z=0$ 时，总自旋 S 有确定量子数，而 M_S 量子数却并非如此。换言之，无论外加磁场存在与否，D 态或 T 态是磁性的，而 S 态是非磁性的。

2.36 磁场中的量子力学磁体：为外加磁场下的自旋构建磁态能级图

磁能是磁矩 $\boldsymbol{\mu}$ 和外加磁场 H_z（图 2.14）相互作用的结果，称为 Zeeman 能量（E_z）。公式（2.34）将量子力学磁体能量 E_z 与沿 z 轴的外加磁场强度（H_z）、给定自旋取向的磁量子数（M_S）、电子 g 值（g_e）以及自由电子磁矩（$\boldsymbol{\mu}_e$）联系起来。

$$E_z=M_S g\mu_e H_z \tag{2.34}$$

有关单重态、双重态和三重态（相对于零场）的磁能排布列于表 2.4 中。

表 2.4 外加磁场（H_z）下，单重态、双重态和三重态的惯用表示方法[①]

态	态的符号	M_S	磁能（E_Z）	自旋函数	矢量表示
双重态	D_+	+1/2	$+(1/2) g\mu_e H_z$	α	
双重态	D_-	−1/2	$−(1/2) g\mu_e H_z$	β	
单重态	S	0	0	$\alpha\beta−\beta\alpha$	
单重态	T_+	+1	$+(1) g\mu_e H_z$	$\alpha\alpha$	
三重态	T_0	0	0	$\alpha\beta+\beta\alpha$	
三重态	T_-	−1	$−(1) g\mu_e H_z$	$\beta\beta$	

① 未给出自旋函数的数学归一化因子。

2.37 单电子自旋及两个耦合电子自旋的磁能级图

图 2.15 中给出了零磁场（H_z=0G）和强磁场（H_z>>0G）这两种基本情况下的磁（Zeeman）能级图：（1）单电子自旋，双重态（D）；（2）两个相关的电子自旋，既可以是三重态（T），也可以是单重态（S）。由于在零场条件下（这里我们忽略了电子交换相互作用 J 而只考虑了能级图中的磁相互作用）不存在最优角动量取向，因而也不存在最优自旋磁矩取向，所有磁能级都是简并的。虽然这些态都具有相同的能量，但是它们在图 2.15 中仍能表现出少许的能级分离，因此简并态的数目相当清楚。在不存在磁（和电子交换）相互作用时，所有这些态都具有相同的能量。

外加磁场（H_z）中，磁态的相对次序总是相同的，即 D_+>D_- 和 T_+>T_0>T_-（图 2.15）。而且，相邻能级间的能量间隔依赖于外加磁场（H_z）的大小[公式(2.34)]。

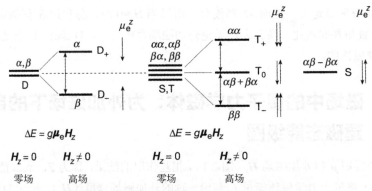

图 2.15 单电子自旋及两个耦合电子自旋的磁能级图

在 H_z=0 或 H_z>>0 时 T_0 和 S 的磁能是相同的。这些例子中 J=0，因此 T_0 和 S 能量相同
（即当 J=0 时，不存在 T_0 和 S 的分裂）

零场情况可以作为设计磁能级图时校正磁耦合能的一个基准。这一概念与利用非

成键 p 轨道能量作为能量基准（人为设定 $E=0$）相同，然后再来处理能量上低于 p 轨道的成键轨道（即相对于 $E=0$ 的负能量）和能量上高于 p 轨道的反键轨道（即相对于 $E=0$ 的正能量）。交换相互作用 J 的大小（典型的为 $10^0 \sim 10^1$ kcal/mol，2.12 节和 2.13 节）远大于磁相互作用（远小于 1kcal/mol）。但是，交换相互作用依赖的是库仑力（即荷电粒子间的静电相互作用）而并非磁力。这一发现允许我们先独立考虑磁相互作用，如图 2.15 所示，待考虑完了磁相互作用后再依次考虑静电交换相互作用 J（见图 2.16）。

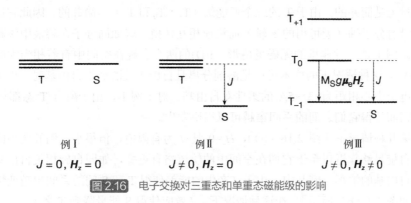

例 I
$J = 0, H_z = 0$

例 II
$J \neq 0, H_z = 0$

例 III
$J \neq 0, H_z \neq 0$

图 2.16　电子交换对三重态和单重态磁能级的影响

2.38　包括电子交换相互作用 J 的磁能级图

如果存在电子交换 J（2.7 节），那么图 2.15 中的能级图就必须加以适当修正。我们在 2.14 节中已经看到，单重态-三重态的裂分程度对于分子（*R）和活性双自由基中间体 I(D) 截然不同，而这种不同在很大程度上是由 J 所引起的。在 2.14 节中已有讨论的例子中，单重态和三重态是在 S_1 和 T_1 下进行比较的，二者均对应于 *R 的 HOMO-LUMO 轨道构型。即使在 *R=n,π* 的情况下，交换积分的数值也在几千卡每摩尔量级以上。此时 $J \gg E_z$，因此 E_z 值与 J 值无关。

但是，当 J 值与 E_z 值处于同一量级时，情况就大大不同。图 2.3 已经给出了轨道取向及两个自由基中心距离的影响。现在让我们回顾一下 2.14 节中，当 J 值很小甚至接近于零时，有关双自由基物种 I(D) 单重态-三重态裂分的重要结论。在 I(D) 中的弱交换作用表现为两个重要结果：①对于 I(D)，电子间交换力的大小变得与电子间磁力的大小趋于同一量级；②对某些几何构型的 I(D)，因为键合相互作用变得比交换相互作用更强 [公式（2.22）]，所以 T 态在能量上可以不再低于其 S 态。在这类情况下，含有自由基的两个轨道开始有实质性重叠，而键合使单重态可以得到有效稳定。

对于光化学而言，一个重要情况是自由基有着相互成键的轨道取向（图 2.3，右侧）。在这种情况下，当自由基中心相互接近时，S 态（↑↓）变得比 T 态（↑↑）更稳定。这一情况类似于交换（J）作用导致 S 态能量降低而 T 态能量升高的结果。于是，从这样一种 S 态和 T 态简并且相距甚远的自由基情况出发，在每个中心交换位置上的两个电子会如同自由基轨道那样开始重叠，而交换过程的共价特征使得体系稳定化。

由于交换效应和磁场效应的结合，会出现三种限定的情形（例 I、例 II 和例 III，这对于决定光化学体系中系间窜越的速度来说十分重要，已归纳于图 2.16 中。（注：自旋态间的跃迁会在第 3 章中详细讨论。这里只是意在说明磁能级是如何受到交换相互作用 J 影响的）。

在第 I 种情况下 [图 2.16 (a)]，$J=0$ 且 $H_z=0$。虽然 S 和 T 为不同态，但是由于并不存在磁相互作用来分裂磁能级，也不存在交换相互作用来分裂 S 和 T 态，因此它们在能量上是简并的。由于 T 的三个亚能级（T_+、T_0 和 T_-）是简并的，因此它们可以看作是沿着分子轴（无可用的 z 轴）而快速相互转换，就如同分子在溶液中滚翻和旋转那样。例 I 是一种典型的无磁场情形，I(D) 的两个自旋在空间中有着相当大的距离（>3~5Å）。这种情况下的样本可以是溶剂分离且自旋相关的偕生自由基对，也可以是两个奇电子中心相距为>3~5Å 的柔性双自由基。对于例 I，由于所有 T 态都与 S 态简并，因而使得它们之间的系间窜越可以很快发生。

在第 II 种情况下 [图 2.16 (b)]，$H_z=0$ 且 J 为有限值，但很小。例 II 典型的情形是两个自旋足够靠近以至于它们在空间中的轨道略有重叠，如同自旋相关自由基对或小型双自由基的情形。例 II 中，由于 J 产生的能差使得 T 和 S 间的系间窜越变慢 [成键情况如图 2.3 (b) 所示]。在这种情况下，J 效应使得 S 能量降到 T 之下。

在第 III 种情况下 [图 2.16 (c)]，相对于电子自旋的磁相互作用 H_z 值很大（因此 T_+、T_0 和 T_- 是裂分的）且 J 值为零，并与 Zeeman 裂分可比。图 2.16 中给出了 $J=0$ 的情况，因此 S 态与 T_0 态简并（见图中 S 的虚线）。图 2.16 中还给出了当 J 值的量级处于 T_0 与 T_- 能量裂分时的情况（见图中 S 的实线）。

当 J 值从 0 增大到 Zeeman 能量量级以上时，一开始 T_0 和 S 间的能量简并就会被破坏。在通过增大 J 而使得 S 变得更加稳定时，T_- 和 S 的能级会发生简并；当 J 进一步增大时，S 的能级会大幅降低，甚至低于任意 T 能级。而对于实际的 I(D) 体系，无论是从 T 到 S 还是从 S 到 T 的系间窜越速度都对以上任意一种支配情况高度敏感。

2.39 两个磁偶极间的相互作用：磁相互作用能量的取向和距离依赖性

在 2.34 节中，我们已经学过磁棒的磁能依赖于它在磁场中磁矩（μ）的取向。磁矩是一个磁偶极；也就是说磁矩能够在其附近引起一个磁场 [图 2.17 (a)]。在本节中，我们会简要地研究一下两个磁偶极间经典相互作用的数学形式，以便发展起与偶极-偶极相互作用大小相关的一些直觉，并以此作为自旋结构和空间中两个相互作用自旋取向的函数。

为探究磁偶极-偶极相互作用的性质，可以两个偶极在空间中的相对取向为函数，借助相互作用的数学公式和矢量模型予以解释 [公式 (2.35)]。数学公式的美妙之处在于它为所有形式的偶极-偶极相互作用提供了一个完全相同的基本表示。这种相互作用可以是电偶极相互作用（两个电偶极、一个电偶极和一个核偶极、或两个核偶极），也可以是磁偶极相互作用（如两个电子自旋、一个电子自旋和一个核自旋、两个核自旋、一个自旋和一个磁场、一个自旋和一个轨道磁偶极等）。

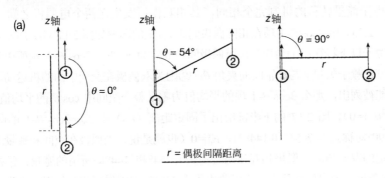

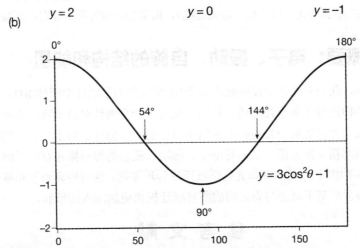

图 2.17　平行磁矩间的偶极-偶极相互作用固定间隔 r 上及相对 z 轴不同取向处，偶极相互作用的矢量表示（a）及 θ 函数值 $3\cos^2\theta-1$ 的图解（b）[公式(2.35)]

经典的偶极-偶极相互作用能依赖于磁矩的相对取向（如两个磁棒）[11]。为了对某些具体的偶极相互作用深入理解，可以考虑图 2.17 中两个相互保持平行的磁偶极 $\boldsymbol{\mu}_1$ 和 $\boldsymbol{\mu}_2$。如同磁偶极能够与强磁场中的两个电子自旋建立起联系那样，两个相互作用的磁偶极会引起磁场 $\boldsymbol{H}_z$ 中的磁偶极沿磁场方向平行排列，最终彼此间也相互平行。偶极-偶极相互作用的强度表现为空间中两个偶极取向的函数，可由公式（2.35）给出。一般说来，相互作用强度正比于下列因子：①单个相互作用偶极 $\boldsymbol{\mu}_1$ 和 $\boldsymbol{\mu}_2$ 的大小；②两个相互作用平行偶极中心的间隔距离 r_{12}；③（平行）偶极相对于另一个的取向角 θ；以及④满足角动量守恒和能量守恒的能态重叠积分。严格地说，公式（2.35）涉及的是两点偶极的相互作用（如果偶极间隔距离 r_{12} 大于偶极长度，那么这个偶极就可以看作是点偶极）。

$$E_{dd}\text{（偶极-偶极能）} \propto [(\boldsymbol{\mu}_1\boldsymbol{\mu}_2)/r^3_{12}](3\cos^2\theta-1) \qquad (2.35)$$

对溶液中的偶极-偶极相互作用，包含偶极-偶极相互作用过程的速度典型地正比于偶极-偶极相互作用强度的平方。于是场强按 $1/r^3_{12}$ 的比率降低，而这一过程的速度则通过偶极相互作用驱动，按照 $1/r^6_{12}$ 的比率下降。在第 7 章中，我们会说明这种距离依赖性与电子能量转移的机制完全相同，其相互作用发生在两个电偶极之间。

公式（2.35）中 $3\cos^2\theta-1$ 项在相同偶极间距 r_{12} 上的图解如图 2.17（b）所示，其特别重要之处源于以下特征：①当相互作用偶极间距固定为 r_{12} 时，$3\cos^2\theta-1$ 项所引起的相互作用能高度依赖于矢量 r 与 z 轴间的夹角 θ；②因为双偶极在空间中的随机运动，如果所有角度都能被列出，那么 $3\cos^2\theta-1$ 项的平均值为零（整个空间中 $\cos^2\theta$ 的平均值为 $1/3$，因此 $3\cos^2\theta-1=0$）。图 2.17 的下半部给出了固定距离（r_{12}）上 $E_{dd}=3\cos^2\theta-1$ 的图解。E_{dd} 的值依 $\theta=90°$ 对称。当 $\theta=54°$ 和 $144°$ 时，$E_{dd}=0$（也就是说，当偶极在空间和数量上十分接近这些特定的取向角时，偶极相互作用会消失）。$54°$ 和 $144°$ 即所谓的魔角，常被应用于 NMR 谱仪磁场中的自旋样品上，用以除去固态 NMR 中因偶极相互作用而产生的化学位移。其中，某些 y 值为正（即它们可增大磁能），而某些 y 值为负（即它们可减小磁能）。

2.40 概要：电子、振动、自旋的结构和能量

在本章中，我们对光化学反应起点分子*R 和双自由基活性中间体 I(D）的电子、自旋、振动结构进行了形象化描述。特别是发展了一系列针对分子轨道中电子结构，如谐振子的振动和在磁场中处理磁矢量电子自旋的工作范式。对于每种结构的表达，我们能够作出其相关能态图，从而对电子、振动、磁态的相对排布有所了解。在第 3 章中，我们将考虑对*R 光物理和光化学跃迁进行形象化，通过经典力学和量子力学途径，在同一概念框架下对态与态之间的所有跃迁提供更加深入的理解。

参 考 文 献

1. (a) P. W. Atkins and R. Friedman, *Molecular Quantum Mechanics*, 5th ed., Oxford University Press, Oxford, UK, 2005. (b) W. Kautzmann, *Quantum Chemistry*, Academic Press, New York, 1957. (c) P. W. Atkins, *Quanta: A Handbook of Concepts*, 2nd ed., Oxford University Press, Oxford, UK, 1991. (d) M. Klessinger and J. Michl, *Excited States and Photochemistry of Organic Molecules*, VCH Publishers, New York, 1995.

2. N. J. Turro, *Angew. Chem. Int. Ed. Engl.* **25**, 882 (1986).

3. L. Salem and C. Rowland, *Angew. Chem. Int. Ed. Engl.* **11**, 92 (1971).

4. W. Kautzmann, *Quantum Chemistry*, Academic Press, New York, 1957, p. 200.

5. P. W. Atkins, *Quanta: A Handbook of Concepts*, 2nd ed., Oxford University Press, Oxford, UK, 1991, p. 153.

6. G. Herzberg, *Spectra of Diatomic Molecules*, Van Nostrand, Princeton, NJ, 1950, p. 91.

7. P. W. Atkins, *Physical Chemistry*, 3rd ed., Oxford University Press, Oxford, UK, 1982, p. 336.

8. K. A. McLauchlan, *Magnetic Resonance*, Oxford University Press, Oxford, UK, 1972, Chapter 1.

9. P. W. Atkins, *Quanta: A Handbook of Concepts*, 2nd ed., Oxford University Press, Oxford, UK, 1991, p. 368.

10. (a) A. Carrington, A. D. McLachlan, *Introduction to Magnetic Resonance*, Harper & Row, New York, 1967. (b) A. L. Buchachenko and V. L. Berdinsky, *Chem. Rev.* **102**, 603 (2002).

11. P. W. Atkins, *Quanta: A Handbook of Concepts*, 2nd ed., Oxford University Press, Oxford, UK, 1991, p. 183.

第3章

能态间的跃迁：光物理过程

3.1 能态间的跃迁

能级状态图（如图示 1.4）所示的是与时间无关，而与给定"空间冻结"的核几何构型相关联的分子电子状态能量图［即，伯恩-奥本海默（Born-Oppenheimr）近似，允许我们重点考虑 R 和*R 的能量和结构］。本章中，我们将对 R 与*R 之间依赖于时间的光物理转换问题进行讨论，亦即在所讨论的转换中，能量和结构是随着时间而变动的。图示 3.1 已列出有机光物理中的一些重要跃迁和转换，它们分别为：（a）通过 R 对光子辐射的吸收而产生*R；（b）从*R 发射一个光子而产生 R；（c）从*R 经非辐射跃迁而产生 R 和热量；（d）**R$_2$（较高能量）与*R（较低能量）电子激发态间的非辐射跃迁，以及（e）*R$_2$（较高能量）和*R$_1$（较低能量）间的辐射跃迁等。

(a) R+$h\nu$→*R

(b) *R→R+$h\nu$

(c) *R→R+热量

(d) **R$_2$→*R$_1$+热量

(e) *R$_2$→*R$_1$+$h\nu$

图示 3.1　分子有机光化学中的重要光物理过程

所有这些跃迁和转换中的每个态都涉及单重态或三重态。而涉及电子自旋变化的 R，以及 I(D) 等的转换，则将在 3.12 节中讨论。

对在吸收和发射的辐射跃迁中，有关结构-反应活性以及结构-效率关系的例子（例如，R+$h\nu$→*R，以及*R→R+$h\nu$），将在第 4 章中介绍。而有关非辐射跃迁的结构-反应活性，和结构-效率关系的例子（如：*R→R+热，和**R$_2$→*R$_1$+热），以及 I(D) 物种系间窜越的例子等将包括于第 6 章中。对在图示 2.1 中的初级光化学转换的结构和图像模型（亦即，*R→I，以及*R→F），也将在第 6 章中列出。

按照量子力学定律[1]（2.2 节），如果状态波函数 Ψ_1 和数学算子 P_1 为已知时，态的任何可观性质 P_1 值就可从公式（3.1）计算得到。例如：如果状态 E_1 的电子能量是可以被计算的，那么在伯恩-奥本海默的近似下，算子 P_1 就相应于在固定的正核框架场内、两个电子间经典的排斥库仑相互作用（e^2/r）。在公式（3.1）的矩阵元中，如所涉及的两个波函数是相同的，这意味着矩阵元涉及的是单重态的性质，例如态的能量。

$$可观性质的大小 \quad P_1 = \langle \Psi_1 | P_1 | \Psi_1 \rangle \ 矩阵元 \tag{3.1}$$

在第 2 章中，最重要的可观性质 P_1 是波函数 Ψ_n 的态能量（E_n），其中 n 为态的量子数。在这一章中，我们感兴趣的是起始态 Ψ_1（初始态给出的下标为 1）与次级态 Ψ_2（次级态所给的下标为 2）间的转换速率。通过对波函数 Ψ_1 和 Ψ_2 以及量子力学规律的了解，如果 $P_{1\to2}$ 已知，$\Psi_1 \to \Psi_2$ 转换的速率 k 可以从与转换相对应的矩阵元的平方[方程式（3.2）]计算得到，其中算子对应的是 $\Psi_1 \to \Psi_2$ 转换的相互作用。发生于该单一步骤（可称为基元步骤）中的跃迁或转换速率，可以用符号 k（即速率常数）加以表示。在公式中符号"～"代表：为简化起见，已将一些常数和非本质的数学特征予以省略的相关性。要注意的是，在公式（3.1）中的矩阵元中所涉及的两个波函数是不同的。这意味着，矩阵元代表的是两个态间的转换。

$$\Psi_1 \to \Psi_2 \ 的跃迁速率 \ k： \quad P_{1\to2} \sim \langle \Psi_1 | P_{1\to2} | \Psi_2 \rangle^2 \tag{3.2}$$

在图示 3.1 中，每个跃迁或转换的速率都可通过公式（3.2）形式的矩阵元来加以估算。例如，从公式（3.3）给出的矩阵元，相应于图示 3.1 中 R+$h\nu\to$*R 跃迁的概率，其中的起始态和终止态的波函数可分别用符号 Ψ_1(R) 及 Ψ_2(*R) 表示，而 $P_{h\nu}$ 则是一合适的算子，它相应于 R 的电子与光子间的相互作用（或更确切地说：是与电磁场间的作用）。利用矩阵元的平方来计算某种跃迁的速度，是弱耦合态转变的费米黄金规则[公式（3.8）]的核心。

$$\Psi_1(R)+h\nu \to \Psi_2(*R) \ 的跃迁速率 \quad k \approx \langle \Psi_1(R) | P_{h\nu} | \Psi_2(*R) \rangle^2 \tag{3.3}$$

一般地说，相应于算子 $P_{1\to2}$ 的这种相互作用，可以使波函数 Ψ_1 发生"扭曲"。如果这一相互作用可使 Ψ_1"看起来"能与 Ψ_2 相似，则可以"引起"Ψ_1 和 Ψ_2 之间的跃迁。在波动力学的术语中，这一相应于 $P_{1\to2}$ 的相互作用，可引起波函数 Ψ_1 和 Ψ_2 彼此"混合"。两个波的有效混合，只发生于两个波函数 Ψ_1 和 Ψ_2 间处于非常特殊的共振条件之下。为了对列于图示 3.1 中所有跃迁或转换实现图像化、从而更好地理解量子力学，我们就要对如何因波函数的混合而出现这一共振的概念问题加以说明。例如，相应于公式（3.3）共振可视化就涉及如何使光波的电磁场（光子，$h\nu$）来混合 Ψ_1(R) 与 Ψ_2(*R)，并引起两个波函数间的共振（当能量和动量均守恒时）。光子可携带为实现共振所需的能量和相互作用，并引起 R+$h\nu\to$*R 的电子跃迁。在第 4 章中，我们将用许多实验范例来详细描述，并可视化这一共振的现象。

与推测对应于态属性的算子（P）本质的"零级"过程一样，算子 $P_{1\to2}$ 的数学形式对应的是引起跃迁的相互作用（或扰动），该形式通常可从引起 $\Psi_1 \to \Psi_2$ 跃迁的算子 $P_{1\to2}$ 的相互作用的经典模型中获得。然后，进一步修正 $P_{1\to2}$ 的模型，使之包括有合适的量子和波动力学效应。一旦做到这一点，就可以用图像的形式来表达算子和波函数，

而且可定性地来估计其数学积分或者公式（3.2）中的矩阵元"$\langle \Psi_1|P_{1\to2}|\Psi_2\rangle$"。这种对矩阵元的定性评价可以提供十分有用的跃迁选择规则，如图 3.1 所示。当一个状态存在着几种"似可能"的跃迁时，该选择规则就可以为哪种情况是"最可能的"或者是"似可能的"提供指南。一般情况下，$P_{1\to2}$ 代表了一种小的相互作用的数学形式，它可被看作是零级的、弱的一级扰动、或初步近似。当一个良好的零级电子波函数（$-n$）被选定时，其结果将总是这样的情况。

3.2　状态间模式转换的起始点

选择规则是对态处于一定环境下经历特定类型转换的可能性的说明。对于图示 3.1 中的光物理转换，我们寻求发展一些选择规则，从而为了解这种转换概率（或速率）是否接近于假设的"严格禁阻"（难以可能）或"充分允许"（可能的）的限度提供量子方面的帮助。这些转换（或跃迁）的图解过程，除了介绍依赖于时间的概念外（对态与态间跃迁的），还是对可视态过程的扩充。我们首先可视化 $\Psi_1 \to \Psi_2$ 转换中所涉及起始态（Ψ_1）和终止态（Ψ_2）相应的波函数，在了解了这些起始态和终止态波函数的图像后，就可用量子力学的规则来估算用以描述这些转换的定性速度［公式（3.2）］——矩阵元大小的平方（2.5 节）。

要定性地估算公式（3.2）的矩阵元大小，不仅需要起始和终止态波函数的图像（亦即其结构），而且还需要算子 $P_{1\to2}$。算子代表了为能有效地扭曲起始态 Ψ_1，使之变得与终止态波函数 Ψ_2 相似的相互作用或力。当两个状态有着相同的能量，并且具备了转换所涉及的两个状态"看似相同"，或由于 $P_{1\to2}$ 扰动的结果而使之看来相似时，就可能会出现两态间的快速转换。这一步骤遵循了为实现最快转换的"波函数的最小量子力学重组的"原则。而重组中则包括了为改变分子结构所需的能量、运动（位相）以及为使 Ψ_1 有着与 Ψ_2 相类似的分子结构和运动（位相）所需的能量。这里所谓的"看似相似"，具体地说应当是在"所有方面都应看似相似"。

当两个经典波在能量上相似，且看起来非常相似，则它们之间很容易发生共振，并进行彼此混合。根据这些波和状态性质的经典概念，要想实现量子力学中两个状态间的共振和跃迁的发生，它们的波函数必须具有相同的能量以及"看似相似"的特性。如果起始态 Ψ_1 与终止态 Ψ_2 发生共振时，就有可能发生 $\Psi_1 \to \Psi_2$ 的转化。在图示化的途径中，$\Psi_1 \to \Psi_2$ 的转化可以看作是作为底物波函数 Ψ_1 和作为"试剂"的扰动 $P_{1\to2}$ 二者间所发生的"反应"。这些体系发生相互作用后，就进入到 Ψ_2 和 Ψ_1 混合的"过渡态"，在过渡态中包含了 Ψ_1 和 Ψ_2 的"混合"，即可被描述为一种"混合"的波函数 $\Psi_1 \pm \Psi_2$。这种过渡态有可能会发生塌陷，而恢复到 Ψ_1 或 Ψ_2。当这种情况发生时，就会出现一个完整的转化。

作为对状态性质图像化的例子，"真实"的波函数可通过电子波函数 Ψ_0、振动波函数 χ 以及自旋波函数 S 的乘积来加以近似，而跃迁的电子、振动以及自旋部分的转换，也可独立地加以图像化。

3.3 经典的化学动态学：一些初步的评述

有关分子转换动力学的经典知识可通过基于守恒定律（即能量和动量守恒）和牛顿的粒子间相互作用定律等经典机制动力学的概念而获得[2]。特别是在分析电子态间的转换时，粒子的牛顿第一和第三定律常成为我们分析的起点。

（1）**一个体系在运动中的变化是与作用于该体系上的力（相互作用）成比例的。**理解动力学的核心问题（譬如说态之间的转化）是如何分辨这些相互作用（算子 $P_{1 \to 2}$，对应的是力或相互作用），这些相互作用涉及改变起始态 Ψ_1 和终态 Ψ_2 粒子的运动和能量。一般来说，这些力（相互作用）可以是电的，也可以是磁的。在典型的情况下，引起跃迁最重要的力是静电力，如电子-电子（电子的）相互作用。而其他相互作用，如振动和自旋引起的，一般要弱得多。电子和振动运动可以被设想成相应的沿着选定轴或分子框架运动的振荡谐波。而由于电子自旋，磁场运动与圆周或旋转的运动相关联。在转动运动中，扭矩和直线运动中的力发挥着同样的作用。更确切地说，对于直线运动，力等于线动量（前进运动与后退）的变化速率；而对于旋转运动，扭矩则等于角动量的变化速率（扭曲的圆周运动）。扭矩和旋转运动的概念应是理解和设想自旋以及自旋相互转化的关键所在。

（2）**对于每一个作用，总是有一个方向相反、大小相等的反作用。**因此引起跃迁的相互作用，也可来自逆向出现的相互作用。典型的，如果可以在跃迁的一个方向来鉴别这种相互作用，那么也可以在相反的方向上推演其相互作用的性质。

确定跃迁似有可能（例如，$\Psi_1 \to \Psi_2$）的难点在于要辨别特定体系中可能的能量（能量必须是守恒的）和相互作用（力必须是可用于改变起始体系的结构和运动的），这种能量守恒的相互作用 $\Psi_1 \to \Psi_2$ 的跃迁成为可能。

3.4 量子动态学：态与态间的跃迁

在这一章中，我们要通过公式（3.2）中所描述的图像化矩阵元形式，来估算态间转换的相对速率。在第 2 章我们曾借助近似的电子（Ψ）、振动（χ）和自旋（S）的波函数，来对分子波函数 Ψ_0 的图像模型加以描述。本章中的主要任务是要形象化公式（3.2）中的算子 $P_{1 \to 2}$，并推演它们如何操作于波函数 Ψ、χ 和 S，而产生出与 $\Psi_1 \to \Psi_2$ 跃迁相对应的矩阵元的最终值。

3.5 扰动理论[1,3]

利用数学方法，可以从那些波函数已被精确了解、并与我们感兴趣的分子结构尽可能相似的简单分子体系获得复杂有机分子的近似波函数。这些较简单的近似波函数，可通过一个数学的扰动（P'）而被"扭曲"，而通过扰动就可以获得十分接近于真实波函数和电子能量的波动方程的结果。如果说精确的体系与近似体系十分类似，则所需的"扭曲"就很小，就可被看作是近似波函数的一个微小"扰动"。扰动理论是一种可以提供在适当的方式下，用弱的扰动来混合近似体系波函数的数学方法，从而使其与真实体系间有着更好的接近。

例如，从一个近似的电子波函数 Ψ_0 出发，则波动方程 [公式（2.1）] 就可以给出 Ψ_0 的电子能量 E_0。这种近似波函数和能量分别称作零级波函数和零级电子能量。如果零级波函数 Ψ_0 与真实的波函数 Ψ 有着合理的近似，则微扰理论就可用来"扭曲" Ψ_0，得到它在 Ψ 方向上的 E_0 和真实的态能量 E_n。数学上讲，这种近似的波函数 Ψ_0 可被称作是被扰动的（或被校正的），从而使其更像真实的波函数 Ψ。成功应用扰动理论的关键是合理地选择零级波函数 Ψ_0，以及使用正确的物理扰动作为混合波函数的算子 P'。

微弱的扰动可被定义为一种不明显地改变其零级波函数相关能量的操作。通常，弱的扰动是引起图示 3.1 转换过程的原因。弱的扰动 P' 仅可稍稍地畸变零级的电子（或振动，或旋转）波函数，而这种畸变可被解释为起始态（Ψ_1）和终止态（Ψ_2）波函数的"混合"，也可看作为算子 $P_{1 \to 2}$ 扰动的结果。作为扰动-诱导混合的结果，可使 Ψ_1 包含有一定的 Ψ_2。这也就是说：在 Ψ_1 和 Ψ_2 间出现了共振，这种共振可用公式（3.4）加以表达，其中的 λ 为混入到 Ψ_1 中的 Ψ_2 含量的一个量度，可看作是扰动 $P_{1 \to 2}$ 所造成的结果。λ 的数值可在 0 到 1 之间变化。

$$\Psi_1 + P_{1 \to 2} \quad \longrightarrow \quad \Psi_1 \pm \lambda \Psi_2 \quad \longrightarrow \quad \Psi_2 \quad (3.4)$$

初始状态+相互作用 共振 转换到最终状态

微扰理论的基本思想是：当一个弱的扰动 $P_{1 \to 2}$ 施加到 Ψ_1 后，体系就有可能发生共振，从而使得部分 Ψ_2 混合到 Ψ_1 中。其混合系数 λ 可认为是 Ψ_1 经扰动而趋向于 Ψ_2 的扭曲程度的一个量度。在共振发生之前，体系可近似地看作是"纯"的 Ψ_1，而在发生了共振和弛豫以后，体系就可近似地看作是"纯"的 Ψ_2。混合系数 λ 的计算如公式（3.5）所示。

为了使得起始波函数 Ψ_1 更加接近终止态 Ψ_2，就需要对其进行修正。修正的方法是通过在其中混入适当比例其他零级体系的波函数，再通过以算子 $P_{1 \to 2}$ 为代表的相互作用而完成的。假如选定正确的算子（相互作用）$P_{1 \to 2}$，则在合适的条件下（服从守恒定律），通过混合就可使 Ψ_2 "看起来类似于" Ψ_1。Ψ_2 越接近 Ψ_1，则混合系数（λ）就变得越大，从而使 $\Psi_1 \to \Psi_2$ 的跃迁或转换就越有可能，而且速度也越快。

根据微扰理论，波函数 Ψ_1 的一级校正可以通过混合系数 λ [公式（3.4）] 给出，其中系数 λ 直接正比于扰动 P' 的强度，反比于混合的相互作用态间的能量间隔（ΔE_{12}）[公式（3.5）]。于是，一级波函数就可通过 Ψ_2 与 λ 的乘积，并将结果加入到 Ψ_1 中 [公式（3.6）] 而得到。

$$\lambda = （扰动强度 P'） / （\Psi_1 和 \Psi_2 的能量分离）\tag{3.5a}$$

$$\lambda = \langle \Psi_1 | P' | \Psi_2 \rangle / \Delta E_{12}\tag{3.5b}$$

$$\Psi_1'（一级波函数）= \Psi_1 + \lambda \Psi_2 （零级波函数）\tag{3.6}$$

公式（3.5）和公式（3.6）给出了两个一般性的微扰理论规则，这有助于我们获得重要的量子直觉去理解那些促进电子态间有效的、快速的转换所起的相互作用：①扰动 P 越强烈，起始波函数 Ψ_1 的混合和扭曲也就越强烈；②两相互作用波函数间，能量分离值 ΔE 越小，混合也就越强烈。对于 Ψ_1 和 Ψ_2，相对于扰动在能量上相差较大，因此，该体系对于任何的扰动都只有较弱的响应，并且混合也不可能发生（换言之，很难使得 Ψ_1 与 Ψ_2 达到"看似相似"的水准，甚至在强的扰动情况下）。另一方面，当涉及转换的两个态在能量上十分接近时，则起始体系对扰动将是十分敏感的，甚至可在微弱的扰动下也会得到强烈的扰动。因此，当 Ψ_1 和 Ψ_2 有着非常相似的能量时，如果采用了正确的扰动来操作体系时，则两个态就会很容易地"混合"，甚至在弱的扰动下，两个态（Ψ_1 和 Ψ_2）很容易发生转变。这种在能量上相互接近的态的易于混合，是波动的一种共振特征。从经典力学可知，在外力扰动下，一个弱的弹簧 [图 2.4（b）] 易于发生扭曲，而强的弹簧 [见图 2.4（a）] 扭曲就难于发生。同样的情况也出现于量子力学的"弹簧"（即振动的电子或原子）之中。由于在量子力学中，刚性的"弹簧"有着很宽的能级分离 [图 2.5（a）]，因而难于被扰动（亦即，波函数相对地难于混合），而柔性的"弹簧" [图 2.5（b）] 由于有着相互接近的能级，因而也就易于被扰动（而其波函数也就相对地易于混合）。

如果核和自旋的构型保持不变，则电子态间的"充分允许"跃迁速率仅受限于与跃迁相关的零点电子运动的变化。在第 1 章中我们曾以玻尔电子完成一个轨道运动所需的时间尺度作为电子运动最快速率的基准，而电子完成玻尔轨道的速率为 $10^{15} \sim 10^{16} s^{-1}$，因此这也就为电子体系的零点运动设置了一个近似的上限。但是如核和/或自旋的构型在"充分允许"的跃迁过程中发生了变化，则跃迁取决于核和自旋构型变化所需的时间，而不是电子进行零点运动所需的时间。换句话说，Ψ_1 的电子部分可能有 $10^{15} \sim 10^{16} s^{-1}$ 的速率用于使之"看似" Ψ_2，但是对 $\Psi_1 \rightarrow \Psi_2$ 的跃迁速率则可能要受限于使终止态（Ψ_2）的振动或自旋，达到与起始态（Ψ_1）"看似"相同所需的时间。这样一个有关跃迁速率的概念，为各种不同"允许"跃迁提供了一个最高的速率基准。当速率低于此最高速率时，则电子形状和运动、振动形状和运动、或自旋构型和运动等，都有可能成为跃迁决速的动力学"瓶颈"。

为了解分子动力学，必须知道有关电子、振动以及自旋状态间不同跃迁的速率常数（k）。为了方便地观察到两个态间跃迁的速率常数（k_{obs}），可借助于最大可能的速率常数（k^0_{max}）（是以零点运动所决定的速率常数），以及跃迁中对电子、振动和自旋等方面的禁阻因子（f）的乘积。公式（3.7）是对从 Ψ_1 到 Ψ_2 给定跃迁的公式，其中的 f_e 是与电子变化相结合的禁阻因子（轨道组态的变化），f_v 是与核构型变化相关联的禁阻因子（通常可描述为在位置或运动上的振动变化），f_s 是与自旋构型变化相关联的禁阻因子（在无自旋变化的跃迁情况下，$f_s=1$）。

观察的 零点运动限制的 "充分允许
速率常 速率常数 的速率"

$$k_{obs} = k^0_{max} \times f_e \times f_v \times f_s \tag{3.7}$$

由"选择规则"而 因电子、核或自旋构型
引起的最大禁阻 变化而引起的禁阻因素

在许多情况下 k_{obs} 值要远小于 k^0_{max} 值。当在零级态间以弱的相互作用来触发跃迁时，$\Psi_1 \to \Psi_2$ 跃迁的速率可通过公式（3.8）的费米黄金规则[4]给出，式中的 ρ 是那些与 Ψ_1 有着相同能量，且可通过扰动 $P'_{1\to2}$ 与 Ψ_1 发生共振的 Ψ_2 态的数目。ρ 称为态密度（density of states），它能有效地混合 Ψ_1 与 Ψ_2。在发生态混合相互作用的时间尺度内，Ψ_1 和 Ψ_2 能达到相同的能量，则称之为可接近的态。所以看起来，对于能够响应扰动 P' 的跃迁的态密度越高，在统计上来说任何作用都有可能使跃迁得以发生。应用于电子、振动和自旋转换的费米黄金规则，是通过相对于所涉态能量间隔的弱相互作用来触发的。公式（3.8）给出了由弱的电子、振动或自旋相互作用所引起的跃迁过程的速率。这些弱的扰动包括电磁场与电子的相互作用（作为光的吸收和发射），以及可引起化学反应与能量转移的分子最高占据轨道（HOMO）与最低空轨道（LUMO）间的相互作用等。

$$k_{obs} \sim \rho [\langle \Psi_1 | P'_{1\to2} | \Psi_2 \rangle]^2 \quad \text{费米黄金规则} \tag{3.8}$$

例如，通过（弱）电磁场的起始相互作用而引起的分子电子云的扭曲，可以从基态（R）波函数与一个或多个激发态（*R）波函数的量子力学混合，而产生出 R 的扰动波函数来加以解释。由于扰动波函数 R 有着激发态波函数的混入，因此体系处于激发态*R 就会有一个限定概率。在与电磁场相互作用的情况下，矩阵元可相应于一个跃迁的偶极矩（第 4 章）。这种矩阵元可以图像化地看作是，沿着分子正的核结构中负电荷振荡运动程度的量度，亦即为振荡电磁场的电分量与分子的相互作用的结果。如果这一振荡的程度很大（即通过相互作用而产生出大的跃迁偶极），那么，分子的电子和电磁场间就会有很强的相互作用（亦即矩阵元值很大），跃迁的速率也就很高。

费米黄金规则可以为通过弱相互作用而触发跃迁的"选择规则"提供一个基础，亦即，如果公式（3.8）中的矩阵元为零（在确定的近似水平上），则跃迁为零，即跃迁是"禁阻的"。

在 2.3 节 [公式（2.4）] 中，我们叙述了如何用波恩-奥本海默的近似来近似一个真实的（在数学上难能达到的）波函数 Ψ，使之转化为电子（Ψ）、振动（χ）以及自旋（S）波函数的乘积。对于一个不涉及自旋（如 $S_1=S_2$）变化的跃迁而言，电子的自旋将不会对 k_{obs} 产生任何禁阻。在这种情况下，Ψ_1 和 Ψ_2 之间的跃迁速率将受限于：使电子波函数 Ψ_1 改变到它"看起来类似"于 Ψ_2 所需的时间，或是使其振动波函数 χ_1 改变到"看起来类似"于 χ_2 所需的时间。

对于有机分子，那些初始看起来并不类似的电子波函数"混合"时，最重要的扰动是与电子轨道运动相耦合的振动的核运动（亦即电子振动耦合，vibronic coupling）。可

将与电子振动耦合相对应的算子称为 P_{vib}，而对振动混合 Ψ_1 和 Ψ_2 的扰动矩阵元可表示为 $\langle\Psi_1|P_{vib}|\Psi_2\rangle$。这里最重要的是，$\Psi_1$ 的电子波函数形状可通过两个态耦合的某些振动而使之扭曲至"看起来类似"于 Ψ_2 的形状，正是这些因分子振动而引起的扭曲，使得两个波函数看似相似，并允许跃迁得以发生。如果这确是真实的，就只需要考虑振动波函数 $\langle\chi_1|\chi_2\rangle$ 的重叠积分大小。在公式（3.9）中的振动重叠的平方 $\langle\chi_1|\chi_2\rangle^2$ 可称为弗兰克-康登（Franck-Condon，简写为 FC）因子。FC 因子是起始态和终止态振动波函数重叠的量度，在数学上它与电子轨道的重叠积分 [2.14 节，公式（2.20）] 相类似。我们将在 3.10 节和 3.11 节中来说明如何来获取 FC 因子定性的图像化结果。归纳起来是，依据费米黄金规则 [公式（3.8）]，k_{obs} 是与 $\Psi_1\to\Psi_2$ 跃迁相关联的电子振动耦合矩阵元的平方和振动重叠矩阵元平方的乘积成正比的，如公式（3.9）所示：

$$k_{obs}=\left[\frac{k^0_{max}\langle\Psi_1|P_{vib}|\Psi_2\rangle^2}{\Delta E_{12}^2}\right]\times\left[\langle\chi_1|\chi_2\rangle^2\right]$$

振动耦合　　　　　振动重叠　　　　（3.9）
FC因子

当 $\Psi_1\to\Psi_2$ 的（非辐射或辐射）跃迁涉及自旋变化时（$S_1\neq S_2$），哪种扰动将最有可能使不同的自旋态进行耦合呢？在分子有机光化学中，涉及自旋改变的最重要的跃迁是辐射或非辐射的单重态-三重态、或三重态-单重态的转换。对于有机分子最为重要的，使得一对平行的三重态自旋（↑↑）看似像一对反平行的单重态自旋（↑↓）的扰动，是电子的自旋运动与电子轨道运动间的耦合（可称为自旋-轨道耦合）。它可取三重态（↑↑）平行电子自旋中的一个，使之扭曲或翻转，从而使得它成为自旋反平行的（↑↓）。在此"平行"和"反平行"两个术语是为了简化而近似地用于此处。在 2.28 节中的自旋矢量的三维代表应是一个更为准确的描述，它是我们在分析有关自旋跃迁时所需要的（3.12 节）。

在这里，诱导自旋-轨道耦合的算子标记为 P_{so}，跃迁的矩阵元记作 $\langle\Psi_1|P_{so}|\Psi_2\rangle$。这一矩阵元应是自旋-轨道相互作用的强度（或能量）的一个度量。为简化起见，自旋波函数 S_1 和 S_2 可不必明确地加以考虑：回顾第 2 章表 2.1 中，用符号 α 和 β 来分别代表自旋向上（↑）的和自旋向下（↓）的波函数。而对包括有自旋变化的跃迁，可以通过修正的公式（3.9），得到包括有自旋变化禁阻的公式（3.10）。

$$k_{obs}=\left[\frac{k^0_{max}\langle\psi_1|P_{vib}|\psi_2\rangle^2}{\Delta E_{12}^2}\right]\times\left[\frac{\langle\psi_1|P_{vib}|\psi_2\rangle^2}{\Delta E_{12}^2}\right]\times\left[\langle\chi_1|\chi_2\rangle^2\right]$$

振动耦合　　　　自旋-轨道耦合　　　振动重叠　　（3.10）
FC因子

3.6　跃迁概率选择规则的宗旨

作为一种初始近似，假如矩阵元值等于零，则 $\Psi_1\to\Psi_2$ 跃迁将被"禁阻"（而不可

能发生），而如果矩阵元为一有限值，则跃迁将是被"允许的"。对于 $\Psi_1 \to \Psi_2$ 跃迁，其跃迁概率矩阵元 $\langle \Psi_1 | P_{1\to 2} | \Psi_2 \rangle$ 可在一组零级的假设下进行计算，如假设对电子、核和自旋（Ψ，χ，S）的波函数，指派了起始的理想对称性和选择假设的可用以引起跃迁的算子（P_{1-2}）等。如果对跃迁概率矩阵元计算的结果为零，则跃迁在零级的近似下应当是严格禁阻的。然而，在一级的近似下跃迁的可能性又将如何呢？这就要决定于能够克服零级近似禁阻特征的那种相互作用（如振动或自旋-轨道）是否存在了。

如果近似的波函数 Ψ_1 和 Ψ_2 有着一个更为真实的非理想对称时，或者之前那些被忽略掉的力和不同算子被重新包括进来，则矩阵元的新的计算就会出现一级的校正，此时矩阵元将不再为零。但如与该矩阵元所对应的跃迁概率仍然很小（例如，其最大的跃迁概率<1%），则此过程可认为是一个"弱允许"（或不太可能）的过程，在这个意义上讲，该过程的速率不能和其他从起始态就存在快速跃迁的过程相竞争。如果跃迁通过了矩阵元的新计算而得出的数值很大 [即接近于最大的跃迁速率，公式（3.7）的 f]，则此跃迁就可被划分至"强烈允许"的（或很可能的）那一类。这意味着，其速率已处于最快的可能跃迁之中。这样的定性描述仅可为跃迁的概率提供一个很粗略的感觉。的确，在某些时候，选择规则严重不符，以至于使"禁阻"跃迁概率的大小接近于"允许"的跃迁概率。如果发生这种情况，就说明我们在跃迁概率的评价中，是选择了一个差的零级起始点（包括波函数 Ψ_0 或算子 P）。

3.7 作为电子跃迁触发的核的振动运动；电子振动耦合和电子振动态：核运动对于电子能量和电子结构的影响[5]

对于在 Ψ_1 和 Ψ_2 之间自旋允许的电子跃迁，需要设计一个为评价电子态 Ψ_1 和 Ψ_2 振动耦合的（亦即电子振动耦合）矩阵元的范式，这是为了估算自旋允许跃迁的振动波函数（2.19 节）是如何影响辐射和非辐射电子跃迁的速率的（图示 3.1）。FC 因子，$\langle \chi_1 | \chi_2 \rangle^2$，可以作为振动波函数 Ψ_1 和 Ψ_2 相似性的一种量度，同时它在一级近似下，为确定跃迁是否允许或禁阻的问题上也十分重要。

波恩-奥本海默近似 [2.3 节，公式（2.4）] 允许在一假定冻结和非振动的核几何构型的基础上，可以对分子电子结构和电子能量作零级描述。我们必须要考虑核的振动运动对于分子电子结构和电子能量的影响，以及这种振动运动如何可作为一种扰动，用来混合电子的波函数，和这种混合是如何诱导电子态间的跃迁。我们的目标是用一个振动分子来代替完全的、经典的"无振动"分子，并可图像化地来理解如何使这种运动来修正我们的零级模型。我们称这种状态为振动分子的"电子振动"态（vibronic state），而不是完全的 "电子态"，因为振动是经常被用来作为混合电子状态的源头，尤其是当电子态在零级下有着相同或相似的能量。其基本的概念是：分子的振动仅可稍稍地扭曲零级的电子波函数，因此它可作为一个弱的扰动作用于近似的波函数上，但是，一定的振动可扭曲近似的波函数，以致使它看起来类似于其他电子态的波函数，从而引起跃迁的发生。可再次假设，基于这个微弱的相互作用，电子振动扰动的能量 E_v（从扰动理论看）可由公式（3.11a）给出。从对于弱相互作用的费米黄金规则看［公式（3.8）］，$\Psi_1 \rightarrow \Psi_2$ 的跃迁速率是正比于跃迁矩阵元的平方（其中的 $P'_{1 \rightarrow 2}$ 被 P_{vib} 所取代）与在扰动时间尺度内能通过 P_{vib} 而混合的态密度（ρ）［公式（3.11b）］的乘积。

$$E_v \quad = \quad \langle \Psi_1 | P_{vib} | \Psi_2 \rangle^2 / \Delta E_{12} \qquad (3.11a)$$
$$k_{obs} \quad \sim \quad \rho \langle \Psi_1 | P_{vib} | \Psi_2 \rangle^2 \qquad (3.11b)$$

在公式（3.11a）中，Ψ_1 和 Ψ_2 是两个完全的零级电子态，它可通过 P_{vib} 而"混合"，而 ΔE_{12} 则是可通过电子振动相互作用而混合的零级电子态间的能量差。

我们已对作为"弱"扰动的、允许使用费米黄金规则的相互作用作了说明。在这一点上，我们还提供了某些涉及电子态的电子振动混合能量分离值（ΔE_{12}）的数字基准。那么 ΔE_{12} 的大小意味着什么呢？从扰动理论［公式（3.5）与公式（3.6）］已知，如果 ΔE_{12} 很大，则状态混合的（λ 值）将会很小；如果 ΔE_{12} 很小，则两个状态间的混合将会很大。所以直观上来说，所谓的大或小，还必须要联系通过电子振动相互作用混合的电子态的电子振动混合能（E_v）与电子态的能量分离值（ΔE_{12}）相比较。如果 E_v 相比于 ΔE_{12} 很小（仅为百分之几），则可以预测：态的混合将是很小的。一般说来，有机分子的 E_v 值是处于振动能量的级别上（2.19 节），其中包括如 X—H 的伸缩振动约 10kcal/mol，而 C—C—C 的弯曲振动则仅为 1kcal/mol。由此可以推断，X—H 的振动对于电子态的混合，将是非常有效的。

电子振动相互作用，当态间的能量分离值（ΔE_{12}）为 50kcal/mol 或更大时，就不能对电子态的混合有重要作用。因此，对于多数有机分子，其基态（R）和最低激发态（*R）间的能隙在 50kcal/mol 以上时，R 和*R 的电子振动混合应是很弱的。这种弱的电子振动耦合，也是波恩-奥本海默近似之所以能如此好地适用于基态分子的原因，亦即基态中的振动不能有效地来混合电子激发态，因为 R 和*R 之间的电子能隙要远远大于振动的能量。

然而，电子振动相互作用在混合零级的电子激发态时（*R$_2$ 和*R$_1$），似乎是相当重要的，因为激发态间的 ΔE_{12} 通常仅在几个 kcal/mol 量级或更小，因此激发态通常需要比*R 和 R 分离能隙小得多的较小能隙而联成一体。当电子态被小的能隙所分离时，则态的电子能量与电子结构就可在振动中发生显著的变化。因此，合适类型的振动运动（例如，耦合了两个能量非常接近的电子态的运动）就能非常有效地来混合激发态。这种效应特别在触发上非常重要，可以从激发态决定跃迁的速率。

在决定跃迁速度中，相似能态的重要性在费米黄金规则中得到很好的体现，该规则中的 k_{obs} 值依赖于与 Ψ_1 和 Ψ_2 二者有着相同能量［公式（3.8）和公式（3.11b）］的态密度（ρ）。我们可以推测：从任一*R 态出发的电子跃迁，不论是辐射的或非辐射的，均依赖于某种类型的耦合*R 电子波函数与其他态，特别是其他激发态电子波函数的振动能力。

与别的三个原子相连的碳原子的振动（如甲基可作为自由基、阴离子或碳阳离子）可以作为振动运动对电子轨道能量影响的一个简单的例子（图 3.1）。当体系为一平面体系时，这些原子间的夹角为 120°，碳原子是完全的 sp^2 杂化，并有一个作为"自由价"轨道的 p 轨道。当分子发生振动时，这种自由价轨道的形状和能量可能会发生些什么变化呢？如果说振动并不破坏平面的几何形状（即 H—C—H 的角度可以变化，但体系仍处于平面之上），则杂化仍保持 sp^2，而在平面上方或下方自由价轨道的空间分布，必然是相同的，这是因为所有 4 个原子都包含在对称的平面之中［图 3.1（a）］。换句话说，如果我们把电子放入自由价轨道中，则在对称平面的上方或下方，由于平面两边所有可能的相互作用都是相同的，因此，电子密度必然相同。所以在实际效果上，p 轨道在面内作弯曲振动时，在本质上仍保持着"纯 p"的特征。此外，由于体系在振动时保持平面，因此轨道能量就不会有显著的变化，因为它执行的是在面内的振动。于是我们可以说，在电子（p 轨道）和振动（面内的）运动间有着弱的电子振动耦合，因而通过振动所诱导的 p 轨道扭曲是很小的。

接下来考虑一种可破坏分子平面对称，并引起碳原子在杂化上有所改变［图 3.1（b）］的弯曲（伞形-翻转）振动。直观上来说，我们期望"纯 p"轨道会因下列事实，即在平面一侧有着更高的电子密度（因某些键合的电子），而通过改变形状作为响应。我们认为当碳原子发生再次的杂化，以及

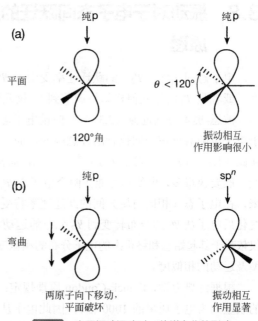

图 3.1 电子振动运动对 p 轨道杂化的影响

"纯 p"轨道开始取得某些 s 的特征时，那么面外的振动就可将此完全的 p 轨道转换成 sp^n 轨道，其中的 n 为留下的"p 性质"的量度。由于 s 轨道在能量上要比纯 p 轨道低很多，因而 sp^n 轨道，由于它得了某些 s 的性质，也比 p 轨道的能量低。因此，由于面外振动运动的混合，就可显著地改变自由价轨道的能量。

当 sp^n 于 n=3 的极端情况下，面振动可引起连续的振荡电子变化，p（平面）$\leftrightarrow sp^3$（锥形），即锥体状与平面状间的相互转换。由于 n 值在 2 与 3 之间的振荡而引起的这一振动，可使电子运动和核运动发生重要的振动耦合。现在，假如起始状态 $\varPsi_1$ 是一完全的 p 的波函数，而终止状态 $\varPsi_2$ 为一完全的 sp^3 态，则面外的振动运动就可使 $\varPsi_1$ "看似" $\varPsi_2$，但面内的振动运动并不如此，因为在面内的弯曲振动不能引起任何的 s 特征进入到 p 轨道中。换句话说，面外的振动运动可"混合"自由价轨道的杂化，但面内

的振动运动则不能。为了方便起见，可写成 Ψ_1(P,平面)$\leftrightarrow\Psi_2$(sp^3, 锥体)。如果我们称用以描述面内（ip）电子振动相互作用的算子为 P_{ip}，而称描述面外(op)电子振动相互作用的算子为 P_{op}，那么，在面内振动混合的矩阵元为零，$\langle\Psi_1|P_{ip}|\Psi_2\rangle$=0，而在面外振动混合的矩阵元 $\langle\Psi_1|P_{op}|\Psi_2\rangle$ 在这种情况下，将是限定的。

总的来说：某些振动，但并非所有的振动，是有可能对零级电子态的电子波函数及电子能量给予扰动的。零级的电子能级和电子振动能级的能量差，相对于总的电子能量可能较小，但是矩阵元 $\langle\Psi_1|P_{vib}|\Psi_2\rangle$ 可以提供一种电子振动态到另一种能态跃迁的"一级机制"，尽管在零级的近似下，电子跃迁是被严格禁阻的（即 $\langle\Psi_1|P|\Psi_2\rangle$=0）。

3.8 振动对于电子态间跃迁的影响；Franck-Condon 原理

电子态间（$\Psi_1\rightarrow\Psi_2$）的跃迁速率受限于 Ψ_1 中的电子被调节到 Ψ_2 核几何构型的速率，或者是 Ψ_1 的核几何构型被调节到 Ψ_2 核几何构型的速率。

波恩-奥本海默近似（2.3 节）假设电子运动的速度要远超过核运动的速度，以至于电子可随着核在空间位置的任意改变，而"立即"予以调整。由于电子在轨道间的跳跃（1.13 节）一般发生于 $10^{-15}\sim10^{-16}$s，而核振动则需 $10^{-13}\sim10^{-14}$s，因此，电子跳跃一般要快得多，也就不可能在两个电子态 $\Psi_1\rightarrow\Psi_2$ 间的跃迁起到决速的作用。如此一来，在电子态（相同自旋）间的跃迁速率将受限于体系调整其核构型的能力，以及在变化后电子从 Ψ_1 的分布转变到 Ψ_2 分布的运动。由振动（核运动）而引起的跃迁速率不仅依赖于其起始态和终止态的电子分布的相似度，而且还依赖于起始态和终止态的核构型及运动的相似度。

根据经典力学，Franck-Condon 原理规定：由于核的质量远大于电子的质量（质子的质量约为电子质量的 1000 倍），因此电子从一个轨道到另一轨道的跃迁发生时，质量较大的和有着较高惯性的核，在实质上是固定着的。这意味着，辐射或非辐射跃迁于 Ψ_1 和 Ψ_2 间发生的瞬间（如图示 3.1 中列出的任何跃迁），新的电子构型从 Ψ_1 到 Ψ_2 作重新调整，在此瞬间内，核的几何构型保持不变。在电子跃迁完成以后，核经受 Ψ_2 的新的电子负力场的影响，开始从 Ψ_1 的几何构型来回摆动，直至将其核的几何构型调整到适应 Ψ_2 的构型为止。按照 Franck-Condon 原则，可得出这样的结论：即电子能量变成振动能量的这种转换，很可能是对那些有着显著不同核几何构型（除了相同的自旋）的态间的电子跃迁速率的决定步骤。

根据量子力学，Franck-Condon 原理规定：当起始振动态的波函数（χ_1）与终止振动态的波函数（χ_2）间有着最为接近的相似时，在电子态间的跃迁是最可能发生的。与定义一对电子波函数，或一组轨道的轨道重叠程度所用的数学轨道重叠积分 $\langle\Psi_1|\Psi_2\rangle$ 相类似（2.14 节），我们可借助于用一对振动波函数（χ_1 和 χ_2）的重叠程度，来定义振

动的重叠积分，并且使用 $\langle \chi_1|\chi_2\rangle$ 符号来表示两个振动波函数 χ_1 和 χ_2 重叠积分的程度。一般说来，由于两个波函数有着较大的相似性（即看来十分相像），亦即，当振动重叠积分 $\langle \chi_1|\chi_2\rangle$ 接近于 1 时（为完全重叠时的最高值），则积分值越大，电子振动跃迁的可能性越大。从公式（3.9）可以看出，$\varPsi_1 \rightarrow \varPsi_2$ 跃迁的速率常数（k_{obs}）正比于 $\langle \chi_1 | \chi_2\rangle^2$。这样就可以理解为什么在公式（3.9）中的 $\langle \chi_1 | \chi_2\rangle^2$ 被称为 "Franck-Condon" 因子（FC 因子）了。

在下面的各节中，需要说明的是：Franck-Condon 原则对于辐射和非辐射两种电子跃迁都提供了十分有用的图像化说明。对于辐射跃迁，可认为在光子"与其作用"和"被吸收"的时间内，核的运动和几何构型并不改变，所引起的是电子从一个轨道跳跃到另一个轨道。而对于非辐射跃迁，则当电子从一个轨道跳跃到另一个轨道的时间内，核的运动和几何构型也是不变的。

3.9 Franck–Condon 原理对辐射跃迁的经典和半经典谐振子模型

在对经典谐振子的近似（2.16 节）中，双原子分子的振动能量可借助于抛物线的形式加以讨论，其中体系的势能（PE）以原子平衡距离间的位移（Δr）为函数予以展示 [公式（2.24），图 2.3 和图 2.4]。分子振动的谐振子近似可适用于基态（R）和激发态（*R），并可作为辐射和非辐射光物理跃迁二者的一个起点。首先，让我们考虑为何借助于谐振子的模型[6]，可使 Franck-Condon 原理以及 Franck-Condon 因子适用于两个状态间的辐射跃迁。

图 3.2 示出的是表现为谐振子的双原子分子（X-Y）的经典势能曲线。在图 3.2 的上半部分代表的是一个经典谐振子，其中一个振动质量（X）很大（X 是被联结到弹簧的左侧），而另一个振动质量 Y 则轻得多（Y 是被联结于弹簧的右侧）。这样的双原子分子可看作是连接于弹簧上的振动球，而弹簧则被固定于墙上。类似于一个轻的原子（球）被键合在一个很重的原子（墙）上，例如，C-H 的振动，那里的 C 原子类似于厚重的墙，而氢原子则类似于轻球。这样，两个原子的大部分运动都可归于较轻粒子（即氢原子）在空间的运动。

在图 3.2 中示出的是对三种不同情况下的三条势能曲线，它们是与*R 态相关联的 R 态起始核几何构型有关。在图 3.2（a）中，基态 R 的平衡核间距（r_{xy}）实质上与电子激发的*R 分子的平衡核间距*r_{xy} 相同，而在图 3.2（b）中 R 的平衡核间距 r_{xy} 则与电子激发分子*R 的平衡核间距*r_{xy} 略有不同，这是由于（假定）后者因电子的激发，以及电子进入反键轨道，而引起键的稍有变弱有关。而在图 3.2（c）中，R 的平衡核间距 r_{xy} 与电子激发态分子*R 的平衡核间距*r_{xy} 则有着很大的区别，这是由于电子被激发到反键轨道，而使*r_{xy} 显著变长所致。在 R 和*R 的平衡距离的差值（$\Delta r = |*r_{xy} - r_{xy}|$）增

大时，额外的振动能差（ΔE_{vib}）也会增大，如在图 3.2（a）时该值为零，在图 3.2（b）的情况下，该值有所增大，但尚小，而在图 3.2（c）时该值就变得很大了。

对图 3.2 中的每一种情况，都可从其起始的 R 态作垂直线，与其上方的 PE 相交，此点即为激发态*R 的转折点。这条线代表了从 R 到*R 的垂直电子跃迁。辐射跃迁可被称为与核几何构型相关的垂直跃迁，这是因为在电子的跃迁中核的几何构型（r_{xy}，水平轴）是固定的。而代表垂直电子跃迁的线的长度，则相当于 R 和*R 间的能差，也就是所吸收的光子的能量：$|E_R - E_{*R}| = \Delta E = h\nu$。

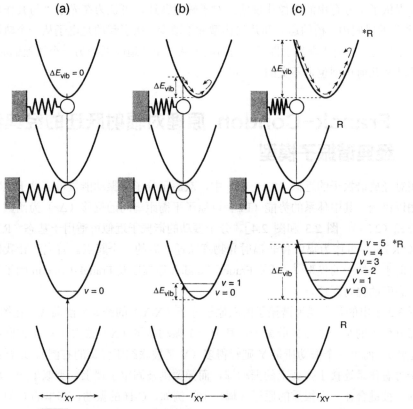

图3.2 双原子分子 XY 辐射跃迁的 Franck-Condon 原理机制的表述

代表两个原子振动运动的点运动可通过沿 PE 曲线的箭头序列，在曲线的上部以线组列出

现在，让我们来考虑 Franck-Condon 原理是如何影响一个辐射的轨道跃迁 HOMO+$h\nu$→LUMO，而使 R 到达*R 的。已知光子吸收的时间尺度在 $10^{-15} \sim 10^{-16}$s 的量级。根据 Franck-Condon 原理，核几何构型（亦即两个原子的间隔）在这样一个电子跃迁或轨道跳跃的时间尺度内是不会发生变化的，也就是说，在电子跃迁结束后，立刻会出现 $r_{xy} = *r_{xy}$。因此，通过从基态 R 到激发态*R 的辐射跃迁，电子被跃迁到上部能面的瞬间，所产生的几何构型是受 R 和*R 振动运动势能面的相对位置所支配的。

为了简便起见，如果我们假定势能曲线有着相似的形状，而且其中一条曲线的极小是直接处于另一曲线极小的上方 ［图 3.2（a）］，Franck-Condon 原理指出：最有可能的辐射电子跃迁，将是从与激发态*R 有着相同间距的 R 中 r_{xy} 间距的起始态出发。由于这两条曲线被假设为完全重合，则最为可能的 Franck-Condon 跃迁将发生于从基态 R 能面的极小，跃迁到激发态*R 能面的极小，也就是 R(v=0)+$h\nu$→*R(v=0)。这种情况是一种典型的吸收光使得包含有很多成键 π 电子的芳香碳氢化合物发生 π→π*跃迁，而这种将一个 π 电子引入到 π*轨道的激发，相比较于 R，并不使*R 的结构会有很显著的变化（第 4 章）。所以在较好的近似下，可以把对光子的吸收看作是发生于基态（R）最可能的核构型处，亦即在经典模型中，在核的静态和平衡排布的条件下发生，而且它可通过核的间距 r_{xy} 来予以表征。基于图 3.2 可知，通过跃迁并无额外的振动能量产生。

通过图 3.2（b）中的图例，让我们来想想从甲醛的最高占有轨道 HOMO（n_0 轨道）到其最低空轨道 LUMO（π*轨道）的光吸收。在电子跃迁完成的一瞬间，核仍处于其跃迁前基态的同一平衡（平面）几何构型上，这是由于电子的跳跃远远地快于核的振动。然而，由于轨道跃迁以及 π*轨道的占据，使围绕核的*R 的电子密度不同于围绕 R 核的电子密度，所以*R 就可弛豫到一新的几何构型（而变成了锥形的 $H_2C=O$）。

图 3.2（c）是体系从 R 到*R 经历了很大结构变化的图例。乙烯的 π→π*激发就是这样的一个例子。虽说乙烯基态（R）的平衡几何构型是平面的，但是乙烯激发态（*R）的平衡几何构型则是被强烈扭曲着的，从而平衡时导致*R 的几何构型与 R 相比有着很大的变化。

那么，吸收光子后，Franck-Condon 原理对*R 所产生的额外振动能量有什么样的影响呢？在图 3.2（a）中，R 和*R 的起始与终止的几何构型被假设是相同的，因而也就不存在因电子激发（R+$h\nu$→*R）而产生的振动性质的显著变化，于是，*R 也就没有过量或额外的振动能量产生。然而，在图 3.2（b）和（c）中，由电子跃迁所引发产生的*R 态，它既是电子激发的又是振动激发的物种，这如同 R 原初的固定核，经历了一新的力场的结果。亦即在 R→*R 跃迁后的几个飞秒内，*R 态的原子突然进入到与 *R 电子力场所响应的新的振动运动。

在 $H_2C=O$ 的 n,π*态的情况下，一个电子被激发到 π*轨道，它可趋于使 C—O 键开始振动和伸缩，并使之变长。这样一个由 n 电子的失去和 π*电子的产生而造成的突然扰动所提供的新的力，可在沿着 C—O 键的方向上引起振动。分子在*R(n,π*)的这一新的振动运动可以通过一个代表点来加以描述，它代表了核间的距离，并被限制沿着势能曲线运行，并做谐波振荡。

由光子吸收而产生的额外振动运动，可通过图 3.2（b）和（c）中势能面上一系列的箭头来加以表示。在势能面上代表点运动的最大速度依赖于在电子激发中所产生的额外振动的动能。由 Franck-Condon 激发所产生的额外振动运动越大，则在电子激发后所立即产生的振动运动的速度也越大。在乙烯 π→π*跃迁的例子中，π 电子的失去和 π*电子的产生，极大地减弱了 C=C 的键合，并在实质上可断裂 π 双键，而在*R 中建立起 C—C 单键。在 π,π*态内新的电子分布将有利于促成沿着 C—C 单键的扭曲，而其平衡几何构型则将有利于两个 CH_2 基团的互相垂直，而不处于同一平面（这一情形将在第 6 章中详细讨论）。

对于图 3.2（b）和（c）中的经典情况，它们都是遵循着以基态初始的核几何构型为激发态新的振动运动的转折点，而其振动能量都是通过分子激发态而储存。由于谐波振荡的总能量在无摩擦力存在时保持不变，因此任何以弹簧减压而引起的势能消失，都可转变为以弹簧连接的两个质量块的动能（KE），为进入谐波振荡设置了代表点。因此，在转折点上的势能 E_{vib} 大小就决定了该振荡模式中所有位移时的能量。在光激发下，*R 所产生的振动能量越大，*R 振动的振幅也就越大。

现在，让我们检查一下"半经典"的模型（图 3.2 下部），亦即对谐振子振动能级的量子化效应，以及对辐射电子跃迁在经典模型上的零点运动等问题来加以考虑（有关振动的波动特性，将在 3.10 节讨论）。在 2.18 节中曾讨论过量子化对于谐振子的诸多影响之一是仅有特定的振动能量是被允许的。因此，在半经典的模型中，经典的势能曲线必须被量子化的振动能级所示的势能曲线所代替，而每个振动能级都有振动量子数 $v=0$。例如，图 3.2（a）下部列出了相当于 $v=0$ 振动能级的基态势能曲线。这个能级对应的是在振动中心具有经典平衡几何构型的零点运动运动所决定的小范围的核几何构型。因此，从 $v=0$ 的辐射跃迁就不是由单一的几何构型所引起，而是由在振动的零点运动时，所产生的众多几何构型所引起。在图 3.2（a）下部，最可能的跃迁是从 R 的 $v=0$，到*R 的 $v=0$ 能级间发生的。而在图 3.2（b）中，最可能的跃迁是发生于 R 的 $v=0$ 能级到*R 的 $v=1$ 能级之间，而在图 3.2（c）中最可能的则是从 R 的 $v=0$ 能级，到*R 的 $v=5$ 能级间的跃迁。正如我们从图 3.2（a）、（b）以及（c）中所看到的，通过电子跃迁而在*R 中所产生的额外振动激发的数量是在不断地增加着的。

Franck-Condon 原理和辐射跃迁实现图像化过程的最后一步是确定如何来画出与 R 和*R 振动能级相对应的波函数。从这一图像中可看到：R 与*R 振动波函数的数学形式控制了振动能级间的辐射，和非辐射电子跃迁二者的概率。

3.10 Franck-Condon 原理及辐射跃迁的量子力学解释

回顾在 2.19 节的讨论：按照量子力学，对于核在空间的准确位置与相关振动运动的经典概念，可以用描述振动过程中核构型和核振动动量的振动波函数 χ 概念来加以取代。在经典力学的语言中，Franck-Condon 原理（简称 FC 原理）规定：最可能的电子跃迁将发生在电子跃迁发生的瞬间有着相似核构型和振动动量的态之间。而在量子力学的语言中，FC 原理规定：最可能的电子跃迁是那些在电子跃迁发生的瞬间，有着看似最为相似的起始态（χ_1）和终止态（χ_2）的振动波函数之间。

处于跃迁中的两个态，究竟有着多少程度"看似相似"的量度，可通过两个状态

〈$\chi_1|\chi_2$〉振动波函数的重叠积分（称为 FC 积分）而给出。振动波函数的净的数学正重叠，意味着起始和终止的振动态在空间的某些区域内有着类似的核构型和动量。公式（3.11b）表明：任何电子跃迁的矩阵元与振动重叠积分的平方直接相关［即 FC 因子，〈$\chi_1|\chi_2$〉^{2}，公式（3.9）］。

FC 因子越大，则振动波函数净的结构重叠性就越大，而 χ_1 和 χ_2 越是相似，则跃迁就越有可能发生。因此，了解那些控制〈$\chi_1|\chi_2$〉^{2} 因子大小，以及电子状态间发生辐射和非辐射跃迁的概率，是至关重要的。FC 因子可以看作是一类核的"重组能"，类似于熵，是为电子跃迁的发生所需要的。重组能越大，FC 因子越小，而电子跃迁也就越慢。FC 因子越大，重组能就越小，电子跃迁也就越有可能发生。

FC 原理为电子振动跃迁的相对概率提供了一个选择规则。从定量上看，对于吸收或发射的辐射跃迁，FC 因子（〈$\chi_1|\chi_2$〉^{2}）决定着电子吸收与发射光谱中振动带的相对强度。此外，FC 因子在决定电子状态间非辐射跃迁的速率时，同样也是很重要的。由于〈$\chi_1|\chi_2$〉^{2} 的值平行于〈$\chi_1|\chi_2$〉，因此在定性地讨论跃迁概率时，我们只需考虑 FC 积分的本身，而不是其平方。从这里我们可以获得相当大的量子直觉，通过比较 χ_1 与 χ_2 的振动量子数，如果它们的差别越大，则其起始态和终止态的平衡形状或/和动量就越有可能是不同的，不仅如此，$\chi_1 \rightarrow \chi_2$ 的跃迁也就越难、越慢，可能性也就越小。的确，这正是从经典的 FC 原理所推测的结果。换句话说，积分〈$\chi_1|\chi_2$〉的大小是与起始态 χ_1 和终止态 χ_2 有着相同形状和动量的概率相关联的。如果此概率较高，则跃迁的速率也就越大。

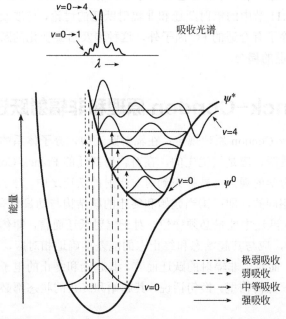

图3.3 对于光吸收的量子力学 Franck-Condon 解释的表述

图 3.3 显示的是从起始的电子基态 Ψ_1（亦即 R）到终止的电子激发态*Ψ_2（即*R）辐射跃迁 FC 原理量子力学基础。其中光子的吸收是被假设从 Ψ_1 最低能量 $v=0$ 的能级开始，这是因为在基态 R 中，这一状态通常是振动能级"分布"最多的态。根据 FC 原理，从 Ψ_1 的 $v=0$ 到*Ψ_2 振动能级最可能的辐射跃迁应当是与其重叠积分 $\langle\chi_1|\chi_2\rangle$ 为极大的垂直跃迁相对应的。由图 3.3 可知，从 $v=0\rightarrow v=4$ 跃迁的重叠积分 $\langle\chi_1|\chi_2\rangle$ 是最大的（χ_1 在每一处均为正值，而 χ_2 在垂直于 χ_1 极大的上方也是强烈的正值）。而从 $v=0$ 到另一种*Ψ_2 的振动能级的跃迁（例如，从 Ψ_1 的 $v=0$ 到*Ψ_2 的 $v=3$ 和 $v=5$）虽说有可能发生，但由于这些垂直跃迁的 χ_1 和 χ_2 只有较小的重叠，因此概率就较低。图 3.3 中 Ψ_1 和*Ψ_2 势能曲线上方所得到的吸收光谱显示了实验吸收光谱的强度将如何发生变化。由于跃迁的强度与 FC 重叠积分的大小成正比，从中可以看出：从 $v=0\rightarrow v=4$ 的跃迁为最大。FC 原理应用于发射光谱的总体思路是相同的，除了对应于*Ψ_2 中 $v=0$ 的 χ（激发态的平衡位置）与 Ψ_1 的各种振动能级 χ_i 之间的重要重叠。有关辐射跃迁 FC 原理的实验例子将在第 4 章中讨论。

在 3.13 节中，我们将找出在电子的辐射和非辐射跃迁中，有关涉及电子自旋跃迁的量子直觉。在这种情况下，除了振动的 FC 因子以外，我们还将关注两种类型的自旋波函数（S）的重叠，即相应于*R 的单重态和三重态的波函数。我们已经从 2.27 节中所讨论的矢量模型中看到，单重态（有着反平行自旋↑↓）和三重态（有平行自旋↑↑）的波函数看起来是根本不同的！当两个自旋波函数看来很不相同时，就需要通过磁的扰动，如自旋-轨道的耦合等，来扭曲起始的自旋态，使之看起来能与终止的自旋状态一样，并通过它来诱导非辐射跃迁，或自旋禁阻的辐射跃迁等。有关 FC 因子对 3.11 节中的辐射跃迁和非辐射跃迁的讨论，与涉及自旋变化的跃迁是相同的，但是除了有合适的 FC 因子外，这种涉及自旋变化的跃迁，还同时要求有重要的自旋-轨道的耦合。

3.11 Franck-Condon 原理和非辐射跃迁[8]

最早的 Franck-Condon 原理规定：在辐射跃迁中，分子体系的代表点于势能曲线间的"垂直"跳跃，应是最优先的。在对辐射跃迁的 Franck-Condon 原理之后，经典的以及量子力学的观点可被扩充到对非辐射的跃迁之中。对于辐射或非辐射跃迁的基本观点是相同的，即：①当起始和终止的核结构与动量仅有很小的变动时，对跃迁有利；②在跃迁中能量必须守恒。对于辐射跃迁而言，即体系所吸收和发射的光子能量（$h\nu$），应与其起始态和终止态的能差准确地相对应，从而使跃迁过程中能量保持守恒。而对于非辐射的跃迁而言，其起始和终止的电子态必须具有相同的能量和相同的核几何构型。换句话说，其起始和终止的状态都必须在能量和结构上看来是相似的。

和辐射跃迁的状况相反，在非辐射跃迁中，被大的能隙所分离的势能曲线间的垂

直跳跃是不可能的，这是因为要实现能量保存。在非辐射跃迁中要实现对能量的保存，最容易的办法是跃迁发生于曲线的交叉点上，或紧靠之处，这是因为在交叉点上的波函数[例如 $\Psi_1(R)$ 和 $\Psi_2(*R)$]有着准确的相同能量。现在，可以把借助于 FC 因子（$\langle\chi_1|\chi_2\rangle$）将非辐射跃迁的量子力学解释，与在 PE 面上代表性点的运动联系起来。图 3.4 所描述的是设想分子开始离开相应于电子波函数为 Ψ_2 的电子激发态（*R）的激发 PE 曲线，并经历 LUMO→HOMO 的电子跃迁而到达 $\Psi_1(R)$ 的情况：即在图的左侧，分子开始于 $\Psi_2(*R)$ 态，而在右侧，分子已恰好被转换成 $\Psi_1(R)$ 态。$\Psi_2(*R)$ 的代表点，在激发能面上[图 3.4（a）]A 点和 B 点间的零点运动中，可给出一个振幅相对较小的振荡轨迹。但在跃迁到 $\Psi_1(R)$ 后，代表点在 C 点和 D 点[图 3.4（b）]间则可给出振幅相对较大的振荡轨迹，这是由于 $\Psi_2(*R)$ 的电子能量已被转化为 $\Psi_1(R)$ 的振动能量。对于从 $\Psi_2(*R)$ 曲线到基态 $\Psi_1(R)$ 曲线的非辐射的跃迁也是可能的，但能量及动量则必须保持守恒。

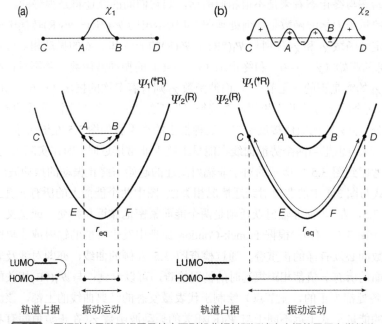

图3.4 因振动波函数正相重叠较少而引起非辐射跃迁速率变慢的量子力学基础

在一种限定的经典情况下，如发生水平跳跃时势能保持[图 3.4（a），$A\to C$ 或 $B\to D$]，或者垂直跳跃时几何构型保持[图 3.4（b），$A\to E$ 或 $B\to F$]，将会发生些什么呢？对于一个保持着能量的 $\Psi_2(*R)$ 到 $\Psi_1(R)$ 的经典水平"跳跃"，就要求在核的几何构型上不可能有急剧的变化。即开始处于 $\Psi_2(*R)$，$v=0$ 中的代表点将于水平跃迁到 C 或 D 的前后，经历一个在 A、B 间的小的振幅振动[在 C 和 D 点处，$\Psi_1(R)$ 上的原子就会立即缓慢地移动，因为此时它们已处于振动的转向点上]。然而，由于起始态与终止态的几何构型明显不同，它们并不"看似相似"，因此，这种水平跳跃是不可能发生的。从 $\Psi_2(*R)$ 到 $\Psi_1(R)$ 的起始核几何构型保持不变的经典垂直跳跃将会经历一个急剧转变，这里的代表点从具有小而微弱振幅的振动，以及很小动能（KE）和动量的 A、B 之间，突然转变到有着很大振幅和高动能振荡的 C、D 之间。由于代表点要在这两个看来并不相似的 $\Psi_2(*R)$ 到 $\Psi_1(R)$ 之间运动，所以这种跃迁也是不可能的。而另外从 $A \rightarrow E$ 或 $B \rightarrow F$ 的垂直跳跃似乎也可能发生，因为要实现能量守恒，需要某些外部的能阱用以快速地吸收大量的能量。

因此，从 $\Psi_2(*R)$ 到 $\Psi_1(R)$ 不论是通过水平的，或是垂直的跳跃来完成，其净的结果是：分子的振动可引起几何构型的急剧改变 [图 3.4 (b)]，或者动量的急剧改变 [图 3.4 (b)]。因此，我们可以推测两个在能量上不接近的势能曲线之间的非辐射跃迁是不太可能的。这种在位置上或振动动量特征上的急剧改变，对应的是振动体系在组织能上的巨大变化。从经典上看，一个跃迁如需要有如此大的结构或动态重组，常是受阻的，因此它是不太可能发生的。简而言之，借助于它们起始与终止的动能或结构，如果其起始态与终止态看来是不很相似的话，则它们间的跃迁将是很慢的。

振动的量子力学波函数是如何处理图 3.4 所示出的 $\Psi_1(*R) \rightarrow \Psi_2(R)$ 转换中的两个跃迁呢？假定波函数 χ_1 和 χ_2 分别与 $\Psi_1(*R)$ 和 $\Psi_2(R)$ 的 $v=0$ 和 $v=6$ 的振动相对应，而列于图 3.4 顶部的起始（χ_1，$v=0$）和终止态（χ_2，$v=6$）的振动波函数，并不看似相似。其中波函数 χ_1 始终是正的（无节点），而波函数 χ_2 则有着多次的振荡（$v=6$，因此有 6 个节点）。由两个波函数的并不相似可直接得出以下结论：由于两个波函数的数学抵消，其重叠积分 $\langle \chi_1 | \chi_2 \rangle$ 的数值接近于零。这种很小的净重叠如图 3.5 左侧所示。

现在，我们想想当两个势能曲线在能量上趋于非常接近时（即在实际上是相交的）的情形。考虑到图 3.5 中所示的对于非辐射跃迁的起始与终止振动的振动波函数 χ_1 和 χ_2 数学形式与图 3.4 中的非辐射跃迁情况相类似，图中两个能面上的所有 r 值上都相距很远（图 3.5，左），而非辐射跃迁则是两个能面紧密地靠近和相交，或交叉于某特定的 r 值处（图 3.5，右）。根据 Franck-Condon 原理中发生可能的辐射或非辐射跃迁，这些波函数间必须有净的正重叠。通过检查图 3.5 左侧的曲线，亦即对涉及非辐射跃迁两个能面的所有 r 值都相距很远时的情况检查，可以看到：与 $\Psi_1(*R)$ 相关的振动波函数 χ_1（各处都为正的，无节点）绘制于代表激发态的经典曲线的上部，该波函数在发生跃迁的能量形式上远不同于与 $\Psi_2(R)$ 相关的振动波函数 χ_2（在正负值间有着高度的振荡）。因此，χ_2 和 χ_1 的数学重叠积分（即，$\langle \chi_1 | \chi_2 \rangle$）将为零，或接近于零，这是因为起始的波函数（$\chi_1$）在围绕 r_{eq} 点（平衡距离）的各处都是正的，而终止态的波函数（χ_2）则在围绕 r_{eq} 点的正值与负值间振荡，其结果则是使二者的数学重叠积分可有效地相互抵消（图 3.5，左下方）。量子直觉告诉我们，如 Franck-Condon 原理所规定的，如果重叠积分 $\langle \chi_1 | \chi_2 \rangle$ 非常小，则从 $\Psi_1(*R)$ 到 $\Psi_2(R)$ 的非辐射跃迁概率也很小。简单地说，如波函数 χ_1 和 χ_2 看上去并非十分相似，则将难于通过电子耦合使它看来相似。依据选择规则，图 3.4 中所示的跃迁是不太可能的，或者说它们将在很慢的速度下发生。在图 3.5 右侧中有一个特殊的 r 值，它处于波函数 $*\Psi_1$ 和 Ψ_2 间势能曲线的交叉处。当两个势能曲线相互交叉时，如何能通过其振动波函数重叠的图像化而为 Franck-Condon

原理的操作提供某些量子理解呢？对于分子处于*Ψ_1的最低振动水平，在无交叉的情况下（图3.5左），其χ_1和χ_2振动波函数只有很差的重叠，它与曲线交叉有着重要重叠（图3.5右）的情况相反。在这两种情况下，χ_1是相应于*Ψ_1的$v=0$能级，而χ_2则相应于Ψ_2的$v=6$能级（波函数中有6个节点）。

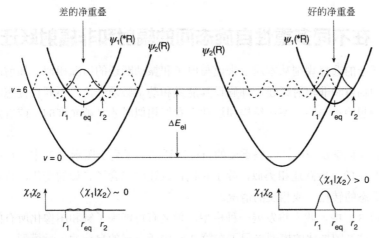

图3.5 在差的（左）和好的（右）净正重叠情况下，振动波函数的示意图（其中 r 函数的 $\langle\chi_1|\chi_2\rangle$ 积分值如图的底部所示）

电子能量（ΔE_{12}）转换为振动的能量，以及通过跃迁所产生的态的振动量子数（v）对图 3.5 所示的两种跃迁来说是相同的。对于交叉，及无交叉的情况下的振动重叠积分 $\langle\chi_1|\chi_2\rangle$ 示于图 3.5 的底部，左侧的净重叠要远远地低于右侧的。由于波函数 $\chi_2(v=6)$ 在空间的一些区域内可经历数学上从正到负的振荡，而波函数 $\chi_1(v=0)$ 在这些区域内都是正的，这就造成了差的振动重叠积分。与经典的 Franck-Condon 原理相一致，量子直觉规定：对在能面交叉情况下（图 3.5 右）的非辐射跃迁，将比无能面交叉的情况下要快得多（图 3.5 左），这是因为在右侧的情况下，振动重叠积分（$\langle\chi_1|\chi_2\rangle$）是较大的。根据选择规则，非辐射跃迁在无能面的交叉时，应是 Franck-Condon 禁阻的（即 FC 因子 $\langle\chi_1|\chi_2\rangle^2 \sim 0$），而在能面交叉时（图 3.5 右），则其跃迁是为 Franck-Condon 所允许（即 FC 因子 $\langle\chi_1|\chi_2\rangle^2 \neq 0$）。

对于某些可扭曲的*R 能面的振动，其中一些由图 3.5 左侧较好地表达，而另一些振动则可能由图 3.5 右侧较好地表达。换句话说，某些电子振动的相互作用可以引起能面相交，如图 3.5 右侧，从而导致态与态间发生非辐射跃迁，并因此增强了跃迁的 FC 因子。

总体来说，对于振动交叉的两个 PE 曲线（或两者非常接近），非辐射跃迁的发生是有可能的，因为在这种情况下，交叉区域内的跃迁最易于保持能量、运动以及核位相的守恒。换言之，在曲线的交叉区域内，在结构、能量以及动态学上看，*R 和 R 的波函数都是十分相似的。曾经有过这样的假设：即振动跃迁，而不是电子跃迁，可以成为跃迁的决速过程。这意味着，示于图 3.5 的曲线交叉实际上是不会发生的，因为在发生交叉的区域内，电子态已可通过振动而相互混合。这种情况通常是不涉及自旋变化的非辐射电子跃迁。此外，这种交叉特别在多原子分子中更为复杂，该情况将在第 6 章中加以讨论。

3.12 在不同多重性自旋态间的辐射和非辐射跃迁

自旋跃迁的选择规则从本质上来说与电子和振动跃迁的情况相似。如前所述，我们对所有的辐射和非辐射跃迁，都假设其能量和动量必须守恒，不同自旋态间的跃迁仅仅是那些起始态与终止态在结构和运动上看似相似时才是被允许的，或者是似有可能的。

在有机光化学反应中，一些重要的自旋跃迁的例子列于图示 3.2 中。这些跃迁是与图示 3.1 中的一般跃迁相类似，除了它们在跃迁中包含了自旋的变化，特别是由单重态到三重态的转换，或相反的情况。

在图示 3.2 中，我们将发展一种模型，使之有可能来了解和图像化所有的自旋跃迁的机制。这种图像化的模型采用了在第 2 章中所发展的自旋的矢量模型。这里采用

(a) $R(S_0)+h\nu \rightarrow *R(T_1)$
(b) $*R(T_1) \rightarrow R(S_0)+h\nu$
(c) $*R(T_1) \rightarrow R(S_0)+$热量
(d) $*R(S_1) \rightarrow *R(T_1)+$热量
(e) $^3I(D) \rightarrow {}^1I(D)$ 和 $^1I(D) \rightarrow {}^3I(D)$

图示 3.2 一些涉及系间窜越的重要跃迁

了一个代表自旋波函数（S）的进动矢量（precessing vector），类似于为振动的核，或轨道电子而发展出的图像模型中的精粹。考虑到起始自旋状态（S_1）和终止自旋状态（S_2）的自旋波函数，可类似于电子重叠积分（$\langle \Psi_1|\Psi_2 \rangle$）和振动重叠积分（$\langle \chi_1|\chi_2 \rangle$），也应有一个自旋的重叠积分（$\langle S_1|S_2 \rangle$）。于是当跃迁中无自旋变化时，那么 $\langle S_1|S_2 \rangle =1$（即：单重态-单重态，三重态-三重态，或二重态-二重态的跃迁）；在这种情况下，起始和终止的自旋态，应在各个方面都看似相似，而且，在电子跃迁中也无自旋禁阻。然而，当在跃迁中存在有自旋的变化时，即 $\langle S_1|S_2 \rangle \neq 0$（即如，单重态-三重态的跃迁），则在零级近似下，跃迁是被严格禁阻的。

在一级近似中，单重态和三重态间的跃迁，仅在自旋态的混合相互作用可被利用时才是被允许的。与电子态的混合不同，自旋态的混合需要磁的相互作用，而不是静电的相互作用。从基本原理上看，涉及自旋角动量变化的电子跃迁，需要有某些其他角动量的相互作用（耦合），既能触发跃迁，又能在跃迁中允许两个相互作用体系总角动量保持守恒，并提供磁能的守恒。对于有机分子来说，最为重要的可用以耦合两个自旋态的相互作用，并提供保持体系总角动量守恒的方法，是电子自旋和轨道角动量间的耦合（即自旋-轨道耦合）。从图示 3.2 中可知，最重要的涉及自旋改变的辐射跃迁是自旋禁阻的吸收，$R(S_0)+h\nu \rightarrow *R(T_1)$，和自旋禁阻的发射（磷光），$*R(T_1) \rightarrow R(S_0)+h\nu$。而对涉及自旋改变的最重要的非辐射跃迁，则为 $*R(T_1) \rightarrow R(S_0)+$热量，以及 $*R(S_1) \rightarrow *R(T_1)+$热量，两者都是系间窜越（ISC）过程。初级的光化学过程，如 $*R \rightarrow I(D)$，可

以作为一个基本化学步骤考虑，对它而言，依据自旋选择规则，自旋的改变是禁阻的。因此，当初级光化学过程为*R(T$_1$)→^{3}I(D)的转换时，则图示 3.2（e）中的系间窜越过程 ^{3}I(D)→^{1}I(D)必须要在 ^{1}I(D)生成产物（P）之前发生。这一重要的 ^{3}I(D)→^{1}I(D)系间窜越步骤将在 3.24 节以及第 6 章中讨论。

3.13　自旋动态学：角动量矢量的经典进动

在 2.24 节中，我们发展了一个以矢量来代表电子自旋角动量（S）的模型。自旋矢量 S 具有相关的磁矩 μ_S［公式（2.32）］。在无任何其他磁场（即，其他磁铁）存在下，S 和 μ_S 矢量二者在空间都处于静止的状态，并具有磁能（E）。然而当有磁场 H_z（即磁矩）存在时情况完全不同，H_z 就可与电子的自旋磁矩 μ_S 相耦合。而耦合的结果则可使电子自旋本身、或是与耦合场（H_z）相同的排列方向取向，或是与 H_z 相反的排列方向取向，并使之不论是顺时针还是逆时针方向，沿磁场（H_z）轴的进动运动依赖于矢量 μ_S 的取向。这里的进动可被定义为自旋物体，如陀螺仪或自旋陀螺的轴向扫描运动（图 3.6）。对于自旋体的轴向进动可掠过一个圆锥形的表面，而进动轴的顶端则可掠过一个圆周（图 3.6）。

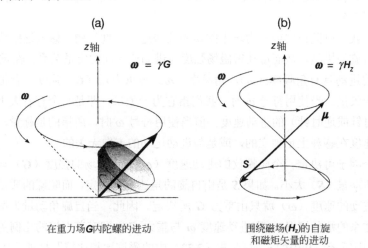

图 3.6　（a）在重力场（G）内，自旋陀螺与自旋角动量矢量（S）的进动运动的比较矢量图，（b）在外加磁场（H_z）下，自旋与磁矩矢量（μ_S）的进动运动矢量图

现在，我们要考虑代表经典棒状磁铁、磁矩矢量的进动运动的模型，然后再调整模型，使之可包括电子自旋（亦即量子力学磁铁）的进动。在磁场中的这一经典磁棒已在 2.34 节中用来作为与磁场耦合的电子自旋所衍生能态的一个样本，它类似于图 3.6（a）所示的自旋陀螺。假如在磁场 H_z 中的磁棒在围绕着轴作自旋运动而有一个角动量时，它就将执行一个由外加磁场所定义的、围绕着轴的进动运动。这种在磁场中具有角动量的磁铁所预测的运动，可类比于旋转体或自旋体的进动运动，例如玩具陀螺或

陀螺仪 [图 3.6（a）]。当自旋陀螺的角动量矢量围绕着旋转轴作进动运动时，可在空间掠过一个锥形，而矢量的顶端则可扫出一个圆。自旋陀螺进动的锥体所具有的几何形状等同于可能的量子自旋矢量的取向锥体（2.28 节），因此这一经典模型就可以作为理解量子力学模型的基础。

自旋陀螺的这种明显的并不直观的特征，使得它可抗拒重力而"站立起来"，并在释放后出现进动，然而一个非自旋的陀螺，则在释放后就会倒下。有关进动运动的原因，以及自旋陀螺对于倒下的稳定性，可归咎于重力的作用，虽然重力所施加的是向下的力，然而它还是能给出一个非直观的、侧向的扭矩（而不是向下的）于角动量矢量之上。这一扭矩可以在旋转运动中（或圆周运动）与力在直线运动中所发挥的作用相同。更确切地说：对于直线运动，力等于线性动量的变化速率，而对于旋转运动，扭矩则与角动量的变化速率相等。与自旋陀螺相关的扭矩可以拉动代表角动量矢量的顶端，在圆周路径上运动，并通过重力诱导产生出非直观的进动结果。与此相类似的，是在外加磁场 H_z 的存在下，自旋的磁矩 μ_S 与磁场 H_z 耦合所产生的扭矩，就类似于重力之对于陀螺，它可"夺去"磁矩矢量（μ_S）而使之在围绕着场的方向，于矢量可能取向的锥体内发生进动。由于自旋的磁矩和角动量矢量处在同一直线之上（但方向相反，图 2.12），因此角动量矢量（S）也可以以相同的速率，于围绕着场的方向而产生进动 [图 3.6（b）]。

现在，我们以陀螺仪或重力场中陀螺的某些进动特性为例，修改这些特征而给出一个电子自旋的模型，从而可获得磁场强度与进动速率间的定量关系。在重力场（G）中的陀螺的进动具有角频率（ω）。角频率（ω）与重力场（G）强度二者都是具有方向和大小的矢量。当使用符号 ω 时，我们指它为一矢量，即是一个有着大小和进动方向（即顺时针或逆时针）的进动速度。但当使用符号 ω 时，所指的是标量，亦即进动的速率或速度在感观上是独立的，或是与进动运动的方向无关的。

有两个因子可决定一个陀螺仪的进动速度（ω）：重力场的强度（G）与自旋陀螺仪的自旋角动量（S）大小。如果 S 是由自旋的角速度所决定，而陀螺的质量又是恒定的，那么进动的速度（ω）就只由重力 G 所决定。因此，当自旋角动量为恒定时（如电子自旋体系的那种情况），则进动速度 ω 与重力 G 之间有着直接的比例关系，如公式（3.12）中所示，其中的 γ [与公式（2.32）中的磁旋比相比较] 是进动速度 ω 与重力 G 间的标量比例常数。

$$\omega = \gamma G \qquad 在重力场内陀螺仪的进动速度 \qquad (3.12)$$

现在让我们用进动陀螺的矢量模型来形象化地考虑电子自旋的进动运动。作为一个具体的例子，我们可考虑一种特定的情况，即其中自旋角动量的值为常数，并等于 $\hbar$，这是量子世界中角动量的基本单位（也就是，自旋体系 1 的角动量值，即 $S=\hbar$）。与公式（3.12）相类似，公式（3.13）给出的是这一例子中的自旋角动量矢量，以及因围绕着场的方向而具有特征角速度（ω）的自旋进动所产生的磁矩矢量：公式中 γ_e 是电子的磁旋比，而 $|H_z|$ 则是磁场强度的绝对值。请注意，这里所讨论的进动速率（ω 是

标量）不是矢量。自旋进动的实例如图 3.7 所示。从式中可以看出，对在相当于一个单位角动量（$\hbar$）的特殊情况下，围绕磁场($\boldsymbol{H_z}$)的自旋和磁矩矢量的进动速率（ω）仅依赖于 γ_e 和 $\boldsymbol{H_z}$ 的大小。

$$\omega=\gamma_e|\boldsymbol{H_z}| \quad \text{在磁场中电子自旋的进动} \tag{3.13}$$

回顾 2.35 节，区别经典磁体与量子力学磁体的重要特征是经典的磁体可在施加外场的任意位置出现（虽然不同的位置有着不同的能量），但量子力学磁体只可能在相关任意轴、可能取向锥体所定义的一组有限的取向处出现。这些在空间内所允许的取向可由磁量子数 M_S 值决定，它同时也决定了磁场 $\boldsymbol{H_z}$ 中的磁能。在无耦合的磁场存在时，

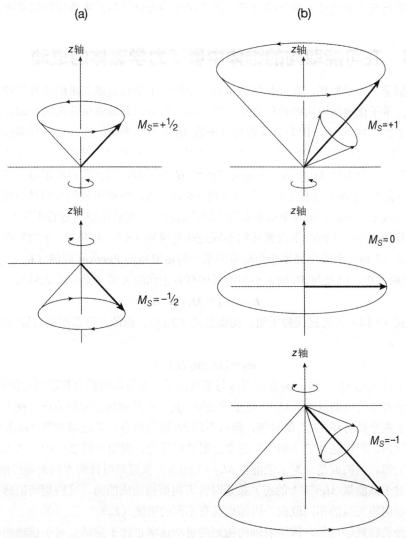

图3.7 进动于它可能取向锥体中矢量的矢量模型（示出的仅为自旋角动量的矢量）

自旋矢量是处于可能取向锥体的某处，但不产生进动，这是因为并不存在另一作用于它的磁场而产生扭矩。然而当施加了一个可与电子自旋相耦合的恒定磁场 H_z 时，这一耦合场就可施加一个恒定的扭矩于电子自旋的磁矩，就像重力对自旋陀螺的角动量矢量施加以恒定的扭矩一样（图 3.6，以电子自旋来取代陀螺）。然后，自旋矢量就可围绕磁场轴而开始进动（由于对量子化轴的选择是任意的，因此为方便起见我们选择了 z 轴），而使自旋矢量的这一进动可扫过这些可能取向锥体中的某一个锥体（见 2.29 节）。

因此，可以假设在有磁场存在的情况下，对每个通过 M_S 所给出的电子自旋的允许取向，都存在着与电子自旋相关联的角动量和磁矩矢量所引起的可能的进动锥体，而这些自旋矢量在这些锥体中的进动速率（ω）则正比于耦合磁场的强度 [公式（3.13）]。这是涉及自旋（多重性）变化的分子有机光化学的光化学与光物理过程的重要结论。

3.14 在可能取向的锥体中量子力学磁体的进动

根据量子力学原理，在（数学矢量的）空间中单个自旋磁矢量的位置是被限制于沿着任意量子化轴所取向的锥体之中（图 3.6）。此外，角动量矢量所可能取向的不同锥体（如图 2.10 所示，即为自旋取向量子数 M_S 的每一个值）在自旋矢量遇到沿 z 轴（H_z）的某些耦合磁场来的扭矩作用时，也可代表进动的锥体。当在沿着 z 轴的方向施加磁场时，具有不同 M_S 值的自旋态可在磁场 H_z 内采取不同的取向和能量，因为它们的磁矩（μ_S），在场内可有不同的取向（图 3.6 曾介绍：磁矩矢量的方向是与角动量处于同一直线上，因此，如果角动量有着不同的取向时，则磁矩取向也将不同）。这些不同的能量依次相应于围绕取向锥体的不同进动角速率（ω）。与公式（2.32）类似，可以用公式（3.14）来给出磁场中角动量的某一特定取向的 Zeeman 磁能（E_z）与 g，μ_e 和 H_z 量的大小，以及与 M_S 的大小和符号等有着正比的关系（见公式 2.34）。

$$E_z = \hbar\omega_S = M_S g \mu_e H_z \tag{3.14}$$

公式（3.14）可通过代数重组，而得公式（3.15）。由此，可以得到自旋-矢量的进动频率，ω_S。

$$\omega_S = [M_S g \mu_e H_z] / \hbar \tag{3.15}$$

从公式（3.15）可知，ω_S 值可直接与某些因子，如与场的耦合相联系着的磁能、g 因子、沿着轴的角动量值（M_S）、电子的磁矩（μ_e）以及磁场强度和方向（H_z）等相关联。对于两个具有相同 M_S 绝对值，但有不同 M_S 符号的态，其进动频率（ω_S）在数值上是相同的，但在进动的（相位）意义上则是相反的。例如在图 3.6 中，从上面看：矢量的尖端，它们或是（对于低能量 $M_S = -1$ 的态）按照顺时针的方向而描绘成的圆，或是（对于高能量 $M_S = +1$ 的态）按逆时针方向而描绘成的圆。这些旋转的感觉相当于磁场中磁矩矢量的不同取向，因而也就有不同的磁能（E_z）。

从经典物理学可知，围绕着轴的磁矩的进动速率正比于磁动量对于该轴的耦合强度类似于公式（3.13）。假如耦合不是由外加的场（H_z），而是由某种其他的磁源所引起，亦即是与其他形式的角动量，及其相关磁矩相耦合，相同的观点也可成立。例如，如果自旋角动量（S）与轨道角动量（L）的耦合（即自旋-轨道的耦合）很强，则矢量 S 与 L 就可围绕着这一合成的力而迅速进动，并强烈耦合，表现为单个的矢量，而不是两个独立的矢量。这一观点类似于角动量为 1/2 的两个电子自旋（两个二重态，D）的强烈耦合，形成了新的自旋体系，即自旋为 1 的三重态（T）或自旋为 0 的单重态（S）。当角动量间的耦合很强时，则其合成的进动运动就会很快，而其他磁矩要打破这一合成所产生的耦合运动也就很难。然而，如果耦合较弱，则沿着耦合轴的进动就较慢，于是相对较弱的磁力就可打破这种耦合。这些概念在光化学中是非常重要的，因为它可提供深入揭示有关涉及自旋变化的辐射跃进迁和非辐射跃迁的耦合机制（图示 3.2）。

由于磁矩矢量和自旋矢量是处于同一直线上［但方向相反，如图 3.6（b）所示］，这两个矢量将准确地遵循着彼此间的进动，因此并不需要绘制出每个矢量，因为我们可以从一个矢量的特征运动，推导出另一个矢量的特征运动。书中所列矢量均归之自旋矢量（S），而不是磁矩矢量（μ_S），除非另有说明。记住，角动量矢量有着角动量的单位（$\hbar$），而磁矩矢量则有着磁矩的单位（J·G）。

图 3.7（图 2.10 静态锥体进动的描述）所示出的是对不同类型进动，如 1/2 自旋态［图 3.7（a）］和 1 自旋态［图 3.7（b）］在它们可能取向锥体中的矢量模型。这五种自旋态的例子（即 $M_S=+1/2$，$-1/2$，1，0，-1）在对理解辐射和非辐射跃迁二者中的自旋跃迁来说是非常重要的。我们将在本章的其余部分对此作详细的讨论。

3.15　自旋进动的重要特征

在本节中，我们将对有关自旋跃迁的一些重要点予以归纳。量子力学磁体矢量围绕着外加磁场轴的旋转过程，可称之为进动。而在特定磁场（H_z）的影响下，对于给定态的特定进动频率，通常被称为"Larmor 进动频率"（ω_z）。可以从公式（3.15）推演出下列有关 Larmor 进动的特征：

（1）进动频率（ω_z）的值与 M_S、g、μ 和 H_z 四个量的大小成正比关系。

（2）对于给定的取向和磁矩，ω_S 值将随着磁场的减小而减少，而在极限情况下，即 $H_z=0$、$\omega_S=0$ 时，这种模型将要求进动停止，以及矢量将在空间某一不确定的位置处于静止状态。对于三重态的 $M_S=0$ 态，在任何场强下都没有运动［公式（3.14）］，而自旋矢量则可假设在一个由垂直于 z 轴平面所定义的圆内，有任意的取向（不是可能取向的锥体）。

（3）对于给定磁场强度 H_z，以及有几个 M_S 值（多重性≥1）的自旋体系，其中有着最大 M_S 绝对值的体系（如 T_+ 与 T_-），就有最快的自旋矢量进动速度，而对 $M_S=0$ 态（如 T_0 和 S），则进动为零。

（4）对于给定磁场强度 H_z，以及对有着相同 M_S 绝对值，和相应于有着不同进动方向（顺时针或逆时针）、不同符号的 M_S，它们可以具有相同的进动速率，但它们的磁能是不同的（如相应于 T_+ 和 T_- 的 M_S =+1 或–1）。

（5）高的进动频率（ω_z）以及相关的磁能（E_z）是与耦合场（H_z）的强度成比例的。

（6）对处于相同场强 H_z 和量子态 M_S 时，进动频率（ω_z）将正比于 g 因子以及电子自旋固有磁矩（μ_e）的值。

3.16 耦合磁场强度和进动速度间的一些定量基准的关系

从公式（3.15）和 γ_e 的实验值（1.7×10^7rad/s），可以得到代表自由电子磁矩的矢量进动速率（ω）和与其相耦合的任意磁场（H_z）间的定量关系，如公式（3.16）所示，式中的 H_z 是以高斯（G）为单位。为简化起见，可采用速率而不是频率，因而在计算速率时，仅需对 H_z 的绝对值加以考虑。在这种情况下，进动的方向是不确定的，但其速率，则不论是顺时针的或逆时针的，均为一样。

$$\omega（进动速率）=1.7\times10^7（\text{rad/s}）H_z \tag{3.16}$$

现在，我们可对频率为 ν 的光子能量和电子自旋进动速率（ω）间建立联系。光子能量或能隙与光波频率 ν 之间的关系可由公式（1.1），$\Delta E=h\nu$ 给出。

在磁场 H_z 中，自旋矢量顶端的圆形进动频率可以和一种使其矢量构成完整循环的，称之为"振荡频率"的频率相关联。进动速率（ω，rad/s^1）与振荡频率（ν，s^{-1}）间的关系是：$\nu=\omega/2\pi$，或 $\omega=2\pi\nu$（此处 1rad=2π）。由于围绕圆的一个完整循环相当于 2πrad，而对于一固定场（rad/s）的 ω 值，经常要比相同 H_z 值下，以 s^{-1} 为单位的 ν 值大。将 ω 与 ν 的关系代入公式（3.16）就可得到公式（3.17）。

$$\nu（进动频率）=2.8\times10^6\text{s}^{-1}H_z \tag{3.17}$$

对于给定的 H_z，考虑在 1G 的耦合场（可粗略地等于地磁场的大小）作为 ν 和 ω 大小的一个样本。所得的电子自旋的进动速率为 $\nu\approx2.8\times10^6$s^{-1}（2.8MHz）或 $\omega\approx17\times10^6$rad/s，这是和 $2\pi\nu=\omega$，或 $\nu=\omega/2\pi$ 相一致的。公式（3.18）提供了进动频率（ω）、辐射跃迁的共振频率（ν）以及与跃迁的态间能隙差 ΔE 间的关系，式中的符号 $\hbar=h/(2\pi)$。在下面所有的讨论中，我们将使用 ν 和 ω 二者。从图像化看，ν 可看作为具有一定时间周期，要求在沿着振动某一定点返回的往复线性振荡的振动运动；而另一方面，ω 则可视作为具有一定时间周期，要求在圆周上的某一点处返回的振荡圆周运动。这两种图形，依据所讨论的情况是十分有用的。

$$\Delta E=h\nu=h\omega/2\pi=\hbar\omega \tag{3.18}$$

表 3.1 电子自旋进动速率与磁场强度间的函数关系

H_z/G	ω/(rad/s)	ν/s^{-1}	$\Delta E=h\nu$/(kcal/mol)
1	1.7×10^7	2.8×10^6	2.7×10^{-7}
10	1.7×10^8	2.8×10^7	2.7×10^{-6}

续表

H_z/G	ω/(rad/s)	ν/s^{-1}	$\Delta E=h\nu$/(kcal/mol)
100	1.7×10^{9}	2.8×10^{8}	2.7×10^{-5}
1000	1.7×10^{10}	2.8×10^{9}	2.7×10^{-4}
10000	1.7×10^{11}	2.8×10^{10}	2.7×10^{-3}
100000	1.7×10^{12}	2.8×10^{11}	2.7×10^{-2}
1000000	1.7×10^{13}	2.8×10^{12}	2.7×10^{-1}

注：转换因子：$h=9.5\times10^{-14}$kcal/smol。

从公式（3.16）和公式（3.17），我们可对不同 H_z 值下，进动频率（ω）大小的数值基准加以计算，并把结果与以前讨论过的，轨道上的电子运动以及在键上原子的振动运动的频率ν值相比较（见表 3.1）。实际上来说，在实验室中，外加的磁场强度（H_z）可以方便地从 0 调节至最大 100000G 的极大处，因此，从公式（3.17）可知，通过用强度高至 100000G 的实验磁场作用于自由电子的自旋，其进动速率ν可高达 2.8×10^{11}s^{-1}（$\omega\approx1.7\times10^{12}$rad/s）。至于来自于其他电子自旋或核自旋相互作用而产生的内磁场，通常只相应于几个高斯到几千高斯的磁场范围内，相应的进动速率ν也约为 $10^{7}\sim10^{9}$s^{-1}。在分子有着"重核"的某种特殊体系的情况下（3.21 节），轨道运动可产生极其强烈的相关磁场，其量级可达 1000000G 或更大的程度（3.21 节）。在这种特殊情况下的自旋-轨道耦合，就可使进动速率达到大约 10^{12}s^{-1}。表 3.1 中也包括了在不同磁场强度下相应于进动频率的光子能隙。重要的是，即便是在高达 1000000G 的磁场内，ΔE 的值仍然 <1kcal/mol，它比许多振动能量的量级还低。

现在，我们可以把进动运动（ν和 ω）的频率范围，与电子轨道频率和核振动运动的速率进行比较。电子和振动的频率可以看作为"往返的"线性周期运动（即电子在原子间的来回振动，和原子在键上的来回振动）。有了这样的一个画面，就可自然地想到：借助于秒的倒数 s^{-1} 为单位的振动频率ν来表达电子或振动运动的速率。于是，对圆周的进动运动也可与单位也是 s^{-1} 的振荡频率ν进行自然地比较。电子在原子间的"振动"，典型的是发生于频率为$\nu=10^{15}\sim10^{16}$s^{-1} 的量级上，而官能团或有机分子的振动运动频率，典型的是在$\nu=10^{12}\sim10^{14}$s^{-1}量级。而电子，即使在高达 100000G 的磁场中，其自旋的进动频率也只有$\nu\approx10^{12}$s^{-1}（见表 3.1）。因此，电子自旋的进动（除非是在重核场内电子轨道运动所产生的异常强大的磁场中），通常要比电子的或振动的运动慢。所以在零级的近似下，所得出的电子和振动运动的速度要远远超过自旋运动的假设，应当说是合理的。这一假设可允许我们提出自旋跃迁的 FC 原理，即在电子跃迁或振动的时间周期内，在进动的锥体中的进动自旋是被"冻结"了的。但和其他的近似情况一样，在特殊情况下（如，在很强的自旋-轨道耦合下），这一近似也可遭到破坏。然而，对那些只包含元素周期表中第一完整周期中原子的有机分子，这个近似可保持得很好。我们将在第 5 章讨论这个近似的破坏条件（如可诱导系间窜越的"重原子"效应）。现在，我们要考虑为发生系间窜越所需磁耦合的某些例子。

3.17 自旋态间的跃迁：磁能及相互作用

自旋磁能级间的跃迁可看作是施加于电子自旋磁矩矢量（μ）的磁扭矩所造成的结果，或可看作是等同于自旋角动量与另一个角动量，特别是轨道角动量间耦合的结果。引起跃迁的磁耦合是由于电子自旋和由电子轨道运动而引起的磁矩、或由外磁场的磁矩、或核自旋的磁矩等相互作用的结果。相同的矢量模型可允许我们对电子自旋与任何磁矩耦合而引起的跃迁作类似的以及图像化的认识。这一矢量模型的特性，可对理解包括自旋变化在内的种种跃迁提供一个强有力的通用的工具。此外，由矢量模型相同特征所提供的单一而共同的概念性框架，也有助于理解电子自旋共振（ESR）以及核磁共振（NMR）等。虽说态（例如 T 态和 S 态）在经历跃迁中，其电子能量和磁能量必须是简并的，但对任何自旋的跃迁，仍是可能的。由于电子交换作用 J（2.38 节）可能会引起 T 态和 S 态的电子能量发生分裂，因此，还需要考虑能量分裂对所涉电子自旋变化跃迁速率所带来的影响。

3.18 在电子自旋耦合中，电子交换（J）的作用

电子交换（Pauli 不相容原理）是一种可导致单重态和三重态分裂的非经典的量子效应（2.10 节）。同一种电子交换仍是电子自旋矢量耦合的原因，因为在交换时，电子的所有性质必须加以保持，包括电子自旋相对取向的相位等。当两个耦合的自旋间有着很强的交换相互作用（J）时，则 T 态和 S 态的能量分离就很大，两个自旋被强烈地耦合；而作为通过交换的强耦合结果，必然使得两个电子自旋保持着体系相内的自旋为 1（三重态），或是相外的自旋为 0（单重态）。自旋哈密顿 H_{EX}（用以表示相互作用能量的算子）中 J 的数学形式可从公式（3.19）给出。单重态-三重态的分裂能（ΔE_{ST}）可定义为 2J（亦即，高于或低于 J 能量的均等分裂对应的是无交换过程，见 2.13 节）。

$$H_{EX}=J\mathbf{S}_1 \cdot \mathbf{S}_2 \tag{3.19}$$

与电子交换相关的能量涉及电子-电子排斥能的校正，因而这是电荷间的静电相互作用，而并非磁本身的相互作用。当交换相互作用引起了单重态和三重态的分裂时，其能量远大于可以利用的磁能，单重态-三重态间的相互转换可以说会被交换相互作用 J 所阻抑（或"被猝灭"），这是因为此时 S 态与 T 态间有着不同的能量。在这种情况下，两个自旋矢量彼此间的进动，可产生出的净自旋是 1 或 0。将这些自旋看作是单个的自旋态，其净自旋为 1 或为 0，这种方案要比将这些单独的自旋看作是两个 1/2 的分自旋更合适。

交换相互作用 J 的大小依赖于包含了电子自旋的轨道重叠程度（2.12 节）。交换能量近似于两个轨道间距离的指数函数 [如公式（3.20），其中的 J_0 是一个依赖于轨道的参数，而 r 则是轨道在空间内相隔的距离]。通常，我们认为 J 的数值将随 r 的增大而

呈指数下降，这是由于当轨道间的距离增大时，轨道重叠将呈指数地减少。反过来，这一近似还可用来估算在相隔约 5～10Å 或更大数量级的磁相互作用范围内的 J 值大小。这一近似也意味着：对于两个自由基中心在其平均距离接近于 5Å 时的能量交换将是很重要的。

$$J=J_0\exp-r \tag{3.20}$$

在涉及电子激发态分子（*R）的自旋变化的跃迁速度与双自由基活性中间体 I(D) 的跃迁速度中，J 的决定性作用稍微有些不同。对于*R，半充满的 HOMO 轨道与 LUMO 轨道间通常有着重要重叠；对于有着相同 $(HOMO)^1(LUMO)^1$ 的电子组态，*R(T)态的能量通常要比*R(S)低。当*R(S)和*R(T)具有相同能量时，就会在激发的*R(T₁)振动能级处发生*R(S)和*R(T)间的跃迁。

在 $^3I(D)\to{}^1I(D)$ 和 $^1I(D)\to{}^3I(D)$ 等过程中，因为有着非键轨道的参与，J 值一般要小于振动能级间的能隙，而且半充满的非键轨道的取向是一个强函数（图 2.3）。在此情况下，当轨道开始重叠（它依赖于轨道的分离及取向）时，J 值就会有很大的变化，它在接近于 0 到相对较大的数值之间都有可能，S 或者 T 在能量上都有可能更低。有关涉及自旋变化的跃迁中轨道取向的依赖关系，将在 3.22 节中作详细的讨论。

3.19　自旋与磁场的耦合：自旋跃迁和系间窜越的图像化[9]

从三重态的矢量模型出发（2.28 节），对于*R(S₁)→*R(T₁)以及 $^1I(D)\to{}^3I(D)$ 等过程，可依据其最终状态为 T₊，T₀，还是 T₋，推演出三种可能的从单重态（S）出发的不同的 ISC 跃迁，这三种跃迁分别是 S→T₊，S→T₀ 和 S→T₋。同样，对于重要的 R(T₁)→R(S₀) 和 $^3I(D)\to{}^1I(D)$ 过程，也有三种可能的 ISC 过程：T₊→S，T₀→S，以及 T₋→S。

作为如何来为电子自旋的矢量模型提供一个涉及 $^3I(D)$ 物种自旋变化、非辐射跃迁的一般性图像化的样本，让我们来想想从 $^3I(D)$ 的 T₀ 态到 $^1I(D)$ 的简并 S 态的系间窜越，或其逆向过程（见图 3.8 上部），以及从 $^3I(D)$ 的 T₊态到 $^1I(D)$ 的简并 S 态的 ISC，或其逆向过程（见图 3.8 下部）。图 3.8 左右两边的两个电子自旋 S_1 和 S_2 是通过它们的进动锥体围绕着联结两个进动锥体的公共点作进动运动来表示两者间是相互"键合"或为"紧密"偶联的（通过电子交换，J）。这种表示方式表明：这两个自旋是强耦合的。在图 3.8 左侧两个自旋作为三重态而被紧密地耦合（T₀ 为上或 T₊为下），而在图 3.8 右侧，两个自旋是作为单重态而紧密耦合着（S 为上和下）。在这种强耦合的情况下，系间窜越是难以实现的，因为在这种情况下，两个自旋耦合的 J 值比起可用的磁相互作用来说，相对较大。换言之，与 $J=0$ 的情况相比较，此时单重态和三重态间彼此分裂的能量差 $\Delta E_{ST}=2J$，就需要有较大的磁能方可与单重态-三重态能隙的能量大小相匹配，而从环境中很难找到与之能准确匹配的能量（在磁共振的语言中，在环境中任何特定的磁能的光谱密度都是很低的）。

对于发生 ISC 来说，则要求电子交换耦合的 J 值，必须要减小到与体系内可用的磁扭矩大小相接近的水平，同时还必须有某些磁的相互作用可有选择性地作用于其中一个自旋矢量之上（即图 3.8 上部和下部的 S_2）。当电子及它们的自旋在空间分离时，J 值将会有所减小 [公式 （3.20）]。这种耦合时 J 的减小如图 3.8 所示，由虚线分隔的进动锥体代表了自旋分离时，交换相互作用的"衰减"。两个自旋间耦合的衰减现象通常产生于它们在空间中的相互分离，因此总体上减少了轨道和自旋的耦合，并引起 J 值的减小。这里后者则正比于轨道的重叠，并随着电子在空间的分离距离而呈指数下降 [公式 （3.20）]。

从图 3.8 电子自旋的矢量模型来看，我们认为有两个不同的系间窜越机制：①沿 z 轴发生与 S_2 的磁相互作用引起了相对于 S_2 的自旋矢量 S_1 的"反相"（见图 3.8，上部的 $T_0 \to S$ 跃迁）；②沿 x 轴或 y 轴所发生的与 S_2 间的磁相互作用引起相对于矢量 S_1 的 S_2（沿 z 轴）的空间重新取向，或称"自旋翻转"（图 3.8 下部，$T_+ \to S$ 跃迁）。为了图像化 $T_- \to S$ 跃迁（图中未画出），可从两个向下耦合的自旋开始，进行与图 3.8 下部相类似的操作即可完成。这两种系间窜越的机制分别与 NMR 中 T_1 的纵向弛豫（亦即，将自旋能量转移给环境或晶格，并产生沿 z 轴的玻尔兹曼分布），以及与在磁场中、磁性核的横向 T_2 弛豫（亦即在 x-y 平面内自旋的随机化）相同。

那么，何种磁力一般可被应用于相互作用，并为 S_1 和 S_2 的磁矩提供一个扭矩呢？三个最为常见的作用于自旋 S_1 和 S_2 的磁扭矩（图 3.8，中部）来源于：①与采用的实验磁场的磁矩相耦合（可称为 Zeeman 耦合）；②与核自旋的磁矩相耦合（称为超精细耦合）；③与轨道运动产生的磁矩相耦合（称为自旋-轨道耦合）。

对于 *R 来说，一般只有自旋-轨道相互作用具有足够的强度可诱导 ISC 的发生。然而对于 I(D)，则除了自旋-轨道相互作用，Zeeman 相互作用，以及电子自旋-核自旋相互作用等都可诱导 ISC。接下来，我们要展示矢量模型是如何影响 *R 与 I(D) 二者发生 ISC 的因子。

在涉及自旋取向变化的辐射过程中 [见图示 3.2 （a）和 （b）]，磁能可以通过电子自旋的磁矩与具有为跃迁所需正确频率（能量）和位相的电磁场的振荡磁矩间的耦合，而得以保持。具体的说，磁能可通过吸收或发射光子的能量（即 $\Delta E = h\nu$，其中 ν 为实现共振所需的频率，而 ΔE 则为能级间的能隙）而实现严格的守恒。在磁场中，所研究的磁的亚能级（T_+，T_0 和 T_-）间所引起的辐射跃迁，如二重态和三重态的 ESR（或电子顺磁共振）波谱都是已知的。

至于在不同自旋态间非辐射跃迁的情况 [图示 3.2 （c）、（d）和 （e）]，如果经历跃迁的态并非严格的简并，则此两态间的能隙必须要通过与第三个磁能源间的耦合，方能保持守恒。如果经历自旋"再取向"的两态间的能隙越大，那么实现有效耦合的难度也就越大，从而使跃迁变得不太可能，或非常缓慢。对于非辐射跃迁的能量-守恒过程则可通过对环境中的组分，如溶剂分子的运动（溶剂具有核自旋的磁矩，以及由色散力产生的振荡电场）产生的振荡磁场跃迁的耦合而完成。这种能量守恒的过程可被看作为跃迁的自旋体系和某些磁矩间的磁的能量转移，这些磁矩在溶剂中（在溶剂环境中的振荡磁性物种可被称为晶格）以恰当的频率而振荡着。

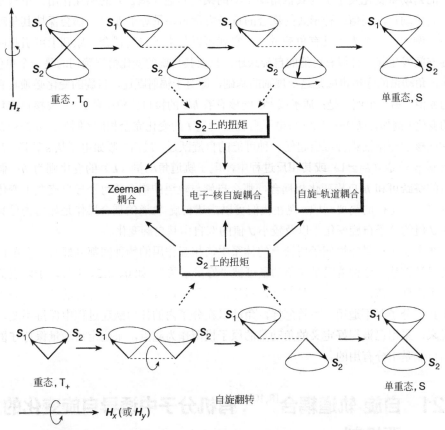

图 3.8 磁耦合引起的三重态-到-单重态（或单重态-到-三重态）转换的例子
作用于自旋 S_2 的扭矩可能来自自 S_2 的磁矩或其他图中所示的磁矩源中任一磁矩间的耦合

    为了保持能量守恒，晶格可以提供磁能或吸收磁能，因而它能够有助于两个自旋跳跃到更高的，或更低的能级。关于对晶格的这种描述，我们可以想象振荡磁矩的行为类似于电磁辐射的振荡磁场。取代光子后，晶格可以为自旋体系提供"声子"或磁能量子，其表现类似于可发射的磁声子和吸收磁声子的"灯泡"。我们将这一总的过程称之为"自旋晶格的磁弛豫"，或简单地称为：自旋态间的磁能量转移。最重要的电子自旋与晶格间的耦合作用通常是偶极磁相互作用［见公式（2.35）］。

3.20 磁态间跃迁的矢量模型[9]

    在有机分子中，涉及自旋变化的跃迁能否发生的选择规则，仍是以能量守恒和角动量守恒为基础的。自旋的选择规则规定：在电子跃迁过程中，经历跃迁的两个态必须具有相同的能量，而其电子自旋则必须保持不变或有一个单位的角动量（即 $\hbar$）变化。只有当自旋变化被相同的但符号相反的角动量抵消时，选择规则方能得到满足，这里的角动量变化发生于与其他角动量源的某些其他（耦合）的相互作用。不只是电子自旋角动量，任何一种形式的耦合的量子力学角动量等于 $\hbar$ 时，都会保持其角动量守恒。例如，一个光子具有角动量 $\hbar$，它就可以与电子自旋耦合，原则上可引起两个自旋态间发生任一种似有可能的自旋跃迁，只要其自旋的变化恰好确切的是一个单位。因此，角动量的守恒也是这一规则的基础，即对于辐射跃迁，自旋的变化必须具有准确的 $\hbar$ 值。另一个例子是：质子或 ^{13}C 的核有着 $\hbar/2$ 的核自旋角动量 I，只要核自旋角动量的变化（例如，$+\hbar/2 \rightarrow -\hbar/2$）与电子自旋角动量 I 的变化完全相同（例如，$-\hbar/2 \rightarrow +\hbar/2$）与这些核的超精细耦合可引起任一种可能的自旋跃迁。最后，假如电子从 s 轨道（$l=0$）跳跃到 p 轨道（$l=\pm1$）或其相反过程中，电子轨道角动量（L）的变化则为 $\hbar$；假如轨道的跳跃可和 $\hbar$ 自旋变化相耦合，那么自旋与轨道的耦合就可诱导自旋发生变化。通过对守恒定律的简要回顾，现在我们可以描述自旋-轨道的耦合操作是如何诱导具有较大 J 值的分子自旋变化，以及较小 J 值的双自由基自旋变化。

在上述角动量守恒例子所谈及的体系中，相互作用的物种间都刚好有一个单位的角动量被转移。这种情况是在角动量可被"好量子数"，如 0、1/2、1 等，予以表征的情形下出现。该情况适用于具有球形对称的原子，以及具有轴对称性的双原子分子，对于其他分子并不适用。不管怎样，角动量在分子内的任何跃迁过程中保持不变。一般说来，采用已被很好定义的角动量的原子模型作为起点，来确定角动量保持守恒的结构机制是十分有用的。

3.21 自旋-轨道耦合[8,10]：有机分子中诱导自旋变化的主要机制

依据微扰理论，假如一个分子如电子激发态 *R，要变成完全的自旋态时，那么不论是通过反相的，或是电子自旋翻转的相互作用，都会引起起始纯态随时间而演变成为单重态和三重态的振荡混合物。我们已多次看到对应于共振的两个耦合量子态振荡，而这个共振是相互作用的波动特征。除了要服从能量和动量守恒的定则外，对通过有效共振而导致两个电子态间发生跃迁的相互作用，还需要有两个其他的基本要求：首先，必须要有一个可导致电子波函数有限混合的相互作用；其次是能态间能距的大小，必须与相互作用能量的水平和量级相接近（或较小）。对于不同自旋状态的混合，无论是对 *R 或 I(D)，有关电子自旋和轨道运动（自旋-轨道耦合）的角动量耦合都起到了重要的相互作用。

通过自旋-轨道耦合而引起自旋变化的选择定则，可从跃迁中轨道矩阵元的数值推导而获得。在零级近似下，对具有 $\langle\psi_1|H_{so}|\psi_2\rangle$ 形式的耦合能的矩阵元，其中的 H_{SO}

为自旋-轨道的耦合算子，而 Ψ_1 和 Ψ_2 分别为所涉起始和终止轨道的波函数。通过由电子自旋角动量（S）所得的磁矩（μ_S）和由电子轨道角动量（L）所得磁矩（μ_L）间的相互作用，便可方便地可视化自旋-轨道的耦合。而磁耦合的强度则依赖于磁矩的取向，以及它们在空间的距离和大小（2.39 节）。算子 H_{SO} 代表自旋-轨道耦合的相互作用，具有公式（3.21）的形式，式中的 ζ_{SO} 为自旋-轨道耦合常数，它是和 ISC 过程中当电子绕着关键原子作轨道运动时所能"感觉到"的核电荷相关。自旋-轨道耦合（E_{SO}）的大小，可通过具有公式（3.22）形式的矩阵元而得到。对于那些仅包含"轻"原子（如 H，C，N 和 F）的有机分子的自旋-轨道耦合常数 ζ_{SO}，其数值（约 0.01~0.1kcal/mol）一般比振动能量的数值（约 5~0.5kcal/mol）小，但对于"重原子"（如 Br 或 Pb）而言，其 ζ_{SO} 值较大，它可接近或甚至超过振动的能量。

$$H_{SO}=\zeta_{SO}SL \sim \zeta_{SO}\mu_S\mu_L \tag{3.21}$$
$$E_{SO}=\langle \psi_1|H_{SO}|\psi_2 \rangle = \langle \psi_1|\zeta_{SO}SL|\psi_2 \rangle \sim \langle \psi_1|\zeta_{SO}\mu_S\mu_L|\psi_2 \rangle \tag{3.22}$$

我们可选择一个特殊的单电子原子（核电荷为 Z）作为简单的物理范例，用于理解 H_{SO} 是如何对原子的波函数进行操作的，以及这种操作又如何对自旋-轨道耦合的强度产生重要的影响。对原子而言，自旋-轨道耦合的依赖性是与 Z^4 成正比。而在分子中，自旋-轨道的耦合则是一种局域效应，当电子处于重原子附近时，耦合才是最为有效的。因此，这样的一个原子样本可被认为是合适的，但重原子的效应需要被缩放来反映所感兴趣的电子能够"感受到"重原子效应的可能性。特别地，我们要对在 p 轨道中的电子相关联的自旋-轨道耦合进行检测，因为 p 轨道是一种典型的，对于*R 和 I(D)来说都是重要的原子轨道。

一个单位的 p 轨道中电子的轨道角动量（$\hbar$）刚好是改变电子从 α (+1/2)→β (-1/2)，或是从 β (-1/2)→α (+1/2)的自旋取向所需的角动量数值。在自旋取向改变一个单位角动量的过程中，为保持对角动量的守恒，与电子自旋相耦合的 p 轨道也必须要有确切的一个单位角动量来改变它的取向。p 轨道可通过围绕着任意 z 轴旋转 90° 而产生一个单位的轨道角动量，这种运动相当于和相邻 p 轨道作旋转和重叠运动（图 3.9 顶部）。这里要求绕轴作旋转是为了使得角动量保持守恒，如算子 H_{SO} 形式所示。我们可以想象把这种自旋-轨道耦合的量子力学观念转换成电子围绕着 z 轴进行旋转的物理图像。当 p_x 和 p_y 轨道的能量相同时 [图 3.9 (a)]，则对这种旋转将是最有利的；而在能量不同时，旋转就会很难，这是因为电子将"受限"于较低能量的 p 轨道中 [图 3.9 (c)]。我们称这种情况为旋转受阻，或是电子的角动量被"猝灭"了。

现在，让我们想想图 3.9 所示三个样本的轨道能量状况中 H_{SO} 对相同主量子数的 p 轨道（亦即 3 个 2p 轨道）的影响。图 3.9 (a) 中的样本相应于具有球形对称原子的情况（如氟原子，F•）。在这种情况下，所有 3 个 p 轨道（p_x，p_y 和 p_z）在能量上是简并的。图 3.9(b)中的样本则相应于具有圆柱形对称性的双原子分子（如一氧化氮，NO•）。在这种情况下，两个轨道（定义为在 x,y 平面内的两个轨道，p_x 和 p_y）是简并的，但沿着成键轴即 z 轴，有一不同能量的 p_z 轨道。p_z 轨道是涉及双原子分子中两个原子间的成键轨道，因此它在能量上要低于 p_x 和 p_y 轨道的能量。图 3.9（c）中的样本是最为常见的情况，亦即 3 个 p 轨道中的任一个都有着不同的能量（如烷氧自由基，RO•），半充满的 p_x 轨道有着最高的能量。

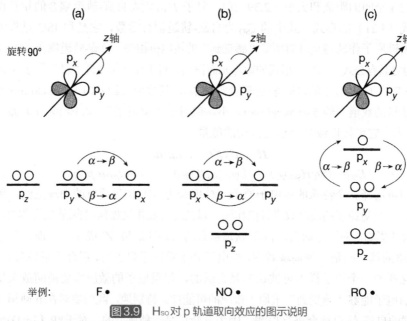

图 3.9　H_{SO} 对 p 轨道取向效应的图示说明

参数 H_{SO} 可"扭曲"p 轨道 90°（见图 3.8 相应的自旋变化）

在图 3.9（a）和（b）的范例中，$p_x \rightarrow p_y$ 的跳跃可在能量确切相同的轨道间发生，但在图 3.9（c）范例中，$p_x \rightarrow p_y$ 的跳跃则必须发生于能量不同的轨道之间。根据扰动理论，具有相似或相同能量的态间混合，要较具有不同能量的态间混合更强［公式（3.5）］。自旋态的混合对应的是因 $p_x \rightarrow p_y$ 的跳跃而引起轨道角动量的产生，这是为了与自旋角动量的变化和轨道角动量的变化相耦合。从图 3.9 中我们可以设想：圆形轨道运动在轴的周围"扭转"，应当是产生角动量的本质，所产生的轨道角动量越大，则由轨道运动［公式（2.31）］所产生的磁矩也就越大，从而使得自旋-轨道耦合也就越强。因此，当体系越接近于图 3.9（a）或（b）的情况时，自旋-轨道耦合就越强，而 ISC 的速度也就越快，所有其他的因子也是相似的。当*R 的电子分布对单个原子的半充满轨道（如，在 n,π*态的 n 轨道场合下）有重要贡献时，则强的自旋-轨道的耦合是有可能的。在另一方面，如果*R 对单原子的半充满轨道并不具有重要贡献的电子分布时（如在 π,π*态的情况下），则强的自旋-轨道耦合将是不可能发生的。

让我们来想想图 3.9（a）中的范例，即原子的 p 轨道围绕着 z 轴旋转而发生磁的相互作用。这一旋转，在物理学上相当于电子从 p_x 轨道向着空的 p_y 轨道的跳跃（p_z 轨道的取向是平行，或沿着 z 轴的），可产生围绕着 z 轴的一个单位的角动量（即 $\hbar$）。这个轨道角动量具有一个相关的磁矩［μ_L，公式（2.31）］，它可与自旋的磁矩（μ_S）相耦合，并能诱导自旋重新取向，或自旋的相位重组（图 3.8）。这一自旋和轨道磁矩的耦合意味着自旋磁矩 $\boldsymbol{\mu}_S$ 可作为一个扭矩而促使 p 轨道发生扭曲，并使其围绕着旋转的 z 轴旋转 $90°$。相反地，轨道磁矩 $\boldsymbol{\mu}_L$ 可作为扭矩趋向于使得扭曲自旋矢量的取向从↑到↓（或是从↓到↑）。这种由轨道所产生的扭矩在引起跃迁中的自旋变化时十分有效，特别是当有重要的矩阵元与起始和终止的电子态相耦合时。

在对具有不同自旋，以及可通过自旋-轨道耦合算子 H_{SO} 相耦合的起始电子态 ψ_1 和终止电子态 ψ_2 进行考虑时，公式（3.22）中的矩阵元 $\langle \psi_1 | H_{SO} | \psi_2 \rangle$ 可作为自旋-轨道耦合大小（能量）的一种量度。我们已经看到，当起始态和终止态的波函数看似相似时，则矩阵元的数值就会很大。有关算子 H_{SO} 的一个显著特征是它可将波函数 ψ_1 精确地旋转 $90°$ 而使其看似 ψ_2！让我们设想 H_{SO} 在 p_x 轨道向 p_z 轨道跃迁中所起的作用，亦即尝试着可视化列出于图 3.10 中的矩阵元。由于 H_{SO} 在 p_y（矩阵元的 $\langle H_{SO} | p_y \rangle$ 部分）上的精确操作是使 p_y 轨道旋转 $90°$，因此该操作可使 p_y 轨道转换为 p_x 轨道（反之亦然），如图 3.10（a）和（b）所示。

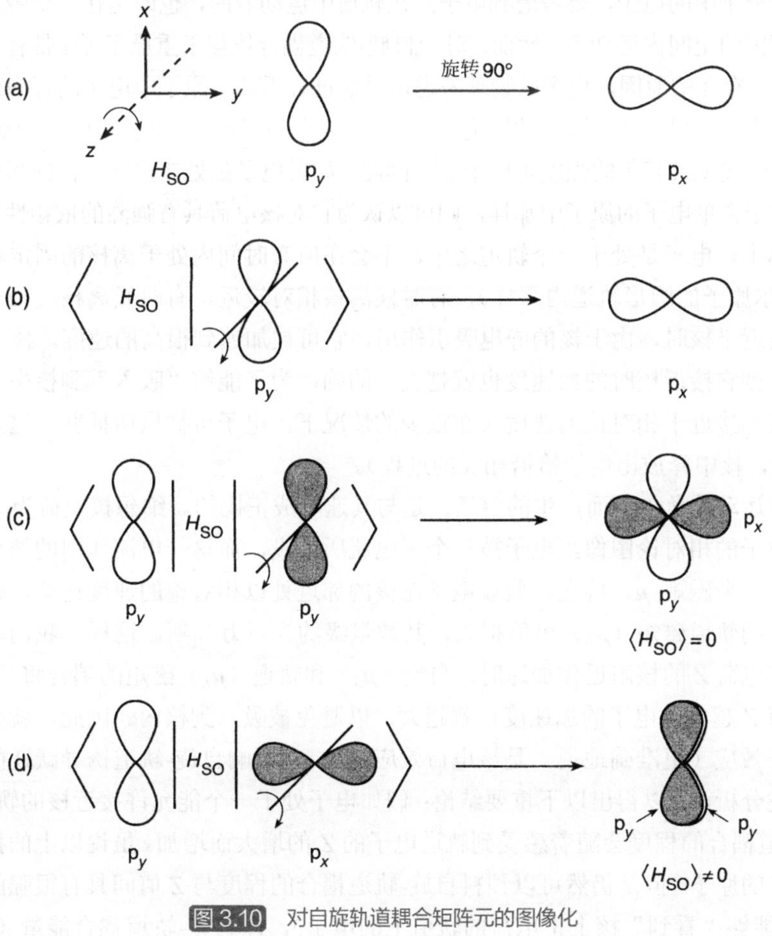

图 3.10 对自旋轨道耦合矩阵元的图像化

在对矩阵元 $\langle \mathrm{p}_x | H_{SO} | \mathrm{p}_y \rangle$ 的计算中，自旋-轨道相互作用的强度将依赖于轨道的净数学重叠。换句话说，我们在寻求估算轨道重叠积分的大小时，是要在完成图 3.10（b）中 $\langle | H_{SO} | \mathrm{p}_y \rangle$ 的数学操作以后。p_x 和 p_y 轨道相对于 x, y 和 z 轴的取向，如图 3.10（a）所示。有关 $\langle | H_{SO} | \mathrm{p}_y \rangle = \mathrm{p}_x$ 操作的电子版的图像化如图 3.10（b）所示。于是，H_{SO} 在 p_y 轨道上的操作就是将其旋转进入到 p_x 轨道。假如两个 p_y 轨道均被涉及于自旋-轨道的耦合之中，则矩阵元应为 $\langle \mathrm{p}_y | H_{SO} | \mathrm{p}_y \rangle$ [图 3.10（c）]，而 $\langle | H_{SO} | \mathrm{p}_y \rangle$ 的操作就可产生出 p_x 轨道。在这种情况下，自旋-轨道耦合矩阵元的大小就与重叠积分 $\langle \mathrm{p}_x | \mathrm{p}_y \rangle$ 成比例。而在同一原子上的 p_x 轨道和 p_y 轨道的重叠，可由 $\langle \mathrm{p}_x | \mathrm{p}_y \rangle = 0$ 给出。这样，自旋-轨道耦合矩阵元 $\langle \mathrm{p}_x | H_{SO} | \mathrm{p}_y \rangle$ 的大小就完全为零！另一方面，我们可以确定当 p_x 和 p_y 轨道均被涉及于耦合中时，矩阵元为 $\langle \mathrm{p}_x | H_{SO} | \mathrm{p}_y \rangle$ [图 3.10（d）]；而 H_{SO} 算子在 p_x 上的操作可使轨道旋转 90°，并使之转换为 p_y 轨道。现在，这两个涉及相互作用的轨道看来是完全相似的 [图 3.10（d）]，两者均为 p_y 轨道！所以，对于矩阵元 $\langle \mathrm{p}_y | H_{SO} | \mathrm{p}_x \rangle$ 就会有很好的重叠积分（$\langle \mathrm{p}_y | \mathrm{p}_y \rangle$），以及很强的自旋-轨道耦合的结果。

对于分子中的电子，要考虑到电子是在轨道中运动着的，也即是在一个带正电荷的核框架周围的空间内运动着。然而，对于自旋-轨道耦合依赖于重原子（即带有高核电荷 Z 的原子）存在的原因，更多的物理考虑可以通过分析玻尔原子中电子的行为而获得，这里假设电子是以恒速在圆形的轨道上运动。对于单电子的类氢玻尔原子，自旋-轨道耦合参数 [公式（3.21）] 的强度正比于 Z^4。因此，如果电子是处在接近于核的那些轨道上时，如电子在单电子的原子中那样，则可以认为它对核电荷具有强烈的依赖性。

实际上，电子是处于一个轨道之中，不会在所有时间内处于离核的固定距离之处（如在玻尔原子的圆形轨道内那样），有时候离核相对较近，有时候离核又相对较远。当电子接近于核时，由于核的静电吸引作用，它可被加速到很高的速度。核电荷的 Z 值越高，则它接近核时的加速度也就越大。的确，为了能够"吸入"到核中，电子的速度就必须接近于相对论的速度（在很少的情况下，电子可被核所捕获，这是一种与 β-核衰变，核中释放出电子恰恰相反的过程）。

通过运动的负电荷而产生的磁场，是与其速度成正比的。细想核电荷为 Z 的轨道上固定电子的相对论图像，电子被一个正电流所吞没，而这一电流作用的结果就可对电子产生一个磁矩 $\boldsymbol{\mu}$。现在，假设电子在核的邻近处以相对论的速度运动，则这一与电子相关的轨道磁矩（$\boldsymbol{\mu}_L$）可能很大，其数量级约为百万高斯。这样，我们可以推测当电子在电荷 Z 的核附近作加速时，自旋（$\boldsymbol{\mu}_S$）和轨道（$\boldsymbol{\mu}_L$）磁矩的耦合将是极大的。核的电荷 Z 越大，电子的加速度也就越大，以避免被吸入到核内。因此，就会出现一个重原子效应（更准确地说，是核电荷效应，Z）来影响自旋-轨道诱导跃迁的速度。基于上述分析，可以得出以下重要结论：假如电子处于一个能允许接近核的轨道上时，自旋-轨道耦合的程度会随着感受到轨道电子的 Z 的增大而增加。虽说以上的描述是针对单电子的原子，但是仍然可以预料自旋-轨道耦合的程度与 Z 值间具有很强的依赖性（对那些能够"看到"核上正电荷的轨道上的电子），即自旋-轨道耦合能量（E_{SO}）或强度正比于公式（3.21）和公式（3.22）中的自旋-轨道比例常数（ζ_{SO}）。

从这种简化的但十分有用的自旋-轨道耦合的模型，我们可对分子中自旋-轨道耦合作如下的概括：

（1）自旋-轨道耦合的强度或能量（E_{SO}）是直接与电子轨道运动的磁矩（$\boldsymbol{\mu}_L$，依赖于轨道的变量），以及电子自旋的磁矩（$\boldsymbol{\mu}_S$，一固定量）的大小成正比。

（2）对于给定的轨道，当原子序数（Z，核的电荷数）增大时，由于吸引电子的加速力，以及自旋-轨道耦合常数 ζ_{SO} 二者均与 Z 值成正比关系，从而导致 E_{SO} 值的增大。

（3）为使核电荷的效应极大化，电子必须处于与核紧密接近的轨道上（即轨道要具有某些 s 的特性），这是由于 s 轨道有着位于接近于核，甚至处在核内的确定概率。

（4）为了引起不同自旋态间的跃迁，不论其自旋-轨道耦合 E_{SO} 值的大小，体系（轨道加自旋）的总角动量必须守恒。例如，从 α-自旋取向转换为 β-自旋取向的跃迁（一个单位的角动量变化），可能被轨道角动量为 1 的 p 轨道至轨道角动量为 0 的 p 轨道间的跃迁而完全抵消（如 $p_x \rightarrow p_y$ 类型的跃迁）。

以上这些概括可以为有机分子中有效的自旋-轨道耦合诱导的 ISC 而产生下列选择规则：

规则 1：涉及由 $p_x \rightarrow p_y$ 跃迁的轨道，必须在能量上是相似的（图 3.9）。而对于在那些在轨道间能差较大者，其轨道角动量以及由轨道角动量所引起的自旋-轨道耦合将被"猝灭"。

规则 2：如涉及的是单原子上的"$p_x \rightarrow p_y$"轨道跃迁，则有机分子中的自旋-轨道耦合在诱导不同自旋态间的跃迁将是有效的。因为这样的一种轨道跃迁，既可提供一种使总的角动量守恒的手段，又可提供一种能产生轨道角动量的方法，其中该轨道角动量可被用于自旋-轨道的耦合（图 3.10）。

规则 3：如果所涉及的一个（或两个）电子与能够引起电子加速的重原子核相接近，并因此由于它的轨道运动而产生强磁矩［见公式（3.21），对于单电子原子，$\zeta_{SO} \sim Z^4$］，则将对有机分子中的自旋-轨道耦合在诱导不同自旋态间的跃迁是十分有利的。

对于 ζ_{SO} 的某些代表性的数值列于表 3.2 中。通常，在对自旋-轨道的考虑中，从元素 $Z=1$（氢）到 $Z=10$（氖）都被认为是"轻"原子，而 $Z>10$ 的元素，则被认为是"重"原子。

表 3.2　某些原子近似的自旋-轨道耦合参数

原子	Z	ζ_{SO}/(kcal/mol)
H	1	<0.1
C	6	0.1
N	7	0.2
O	8	0.4
F	9	0.8
Cl	17	2
Br	35	7
I	53	14

在讨论自旋-轨道耦合结束前，我们以丙酮的 n,π*态和溴代苯的 π,π*态（图示 3.3）作为两个具体的实例。从图 3.10 已经看到，p 轨道间的跃迁为自旋和轨道角动量的耦合提供了一种最好的机制。通过检查*R 的路易斯结构，在一定程度上可以获得这种机制的可能性。对于丙酮，它有两个近似于 n,π*态的共振结构（图示 3.3，左侧）。图示中的单"点"代表氧原子 p 轨道上的电子，而单个"x"代表的是反键轨道上的电子。在 **1a** 和 **1b** 的两个结构中，氧原子的 p 轨道上有一个奇电子。含有奇电子的氧原子相当于图 3.9（c）中的烷氧自由基，它有一个有效的 $p_x{\rightarrow}p_y$ 跃迁，从而能诱导自旋-轨道的耦合。

对于溴代苯，它有许多近似于 π,π*态的共振结构。**2a** 结构对应的是苯基激发的 π,π*态（"x"代表 π 或 π*电子），而 **2b** 结构则对应的是将溴（Br）原子（在溴原子上的"点"）激发到 π,π*态。当 **2b** 结构对 π,π*态的贡献达到一定程度时，半充满轨道上的那个电子在溴原子上停留一段时间就会出现一定的概率。在这段时间内，电子将受到溴核的强的正电荷（$Z=+35$）影响，与此同时，它还有可能经历 $p_x{\rightarrow}p_y$ 的轨道跳跃，而这两者均有利于自旋-轨道的耦合。

1a　　　**1b**　　　**2a**　　　**2b**

n,π*　　　　　　　π,π*

丙酮　　　　　　　溴苯

图示 3.3　丙酮的 n,π*态以及溴苯的 π,π*态的路易斯结构

3.22　两个自旋与第三个自旋的耦合：$T_+{\rightarrow}S$ 和 $T_-{\rightarrow}S$ 跃迁[11]

图 3.11 描述了由第三个自旋所"催化"的，发生单重态-三重态和三重态-单重态 ISC 时的重要矢量模型。在图 3.11（a）中显示在 $T_+(\alpha\alpha)$ 态，有两个电子自旋 S_1 和 S_2，并且这两个自旋波函数是互相耦合的（S_1 和 S_2 会沿着其合自旋的方向发生进动，通过对其自旋和进动矢量的加成来表示自旋耦合）。现在我们假定第三个自旋，可能是电子自旋或核自旋［在图 3.11（a）以 H_i 为代表］，它能专门地与自旋 S_2 相耦合［图 3.11（a）中部］，当 S_2 与 H_i 耦合时，它们将在合成的矢量周围进动［图 3.11（a），右］。通过 S_2 对 H_i 的耦合，会引起 S_2 围绕着 x 或 y 轴的进动，并在 α 和 β 方向间来回地振荡［图 3.11（b）］。按照这一矢量的图示，就不难看出，通过 S_2 和 H_i 耦合而产生的振荡，可引起三重态（T_+）到单重态（S）的系间窜越以谐振子的方式发生，如图 3.11（b）所示。因此可以说：第三个自旋可以起到"催化" $T_+{\rightarrow}S$ 的 ISC，以及 $S{\rightarrow}T_+$ 的 ISC 作用。

在零磁场下，单重态（S）和三个三重态的次能级（T）是简并的。图 3.11（c）显

示了在零磁场（$H_z=0$），当量子数 $J=0$ 时的情况，而在图 3.11（d）中所示出的是在高磁场下（$H_z\gg0$），$J=0$ 时 T 和 S 间的系间窜越。在这两种情况下，T_0 和 S 间的三重态-单重态的能隙均为零；然而，当有强场存在时，T_+ 和 T_- 态可在能量上与 S 和 T_0 间分离开来 [图 3.11（d）]。在后一种情况下，S 与 T_+ 以及与 T_- 间的非辐射跃迁被抑制了，这是因为它们并未与 S 间发生简并。然而，由于量子数 $J=0$，因此 T_0 和 S 间的跃迁并未受强场的抑制。也就是说，在强场存在的情况下，它们仍然是简并的。另一方面，三重态能级的分裂，也允许相邻的次能级间有辐射跃迁的发生。

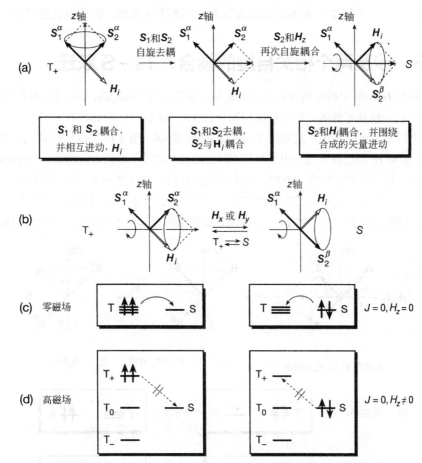

图 3.11 两个耦合自旋与沿 x 或 z 轴的第三自旋相耦合的矢量示意图

　　在零磁场下，T 和 S 之间不可能有辐射跃迁出现，这是因为在态与态间不存在能隙，而对于辐射跃迁来说，能隙是必需的。假如光子被吸收时，则必然会在不同能量的两态间发生跃迁接受光能，否则能量是不守恒的。在 3 个三重态次能级 T_0，T_+ 和 T_- 之间的跃迁是自旋允许的，并能以非辐射或以辐射的方式发生。而前者则可称之为电子自旋次能级的弛豫。

　　在高磁场下，$T_+\to S$（和 $T_-\to S$）的系间窜越转换需要借助和晶格耦合产生的磁场能。

但这些耦合通常是无效的，原因是在晶格中（环境的光谱密度）只有很少数的能级具有合适的磁场能可与它相耦合。$T_+\rightarrow S$（和 $T_-\rightarrow S$）之间系间跃迁依赖于电子自旋与另一个自旋的耦合和电子自旋与磁场之间耦合的比例。如果 J 值很小，则单个的自旋，或多或少地，可表现出其独立性，因此，每个自旋的独立辐射跃迁（"二重态"跃迁）有可能出现。

对于 $T_-\rightarrow S$ 跃迁的矢量图，由于 T_- 矢量和 T_+ 矢量是相互对称的，可类似 T_+ 的矢量图构造出来。从图 3.11（c）和（d）得出的结论是，当 $J=0$ 和 $H_z=0$ 时，在所有三个三重态次能级（T_+, T_0 和 T_-）之间，以及每个三重态次能级与 S 间，都可以发生系间窜越，但在高场下，T_+（和 T_-）和 S 之间的直接 ISC 则是不可能的，因此也就进行得很慢。

3.23　涉及两个相关自旋的耦合：$T_0\rightarrow S$ 跃迁

将磁场 H_i 作用于相互耦合的电子自旋并且使其沿着 z 轴进动，引起 $T_0\rightarrow S$ 的系间窜越（图 3.12）也是可能的。这种情况与图 3.11（a）的 $T_+\rightarrow S$ 的 ISC 有着明显的不同。作为一个样本，可以考虑从最初的 T_0 态 [$S_1=\alpha$ 和 $S_2=\beta$，图 3.12（a）] 出发，在 $J=0$ 的条件下，如果 H_i 是选择性地与电子自旋（例如，S_1）相耦合，则沿 z 轴的反向（rephasing）将会发生。这种反向，如在 $J=0$ 时，就不论是在低场，或在高场下，都可引起 $T_0\rightarrow S$ 的系间窜越。虽然在零场下（或在很低场下）所有三个三重态次能级都能经历系间窜越而到达 S，但在高场下，T_+（和 T_-）与 S 间直接的系间窜越是不可能的，因此速度很慢。

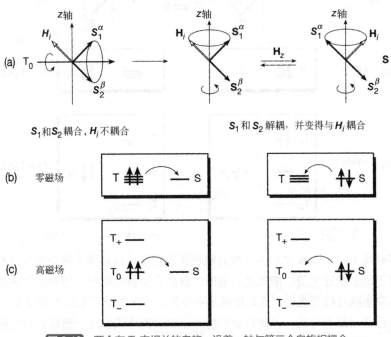

图 3.12　两个在 T_0 态相关的自旋，沿着 z 轴与第三个自旋相耦合而引起到达 S 态的系间窜越的矢量表示

3.24　双自由基 I(D)中的系间窜越：自由基对、I(RP) 和 双自由基 I(BR)[7~10]

由通常的*R→I(D)光化学过程所产生双自由基 I(D)的系间窜越过程会怎样呢？I(D)代表的既可为自由基对 I(RP)，也可为双自由基 I(BR)。如果初级的光化学会过程涉及的是 S_1→^{1}I(D)过程，这就并不存在有后继基本步骤 ^{1}I→P 的自旋禁阻，而可顺利地得到可观察的产物。但这仅是从 S_1 直接得到了单重态的自由基对 ^{1}I(RP)，或单重态的双自由基 ^{1}I(BR)作为反应中间体的情形。所得的这些自由基物种可期望通过两个涉及自由基中心的快速反应发生的，即重合反应与歧化反应完成。对于 ^{1}I 的自由基-自由基反应，其速度通常要比自由基笼中自由基对的碎片扩散分离的速度快，而且也往往要比围绕着 C—C 单键旋转而引起构象的立体化学变化的速度快。因此，尽管 S_1 可能会产生自由基对或双自由基 ^{1}I(D)，但这些物种的反应可能具有高度的立体专一性。

然而，假如主要的光化学反应中包含有 T_1→^{3}I(D)的步骤，则将对 ^{3}I(D)→P 这一基元步骤产生自旋禁阻。于是，直至沿反应坐标的某处有 ^{3}I(D)→^{1}I(D)的系间窜越机制发生，才会有产物的生成，因此会有一定的时间延迟。假如三重态自由基对的系间窜越速率，小于相对于自由基中心的扩散分离速率时，I(D)将会高效地产生。对于 I(RP)，就会导致高效的自由基形成，即 ^{3}I(RP)→自由基(FR)。对在后一种情况下，生成的所有产物都将通过自由基，以及 T_1→^{3}I(RP)→FR→^{1}I(RP)→P 途径而生成。对于 ^{3}I(BR)，自由基中心可出现有效的分离，而如果 ^{3}I(BR)的系间窜越速度相对于 C—C 键的旋转速度为慢时，将会使任何初始的立体化学丧失，甚至对于分子内的双自由基反应。这后者，对于从 T_1→^{3}I(BR)过程所产生的双自由基来说，是一种典型的情况。

总之，在某些点上，或对另一种 ^{3}I(D)反应中间体，在生成孤立的单重态产物 P 的过程中，必须要通过系间窜越而达到单重态的势能面方能完成，对此中间体［即 ^{3}I(D)］在窜越发生时的几何学以及轨道取向的了解是十分重要的。这对于从 ^{3}I(D)出发，直至最终形成产物结构来说，将起着决定的作用。

3.25　I(D)中的自旋-轨道耦合：相关轨道取向的规则[10]

自旋-轨道耦合，这一为电子激发分子(*R)诱导发生 ISC 的重要机制，也被预期可以成为自由基对、双自由基 I(D)实现 ISC 的重要机制。Salem[10a]在轨道分离以及 I(D)相互作用的半充满非键轨道取向的基础上，制定了一套简单的规则用来确定在 I(D)中，自旋-轨道耦合是否是其发生 ISC 的一种较可能的机制。当轨道取向和分离并不能有效地为自旋-轨道耦合提供适当条件的情况下，用包括核自旋以及外部磁场来产生磁相互作用的新机制，可用来解释系间窜越。这些情况都可导致光化学反应的磁同位素效应以及磁场效应。

按照双自由基的系间窜越 Salem 规则，在下列情况下，双自由基和自由基对的 ISC 速度是最快的：

（1）两个自由基中心间的交换相互作用（J 值），要小于最强的、可被应用的磁耦合机制。

（2）双自由基的非键轨道在轨道取向上，有某种程度的相互作用，并能在 ISC 阶段建立起可与自旋角动量相耦合的轨道角动量。

（3）在 ISC 阶段过程中，单重态中电子成对特征的程度变得十分重要（图 2.3）。

这几条规则来源于单重态和三重态混合规则；距离依赖于混合的程度，混合取向依赖于 I(D) 的两个半充满 NB 轨道，它们都已在 2.15 节中做过讨论。按照规则（1），电子交换规则；这个规则规定 J 越强，则 ISC 的速度越慢。为了使 I(D) 的 S 和 T 状态能有效地混合，这两个状态必须具有基本相同的能量，也就是说，它们必须十分接近于简并的条件。磁场能的大小（表 3.1）相比较于电子相互作用是微不足道的。由于量子数 J 可引起 S 和 T 态能量的"分裂"，因此如要使 I(D) 的 S 和 T 态的能量变成简并，或有效混合的话，则 J 值必须接近于零。由于 J 的大小是轨道重叠的函数，而轨道重叠是作为距离的指数函数而减小 [公式（3.20）]，因此 J 值将作为 NB 轨道分离距离的指数函数而随之下降。作为一种经验法则，双自由基的非键轨道需要分离约 5~10Å 的距离，此时 J 值大概是在磁相互作用值的量级上或稍小些。自旋-轨道耦合的值也会随轨道的重叠，大体上以指数的形式下降（3.21 节），因此，随着 J 的减小以及重叠的减小，自旋-轨道相互作用的有效性也下降。其结果是，当双自由基结构具有分离很远的自由基中心（相距 5~10Å）时，自旋-轨道耦合将不再是诱导 ISC 的一个有效机制。在这种情况下，较弱的磁场相互作用，和核-电子超精细耦合将会作为诱导 ISC 产生的主要机制。

其次，让我们考虑 Salem 规则（2），所谓的"取向规则"（图 3.13）。为了产生角动量，我们已在图 3.9 和图 3.10 中看到："$p_z \to p_x$"型的轨道跳跃是需要的。对于自旋-轨道混合的最佳轨道取向是当双自由基的两个非键轨道处于 90° 时[图 3.13（a）]。这一轨道取向对于强的自旋-轨道耦合来说并不是自发的，因为它与最有利于电子混合的轨道取向恰恰相反。而图 3.13 中的垂直取向则对小的 J 值是有利的，因为它是准确的，且处于完全正交轨道的限度（$J=0$）之中。

再考虑其他的两个有利于 π 键合（亦即两个 p 轨道重叠和相互平行）以及 σ 键合（亦即两个 p 轨道重叠和相互间"头对头"）的取向情况 [图 3.13（b）]。它们对于产生自旋-轨道的耦合是很差的，这是因为它们有着重大的轨道重叠（大的 J 值）以及很差的、不利于产生轨道角动量的轨道取向。对于 I(RP) 和 I(BR)，由于 I(D) 的扩散和旋转，NB 轨道大范围的相对取向将是可能的。在图 3.13 中所示出的 3 种可能性是它们的极限情况。

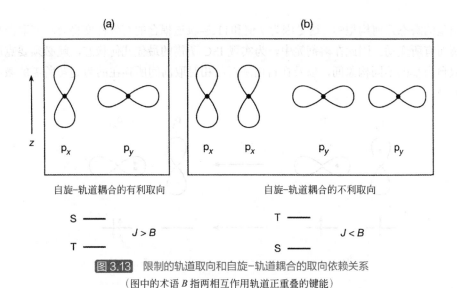

(a) (b)

自旋−轨道耦合的有利取向   自旋−轨道耦合的不利取向

图 3.13   限制的轨道取向和自旋−轨道耦合的取向依赖关系
（图中的术语 B 指两相互作用轨道正重叠的键能）

  最后，为了能对 Salem 规则（3），即单重态的"离子特征"规则（图 3.14），有较好的理解，可考虑那些最有利于产生轨道角动量的取向（亦即，如图 3.14 左侧的 90° 取向）。为了有效地产生轨道角动量，当在建立单重态时，电子必须要从一个轨道跳跃至另一个在 90° 取向的半占据轨道。由此产生的情况是组成了非键轨道上两个电子的"两性离子"结构，可以用 ^{1}I(Z)符号表示。这一参数 I(Z)必须是自旋配对的，因为这两个电子是处于同一轨道上。因而，为使能最有效地建立角动量，单重态必须要具有一定的自旋配对性质[第 6 章中，我们将详细地讨论具有自旋配对、两性离子特性的 ^{1}I(Z)态]。然而，如果 ^{1}I(Z)结构具有实质性键合的自旋配对特征，则此种态就可能与成键的单重态基态相混合，而使 I(D)的 S 和 T 态在能量上产生很大的差异（2.15 节）。而这种 S 和 T 间的能量分裂将抑制 ISC。在图 3.14 中所示出的 $p_y \rightarrow p_x$ 的轨道跳跃，是与 ^{3}I(D) 到 I(Z)的自旋翻转同时发生的。于是，通过轨道相互作用、轨道的取向以及轨道分离的平衡，可以设法用来决定在双自由基中的 ISC 的效率。

  例如可以设想：从具有准确垂直取向的自由基中心 ^{3}I(D)出发（图 3.14，左），这一几何形状非常有利于轨道角动量的建立，但是非常不利于轨道间的重叠，因为 p_y 和 p_x 轨道是正交的。如设想自由基中心的 p_x 轨道，经历了一定程度的面外振动而导致重新杂化到达 sp^n 轨道后 [图 3.1（b）]，则添加到轨道中的 s 轨道的特征就可提供某些单重态的"离子性质"于总的 ^{3}I(D)的波函数之中，并触发 $p_y(\uparrow)p_x(\uparrow) \rightarrow p_y( )p_x(\uparrow\downarrow)$ 的轨道跳跃。这种通过振动而引起的轨道杂化，就能提供一个可用以混合 ^{3}I(D)和 I(Z)的机制，并触发 ISC 的发生。

  虽说在双自由基中通过自旋-轨道耦合而引起有效 ISC 响应的一些因素，在 Salem 规则中已很清楚，但为了能在任何实际的例子中确定 ISC 是否确实可行，我们必须还要同时来考虑几种有关的因素。事实上，自旋-轨道耦合矩阵元的大小是十分依赖于双自由基的瞬态几何构型的，这是因为 J 值和自旋-轨道耦合的有效程度将会随着取向与距离而有所变动。因此在溶剂笼中，为实现 ISC 所需的最佳几何状态，就必须要克服在双自由基的不同构象间，以及在自由基对的相对取向间所存在的为旋转所需的微小热势垒。

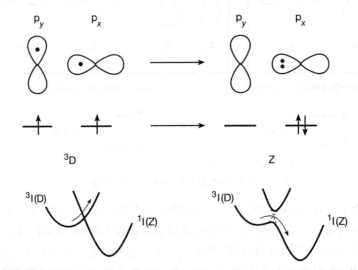

图 3.14 对有效的自旋-轨道耦合，所需的 90°扭曲与两性离子特征耦合的图示

概括以上所讨论的，那些最有利于发生系间窜越 ISC 的几何状态和轨道取向，是那些可导致单重态成键的共价相互作用（电子配对），以及与那些具最强的自旋-轨道耦合（$p_y \to p_x$ 跳跃）作用二者同时出现的情况，亦即在几何学上，p 轨道中的一个轨道在旋转 90°以前和旋转以后，其局域的单占有的轨道应具有充分的重叠。在从这些几何构型跳跃到基本上为完全单重态的能面后，代表点就会遵循强烈结合的共价 S_0 能面转变成产物的路径。

3.26 柔性双自由基的系间窜越

从 ^{3}I(BR)→^{1}I(BR)→P 到达产物的反应路径，对动力学（寿命）以及对从双自由基所产生的产物比例有非常大的影响。在柔性的 ^{3}I(BR)中，ISC 发生的速度正比于自由基中心以"头对头"的形式相遇的速度（图 3.15），以及在相遇过程中双自由基发展所生成的单重态的数量。典型情况下，单重态的特征量是确定的，依次就可在 ^{3}I(BR)构象动态学的过程中发生自旋-轨道的耦合。在某些特殊情况下，别的一些耦合，如电子-核的超精细耦合也可能是很重要的。如果 ^{3}I(BR)→^{1}I(BR)过程是发生于自由基中心处于几个 Å 的距离内，则 ^{1}I(BR)→P 的反应将是非常有效的，而并非决速步骤，亦即 ^{3}I(BR)→^{1}I(BR) 过程将决定反应的速度以及双自由基的寿命。

图 3.15 示出了某些产生柔性 ^{3}I(BR)的重要过程，比如通过对环酮的 I 型 α-断裂

$T_1 \rightarrow {}^3I(BR)$（图 1.1）的初级过程。在 ${}^3I(BR)$ 生成后，可有两个过程出现：过程（1）是产生出在构象上有利于 ISC 的单重态双自由基 ${}^1I(BR)$；过程（2）是在 I(BR) 寿命期内，围绕键的内旋转引起的"头-到-头"距离的改变和 NB 轨道的相对取向的改变。由于 ISC 依赖于轨道的距离和取向，因此，在 ${}^3I(BR) \rightarrow {}^1I(BR)$ 过程中每种构象的 ISC 步骤的效率是不同的，因为它们各自有着不同的分离距离和不同的 NB 轨道取向。柔性 BR 的结构动态学可产生复杂的、但是可理解的，ISC 速度对构象的分布；链的动力学，以及与 ISC 机制相关的距离和取向间的依赖关系。我们注意到，从 ${}^1I(BR)$ 形成的重合产物和歧化产物中，仅能出现的是具有短距离"头-到-头"，那种很小的构象子集（subset）中 [图 3.15（b）] 形成的产物。

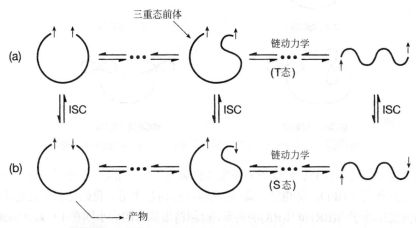

图 3.15 柔性的双自由基构象动态学：在 ISC 后闭环（左）、形成中间体（中部）以及使"头-到-头"距离增长（右）的图示
（a）三重态双自由基；（b）单重态双自由基

现在，让我们继续来讨论柔性双自由基(BR)中自旋-自旋相互作用影响的系间窜越问题。电子自旋-自旋相互作用可方便地区分为两种类型：一是仅影响单重态和三重态间的能隙（ΔE_{ST}）效应；另一种为可引起 ISC 的相互作用。有两种相互作用可对 ΔE_{ST} 有所影响：①电子自旋与外磁场 H_z 间（Zeeman 分裂）弱的磁性相互作用，它可以以 $g\beta H$ 值在 [公式（2.34）] T_0 上下发生裂分，分裂成 T_+（较高能量）和 T_-（较低能量）；②静电的电子交换相互作用，其大小主要依赖于双自由基的构象，以及自由基中心末端到末端间的距离。

图 3.16 示出了两个关键的性质，以确定柔性双自由基的 J 值和自旋-轨道耦合的影响：自由基中心间的距离，以及在自由基中心处的轨道取向。当两个自由基中心十分接近时（2~3Å 或较小），J 值很大则 ISC 很慢，这是由于在 ${}^3I(BR)$ 与 ${}^1I(BR)$ 间的能隙很大所致。当两个自由基中心相互处于 90°的取向时，这一情况最有利于 ISC。一般说来，从这些定性的考虑中，可期望 ISC 当 ${}^3I(BR)$ 与 ${}^1I(BR)$ 相距大于 5Å，或是轨道相互取向大约为 90°时，其速度将是很快的。

对于高达 10000G 的磁场来说，$g\beta H$ 值的大小约在 3×10^{-3}kcal/mol 量级；而对头-到-头距离为 5Å 或更大些的体系，其 J 值接近于 0kcal/mol，但对头-到-头的距离为 3Å 或更小些的体系（此时键合变得十分重要，且可稳定 S 态），其 J 值可达多个 kcal/mol。重要的是，磁的 Zeeman 分裂大小并不依赖于双自由基的头-头距离，而是随着自由基中心头-头距离的增大，J 值会迅速降低[粗略地说，它随自由基中心间的头-头距离的增大而以指数下降，[公式（3.20）]。

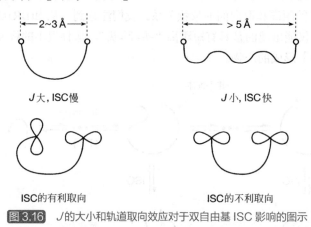

图 3.16 J 的大小和轨道取向效应对于双自由基 ISC 影响的图示

两个重要的对引起 ISC 的磁场力强度有影响的相互作用是：①电子自旋-核自旋的超精细相互作用（HFI）；②电子自旋-轨道耦合的相互作用。我们已看到自旋-轨道耦合是如何受影响于 ^{3}I(BR) 和 ^{1}I(BR) 的构象，而超精细耦合的大小则在 10^{-5}kcal/mol 的量级上，而且是一个常数，不依赖于头-到头间的距离。它不同于自旋-轨道耦合的大小，像 J 那样，随着双自由基头-到头距离的增大而迅速降低，因为它依赖于轨道的重叠，以及 J 值的大小 [公式（3.20）]。

这样，ISC 的速度成为两个与距离无关的相互作用函数（即 Zeeman 以及超精细相互作用），和两个与距离-相关的相互作用（电子交换和自旋-轨道相互作用）的函数。在零场，或很弱的磁场下，超精细相互作用是对那些有着大距离，致使 J 值和 SOC 均很小体系的 ISC 的主要机制；但在小的头-头距离时，仅 SOC 有着较大的数值，因而它就成为 ISC 的主要机制。通过这些考虑所导致的结论是：对于"小的双自由基"，SOC 似乎是 ISC 的具有支配性的机制，而对于"大的双自由基"，则 HFC 似乎是系间窜越占支配地位的机制。

依赖于双自由基的结构，无论是系间窜越（由 SOC 或 HFC 所触发）还是链的动态学（它决定了自由基末端相互接近而达到有利于自由基-自由基反应构象的速度）都可决定双自由基的寿命及其产物。如果链的动态学与 ISC 相比更快时，那么较慢的后一过程将成为决速的步骤；如果链的动态学比 ISC 的速度慢，那么较慢的前一过程将成为限速步骤。例如，在高温下，链的动态学很快，因此 ISC 通常就成为决速步骤；但在低温或黏性溶剂内，链的动态学很慢，通常它就成为决定速度的了。有关通过链的动态学和 ISC 对双自由基寿命控制的例子，已被较好地建立起来[11]。

3.27 各种跃迁的共同特征

在图示 3.1 中，对于两个电子态间的跃迁要有一共同的要求，那就是相应于起始态（Ψ_1）与终止态（Ψ_2）的总的分子波函数，于跃迁的瞬间应该是相同的。要使两个波函数达到相同，需要有一个能耦合这两个波函数，并能驱动它们产生共振的相互作用。在跃迁过程中的这种共振是要在能量和动量严格保持守恒的条件下才能实现的。当守恒定律得到满足时，就可通过某些适当的耦合相互作用所产生的扰动，来诱导发生跃迁，如包括电子-电子的相互作用；不同振动能级间的电子-振动-诱导跃迁；或是通过自旋-轨道的耦合，使电子-自旋诱导的系间窜越得以发生等。Franck-Condon 原理可确定电子态间的辐射与非辐射跃迁的相对概率。因此，最可能的辐射跃迁通常是发生于相同核构型的电子态间的"垂直"跃迁；而非辐射跃迁则常是"水平"地，发生于与势能曲线交叉点的附近。而对有机分子来说，当跃迁所涉及从 p_x 到 p_y 轨道的能量相近，以及能在单原子中心上经历跃迁时，ISC 是最容易发生的。

参 考 文 献

1. (a) W. Kautzmann, *Quantum Chemistry*, Academic Press, New York, 1957. (b) P. W. Atkins and R. Friedman, *Molecular Quantum Mechanics*, 5th ed., Oxford University Press, Oxford, UK, 2005.

2. For a more detailed discussion of classical mechanics, the reader is referred to any elementary physics textbook. For example, D. Halliday and R. Resnick, *Physics*, John Wiley & Sons, Inc., New York, 1967.

3. W. Kautzmann, *Quantum Chemistry*, Academic Press, New York, 1957, p. 524.

4. P. W. Atkins, *Molecular Quantum Mechanics*, Oxford University Press, Oxford, UK, 1983, Chapter 8.

5. S. P. McGlynn, F. J. Smith, and G. Cilento, *Photochem. Photobio.* **3**, 269 (1964).

6. G. Herzberg, *Spectra of Diatomic Molecules*, van Nostrand, Princeton, NJ, 1950.

7. (a) P. W. Atkins, *Quanta: A Handbook of Concepts*, 2nd ed., Oxford University Press, Oxford, UK, 1991. (b) M. Klessinger and J. Michl, *Excited States and Photochemistry of Organic Molecules*, VCH Publishers, New York, 1995. (c) J. Michl and V. Bonacic-Koutecky, *Electronic Aspects of Organic Photochemistry*, John Wiley & Sons, Inc., New York, 1990.

8. S. P. McGlynn, T. Azumi, and M. Kinoshita, *Molecular Spectroscopy of the Triplet State*, Prentice Hall, Englewood Cliffs, NJ, 1969, p. 183.

9. See the following references for excellent discussions of the vector model of spin and transitions between spin states. (a) P. W. Atkins and R. Friedman, *Molecular Quantum Mechanics*, 5th ed., Oxford University Press, Oxford, UK, 2005. (b) P. W. Atkins, *Quanta: A Handbook of Concepts*, 2nd ed., Oxford University Press, New York, 1991. (c) K. Salikov, Y. Molin, R. Sagdeev, and A. Buchachenko, *Spin Polarization and Magnetic Effects in Radical Reactions*, Elsevier, Amsterdam, The Netherlands, 1984.

10. (a) L. Salem and C. Rowland, *Angew. Chem. Intern. Ed. Eng.* **11**, 92 (1972). (b) C. E. Doubleday, Jr., N. J. Turro, and J. F. Wang, *Acc. Chem. Res.* **22**, 199 (1989).

11. A. Buchachenko and V. L. Berdinsky, *Chem. Rev.* **102**, 603 (2002).

第**4**章

辐射跃迁

4.1 有机分子的光吸收和光发射

图示 1.1～图示 1.3 列出了分析有机光物理和光化学过程所涉及的主要范式。在本

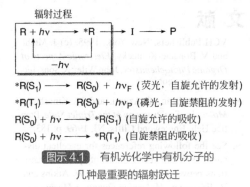

辐射过程

图示 4.1 有机光化学中有机分子的几种最重要的辐射跃迁

章中，将进一步介绍分子有机光化学中的部分工作范式，如图示 4.1 所示：①有机分子 R 吸收光产生电子激发态*R 的过程（R+$h\nu$→*R）；②电子激发态*R 释放光子生成基态分子 R 的过程（*R→R+$h\nu$）。此外，还将详细地讨论自旋允许和自旋禁阻的辐射跃迁过程，尤其是最低单重激发态（S_1）和最低三重激发态（T_1）的发光过程（图示 4.1 中矩形部分）。

4.2 光的本质：系列范式的变迁

　　自 18 世纪以来，用于描述有关光的本质及其与物质相互作用的范式经历了三次巨大的变化。每一种范式都尝试回答相同的命题，即光的本质是什么，它与物质相作用的本质是什么？每一种新的范式都以一种全新的、与前一种范式截然不同的方式来回答这些问题。伴随着每一种范式的变迁，光在科学世界中越发处于实体位置，最后，通过相对论使光与物质具有了同等重要的位置。

　　在牛顿提出光是由粒子流所组成的假说以前，历史上对于光的本质的研究和讨论只有极少量的文献记载。以经典力学中粒子点的运动和能量的概念为基础，牛顿提出光是由太阳或火焰等发光体发出的细小颗粒所组成，这些颗粒能够高速运动穿过空的空间或透明介质。棱镜实验支持了牛顿的这一假说，即棱镜可将一束白光"分解"为

具有多种可见色调的彩虹一样的"粒子"组分，光的每种不同的粒子与颜色相关联。因此，视觉也可被解释为是光粒子撞击眼睛的激发结果。于是在 18 世纪，光的本质的认知大都是以牛顿的光粒子学说为主导（这可能是由于牛顿的巨大声誉所致，而不是由他提供的令人信服的实验证据）。

但在 19 世纪初期，一些新的实验现象却完全无法用牛顿的光粒子学说来加以解释。特别是牛顿的理论无法解释光的干涉现象，即两束光能够通过建设性的相互作用形成一束更强的光，或者通过破坏性的相互作用导致光线的完全消失。另一方面，干涉现象是一种熟知的波动性质，例如，我们通常可在静止的水面上观察到由于某种干扰而产生的波的干涉。物质的波动理论可以很容易地来解释这一现象。很显然粒子可相互混合，建立起一类建设性的干涉，通过彼此间相互作用而放大；但是粒子如何能够"相互抵消"，以解释破坏性的干涉现象。光的这种显而易见的相互干涉现象成为了光粒子学说终结的开始，而新的学说也即将出现。

19 世纪中叶，麦克斯韦（Maxwell）提出了一种有关光的本质的新范式，他假设光是由具有波动特征的振荡电荷的力场所组成，而并非由粒子组成。当电荷发生振荡时，不仅可产生出振荡的电场，还会产生一相关的振荡磁场。在这一范式中，光的波动本性可包含在一组精致的数学公式（麦克斯韦方程）之中，它将光描述为一种由围绕着振荡带电粒子的振荡电磁场所驱动的波（后来被证明是带负电荷的电子和带正电荷的核）。麦克斯韦关于光的本质的范式，提供了一种完美的、前人从未认识到的光与物质二者中的电力与磁力的合成。麦克斯韦公式定量地解释了干涉、散射、反射以及折射等现象。麦克斯韦学说对于许多科学家来说可能有着特殊的吸引力，因为它是由精妙的数学语言所构成，而且还将电学和磁学的现象集合在一起。19 世纪末，麦克斯韦关于光作为一种电磁波形式的范式被科学界广泛接受，并且被看作物理学中的通用的和不可动摇的范式。物理学家将麦克斯韦光的电磁波范式看作经典范式。

尽管麦克斯韦关于光的波动范式具有集合电与磁的数学能力，但还是遇到了严重的困难，因为如把光只是看作一种电磁波的话，就不能对某些实验现象作出合理的解释。在 19 世纪末叶，光的电磁波本性的经典范式的正确性受到了质疑，这是因为它无法解释出现的两个非常简单的实验现象，一个涉及光的发射，而另一个则涉及光的吸收：①第一个实验是测定灼热的金属棒等热的物体所发射光的能量分布与波长的依赖关系（即所谓的黑体辐射，图 4.1）；②第二个实验则是测定光被金属吸收后所发出电子的动能（KE）与波长（或

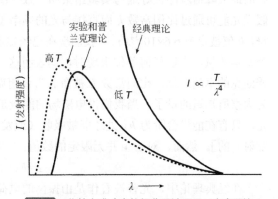

图 4.1 紫外灾难（光的经典理论预示：由金属棒发射光的强度 I 应正比于金属棒的温度 T，并与发射光波长 λ 的四次方成反比）

频率）的依赖关系（即所谓的光电效应，图 4.2）。在 20 世纪初，光的本质以及它与物质的相互作用而引起的光的吸收和发射，引起了物理学家的激烈争论。

4.3 黑体辐射和"紫外灾难"及光能的普朗克量子化：能量量子化

从实验可以测定灼热金属棒发射的光的能量分布与温度（T）的关系（图 4.1）。在较低的温度下，热金属棒发射的光的最大波长 λ（或相应的频率）在红外（IR）区；随温度升高，金属棒开始发射红光、绿光，然后是白光，即在可见光谱（vis）区内所有波长的光。典型的热金属棒所发射光的能量分布的峰值波长是在电磁谱的可见或紫外（UV）区内。这种热金属发光的波长分布，可通过"黑体"或通过一种能够完全吸光的物质标样来加以模拟。黑体辐射，简单地说就是在给定温度下，处于平衡的物体（物质）的电磁场（光）的辐射。光的经典理论预测：与黑体相关联的电磁场具有特定黑体温度和特定的波长（或频率）分布特征（图 4.1）。

经典理论认为在给定温度（T）下，金属棒所发射光的强度 I（每单位时间的能量）与 T/λ^4 成比例关系（图 4.1 右）。这样，当波长 $\lambda \to 0$ 时发光强度理论上趋于无穷大，这是一个荒谬的预言！因为按此理论，如光的强度 I 确实与 $1/\lambda^4$ 成比例，那么，一个小小的萤火虫发光时就能释放出足够的能量导致整个宇宙的毁灭！于是，这样一个在光谱高能（UV）区内能量无限大的预言，就被命名为"紫外灾难"（这可能是位困惑的物理学家所为）。

普朗克关于如何避免"紫外灾难"，以及如何使实验数据与理论结果相符合的解释引发了光的本质的新范式的更替。普朗克利用数学来表明，假如光波的能量是量子化的，且光能可以直接通过简单关系与频率相关联 [公式（4.1）]，那么热金属棒能量分布的最大峰值就能很好地与实验结果相一致（图 4.1）。于是，从这一公式出发，就可假设光能可通过比例常数 h 而直接与光的频率（ν）成正比关系。为了能与实验数据相符，h 值被定为 6.6×10^{-34} J·s。我们现在已经知道：这个比例常数 h 是量子化学中的一个基本数量，它以任何单位出现时，均表明这一数量遵循量子力学的定律。为了纪念普朗克的卓越贡献，比例常数 h 被命名为普朗克常数，而与频率 ν 相应的能量 E，即为大家所知道的量子。当我们说电磁场的能量是量子化的，就表明对于特定频率 ν 的光，只有在能量台阶为 $h\nu$ 处才能被吸收（或发射）[亦即，光是不能被连续吸收（或发射）的]。然而，对于 ν 并无限定的数值。

$$E = h\nu \tag{4.1}$$

在经典理论中，光曾被看作是由振荡的电荷所建立的电磁场。于是，以经典谐振子为引导（第 2、3 章）可以假设：电荷可以是固定的，也可以是振荡的。非振荡的电荷可看作是处于基态，不能发光；而振荡的电荷则可看作为处于激发态，它能够发光回到基态。普朗克解决紫外灾难悖论的基本想法是：在给定温度下，与极短波长光的量子（很高频率的振荡子）相关联的能量（$h\nu$）是如此的高，以至于光波中的与极短波长相关联的振荡子不被激发；而那些黑体中的能量则不足以激发极短波长（高频率）的振荡子。这是一个非常简单的观点：即随发射光的波长λ减小，为激发振荡子所需的量子相关联的能量 $E=h\nu$ 逐渐增大。由于能量必须守恒，在给定的温度下，被激发的高能量的振荡子就会变得越来越少，由于高能振荡子不能被激发，因此它也就不能发光（按经典的谐振子理论，处于基态的振荡子是不能发光的）。这样，能量的量子化可有效区别那些短波长、高频率振荡子的布居，因而就能精确地消除所谓的紫外灾难，防止了在波长减小时发射光的强度趋于无穷大的结果。当然，尽管普朗克的数学窍门令人印象深刻，但在经典物理学的基础上，它完全是非直观的，而且它与经典光学理论的范式（即将光的吸收或发射看作是连续的，从而可与任意能量的光相关等）也是相悖的。

4.4 光电效应与爱因斯坦的光量子化——光的量子：光子

对于光的经典范式的支持者来说，对另一个称之为"光电效应"的实验观察（图4.2），恰恰也与紫外灾难一样，使他们感到不可理解。所谓"光电效应"，即当一特定波长（或相关的频率ν）的光照射在金属表面后，电子可从金属中逸出的现象（这是用于开关

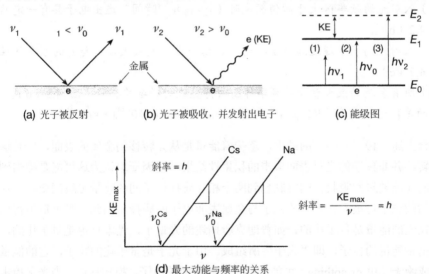

(a) 光子被反射　　(b) 光子被吸收，并发射出电子　　(c) 能级图

(d) 最大动能与频率的关系

图4.2　光电效应：（a）光的频率 $\nu_1 < \nu_0$，光可被金属表面反射。（b）光的频率 $\nu_2 > \nu_0$，光可被金属吸收，并发射具一定可测动能（KE）的电子。（c）能级图说明撞击金属的光的频率与从金属表面发射电子所需能量（E_1）的关系，以及发出电子所需要的过量 KE。$h\nu_1$不具备足够的能量使电子发射；$h\nu_0$所吸收的光恰好有足够的能量使电子发射；而 $h\nu_2$的则具足够的能量发射电子，且还可有过量的动能出现。（d）过量的动能与金属铯（Cs，左）、金属钠（Na，右）吸收光频率的函数关系图

自动门的电子眼的基础）。光电效应所逸出的电子具有一定的动能（KE），最大 KE 值则可通过实验，将 KE 作为所吸收光的频率 ν（或波长 λ）相关的函数而测得。然而，吸收光的频率 ν 必须要大于某一特定最小值 ν_0 才能产生光电效应。

爱因斯坦指出：公式（4.2）和公式（4.3）提供了发射电子的最大动能（KE_{max}）与实验测定的频率 ν 以及 ν_0 间的定量关系。

$$KE_{max}=h\nu-h\nu \tag{4.2}$$
$$KE_{max}=h(\nu-\nu_0) \tag{4.3}$$

按麦克斯韦的经典理论，光波的能量可被金属连续地吸收（即越来越多的电子振荡子被激发），吸收的能量只与光波振幅 A 的平方相关，而与光的频率 ν 无关。然而，光电效应实验的测定揭示了许多令人惊奇的情况（图 4.2），这些是无法用经典理论解释的：

（1）照射金属表面的光的频率（ν）只有大于阈值（ν_0）时，电子方能从金属的表面逸出。

（2）阈值频率 ν_0 是金属的特征，不同的金属有着不同的阈值（例如，Cs 的 ν_0 值就小于 Na 的 ν_0 值）。

（3）即使在很高强度下，只要照射金属表面的光的频率 ν_1 小于阈值（$\nu_0>\nu_1$），光只能被完全反射而不能被吸收 [图 4.2（a）]。

（4）入射光的频率 ν_2 大于阈值频率时（$\nu_2>\nu_0$），"瞬间"逸出电子具有一定的动能 [图 4.2（b）]。

（5）入射光的频率超过阈值频率 ν_0 时，逸出电子的最大动能与光的频率线性相关 [图 4.2（c）]。

（6）所有金属的最大动能对频率作图所得直线的斜率均相同 [图 4.2（d）]。更为重要的是，这些斜率 [KE_{max}/ν] 与普朗克常数 $h(6.6\times10^{-34}J\cdot s)$ 相等！

综合上述（1）与（3）的结果，意味着能量是从光转移到金属的表面，但是这种能量的转移并非预期的光对表面撞击的积累性结果。爱因斯坦认为这可能是撞击到金属表面的光能被瞬间吸收，同时联想到两个相互碰撞粒子间的能量可瞬间交换，这些相互碰撞的粒子可被看作是光的光子与金属表面电子的碰撞。因此，爱因斯坦得出结论，不仅光的能量是量子化的，如普朗克所描述的光量子，光本身也是量子化的，而且是由携带能量的粒子，即"光子"所组成。由于光子是量子化的粒子，它的能量只能全部或绝无（all-or-nothing）可能转移给金属表面的电子，换句话说，当光子撞击金属表面时，仅存在两种可能性，一种是没有电子逸出的光子全反射，一种是光子吸收导致逸出电子。

根据公式（4.1），在达到了阈值 ν_0 以后，逸出电子的能量直接与吸收光的频率 ν_2 相关。上述（2）和（5）的结果表明，要从金属表面移去电子所需的阈值能量，$E=h\nu_0$，取决于金属持有电子的能力。如金属铯（Cs）对于电子的持有力，就不如金属钠（Na）

有效。这是因为 Cs 处于元素周期表第一主族的较低位置处，从 Cs 除去一个电子所需的能量就比从 Na 上除去电子所需的能量小。因此，Cs 逸出电子所需光的阈值频率就比 Na 的低。从（4）的结果可以看出金属表面逸出电子必需的能量是确定的（阈值量子，$E=h\nu_0$），如果吸收光子的能量量子超出了逸出电子所需的功，则过量的光能将转化为电子动能 KE（遵守能量守恒定律）。最惊人的是（6）揭示了一个普遍的规律，电子的能量 E 与吸收光的频率 ν 间的比例常数为普朗克常数 h。

在普朗克提出了光能量子化后，爱因斯坦结合了普朗克这一"奇特"的光能量子化与量子的存在，提出光（以及所有的电磁辐射）本身也是量子化的，是由不连续能量"束"的粒子，即光子所组成。能量的量子化和光子学说奠定了光的本质新范式以及量子力学的基石（许多化学家在谈及物质时，并不采用"量子化"一词，但事实上，化学家们长期以来所接受的物质，就是原子和分子的量子化形式）。爱因斯坦的光辉思想不仅在于他的思索，更因为他定量地"证实"了普朗克公式（4.1）的正确性。

4.5 如果光波具有粒子的性质，那么粒子是否也具有波动的性质呢？——德布罗意统一物质和光

普朗克和爱因斯坦认为光是由与光的频率 ν 成正比的量子化能量（量子）的粒子（光子）所组成，而麦克斯韦认为光是波动的。如果假定这两者都正确，那么，这两种截然不同的观点之间必然存在着一种相似性或联系。然而对二者的这种相容，于最初看来，似乎是很荒谬的。德布罗意假设每个粒子都具有某些类似于波的特性，而每个波动也具有某些粒子的特征，从而使粒子和波的概念得以融合。他假设在确定是波还是粒子的实验中，测量的条件对特定的观察具有支配性。如德布罗意公式（4.4）所示，粒子的波长（λ）与普朗克常数 h、粒子的质量（m）以及速度（v）等相关联。由于质量和速度的乘积（mv）等于粒子的线动量，那么粒子的波长 λ 应与其线动量成反比。德布罗意公式巧妙地以普朗克常数为比例常数，将粒子与波的性质结合起来。而只要公式中有 h 出现，就表明涉及的是量子现象。

$$（波动性质）\quad \lambda=h/mv \quad （粒子性质）\tag{4.4}$$

结合公式（4.1）与公式（4.4），推导出光子的能量与其相关波长间的关系：

$$E=h\nu=h(c/\lambda)\tag{4.5}$$

公式（4.4）和公式（4.5）可经代数操作，使能量（E）与粒子的动量（mv）相关联，而得到能量、频率、波长、光速以及动量间的关系，如公式（4.6）所示：

$$E=h\nu=h(c/\lambda)=mvc\tag{4.6}$$

在公式（4.6）中，如果用光子的速度来代替粒子的速度（即 $v=c$），就可推导出公式（4.7），即著名的爱因斯坦公式，它不仅将相对论学说与光子学说结合起来，同时也证明了光子（光）与物质间的等价性。

$$\text{光子} \qquad \boldsymbol{E} = h\nu = m\upsilon c = mc^2 \qquad \text{相对论} \qquad (4.7)$$

光的本质从牛顿粒子到麦克斯韦的振荡电磁波，再到普朗克-爱因斯坦-德布罗意的波动粒子，这些学说的巨大变迁给予我们一个启示：即在新的实验结果和概念面前，所有现行的范式都需要被仔细考虑，它们是有用的？还是尝试性的？还是有限制条件的？对于那些指导性范式不论其对社会的贡献有多大，它们最终注定要被更为强大，或更为普适性的范式所替代。

最后，有关光的经典电磁波理论——即将光看作来自物质中振荡电子的振荡电磁场的观点，还持续地作为一种很有用的定量范式，用于解释涉及光的一些现象，例如干涉效应，以及特定的波长指派光（干涉和波长均是波的特性）等。而另一方面，光的量子力学理论，即将光看作具有能量和动量（二者均为粒子的重要特性）的光子束，则可很好地解释加热金属的黑体发射强度、光电效应中金属在吸光后所逸出电子的 KE 等现象。光的经典理论最不能令人满意的是：它企图尝试着来解释有关与光的吸收（光电效应）和发射（紫外灾难）相关联的一些现象。在定性的方式下，当光未被物质间的强烈相互作用扰动时，它就能很好地被表征为一种波动，显示出的波动性质可由麦克斯韦公式予以完整解释。在这一模型中，光作为电磁场的一部分，分布并充斥于整个宇宙之中，以光速在宇宙中传播。当光被分子所吸收后，这些"扩散"的光会突然"定域"于分子所占据的一个微小的空间之中，而光子的波函数就被看作为一种"坍塌"，即从扩散和无穷分布的"波动状"，转变为高度定域的（分子尺寸）"类粒子状"的。因此当光子与物质间没有强烈作用时，光子的行为就像波，而当它与物质间发生了强烈的相互作用后（吸收和发射），光子就更像一个粒子。一方面可以借助于电磁波与分子中电子间的弱耦合作用来研究光与物质间初始的弱相互作用，这种弱的耦合可导致光的散射，经典的波动理论已经给予很好的解释。另一方面，当相互作用强度增大时，可用光子与分子中电子的强烈相互作用来解释导致光子吸收的原因（吸收的逆过程则是发光）。

在结束对光的本性的历史性回顾时，应注意到测不准原理提供了关于光的表观波-粒二象性的最终量子解释。在测试实验中，如狭隘地将光仅看为光子（吸收和发射）的性质，就会完全忽略光的波动性质；而如果仅局限于光的波动性质（如干涉），同样也会导致忽略光的粒子性质。由于本章涉及的是分子中电子对光的吸收和发射（图示4.1），虽然光子模型极为实用，但在描述光与分子中电子的初始作用时，更好的模型是将光看作一个电磁场，像波一样振荡，并与那些被光驱动产生振荡的电子相互作用。

4.6 有机分子的吸收和发射光谱：分子光物理的态能级图

将图示 4.1 所列出的一般性范式与图示 1.4 的态能级图相结合，是讨论辐射跃迁的基础。电子的吸收和发射光谱可提供有关电子激发态*R 的结构、能量以及动态学的信息，尤其是*R 的结构、能量、寿命、电子组态以及量子产率等参数。例如，根据有关

$S_0+h\nu \rightarrow S_1$ 和 $S_0+h\nu \rightarrow T_1$ 两个吸收过程，以及 $S_1 \rightarrow S_0+h\nu$ 和 $T_1 \rightarrow S_0+h\nu$ 两个发射过程的知识，可以构建一个相当完整的态能级图（图示 1.4），其中包括 S_1 和 T_1 的电子组态，以及这两个激发态相对于 S_0 的能量。测量 S_1 和 T_1 的寿命以及发光量子效率 ϕ，就可求出适用于 S_1 和 T_1 的辐射和非辐射光物理过程的速率常数（k）。如果它们都是高效率发生的，那就与光化学过程存在竞争。

4.7 有机分子的吸收和发射光谱实验：基准

如第 1 章中所述，将有机分子的一个电子从其占有的成键轨道（σ，π 或 n）激发到未占有的反键轨道（π*或 σ*），其对应光的波长是在 200nm（紫外光，143kcal/mol）到 700nm（红光 41kcal/mol）之间。在开始有机分子光化学研究时，光化学家首先需要测定起始原料（溶质、溶剂及反应器皿）的电子吸收和发射光谱。饱和有机化合物（烷烃）一般对于 200～700nm 的光是"透过"的（表 4.1）。已知最低的吸收能量是相应于电子从 HOMO→LUMO（最高占有轨道→最低未占有轨道）的跃迁；对于饱和碳氢化合物而言，相应于 σ(HOMO)→σ*(LUMO)的轨道跃迁，σ 和 σ*轨道间的能隙超过 200nm 光子能量（约 143kcal/mol）。

另一方面，不饱和的有机分子（如酮、烯烃、共轭多烯烃、烯酮以及芳香烃等）的吸收带处于电磁谱的传统"光化学"区域，即 250～700nm 处。HOMO 轨道有 π 电子的烯烃和芳香化合物的吸收相应于 π(HOMO)→π*(LUMO)跃迁，在 HOMO 中有着 n 电子的酮类化合物的吸收则是 n(HOMO)→π*(LUMO)跃迁。

反应容器以及溶剂对光的吸收限定了光化学区间的最短波长（石英容器和普通溶剂在 200nm 以及更短波长处有很强的吸收），而长波部分的极限设定则取决于电子激发所需最低能量（通常激发有机分子需要波长<700nm 的光）。700～10000nm 的光处于近红外和红外辐射区，该波长范围的光子能量太小，一般难以激发有机分子的电子从 HOMO 跃迁到 LUMO，但是，这些光可用于激发基本的振动，或是在吸收时的基本振动的谐波（overtone）。

发色团（chromophore）（"色调的载体"）指吸光单元的原子或原子团，而发光团（lumophore）（"发光载体"）则是发荧光或磷光单元的原子或原子团。典型的有机发色团和发光团是一些普通的有机官能团，如羰基（C=O）、烯烃（C=C）、共轭多烯（C=C－C=C）、共轭烯酮（C=C－C=O）和一些芳香化合物（如苯环和稠环化合物）等。在本章及第 5 章中，将以这些常见的发色团为样本，集中讨论有机分子的光物理性质。

表 4.1 列出了一些常见有机发色团最长波长吸收带的峰值波长（λ_{max}），最大吸收处的吸收系数（ε_{max}），以及相应谱带的电子轨道跃迁类型。这些跃迁一般对应于低能量（最长波长）发色团的 HOMO→LUMO 跃迁，而 ε_{max} 的大小则决定于发色团的"吸收强度"。有机分子自旋允许吸收的 ε_{max} 值可在几个数量级内变动。ε_{max} 的常用单位是 $cm^{-1}\cdot(mol/cm^3)$，因此 ε 的等当单位即为 cm^2/mol（每摩尔的面积），这可等同于每摩尔

发色团分子的面积。因此，可以认为 ε 是指每摩尔发色团在波长 λ 的光子通过时呈现的截面积大小（将在 4.15 节中进一步讨论）。表 4.1 中的数据表明，吸收峰值的波长（λ）或相应的频率（ν），可随发色团的结构变化而变动，而对于 ε_{max} 的测定，则与吸收强度的测定一样。作为分子结构的函数，吸收与发射的参数变动范围很宽。光的发射参数将在 4.16 节中加以讨论。值得注意的是：在表 4.1 中列出的是相应于自旋允许的单重态-单重态跃迁的吸收。通常，自旋禁阻或单重态-三重态跃迁的吸收的 ε_{max} 值要远远地小于 $1cm^2/mol$，因此，对波长相应于这样跃迁的样品可以说是"透明"的。有机光化学家所讨论的吸收光谱基本上都是指自旋允许的单重态-单重态跃迁吸收。

表 4.1　典型有机发色团的长波长吸收带（HOMO→LUMO 跃迁）

发色团	λ_{max}/nm	ε_{max}	跃迁类型
C—C	<180	1000	σ, σ^*
C—H	<180	1000	σ, σ^*
C=C	180	10,000	π, π^*
C=C—C=C	220	20,000	π, π^*
苯	260	200	π, π^*
萘	310	200	π, π^*
蒽	380	10,000	π, π^*
C=O	280	20	n, π^*
N=N	350	100	n, π^*
N=O	660	200	n, π^*
C=C—C=O	350	30	n, π^*
C=C—C=O	220	20,000	π, π^*

表 4.1 引出一系列有关 $R+h\nu \to {}^*R$（或是：${}^*R \to R+h\nu$）跃迁过程中的重要问题：

（1）为什么不同发色团的电子吸收（发射）的参数（λ_{max} 和 ε_{max}）有着如此大的差异？

（2）为什么某些芳香分子（例如苯、萘）的 ε_{max} 值很小，而另一些分子（如蒽）的 ε_{max} 却很大？

（3）$R+h\nu \to {}^*R$ 电子跃迁的轨道组态（HOMO-LUMO）如何与特定吸收谱带（或发射）相关联？

（4）实验所得吸收参数如何与理论量（如量子力学的矩阵元）相联系？

（5）如何将电子吸收和电子发射的过程从机制上关联？

（6）在吸收和发射过程中振动是如何影响电子跃迁的？

（7）如何理解吸收和发射过程中"自旋禁阻"跃迁（$S_0+h\nu \to T_n$，$T_1 \to S_0+h\nu$）的机制？

为了回答这些及另一些相关的问题，我们将构筑一个如图示 4.1 中辐射过程的图像模型，将 R 及*R 的分子结构（电子、核及自旋构型）与电磁场间的相互作用，以及光谱参数等联系起来。首先发展一个有关光的结构，以及与吸收和发射对应的光与分子中电子相互作用的简单范式。

4.8   光的本质：从粒子到波动，再到波动的粒子[1,2]

如 4.2 节~4.5 节中所述，光波动性理论已经不适宜用来解释分子对光的吸收和发射。然而，这一经典理论仍可用于定性和图像化地表述振荡电磁波的光与分子电子间初始的弱相互作用。利用麦克斯韦的光模型，可将光看作分子中的振荡电荷（电子）所产生的振荡力场，在此基础上构建量子力学算子，计算有机分子吸收和发射光子的矩阵元。对于有机化学家而言，这一图像化的直觉的表达，比起那些应用高深的数学量子理论的方法，更容易理解和掌握的。

4.9   光吸收的图像表达法

关于光与分子内电子相互作用的可视化表示的基本思路是直接借用光的波动经典理论[3]。光子可被看作是一种粒子，遵循量子力学的规律，电磁场（电的部分）与分子电子间产生能量交换。充满于整个宇宙的振荡电磁场和固定于物质分子核框架中的振荡电子，作为电偶极体系模型，可用于描述电磁场与分子电子间最重要的相互作用。当这两个振荡电体系相互耦合时，就可表现出互惠的相互作用，如果能找到一共同频率（ν），还可作为共振的势能（PE）给体和受体耦合体系。电磁场可被看作遍及于宇宙空间并在一定频率（ν）范围内振荡的偶极电场。当分子中电子的"本征"（共振的）振荡频率（ν），与电磁场内的某个偶极子（光子）"本征"（共振）振荡频率（ν）相对应，电子和磁场可通过偶极-偶极相互作用耦合时，那么电磁场就能与电子作用，并通过驱动电子振荡与电子发生能量交换，从电磁场吸收光子。

这种相互作用完全类似于两个相互作用的天线，一个为能量的发射体，另一个则为能量的接受体，通过偶极-偶极的相互作用引起两个天线的耦合（亦即在两个天线间产生共振）。当电磁场与光子的电子跃迁（$E=h\nu$），以及电子从一个态到另一个态跃迁的能隙（$\Delta E=h\nu$），有着共同的频率（ν）时，这种共振是十分有效的。在电磁场的经典谐振子模型中，场所含有的能量是通过振荡电子的功效而来的（振荡电子被激发，就使它具有能被转移的能量）。如果能量从电磁场内向外转移（分子 R 吸收光子），可减弱电磁场的振荡和能量；而能量被转移进入场内（电子激发态*R 发射光子），则可增大场的振荡（能量）。分子中的电子在基态（R）时被认为是静止的，而在激发态（*R）时则以某种形式在分子框架内振荡。

当在相应于 $\Delta E=h\nu$ 的特殊共振频率（ν）下，分子（R）的电子可从电磁场中（通过吸收光子）吸收能量。电磁场耗失一个光子，而分子内激发的振荡电子取得光子所有的能量，变成电子激发分子（*R）。发射过程与之相反，激发的振荡电子通过偶极-偶极相互作用与电磁场相互作用，通过激发态（*R）发射的光子使电磁场得以被激发。光子就从激发分子的振荡电子转移到电磁场，使场的能量通过更多的光子能量得以增大，而分子内的电子则可从激发态（*R）回到基态（R）。根据上述定性和直观的经典描述，可以较容易地对电磁场与分子的电子能量转移的经典图像作一个简单的量子修饰，即：对电磁场能量的吸收相应于从电磁场中移去一个光子；而从分子中的能量发射则相应于将光子加入到电磁场内。这两种图像均涉及两个振荡电场的耦合和共振。

4.10 电子与光的电力和磁力间的相互作用

分子电子光谱描述的是电子对电磁场中电部分的能量吸收和发射，分子振动光谱的基础是振动的核对电磁辐射中电部分的能量吸收和发射，磁共振谱的基础则是电子对于电磁场中磁场部分的能量吸收和发射。对于理解分子有机光化学和光物理，这三种光谱相互关联。

接下来深入分析分子的光吸收和发射所需的共振条件。对于所有的分子跃迁，光的吸收和发射能量必须守恒。当两个不同能量的电子态（$\Delta E=E_1-E_2$）通过某种相互作用耦合时，电子密度（波函数的平方）可出现振荡，并随时间而有所变化。根据爱因斯坦的共振关系 [公式（4.8a）]，与 E_1-E_2 能差相应的振荡频率 $\nu=(E_1-E_2)/h$ [公式（4.8b）]。

$$\Delta E=E_1-E_2=h\nu \tag{4.8a}$$
$$\nu=(E_1-E_2)/h \tag{4.8b}$$

图 4.3 是电磁波的一个具体例图，可对光的电场和磁场以及分子的电子间初始相互作用的电、磁特性进行分析。

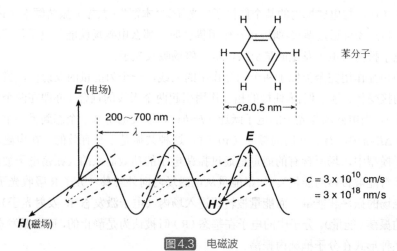

图4.3 电磁波
电场（E）平行于页面，磁场（H）垂直于页面

电磁波可对荷电粒子（如电子和核）和磁偶极（如与电子和核自旋相关的磁矩）施加电力与磁力。可以将光绘制为沿着传播方向的相邻空间的振荡偶极的电场和磁场（图 4.3）。在这个空间内，有两个矢量：一个是电矢量（E），它代表了光波静电力的来源；另一个为磁矢量（H），代表了光波磁力的来源。在空间中任一点上的电矢量 E 和磁矢量 H 的大小，作为时间的函数，从数学上的正值（吸引力）到数学上的负值（排斥力）而振荡着，当一个固定的观测者于波动经过时来测定 E（或 H）的大小，就可记录下作为时间函数的 E（或 H）振荡值。在空间中一个被测的电荷，它可以和电矢量 E 相耦合，而它所具有的频率 ν 就可通过 E 的振荡值，而被设置进入振荡。对于观测者，以及被测试的电荷两者来说，光波看来应具有谐振的振荡电和磁偶极子的特征。这一谐振运动的特征是光波的电力场和分子中电子云所发生的"向前—向后"的线性振荡。

光与有机分子相互作用的关键性的概念是，电子只有在遵循公式（4.8）的光振荡偶极电场中发生共振。在这一共振条件下，R 的电子可从光波的电磁场中吸收能量，*R 的电子也可以电磁辐射的形式发射光子。可以设想光与分子的相互作用是一个过程，在此过程中能量的交换是通过与辐射场（遍及宇宙的振荡电场）耦合的振荡偶极子（电子）的共振进行的。用更具体的化学术语来说，偶极振荡相当于物质中带正电荷相关联的键内的电子运动，亦即是围绕分子核框架的电子振荡。

4.11 光与分子相互作用的机制：光作为一种波动

从定量的观点来看，根据光的经典理论，振荡的光波（含有光子的电磁场）可以使 R 的基态电子组态与激发态*R 的电子组态类似。如图 4.4 所示，当光波在传播空间中经过静止的分子时[3]，可引起周期性的电与磁的扰动。利用公式（4.9）可以计算光波施加给分子内电子的力（F）的大小。

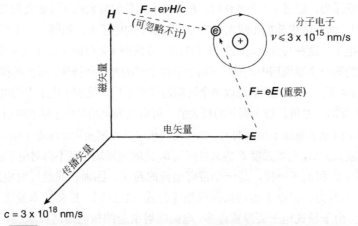

图 4.4 电磁波中电场 E 和磁场 H 与围绕着核的轨道内电子间的相互作用

通过光波而施加
给电子的力

电力

磁力

$$F = eE + \frac{e\left(Hv\right)}{c}$$

(4.9)

式中，e 代表电子的电荷；E 为电场强度；H 为磁场强度；v 是电子的速度；c 为光速。由于光速（3×10^{10}cm/s=3×10^{17}nm/s）远大于轨道电子的可能速率（$v_{max}\approx10^8$cm/s=10^{15}nm/s，由玻尔原子模型得出）。通常，eE 远大于磁力值$(e/c)[Hv]$，即光波作用于电子上的电力远远大于作用于电子上的磁力。于是，在处理电磁场的电子激发时，将磁的作用力忽略不计也能得到近似的结果。因为 $eE\gg(e/c)[Hv]$，如果略去公式（4.9）中的磁力项，就可简化为公式（4.10）。

$$F \approx eE$$

(4.10)

虽说光波施加于分子内电子的磁场力可以忽略不计，但在下一章中可看到电磁辐射中的振荡磁场与电子的磁偶极以及核自旋有强烈的相互作用，而这就是核磁共振谱的基础。

4.12　光和物质相互作用的样本：氢原子

以氢原子作为最简单的样本，图 4.5（a）描述了振荡电磁场与氢原子玻尔轨道内的电子的相互作用。假设光波快速穿过时，厚重的核使原子在空间中保持，但原子中的电子却能与它相互作用，并在某种程度上可以追随通过它的光波的振荡电场。如果电子固有的振荡共振频率（v）与穿过光波的振荡频率相等时，电场 E 与电子间将会出现最大的相互作用。可以设想，如穿过的光波频率 v 与氢原子的某种自然频率相对应，那么这一频率将相应于公式（4.8b）中的能隙（$\Delta E=E_1-E_2$）。

为了避免争议，在相互作用开始时［图4.5（b），右侧，0λ］，设想 E 为零，亦即在光周期的这个特殊点上，原子的外形是球形［图4.5（c），右侧］，光波并不对氢原子内的电子施加引力或斥力。经过 1/4 个波长后，E 值减小到负的极大值（可定义为在电子上施加电的排斥力），而光波也施加相同大小的力在氢原子的电子上，如同一个电偶极以其负端紧紧地靠近电子。这种与负电荷间的排斥作用，持续到 1/2 周期（$\lambda/2$）方可完成。因此，在光波通过的第一个半周期中，氢原子的电子被通过的光波所排斥，最大的排斥力出现于光波经过的$\lambda/4$ 处。当光波准确地以半个周期通过原子后，施加于电子上的电场力减小到 0。在 3/4λ周期时，E 值已增大到正的极大值（可定义为电场对电子施加吸引力），此时，光波对氢原子的电子施加了相同的力，如同电偶极以其正端紧紧地靠近电子。当光波经过一个完整波长 λ 后，电场强度 E 值又可回到 0，此时电磁场也就不再对电子施加作用力。

由于原子核和电子一样，是一个带有电荷的粒子，因而在光经过时电磁场也将同样对核施加作用力。根据谐振的振荡模型［公式（2.25）］，振荡频率反比于发生振荡粒子的质量。由于核比电子要厚重许多，电磁辐射引起的核的振荡频率（v约为 $10^{13}\sim$

$10^{14}s^{-1}$）小于电子的振荡频率（ν 约为 $10^{15}\sim10^{16}s^{-1}$）。因此，核就不能通过电子共振那样的频率设置而发生共振。事实上，核的振动共振一般发生在电磁波红外部分，这就是振动光谱的基础。

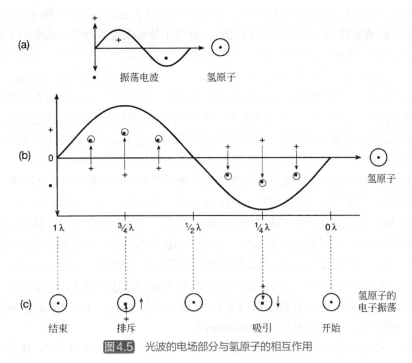

图4.5 光波的电场部分与氢原子的相互作用

至于 E 对氢原子中电子的作用，类似于固定在空间内的两个带电极间氢原子电子云的作用。如果这两个电极，一个带正电荷，另一个带负电荷，氢原子就被诱导为偶极子，电偶极的负端指向带正电的电极。只要原子中的电子是被关联着的，光波的振荡电场 E 就是一个可以和分子内电子相互作用的振荡偶极子。如果电子能在正确的频率（ν）下发生振荡，共振就可发生，而能量就可在从电磁场到围绕着核的电子的运动间来回运动（在电磁场内来回运动）。在波尔模型中，与电磁场共振的电子在共振周期内两个玻尔轨道间往复谐波振荡。这种电场 E 与电子间的相互作用，可产生与两个玻尔轨道间振荡氢原子那样的短时间（或瞬态）的偶极矩。电极与氢原子相互作用越强，瞬态偶极子的尺度越大；电子在两个轨道间越容易振荡，电子的可极化率越大，其瞬态偶极矩也就越大。瞬态偶极子这一经典概念，将会有助于理解分子对于光的吸收和发射。

4.13 对氢原子与氢分子光吸收的经典叙述到量子力学的叙述[4, 5]

引入波函数的量子力学特征对光的相互作用的经典图像进行修订，就能得到某些有关的量子直觉，以及推导出一些如光的吸收和发射的重要选择规则的基础。用氢原子中处于 1s 轨道上的电子代替图 4.5 玻尔轨道中的电子。1s 态的波函数是电子围绕着原子核作球形的对称运动，因此它不具有净的偶极矩。图 4.6（a）表示当光波经过时，其振荡的 **E** 力如何交替性地引起氢原子 1s 电子云作往复运动（类似于图 4.5 中振荡电场 **E** 力引起玻尔轨道上的电子发生扭曲），使电子分布改变其形状，或集中于核的一边接近于光波，或集中于核的另外一边远离光波［图 4.6（a）］。负电荷从原子的一侧到达另一侧的振荡产生短暂的振荡偶极，而振荡电子随时间的平均使之类似 p 轨道［图 4.6（a），右侧］，电子分布在含有核的节点平面的上方和下方。形象的表述就是电磁波与球形的 1s 轨道的氢原子间的共振相互作用可以改变轨道的形状，使之成为一个类似于 2p 的轨道。当然，必须有一个选择规则说明这类电子云形状的变化是相应于一种"允许"的吸收。

在以上的图像表述中，电子如同经典光波理论中的谐振子那样"来-回"振动！将这一经典图像转换为量子力学的图像，在 1s 态时，电子相当于一个没有振动的经典振荡子，在 1s 轨道上电子的角动量为零（$l=0$）；当它与光波相互作用时，就如同被激发到 2p 轨道（$l=1$），可引起电子获得的一个单位的轨道角动量。重要的是要认识到，光子具有一个单位的自旋角动量。激发过程要求能量守恒（$\Delta E=0$，因为 $E=h\nu=1s\rightarrow2p$ 的跃迁能隙）和角动量守恒（$\Delta l=0$，角动量会随 $1s\rightarrow2p$ 的跃迁而增大，它必须要与光子被吸收时所失去的一个单位角动量相等）。实验表明氢原子中 $1s\rightarrow2p$ 跃迁的波长为 122nm（深紫外），其相应能隙为 234kcal/mol。

根据上述光波与氢原子 1s 轨道波函数相互作用的叙述，可推演出 2p 轨道的节点平面垂直于振荡电矢量（**E**）［图 4.6（a）］，与 **E** 的相互作用使电子选择性沿着电矢量运动方向谐波振荡（振动）。对吸收偏振光的图像表述就是氢原子上的电子可选择性地沿着三个笛卡尔轴（x、y、z）中的一个运动，产生 3 个可能的 2p 轨道（p_x、p_y 或 p_z）中的一个。这种在波函数中产生的单节点相当于角动量有一个单位 $\hbar$ 的变化（$\hbar$ 代表一个单位的普朗克常数 h 除以 2π 的角动量，即 $\hbar=h/2\pi$）。在光子吸收的过程中，节点数（$1s\rightarrow2p$ 跃迁）的增加是吸收过程的一个重要特征。反过来，节点数的减少（$2p\rightarrow1s$ 的跃迁）则是激发态氢原子发射光子的重要特征。

满足共振条件时，电子和光波中的电力耦合的能力，以及 **E** 与电子电荷 e 相互作用的最大电荷分离值 Δr 的大小与电子和 **E** 间相互作用的强度相关。根据经典的观点，从 s 轨道到 p 轨道的电荷分离程度的大小是与电子云的极化能力 α 相关的，如公式（4.11）所示，极化能力是指外加电场（**E**）诱导电子云产生的瞬间偶极矩（μ_i），其大小等于单位电子电荷 e 与正负电荷中心的距离（r）的乘积［公式（4.12）］。

$$\alpha=\mu_i/E \tag{4.11}$$

$$\mu_i=er \tag{4.12}$$

现在我们可依据上面所讨论的简单模型，对原子或分子对光的吸收和发射的基本要求作如下的归纳：

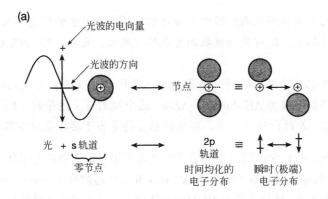

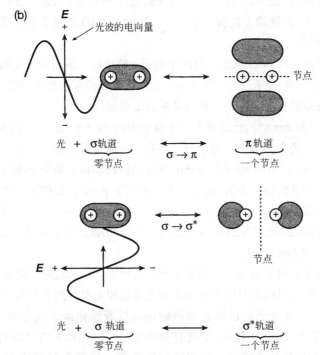

图 4.6 （a）氢原子对光的吸收图。光波和氢原子的 1s 态可被看作是与 2p 态的共振，后者可为 "时间均化"的哑铃状电子云或振荡的偶极。实验测定跃迁波长为 122nm。（b）氢分子 对光的吸收图。光波与 1σ 态有两种可能的共振形式：90nm 处 σ→π 的跃迁，100nm 处 σ→σ* 跃迁。电场驱动电子垂直于键轴方向的振荡（上），驱动电子沿着键轴方向的振荡（下）

（1）能量守恒原则：光子的能量（$h\nu$）必须与轨道间跃迁所需的轨道能差（ΔE）严格匹配，即 ΔE 应准确地等于 $h\nu$ [公式（4.8）]。

（2）动量守恒原则：在跃迁过程中角动量的增益（或耗失），必须准确地与光子的角动量匹配；在量子力学词汇中，轨道间的跃迁必将产生一个节点（吸收），或是破坏一个节点（发射）。

（3）有限的相互作用规则：经电子与电磁场作用而产生的瞬态偶极矩（μ_i）应当是有限的。μ_i 值越大，R 对光的吸收的可能性就越大，反之，*R 的发射也越有可能（或越快）。

（4）频率匹配（共振）规则：振荡光波的频率（ν）必须与形成的瞬间偶极矩所对应的频率相匹配。因为 $\Delta E = h\nu$ 而 $\nu = \Delta E / h$，这个规则与上述原则（1），即能量守恒原则相关。当有 ΔE 的能隙存在时，匹配的能量将等当于共振条件下所匹配的频率。

进一步扩充这些概念，将对于氢原子的处理应用于最简单的分子体系——氢分子 [图 4.6（b）]。从原子到双原子分子，原子的 s 和 p 轨道被分子的 σ 和 π 轨道所代替。氢分子吸收一个光子，使处于基态 HOMO(σ) 轨道上无节点的电子跃迁到有单个节点的两个最低未占有轨道（LUMO 轨道）之一：π 轨道或 σ* 轨道。成键的 π LUMO 轨道（并非反键的 π* 轨道！）沿键轴方向有一个节点，而 σ* LUMO 轨道垂直于键轴方向有一个节点 [图 4.6（b）]。

氢分子在基态 σ HOMO 轨道上有两个电子，轨道沿着核间轴而呈圆柱形对称。与原子相比，核间轴影响分子固有的轴不对称性，可以设想有两种类型的电子振荡存在：一种是平行于键轴的振荡，而另一种则是垂直于键轴的振荡。

分子中 σ→π 和 σ→σ* 的跃迁都类似于原子中的 1s→2p 跃迁，当 HOMO→LUMO 跃迁时，就可产生各自的节点。对于分子而言，与原子最大的不同是可能有两个对称性不同的电子振荡：一个（相应于 σ→σ* 跃迁的瞬间偶极）是处于垂直于两个核间键轴平面的振荡 [图 4.6（b）下]，而另一个（相应于 σ→π 跃迁的瞬间偶极）则是在核及键轴平面内振荡 [图 4.6（b）上]。实验表明，氢分子中 σ→π 跃迁的波长为 100nm（极深紫外），其相应的能隙为 286kcal/mol；而 σ→σ* 的跃迁波长则为 110nm（深紫外），其对应的能隙为 264kcal/mol。

尽管有机分子相对于氢原子或氢分子要复杂得多，但从这两个简单体系所发展出来的基本概念，已足以成为发展有机分子的光吸收和光发射的工作范式的起点。

总之，原子（或分子）以及光的电磁场可以看作像两个耦合的钟摆那样相似的两种耦合谐振子。分子中的电子具有相应于公式 $\nu_i = \Delta E_i / h$ 的"固有跃迁频率"，其中 ΔE_i 对应于两个允许的电子能级之间的能隙。如果改变穿过分子的入射光的频率，就可找出一个与分子中电子跃迁频率相对应频率 ν_i 的光。当光的 ν 值与分子中电子的 ν_i 值相等时，分子中的电子就表现出类似于两个耦合的钟摆那样，使能量从光场转移给分子（分子吸收光子），或是从激发的电子将能量转移给光场（分子发射光子）。

4.14 光子，一种无质量的试剂

尽管对光与电子间弱的初始相互作用的描述还存在一定的不足，但光子的概念有它的具体性，即它与粒子的概念相关联，在涉及量子现象方面还可提供有力的直观感觉。当光与电子间的相互作用很强并产生吸收时，光子的概念十分有用。事实上，光子作为粒子的概念使得有机化学家将它看作一个"无质量的试剂"。光子试剂可以和分子相碰撞，并与其"反应"（被吸收）。*R 和 R 是两个完全不同的物种，它们在能量、电子分布以及化学活性等方面都有差异，因此光子作为一种试剂就可引发 R+$h\nu$→*R 的反应。另外，如同有机试剂的分子是可计量的，也可对光子进行计数。一个频率为 ν 的光源可以看作是由 N 个光子所组成，而每个光子的能量为 $h\nu$。每个波长为 $\lambda=c/\nu$ 的光子具有的能量为 $h\nu$，线动量为 $h\nu/c$。低频率（长波长）的光子的能量和动量较少，而高频率（短波长）的光子则带有大量的能量与动量。公式（4.13）提供了频率为 ν（波长为 λ）的光源的阿佛伽德罗常数（N_0）个光子与能量（E）间的定量关系：

$$E=N_0h\nu=N_0(c/\lambda) \tag{4.13}$$

以 100kcal 能量为整个电磁波谱的不同频率和波长下光子能量的一个数字基准，根据公式（4.13）就能计算出与之相当的光子数目（N）。从表 4.2 可以看到，当 $\lambda=286$nm 时（$\nu=1\times10^{15}$s^{-1}），100kcal 约相当于 1 爱因斯坦，即 1mol 光子的能量。然而，当 $\lambda=1000$nm（红外）时，同样 100kcal 能量对应的光子数目就要大于 3mol；而 100kcal 无线电波（$\lambda=10^{11}$nm）则对应于 10^7mol 的光子！另一方面，在 X 射线的区域内 100kcal/mol 所对应的光子数目要小于 1mmol，而在 γ 射线的区域 100kcal/mol 的光子数目仅有几个微摩尔！因此根据体积中吸收光子的数目就可计算得出光子的浓度。

表 4.2　100kcal/mol 的能量与光子数（爱因斯坦）间的关系

光谱范围	λ/nm	ν/s^{-1}	爱因斯坦数（N）
γ射线	0.001	1.0×10^{20}	3.5×10^{-6}
X 射线	0.1	1.0×10^{18}	3.5×10^{-4}
紫外	300	1.0×10^{15}	1.1
可见	400	7.5×10^{14}	1.5
绿	500	6.0×10^{14}	1.8
红	700	4.3×10^{14}	2.5
近红外	1000	3.0×10^{14}	3.5
红外	5000	0.6×10^{14}	17.3
微波	10^7	3.0×10^{10}	3.3×10^4
无线电波	10^{11}	3.0×10^6	3.3×10^7

在光化学中十分重要的是要了解光子的能量与强度间的区别。一束频率为 ν 的单色光的强度涉及的是光束中光子的数目，光束中的光子数目越多，单色光的强度越大。但不论光束的强度有多大，每个光子所携带的能量均为 E=$h\nu$，即单色光的频率越高，

其光束中光子的能量也就越高。因此，一束高频率的弱光可能就足够引起强键的断裂；相反，一束很强的低频率光束甚至不能断裂一很弱的键。爱因斯坦注意到了这种能量与强度间的差别，并在其光电效应中加以解释（图 4.2）。

与有机试剂相类似，光子可以看作是手性试剂，因为它与光学活性分子相似，具有"偏手性"或"螺旋循环"的性质[6]。在光吸收中，一个光子具有一个单位角动量 $\hbar$。光子的角动量来源于它固有的自旋，而左和右的圆偏振光的存在恰好是光子自旋角动量的体现。一束圆偏振光在通过石英晶体（它本身就有左或右的手性）时，所产生的扭矩可引起晶体获得角动量从而向左或向右偏转。如前面所述，在任何吸收和发射的过程中，光子和分子中的电子可以"交换"其角动量，而整个光子-分子体系则无角动量的净变化。光子具有角动量的事实是选择规则的基础，它要求在分子的电子云中建立或破坏一个节点，从而产生光的吸收或发射（4.13 节）。如果有机分子的外消旋混合物中一个对映体能更有效地吸收圆偏振光，后继的化学反应也能在吸收作用后紧紧跟上[6]，就能将外消旋混合物进行拆分，这一实验观察结果是光子手性的最好证明。

如将光子看作粒子，可画出在两个碰撞粒子（光子和电子）间能量和动量转移的吸收图。使我们有可能来评价存在着的，可被光子所撞击的分子中电子的"截面"，或所谓"靶子"的大小。通过这一截面，可认为这一围绕着分子的空间面积就是可被经过的光子所撞击的面积。如果将分子看作具有给定直径（d）的靶子，光的吸收系数就可由公式（4.14）给出[5,7]：

$$\varepsilon=10^{20}d^2 \qquad (4.14)$$

式中，d^2 表示分子的截面或面积，单位为 cm^2。实验测定的有机分子的最大吸收系数是在 $10^5 cm^2/mol$ 量级。从公式（4.15）可以推算出最大的截面 d^2_{max} 为：

$$d^2_{max}\approx 10^5/10^{20}cm^2=10\times10^{-16}cm^2\approx 10\text{Å}^2 \qquad (4.15)$$

根据这一估算，我们就有了对单个发色团最大截面积的数字基准，大约为 10Å^2 量级，它相应于 3.2Å 的直径，与一个或两个键的长度相当。这也恰好是典型有机发色团的尺寸量级（表 4.1）。

4.15　光谱实验值与理论值的关系[4]

以光与电子相互作用的定性经典模型作为基础，发展量子力学图像，并由此建立如图示 4.1 所示的辐射过程的实验值与理论的电子波函数（和矩阵元）间的关系图。最简单的情况是 R 和*R 两个能级间的辐射过程，涉及的光的吸收和发射相关的基本实验光谱量为：（1）R+$h\nu$→*R 过程中作为波长 λ 的函数的吸收系数（ε）；（2）在*R→R+$h\nu$ 过程中作为波长 λ 函数的光的发射强度（I）；（3）在*R→R+$h\nu$过程中光的衰减速率常数（k_e^0），通常与发射的波长无关。从整个态能级图（图 1.4）中可知：在光物理过程中，一般均存在辐射过程*R→R+$h\nu$与非辐射过程（物理和化学的过程）的竞争。但是，为了简化，可假设光的辐射过程仅仅是激发态*R 失活的唯一途径。这意味着，从该发光态出发，并不存在非辐射过程的竞争。在这特殊的情况下，k_e^0 代表的是激发态通过辐射失活的速率常数。根据定义，激发态的寿命等于态的失活速率常数的倒数；对于单分子失活 $k=1/\tau$，于是，$k_e^0=1/\tau_e^0$。所以，如果 k_e^0 已知，就可知道发光的衰变时间 τ_e^0，反之亦然。那如何将这些由实验测得的 ε 和 k_e^0，与光的吸收与发射的理论量子力学量（矩阵元）联系起来呢？

按照量子力学（3.4 节），由实验测定的跃迁速率 P_{12}，如 ε 或 k_e^0，可以依据理论按矩阵元的平方而计算得到（亦即，初始态 $\varPsi_1$ 与终止态 $\varPsi_2$ 间的跃迁），如公式（4.16）所示：

实验值：　　　　　　　　　　　　　理论值：

$$P_{12} \rightarrow \langle \varPsi_1 | P | \varPsi_2 \rangle^2 \tag{4.16}$$

跃迁速率（ε 或 k_e^0）　　　　　　　　〈矩阵元〉^{2}

为定性或图像化地来确定 P_{12} 值，我们需要回答下列的一些问题：在公式（4.16）的矩阵元中，分子的哪个电子态可分别与 $\varPsi_1$ 和 $\varPsi_2$ 相对应？用于触发跃迁的算子 P_{12}，其性质又是什么呢？假如已确定了一个适当的算子 P_{12}，如果能够计算或是近似地得到 $\varPsi_1$ 和 $\varPsi_2$，就可对公式（4.16）所给出的矩阵元进行估算，然后可分别算出吸收或发射速率（ε,k_e^0）的概率。从把电子看作能沿着分子骨架以特殊方式进行振荡的负电荷的光吸收经典理论结果出发，现在已可通过公式（4.16）使之与 ε 和 k_e^0 相联系了。

4.16　振子强度概念[4,5]

在经典理论中，光被认为是一个谐波振荡的电磁波，而分子内的电子则被看作是带负电荷的谐振子，通过与一定频率的光相互作用而产生共振。在光的经典理论中，振子强度（f）被定义为物质中的电子与光波的电磁场相互作用而引起电子跃迁的概率或强度的量度。在简单的模型中，振子强度 f 可以看作实际分子与绑定在分子上如"完整"谐振子的单个电子的吸收或发射强度的比值。对于一个理想的电子来说，$f=1$，即电子被看作是一理想的谐振子。当光与 $f=1$ 的电子相作用时，对于共振频率为 ν_i 的光的吸收概率将接近于极大（极限情况下光子的吸收概率为 1，亦即每一个与电子相作用的光子都将被吸收）。在经典理论中，处于基态分子 R 中的电子是不振荡的，而且是不动的（这种情况在量子力学中是被禁止的！）。吸收光可导致电子的激发，激发态的电子可被看作一振荡的电子，但是对于未被激发的电子则被视为无振荡。在光子学的语言中，光的吸收过程是从电磁场中移去光子并引起电子振荡，而光的发射过程则是在电磁场中增加一个光子，并停止电子振荡。

作为一个能将参数 ε 和 k_e^0 与振子强度（f）相联系的具体样本，激发的振荡电子可近似地看作一维的谐振子[4c]，亦即振荡偶极。理论的振子强度 f 与实验测定 ε 的定量关系可用公式（4.17）表示。

（理论的振子强度）$\qquad f \equiv 4.3 \times 10^{-9} \int \varepsilon d\bar{\nu}$ （实验吸收值） （4.17）

式中，ε 为实际测定的吸收系数；$\bar{\nu}$ 为吸收的能量（通常为 $1/\lambda$，单位一般用 cm^{-1} 表示，称为波数）。

在实验测试中，在公式（4.17）中 $\int \varepsilon d\bar{\nu}$ 的积分相当于分子吸收系数 ε 对相应单电子振荡子波 $\bar{\nu}$ 作图所得的曲线面积。根据经典理论，辐射速率常数（k_e^0，单位时间内发射的光子数）和吸收系数间的关系可用公式（4.18）表示：

$$k_e^0 = 3 \times 10^{-9} \bar{\nu}_0^2 \int \varepsilon d\bar{\nu} \cong \bar{\nu}_0^2 f \qquad\qquad (4.18)$$

在公式（4.18）中，$\bar{\nu}_0$ 是相应于最大吸收波长的波数（能量，以 $1/\lambda$ 为单位），而积分 $\int \varepsilon d\bar{\nu}_0$ 则与公式（4.17）中的意义相同。从公式（4.18）中可以看出，通过 f 所测得的光的吸收概率是直接与实验所得的吸收系数 ε 以及辐射的速度 k_e^0 相关联，并依赖于吸收频率的平方（因 $\bar{\nu}$ 值直接正比于 $1/\lambda$）。可推导出如下结论：其他因子相同时，在较短波长下发光的速度更快。

在分子中一个理想的电子振荡器可预示其振子强度近似地为 1，即相应于为 f（以及相关 ε 值）的极大值，但是，可以发现表 4.1 中从公式（4.17）计算得到的实验值在相当大的范围内变动（$1 \sim 10^{-10} cm^2/mol$）。光吸收和发射的经典理论的一个主要失败就是它不能解释由公式（4.17）所计算得出的振子强度值为何在一个如此大的范围内变动。然而，振子强度的概念，不仅可以用于光与电子的最初相互作用的基本解释，当运用量子力学概念时，还可以借助辐射跃迁的起始和终止态的波函数，以及代表振荡电磁场施加于电子上的偶极电力的算子等来解释对振子强度 f 值（以及实验测得 ε 和 k_e^0 值）在较大范围内的变动。波函数必须能够反映 R 和 *R 态的电子对称性，此外，还必须反映这些状态的振动和自旋性质。由于在光的吸收和发射的经典理论中并未考虑这些重要的特性，因此，经典理论不能预示实验得出的振子强度可在大范围内的变动，就不足为奇；只有考虑到分子的对称性、分子振动及电子自旋时，才可以得出如此大范围的振子强度分布。

4.17 振子强度的经典概念与量子力学瞬时偶极矩间的关系

光的经典理论近似地将分子内的激发电子视为线性的谐振子或振荡的电偶极。首先我们需要考虑电偶极的性质，以便深入了解 f 与电偶极大小（强度）间的关系；其次，我们利用经典的直觉来了解为何 ε 和 k_e^0 的值能与辐射跃迁的偶极强度相关联。如果两个电量相等但方向相反的电荷（e）彼此相距的（矢量）距离为（r），则大小等于 er 的偶极矩（μ）就得以建立 [公式（4.12）]。对在类型为 R+ $h\nu \rightarrow$ *R 的电子跃迁中，一个振动偶极必然会通过电子与电磁场的相互作用而被引入。根据经典理论，f 的大小正比于光波作用于电偶极而产生的诱导（或瞬时）偶极矩（μ_i）

的平方 [公式（4.19）]：

$$（振子强度）\qquad f\alpha\boldsymbol{\mu}_i^2=(er)^2\qquad（瞬时偶极矩）\tag{4.19}$$

在公式（4.19）中，$\boldsymbol{\mu}_i$ 相应于电子跃迁（发射或吸收）的诱导瞬时偶极矩（或偶极强度）。跃迁的偶极强度可被设定等同于 er，它可被看作跃迁偶极的平均尺寸，其中的 r 是偶极长度。将经典的振子强度与电子振荡的量子化相结合，就可以得到一个联系 f 与 $\boldsymbol{\mu}_i$ 的表达式，即式（4.20）：

$$f=\left(\frac{8\pi m_e v}{3he^2}\right)\boldsymbol{\mu}_i^2\cong10^{-5}\,\overline{v}\left|er_i\right|^2\tag{4.20}$$

式中，m_e 为电子的质量；$\overline{v}$ 为跃迁能，cm^{-1}；h 为普朗克常数；r 为瞬时偶极的长度，cm。

现在，$\boldsymbol{\mu}_i$ 可以通过作为矩阵元计算得到的可观察量来确定，亦即 $\boldsymbol{\mu}_i=\langle\psi_1|P|\psi_2\rangle$，进而推导出公式（4.21）：

$$经典的\rightarrow\qquad f=\left(\frac{8\pi m_e\overline{v}}{3he^2}\right)\langle P\rangle^2\qquad\leftarrow\ 量子力学的\tag{4.21}$$

公式（4.21）将经典力学的振子强度（f）与公式（4.16）的量子力学矩阵元的平方 $\langle\psi_1|P|\psi_2\rangle^2$ 联系起来。由于 f，以及 $\langle\psi_1|P|\psi_2\rangle$ 两者都可直接地与实验的量相联系，如通过公式（4.18）和 ε 和 $k_e^0(=\tau_e^0)$ 等相联系，因此可以说，现在我们已处于将量子力学量与实验量间的关系联系起来的位置上了。

4.18　ε，k_e^0，τ_e^0，$\langle\psi_1/P/\psi_2\rangle$ 与 f 间关系的例子

前文中对理论与实验相联系的一些表述都是被简化了的，并且仅为一些控制如 $R+hv\rightarrow{}^*R$ 和 ${}^*R\rightarrow R+hv$ 辐射跃迁重要因子的"量子见解"。然而，期望至少可通过应用这些公式在定性的数量级上提供出与实验一致的结果，并可用作与实验结果相比较的校正点或数字基准。在这种条件下，我们可先列出一些样本作为数字基准，以便直观的感受各种不同辐射跃迁相关数值大小的量级和限制。

分子的吸收光谱相应于分子在许多波长范围内的光的吸收，所以公式（4.18）必须对所有发生吸收的波长进行积分，假设吸收光谱为对称性的曲线，即可简单地近似为等腰三角形而计算积分面积[9]。在这样假定的条件下，可推导出公式（4.22）：

$$\int\varepsilon\mathrm{d}\overline{v}\approx\varepsilon_{\max}\Delta\overline{v}_{1/2}\tag{4.22}$$

式中，$\varepsilon_{\max}$ 为在最大吸收处的 ε 值；$\Delta v_{1/2}$ 为在 $1/2\varepsilon_{\max}$ 处吸收带的宽度，cm^{-1}（能量）。

以某分子的吸收光谱为例，峰值波长 $\overline{v}=20000cm^{-1}$(500nm)，其吸收系数 $\varepsilon_{\max}=5\times10^4cm^2/mol$，半峰宽度为 $\Delta\overline{v}_{1/2}=5000cm^{-1}$，对于有机分子来说是一个典型的吸收谱带的半宽度，最大吸收处的吸收系数也接近于所发现的典型有机分子的最大吸收

系数。换句话说，这个例子，是充分允许电子吸收的一个样本，而且，它相当接近于振子强度 $f=1$ 的经典情况。

现在，让我们将实验量 ε 与它的理论副本，即公式（4.16）中的 f 与 $\langle \psi_1 | P | \psi_2 \rangle^2$ 联系起来。以经典模型为导引，矩阵元 $\langle \psi_1 | P | \psi_2 \rangle$ 就可随着瞬时偶极矩 $\mu_i = er$ 而加以确定。然后，将矩阵元 $\langle \psi_1 | P | \psi_2 \rangle$ 值直接与瞬时偶极 $e \langle r \rangle$ 值相关联，可通过公式（4.23）和式（4.24）给出一个联系 f 和 $\langle r \rangle^2$ 的近似表达式：

$$f \approx \frac{\varepsilon_{\max} \, \Delta \overline{\nu}_{1/2}}{2.5 \times 10^8} \qquad （无单位） \tag{4.23}$$

$$\langle r \rangle^2 \approx \frac{\varepsilon_{\max} \, \Delta \overline{\nu}_{1/2}}{2.5 \times 10^{19} \overline{\nu}} \qquad （单位，cm^2） \tag{4.24}$$

峰值波长为 20000cm^{-1}，$\varepsilon_{\max} = 5 \times 10^4$cm^2/mol，半宽度 $\Delta \overline{\nu}_{1/2}$ 为 5000cm^{-1} 吸收体系的 f 和 r 值估算如下：

$$f \approx \frac{(5 \times 10^4)(5 \times 10^3)}{2.5 \times 10^8} = 1.0 \tag{4.25}$$

$$\langle r \rangle^2 \approx \frac{(5 \times 10^4)(5 \times 10^3)}{(2.5 \times 10^{19})(2 \times 10^4)} = 5 \times 10^{-16} \quad （cm^2） \tag{4.26}$$

从公式（4.25）可以看出，这样大的 $\varepsilon_{\max}$ 值所相应的振子强度 f 确实在 1.0 量级上。

在经典理论中，这样一个样本体系相应于一个理想的电子谐振子[4c]。在此体系中，瞬时偶极长度 r 为 2.2×10^{-8}cm=2.2Å，根据量子理论，瞬时偶极长度为 2.2Å，相应的瞬时偶极矩 er 则为 2.2×10^{-8}cm$\times 4.8 \times 10^{-10} \approx 10$D（符号 D 为德拜，为偶极矩的通用单位）。因此，在此样本中强的电子跃迁是与约 10D 的偶极矩相关联。换言之，在光波与分子作用时，电子云要经受相当的变形以产生出约 10D 的瞬时偶极矩。作为数字基准的比较，我们知道水的永久偶极矩约为 2D。

现在来估算一下这个吸收所产生的激发态发射的光的辐射速率常数（k_e^0）。从对 f 的计算，结合公式（4.18）的应用，可得到公式（4.27）：

$$k_e^0 (\equiv 1/\tau^0) \approx \overline{\nu}_0^2 f \approx (2 \times 10^4)^2 s^{-1} \approx 4 \times 10^8 s^{-1} \tag{4.27}$$

在计算 k_e^0 时，通过振子强度 f，从吸收到发射的理论关系，然后来对实验量间的关系、吸收光谱的积分以及相应辐射跃迁所固有的发射寿命 τ^0（可定义为 $1/k_e^0$）等，做出预示。

现在我们来考虑第 2 个分子样本，其吸收光谱的形状以及光谱位置（相同频率）等均与第 1 个样本的相同，但样本分子 2 的 $\varepsilon_{\max} \approx 10$，其对应的数值如下：

$$f = 2 \times 10^{-4} \quad r = 0.3\text{Å} \qquad k_e^0 \approx 10^5 s^{-1} \tag{4.28}$$

值得注意的是，其振子强度 f 在量级上远小于最大值 1.0，因此，与其相关的偶极强度、辐射速率以及瞬时偶极的尺寸大小也相应要小很多。

通过计算这些样本的量级可以得到一些基本的数值，并用于估计实验中有机分子的最强辐射吸收（通过 ε_{max} 测量）或是最快的辐射发射（由 k_e^0 来测量）。有机分子究竟能达到多大的 ε_{max} 值呢？假如我们以经典光吸收理论的推导为依据，则 ε_{max} 的最大值将接近 1.0 的振子强度。对发生在接近 400nm（20000cm^{-1}）处的吸收，可以预期其极限的 ε_{max} 值约为 100000，相应的辐射速率约为 $10^9 s^{-1}$，于是得到公式（4.29）所给出的值：

$$自旋允许吸收：\varepsilon_{max} \rightarrow 10^5 cm^2/mol（极限值） \qquad (4.29a)$$
$$自旋允许发射：k_e^0 \rightarrow 10^9 s^{-1} \qquad （极限值） \qquad (4.29b)$$

在可见光和近紫外区域，室温下许多吸收带的典型带宽（$\Delta \overline{\nu}_{1/2}$）平均约为 3000cm^{-1}，因此，根据公式（4.23）～公式（4.27），发射速率 k_e^0 和 ε_{max} 之间的近似关系如下：

$$k_e^0 \approx \varepsilon_{max} \Delta \overline{\nu}_{1/2} \approx 10^4 \varepsilon_{max} = 1/\tau^0 \qquad (4.30)$$

需要注意的是，用这种方法计算得到的寿命是纯的辐射寿命 τ^0，亦即是激发分子 *R 在没有非辐射失活途径下回到基态的寿命。其次，$1/\tau^0$ 值与 *R 的纯辐射过程的速率常数 k_e^0 相关。由实验观察得到的寿命 τ_{obs} 通常小于计算得到的值，这就是非辐射过程的影响，包括光物理的（*R→R）和光化学的（*R→I,*R→F）两种，它们都可与 *R→R+$h\nu$ 的辐射过程相竞争。

现在我们要为 ε_{max} 的最小值寻找一个基准（最小的 k_e^0 值）。当 R+$h\nu$→*R 过程为自旋禁阻时（经典理论在此应是无助的，因为它根本不考虑电子自旋！），ε 有着最小的矩阵元值。当然，自旋禁阻过程的理论极限为零。然而，有机分子中由于自旋-轨道的耦合[10]可导致有限的扰动，所以，虽然自旋禁阻辐射跃迁过程的 ε 值总比自旋允许的跃迁过程小得多，但此值还是限定的。实验测得的有机分子 ε 值的下限 ε_{max} 约为 10^{-4}，其相应的辐射速率常数 k_e^0 约为 10^{-1}～10^{-2}s，这可看作是自旋禁阻辐射跃迁的基准。当分子中存在重原子时，分子的自旋-轨道耦合特别强，可能会观察到它的上限，即 $\varepsilon_{max} \approx 10^0$。

4.19　与发射和吸收光谱相关的定量理论实验测试

表 4.3 中列出了单重态-单重态的跃迁的实验测试值[9]和根据公式（4.18）修正后的理论值。当基态与激发态的几何形状并无太大的差别，同时分子的对称性也并不太高时，计算值与实验值间的一致性很好。但当基态 R 和激发态 *R 间在几何上存在着大的变动时，则上述公式的一些假设不成立。如苯分子的高度对称性就可引起跃迁时"轨道"的禁阻，从而使 ε 的实验值小于理论值。对这类现象的原因可定性地理解为：光波无法找到一适当的分子轴，而沿着它产生出通过 HOMO→LUMO 跃迁的瞬时偶极。苯、萘、芘以及其他具有高对称性分子的最低能量跃迁就是这样，有很

长的荧光寿命！

由于经典理论并未对分子的对称性或电子自旋对辐射跃迁的影响等加以考虑[10]，对电子禁阻的单重态-单重态，以及自旋禁阻的单重态-三重态间的辐射跃迁在理论上运用公式（4.18）是不恰当的，但是从吸收数据[11]所推演得到的相关的 k_e^0 值仍然是很近似的。

表 4.3　单重态-单重态跃迁中化合物的辐射寿命的实验值和计算值

化合物	$\tau_0^{①}/10^{-9}$s	$\tau_0^{②}/10^{-9}$s
红荧烯	22	16
蒽	13	17
菲	4	5
9,10-二苯基蒽	9	9
9,10-二氯蒽	11	14
吖啶酮	15	14
荧光素	5	4
9-氨基吖啶	15	14
罗丹明 B	6	6
丙酮	10000	1000
苯	140	600

① 计算值。
② 实验值。

4.20　吸收和发射光谱的形状[12]

我们将介绍某些作为样本的有机分子的电子吸收和发射光谱，有些图谱中有相对"宽"的谱带，而另一些则显示出很多的"窄"带。下面将定性地描述吸收和发射谱中的谱带形状，并从结构上进行阐释。

假定基态分子 R 的能量为 E，而激发态*R的能量设定为*E。共振公式 $\Delta E = h\nu$ 则相应于能隙为 $\Delta E = *E - E$ 的两个能级 E 和*E 间的跃迁。对于吸收（R+ $h\nu$→*R）而言，能量的变化相应于 $\Delta E = h\nu = |E \to *E|$，而对于发射（*R→R+$h\nu$），则其能量的变化应相应于 $\Delta E = h\nu = |*E \to E|$。我们可以期望，实验中所观测到的吸收和发射光谱是以"窄线"的形式对应于所涉及的吸收或发射光的频率 ν，但事实上，只有原子的吸收和发射光谱是接近于"窄线"的 [如图4.7（a）]。

原子光谱之所以出现窄峰，是因为原子电子态的能量 E 和*E 可准确地通过指定电子轨道的电子能量来加以描述。在低压下，气相原子没有可以"加宽"原子基态 R 和激发态*R 能量 E 和*E 的旋转、振动以及碰撞的现象存在，而且由于 E 和*E 值是被明确地加以定义，因此 $\Delta E = |*E \to E| = h\nu$ 值也就只有明确而精准的大小。

于是，在低压下、气相中，由于 E 和*E 值的精确定义，以及 $\Delta E=h\nu$ 同样精确的定义，原子的吸收和发射光谱呈现出锐利的谱线。原子从基态 R 到激发态*R 的电子跃迁，要求具有明确能量定义的量子。所以在气相下，原子的吸收（R+$h\nu\rightarrow$*R）和发射（*R$\rightarrow$R+$h\nu$）光谱是一个很狭窄的谱带［图 4.7（a）］。例如，气相 H 原子的吸收和发射光谱在可见光范围内［相应于 $n=2$（2s,2p）和 $n=3$（3s,3p,3d）的 H 原子态间跃迁］分别是由位于 410nm、434nm、486nm 以及 656nm 等 4 条窄谱线所组成，因为原子在跃迁中所涉及的 R 和*R 轨道能量并无重大的变化，它们的吸收和发射位置几乎是准确地相互对应。

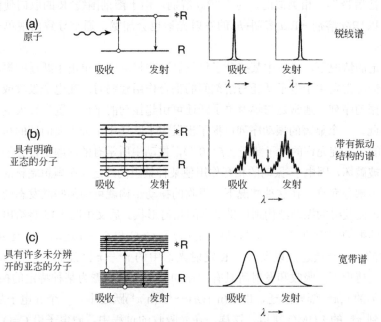

图 4.7 （a）低压气相条件下原子典型的锐线吸收和发射光谱；（b）低压气相条件下典型刚性分子的振动宽带吸收和发射光谱；（c）溶剂中某些典型分子的无结构宽吸收和发射光谱。每个吸收和发射相应于单独电子的跃迁

即使处在低压和气相条件下，由于电子间的耦合与振动，分子在 R 和*R 间的跃迁就不再是"纯"的电子跃迁，而是一定能量范围的"电子振动"（vibronic）跃迁。为了描述分子的电子态，不仅要考虑电子的运动，而且还要考虑原子核相对于另一个核间的运动，以及分子作为一个整体的运动（例如振动和转动）。由于分子的起始和终止的状态可能相应于不同核形状的瞬间系综（第 3 章），分子在 R 与*R 间的电子跃迁并不对应于明确定义的单个量子能量。所以，对分子的 HOMO→LUMO 跃迁的吸收和发射光谱，即使在气相和在低压条件下，也包括对应于构象稍有不同的 R 与*R 的能量范围内的振动跃迁［图 4.7（b）］。在分子吸收中，原子跃迁特征的"锐线"已被一组在空间上十分接近的分子振动特征谱线所代替。一般说来，这些在空间十分接近的线是难

以分辨的，它们被称作为吸收和发射"带"。

对于溶液中的有机分子，情况更加复杂［图4.7（c）］。在溶液中R和*R被溶剂分子所包围，在许多不同的超分子构型中这些溶剂分子可瞬间地围绕着R和*R实现分子间的取向。此外，振动也可被耦合于分子之中，而且在某种程度上也与溶剂分子相关。这些溶剂分子围绕着R的超分子构型可以通过超分子词汇而记作R@溶剂。与气相中的结果相比，这类超分子构型的跃迁R@溶剂+$h\nu$→*R@溶剂，在吸收或发射的能隙上会稍有不同，其分子光谱将大为加宽，而分子的振动结构［图4.7（b）］也将进一步加宽，或是变得模糊不清［图 4.7（c）］或是完全丧失掉了（因而可称之为"有单个极大的无特征谱带"）。相类似的，对于*R@溶剂，由于溶剂围绕*R的取向使能级有所加宽，所以*R@溶剂→R@溶剂+$h\nu$的发射光谱也会加宽，通常导致出现单个无特征性的谱带。

在特定的情况下，溶液中某些分子仍然显现明显对应于单电子跃迁的振动结构谱带。这种情况常发生于电子跃迁与溶剂间的耦合作用较弱时。在电子吸收或发射带中最突出的振动序列，通常是与辐射电子跃迁可引起振动的平衡位置有较大变动相关联的[13]。因此，一个显著的振动序列可揭示出发生于跃迁中十分重要的核的扭曲变形。对于"弱的"自旋允许的电子跃迁（$f<10^{-2}$），振动中所常有的问题是使分子的对称性因振动而被破坏，因电子-振动的相互作用使某种禁阻的跃迁（在理想完整的分子对称性下）变为部分允许。在这种情况下，吸收的振动结构就可为某些激发态的几何形状提供信息，而发射的振动结构则提供基态的几何形状。后文中图4.15将给出芳香碳氢化合物芘的振动结构的实例，该振动结构混合了C=C和C—H运动，涉及R→*R吸收光谱中的$\pi\rightarrow\pi^*$跃迁，以及*R→R发射光谱中的$\pi^*\rightarrow\pi$跃迁。

在某些情形下，吸收和发射所具有的振动结构可被指派为某种特定的振动运动。例如，酮类的n,π*辐射跃迁，即R(n^2)+$h\nu$→*R(n,π*)跃迁中，一个n电子从HOMO轨道转移到π*的LUMO轨道。这样，在光吸收的过程中，π*电子沿C=O轴产生，而使C=O键突然变弱，C=O振动则被选择性地激发。激发态的C=O振动结构支配了振动序列吸收光谱。在另一方面，*R(n,π*)→R(n^2)+$h\nu$过程则可选择性地从π*轨道（LUMO）转移一个电子到n轨道（HOMO）。结果导致基态的C=O振动在发射光谱中占有优势。

二苯酮的吸收和发射光谱提供了一个很好的概念性样本，将振动特征与辐射跃迁相关联的电子组态联系起来。二苯酮的n→π*跃迁的振动结构对应于在图4.16中两个相邻的极大峰。相邻振动能级间的间隔约1200cm^{-1}，它相应于*R的C=O伸缩振动。可直接通过R和*R中的C=O伸缩振动的时间分辨红外光谱测量得到。图4.19（a）给出了77K下二苯酮的发射光谱，在这种条件下，二苯酮T$_1$(n,π*)态的磷光发射光谱中的振动带可以得到很好地分辨，相邻振动带的间距约有1700cm^{-1}，这一间隔的大小与二苯酮基态的C=O伸缩振动能量（用红外光谱仪测得）相符。因此，吸收光谱中振动谱带的距离可以反映出*R的振动结构，而发射光谱振动谱带间的距离则反映了 R 的振动结构。由于存在反键电子，*R 态较小的 $1200cm^{-1}$ 值与 *R 中的弱键相一致。

下面我们将要看到电子吸收和发射光谱中的振动强度是如何受控于 Franck-Condon 原理的。

4.21 Franck-Condon 原理和有机分子的吸收光谱[13]

由 Franck-Condon 原理（第 3.10 节，特别见图 3.3）所导致的结论是：双原子分子 X-Y 的波函数 ψ_0 和 $*\psi$（分别对应于 R 和 *R 态）间振动的跃迁概率是有所不同的。这里，我们借助于半经典模型（即振动是量子化的，但振动波函数并未明确地考虑）列出了 Franck-Condon 原理作用的例子。在图 4.8 中所示出的情况是：ψ_0 和 $*\psi$ 的两个势能曲线是相似的，但并非是垂直位移的；也即，ψ_0 和 $*\psi$ 间的平衡间隔 r_{eq} 是相同的。在图 4.8 中的情况相当于在 ψ_0 和 $*\psi$ 二者间电子轨道跳跃的总的键合结构是相似的。因此，R 和 *R 的平衡几何形态也应该相似。在这样的情况下，Franck-Condon 原理要求吸收必须垂直发生，因此一个相对强的 $v=0 \rightarrow v=0$ 跃迁（命名为 $0 \rightarrow 0$ 带）就可在吸收和发射中观察到，（其振动带强度也可和其他的相比较），而吸收和发射光谱的 $0 \rightarrow 0$ 带也有明显的重叠。R 中的分子可在点 A 和 E 之间进行零点运动（$v=0$），而到 B 点（$v=4$）的垂直跃迁和到点 C 和 D（$v=4$）的跃迁都是 Franck-Condon 禁阻的，导致 $0 \rightarrow 4$ 的跃迁很弱。

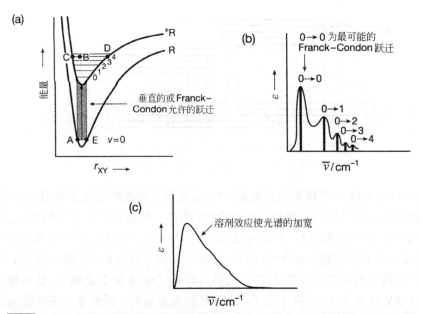

图 4.8 （a）有着相似极小的 R 和 *R 势能曲线，Franck-Condon 所允许的 R→*R 垂直跃迁；（b）吸收光谱的形式，见图 4.9 所示的试验样本；（c）溶剂对吸收光谱振动结构的加宽效应

至于在分子能量曲线的极小处仅有很小位移的例子[14]常出现于如蒽那样的有着刚性结构的芳香族碳氢化合物（见图 4.9）中。由于蒽分子在激发时略有弯曲，在 9,10 位呈对称的"V"字形，使激发态曲线的极小值比基态曲线的极小处略有位移。在这种情况下，在吸收和发射谱二者中都可观察到相对较强的 0→0 和 0→1 的振动带，而且吸收和发射的 0,0 谱带有所重叠。应注意到：对自旋允许的 $S_0 \leftrightarrow S_1$ 和自旋禁阻的 $S_0 \leftrightarrow T_1$ 辐射跃迁，它们的振动形式稍有不同。其可能的原因是：在三重态特征下的最佳混合振动形式并不是具有最佳 Franck-Condon 因子的振动。

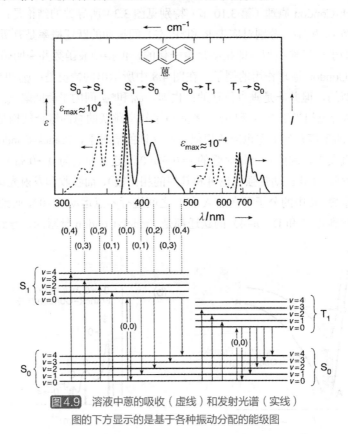

图4.9 溶液中蒽的吸收（虚线）和发射光谱（实线）
图的下方显示的是基于各种振动分配的能级图

图 4.10 和图 4.11 中所代表的情况是：$*\psi$ 的激发势能曲线的极小相对于 ψ_0 的有着较大的位移（这是因为反键电子可弱化*R 的键，从而使平衡几何构型 r_{eq} 在 *R 中会更大些，于是可假设*ψ 中的 r_{eq} 要大于 ψ_0 中的）。在图 4.10 中可见：0→2 和 0→3 的振动带相对较强，而 0→0 和 0→1 振动带则相对较弱。在图 4.11 中，*ψ 的激发所产生的几何构型要比图中 C 点的更为收缩（点 B 和 C 之间），这可导致双原子分子 XY 解离为 X+Y 两个原子。当这种情况发生时，由于分子在吸收光子后原子可立即解离，而不发生任何的振动，所以，在吸收光谱中就没有振动结构的存在。

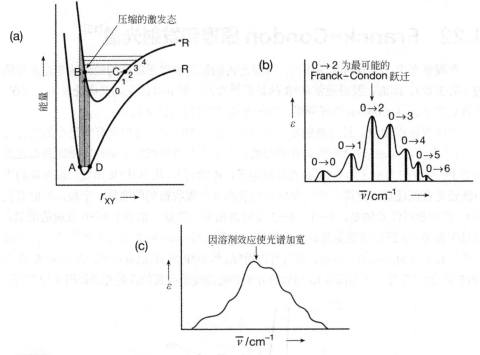

图 4.10 （a）当 R 和 *R 的势能曲线有着明显不同的极小时，所显示的 Franck-Condon 允许的 R→*R 垂直跃迁；（b）所观察到的吸收光谱形式（见图 4.15 的样本）；（c）溶剂效应导致吸收光谱振动结构加宽。典型例子为芳香酮类化合物的 n,π* 吸收（见图 4.15）

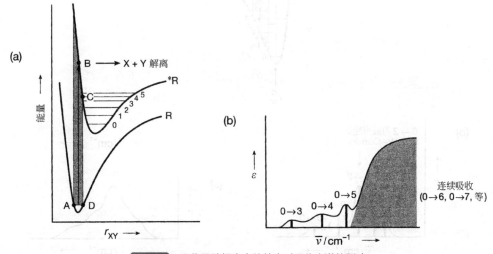

图 4.11 吸收导致解离态的效应对吸收光谱的影响

典型的例子为具有很弱 σ 键的分子，如 CH_3I 或 CH_3OOCH_3

4.22 Franck-Condon 原理和发射光谱[13]

在凝聚态中，与发射速率相比，激发态内的振动和电子能量的弛豫速率是非常快的（第 3 章）。因而，发射通常从*R 的最低激发态，即 $v=0$ 的振动能级处发生。现在，让我们将 Franck-Condon 原理应用于*R→R+$h\nu$ 的发射（图 4.12）。

与吸收过程相似，最可能的发射过程应当是在*R 的平衡构型有着最小的变化处"垂直"发生，即通常在*R 的 $v=0$ 能级处。在基态势能曲线极小处的平衡距离总比激发态 PE 曲线的为小（因为*R 具有反键电子，R 没有），所以从*R 出发，最可能的垂直跃迁是在跃迁后可立即产生一个伸长的基态（而吸收得到的则是一个被压缩的激发态）。值得加以注意的是，0→1、0→2 发射的频率（能量）都小于 0→0 发射的能量，这是因为 0→0 跃迁的能量是最大的能量，它是从*R→R+$h\nu$ 的跃迁中产生的，因此这一能量被定义为态的激发能量，而且可以用*E_S 作为*R(S_1)的能量符号，以及用*E_T 作为*R(T_1)的能量符号。从与图 4.10 相似的分子势能曲线所得到的发射光谱如图 4.12 所示。

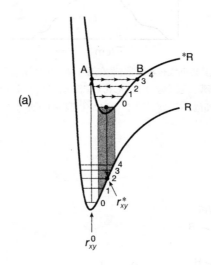

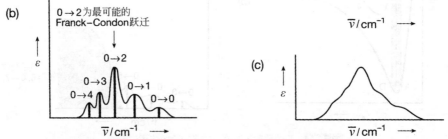

图 4.12　（a）势能曲线；（b）发射光谱；（c）溶剂加宽的发射光谱

如图所示，0→2 的发射是最有可能的 Franck-Condon 跃迁。最可能的吸收则来自 r_{xy}，

而最可能的发射则来自*r_{xy}，从*R 的发射可产生一伸长的基态

考虑图 4.12（a）中的两个势能曲线。当吸收是垂直地发生于基态势能面时，激发态则可在接近 A 点且 $v=3$ 的被压缩的振动转折点处"产生"。于是，分子在 $v=3$ 态开始振动，如不存在任何外部扰动（如在气相、低压下），XY 原子会保持在 $v=3$ 能级。然而，如果是在溶液中，则可通过碰撞而出现许多扰动，造成能量的消失。此外，在一个多原子的分子中，分子内某些部分的振动也可看作为一种扰动，而引起分子其他部分的振动，于是，能量就可很快地通过不同的振动模式进行转移（其时间尺度为几个皮秒，或更小）。因此，振动能量一般都能很快地从较高的振动能级转移出去，而在振动能级之间的转换则似乎是通过环境或者分子内的重新分配，以同样快的速度转移振动能量。在图 4.12 中，振动能量从 $v=3$ 到 $v=0$ 的能量降低是以一系列的箭头予以表示。有关从激发能级中除去振动能量的机制问题，将在第 5 章中作较详细的讨论。而在电子激发态中振动能量的快速弛豫则是 Kasha 规则的基础。

4.23　轨道组态混合与多重性混合对辐射跃迁的影响[14,15]

在 3.4 节中，我们已经看到：电子态的零级近似（这里忽略了电子-电子的相互作用和电子-振动的相互作用）仅仅只是对电子态跃迁描述的一个起点。因此，为了要了解电子态间的辐射跃迁概率，就必须要考虑电子态间的混合。态混合的基本结果是要在原来借助于单电子轨道构型（或自旋多重性）所描述的零级状态，与第二电子轨道构型（或者自旋多重性）的特征进行渗透。当然，我们可以考虑与多种轨道构型的混合。然而，经常仅仅是与另一个其他轨道构型的混合（通常，这一轨道在能量上最接近于感兴趣的零级轨道）已可充分地用于解释大量的实验数据。那么这种混合又是如何影响零级的预示呢？对于辐射（和非辐射）跃迁而言，一级的混合通常是一种重要的，可使在零级时测量概率被严格禁止的那些过程成为"允许"过程的机制。我们可以将这种混合看作能量接近的波函数间的相互作用。典型的是，一个在零级时跃迁禁阻的波函数，在借用了某些波函数的特征后，跃迁变为允许。

作为一个样本，让我们来考虑涉及电子从 n 轨道到 π*轨道的吸收跃迁（或是从 π*轨道到 n 轨道的发射跃迁）。在开始时，我们可对简单的单电子（零级）的 n 轨道和 π*轨道进行描述。在这个近似中，并不包括有任何电子-电子或电子-振动间的相互作用，因此可称之为零级的波函数，而将所用的这些轨道看作为一种"纯"态 [公式（4.31a）]。

考虑到振子强度 f 的大小是直接与吸收（ε）和发射（k_e^0）的概率相关联 [公式（4.21）]。在零级中，对纯 n,π*的 $S_0 \rightarrow S_1$ 辐射跃迁，由于发生跃迁的 n 和 π*轨道是严格正交的，其间并无重叠。由于 $\langle n \mid \pi^* \rangle = 0$，根据公式（4.21），$\langle n \mid P \mid \pi^* \rangle = 0$，而使 $f=0$。但在一级的近似中，考虑到振动或电子-电子的相互作用可以"混合"n,π*和 π,π*的构型（相比于图 3.1），n 和 π*轨道不再正交，$\langle n \mid P \mid \pi^* \rangle \neq 0$。因此可以认为：在零级时的跃迁禁阻，可因电子振动的相互作用，而在一级近似时获得"部分"的允许。由于包括电子振动的相互作用，公式（4.31b）是对 S_1 更好的描述，这是一种混合构型的状态，其中系数 λ（为一混合系数，而并非波长!）则可看作为混合程度的量度。

$$S_1（纯的）= n, \pi^* \tag{4.31a}$$

$$S_1（混合的）= n, \pi^* + \lambda\,(\pi, \pi^*) \tag{4.31b}$$

由于 $S_0 \to \pi, \pi^*$ 的跃迁一般是"允许"的［亦即，在公式（4.21）中 $\langle P \rangle \neq 0$］，因此 $S_0 \to S_1$（混合态）的跃迁，通过 $\lambda(\pi, \pi^*)$ 对所描述的-S_0 波函数的贡献，也是可以接受的，尽管 f 与充分允许的 $S_0 \to \pi, \pi^*$ 跃迁相比还相对较弱。现在，我们可利用公式（4.32）来估计 f 值的大小。

$$S_0 \underset{-h\nu}{\overset{+h\nu}{\rightleftharpoons}} S_1 \quad （混合的） \tag{4.32}$$

对 f 的表达，则可变为：

$$f(S_0 \rightleftharpoons S_1) = \lambda^2 f(S_0 \rightleftharpoons S_2) \tag{4.33}$$

换句话说，一级 $S_0 \to S_1$（混合的）跃迁，仅仅在 $S_2(\pi, \pi)$ 混合到 $S_1(n, \pi^*)$ 内于某种程度时方是允许的。混合的程度可通过 λ 而给出，而这一系数则可通过扰动理论（3.4 节）来加以预测。因此，观察到的 $f(S_0 \to S_1)$ 的值可以借助于零级 $S_0 \to S_2(\pi, \pi^*)$ 跃迁的 f 理论值来加以估计。

根据扰动理论，λ 值等于混合 S_0 和 S_2 的矩阵元值除以 S_0 和 S_2 间的能隙［公式（4.34）］。

$$混合系数 \quad \to \quad \lambda = \left| \frac{\langle \Psi_a \,|\, P \,|\, \Psi_b \rangle}{E_a - E_b} \right|_{\substack{矩阵元 \\ 能隙}} \tag{4.34}$$

如果我们将公式（4.34）中的 λ，以公式（4.33）的等当值代替，就可得到公式（4.35）。

$$观察到的混合态 \qquad 混合系数 \qquad 零级$$

$$f(S_0 \rightleftharpoons S_1) = \left| \frac{\langle n, \pi^* \,|\, P \,|\, \pi, \pi^* \rangle}{E_{\pi, \pi^*} - E_{n, \pi^*}} \right|^2 f(S_0 \rightleftharpoons \pi, \pi^*) \quad S_2 = \pi, \pi^* \tag{4.35}$$

式中，n, π^* 和 π, π^* 可归于零级能态，而 P 则就相应于混合 S_1 和 S_2 的相互作用。

从公式（4.35）我们看到：$f(S_0 \to S_1)$ 的测定值可同时反映 λ［公式（4.34）］和 $f(S_0 \to \pi, \pi^*)$。而 $f(S_0 \to S_1)$ 的大小则依赖于下列 3 个因素：

（1）矩阵元 $\langle n, \pi^* \,|\, P \,|\, \pi, \pi^* \rangle$ 的大小；

（2）*E_{π, π^*}-E_{n, π^*} 的能隙；

（3）允许跃迁的零级振子强度 $f(S_0 \to \pi, \pi^*)$。

事实上，除了观察到的跃迁概率会随着因子 λ^2 而减小外[公式（4.33）]，理论预示 $f[S_0 \to S_1 + \lambda^2 S_2(\pi, \pi^*)]$ 将具有 $S_0 \to \pi, \pi^*$ 跃迁所有的特征性质。例如，可从 $S_0 \to S_2(\pi, \pi^*)$ 跃迁的电子偏振（相对于分子骨架的吸收光取向）中推出 $S_0 \to S_1$ 跃迁的电子偏振。对于芳香分子，$S_0 \to S_2(\pi, \pi^*)$ 跃迁是面内偏振的[14]，于是，如果 S_1 为 n, π^* 和 π, π^* 能态的混合，那么 $S_0 \to S_1$ 的跃迁也将是面内偏振的。

现在可以直观地应用相同的思路，来定性地评价自旋禁阻的跃迁亦即 $f(S_0 \rightarrow T_1)$ 的大小。假设 $^3(n,\pi^*)$ 和 $^1(\pi,\pi^*)$ 的混合在 $S_0(n^2) \rightarrow T_1(n,\pi^*)$ 的跃迁中起到了支配作用（3.21 节），而自旋-轨道耦合则在混合单重态和三重态中起到支配性的相互作用。根据微扰理论，可导出公式（4.36），如下：

$$f(S_0 \rightleftharpoons S_1) = \left| \frac{\langle ^3(n,\pi^*) | P_{SO} |^1 (\pi,\pi^*) \rangle}{E_{\pi,\pi^*} - E_{n,\pi^*}} \right|^2 f(S_0 \rightleftharpoons \pi,\pi^*) \qquad (4.36)$$

通过 S 和 T 能级混合的机制，自旋"禁阻的" $S_0(n^2) \rightarrow T_1(n,\pi^*)$ 跃迁可取得一个有限的振子强度。对于 $S_0 \rightarrow T_1(n,\pi^*)$，$f$ 的大小是取决于矩阵元的值，以及"纯"的自旋允许的 $S_0 \rightarrow S_n(\pi,\pi^*)$ 跃迁的振子强度。于是可以预示：$S_0 \rightarrow T_1(n, \pi^*)$ 吸收以及 $T_1(n, \pi^*) \rightarrow S_0$ 发射都是面内-偏振，因为 π, π^* 态是面内偏振的，而"真实"跃迁的振子强度在 T_1 态中有了 π,π^* 态的混入。

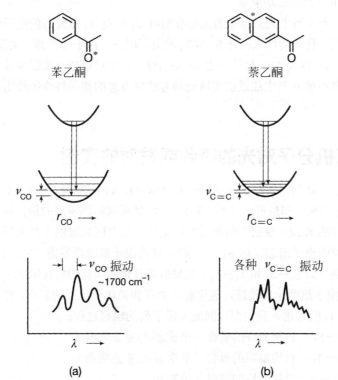

苯乙酮　　　　　　　　　萘乙酮

图 4.13 （a）具有 C=O 振动模式的苯乙酮；和具有 C=C 振动模式的萘乙酮（b）的发射光谱

从以上讨论可以清楚：对于"禁阻的"吸收和发射的测定是辨明混合态的证据，混合态提供一种相互作用的机制从而使零级禁阻的跃迁成为一级允许。在 4.20 节中，我们注意到，吸收和发射带的振动结构可提供由轨道跃迁所引起的振动运动的信息。而对吸收或发射振动结构的研究也可为混合能态中最为有效的分子运动提供线索。例如，与二苯酮的情况相似，苯乙酮 $S_0 + h\nu \rightarrow S_1(n,\pi^*)$ 吸收的振动结构显现出规则性相距

$1200 \mathrm{cm}^{-1}$ 的系列连续振动谱带[16]。这种分离的谱带相应于 S_1 中 C=O 键伸缩所需的能量。而同样的 C=O 伸缩振动在混合允许的 S_1 态的 $\pi,\pi*$ 态特征中也是十分重要的，假如它是严格的平面且不振动的，就是名义上的 $n,\pi*$ 态。只有当 C=O 发生伸缩（或弯曲）后，S_1 态方能与其他的能态相混合。

再次与二苯酮不同的是：苯乙酮 $T_1 \rightarrow S_0 + h\nu$ 磷光光谱的振动结构也显现相距约 $1700 \mathrm{cm}^{-1}$ 的连续谱带，$1700 \mathrm{cm}^{-1}$ 这一数值是 S_0 中 C=O 伸缩振动的特征[16]［如图 4.13（a）所示］。假如跃迁的确限域于 C=O 基团上，则可认为这个振动模式来自 $n,\pi*$ 态的发光。也就是说，由于这些原子间的反键节点因轨道跳跃而消失，$\pi* \rightarrow n$ 的电子跳跃在 C 和 O 原子上留下多余的振动能量。而另一方面，在萘乙酮的磷光光谱中并没有观察到特征的 C=O 振动模式［图 4.13（b）］，取而代之的则是 S_0 中芳环 C=C 振动的复杂样式，这正是 $\pi,\pi*$ 态发射所致。由于节点的破坏，$\pi* \rightarrow \pi$ 的电子跳跃可在芳环的某些 C 原子间留下多余的振动能量。

可依据吸收和发射中大量存在的光谱准则对 S_1 以及 T_1 激发态的电子组态进行归属，也可以利用光化学活性来区分 S_1 和 T_1 的电子组态。由于存在两个关联（a）光谱参数 $\Leftrightarrow$ 轨道组态；以及（b）轨道组态 $\Leftrightarrow$ 光活性，我们可以建立光谱参数与光活性之间的相关性。将在第 6 章中通过前线轨道的方法以及态的相关性作图给出这些相关性的理论基础。

4.24 有机分子对光的吸收或发射的实例

我们将考察一系列辐射跃迁 $R + h\nu \rightarrow *R$ 和 $*R \rightarrow R + h\nu$ 的实例（图示 4.1）。主要涉及最低激发单重态（S_1）和最低三重态（T_1），它们是研究初始发射的最佳候选者。基于实验观察而得到的 Kasha 规则[17]的概括性结论是：迄今研究过的多数光反应和光发射都不涉及较高阶的电子组态（如 S_2、T_2 等），这是由于高阶激发态（S_n、T_n，$n>1$）的快速非辐射转换（如 $S_n \rightarrow S_1$ 和 $T_n \rightarrow T_1$）比发射更具优势（我们将在第 5 章中详细讨论其原因）。正是由于这两个态是最可能引起光物理和光化学过程的起点，有机光化学家最为关注 S_1 和 T_1 的光谱。我们要详细地考虑下列的辐射过程：

（1）$S_0 + h\nu \rightarrow S_1$ 自旋允许的吸收（单重态-单重态吸收）；
（2）$S_0 + h\nu \rightarrow T_1$ 自旋禁阻的吸收（单重态-三重态吸收）；
（3）$S_1 \rightarrow S_0 + h\nu$ 自旋允许的发射（荧光）；
（4）$T_1 \rightarrow S_0 + h\nu$ 自旋禁阻的发射（磷光）。

在图 4.9 中，列出了蒽的所有上述四种关键性辐射跃迁的实例。对于允许的辐射跃迁，$S_0 \rightarrow S_1$ 的吸收在能量较高的波段（约 300～380nm），而 $S_1 \rightarrow S_0$ 的荧光发射则处于能量较低的波段（约 380～480nm）。$S_0 \rightarrow S_1$ 吸收和 $S_1 \rightarrow S_0$ 发光接近于重叠的波长约 380nm，它相应于 S_0 和 S_1 间零振动能级间的跃迁，亦即吸收和发射间的 0,0 带（见图 4.9 中蒽光谱下方的能级图）。极弱的 $S_0 \rightarrow T_1$ 吸收在更低的能量处（约 500～700nm）出现，如要在光谱中看到这一跃迁信号需要放大许多倍，这是因为 $S_0 \rightarrow T_1$ 吸收的吸收系数 ε_{max} 要比 $S_0 \rightarrow S_1$ 吸收的 ε_{max} 小约 10^8 倍。最后，$T_1 \rightarrow S_0$ 的磷光发射在最低能量处才可观察到。

在多数有机光化学体系中常见的典型发色团有：羰基发色团；乙烯基及共轭的聚烯烃；基和乙烯基发色团的结合（烯酮）；苯基、芳香族发色团以及它们的衍生物。可利用这些发色团来检验和理解这些重要原理和辐射跃迁的特性。在建立起这些发色团的光物理知识后，可进一步推测取代衍生物对更宽范围内的有机分子的辐射性质的影响。在第 5 章中，我们将介绍某些发色团样本的非辐射过程，随后几章中，将介绍这些发色团样本的光化学。

4.25 吸收、发射和激发光谱

电子吸收光谱的实验测定基于两个重要的原理：Lambert 定律和 Beer 定律[18]。Lambert 定律规定，被介质所吸收的入射光比例与入射光的起始强度 I_0 无关。这条定律对于通常的光源（例如灯泡）来说，能很好的近似，但并不适用于高强度的激光。Beer 定律规定：被吸收的光子数与光路中的吸收分子的浓度成正比。但当分子处于较高浓度并开始有聚集态生成的情况下这条定律并不能得到很好的近似。与吸收相关的实验量通常测定所谓的光密度值［OD，公式（4.37a）］，其中 I_0 是落在样品上的入射光的强度，而 I_t 则是经过样品（通常厚度为 1cm）后的透射光强度。例如：OD 值为 2.0 相应于约 1% 的透过或约 99% 的吸收；OD 值为 1.0 则相应于约 10% 的透过或约 90% 的吸收；当 OD 值为 0.01 时，则相应于约 98% 的透过或约 2% 的吸收。值得注意的是：当一个样品的 OD 值高于 2.0 时，大多数的入射光都在接近于光进入样品的一个很小体积内被样品所吸收。

吸收光谱是以光密度（OD）为纵坐标、以吸收光的波长（λ，单位通常为 nm 或 Å）为横坐标的图示完整描述（如图 4.9 以及图 4.14 的示例）。在某些情况下，可以用带更

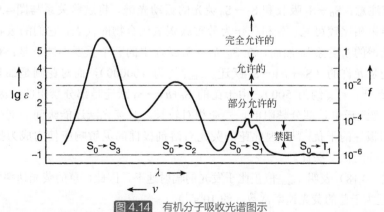

图 4.14 有机分子吸收光谱图示

通常第一跃迁（$S_0 \rightarrow S_1$）相对地比 $S_0 \rightarrow S_2$、$S_0 \rightarrow S_3$ 的跃迁弱。
虽然存在 $S_0 \rightarrow T_1$ 跃迁，但往往太弱而难以实验测到

多信息的能量单位（如波长的倒数 cm^{-1} 或频率 s^{-1}）来代替波长作图。习惯上，在这些图中也有用摩尔吸收系数 ε 而不是吸收强度为坐标，如式（4.37b）：

$$OD = \lg (I_0 / I_t) \qquad (4.37a)$$
$$\varepsilon = [\lg (I_0 / I_t)] \, l \, [A] \qquad (4.37b)$$

在公式（4.37a）和公式（4.37b）中，I_0 和 I_t 分别为入射光和透射光的强度，l 为光程的长度（通常为 1cm），[A]为吸收物质的浓度。摩尔吸收系数 ε 是分子的基本性质，在 Lambert-Beer 定律适用范围内，它不依赖于浓度及光程长。由于 ε 值变动范围较宽，有时吸收光谱可以用 $\lg\varepsilon$ 对波长（λ，nm）作图，如图 4.14 以及 4.14 节中所讨论的，ε 的单位为 cm^2/mol（可理解为吸收的单位）。在图 4.14 中还将振子强度 f 列于图右侧的 y 轴上与 ε 相比较。

发射光谱是以在 nm（或 Å）中的发光强度 I_e（在固定激发波长和恒定的激发光强 I_0 下）作为激发光波长（或能量）函数的作图。对于发光分子 A 的弱吸收溶液（OD<0.1），其 I_e 可由公式（4.38）给出：

$$I_e = 2.3I_0\varepsilon_A l \Phi^A [A] \qquad (4.38)$$

式中，ε_A 为吸光分子的吸收系数；l 为光程长；Φ^A 为 A 的发光量子产率（在 4.27 节中讨论）；[A]为 A 的浓度。Φ^A 通常与激发波长无关（Kasha 规则）[17]。因此，从公式（4.38）可得出在给定的[A]、I_0 和 l 条件下，样品的发光强度 I_e 与吸收系数（ε_A）成正比。作为激发光波长的函数样品发光强度 I_e 会随 ε_A 而变动，激发光谱与吸收光谱有着相同的光谱形状和外观。由于发光技术具有更高的灵敏度，激发光谱比标准的吸收光谱更具优势，可用于观察在很低浓度下无法直接用吸收光谱检测的光谱。

图 4.15 是以芘为样本，给出了吸收、荧光发射和荧光激发光谱的例子。激发光谱列于（b）图的左侧，右侧为荧光光谱。作为对比，芘的吸收光谱也直接列于荧光激发谱的上部。正如公式（4.38）所期望的，吸收光谱与激发光谱间紧密相关。还应注意：$S_0 \rightarrow S_1$ 吸收和 $S_1 \rightarrow S_0$ 荧光的振动光谱。将这些关系与图 4.9 中所示的蒽的结果相比较可见：蒽和芘作为芳香族碳氢化合物的代表，它们的吸收光谱都是荧光光谱的"镜像"。然而，在 $S_0 + h\nu \rightarrow S_1$ 跃迁中的一个重要不同点是：对于蒽而言，跃迁是允许的（$S_0 + h\nu \rightarrow S_1$ 跃迁，ε_{max} 约为 100000），而对芘则是部分禁阻的（$S_0 \rightarrow S_1$ 跃迁，ε_{max} 约为 500）。由于芘的 $S_0 + h\nu \rightarrow S_1$ 跃迁是部分禁阻的，因此 $S_1 \rightarrow S_0 + h\nu$ 荧光跃迁也是部分禁阻的，寿命相对较长。且荧光跃迁能级间的能隙也容易受到溶剂极性的干扰[18c]，因此芘的荧光对溶剂极性的灵敏响应使它成为探测超分子介质极性的优良探针。

公式（4.18）表明 ε_{max} 值正比于发光的辐射速率，因此，蒽的荧光速率常数（约 $10^8 s^{-1}$）远大于芘的荧光速率常数（约 $10^6 s^{-1}$）。

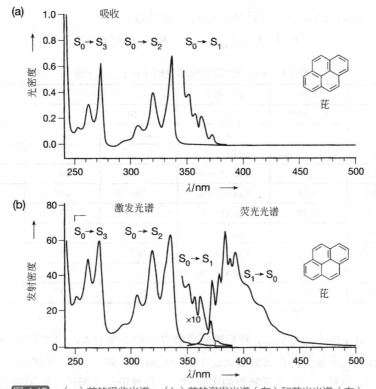

图 4.15 （a）芘的吸收光谱；（b）芘的激发光谱（左）和荧光光谱（右）

所有光谱均在室温下、环己烷中测试。340～380nm 间的插入光谱对应于放大了 10 倍后的 $S_0 \rightarrow S_1$ 吸收峰，这个 π,π^* 跃迁是对称禁阻的（4.26 节），但与较短波长的 $S_0 \rightarrow S_2$ 和 $S_0 \rightarrow S_3$ 吸收相比，它有着大得多的吸收系数

4.26 辐射跃迁参数的数量级估计

"自旋允许的电子辐射跃迁"这一术语意味着任何辐射跃迁都不涉及自旋多重性的变化。对于有机分子，自旋允许的电子辐射跃迁可分为两种类型：即单重态-单重态跃迁和三重态-三重态跃迁。如 $S_0 \rightarrow S_n$ 或 $T_1 \rightarrow T_n$ 的吸收以及 $S_1 \rightarrow S_0$ 或 $T_2 \rightarrow T_1$ 的发射。

自旋"允许"的跃迁概率范围可跨越四个数量级（图 4.14 及表 4.4）。因此，我们必须接受一个在辐射跃迁中存在着很宽范围"允许度"的概念，甚至于对自旋允许的辐射跃迁。我们必须要知道："允许"和"禁阻"二词是相对的，不是绝对的。我们必须将这些术语考虑为相对的概率，或为一种过程类型的速度与另一种的比较。在进行这种比较时，十分重要的是所进行比较的过程应有相类似的机制（如有类似的力来触发导致跃迁）。例如将一个允许（或禁阻）的辐射跃迁过程（如 $S_1 \rightarrow S_0 + h\nu$）与一个允许（或禁阻）的非辐射过程（如 $S_1 \rightarrow S_0 +$ 热）间进行比较就不合适，因为前者涉及的是 S_1 的电子与电场间的相互作用，而后者涉及的则是 S_1 的电子与分子内和分子间振动的相互作用力。光与分子间相互作用经典理论中辐射跃迁的"允许度"或强度是以振子强度 f 来计量，从中可以更为深入地理解某些有关允许和禁阻二词的含义。通过公式

（4.39）所给出的关系，我们可以估计出 f、ε 和等的大小。

$$f \alpha \int \varepsilon \mathrm{d}v \approx \varepsilon_{max} \Delta \overline{v}_{1/2} \quad \text{和} \quad f \alpha k_e^0 (\overline{v}^2)^{-1} \tag{4.39}$$

表 4.4 某些原型跃迁代表性例子的 ε_{max} 及 f 值[①]

类型	k_e/s^{-1}	实例	跃迁类型	ε_{max}	f	v_{max}/cm^{-1}
自旋允许	10^9	对三联苯	$S_1(\pi,\pi^*) \rightarrow S_0$	3×10^4	1	30,000
	10^8	芘	$S_1(\pi,\pi^*) \rightarrow S_0$	4×10^4	10^{-1}	22,850
	10^7	1,4-二甲苯	$S_1(\pi,\pi^*) \rightarrow S_0$	7×10^2	10^{-2}	36,000
	10^6	芘	$S_1(\pi,\pi^*) \rightarrow S_0$	5×10^2	10^{-3}	26,850
	10^5	丙酮	$S_1(n,\pi^*) \rightarrow S_0$	10	10^{-4}	$\sim$30,000
自旋禁阻	10^4	呫吨酮	$T_1(n,\pi^*) \rightarrow S_0$	1	10^{-5}	$\sim$15,000
	10^3	丙酮	$T_1(n,\pi^*) \rightarrow S_0$	10^{-1}	10^{-6}	$\sim$27,000
	10^2	1-溴代萘	$T_1(\pi,\pi^*) \rightarrow S_0$	10^{-2}	10^{-7}	20,000
	10	1-氯代萘	$T_1(\pi,\pi^*) \rightarrow S_0$	10^{-3}	10^{-8}	20,600
	10^{-1}	萘	$T_1(\pi,\pi^*) \rightarrow S_0$	10^{-4}	10^{-9}	21,300

① 这些数值仅代表数量级的大小。

为了在数量级上进行估算，我们可假设吸收带的半峰宽 $\Delta \overline{v}_{1/2}$（单位为 cm^{-1}，称为波数，直接正比于能量）在常见的跃迁中为一粗略的常数。于是，f 就正比于 ε_{max} [公式（4.17）]。这样，一个通常测得的实验量 ε_{max} 与理论量 f 间的定性关系就可加以应用。在表 4.4 中列出了这类关系的某些样本。"允许的"跃迁（$f \approx 1$）相应的 ε_{max} 值约处于 $10^4 \sim 10^5$ 量级（样本：对三联苯和芘）。而最强的自旋"允许"跃迁 $\varepsilon_{max} \approx 10$（样本：丙酮），其相应的 $f \approx 10^{-4}$。图 4.13 是借助于吸收光谱，对 ε_{max} 与 f 作了比较，而表 4.4 则比较了 k_e^0、ε_{max} 和 f 三者。重要的是，f 的值也与发射的概率和单位时间的速率相关。吸收的可能越大（即 ε_{max} 的值越大），相关的发射也越快（即值越大）。当 f 的值接近于 1 时，最快的发射速率约在 $10^9\mathrm{s}^{-1}$ 量级处（如对三联苯）。

在许多实验与理论的定量比较中，我们注意到 f 和 k_e^0 间的关系 [公式（4.27）] 依赖于发光频率的平方 $\overline{v}^2$。因此，发射的速率不仅依赖于 ε_{max}，而且也与发射的波长相关，也决定了发射的频率。如表 4.4 所列，1,4-二甲苯与芘有着相似的 ε_{max} 值（约 $500 \sim 700 \mathrm{cm}^2/\mathrm{mol}$），但它们的吸收和发射则处于不同的波长处（1,4-二甲苯位于 277nm，而芘在 372nm），因此 1,4-二甲苯与芘有着不同的振子强度 f 和荧光的 k_e^0 值。同样，虽然芘的 ε_{max} 稍大于对三联苯的值，但对三联苯却有着较大的 $\overline{v}_{max}$，因而 f 值更大。

依据表 4.4 的数据，可得出下列重要结论：即使是自旋允许的跃迁，仍然存在一些因素可在一定程度上禁阻其吸收和发射。如果我们设想，一种完全允许的跃迁具有振子强度 $f_{max}=1.0$，那么我们也可借助于减小理想体系 f_{max} 值的诸个"禁阻因子" f_i 的乘积，来提出一个实际的 f_{obs} 观测值的公式，如公式（4.40）所示：

$$f_{obs}=(f_e \times f_v \times f_s)f_{max} \tag{4.40}$$

式中，f_e 为由电子因素导致的禁阻；f_v 为振动（Franck-Condon）因素导致的禁阻；而 f_s 则是由自旋因子所导致的禁阻。对于自旋允许的跃迁来说，$f_s=1$，而对于自旋禁阻的跃迁，则其 f_s 值取决于在跃迁中作用的自旋-轨道耦合程度的大小（典型的 f_s 值范围为 $10^{-6} \sim 10^{-11}$）。

电子因素 f_e 可依据不同种类的禁阻度进一步分类：

（1）**重叠禁阻度**。这是因在 HOMO→LUMO 电子跃迁时，轨道空间的重叠性较差而引起的。例如酮类的 n,π*跃迁（见 2.11 节），其 HOMO 和 LUMO 在零级时是相互正交的，其重叠积分 $\langle n \mid \pi^* \rangle$ 接近于零。

（2）**轨道对称禁阻度**。这是对于空间重叠的轨道（与跃迁相关的）波函数，因波函数的对称性而引起其重叠积分的相互抵消所引起的禁阻。例如在苯、萘和芘中所发生的 $S_0 + h\nu \rightarrow S_1(\pi,\pi^*)$ 和 $S_1(\pi,\pi^*) \rightarrow S_0 + h\nu$ 跃迁。对于这些跃迁的 HOMO 和 LUMO 位相细节的讨论，已超出了本书的范围，但它对轨道禁阻的理解仍是十分必要的。为了获得跃迁的电偶极矩，光波的振荡电场必须要用来驱动电子沿着分子轴作往返运动，也就是说，跃迁的振动偶极来自电磁场和电子间的相互作用。作为更好的近似，我们仅考虑 HOMO→LUMO 跃迁决定沿着分子轴的跃迁偶极。对具有高对称性的分子，通常没有一个良好的分子轴可用来产生显著的 HOMO→LUMO 跃迁。例如，苯和芘是相当对称的分子，f 值大约为 10^{-3}；而对三联苯分子中沿着三个苯环的 1,4 位处有着十分有利的分子轴，因此其 $f \approx 1$。

一般来说，对于自旋允许的跃迁，其电子因子 f_e 是影响观测值 f 的主要因素。从表 4.4 可注意到：芘与对三联苯有着很强的 $S_0 \rightarrow S_1$ 吸收（f 约为 $1 \sim 10^{-1}$，ε_{max} 约为 $10^5 \sim 10^4$）。这些吸收在本质上对应于充分允许的（$\pi \rightarrow \pi^*$）跃迁。芘（以及苯和萘）的 $S_0 \rightarrow S_1(\pi,\pi^*)$ 跃迁是轨道对称禁阻的，其电子禁阻因子 f_e 约为 $10^2 \sim 10^{-3}$，可导致相对弱的 ε_{max} 值（约 10^2）。丙酮的 $S_0 \rightarrow S_1$ 的跃迁对应于 n→π*跃迁，但这个跃迁因为轨道重叠和轨道对称被同时禁阻，假如 n 轨道为纯的 p 轨道，且分子是严格平面的话，则可预期其 f 约为 0。而实际测试中这个 n→π*跃迁的 ε_{max} 约为 10，这是 n 和 π*轨道电子振动的混合结果。

让我们再来看电子振动是如何混合的。面外振动（图 3.1）允许 n 轨道获得 s 的"特征"，二苯酮的 n,π*态和邻近 π,π*态的"混合"，可使 S_1 成为这两种跃迁的杂化物［公式（3.9）］。$S_0 \rightarrow S_1$ 原本是重叠禁阻的零级 n,π*跃迁，因 π,π*特征"混入" S_1 中［公式（4.31）和公式（4.35）］，而取得了有限的振子强度。换言之，S_1 态获得了 π,π*特征从而具有吸收强度。对丙酮而言，由于其混合较差［在公式（4.35）的分母中 ΔE 较大］，S_1 更接近于"纯"的 n,π*，于是其吸收强度也相应较低。

由于 f 和荧光速率常数 k_F^0 间直接相关［公式（4.27），$k_e^0 = k_F^0$］，因此那些决定 f 大小的因子自然也影响着 k_F^0 的大小。假如我们忽略决定 f 或 k_F^0 值的主要因子 f_v（如刚性分子），对于允许的跃迁来言，这应是一个很好的近似。又假如平衡激发态的核几何形态与其起始基态的形态有着很大的不同，那么 $S_1 \rightarrow S_0$ 跃迁的值将由 f_e 以及与 $S_0 \rightarrow S_1$ 跃迁 f 值相关联的不同 Franck-Condon 因子（见 4.22 节）所决定。在特殊的情况下，即 S_0 和 S_1 的平衡几何形态以及主要振动序列都类似时，则可观察到吸收和相应发射光谱间的"镜像关系"（见图 4.9 和图 4.15），亦即 $S_0 \rightarrow S_1$ 与 $S_1 \rightarrow S_0$ 互为镜像，$S_0 \rightarrow T_1$ 则与 $T_1 \rightarrow S_0$ 互为镜像。

基于吸收光谱所给出的信息，轨道组态就可被分配于相应吸收带的电子跃迁。对于蒽、苯、芘以及其他芳香碳氢化合物，分子轨道在整个分子骨架上是离域的，并且在 200～700nm 的范围内只有 $\pi \rightarrow \pi^*$ 跃迁在能量上是可行的，因此它们整个 π 体系可被近似地假设为单个发色团。对于二苯酮和芳香类的羰基化合物，$n \rightarrow \pi^*$（长波长）和 $\pi \rightarrow \pi^*$（短波长）两种跃迁都有可能。表 4.5 中列出了一些根据经验从吸收和发射光谱的特征来鉴别轨道组态变化的准则。

表 4.5 对酮类分子轨道构型分类的经验准则

性质	$n \rightarrow \pi^*$ $S_0 \rightarrow S_1$ $S_0 \rightarrow T_1$		$\pi \rightarrow \pi^*$ $S_0 \rightarrow S_1$ $S_0 \rightarrow T_1$	
ε_{max}	< 200	$>10^{-2}$	>1000	$<10^{-3}$
k_e / s^{-1}	$10^5 \sim 10^6$	$10^3 \sim 10^2$	$10^7 \sim 10^8$	$1 \sim 10^{-1}$
溶剂位移	随溶剂极性增大而波长变短		随溶剂极性增大而波长变长	
振动结构	局域振动		离域振动	
重原子效应	无		增大所有 $S \rightarrow T$ 跃迁的概率	
ΔE_{ST}	小（<10kcal/mol）		大（>20kcal/mol）	
跃迁矩的偏振性	垂直于分子平面 平行于分子平面		平行于分子平面 垂直于分子平面	
Φ_e^{77K}	<0.01	~0.5	1.0～0.05	<0.5
E_T	<75	<65	可变	

图 4.16（a）给出了二苯酮自旋允许的吸收光谱，利用表 4.5 中的信息可以鉴别其在辐射跃迁中所涉及的轨道；二苯酮在环己烷中有两个主要的吸收峰，位于 350nm 和 250nm 处；刚性环烷酮（cyclanone）的 n,π*吸收 [图 4.16（b）] 也出现在与二苯酮 n,π* 吸收相似的波长范围，二苯酮的长波长吸收峰具有相对较低的 ε_{max} 值（约 100），此峰值波长归属为轨道和空间禁阻的 $n \rightarrow \pi^*$ 跃迁（表 4.5）。由于在乙醇中 n 和 π*轨道间的能隙预期要比在环己烷中大（所以其吸收出现于较短波长处），因此当溶剂从环己烷改为乙醇时其峰值吸收"蓝移"，再次表明这一归属的正确。氢键可稳定 S_0 中的 n 轨道，而不利于 S_1 中 π*轨道的稳定性。π*轨道的这种不稳定性来自于 n 电子进入了 π*轨道的 Franck-Condon 激发。在电子轨道跃迁的时间尺度内，溶剂分子乙醇没有足够的时间重新取向，溶剂的偶极围绕着羰基氧原子而取向，即以其正端（氢键）指向于氧。在电子跃迁发生后的瞬间，n 轨道是半充满的，且有着比其基态更多的负电性，围绕

着氧原子的溶剂偶极就处于不利的空间分布状态，它相当于 π* 轨道上能量的增加，在乙醇中的 n→π* 跃迁要比在环己烷中需要更多的能量。

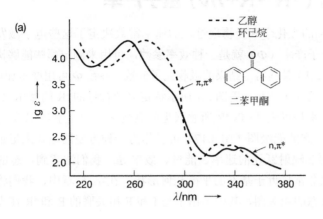

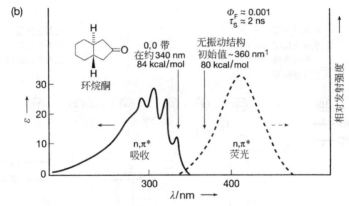

图 4.16 （a）二苯酮在乙醇（虚线）和环己烷（实线）中的吸收光谱；（b）环烷酮的吸收和发射光谱

对光化学家来说，用极限值的概念来标定 S_1 反应所允许的最长时间是非常重要的。这是因为如果 S_1 的反应可有效发生，则它的速率必须能与竞争，否则荧光将成为衰变到 S_0 的主要途径。从表 4.4 中可看出，在有机分子中对三联苯有着最大的"世界纪录"基准，约为 $10^9 s^{-1}$（充分允许的 π→π* 跃迁）；而丙酮的值则是最小的"世界纪录"基准，约 $10^5 s^{-1}$（弱允许的 n→π* 跃迁）。这些标准点可将极限值设置在荧光速率为 $10^5 \sim 10^9 s^{-1}$ 的范围内，并为标定提供了两个有用的规则：如果有机分子电子激发态寿命小于 $10^{-9} s$，那么它的寿命不是受限于荧光，而是受限于某些其他光物理和光化学的非辐射过程。如果有机分子的电子激发态寿命长于 $10^{-5} s$ 时，它绝不可能是单重态。

作为对自旋禁阻跃迁的基准，磷光速率常数的最大量级为 $10^3 s^{-1}$（寿命为 $10^{-3} s$），而它的最小值则在 $10^{-1} s^{-1}$（寿命为 10s）量级。因此在发射光子前 *R(T_1) 持续的时间较 *R(S_1) 要长几个数量级。三重态的这种长寿命特征在光化学中有着重要的应用。

4.27 发光（*R→R+hν）量子产率

    *R(S$_1$)和*R(T$_1$)的光化学和光物理过程的速率常数决定了这些电子激发态所能发生过程的效率。量子产率（Φ）就是一种效率参数，可用来测定那些能够诱导有机光化学范式（见图示 2.1）某些特定结果的吸收光子分数。参数 Φ 可用摩尔加以表达（即被 R 所吸收的光子的摩尔数与沿着图 2.1 所示特定途径行进的*R 的摩尔数之比），或可用动力学的语言来加以表达（以*R 所感兴趣的衰变途径的速率与*R 所有衰变途径速率之和的比较）。态的能级图（图 4.17）可以作为一种方便的范式来记录态的不同电子组态，辐射和非辐射跃迁的速率、能量、效率等。我们注意到，态的能级图所涉及的核几何形状非常接近于基态的平衡几何形状。在第 6 章中，我们将讨论扩充的态能级图，称为态的相关图，其中示出了与 I 和 F 相关联的 R 和*R 在光化学反应中的路径。

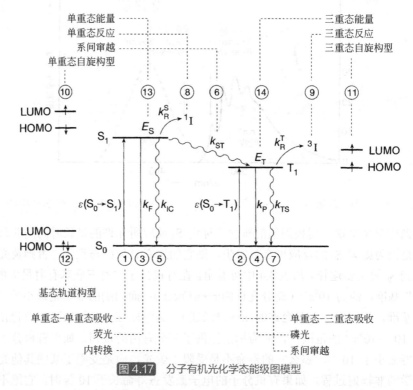

图 4.17 分子有机光化学态能级图模型

    有机分子在吸收光后的绝对发光量子产率 Φ$_e$ 是一个重要的实验参数，它包含了许多有关结构以及电子激发态动态学的有用信息。此外，在发展光控开关与传感器方面，有机分子发光已经成为了分析化学和现代光子学的一个很有价值的工具。图 4.18～图 4.20。中给出了不同类型有机分子发射光谱（荧光和磷光）的模型，如芳香类发色团

（π,π*发射）及酮类的发色团（n,π*发射）等。

　　Kasha 规则[17]规定分析有机分子发光的范式，有机分子受光激发，只有从 S_1 态（热平衡的）所发射的荧光，或者从 T_1 态（热平衡的）发射的磷光可从实验中观察到。不论是 S_1 态或 T_1 态的发光，都是由发光量子产率（荧光 Φ_F，磷光 Φ_P）所确定的。Φ 值是发光过程效率的直接和绝对的量度，它被定义为光子数（发射的）与光子数（吸收的）间的比值。原则上所有的激发态可以发射出有限数目的光子，但事实上在实验中却鲜有测得量子产率低于 10^{-5} 的例子，并且这还要归诸于实验的技巧。因此，从实际效果看，能检测到荧光或磷光的分子的发光量子产率 $\Phi_e > 10^{-5}$。

　　式（4.41）给出了从特定能态*R(S_1)或*R(T_1)发光的量子产率 Φ_e 的一般表达式：

$$\Phi_e = {}^*\Phi\, k_e^0 (k_e^0 + \Sigma k_i)^{-1} = {}^*\Phi\, k_{er}^0 \tag{4.41}$$

　　式中，*Φ 是发光态的生成效率；k_e^0 是发光态发光的速率常数（或 $k_e^0 t$）；Σk_i 为发光态所有非辐射失活过程的速率常数之和（单分子或假的单分子）；$\tau = (k_e^0 + \Sigma k_i)^{-1}$。实验寿命（$\tau$）以及由此而得到的实验发光量子产率 Φ_e 强烈地依赖于与 k_e^0 相关的 Σk_i 的大小。在不同的实验条件下变化通常不是很大，而 Σk_i 的大小则随着实验条件的改变能在几个数量级内变动。

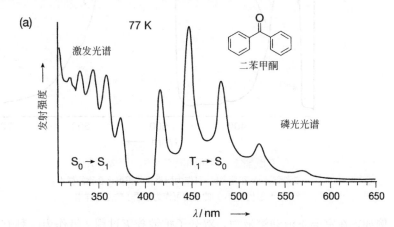

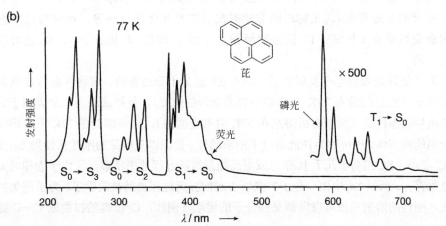

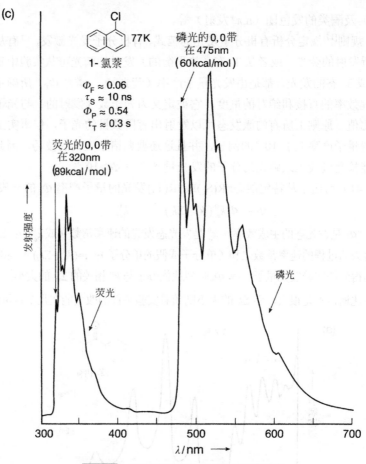

(c)

1-氯萘 77K

$\Phi_F \approx 0.06$
$\tau_S \approx 10\ ns$
$\Phi_P \approx 0.54$
$\tau_T \approx 0.3\ s$

磷光的0,0带
在475nm
（60kcal/mol）

荧光的0,0带
在320nm
（89kcal/mol）

荧光

磷光

发射强度

λ/nm

300   400   500   600   700

图 4.18 二苯酮和芘在 77K 下的发射光谱

二苯酮（a）和芘（b）可作为酮类和芳香类化合物的样本；

1-氯代苯（c）的光谱可作为重原子效应的样本

　　例如，在室温下流动溶液内，双分子扩散猝灭过程（氧作为一种有效的电子激发态猝灭剂普遍存在）、光物理的非辐射失活以及光化学反应等，都可与激发态的辐射衰变相竞争（见图 4.17 的态能级图）。因此，即使*Φ 接近于 1，Φ_e 也可以是非常小的。

　　为了更好地观察电子发射光谱，减小 Σk_i 值是十分必要的。可将样品冷却到很低的温度下（液氮的沸点 77K 是实验中容易获得的温度），使样品成为一个类似于聚合物的刚性固态样品（所有有机溶剂在 77K 时都是固态）。许多溶剂在 77K 下可形成光学透明的固溶体，也可称为在此温度下的玻璃体。低温以及样品的刚性化使得 Σk_i 变得比 k_e^0 要小，Σk_i 相当于几千卡/摩尔或更高能量激活过程速率常数。又由于固相时无扩散过程存在，所以 Σk_i 中由双分子扩散所引起的猝灭过程也就被消除了。为了避免扩散猝灭，刚性的溶剂基质可以限制某些分子的运动（例如，C=C 键的扭曲或 C—C 键的大范围伸缩），这些运动可以有效促进物理和化学的非辐射跃迁。因此，在 77K 下，许多能与*R 发光相竞争的过程被猝灭，发光的量子产率达到实验可测的程度。

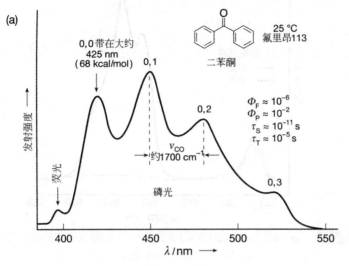

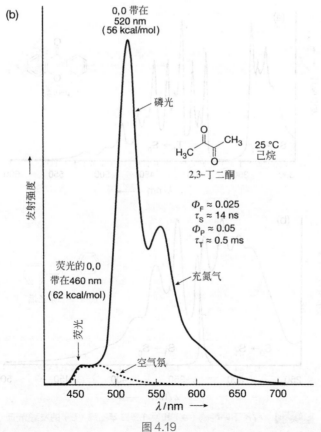

图 4.19

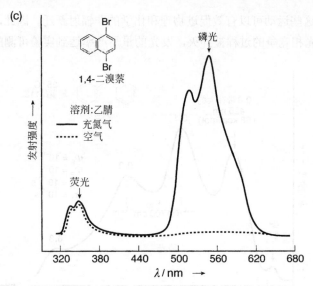

图 4.19　（a）室温二苯酮在氟里昂 113 溶剂中；（b）2,3-丁二酮在己烷中；
（c）1,4-二溴萘在乙腈中的发射光谱

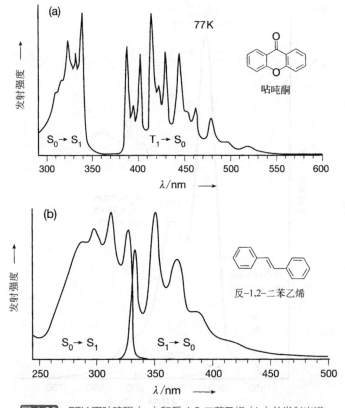

图 4.20　77K 下呫吨酮（a）和反-1,2-二苯乙烯（b）的发射光谱

然而，即使有机分子的荧光和磷光光谱是在 77K 的有机玻璃体中进行测定的，总的发射量子产率（$\Phi_F+\Phi_P$）通常小于 1.00。显然，在 77K 刚性玻璃态中，仍有一些非辐射的过程可从 S_1 态发生，如公式（4.42）所示：

$$\Phi_F+\Phi_P+\Sigma\Phi_R=1 \tag{4.42}$$

式中，$\Sigma\Phi_R$ 是从 S_1 与 T_1 所发生的光化学和光物理非辐射跃迁的量子产率之和。有关 Φ_R 的非辐射光物理过程的鉴定与评价，将在第 5 章中讨论，而有关光化学反应的发生，则将在第 6 章中讨论。在此，仅简单提及有关非辐射过程能够与 S_1 的辐射失活过程 k_F 以及与 T_1 的辐射失活过程 k_P 相竞争的情况，即使是在 77K 下。

从 77K 荧光光谱中所推演得到的数据可依据公式（4.43）方便地加以分析和解释，公式（4.43）是公式（4.42）的一个特殊形式（$*\Phi=1.00$，因为发光态即为吸收态，$k_e=k_F$，$\Sigma k_i=k_{ST}$）。

$$\Phi_F=k_F(k_F+k_{ST})^{-1}=k_F\tau_S \tag{4.43}$$

式中，τ_S 可定义为 $(k_F+k_{ST})^{-1}$。

公式（4.43）有两个极限的情况：（a）$k_F \gg k_{ST}$，Φ_F 约为 1.00；（b）$k_{ST} \gg k_F$，$\Phi_F=k_F/k_{ST}$。依据这些极限条件，当 k_F 很大或是 k_{ST} 很小时，Φ_F 将接近于 1；反之当 k_F 很小 k_{ST} 很大时，则 $\Phi_F\to0$。由于 $S_0\to S_1$ 吸收 ε_{max} 值的限制，预计有机分子的荧光速率常数处于公式（4.44）所给出的范围（4.26 节）之内。

$$10^5s^{-1}<k_F<10^9s^{-1} \tag{4.44}$$

根据实验得到的有机分子的 k_{ST} 极限值（4.31 节），上式可演变为：

$$10^5s^{-1}<k_{ST}<10^{11}s^{-1} \tag{4.45}$$

于是，只是简单地对 S_1 的荧光和系间窜越间竞争加以考虑，可以期望 Φ_F 值有数量级的变化。例如，在一种极限的情况下荧光较强并且易于观察；而在另一种极限的情况下，荧光可能是强的，也可能是弱的，甚至是无法观测到的，这就取决于 k_F 和 k_{ST} 二者间的数值大小了。

4.28 荧光量子产率的实验例子

表 4.6 一些荧光量子产率和发射参数的例子

化合物	Φ_F	$\varepsilon_{max}/[\text{L/(mol}\cdot\text{s)}]$	k_F^0 /s^{-1}	k_{ST}/s^{-1}	S_1 的组态
苯	约 0.2	250	2×10^6	10^7	π,π^*
萘	约 0.2	270	2×10^6	5×10^6	π,π^*
蒽	约 0.4	8500	5×10^7	约 5×10^7	π,π^*
并四苯	约 0.2	14000	2×10^7	$<10^8$	π,π^*
9,10-二苯蒽	约 1.0	12600	约 5×10^8	$<10^7$	π,π^*
芘	约 0.7	510	约 10^6	$<10^5$	π,π^*
苯并[9,10]菲	约 0.1	355	约 2×10^6	约 10^7	π,π^*

化合物	$\varPhi_F$	$\varepsilon_{max}/[L/(mol \cdot s)]$	k_F^0/s^{-1}	k_{ST}/s^{-1}	S_1的组态
菲	约1.0	39500	约10^8	$<10^7$	π,π^*
二苯乙烯	约0.05	24000	约10^8	约10^9	π,π^*
1-氯代萘	约0.05	约300	约10^6	5×10^8	π,π^*
1-溴代萘	约0.002	约300	约10^6	约10^9	π,π^*
1-碘代萘	约0.000	约300	约10^6	约10^{10}	π,π^*
二苯酮	约0.000	约200	约10^6	约10^{11}	n,π^*
2,3-丁二酮	约0.002	约20	约10^5	约10^8	n,π^*
二氮杂二环[2.2.2]辛烯	约1.0	约200	约10^6	$<10^5$	n,π^*
丙酮	约0.001	约20	约10^5	约10^9	n,π^*
全氟丙酮	约0.1	约20	约10^5	约10^7	n,π^*
3-溴代菲	约1.0	约40000	约10^8	$<10^6$	π,π^*
3-菲甲醛	约0.25	约70000	约10^8	约10^8	π,π^*
环丁酮	约0.0001	约20	约10^5	约10^9	n,π^*
二氮杂二环[2.2.1]庚烯	约0.0001	400	约10^6	约10^6	n,π^*

　　荧光量子产率的某些数据（77K，刚性有机玻璃态）已在表4.6中给出。以下是从这些数据所作出的概括：

　　（1）多数的刚性芳香碳氢化合物（如苯、萘、蒽、菲等）及它们的衍生物具有可测定的、多变的荧光量子产率（$0.01<\varPhi_F<1$），即使在77K下。

　　（2）对于非刚性的芳香碳氢化合物，普遍具有低的$\varPhi_F$值，这通常是由分子运动所触发的内转换（$S_1 \rightarrow S_0$）或系间窜越（$S_1 \rightarrow T_1$）竞争的结果。有关自旋允许和自旋禁阻的非辐射跃迁过程将在第5章详细讨论。

　　（3）芳香环上Cl、Br或I对H的取代，通常可导致$\varPhi_F$的降低，其序列是：$\varPhi_F^H>\varPhi_F^F>\varPhi_F^{Cl}>\varPhi_F^{Br}>\varPhi_F^I$（可比较表4.6中萘与卤代萘的数据）。

　　（4）芳香环上，以C=O取代H，通常可导致$\varPhi_F$的大幅度降低（苯和二苯酮相比较）。

　　（5）分子的刚性化（由于结构或环境的限制）可增强$\varPhi_F$（刚性芳香分子与具有柔性C=C键的1,2-二苯乙烯相比较）。

　　（6）对刚性的芳香分子，其内转换与其荧光或系间窜越过程竞争不占优势。

　　现在以一般具有最高$\varPhi_F$值的芳香碳氢化合物为例，来说明如何设计某种特定的k_F和k_{ST}值使$\varPhi_F$值实现变动。

　　苯、萘和菲的$S_0 \rightarrow S_1$跃迁是"轨道对称禁阻"的，由于这些分子极具对称性，使光的电矢量难以找到一个有效轴，能使电子沿着该轴发生振荡产生出有意义的跃迁偶极；因此，这些分子的振子强度f较低，而且ε_{max}值也相对较低。ε_{max}约为10^2，而k_F

约为 $10^6 s^{-1}$ 几乎接近于有机分子中的最小值。然而，芳香碳氢化合物的 $S_1 \rightarrow T_1$ 的系间窜越速率都在约 $10^6 s^{-1}$ 的数量级上，因而苯、萘和芘都发荧光，具有中等大小的荧光量子产率 $\Phi_F > 0.20$。而 S_1 不发荧光的分子一般都可通过系间窜越到达 T_1 态（即 Φ_{ST} 约为 1.0）。

蒽的 $S_0 \rightarrow S_1$ 跃迁则是对称允许的（因光的电矢量易于识别蒽的长或短轴作为最佳轴来诱导电子的振荡），它的 ε_{max} 约为 10^4，k_F 约 $10^8 s^{-1}$。二苯蒽的 Φ_F 约为 1.0，这是因为它的每个激发单重态都可形成荧光。在这种情况下，大的 k_F 值，小的 k_{ST} 值（弱的自旋-轨道耦合）和 k_{IC} 值（S_1 和 S_0 间大的能隙）同时作用，从而产生出接近于 1 的 Φ_F 值。

现在对卤素或 C=O 官能团取代 H 导致 Φ_F 值降低的情况进行讨论。Φ_F 值小（假设内转换可以忽略不计）意味着系间窜越的过程要比这些分子的荧光发射要快，即 $k_{ST} \gg k_F$。对于卤代萘类化合物，卤素对 H 的取代对于 ε_{max} 影响因子仅约 2，而 Φ_F 则可有几个数量级内的变动。从 ε_{max} 的不变性可以推断，此系列中的变动不会太大，因此，k_{ST} 必然是导致 Φ_F 重大变化的变量。这里自旋禁阻跃迁概率的提高是由于取代 H 的卤素"重原子效应"所导致的。所谓的"轻"原子可被定义为周期表前两行中的原子（如 H、C、N、O、F），而"重"原子则被定义为周期表第三行以后的原子（如 Cl、Br、I 等），这一效应的理论基础则是由于重原子可导致自旋轨道耦合的增强所致（在 3.21 节讨论）。

虽然芳香酮（如苯乙酮和二苯酮）分子中并不含有重原子，但其 Φ_F 值仍然很小，这说明它们的系间窜越比荧光速率相对要快。低的 Φ_F 值（0.01~0.0001）是酮类 $S_1(n,\pi^*)$ 态发光的普遍特征（图 4.18~图 4.20。和表 4.6）。由于轨道对称禁阻跃迁 $S_1(n,\pi^*) \rightarrow S_0 + h\nu$ 荧光的辐射速率相对较慢（表 4.6 中，约 $10^5 s^{-1}$），其 k_{ST} 的大小不会比芳香碳氢化合物的 k_{ST} 大多少。但值得注意的是，某些酮类化合物（例如二苯酮）的 k_{ST} 可以达到 $10^{11} s^{-1}$，这意味着相对于芳香碳氢化合物，k_{ST} 有了很大的提高（见 4.31 节中对这一效应的解释）。于是，小的 k_F 值与大的 k_{ST} 值的结合，可使芳香酮的 Φ_F 值很小。

在一些特殊的情况下（如无张力的氮杂环烷烃），一个较低的 k_F 值伴随着更低的 k_{ST} 值，于是 Φ_F 值仍然约为 1.0。

按照一般规则，卤代化合物以及羰基化合物的 Φ_F 值应是较小的。但也有例外，它可为我们提供某些值得分析的信息，如在表 4.6 中，溴代芘（Φ_F 约 1.0）以及芘甲醛（Φ_F 约 0.70）就是这样的一些例子。当 S_1 与其他任何 T_n 态之间存在着大能隙时，可产生 Franck-Condon 禁阻的 $S_1 \rightarrow T_n$ 系间窜越（4.30 节），能态混合以及快速的系间窜越就需要有能量比 S_1 能级低的第二个三重态（通常是 T_2）。但在溴苯酚和芘甲醛中，虽然溴原子或醛基都被连接于芳香环上，但它们的 k_{ST} 却变得很慢，这是由于 T_2 能级处于 S_1 之上，从而使能态混合被禁止所致。

蒽则表现出一些有趣的特性，即它的 T_2 能量与 S_1 非常接近。由于它们能级是如此的接近，根据溶剂或取代基的不同，T_2 的能量既能比 S_1 高，也能低于 S_1。当 $*E(T_2) > E(S_1)$ 时，系间窜越速率变慢，量子产率就增高；相反，当 $*E(T_2) < E(S_1)$ 时，则系间窜越速率变快，量子产率就降低。有关 T_2 相对于 S_1 位置的效应，将在第 5 章中进行讨论。

除了快速的系间窜越竞争外，分子 S_1 态快速的光化学反应也能导致 Φ_F 变小。例如，环丁酮（Φ_F 约为 0.0001）可发生高效快速的 S_1 态 CO—C 键的断裂，它可有力地与荧光和系间窜越相竞争。

从这些例子中可看到，Φ_F 的实验值代表了相关跃迁概率相比较的效率，而不是直接与速率或速率常数相关联。如 9,10-二苯蒽的 Φ_F 约为 1.0，它的 k_F 约为 $5 \times 10^8 s^{-1}$；1,4-二氮杂二环[2.2.2]辛烷的 Φ_F 同样约为 1.0，但它的 k_F 约为 $10^6 s^{-1}$。尽管后者的 k_F 值很小但是 Φ_F 值很高，这是由于其 S_1 态所发生的光物理和光化学过程的速率都要比 k_F 慢得多。

应当加以注意的，还有与荧光分子结构无关的一些双分子猝灭过程（氧气、杂质、溶剂等），可能会对在流动溶液中的 Φ_F 观测值起到决定性的作用，尤其是具有长寿命 S_1 态的分子更易受影响。

饱和化合物[19a,b]和简单的烯烃，如乙烯[19c]和多烯烃[20]，通常不能有效地发射荧光。例如，四甲基乙烯显示的是一个很宽而微弱的荧光（约 265nm），其 Φ_F 约为 10^{-4}，而 τ_S 约为 $10^{-11}s$。这样短的寿命和低的发光效率是典型"柔性"分子的特征，它们可通过沿 C—C（或 C—H）键的伸缩、或通过 C=C 键的扭曲运动，而发生快速的非辐射失活[21]。有关伸缩和扭曲运动在决定非辐射失活速率上的作用，将在第 5 章中详细讨论。

对芳香碳氢化合物的甲苯（1）和叔丁基苯（2）的研究可以作为通过伸缩运动的作用决定 Φ_F 的样本[22]，叔丁基苯有着比甲苯更"松散"的侧链振动，Φ_F 值小于甲苯。电子能量通过耦合到"松散"伸缩振动模式而耗散的效应，可称之为非辐射跃迁的"油-滑栓效应"（"loose-bolt effect"）（将在 5.12 节作进一步的讨论）。

甲苯(1)
$\Phi_F = 0.14$

叔丁基苯(2)
$\Phi_F = 0.032$

对扭曲运动于决定 Φ_F 值时的作用，可以用柔性的 1,2-二苯乙烯 3[23a]和 4[23b]及其刚性的环状衍生物 5 和 6[23c,d]为例，来加以考虑。这些分子可利用分子结构或环境的刚性实现对 Φ_F 测量值的控制，以及提供较好的样本。

温度	3	4	5	6
25℃	0.05	0.00	1.0	1.0
77K	0.75	0.75	1.0	1.0

在室温和流动的溶液中，反-1,2-二苯乙烯（**3**）只能发出微弱的荧光（$\Phi_F=0.05$），而顺-1,2-二苯乙烯（**4**）则基本没有荧光，但在 77K 的固相溶液中，两者都能发出强烈的荧光（Φ_F 约 0.75），温度和刚性环境都对荧光的增强有所贡献。例如，**3** 的荧光效率从非黏性的有机溶剂（Φ_F 约 0.05）到黏性的甘油中（Φ_F 约 0.15）增强了 3 倍[23]。C=C 扭曲运动所引起的非辐射过程可以与荧光相竞争，而这种扭曲的能力在很黏的溶剂中会受到抑制，而在刚性的溶剂中这一运动将被完全禁止。相反，刚性结构的反-二苯乙烯的相似物 **5** 和 **6** 的荧光量子产率[23c,d]在 25℃ 和 77K 时，都接近于 1.0。在这里，刚性被引入到分子的结构之中，而阻抑了扭曲运动，因而也就不需要外部环境结构或温度的帮助。通过耦合于"松散"的扭曲振动模式来耗散电子能量，已被人们称之为非辐射跃迁的"自由转子效应"（5.12 节）。

很多烯烃和多烯烃甚至在 77K 时都没有荧光和磷光的发射。但是在一些例外的情况下，分子中松散的伸缩与扭曲损耗模式可通过分子结构的环化而被抑制，致使多烯烃结构荧光发射[20]。如，刚性的甾族化合物 1,3-二烯烃 **7a** 和 **7b** 就可充分地显示出所谓的结构荧光发射。可以推测，甾类分子的刚性骨架结构可抑制非辐射过程（尤其是内转换）对于荧光的竞争，从而强化了它的发光效率，通过避免 S_1 和 S_0 间大的 Franck-Condon 几何差别（见图 3.2）和阻抑围绕 C=C 键的自由转子效应等，提高 k_F 值。

7a
$\lambda_F^{0,0} = 305$ nm
$E_S \approx 95$ kcal/mol

7b
$\lambda_F^{0,0} = 312$ nm
$E_S \approx 92$ kcal/mol

4.29 从发射光谱测定 E_S 和 E_T 的"态能量"

电子能量是*R 的一个重要性质，因为它可作为自由能驱动光化学反应。例如，*R 的能量越高，则在初级光化学过程中所能发生断裂的化学键就越强。*R 的电子能量可以直接从其发射光谱测定。在发射光谱中能量最高的（最高频率和最短的波长）振动谱带对应于 0,0 跃迁（图 4.9），相应于 0,0 跃迁的能隙可以表征这个发射的*R 激发态的能量，它是对发射负责的。如果 S_0 通过发射光子而重新生成，那么 0,0 跃迁的能隙就是从激发态所能获得的最大能量。单重态能量 E_S 和三重态能量 E_T 可分别地定义为荧光 $S_1(\upsilon=0) \rightarrow S_0(\upsilon=0)$ 和磷光 $T_1(\upsilon=0) \rightarrow T_0(\upsilon=0)$ 的 0,0 能隙。

有时，发射光谱没有可分辨的精细结构，难于精确计算 E_S 和 E_T 值。在这种情况下，就必须用发射光谱的"开始端"或高能量（短波长）部分对 E_S 和 E_T 的上限进行估计。假如在吸收光谱中出现振动结构，那么即使没有发射光谱，也可将吸收的 0,0 带定为态能量的上限。在图 4.18～图 4.20 中，箭头标出了荧光和/或磷光的 0,0 带，相关的能级图中也给出了由 0,0 振动带所推演得到的 E_S 和 E_T 值。

4.30　自旋-轨道耦合和自旋禁阻的辐射跃迁

尽管 $S_0 \rightarrow T_1$ 和 $T_1 \rightarrow S_0$ 的辐射过程在形式上是"自旋禁阻"的，但是由于 T_1 和激发单重态或 T_1 和 S_0 的混合，在实验中还是可观察到这一辐射过程。$\varepsilon(S_0 \rightarrow T_1)$ 或 $(T_1 \rightarrow S_0)$ 的大小直接与 S_0 与 T 混合的自旋-轨道的耦合程度有关。3.20 节指出自旋-轨道耦合的强度强烈依赖于：①*R 的 HOMO 或 LUMO 上的电子紧密地靠近核的能力；②HOMO 或 LUMO 的电子接近和感受到核的正电荷（原子序）大小的状况；③在正交（或近似正交）的轨道间跃迁的有效性；④可以产生出能与自旋角动量相耦合的轨道角动量的"单原子中心" $p_x \rightarrow p_z$ 跃迁的有效性。

原子两种状态间的自旋-轨道耦合的程度与 ζ_{SO} 相关联，而这一自旋（S）-轨道（L）的耦合常数则可从原子光谱得到 [3.21 节，公式（3.21）][24]。

$$H_{SO} = \zeta_{SO} SL \tag{4.46}$$

分子内自旋-轨道耦合的大小（可从原子的自旋-轨道耦合常数 ζ_{SO} 的大小来判断）与吸收 $\varepsilon(S_0 \rightarrow T)$ 及发射 $k_P^0(T \rightarrow S_0)$ 大小间的相关性，对于分子光化学中的重要实体三重态而言，起着决定性的作用[25]。自旋禁阻辐射跃迁的振子强度与 ζ_{SO} 大小相关，因为要在分子内使单重态和三重态混合，自旋-轨道耦合是一种主要的相互作用[24]。这意味着，如果跃迁过程的影响因子相似，则 $\varepsilon(S_0 \rightarrow T)$ 和 $k_P^0(T \rightarrow S_0)$ 的值将随 ζ_{SO} 的增加而增大。而 ζ_{SO} 的大小则依赖于所涉及态的轨道组态（表 4.7）。从表 4.7 中得出的要点是：①随着原子序数增大，自旋-轨道耦合参数 ζ_{SO} 也快速增加；②对于第一和第二周期的原子，如 H、C、N 和 O 等，其自旋-轨道耦合的能量小于振动耦合的能量（约 1～5kcal/mol）；③对于重原子（如 Pb、Xe），其自旋-轨道耦合的大小将超过振动能级的值，并开始接近于电子能隙和强的电子相互作用的数值（20～30kcal/mol）。至于对含有重原子的分子，其自旋的翻转则可在与振动运动相当的时间尺度内发生，而且三重态与单重态之间的零级差异开始破坏，也就是说，在不同的自旋态间存在着很强的混合，而通常的零级近似已经不适宜用来描述所谓单重态和三重态的"纯"的问题了。

在一定的环境下，即使只含 C、N、O 和 H 等"轻"原子的有机分子中自旋-轨道耦合也十分有效。由于较小的能隙可以使能态间相互接近，并允许可通过共振而发生有效的混合，当两个混合态的能量处于十分接近的情况下，这种有效的自旋-轨道耦合常发生。对于仅涉及轻原子的强自旋-轨道耦合体系，除了需要小的能隙外，还需要如系间窜越中的轨道因子等其他的条件。我们将在 4.31 节中讨论这些轨道因子。

表 4.7 原子中的自旋-轨道耦合[1],[2]

原子	原子序数	ζ/(kcal/mol)	原子	原子序数	ζ/(kcal/mol)
C[3]	6	0.1	I	53	14.0
N[3]	7	0.2	Kr	36	15
O[3]	8	0.4	Xe	54	28
F[3]	9	0.7	Pb	82	21
Si[3]	14	0.4	Hg	80	18
P[3]	15	0.7	Na	11	0.1
S[3]	16	1.0	K	19	0.2
Cl[3]	17	1.7	Rb	37	1.0
Br	35	7.0	Cs	55	2.4

[1] 此处只是列出一些典型的且依赖于电子组态的数值，用于表示其趋势。

[2] 严格地说，ζ 值是被"修饰过"的基本部分。事实上认为 ζ 的角度部分接近 1。ζ 值对应于最低能量的原子构型。

[3] 由于这些原子真实构型的相互作用，因此所给出的数据是通过假设 ζ 值具有原子序 Z^4 关系，由周期表中相近原子的外推得到的。

4.31 涉及多重性变化的辐射跃迁：$S_0 \leftrightarrow T(n, \pi^*)$和 $S_0 \leftrightarrow T(\pi, \pi^*)$跃迁的样本

有机分子自旋禁阻跃迁的振子强度很小，$f \approx 10^{-5} \sim 10^{-9}$，而自旋允许跃迁的振子强度要大得多，其范围则为 $f \approx 1 \sim 10^{-3}$（见表 4.3）。这意味着，相对于自旋允许的 $S_0 \leftrightarrow S$ 跃迁，$S_0 \leftrightarrow T$ 间的辐射跃迁是强烈禁阻的。我们可以将自旋禁阻度描述为如下要求的结果，当自旋-轨道耦合操作于电子自旋的同时，光波的电矢量操作于电子云，使光波必须要"抓住"分子中的电子。通常发生这种情况的概率较低，除非分子中含有重原子，或者跃迁中所涉及的两个态由于能隙较小而具有强烈的自旋-轨道耦合。从量子力学的观点更精确地说：当光波与波函数的单重态部分相互作用时，初始与终止态的单重态和三重态的波函数必须已是通过自旋-轨道耦合而混合了的。

实验已经发现，自旋禁阻的辐射跃迁，$S_0(n^2) \leftrightarrow n, \pi^*$跃迁的振子强度比 $S_0(\pi^2) \leftrightarrow \pi, \pi^*$ 跃迁的更大，如公式（4.47）所示：

$$f[S_0 \leftrightarrow T(n,\pi^*)] >> f[S_0 \leftrightarrow T(\pi,\pi^*)] \tag{4.47}$$

这恰恰与 $S_0 \leftrightarrow S_n$ 跃迁的情况相反，其 $f(\pi,\pi^*) > f(n,\pi^*)$。显然，相对于 $\pi^2 \leftrightarrow \pi, \pi^*$跃迁，$n^2 \leftrightarrow n, \pi^*$跃迁时的自旋-轨道力能更为有效地作用于电子自旋，从而导致这种相对振子强度大小的转变。那么，为什么会这样呢？

对于这种情况可作如下示意性的分析：$S_0(n^2) \leftrightarrow T(n,\pi^*)$和 $S_0(\pi^2) \leftrightarrow T(\pi,\pi^*)$跃迁的 f 值由三部分所组成[公式（4.40）]：电子（f_e）、振动（f_v）以及自旋因子（f_s）。通常对于单重态－单重态的跃迁，自旋并不是一个贡献性的因子，由于 $\varepsilon(\pi,\pi^*) > \varepsilon(n,\pi^*)$，使得

$f_e f_v(\pi,\pi^*) > f_e f_v(n,\pi^*)$。这意味着自旋禁阻的辐射跃迁，$f_s(n,\pi^*) >> f_s(\pi,\pi^*)$。

我们可将自旋-轨道耦合规则应用于 $n^2 \leftrightarrow n,\pi^*$ 和 $\pi^2 \leftrightarrow \pi,\pi^*$ 跃迁，从而形象化的理解 $f_s(n,\pi^*) >> f_s(\pi,\pi^*)$ 的原因。首先，以甲醛的辐射跃迁 $S_0(n^2) + h\nu \rightarrow T(n,\pi^*)$（图 4.21）以及乙烯的 $S_0(\pi^2) + h\nu \rightarrow T(\pi,\pi^*)$ 跃迁（图 4.22）为样本。甲醛的自旋改变是由于 $n \rightarrow \pi^*$ 的跃迁，它可看作一个处于分子平面上、定域于氧原子 p 轨道（p_x）上的电子，跃迁到与分子平面垂直的 p 轨道（p_y）而实现的（也就是说，在氧原子上的 p 轨道可补足一半 π^* 轨道）。而同时发生的 $p_x \rightarrow p_y$ 的轨道跃迁，也因此而成为一个伴随有轨道角动量变化的单中心跃迁。这种类型的情况正好是产生轨道角动量所必须的，有利于发生强的自旋-轨道耦合（图 3.10），也就是说，与 $\alpha\beta \rightarrow \alpha\alpha$（或者 $\alpha\beta \rightarrow \beta\beta$）自旋翻转相关的轨道动量变化可以与 $p_x \rightarrow p_y$ 轨道跃迁耦合。

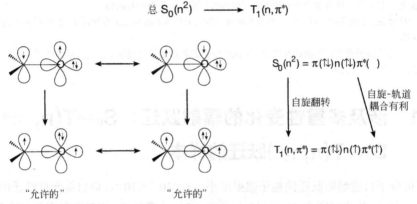

图 4.21 对涉及自旋翻转辐射跃迁的自旋轨道选择定则的轨道描述

$n^2 \rightarrow n,\pi^*$ 跃迁涉及轨道角动量的改变，它能与单（氧）原子上自旋动量的变化相耦合，因此是自旋轨道"允许"的

现在让我们再以乙烯为例，将这一定性的图像与其 $S_0(\pi^2) \rightarrow T(\pi,\pi^*)$ 辐射跃迁的情况相比较（图 4.22）。可以立刻看到：对于一个平面的基态而言，在分子的平面上并不存在可使 π 电子跳跃的低能轨道（虽然有一个 σ^* 轨道，但它具有很高的能量强烈地阻抑了自旋-轨道的耦合）；亦即，乙烯中并不存在类似酮类化合物的低能量 $p_x \rightarrow p_y$ 跃迁。因此，当光波与乙烯的 π 电子相作用时，就没有"单中心"的自旋-轨道相互作用来帮助自旋的翻转，自旋-轨道的耦合受阻，使得跃迁的振子强度很小。

因此可以作出结论，$n^2 \rightarrow n,\pi^*$ 跃迁的自旋-轨道耦合矩阵元远大于 $\pi^2 \rightarrow \pi,\pi^*$ 跃迁的耦合矩阵元。由于自旋禁阻跃迁的振子强度直接依赖于跃迁时相应于混合能态扰动（自旋-轨道耦合）的矩阵元平方 [式（4.36）]，因此我们可以认为：公式（4.48）是有效的。

$$f[S_0(n^2) \leftrightarrow T(n,\pi^*)] >> f[S_0(\pi^2) \leftrightarrow T(\pi,\pi^*)] \tag{4.48}$$

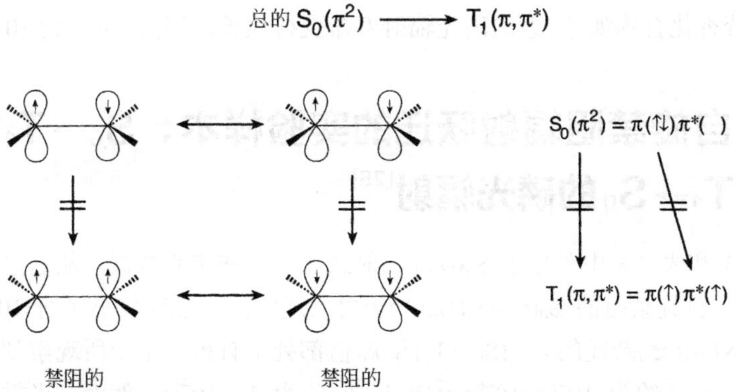

$$总的 \quad S_0(\pi^2) \longrightarrow T_1(\pi,\pi^*)$$

$$S_0(\pi^2) = \pi(\uparrow\downarrow)\pi^*(\ )$$

$$T_1(\pi,\pi^*) = \pi(\uparrow)\pi^*(\uparrow)$$

禁阻的   禁阻的

图 4.22 对涉及自旋翻转的辐射跃迁自旋-轨道选择定则的轨道描述

$\pi^2 \to \pi,\pi^*$ 跃迁并不包括轨道角动量的变化,是自旋-轨道 "禁阻" 的

公式(4.48)以及对其他跃迁的扩展代表了有机分子的一般情况,如已知的 El-Sayed 规则那样[24c]。如同乙烯的情况,芳香族的碳氢化合物如苯,就不能调用 n→π* 的混合来得出自旋-轨道的耦合机制[14]。对于苯,最类似于 $p_x \to p_y$ 的轨道混合(从面内到面外,以及相反情况)是 σ→π* 或 π→σ* 类型的混合;然而,由于成键与反键轨道间的能隙很大,因而这两种混合都是无效的。我们已经看到:面外的振动是如何诱导 n,π* 和 ππ* 态间的电子振动混合(图 3.1),并能因此增大振子强度,使其作用于零级下重叠禁阻的自旋允许跃迁。现在让我们尝试对面外振动、自旋-禁阻的磷光发射以及对涉及 σ 或 σ*轨道混合的允许跃迁等之间的理

论关系进行描绘。图 4.23 所示的①平面的苯分子及其 π 体系中所包含的诸多 p 轨道中的一个,以及②另一个与 p 轨道相关联的碳原子上经历着面外的 C-H 振动的苯分子。只要分子是平面的,正交轨道之间不会有净的轨道重叠,π,π*态和 π,σ*

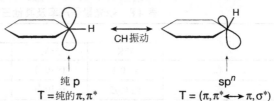

纯 p sp^n

$T = 纯的 \pi,\pi^*$ $T = (\pi,\pi^* \longleftrightarrow \pi,\sigma^*)$

CH 振动

图 4.23 C-H 键的面外振动对苯中碳原子杂化的影响

振动可诱导在碳原子中的 "s-特征",而为自旋-
轨道耦合提供一个 "弱" 的机制

(或 σ,π*) 态就不会发生混合。然而,面外的 C-H 振动可以破坏分子的平面性,而允许 π,π* 和 π,σ* (或 σ,π*) 态的混合。在极端案例中,这一实质性的 C-H 面外振动可引起 p 轨道(原来在分子平面上下是对称的)转变为具有不对称电子分布的轨道(相对于分子平面而言),从而使轨道获得某些 sp^n 杂化的 "s 特征"。π,π* 和 π,σ*态的混合意味着某些 π*→σ* 跃迁的特征被混入到 π→π* 跃迁之中,因此,使后者的跃迁可以 "获得" 一定量的自旋-轨道的耦合,从而使自旋禁阻的跃迁成为 "弱的" 允许。

一方面,不能期望这种引起自旋-轨道耦合的机制特别有效,因为在这种方式下,需要大量的能量才能使芳香化合物分子的 π 电子云发生形变,同时,涉及的混合轨道间还存在着较大的能隙;也就是说,电子振动的混合矩阵元 $\langle \pi,\pi^* | P_{CH} | \pi,\sigma^* \rangle$ 很小。另一方面,没有其他更好的自旋-轨道耦合机制存在!事实上,由于这种很弱的自旋-轨

道耦合,使芳香化合物如苯、萘的磷光辐射寿命变得很长,数量级可达到 $10s(f \approx 10^{-9})$!

4.32 自旋禁阻辐射跃迁的实验样本：$S_0 \to T_1$ 吸收和 $T_1 \to S_0$ 的磷光辐射[25]

在表 4.3 和表 4.8 中列出了 $S_0 \leftrightarrow T_1$ 辐射跃迁的一些实验数据。从这些数据可以总结以下几点：自旋禁阻的 $S_0(\pi^2) \to T(\pi,\pi^*)$ 辐射跃迁的振子强度很小（约 $10^{-7} \sim 10^{-9}$）。事实上，$S_0 \leftrightarrow T_1(\pi,\pi^*)$ 跃迁的 $\varepsilon_{max}(S_0 \to T_1)$ 和 k_P 值都处于有机分子中所观察到的最小数值范畴；例如，ε_{max} 约为 $10^{-5} \sim 10^{-6} cm^2/mol$，$k_P$ 约为 $1 \sim 10^{-1}s$。然而，当重原子（例如 Br 或 I）与 π 体系相共轭时，或 π,σ^* 和 π,π^* 态间有着强烈混合特征（重原子对于自旋禁阻跃迁的影响）时，$T_1(n,\pi^*)$ 或 $T_1(\pi,\pi^*)$ 态有很大的 $\varepsilon_{max}(S_0 \to T_1)$ 和值；在这些体系中，ε_{max} 约为 $10^{-1} \sim 10^{-2} cm^2/mol$，$k_P$ 约为 $10^2 \sim 10^1 s^{-1}$。根据报道某些有机金属化合物（如四苯基铅）其 ε_{max} 值可高达 $10 cm^2/mol$[26a]。当温度从 77K 变至 25°C 时，其 Φ_P 值有着很宽范围的变动；这种变动通常是由于在较高的温度（液相中）下，长寿命三重态的扩散性猝灭所引起的。事实上，25℃塑料薄膜内（作为一种可防止扩散猝灭的刚性介质）的三重态寿命与其在 77K 时的寿命相当，这一点强有力地支持了上述的结论。例如，苯并[9,10]菲的寿命在 77K 时为 16s，而在塑料薄膜内 25℃下为 $12s$[26c]。

表 4.8　磷光量子产率及其他三重态的发光参数①

化合物	Φ_P		Φ_{ST}	k_P^0	T_1 的组态
	77K	25℃			
苯	约 0.2	(<10^{-4})	约 0.7	约 10^{-1}	π,π^*
萘	约 0.05	(<10^{-4})	约 0.7	约 10^{-1}	π,π^*
1-氟代萘	约 0.05	(<10^{-4})		约 0.3	π,π^*
1-氯代萘	约 0.3	(<10^{-4})	约 1.0	约 2	π,π^*
1-溴代萘	约 0.3	(<10^{-4})	约 1.0	约 30	π,π^*
1-碘代萘	约 0.4		约 1.0	约 300	π,π^*
苯并[9,10]菲	约 0.5	(<10^{-4})	约 0.9	约 10^{-1}	π,π^*
二苯酮	约 0.9	(约 0.1)②	约 1.0	约 10^2	n,π^*
2,3-丁二酮	约 0.3	(约 0.1)③	约 1.0	约 10^2	n,π^*
丙酮	约 0.3	(约 0.01)③	约 1.0	约 10^2	n,π^*
4-苯基二苯甲酮			约 1.0	1.0	π,π^*
苯乙酮	约 0.7	(约 0.03)②	约 1.0	约 10^2	n,π^*
环丁酮	0.0	0.0	0.0		n,π^*

① 有机溶剂，77K。
② 除去空气的全氟甲基环己烷溶液，室温。
③ 乙腈溶液，室温。

π,π^*态的 $\varepsilon_{max}(\;)$值相对于 n,π^*三重态相关数值间的实质性差别，提供了一个依据 T_1 轨道组态对分子进行分类的实验方法。其规则如下：对于不含重原子、具有"纯"的 π, π^* 组态的分子，其 $\varepsilon_{max}(S_0 \rightarrow T_1)$ 和 $k_P^0(T_1 \rightarrow S_0)$ 值分别处于 $10^{-5} \sim 10^{-6} cm^2/mol$ 和 $10^2 \sim 10^{-1} s^{-1}$ 量级。而对于具有"纯"的 n,π^*组态的分子，其 $\varepsilon_{max}(S_0 \rightarrow T_1)$ 和 k_P^0 值将分别处于 $10^{-1} \sim 10^{-2} cm^2/mol$ 和 $10^2 \sim 10^1 s^{-1}$ 量级。

表 4.8 列出了某些芳香酮类化合物和轨道组态的关系。芳香酮类化合物的 T_1 态既可是"纯"的 n,π^*或"纯"的 π,π^*，也可以是两种组态的杂化混合物。"纯" $T_1(n,\pi^*)$ 态的样本是丙酮，它的 $k_P = 60 s^{-1}$；"纯" $T_1(\pi,\pi^*)$态的样本是萘，它的 $k_P = 0.1 s^{-1}$。根据表 4.8，芳香酮类可被区分为"类丙酮型"（k_P 的数量级为 $60 s^{-1}$）、或者"类萘型"（k_P 的数量级在 $0.1 s^{-1}$）两大类。例如，我们将二苯酮的 T_1 态归为近似于"纯"的 n,π^*组态（$k_P = 20 s^{-1}$），而将 4-苯基二苯甲酮（$k_P \approx 1 s^{-1}$）的 T_1 态归为混合的 n,$\pi^* \leftrightarrow \pi,\pi^*$组态。

此外，分子氧可以增强芳香碳氢化合物的 $S_0 \rightarrow T_1$ 跃迁强度[27]。禁阻跃迁的这种增强可解释为碳氢化合物与氧的电荷转移相互作用，以及氧的三重态与碳氢化合物单重态的混合所导致。

2-溴代苯的 $T_1 \rightarrow S_0$ 跃迁可作为内部的重原子效应对于自旋禁阻辐射跃迁影响的典型例子。这种三重态可被描述为一组具有双自由基特征的共振结构（见下面共振结构 **8a↔8b**），至少其中一个结构中的奇电子置于与溴原子相联的 1-碳原子之上。由于溴原子可扩充它的价电子，使奇电子在溴原子上的某种离域成为可能。而这种在重原子上的有限定域，则可为自旋翻转提供良好的机制，因为当电子处于溴原子上时，π^*电子可经历很强的自旋-轨道耦合（第 3 章）。为了满足总的角动量守恒，奇电子在自旋翻转的同时从一个轨道跃迁到另一个轨道。

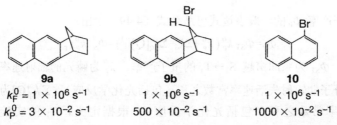

重原子效应对吸收光谱的影响可大大地增强 $S_0 \rightarrow T_1$ 的 ε 值，而不是 $S_0 \rightarrow S_1$ 的 ε 值。由于 $\varepsilon(S_0 \rightarrow T_1)$ 与 k_P^0 相关，$\varepsilon(S_0 \rightarrow S_1)$ 与 k_F^0 相关，可以预计 k_P^0 受重原子扰动的影响是而不是 k_F^0。例如，对分子 **9a**、**9b** 和 **10** 的荧光和磷光光谱的形状，在外观上是非常相似的[28]：

9a
$k_F^0 = 1 \times 10^6\ s^{-1}$
$k_P^0 = 3 \times 10^{-2}\ s^{-1}$

9b
$1 \times 10^6\ s^{-1}$
$500 \times 10^{-2}\ s^{-1}$

10
$1 \times 10^6\ s^{-1}$
$1000 \times 10^{-2}\ s^{-1}$

但另一方面，对仅含"轻原子"的 **9a** 分子，其荧光量子产率 Φ_F 约为 0.5，磷光量子产率 Φ_P 约为 0.06；而 **9b** 和 **10** 的 Φ_F 约为 10^{-3}，Φ_P 约为 0.6。虽说这一系列化合物中 k_F^0 值为常数，但是在含有溴原子的分子中，k_P^0 值大大提高。Φ_P 值的极大提高既反映了 T_1 态布居效率的提高（即重原子效应也使 k_{ST} 得到增强，见 5.11 节），又反映出 T_1 态发射效率的增强（k_P^0 的增强要大于 k_{TS}）。

外部的重原子效应[29]可用 1-氯代萘[30]为例来说明（图 4.24）。当外部的重原子包含于溶剂中时（如以碘乙烷为溶剂，或在充以高压的氙气下）[31]，在 $350\sim500nm$ 区间的吸收显著增强。1-氯代萘吸收光谱的振动结构以及和磷光光谱间的镜面对应，表明这一新的吸收是因 1-氯代萘 $S_0 \rightarrow T_1$ 吸收的增强而导致的。在 1-氯代萘的例子中（图 4.24），纯液体在接近 470nm 处出现了多个弱的吸收带；而在碘乙烷溶液中这些弱吸收带显著增强[30]。增强了的 $S_0 \rightarrow T_1$ 吸收（58kcal/mol）的 0,0 带，出现于接近相同能量的正常 $T \rightarrow S_0$ 磷光的 0,0 带处，这说明在此情况下的重原子效应，主要是由于自旋禁阻跃迁的振子强度所致，而与跃迁中态的能量无关。

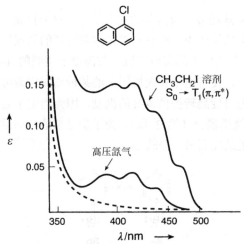

图 4.24 1-氯代萘的 $S_0 \rightarrow T_1$ 态吸收的重原子扰动

虚线表示的是在"轻原子"溶剂中的吸收光谱

4.33　磷光量子产率 ϕ_P：$T_1 \rightarrow S_0 + h\nu$ 过程

磷光量子产率 Φ_P 的一般表达式可从公式（4.49）给出：

$$\Phi_P = \Phi_{ST} k_P^0 (k_P^0 + \Sigma k_d + \Sigma k_q[Q]^{-1}) = \Phi_{ST} k_P^0 \tau_T \tag{4.49}$$

式 4.49，Φ_{ST} 为系间窜越 $S_1 \rightarrow T_1$ 的量子产率；k_P^0 为磷光的辐射速率；Σk_d 为 T_1 态的所有单分子非辐射失活速率常数之和（包括光化学反应）；$\Sigma k_q[Q]$ 为 T_1 态所有双分子失活速率常数之和（包括光化学反应）。根据定义，T_1 的实验寿命可由式

$\tau_T = (k_P^0 + \Sigma k_d + \Sigma k_q[Q])^{-1}$ 给出。由公式（4.49）表明磷光量子产率为一系列因子的乘积。除非这些因子可通过实验而予以确定和控制，否则 Φ_P 就不是一个可用于表征 T_1 态的可靠参数，虽说它在一定的动力学分析中可作为一有用的参数。

表 4.8 中还给出了在 77K 刚性玻璃体（光学透明的冻结溶剂）中分子的 Φ_P 数据。实验中发现有机分子 Φ_P 数值范围很宽。对于高的 Φ_P 值（约为 1），要求 Φ_{ST} 约为 1，$k_P^0 > (\Sigma k_d + \Sigma k_q[Q])$。在 77K 时，可以看到：所有主要的双分子扩散性猝灭的失活过程（$\Sigma k_q[Q]$ 项）均受到抑制，因此 T_1 的主要非辐射失活则是 $T_1 \rightarrow S_0$ 的系间窜越过程。在这样一个极限条件下，磷光量子产率可被简化为公式（4.50），亦即 Φ_P 值仅依赖于 Φ_{ST} 的值，以及磷光发射与系间窜越速率间的竞争。

$$\Phi_P = \Phi_{ST} k_P^0 (k_P^0 + k_{TS})^{-1} \quad \text{(77K)} \qquad (4.50)$$

4.34　在室温下流动溶液的磷光

在室温下观察到流动溶液中的磷光，在过去被看作是一种稀少的反常现象。现在已清楚，如果能在 77K 下观察到磷光，则只要满足如下的两个条件，就能在室温、流动溶液中观察到它们的磷光。

（1）严格地排除体系中存在的能通过扩散猝灭而使三重态失活的杂质（如分子氧）和其他基态与激发态的分子。

（2）在室温下，三重态的活性单分子不会发生速率大于 10^4 的失活过程（光物理或光化学）。

在常规实验中对可测磷光的观察，要求其 Φ_P 值约为 10^{-5}。而 Φ_P 的值则可借助于磷光以及所有可使 T_1 态失活的过程来加以表述。从公式（4.48），三重态从 S_1 态有效生成的情况下，Φ_P 可通过公式（4.51）给出。

$$\Phi_P \approx \frac{k_P^0}{k_d + k_q[Q] + k_P^0} \approx \frac{k_P^0}{k_d + k_q[Q]} \qquad \text{（在多数流动溶液中）} \qquad (4.51)$$

式中，k_d 代表 T_1 态的所有单分子失活常数之和；而 $k_q[Q]$ 则代表 T_1 态所有双分子失活速率常数之和。

正如上面所讨论的，"纯" $T_1(n,\pi^*)$ 态典型的 k_P^0 值为 $10^2 s^{-1}$，$T_1(\pi,\pi^*)$ 态的 k_P^0 值为 $10^{-1} s^{-1}$。对于 $\Phi_P \approx 10^{-4}$，我们发现：

$$\text{对于 } T_1(n,\pi^*), \qquad\qquad k_d + k_q[Q] \quad \approx \quad 10^6 \, s^{-1} \qquad (4.52)$$
$$\text{对于 } T_1(\pi,\pi^*), \qquad\qquad k_d + k_q[Q] \quad \approx \quad 10^3 \, s^{-1} \qquad (4.53)$$

如果 Q 为扩散性的猝灭剂，我们可以计算出一个能观察到磷光的猝灭剂浓度极大值[Q]。对于非黏性的有机溶剂来说，扩散的最大速率常数 k_{dif} 约为 $10^{10} (mol/L)^{-1} \cdot s^{-1}$，因此，

$$假如 \, k_{dif}[Q] < 10^6s，那么[Q] < 10^{-4}mol/L \qquad (4.54)$$

$$假如 \, k_{dif}[Q] < 10^3s，那么[Q] < 10^{-7}mol/L \qquad (4.55)$$

对于[Q]的极限值 10^{-4} mol/L 相对容易获得，但对于 10^{-7} mol/L 的极限值，则必须在严格纯化溶剂和除氧的情况下才能获得。这些我们不难理解：为什么通常可在流动的溶液中观察到从 $T_1(n,\pi^*)$ 态发射的磷光，但是很难观察到从 $T_1(\pi,\pi^*)$ 态释出的磷光，除非采用特殊的手段来消除双分子猝灭。

通过外部、或内部的重原子扰动，可使芳香碳氢化合物值增大。在特定的重原子溶剂（如溴代萘）中 k_p^0 值可增大到接近 $10\sim10^2s^{-1}$。在这些情况下，如果重原子溶剂本身并非三重态的猝灭剂，则芳香族的碳氢化合物也能观察到磷光[32e]。表 4.8 和图 4.19 中列出了流动溶液中磷光数据的例子。在特别适宜或良好的环境中，甚至在气相条件也能出现芳香族碳氢化合物的磷光[32f]。利用超分子笼（"超级笼"，如胶束的疏水内核）来替代分子的溶剂笼是一种防止三重态扩散性猝灭的重要方法。

4.35 电子激发态的吸收光谱[33]

我们已经介绍了电子激发态*R(S$_1$)和*R(T$_1$)分别经历的荧光和磷光发射。由于*R 是一种"真实的"分子结构，它必然具有吸收光谱：即*R$+h\nu \rightarrow$**R 的过程（**R 代表 S$_{n>1}$ 或 T$_{n>1}$ 态）。可通过非常快速的激发和检测方法，即所谓的脉冲-探测闪光光谱实验来观察 S$_1+h\nu \rightarrow$S$_{n>1}$ 和 T$_1+h\nu \rightarrow$T$_{n>1}$ 的辐射跃迁[33]。自 1950 年以来，这一方法的检测速度已经从约 10^{-3}s（ms）稳步增长到接近极限的 10^{-15}s（fs）[33e]；这就使我们有可能在良好的条件下，通过脉冲-探测闪光光谱方法来检测寿命处于飞秒级别的*R！

闪光光谱法的思路是通过一束强的预备光子脉冲（一束激光的闪光）照射吸光的样品，从而在尽可能短的时间尺度内产生*R，然后，再用一束弱的探测光子脉冲来检测和表征这些受脉冲辐照后所实时产生的瞬态物种（*R、I、P）。这些短、而强的脉冲是由脉冲激光器所提供的。激光器已经发展到能在 10^{-12}s（皮秒，ps）到 10^{-15}s（飞秒，fs）的时间尺度内释出强烈脉冲达到 $10^{16}\sim10^{18}$ 光子的水平！以皮秒为例可以对时间尺度有一个正确的评价：一颗子弹以 1000m/s 的速度通过 1mm 的距离，需要 10^6ps；光只需 1ps 就可通过 0.3mm 的距离；而在玻尔轨道上运动的电子在 1fs 的时间内仅能移动几个埃。

图 4.25 给出了萘的 T$_1 \rightarrow$T$_{n>1}$ 的能级图以及吸收光谱实例[34]，并列出了它们相对于 S$_0$ 能级的跃迁。这些吸收光谱可用来表征跃迁中所涉能态的组态，但由于各种技术和理论上的原因，这是一项颇为困难的任务。然而，利用激发态的吸收光谱来追踪激发态的浓度变化，是光化学动力学研究中的一个非常重要的工具。

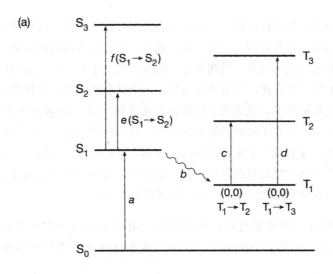

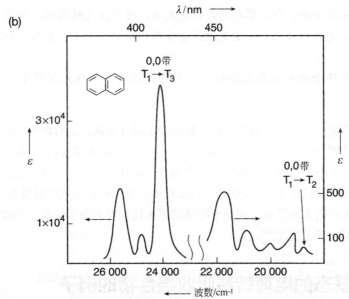

图 4.25 萘的三重态-三重态（T-T）吸收光谱

(a) 导致 T-T 吸收途径的态能级图。S_0 吸光后通过系间窜越达到 T_1，T_1 吸收光子
发生 $T_1 \rightarrow T_2$ 和 $T_1 \rightarrow T_3$ 的跃迁。(b) 萘的 T-T 吸收光谱图

4.36 涉及两个分子的辐射跃迁:络合物和激基复合物 的吸收[35]

迄今，我们已经考虑了涉及被"惰性"无相互作用的溶剂分子所包围的单分子的吸收和发射过程。但在某种情况下，两个或许多个分子可参与到吸收或发射之中，亦

即吸收或发射是由确定化学计量的基态或激发态的络合物所引起。这种络合物可由两个或多个分子所形成，被称为超分子络合物。通常，这种络合物的计量是由两分子所组成，因此，我们就以此为样本。当两个分子协同吸收一个光子时，我们认为基态下有吸收（超分子）络合物存在，它对吸收负责。一个具有确定化学计量的激发态络合物，如果在基态时是解离的，则该络合物被称为激基复合物（exciplex）。因此，如果两个分子协同发射出一个光子而回到解离的基态，我们就认为存在一个激基复合物；激基复合物可以通过发射的光子来直接加以检测和表征。吸收络合物和激基复合物间的重要区别是：吸收络合物在基态时有一定的稳定性，而激基复合物则没有。

吸收络合物与激基复合物的某些重要实验光谱特征如下：

（1）吸收络合物：所观察到的新的吸收带，通常要比任一分子组分的吸收于更长的吸收波长处，这是络合物的特征，而并非基态络合物中任一单独分子组分的特征。

（2）激基复合物：所观察到的新的发光带，通常是无结构的，并处于比它任一分子组分吸收更长的波长处，这是激基复合物的特征，而并非激基复合物中的任一组分的特征。

（3）吸收络合物和激基复合物：所出现的新的吸收或发射强度具有浓度的依赖性。

在特殊情况下，如果组成激基复合物的分子组分相同，这种激发态的分子络合物被称为"激基缔合物"（excimer），而不是一般性的"激基复合物"。激基复合物是指由两种不同分子组分所组成的激发态络合物。一种特定计量学的观点也包括于激基复合物和激基缔合物的定义之中，这是因为我们希望与那些溶剂化的激发态分子相区分。这些被数目不定的非激发态溶剂分子环绕的溶剂化激发态分子也是一种通过分子间作用力形成的超分子聚集体[36]。

4.37 基态的电荷转移吸收络合物的例子[37]

具有低离子化电位（电子给体，D）或高的电子亲和能（电子受体，A）的分子混合物溶液，常显示出其中任一组分都未显示过的吸收带。一般来说，这一新的谱带是由于电子给体-受体（EDA）、或者电荷转移（CT）复合物将 D 的电子（电荷），于一定程度上转移到 A 的结果。图 4.26 列出了 CT 光谱图的典型例子[38]。通常 CT 复合物的吸收带是较宽的，而且缺乏振动结构。这种宽峰的出现是因为 EDA 络合物的结合能较小，从而导致多种不同结构构型的络合物平衡存在。而每种构型所吸收的能量是不同的，从而引起谱带变宽。由于分子间键合程度很弱，因而没有特征的振动谱带出现于光谱之中。激发复合物寿命很短，*R 没有充分的时间发生振动。

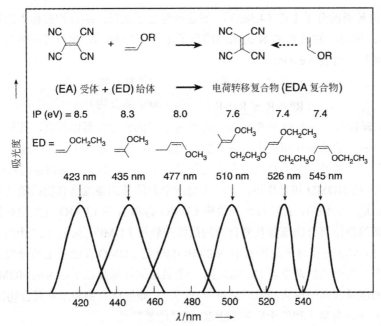

图 4.26 四氰乙烯与一系列不同烯醇醚间电子给-受体（EDA）复合物的吸收光谱

　　EDA 吸收带的重要实验特征是对溶剂极性的灵敏性响应。例如，如图 4.26 中所示，不同烯醇醚（给体）与四氰乙烯（受体）分子的 EDA 吸收带的极大值，会随溶剂的极性变化而有很大的变化[38]。随着溶剂极性的增大，吸收所需的能量减小。对于这个效应，我们可依据与 EDA 跃迁相关的溶剂辅助-混合能态波函数来理解，即 CT 跃迁的最高占有轨道（HOMO）与最低空轨道（LUMO）间能量分离的溶剂依赖性。

4.38　激基缔合物和激基复合物[35]

　　考虑由分子 R 与 N 所构成的分子对，其中 R 可吸收光子而形成*R，*R 与 N 碰撞形成激发态络合物。那么是什么因素可稳定激发态络合物 R-*-N（这里的激发在某种程度上为络合物两个分子组分所分享），而使之丢失原有的基态络合物 R/N 的性质呢？一个电子激发态*R 具有比基态更强的电子亲和势和更低的离子化电位，这是因为它出现了亲电的半充满 HOMO 以及亲核的半充满 LUMO（第 7 章）所致。当分子间相遇时的这些轨道可与其他极性或可极化物种间发生 CT 相互作用。例如电子激发态分子物种*R 与其他任何极性的或可极化的基态分子 N 间所形成的碰撞络合物，一般都是通过包括有 HOMO 和 LUMO，或者*R 和 N 间的 CT 相互作用而稳定。这种能量上的稳定可导致 R-*-N 碰撞络合物具有比相应的 R/N（基态）碰撞络合物更长的寿命。R-*-N 碰撞络合物具有显著区别于*R 的光谱和化学性质。在这种情况下，R-*-N 碰撞络合物可被看作是不同于单独*R 的电子激发态，亦即，R-*-N 碰撞络合物是一个超分子电子激发态物种，它是通过分子间吸引力而结合在一起。如同 4.37 节中所指出的，如果 R

和 N 是不同种类的分子 [式 (4.56a)]，则这种超分子激发态络合物被称为激基复合物（exciplex）；然而，如果 R 和 N 为相同的分子 [式 (4.56b)]，则激发态络合物*R-*-R 可称之为激基缔合物（excimer）。

$$*R + N \rightarrow R-*-N \qquad （激基复合物） \qquad (4.56a)$$

$$R* + R \rightarrow R-*-R \qquad （激基缔合物） \qquad (4.56b)$$

R-*-N 碰撞分子对相对于 R/N 基态碰撞分子对的稳定性得以提高，其简单的理论基础是分子轨道的相互作用理论（图 4.27）。如果 R（或*R）与 N 发生碰撞，主要的电子相互作用将涉及它们的最高占有轨道和最低空轨道。根据扰动理论的规则，R 的 HOMO 和 N 的 HOMO 相互作用，并产生出两个新的基态碰撞络合物或激基复合物的最高占有轨道。类似的，R 的最低空轨道 LUMO 将和 N 的 LUMO 发生相互作用，并产生两个新的碰撞络合物或激基复合物的最低空轨道 LUMO。如图 4.27 中所示，新的 HOMO 和 LUMO 是相对于起始 R 和 N 的 HOMO 与 LUMO 在能量上的分裂。在碰撞络合物和激基复合物的两个新 HOMO 中，一个轨道的能量要低于原来的 HOMO 轨道，而另一个的能量则高于原来的轨道能量。与此类似，碰撞络合物和激基复合物的 LUMO 也在能量上分裂为高于和低于原来 LUMO 能量的新轨道。

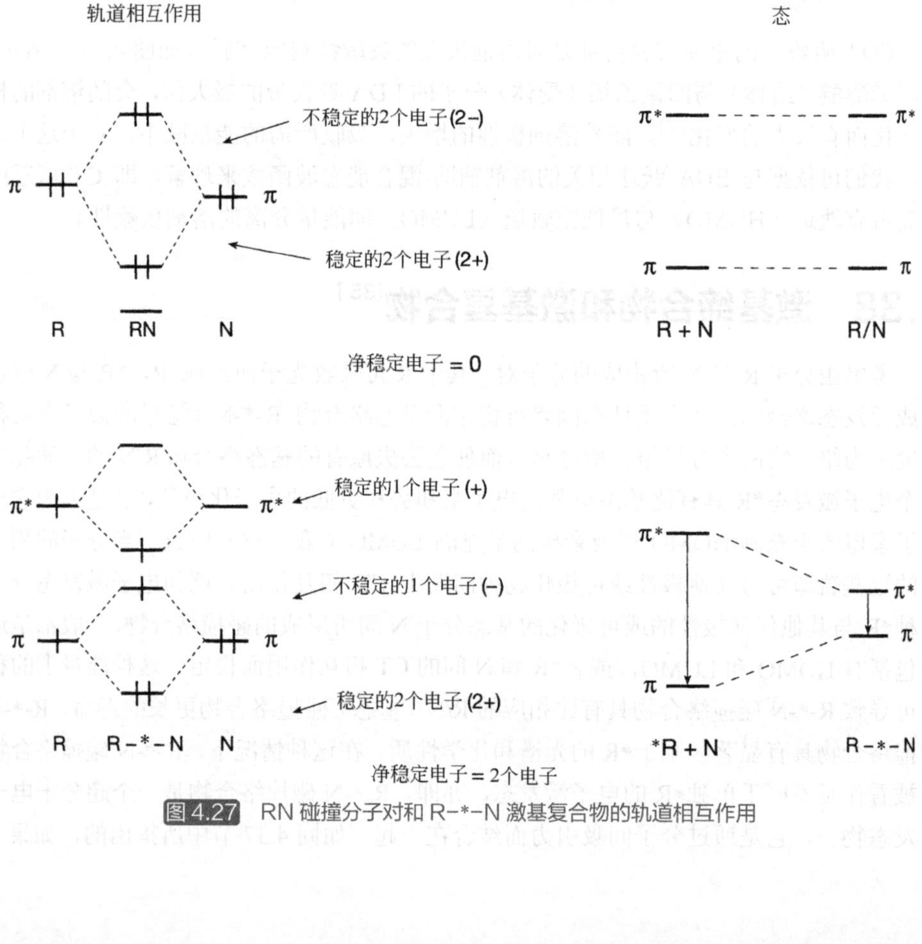

图 4.27 RN 碰撞分子对和 R-*-N 激基复合物的轨道相互作用

在基态分子 R 和 N 的碰撞络合物中，原先分别占据 R 和 N 最高占有轨道的四个电子按照构造原理充填最低能量轨道，占据了新一组的最高占有轨道。在最高占有轨道中的两个电子是稳定的，而处于 LUMO 轨道上的另两个电子则是不稳定的（图 4.27 的上部）；在 R 和 N 的碰撞过程中，由于成键和反键相互作用相等而相互抵消，因此通过相互作用在能量上并未获得增益。然而，在激基复合物中，*R 处于电子激发态，电子自己从它起始无相互作用的轨道，到达激基复合物新轨道时的重新分布（见图 4.27 的下部），因而有三个电子是稳定的（两个在低能的 HOMO 上，一个在低能的 LUMO 上），而仅有一个电子是不稳定的（处于高能的 HOMO）。于是，在它们碰撞过程中通过*R 和 N 的相互作用，经常可以获得某种净的能量增益！这一分析提供了一个值得注意的结论，即电子激发态具有一种固有的趋势，可与其他分子形成超分子络合物。而唯一的问题仅在于激基缔合物或激基复合物的结合强度。

现在可以考虑碰撞络合物和激基复合物的那些由碰撞而产生的能态。假如*R 和 N 之间仅有很弱的相互作用，则碰撞络合物的发光将会非常类似于单体*R 的发射，并且发射的能量也将会接近分子的*R→R+$h\nu$ 过程的能量。如果激发分子与基态分子间的轨道相互作用足够强，则*R 和 N 间的碰撞络合物为激基复合物（R-*-N），其能量相对于基态络合物（R/N）会有所减少，(R-*-N)→R/N+$h\nu$ 的发射则可产生一个不稳定的基态碰撞络合物。

作为不同的化学物种，激基复合物和激基缔合物具有不同的光物理和光化学特性。因为电子激发态的最常见特征是其发射可产生出基态和光子，于是，如有激基复合物的存在，则在原则上它们应显示出荧光（单重态激基复合物）或磷光（三重态激基复合物）。一般来说，R-*-N 的发射不同于*R 的发射，此外，由于基态碰撞络合物 R/N 的束缚力一般要比 R-*-N 弱，所以激基复合物的发射通常导致弱束缚或解离的基态。

图 4.28 显示了激基缔合物（或激基复合物）形成和发射的势能面描述，以及与光子的吸收和发射的联系。所示的情况假设：基态络合物 R/N 中的两个分子，在相互靠近到很近距离时，可经受很强的排斥力。然而，在激基复合物（R-*-N）中当基态分子和激发态分子相互靠近时，则存在着明显的稳定吸引力。由于激基复合物通常可通过 CT 相互作用而稳定化，因此，我们可以分别用给体和受体分子的标记 D 和 A 替代 R 和 N，当 D 和 A 间距离较大时，它每个组分的吸收光谱应和每个单体的相同，亦即组分间相互没有影响；而当 D 和 A 相互接近时，吸收光谱可保持不变，直至最后 D 和 A 发生碰撞。假如 D 和 A 在基态（较低能面）时并无实质性的吸引，则碰撞将会引起体系能量的升高，并且在任何给定的时间内，仅有很少的碰撞络合物存在。因此，它们的浓度会非常低，并且无新的因碰撞络合物而观察到的吸收。基态络合物的这种"不稳定性"是激基缔合物和激基复合物定义存在某些任意性特征的原因。一个本质性的观念是：基态的 DA 碰撞络合物是不稳定的，是一种弱结构性的物种，而并非是它们缺乏可以观察到的吸收光谱。

对于*D 和 A（或*A 和 D）在激发能面上相互靠近和碰撞的情况，当*D 和 A 相距较远时,发射光谱就如同单体*D 的发射光谱。而当 A、D 两个分子相互靠近时,它们之间的结合由于电荷转移或激发交换的相互作用而增强,这种相互作用引起势能曲线出现一个极小值;假如熵的降低未能抵消该热焓的减小,则会生成激发态络合物(激基复合物)。而根据 Franck-Condon 原理,激基复合物的发射将从激发态的极小处垂直发生。如果在激发态极小处 D 和 A 的距离对应于基态势能曲线排斥部分上的某一点,则 Franck-Condon 发射将专一地生成基态面上的排斥态。即在形成 D 和 A 后,二者就会立刻分开。这个过程是与预离解或直接的解离吸收过程相类似的发射(图 4.11)。由于激发态寿命短以及最终态(碰撞络合物 D/A)"振动"的不确定特性,可导致激基缔合物与激基复合物的发射光谱中振动结构的完全消失。

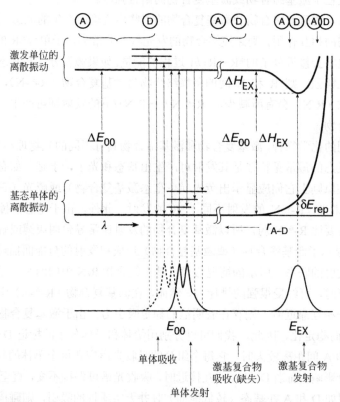

图 4.28 激基复合物发射的能面解释(在激发能面上 D 或 A 都可被激发)

当激基缔合物或激基复合物生成时,存在确定性的直接光谱证据:包括诸如浓度依赖性,在 D 和 A 吸收光谱红区(低能量、长波长)出现的,不属于 D 或 A 单体发射的无振动结构发射光谱。

从图 4.28 中我们还可注意到:一些重要的量,如 ΔE_{00}、ΔE_{ex}、ΔH^*等,相互之间是如何相关联的。参数 ΔE_{00} 既是为提升单体从基态的 $v=0$ 到激发态 $v=0$ 所需要的激发能，也是当单体的激发态（$\upsilon=0$）发射光子而产生基态（$\upsilon=0$）时所释出的激发能量。

三重态的激基缔合物和激基复合物是很确定的激发态物种[39]，尽管较少能直接由它们的发射观察到。与单重态激基缔合物和激基复合物的结构不同，它们的结合更弱，很可能是由于三重态的 CT 特征有所降低的结果。

对于激基复合物的理论分析指出，D-*-A 应该具有典型的电子激发态的性质（例如，发射、非辐射跃迁以及光化学等）。激基复合物也像超分子物种那样，可用化学计量的方法加以处理，虽然是由双分子形成，但其反应可按单分子反应处理。

4.39　激基缔合物的样本：芘和芳香化合物

芘的激基缔合物可以作为经典的激基缔合物形成和发射的样本[35,40]。图 4.29 中显示了甲基环己烷中芘的荧光发射与其浓度的相关性。在浓度约为 10^{-5}mol/L 或更小时，其荧光与浓度无关，由纯的芘单体荧光所组成（图 4.15），有振动结构，在 380nm 处出现极大值。随着芘的浓度增大到接近于 10^{-5}mol/L，则可观察到下列两种效应：（1）由于芘的激基缔合物的形成，出现了新的、宽的、比单体发射波长更长的精细结构的荧光发射；（2）单体发射与激基缔合物发射的相对数量开始降低。随着芘浓度的继续增大，激基缔合物的强度相对于单体持续增强（图 4.29 中单体的发射，因归一化而固定，这是为了能清楚地说明激基缔合物的发射，相对于单体发射而言，在不断增强）。当芘的浓度为 0.1mol/L 或更大时，仅能看到激基缔合物的发射。

让我们用图 4.28（D=A=芘，Py）来描述芘激基缔合物的形成。图中示出了两个芘分子的能量是如何随着它们核间距的变化而改变的。相距较远的基态分子对（约 10Å，图 4.28 左）的能量是恒定的，这是因为在这个距离上，分子间的相互作用很弱。当二者相距约 4Å 时，这个距离接近于激基缔合物的平衡距离，由于被占据的 π 轨道的相互排斥（图 4.28，上部），基态碰撞络合物 Py/Py 的能量可迅速地提高。从图中可容易地看出：为什么芘的激基缔合物发射是无结构的，又为什么不能观察到相应于 Py/Py+$h\nu \to$ Py-*-Py 跃迁的吸收，这是因为 Py/Py 分子对的浓度在实质上为零。发射的无结构则是由于 Py-*-Py$\to$Py/Py+$h\nu$ 的发射是一个不稳定的解离能态（在完成一个振动周期以前分子就解离了）。而之所以未能测得相应于激基缔合物基态的吸收，则是由于在碰撞络合物形成的给定瞬间内仅有极少的 Py 分子对所致（两个芘分子基态络合物的浓度太小，以致不能通过光的吸收而测定）。

从芘激基缔合物发射光谱的分析，以及它与芘晶体发射间的关系可以断定：芘的"面-对-面"的单重态激基缔合物结构是最为有利的。这样一个结构与基于 π 轨道的最大重叠原理相一致。

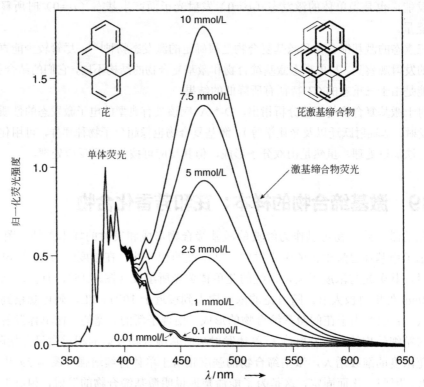

图4.29 图 4.29 芘在甲基环己烷中的激基缔合物发射的实验例证
（图中注明了在甲基环己烷中的芘的浓度）

芘激基缔合物的电子稳定能是相当坚固的（$\Delta H=-10kcal/mol$），但它的生成熵则太负（在非极性溶剂中，室温下 $\Delta S=-20eu$；$T\Delta S=6kcal/mol$）[41]。因此，在室温下，ΔG 约为 $-4kcal/mol$，有利于激基缔合物的形成。

与激基复合物发射的较大溶剂位移效应相反，激基缔合物的发射波长通常并不依赖于溶剂。这是因为对于激基缔合物而言，CT 相互作用的影响并不如对激基复合物那么显著，这也是激基缔合物所固有的较小的极性性质决定的。

芘溶液发射的时间依赖性（时间分辨的发射光谱）可对激基缔合物的形成提供很好的动力学性质的证据[42]。如芘的环己烷溶液（约 $10^{-3}mol/L$）被很短的脉冲光所激发，此时仅有激发的单体产生（Py/Py 碰撞络合物的浓度太低，以至于无法测定其吸收）。如果总的发射光谱是约于 $1\times10^{-9}s$（1ns）后取得，那么这个光谱主要还是单体的光谱 [图 4.30（a）]，这是因为激基缔合物的发射需要有激基缔合物的形成，而其形成则要求激发的芘单体向着基态芘的扩散和碰撞，但在 $10^{-9}s$ 的时间范围内，芘分子只能移动几个埃。在这一激发脉冲后的时间尺度内，只有少量激基缔合物形成和发射。但约 20ns 以后，大量扩散性的位移发生了，激基缔合物的浓度已达到可与单体浓度相当的程度 [图 4.30（b）]。约 100ns 后，则其发射光谱 [图 4.30（c）] 就和通常在稳态条件下所见到的那样了。

由于三重态的激基缔合物一般都是弱的结合，因此通常难以观察到激基缔合物磷光。

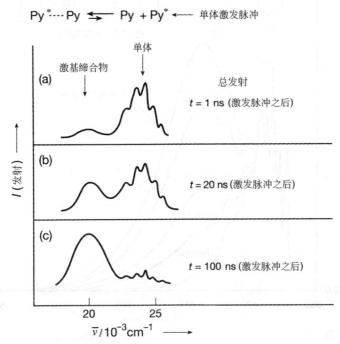

$$Py^* \cdots Py \rightleftharpoons Py + Py^* \longleftarrow 单体激发脉冲$$

图 4.30 芘单体和激基缔合物发射的动力学

（a）1ns 后大多数激发态芘是以单体的形式存在；（b）20ns 后则可观察到数量相当的激基缔合物和单体；

（c）100ns 后多数的激发态芘分子是以激基缔合物的形式存在

4.40 激基复合物和激基复合物的发射[43]

同激基缔合物荧光发射的情况相同，激基复合物的荧光发射通常也在比单体荧光发射更长的波长处，可观察到一宽而无结构的谱带（图 4.31）。芘-二乙基苯胺体系可作为激基复合物生成和发射的样本。芳香碳氢化合物（如芘）的单体荧光可经常被电子给体（如苯胺及其衍生物）以扩散的速度猝灭。在碳氢化合物单体荧光的红端约 5000cm^{-1}（15kcal/mol）处可伴随着猝灭出现宽而无结构的谱带。这个新的荧光可归属于激基复合物的发射（图 4.31），随着电子给体浓度的增大，其发光强度也增强，但在对应的吸收光谱中则无相应的变化。

激基复合物生成的动力学行为也可用时间分辨的发射光谱很好地加以说明[43]。图 4.32 给出了环己烷中芘-二甲基苯胺的发光状况：（a）为激发芘发色团后约 1ns 的发光；（b）则是在激发后约 100ns 时的发光。图中可明显看到：在激发后，发射主要来自芘的单体，但随着时间增长，激基复合物在总发射中的贡献不断增加。

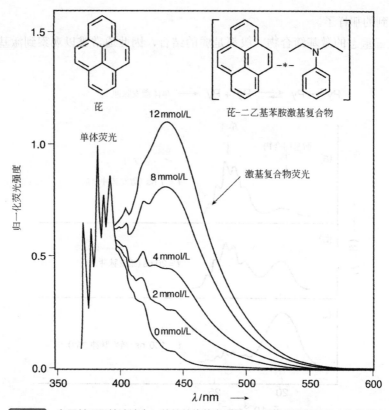

图 4.31 在甲基环己烷溶液中，芘的单体荧光和芘-二乙基苯胺激基复合物的荧光

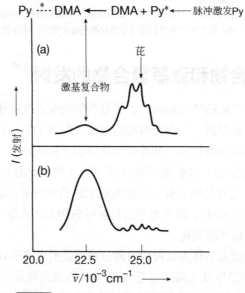

图 4.32 芘-二甲基苯胺激基复合物的动力学行为

（a）1ns后多数激发态芘是以单体形式存在；（b）100ns后多数是以芘-二甲基苯胺激基复合物形式而存在

4.41 扭曲的分子内电荷转移态（TICT）[44]

从上面有关辐射跃迁的讨论中可以得出如下规律性结论：对于多数的有机分子而言，仅能观察到一个荧光光谱，也就是*R(S₁)→R(S₀)+hν 的辐射跃迁。而电子激发态 *R 转化为激发态产物*P 的反应，则相当于这一规则的例外。由于单个起始*R 可通过 *R(S₁)→R(S₀)+hν 和*P(S₁)→P(S₀)+hν 两种过程辐射跃迁，因而产生出双重荧光是可能的。又由于*R→*P 的过程是完全发生于电子激发的能面上，因而它可称之为"绝热的"光化学反应。激基缔合物（或激基复合物）的形成过程：*R+N→R-*-N，就是双分子绝热反应的一个例子。另外，也存在着许多由单键扭曲而导致的单分子绝热光反应的例子。如*R 中有自发的分子内的旋转发生，旋转又可导致在光谱的极小处生成产物*P。如果*P 又可在*P→P+hν 过程中发出能加以测量的光子，则这一光化学反应是可以检测的。

4-N,N-二甲氨基苄腈（**11**）可作为一个围绕单键自旋且能观察到双重荧光的样本[45]。当 R(**11**)在基态时，具有或多或少的平面构型 R(**11p**)。当 R(**11p**)中的 C−N 单键旋转时，就可产生一个高能量的扭曲构型 R(**11t**)。R(**11p**)的 Franck-Condon 光激发可产生一平面的激发态*R(**11p**)。由于 R(**11t**)的构型在基态下不能大量布居，因此*R(**11t**)不能直接通过对 R(**11t**)的光激发而得到。在非极性溶剂中，可以观察到一个极大值在约 350nm 处的 *R(**11p**)的荧光发射峰。然而，在极性溶剂中，则在大约 450nm 处又可观察到第 2 个荧光发射峰。激发态*R(**11p**)电子给体氨基与电子受体氰基间的电荷转移，可以通过围绕 C−N 键的旋转得以稳定（沿单键而自由旋转的例子）。因此，350nm 处的荧光可归属于平面的*R(**11p**)的发射，而 450nm 处的荧光则可归属于围绕着 C−N 键旋转的*R(**11p**)的发射，即电子激发的扭曲分子内电荷转移结构*P(**11t**)的发射。因此，一个绝热的电荷转移反应*R(**11p**)→*P(**11t**)就在激发能面上围绕着 C−N 键的旋转而发生了。由于具有扭曲的分子内电荷转移（TICT）的特征，*R(**11p**)可称之为 TICT 态，平面态则被称为局域的激发（LE）态。图 4.33 中给出了代表该绝热反应的示意图。

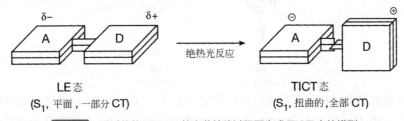

LE 态
(S₁, 平面, 一部分 CT)

TICT 态
(S₁, 扭曲的, 全部 CT)

图 4.33 通过绝热*R→*P 的电荷转移过程而生成 TICT 态的模型

具有部分电荷转移特征的局域激发的平面态，旋转弛豫为扭曲构型，与分子内电子转移耦合而形成 TICT 态

化合物 **12**（结构受限于平面上的化合物分子）仅在约 350nm 处观察到单个荧光发射，而化合物 **13**（结构受限于被扭曲状的化合物分子）则在约 450nm 处观察到单个荧光发射，这些都证明了图 4.34 中所列出的有关*R(**11p**)和*P(**11t**)荧光的归属。因此可以

确定，在共平面的构象中，当孤对电子与芳香 π 体系（**11p**）中碳的 p 轨道接近于平行时，将有利于 350nm 处的发射。而在扭曲的结构中，氮的孤对电子应垂直于 π 轨道体系（**11t**），此时将有利于 450nm 的发射。

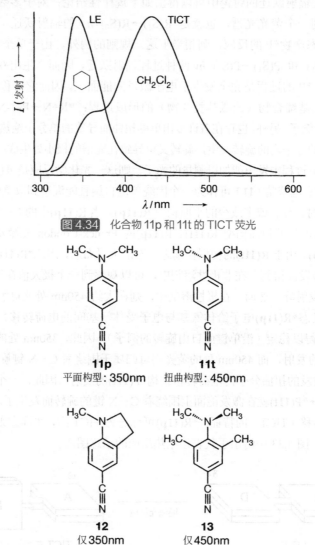

图 4.34　化合物 11p 和 11t 的 TICT 荧光

11p
平面构型：350nm

11t
扭曲构型：450nm

12
仅 350nm

13
仅 450nm

　　从平面向扭曲的构型转换可能存在着某些能垒：（1）分子内的电子能量重组的势垒；（2）当*R(**11t**)能量高于*R(**11p**)时存在的热力学势垒；（3）在溶剂环境中与移动相关联的摩擦以及电子重组而产生的超分子势垒等。因此，在非黏性溶剂中依赖于分子的结构，如果*R(**11t**)的能量比*R(**11p**)的低得多，则 TICT 态的形成将是不可逆的；而如果*R(**11t**)的能量与*R(**11p**)相差不大，则形成的 TICT 态将是可逆的。此外，电荷转移的程度还依赖于溶剂的极性及它们自身对于促进或抑制 TICT 态生成的能力。最后，随着环境摩擦力的增大，即使*R(**11t**)的能量要比*R(**11p**)的低很多，TICT 态的形成也会受到动力学的抑制。

*R(11p)→*R(11t)跃迁的反应坐标不仅包含了扭曲的"气相"能量，还包括了一定程度的电荷转移、溶剂偶极弛豫、溶剂的摩擦力，以及某些可能的氮原子从 sp^2 到 sp^3 的再杂化过程。由于体系分子内的和超分子特性的 TICT 态生成的灵敏性，可允许用 TICT 态来探测溶剂的微极性和微黏度。这种大的电子和构象的变化，使它们在超分子（溶剂笼）效应的探测上表现出超级的灵敏性。

垂直 TICT 态样本的重要特征是：电子给体二甲基胺基基团的 n 轨道与作为电子受体的苯腈基团 π 轨道间的相互正交（零重叠）。这种情况可看作一种可导致偶极矩接近于极大的、从给体到受体的完整电子转移。这种特点以及垂直构型的能量极小是 TICT 态的基本特征。扭曲的单键和双键可以在一种"类双自由基"态的专一理论框架内来加以理解（第 6 章）。可以通过给体（氨基）和受体（氰基）基团的电化学特征知识，估算得到有关*R(11p)相对于*R(11t)的能量。

TICT 现象的本质是在*R→*P 过程中电子（负电荷）的绝热转移。一个与此相关的现象是在*R→*P 过程中转移一个质子（正电荷）。后者可被称为"激发态分子内的质子转移"（ESIPT）。在适当的情况下，TICT 和 ESIPT 过程可同时发生。邻羟基二苯酮分子内抽氢就是 ESIPT 的一个样本。在这样的情况下，*R(ESIPT)的非辐射失活要比发射过程快得多。

4.42 "上层"激发单重态和三重态的发射；薁的反常

已知大量的有机分子都遵守 Kasha 规则[17]（在凝聚相中只能观察到 S_1 态的荧光和 T_1 态的磷光），因此对于归属为 S_2、S_3、S_n，以及从 T_2、T_3、T_n 等激发态的"反常"发射，应对其分子状态加以怀疑。到目前为止，$T_n(n>1)$ 态发射的例子是极少的。然而，有关薁（**12**）及其衍生物的 $S_2→S_0+hv$ 的荧光发光已有详细的文献报道[46]。分子 **12** 的荧光光谱在约 374nm 处到达一个极大，然而其 $S_0→S_1$ 吸收的极大则在 585nm 处（薁是一蓝色的有机化合物）。荧光的 0,0 带和 $S_0→S_2$ 吸收的 0,0 带重叠，并显示出近似的镜像关系（图 4.35）。之所以能够观察到的 $S_2→S_1$ 发射，是由于它存在着大的能隙，可通过与 S_2 所固有的快速 k_F 速率相耦合减小非辐射跃迁的 Franck-Condon 因子，使通常很快的 $S_2→S_1$ 内转换速率得以降低。而这些已知的 S_2 发光的例子也可描述为：从 S_1 到 S_2 的热布居和随之出现的 S_2 的发射。

有趣的是，薁的"正常"$S_1→S_0$ 荧光发射是极弱的（$\Phi_F<10^{-4}$），并且只有在特殊条件下才能观测到[47]。薁的正常荧光的反常缺失，被认为是由于 S_1 和 S_0 间能隙较小，而导致的相对快的内转换所致。这就解释了从 S_2 发射的反常的显著荧光，以及从 S_1 发射荧光的实质性缺失（它们都违反了发射的 Kasha 规则）的原因：由于分子轨道的特殊性，S_1 与 S_2 间能隙非常大，就导致了相对较慢的 $S_2→S_1$ 内转换速率。S_1 和 S_0 间较小的能隙导致了较快的 $S_1→S_0$ 内转换速率。于是，内转换就可与相对慢的固有荧光

之间发生相互的竞争。

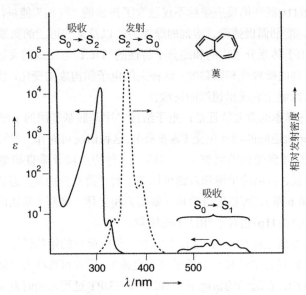

图 4.35 薁反常的 $S_2 \rightarrow S_0$ 荧光发射

实线表示薁的 $S_0 \rightarrow S_2$(UV)和 $S_0 \rightarrow S_1$(vis)的吸收；虚线表示薁的荧光发射，
它和 $S_0 \rightarrow S_2$ 的吸收呈近似的镜像关系

如用氟原子取代薁分子上的氢[48]可以引起 $S_2 \rightarrow S_0$ 荧光量子产率的显著增加，例如，
12F 的 Φ_F 值约为 0.2，应当说这是一个较大的发光量子产率！

12 (薁)   **12F**

参 考 文 献

1. For excellent nonmathematical discussions of light and its interaction with molecules. (a) R. K. Clayton, *Light and Living Matter, The Physical Part*, McGraw-Hill, New York, 1970. See, for more rigorous treatments (b) H. H. Jaffe and M. Orchin, *Theory and Applications of Ultraviolet Spectroscopy*, John Wiley & Sons, Inc., New York, 1962.

2. For a more detailed discussion, the reader is referred to any elementary textbook of physics. D. Halliday and R. Resnick, *Physics*, John Wiley & Sons, Inc., New York, 1967.

3. For an excellent discussion of light as a wave: W. Kauzman, *Quantum Chemistry*, Academic Press, New York, 1957, p. 546ff.

4. (a) G. W. Robinson, in *Experimental Methods of Physics, Vol. 3.*, L. Marton and D. Williams, eds., Academic Press, New York, 1962, p. 154. (b) W. Heitler, *Quantum Theory of Radiation*, Clarendon Press, Oxford, UK, 1944. (c) G. N. Lewis and M. Calvin, *Chem. Rev.* **25**, 273 (1939).

5. (a) E. J. Bowen, *Quart. Rev.* **4**, 236 (1950). (b) *Chemical Aspects of Light*, Clarendon Press, Oxford, UK, 1946. (c) A. Maccoll, *Q. Rev.* **1**, 16

(1947). (d) D. R. McMillin, *J. Chem. Ed.* **55**, 7 (1978).

6. (a) G. Balavoine, A. Moradpour, and H. B. Kagan, *J. Am. Chem. Soc.* **96**, 5152 (1974). (b) W. Kuhn and E. Knoph, *Z. Phys. Chem.* **7B**, 292 (1930).

7. E. A. Braude, *J. Chem. Soc.* 379 (1950).

8. (a) F. Perrin, *J. Phys. Radium* **7**, 390 (1962). (b) I. B. Berlman, *Mole. Cryst.* **4**, 157 (1968).

9. (a) S. J. Strickler and R. A. Berg, *J. Chem. Phys.* **37**, 814 (1962). (b) W. R. Ware and B. A. Baldwin, *J. Chem. Phys.* **40**, 1703 (1964). (c) J. B. Birks and D. J. Dyson, *Proc. R. Soc.* **A275**, 135 (1963). (d) W. H. Melhuish, *J. Phys. Chem.* **65**, 229 (1961). (e) R. G. Bennett, *Rev. Sci. Instr.* **31**, 1275 (1960). (f) R. S. Lewis and K. C. Lee, *J. Chem. Phys.* **61**, 3434 (1974). (g) D. Phillips, *J. Phys. Chem.* **70**, 1235 (1966).

10. (a) G. N. Lewis and M. Kasha, *J. Am. Chem. Soc.* **67**, 994 (1945). (b) M. Kasha, *Chem. Rev.* **41**, 401 (1948). (c) G. N. Lewis and M. Kasha, *J. Am. Chem. Soc.* **66**, 2100 (1944). (d) S. P. McGlynn, T. Azumi, and M. Kasha, *J. Chem. Phys.* **40**, 507 (1964).

11. (a) B. S. Solomon, T. F. Thomas, and C. Sterel, *J. Am. Chem. Soc.* **90**, 2449 (1968). (b) D. A. Hansen and E. K. C. Lee, *J. Chem. Phys.* **62**, 183 (1975). (c) R. B. Condall and S. Ogilvie, in *Organic Molecular Photophysics*, Vol. 2, J. B. Birks, ed., John Wiley & Sons, Inc., New York, 1975, p. 33.

12. (a) B. S. Neporent, *Pure Appl. Chem.* **37**, 111 (1976). (b) B. S. Neporent, *Opt. Spectrosc.* **32**, 133 (1972). (c) H. Suzuki, *Electronic Absorption Spectra and the Geometry of Organic Molecules*, Academic Press, New York, 1967, p. 79.

13. See this reference for a more rigorous discussion. G. Herzberg, *Spectra of Diatomic Molecules*, Van Nostrand, Princeton, NJ, 1950.

14. (a) S. P. McGlynn, T. Azumi., and M. Kinoshita, *Molecular Spectroscopy of the Triplet State*, Prentice Hall, Englewood Cliffs, NJ, 1969. (b) M. J. S. Deward and R. C. Dougherty, *The PMO Theory of Organic Chemistry*, Plenum, New York, 1974.

15. R. M. Hochstrasser and A. Marzzallo, *Molecular Luminescence*, E. Lim, ed., W. A. Benjamin, New York, 1969, p. 631.

16. The interested reader should see the following references: (a) J. B. Birks, *Photophysics of Aromatic Molecules*, John Wiley & Sons, Inc., New York, 1970. (b) C. A. Parker, *Adv. Photochem.* **2**, 305 (1964). (c) N. J. Turro, *Molecular Photochemistry*, Benjamin, New York, 1967. (d) R. Becker, *Theory and Interpretation of Fluorescence and Phosphorescence*, John Wiley & Sons, Inc., New York, 1969. (e) S. L. Murov, I. Carmichael, and G. L. Hug, *Handbook of Photochemistry*, 2ed., Marcel Dekker, New York, 1993.

17. M. Kasha, *Disc. Faraday Soc.* **9**, 14 (1950).

18. (a) H. H. Jaffe and M. Orchin, *Theory and Applications of Ultraviolet Spectroscopy*, John Wiley & Sons, Inc., New York, 1962. (b) C. A. Parker, *Photoluminescence in Solution*, Elsevier, Amsterdam, The Netherlands, 1968. (c) J. R. Lakowicz, *Principles of Fluorescence Spectroscopy*, Plenum, New York, 1999.

19. (a) F. Hirayama and S. Lipsky, *J. Chem. Phys.* **51**, 3616 (1969). (b) M. S. Henry and W. P. Helman, *J. Chem. Phys.* **56**, 5734 (1972). (c) F. Hirayama and S. Lipsky, *J. Chem. Phys.* **62**, 576 (1975).

20. (a) E. Havinga, *Chimia* **16**, 145 (1962). (b) J. Pusset, and R. Bengelmans, *Chem. Commun.* 448 (1974).

21. (a) M. S. Henry and W. P. Helman, *J. Chem. Phys.* **56**, 5734 (1972). (b) A. M. Halpern and R. M. Danziger, *Chem. Phys. Lett.*, **72** (1972).

22. W. W. Schloman and H. Morrison, *J. Am. Chem. Soc.* **99**, 3342 (1977).

23. (a) S. Sharafy and K. A. Muszkat, *J. Am. Chem. Soc.* **93**, 4119 (1971). (b) D. Gegion, K. A. Muszkat, and E. Fischer, *J. Am. Chem. Soc.* **90**, 12, 3097 (1968). (c) J. Saltiel, O. C. Aafirion, E. D. Megarity, and A. A. Lamola, *J. Am. Chem. Soc.* **90**, 4759 (1968). (d) C. D. De Boer and R. H. Schlessinger, *J. Am. Chem. Soc.* **90**, 803 (1968).

24. (a) R. Hochstrasser, *Electrons in Atoms*, W. A. Benjamin, San Francisco, 1966. (b) D. S. McClure, *J. Phys. Chem.* **17**, 905 (1949). (c) M. A. El-Sayed, *J. Chem. Phys.* **38**, 2834 (1963). (d) M. A. El-Sayed, *J. Chem. Phys.* **36**, 573 (1962); *J. Chem. Phys.* **41**, 2462 (1964).

25. (a) G. N. Lewis and M. Kasha, *J. Am. Chem. Soc.* **67**, 994 (1945). (b) G. M. Lewis and M. Kasha, *J. Am. Chem. Soc.* **66**, 2100 (1944). (c) A. Terenin, *Acta Physicochim. USSR* **18**, 210 (1943).

26. (a) S. R. LaPaglia, *Spectrochim. Acta* **18**, 1295 (1962). (b) N. J. Turro, K.-C. Liu, W. Cherry, M.-M. Liu, and B. Jacobson, *Tetrahedron Lett.*,

555 (1978). (c) R. E. Kellogg and N. C. Wyeth, *J. Chem. Phys.* **45**, 3156 (1966).

27. (a) D. Evans, *J. Chem. Soc.*, 1351 (1957); *J. Chem. Soc.*, 2753 (1959); (b) D. Evans, *J. Chem. Soc.* 1735 (1960); *J. Chem. Soc.*, 1987 (1961). (c) A. Grabowska, *Spectrochim. Acta* **20**, 96 (1966). (d) H. Tsubomura and R. S. Mulliken, *J. Am. Chem. Soc.* **82**, 5966 (1960).

28. G. Kavarnos, T. Cole, P. Scribe, J. C. Dalton, and N. J. Turro, *J. Am. Chem. Soc.* **93**, 1032 (1971).

29. (a) S. P. McGlynn, et al., *J. Phys. Chem.* **66**, 2499 (1962). (b) S. P. Mcglynn, et al. *J. Chem. Phys.* **39**, 675 (1963). (c) G. G. Giachino and D. R. Kearns, *J. Chem. Phys.* **52**, 2964 (1970). (d) G. G. Giachino and D. R. Kearns, *J. Chem. Phys.* **53**, 3886 (1963). (e) N. Christodonleas and S. P. McGlynn, *J. Chem. Phys.* **40**, 166 (1964). (f) D. S. McClure, *J. Chem. Phys.* **17**, 905 (1949).

30. M. Kasha, *J. Chem. Phys.* **20**, 71 (1952).

31. (a) M. R. Wright, R. P. Frosch, and G. W. Robinson, *J. Chem. Phys.* **33**, 934 (1960). (b) A. Grabowska, *Spectrochim. Acta.* **19**, 307 (1963).

32. (a) C. A. Parker and T. A. Joyce, *Trans. Faraday Soc.* **65**, 2823 (1969). (b) W. D. K. Clark, A. D. Litt, and C. Steel, *Chem. Commun.* 1087 (1969). (c) J. Saltiel, H. C. Curtis, L. Metts, J. W. Miley, J. Winterle, and M. Wrighton, *J. Am. Chem. Soc.* **92**, 410 (1970). (d) See this reference for a review of the factors allowing the observation of phosphorescence in fluid solution. N.J. Turro, K.C. Liu, M.F. Chow, and P. Lee, *Photochem. Photobio.* **27**, 500 (1978). (e) K. Kalyanasundaram, F. Grieser, and J. K. Thomas, *Chem. Phys. Lett.* **51**, 501 (1977). (f) H. Gatterman and M. Stockburger, *J. Chem. Phys.* **63**, 4341 (1975).

33. See this reference for a review of the method of flash spectroscopy. G. Porter, *Techniques of Organic Chemistry,* Vol. 8, John Wiley & Sons, Inc., New York, 1963, p. 1054.

34. See this reference for a review of T-T absorption. H. Labhart and W. Heinzelmann, in *Photophysics of Organic Molecules*, Vol. 1, J.B. Birks, ed., John Wiley & Sons, Inc., New York, 1973, p. 297.

35. See these references for reviews of excimers and exciplexes. (a) T. Forster, *Angew. Chem. Int. Ed. En.* **8**, 333 (1969). (b) J.B. Birks, *Photophysics of Aromatic Molecules,* John Wiley & Sons, Inc., New York, 1970, p. 301. (c) H. Beens and A. Weller, in *Organic Molecular Photophysics,* Vol. 2, J. B. Birks, ed., John Wiley & Sons, Inc., New York, 1975, p. 159.

36. J.-M. Lehn, *Supramolecular Chemistry,* VCH, New York, 1995.

37. See this reference for a survey of CT phenomena, including absorption and emission: J. B. Birks, *Photophysics of Aromatic Molecules,* John Wiley & Sons, Inc., New York, 1970, p. 403.

38. M. P. Niemczyk, N. E. Schore, and N. J. Turro, *Mol. Photochem.* **5**, 69 (1973).

39. (a) P. C. Subudhi and E. C. Lim, *J. Chem. Phys.* **63**, 5491 (1975). (b) T. Takemura, M. Aikawa, H. Baba, and Y. Shindo, *J. Am. Chem. Soc.* **98**, 2205 (1976). (c) S. O. Kajima, P. C. Subudhi, and E. C. Lim, *J. Chem. Phys.* **67**, 4611 (1977).

40. T. Forster and K. Kasper, *Z. Physik. Chem., N.F.* **1**, 275 (1954).

41. J. B. Birks, *Photophysics of Aromatic Molecules,* John Wiley & Sons, Inc., New York, 1970, p. 357.

42. K. Yoshihara, T. Kasuya, A. Inoue, and S. Nagakura, *Chem. Phys. Lett.* **9**, 469 (1971).

43. (a) A. Weller, *Pure Appl. Chem.* **16**, 115 (1968). (b) H. Knibbe, D. Rehm, and A. Weller, *Ber. Bunsen. Gesell.* **73**, 839 (1969); (c) *Ber. Bunsen. Gesell.* **72**, 257 (1968); *Ber. Bunsen. Gesell.* **73**, 834 (1969). (d) J. B. Birks, *Photophysics of Aromatic Molecules*, John Wiley & Sons, Inc., New York, 1970, p. 403.

44. See this refence for a review of the TICT phenomenon. Z. R. Grabowski, K. Rotkiewicz, and W. Rettig, *Chem. Rev.* **103**, 3899 (2003).

45. Z. R. Grabowski and J. Dobkowski, *Pure Appl. Chem.* **55**, 245 (1983).

46. (a) M. Beer and H. C. Longuet-Higgins, *J. Chem. Phys.* **23**, 1390 (1955). (b) G. Viswath and M. Kasha, *J. Chem Phys.* **24**, 757 (1956). (c) J. B. Birks, *Chem. Phys. Lett.* **17** 370 (1972). (d) S. Murata, C. Iwanga, T. Toda, and H. Kohubun, *Ber. Bunsen. Ges. Phys. Chem.* **76**, 1176 (1972).

47. (a) P. M. Rentzepis, *Chem. Phys. Lett.* **3**, 717 (1969). (b) G. D. Gillispie and E. C. Lim, *J. Chem. Phys.* **65**, 4314 (1976).

48. S. V. Shevyakov, H. Li, R. Muthyala, A. E. Asato, J. C. Croney, D. M. Jameson, and R. S. H. Liu, *J. Phys. Chem. A* **107**, 3295 (2003).

第5章

非辐射跃迁

5.1 非辐射跃迁是电子弛豫的一种形式

在第 4 章中我们介绍了部分与辐射过程相关的光化学知识（图示 1.1），主要涉及有机分子的吸收和发射过程（图示 4.1）。而本章所涉及的内容主要是**非辐射跃迁**（图示 5.1）。这类跃迁可分为两种类型：①电子激发态间的非辐射跃迁（**R→*R，此处的**为高阶的电子激发态，如 $S_{n>1}$ 及 $T_{n>1}$，而*则为在给定多重性下的最低电子激发态，如 S_1 或 T_1）；②给定多重性下的最低激发态与基态间的非辐射跃迁（*R→R）。这里需要指出的是，振动弛豫过程虽然能够较快发生且很少作为失活过程的决速步骤，但其依然是非辐射电子跃迁过程中的重要特征之一。

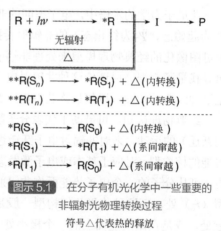

图示 5.1 在分子有机光化学中一些重要的非辐射光物理转换过程

符号△代表热的释放

电子态间的非辐射跃迁是电子弛豫的一种形式，在这一过程中电子能量可转化为与核振动相关的动能（KE）[1]，在本章中，我们将回答下列与非辐射跃迁过程相关的一些问题，例如：

（1）是何种因素决定内转换的速率与效率？（不涉及电子自旋变化的振动与电子非辐射跃迁）

（2）是何种因素决定系间窜越的速率与效率？（涉及电子自旋变化的振动与电子非辐射跃迁）

（3）非辐射过程中的速率、概率及经历这些过程的态的电子组态三者间的相互关系是什么?

（4）非辐射过程的速率、概率与量子力学原理间的关系是什么?

（5）如何借助于分子机制以及势能面上的代表点，来形象化地描述非辐射过程?

（6）如何将非辐射的光物理过程与光化学过程联系起来?

为回答上述问题，本章将在量子力学原理的基础上，提供基本的结构与机制学基础。非辐射跃迁和光化学的初始过程，并非是经常易于明显区分的（图示 1.5）。光化学的初始过程可与光物理过程一样进行类似处理。一种特例除外，即在电子能量转化为核的能量时，分子起始基态结构发生重大的扭曲，使它再也无法回到其起始基态光谱极小值 S_0（光物理过程）的核几何构型。此时一些新的物种，如 I 或 P（图示 1.1）也将形成（如同发生了光化学过程）。本章中所述光物理非辐射过程的有关结论和一般性规律，将在第 6 章中扩充到对光化学的非辐射跃迁范围。

5.2 非辐射电子跃迁可看作是代表点在电子势能面上的运动

在量子力学的术语中，电子态间的非辐射跃迁与两个电子波函数 $\Psi_1 \rightarrow \Psi_2$（此处的 Ψ_1 为起始态，Ψ_2 为终止态）的非辐射转换相对应。如同我们以前所做的那样，首先寻求可图像化的经典物理模型来处理非辐射跃迁，从而得到一个经典的直觉认知。然后再寻找量子判据，以评价这种非辐射电子跃迁的可行性如何。最后再以量子特征来修正这种经典的解释，以便最终获得由经典力学认知衍生而来的量子力学判据。

经典物理认知，可借助于代表**分子瞬态核构型**的某个点沿着势能面（或在势能面间跃迁）的运动，来对非辐射电子跃迁进行解释[2]。这个点可称为**代表点 r**。分子每个可能的核构型，对应于基态或电子激发态势能面上的一个代表点（1.13 节）。这个代表点 r 可从分子的一个电子势能面作非辐射的"跳跃"，到达另一势能面的确定临界核构型（r_c）处。而这种临界几何构型一般是相应于两个（或多个）势能面的能量相互接近处，或是在激发能面上的一个极小处[3]。经典认知建议，非辐射跃迁在下列的两种情况下**似乎是**可能的：①当有共同的核几何构型代表点 r，在它所处的两个态上能量相互接近时，以及两个态的 Ψ_1 和 Ψ_2 间可因某种适当的相互作用（如电子的、电子振动的、自旋-轨道的等等）而发生某种共振耦合时。②当在激发势能面上存在一个能量极小的几何构型，使代表点可持续一相对较长的时间周期，从而有机会找到某种可以触发非辐射跃迁的相互作用。另一方面，当代表点处于与其他所有势能面均存在较大能隙且相互分离的激发势能面上的一非极小的位置时，则代表点不论处于何种可以达到的几何构型时，非辐射跃迁都是没有可能发生的，这是因为代表点在非极小的位置处的运动是很快的。

按照势能面间非辐射跳跃的经典理论[2]，当代表点接近于 r_c 时、发生跳跃的概率

（P）如公式（5.1）所示：

$$P（在 r_c 时的面跳跃概率）\sim \exp(-\Delta E^2/v\Delta s) \tag{5.1}$$

在公式（5.1）中，ΔE 为核的几何构型位于 r_c 时，与跃迁相关势能面间的能量间隔。v 是当它们接近 r_c 时，与核的速率（与 KE 有关）相关的值。而 Δs 则是在接近 r_c 的区域内，与两个势能面斜率值的差相关。我们注意到：势能曲线的斜率 dE/dr 是与作用于负电子和控制电子运动的核正电荷大小的核库仑力直接相关。从式（5.1）还可注意到：由于能量项是以负指数形式出现，因此跃迁的概率将随着 ΔE 的增加而减小，并随着 v 的减小，或是 Δs 的减小而增大。这些数学特性应当是分析非辐射跃迁中经典认知的基础。例如，从公式（5.1）可以看出，当两个势能面间的能差 ΔE 接近于 0，或当势能面上的速度 v 很小，或者当两个面的斜率差 Δs 也很小时（或这些效应的某种结合），则面与面间跳跃的极限概率（=1）就可达到。因此，公式（5.1）为我们提供了一个关于在电子能面间，特别是在电子激发能面与低能面（或是低能激发态，或低能基态能面）间，非常有用的非辐射跃迁概率经典认知。

非辐射跃迁的经典解释，首先是简单地对代表点在势能面相距较大区域内的运动加以描述：代表点应保持向着能量较小的、向下方向的运动，来寻找势能面的极小处，并在沿着势能面的运动中，将过剩的能量转移给环境（溶剂分子）。当两个势能面被较大的能隙（ΔE）所分离时，按公式（5.1），向较低势能面跃迁的概率是很小的（因为速度与 $-\Delta E^2$ 指数相关）。于是，代表点的运动将继续在初始的单重态面上进行，直至达到核的临界几何构型（r_c），即相当于 $\Delta E \sim 0$，以及 $P \to 1$ 的区域。根据化学的认知，我们可以推测：这两种状态，即当 ΔE 接近 0 和两个势能面相互交叉，不仅在电子能量上接近，而且在结构上也很接近，这是两种状态间相互转换的最理想条件，因为在这种交叉点（r_c）下，重组所需的能量或结构等因素将是很小的。总之，从公式（5.1），我们可以得到一个重要的经典认识，就是在 $\Delta E \approx 0$ 的区域时，代表点向较低能面的跳跃将具有最大的概率（当 $\Delta E \to 0$，$P \to 1$）。接下来我们要寻找如下两个问题的答案：①代表点要具有何种几何构型和途径，方能引起两个能面在能量上的相互接近？②我们如何从分子的电子结构考虑，来推演出这些途径和几何构型呢？

势能图上的 x 轴（见图 5.1）相应于体系核构型的特定变化。代表点的最低能量路径可称为"反应坐标"。**除非另有说明，我们要为在基态势能面上的特殊最低能量途径，保留反应坐标这一术语。**我们要强调的是（见图示 1.5 中假设的例子）：在基态势能面上，所进行的从 R 到 I 或到 P 的最低能量途径（反应坐标），可能并非是从 *R→I 或到 *R→P 所进行的最低能量途径。

现在，我们可将势能面上非辐射跃迁的经典图像作为基础和出发点，来发展一个量子力学情况下的图像模型，以及将波函数 Ψ_1 和 Ψ_2 的行为，看作如代表点在沿着相应于波函数之一的势能面上移动。对于图 5.1，以核的几何构型变化（x 轴）为函数的 Ψ_1 和 Ψ_2 两种态的能量（y 轴）变化考虑出发，设想代表点（r）是开始于 Ψ_2 态，当核的几何构型从左向右发生变化时，Ψ_2 的能量持续地降低，而 Ψ_1 的能量则持续增加。

图 5.1 中所示的是代表点在势能面上三种可能的代表性表面上的运动，即从左到右并由面上的箭头指示方向。

图 5.1（a）相当于"真实"的零级面交叉情况。在这种情况下，波函数 Ψ_1 和 Ψ_2 能面可交叉于 r_c 点，但它们并未发生根本的混合（也无相互作用）。当出现这种面交叉时，开始于最初电子激发态（相当于起始波函数 Ψ_2）能面上的代表点在穿越较低能量的电子态 Ψ_1 时，可保持其电子特征。也就是说，在接近于 r_c 的区域内，甚至当两个态的能量相同的情况下（即 $\Delta E=0$），态与态间也不混合。在这种真实表面交叉的情况下（在 r_c 处无混合），在到达 r_c 以前，从激发态势能面到较低势能面的非辐射跃迁概率（P）为 1.0。这意味着在开始时能量高于 Ψ_1 的激发态波函数 Ψ_2，在 r_c 处变得在能量上低于 Ψ_1。因此，虽然 Ψ_2 波函数并未改变其基本的电子特征，但它在经过 r_c 时，已离开了原来归类的激发态波函数 Ψ_2，而成为基态的波函数 Ψ_2 了！

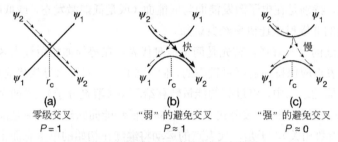

(a)
零级交叉
$P=1$

(b)
"弱"的避免交叉
$P \approx 1$

(c)
"强"的避免交叉
$P \approx 0$

$r_c \equiv$ 相应于零级表面交叉的临界核几何构型

图5.1 在势能面上代表点的动态学表达（以箭头代表运动）

图 5.1（b）相当于在 r_c 处存在着弱避免交叉型的势能面交叉。这类交叉是在该类核几何构型下发生的一种态与态间较小程度的混合。按照公式（5.1）的经典表述，由于 r_c 处的 ΔE 很小，在 r_c 处的势能面交叉是很不确定的。在这种表面交叉的情况下，非辐射跃迁的概率接近于 1.0。然而，它与图 5.1（a）情况不同的是：依据代表点在接近 r_c 时的速率，代表点既可继续地沿着它的轨道"到达 r_c 的右侧"（即"跳跃到"以 Ψ_2 为特征的态上），或在一定程度上"跳跃"到"r_c 的左侧"（到达以 Ψ_1 为特征的态上）。真实的面交叉与弱避免面交叉之间的差异是很微妙的，但二者在实验解释上有着相同的特征：即在图 5.1（a）或（b）所示的情况下，电子激发态的非辐射过程将可能是最快的，而其最快速率的限定因素仅可能是振动弛豫的速率。对于弱避免面交叉而言，重要的是在沿着势能面的某些轨道上，波函数在经过 r_c 后，仍可继续地看似 Ψ_2；但在另外的一些轨道上，波函数在通过 r_c 后其特征将发生改变，并与 Ψ_1 相似。在 5.8 节中，我们将提供有关非辐射跃迁过程在面交叉，或接近面交叉时的实验样本。而在第 6 章中，将引入一般可发生于接近面交叉处的"锥体交集"（conical intersection）的概念，并对代表点运动进入锥体交集所出现的一些新的非辐射跃迁的重要特征进行讨论。

与图 5.1（a）和（b）相反，在图 5.1（c）中面的情况是相当于在 r_c 处出现强避免交叉（即在 r_c 处 ΔE 很大）。这在量子力学术语中，意味着波函数 Ψ_1 和 Ψ_2 在接近于与

r_c 相当的几何构型时，其初始的零级近似（Born-Oppenheimer）已不是一个好的近似。当以一级混合加以考虑时，两个波函数在接近 r_c 的区域有强烈的混合，而且可使两个态的能量（ΔE）产生很大的分裂。代表点从激发态势能面上接近于 r_c 的任何地方向较低势能面的跃迁相对较慢，这是由于在激发态势能面上贯穿于代表点运行的整个轨道上，其至在接近 r_c 处，都有较大的 ΔE。因此，我们期望代表点能在因出现避免交叉而形成的，接近于 r_c 的激发能面的极小处停留一定的时间，使一个从较高到较低能面的跳跃可最终从激发能面的极小区域发生。但由于沿着反应坐标的两个能面间存在着较大的能隙，跳跃将以相对慢的速率发生［相比较于代表点在图 5.1（a）和（b）中的运动］。这种较慢速率的原因可以看作是在跃迁中能量守恒的需要，它可使非辐射跃迁的速率变慢（其中大量的能量 ΔE 要被释放到环境之中）。而代表点则可被期望在 r_c 处能达到一定的平衡，并可进行往复的振荡运动，如同一个以 r_c 点为势能（PE）极小值的谐振子一样。

由于在 Ψ_1 和 Ψ_2 间某些电子相互作用的结果而产生的在激发能面上的往复振荡，使代表点最终可在 Ψ_1 或 Ψ_2 的方向上发生到达低能面的跳跃，如图 5.1（c）中箭头所指的那样。后一种可能性指出了光物理与光化学非辐射跃迁间的紧密关系。在图 5.1（c）中，有时可设想在向较低能面的跳跃中是向右侧发生，则发生的是相应于非辐射的光化学反应 $\Psi_1(*R) \rightarrow \Psi_2(I)$；而如设想跳跃是向左侧进行，则发生的就相应于非辐射的光物理跃迁 $\Psi_1(*R) \rightarrow \Psi_2(R)$。在每种情况下，体系都是在接近于 r_c 时向基态进行的非辐射跃迁。因而对一种情况（即向右侧跳跃，*R→I），我们可将非辐射跃迁划分到光化学反应；而对于另一种情况（即跳向左侧，*R→R），我们又可将非辐射跃迁划分至光物理的跃迁。接下来，为了要阐明有关避免零级交叉的"电子耦合"大小的基础，下面介绍有关能面间跳跃的波动力学解释。

5.3 态与态间非辐射跃迁的波动力学解释[3]

如同在经典力学中一样，波动力学在处理非辐射跃迁时，仍是借助于代表点在势能面上沿着反应坐标的运动来描述其物理化学过程[4]。为了从波函数计算出电子的势能面（PE），需要做一系列简化假设。如 2.2 节所讨论过的那样，必须要在核和电子的运动可以区分，并且电子可及时响应核运动变化（Born-Oppenheimer 近似）的假设下，进行薛定谔波动方程［公式（2.1）］的求解。这个近似允许电子波动方程的解可仅借助于核的运动而作出精确的表达，这是因为对于每个核的几何构型，无论是对基态（R）的，或是别的某种激发态（*R）的，都假设仅有一种电子排布。利用 Born-Oppenheimer 近似来计算电子分布的过程，也可称为**绝热的近似**，而在这种假设下所产生的势能面，可称之为**绝热面**。

和在经典势能面中的情况一样，在量子力学中，在绝热面上核运动的动态学仍可借助于"代表点"的运动来处理，并通过它来指出决定电子排布的瞬时核构型。绝热的 PE 面，可通过求解大量的核构型或代表点 r_c 的电子薛定谔方程［公式（2.1）］来决定。最低能量的核几何构型可建立起基态的势能面（如前文指出的，位于最低势能面上的代表点组群，可以称之为**反应坐标**）。而所得的势能面，不论它是基态（R）还是激发态（*R）的，均代表了给定电子态的最低能量核几何构型。我们注意到：反应坐标（沿给定势能面最低能量的几何构型）对于 *R 和 R 可以是不同的。因为每种态最低能量的几何构型并不关联，所以一般说来，*R 和 R 中的电子分布应当是不同的。

如果由于核的运动所引起的分子电子能量变化在本质上是绝热的（亦即，如 Born-Oppenheimer 近似是有效的），那么电子运动的方式就可通过求解静止核的波动方程得到。评估电子运动对核运动波函数的问题，是与（评估）分子中核与核间的振动（的问题），或是与（评估）化学反应中核间键的生成或断裂（的问题）相同的。振动与化学反应间的差别仅仅在于核运动的程度上出现不同，以及反应物与产物的核运动出现了不同的平衡位置所致。假如电子运动是以绝热的方式处理（即核的结构可以完全、持续地并及时地调整其变化），同时核的运动可按经典方式处理，那么我们大体上可以评估所有核构型的电子势能。这就是为何要产生绝热的电子 PE 面的原因。**为了非辐射跃迁的目的，核的实际运动遵循经典力学的规则，而且核的运动完全服从于绝热面的控制。**因此，核的运动完全是取决于势能面上代表点的运动（它代表了分子的核结构）。于是，Born-Oppenheimer 近似证明，将经典的概念应用于势能面间的非辐射跃迁，并将其作为发展势能面间跃迁波动力学解释的一个可信基础，是合理的。

图 5.2 借助量子力学解释了图 5.1 中 3 种样本的情况，并又增加了 2 种重要的代表性类型。图 5.2 中的 5 种类型为从波动力学的观点来讨论一般性的势能面关系，以及势能面间的非辐射跃迁，提供了一种方便的框架：（a）为"完全"的零级交叉；（b）为弱的避免交叉，而避免的程度大小是和电子运动的电子振动耦合程度相当；（c）为强的避免交叉，对于这种情况，其避免程度大小要比电子振动耦合的程度大很多；（d）能面的

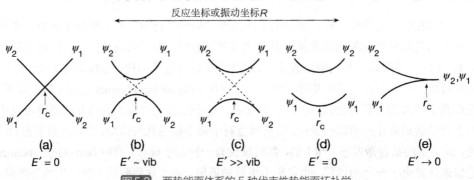

图5.2 两势能面体系的 5 种代表性势能面拓扑学

（a）$\Psi_1 \to \Psi_2$ 跃迁被严格禁阻的"完全"交叉；（b）和（c）在 r_c 附近，$\Psi_1 \to \Psi_2$ 跃迁处于可能的"弱的"或"强的"避免交叉（见正文）；（d）$\Psi_1 \to \Psi_2$ 跃迁处于不可能情况下的"匹配"；（e）代表点到达 r_c 后，能面出现具有相似能量的延伸"接触"

"匹配"，是两个势能面间有较大的能量分离，而且并非电子相关（可对完全匹配与完全交叉进行比较）；（e）代表点到达 r_c 后，势能面被延伸"接触"。在图 5.2 中，能量 E' 代表了两能面间 r_c 处的相互作用能量。注意："完全交叉"，"完全匹配"和"接触"时，在零级近似下，能量 $E'=0$，或接近于 0。

实际上在计算势能面时，一般采用一个近似的电子波函数（Ψ），而并非应用真实的电子波函数（Ψ）。假设，代表点对应于从起始态（或 Ψ_1，或 Ψ_2）进入到零级交叉处 r_c 的分子核构型。由于两个态的能量与结构在 r_c 处是相同的，所以在 r_c 处，零级态间的混合是一种最为优化的状况。

$$\Psi_1 \longrightarrow \quad [\Psi_1 \pm \Psi_2] \quad \longrightarrow \Psi_1 \text{ 或 } \Psi_2 \qquad (5.2)$$
（起始态）　（接近 r_c 的混合）　（终止态）

简单地说，公式（5.2）陈述了一种可能性：零级态的 Ψ_1 和 Ψ_2 在接近 r_c 时，是有能力参与电子共振的。如果共振发生，电子的运动将不再适合以单独的零阶函数来定义，亦即绝热的（Born-Oppenheimer）近似就不再准确了，因为这种情况下，核的运动和代表点的运动将不再被 Ψ_1 或 Ψ_2 所定义的某个单一能面所明确限定，而是由一个不稳定的混合态 $[\Psi_1 \pm \Psi_2]$ 来重新定义了。

图 5.3 列出了在第 3 章中已讨论过的，即借助于电子 PE 曲线对 Ψ_1 和 Ψ_2 面交叉两种极限情况的示例图示：（a）Ψ_1 和 Ψ_2 在 r_c 处的面交叉（即在 r_c 处波函数并不混合）；（b）Ψ_1 和 Ψ_2 在 r_c 处面的避免交叉（即在 r_c 处波函数以某种程度的混合）。情况（a）给出了代表点在 Ψ_1 上从左向右运动的轨迹，当代表点接近 r_c 时，由于 Ψ_1 和 Ψ_2 间并无相互作用，所以代表点将继续沿着 Ψ_1 的 PE 曲线运动。我们可以想象，代表点将会沿着势能曲线 Ψ_1 来回振荡。在情况（b）下，当代表点接近 r_c 时，由于波函数 Ψ_1 和 Ψ_2 在该处存在混合，代表点可继续沿着低能量的势能曲线运动，即从 r_c 左侧"类似 Ψ_1"的轨道，转变至 r_c 右侧"类似 Ψ_2"的轨道。换句话说，在情况（b）下，当代表点从 r_c 左侧向 r_c 右侧运动的过程中，Ψ_1 到 Ψ_2 的非辐射跃迁已经发生。图 5.3 中的情况代表了任何类型的非辐射跃迁，而且还可用来描述混合 Ψ_1 和 Ψ_2 时的振动作用（例如图 5.6），或混合 Ψ_1 和 Ψ_2 时的自旋-轨道耦合效应（例如图 5.7）。

我们可以通过研究频率与能量间的关系来获得某些 Ψ_1 和 Ψ_2 电子态"混合"时间尺度（由于 $\Delta E = h\nu$，于是 $\nu = \Delta E/h$）的量子力学解释。由于振动时间 τ（单位 s）为频率 ν（单位 s^{-1}）的倒数，所以公式（5.3）就可看作是两个电子态间的能隙（ΔE）大小，与使其某一个态发生"振荡"而结构进入另一态所需时间的作用关系。这种假设的往复振荡频率，可近似地认为是一种（electronic tautomerism）现象。在一个完整的共振周期内，分子耗费于互变异构中的"寿命"τ（单位 s）有如下的量级关系：

$$\tau = h/\Delta E \approx 10^{-13}/\Delta E \qquad (5.3)$$

式中的 ΔE 为共振能，kcal/mol。很显然，如果一种电子互变异构体向另一种互变异构体发生转变时，这一过程必须发生在分子处于面交叉区域内的时间 $\Delta\tau$ 之中（即 $\tau < \Delta\tau$）。

电子相互作用（ΔE）越强，则从一种电子态向另一电子态的跳跃发生得越快。

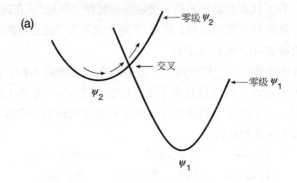

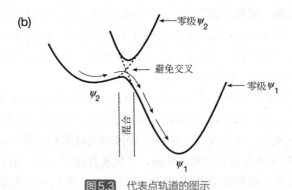

图5.3　代表点轨道的图示

(a) 在 r_c 处，由于两个零级波函数 Ψ_1 和 Ψ_2 间发生面交叉，使 $\Psi_2 \to \Psi_1$ 跃迁不能发生；

(b) 在 r_c 附近，由于两个零级波函数间发生了面的避免交叉，而使 $\Psi_2 \to \Psi_1$ 跃迁得以发生。在不接近于 r_c 点的构型处，波函数仍保持其零级的特征

　　当代表点沿着反应坐标运动而通过接近于 r_c 的临界区域时，我们可计算得到某些电子态混合时间尺度的定量基准。强的共振相互作用（例如电子和自旋对称性相同的态的交叉）其量级约>30kcal/mol。在这一假设性的例子中，互变异构体可设想是通过速度为 $1/\tau$（$10^{-14} \sim 10^{-15} \mathrm{s}^{-1}$）的核扰动而发生相互转换的。

　　如果核在通过交叉区域时的相对移动速率为 $10^4 \sim 10^5 \mathrm{cm/s}$（$=10^{12} \sim 10^{13} \mathrm{Å/s}$）时（原子振动的典型数值），核在给定区域（也可说，沿着长度约 3 Å 的一段路线）所花费的时间（$\Delta \tau$）为 $10^{12} \sim 10^{13} \mathrm{s}$。这种在数量级上的粗糙计算表明：互变异构体的寿命要比它通过交叉相互作用区域的时间短。因此，电子互变异构化可在核移出相互作用区域之前完成。在弱的共振相互作用情况下（<1kcal/mol），互变异构体的寿命约 $10^{-13} \mathrm{s}$ 或更长。因此，电子互变异构化是否在相互作用的区域内发生主要依赖于代表点的速度以及 τ 的精确值。公式（5.4）也是对有关两个相互作用态间的能隙，与电子互变异构化的频率 ν 二者间联系的描述。

　　电子互变异构化的频率 $\nu = 1/\tau = \Delta E/h = 10^{-3} \Delta E(\mathrm{kcal/mol})$　　　　　　（5.4）

5.4 非辐射跃迁与 Born-Oppenheimer 近似失效

当电子势能面的几何构型在能量上远离绝热的电子势能面时（在超过几个振动量子时），势能面间的非辐射跃迁就难以发生[5]。另一方面，当几何构型（r_c）经过零级绝热面的交叉时，非辐射跃迁发生的可能性较大。这些几何构型可以在激发势能面上的"漏洞"或是漏斗区域内，使*R 回到基态。同时，当代表点达到零级交叉区域内的几何构型时，非辐射跃迁发生的概率最大。精确地说，在这个区域中，电子波函数是一种快速变换（轨道和/或自旋）核几何构型的波函数。当代表点经过这一区域时，核的运动会有一个受控于其中某一电子势能面的确定概率，而这一势能面依赖于电子振动和自旋-轨道相互作用。

5.5 强避免与匹配势能面间的本质区别

强避免［图 5.2（c）］与匹配的拓扑学［图 5.2（d）］本质区别在于：在强烈避免的情况下，较高与较低势能面间可出现零级的关联（图 5.2 中的虚线），而这种现象在匹配的情况下是不会出现的。这种区别的重要性在于：对于强避免交叉，图中虚线（零级的连通性）可在较高与较低的势能面间建立动态的联结，从而使代表点趋于平衡，并在 r_c 点附近的区域内发生从 Ψ_2 向 Ψ_1 的跳跃。但当势能面在接近 r_c 的区域内为相互匹配时，在纯电子水平上就不存在势能面间的动态联结。在第 6 章中，我们将看到强烈避免的拓扑出现，这对允许周环反应发生的过渡态几何构型来说，是十分重要的，而在接近这些几何构型时，其拓扑学几何构型已趋于所谓的"锥体交集"（conical intersection）了。

5.6 接近于零级能面交叉的锥体交集

两个势能面间的交叉（或接触）虽然对双原子分子而言是很少见的，但对于有机分子来说则是相当普遍的。本章的插图中所给出的势能面是简化了的二维（2D）势能曲线，而实际势能面更多的是多维的，且不能用图像化来表示。然而，对势能曲线概念的三维（3D）扩充，可使零级表示法中交叉点的紧密相邻区域，变成了"双锥"，它的一部分相应于上部的势能面，而另一部分则对应于下部势能面。在两个锥体的接触点处，两个能面的波函数是简并的，而这个接触点就可称之为"锥体交集"。在最近对光化学过程的考察中[6]，通过计算分析发现，"锥体交集"是一个很重要的概念。锥体交集可以成为代表点从上部势能面向下部势能面运动的一个有效漏斗。而在图示1.1 *R→F 过程中的漏斗（F）常常就是一个锥体交集。在有利的情况下，这种运动可在振动弛豫速率的水平上通过锥体交集而有效地发生。有关锥体交集的详细讨论见第6 章。此处需要指出的是：一个非常快速的，以振动跃迁速率进行的电子非辐射跃迁，常被假设发生在三维空间中的锥体交集处（或者如本章所描述的于 2D 中的真实的，或接近于面交叉的结果）。

5.7 非辐射跃迁参数化模型的公式表述

对非辐射跃迁可行性（或相对概率）的定性评价仅需少数几个必须的参数。正如 4.26 节的辐射跃迁一样，我们可考虑一个非辐射跃迁的实验性概率（通常它可借助于速率常数 k_{obs} 来加以表达），用一个假设的"充分允许"的过程（k_0），和因电子、振动以及自旋等因素的影响而使 k_0 减小到观测速率 k_{obs} 的多种跃迁阻抑因子（f_i）的乘积，予以表达。这种阻抑因子（f_i）是一些与辐射跃迁，以及各种选择规律的振子强度拥有相同性质的参数，即它可导致实际观测的振子强度，从理想的最大值 1.0 降低至实测值。在同样方式下，我们可以设想 k_{obs} 也可按公式（5.5）而参数化，如下式所示：

$$k_{obs}=k_0\times f_e\times f_v\times f_s \qquad 最大速度的阻抑因子 \qquad (5.5)$$

在公式（5.5）中，f_e, f_v, f_s 分别代表了电子的、核的以及自旋相位变化等与非辐射跃迁过程密切相关的阻抑因子。

f_e 项的大小由电子跃迁的选择规则决定，而电子跃迁对于非辐射跃迁中的纯电子部分，是与矩阵元的大小相关联的。f_e 的大小可以定性地通过检查非辐射跃迁过程中轨道正重叠的变化来加以估算。f_v 的大小则与始态和终态核波函数的重叠大小相关，亦即 f_v 的大小直接与 Franck-Condon 因子 $\langle\chi_1|\chi_2\rangle^2$ 相关联。最后，f_s 与起始态和终止态的自旋多重性相关。对于有机分子，f_s 的大小将依赖于发生系间窜越过程的自旋-轨道耦合相互作用的程度。

每个 f_i 因子代表了一种结构的重组，例如电子重组（f_e），振动变化（f_v），以及自旋重组（f_s）等，它们在非辐射跃迁过程中都可起到对跃迁速率的限制作用。此外，为了服从能量守恒定律，通过非辐射跃迁所释放的过剩电子能量必须由分子内或分子间某种不明的过程所"接受"。然而，过剩振动能量的释放却很少由速率决定。过剩电子能量的接受体，既可是在经历跃迁中分子的振动，也可以是溶剂分子的振动、转动以及平移运动等。因此，分子内的振动和分子间的碰撞可看作为具代表性的"热浴"，它可迅速地在非辐射跃迁过程中，吸收掉最初处于分子内的过剩电子能量。现在我们可从图示 5.1 中看出：包含于非辐射跃迁过程中的（电子和振动）能量是如何进行转移的。

5.8 通过振动运动及电子振动混合促进非辐射跃迁的图像化

我们假设在零级近似中，对于给定的固定核几何构型来说，其电子态可借助于单电子轨道组态以及单自旋类型（多重性）来加以分类。我们主要考虑这些零级态"电子和自旋纯"（亦即为纯的 n,π*或 π–π*态和纯的单重态和三重态）。在一级近似中，考虑了不涉及自旋变化的、态混合的不同机制。在一级近似中，n,π* 和 π,π*态可在一定程度上通过电子-电子相互作用以及分子的振动而被混合。由于振动而产生的电子态的混合，被称为"电子振动"混合（vibronic mixing）。在零级时，这种电子振动混合"弛豫"的跃迁选择规则是严格禁阻的（矩阵元等于 0）。而除了电子振动的相互作用外，自旋-轨道相互作用也可用于不同自旋的零级态混合。

下面从酮类化合物的 n,π*→π,π*转换作为振动诱导非辐射转换的样本。依据轨道理论，n,π*→π,π*的非辐射转换对应于 π 电子以单电子跳跃的方式进入到 n 轨道（我们可假设，在跃迁中 π*电子并不改变其空间的位置）。于是，我们可考虑在转换中的主要的电子变化是从 π→n 轨道的跳跃（图 5.4）。对于这种等能的电子轨道跳跃，振动运动可以起到对 n 和 π 能级、能量序列"转换"的"开关"作用。而这种开关作用可引起 n,π*和 π,π*态，在振动中发生前后往复的振荡。这种情况不是绝对地要求 π,π*态在能量上一定要低于 n,π*态，而仅要求它在振动时，在激发态的寿命范围内可以达到交叉点。然后，体系沿着 π,π*面而失活。在某些情况下，热能（通过环境中的分子碰撞而提供）可被体系利用来达到交叉点，也就是说，为了要跨越能垒，非辐射过程还需要一定的活化能。对于与 π,π*→n,π*跃迁相反的情况，也可基于同样简单的轨道考虑而容易地设想出来。在这种情况下，体系从 π,π*组态出发，并发生 n→π 轨道的转换。从图 5.4 我们注意到：在某种情况下，电子激发态的组态可在振动中发生变化！

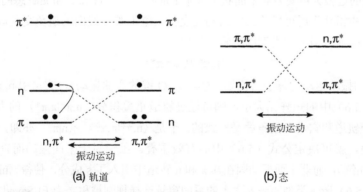

图5.4 作为振动运动结果的 n,π*→π,π*态转换的轨道（a）和态（b）的描述

从波动力学的观点看，电子振动相互作用的最大矩阵元应该是由于振动而产生的振荡电偶极，并作为处于相同的空间区域内态的电子跃迁的跃迁偶极。上述基于量子力学认知的描述应当是较为可能的，而这一量子力学认知主要来自于讨论用于模拟光和电子相互作用的振荡偶极相互作用。因为，引起 n,π*和 π,π*态混合的"最好的"振动应当是那些可以引起具有实质性 n 和 π 密度的原子移位的核运动。

应当说，并非所有的振动对于混合 n,π*和 π,π*态都是有效的（图 3.1）。例如，对具有平面几何构型的酮而言，那些不能破坏其平面性的振动，并不能在氧原子附近产

生有效的电偶极。这是因为只要体系是严格的平面，则其 n 和 π 轨道是正交的（它所具有的电子重叠积分 $\langle n|\pi \rangle$ =0）。另一方面，非平面的振动则可导致氧原子上的 p 轨道重新杂化，并取得某些 s 的特征（见图 5.5）。结果对非平面几何构型来说，$\langle n|\pi \rangle \neq 0$。然而，由于是非平面的振动，对于势能面的混合造成的影响可能是很弱的。

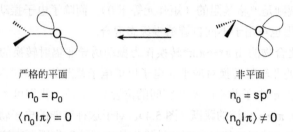

严格的平面

$n_0 = p_0$

$\langle n_0|\pi \rangle = 0$

非平面

$n_0 = sp^n$

$\langle n_0|\pi \rangle \neq 0$

图5.5　作为非平面振动的结果，使 s 特征"混入"p 轨道中的示意图

那么如何借助势能面来观察态是如何混合的（图 5.6）。可以设想：酮的 n,π*态和 π,π*态间存在着零级交叉。图 5.6 中给出了平面振动中可能出现的面交叉（a），以及非平面振动的面的避免交叉（b）。值得注意的是，仅在那些接近交叉点 r_c 的区域，即两个零级态的能量几乎相等的区域，态与态间有着重大的混合。因此在图 5.6 中，对较低能面的能量极小处的几何构型来说，纯的 n,π*和纯的 π,π*态的零级近似，仍然是正确的。

某些核运动（振动）可使核的结构从严格平面状（平面状对 n,π*和 π,π*态纯度的假设有良好的近似）转变为非平面状（对非平面状则可允许 n,π*和 π,π*态的混合）。这种电子振动的相互作用可以除去零级的面交叉，继而被一级面的避免交叉取代。而这种避免的大小则可用下列类型的矩阵元给出：

$$\langle n,\pi^*|P_{vib}|\pi,\pi^* \rangle \qquad (5.6)$$

P_{vib} 代表扰动振动运动的算子（例如，C—C—O 键的弯曲振动），它可引起态的混合。而在公式（5.6）中的矩阵元大小，则可通过轨道重叠积分 $\langle n,\pi^*|\pi,\pi^* \rangle$ 的大小加以估计。由于 π*轨道和它本身的重叠是一致的，于是 $\langle n,\pi^*|\pi,\pi^* \rangle \sim \langle n|\pi \rangle$，亦即，仅 n 和 π*轨道的重叠，就可决定公式（5.6）中的有效重叠。虽说对于平面振动而言 $\langle n|\pi \rangle$ =0（图 5.5，左侧），而非平面振动因在其 π 和 n 轨道中引入了 s 成分，使得 $\langle n|\pi \rangle \neq 0$。基于如公式（5.6）所示类型矩阵元大小的系间窜越选择规则被称之为 El-Sayed's 规则[11]。

在讨论非辐射跃迁时，再次利用有机分子中成对原子振动运动的频率基准，将是十分有用和重要的。正如在第 2 章和第 3 章所描述的，双原子 X—Y 之间的振动运动可用谐振子的周期性运动加以描述。谐振子的振荡频率是和公式（5.7）中的回复力（$-k\Delta r$），以及与振荡相关的粒子质量相关联，可表达如下式：

$$\nu(\text{振动频率}) = \frac{1}{2\pi}\sqrt{\frac{k}{\mu}} \qquad (5.7)$$

式中，k 为力常数（是回复力大小或是分子键强的度量）；μ 为振动中所涉原子的相对原子质量。当 X 的质量比 Y 的质量大很多时，则 μ 值可近似地等于 Y 的质量，即

μ～较轻的核的质量。

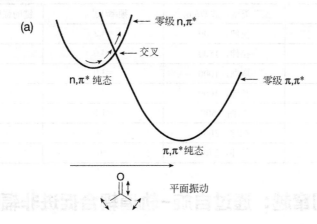

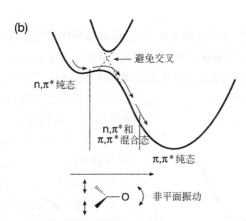

图5.6 平面（a）与非平面（b）的振动对 n,π*和 π,π*面在零级交叉时的影响

表 5.1 列出了某些涉及有机分子振动中成对原子振动的频率，它们中强键合的原子对一般可按独立的振动对加以处理。从公式（5.7）中，我们期望并发现：在 μ 为定值的情况下，ν 值会随着键强度的增大而增大，例如，$\nu(C=C)>\nu(C—C)$。我们还期望对那些可以相比较的键能强度，其 ν 值会随着 μ 的增大而减小，例如，$\nu(C—H)>\nu(C—D)$ 和 $\nu(C—C)>\nu(C—Cl)$ 等。依据表中的数值，我们看到最高频率是 C—H 键的伸缩振动频率，它处于 $10^{14}s^{-1}$，而最低频率体系是至少含有一个重原子，或分子中所有碳原子都处于弯曲时的伸缩振动体系，其量级约为 $(1～2)\times10^{13}s^{-1}$。

表 5.1 一些普通类型键的相关伸缩振动频率和键的强度

键的类型	振动类型，波数/cm⁻¹	频率/10¹³s⁻¹	键的强度/（kcal/mol）
C—Cl	拉伸，700	=2.1	80
C=C	拉伸，2200	=5.6	100
C=O	拉伸，1700	=5.1	180

续表

键的类型	振动类型，波数/cm^{-1}	频率/10^{13}s^{-1}	键的强度/（kcal/mol）
C=C	拉伸，1600	=4.2	165
N=N	拉伸，1500	=4.0	110
C—C—H	弯曲，1000	=3.0	100
C—C	拉伸，1000	=3.1	85
C—C—C	弯曲，500	=1.5	85
C—H	拉伸，3000	=9	100
C—D	拉伸，2700	=6	100

5.9 系间窜越：通过自旋-轨道耦合促进非辐射跃迁及其图像化

从电子自旋的矢量模型（2.7 节和 3.6 节），可以推演出系间窜越中存在的两种可能的机制，即自旋的"翻转"（flip）和自旋"相位重组"（rephasing）。对于有机分子的系间窜越，自旋-轨道耦合机制迄今还是最主要的机制，然而自旋-自旋的相互作用也可为某些如自由基对和双自由基分子等[9]提供了另一类机制。

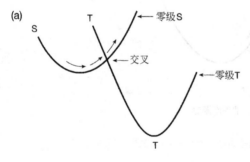

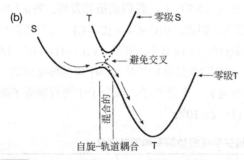

考虑到图 5.7 是依据势能面来对系间窜越作出一般性的图示解释。在零级近似下［图 5.7（a）］，假设不存在任意一种系间窜越的机制是通过人为的方式将电子运动与自旋运动分开而得到的［与图 5.3（a）相比较］。在这样一个近似中，即使存在单重态和三重态交叉发生的反应坐标，如果一个分子最初是处于单重态的，那么它将永远处于单重态；如最初处于三重态，那么它将永远处于三重态。

而如果体系接近或在 r_c 时，存在着自旋-轨道耦合，那么在交叉点处将会有单重态和三重态的混合[7]。当代表点 r 沿着起始的纯单重态（或纯三重态）运动时，系间窜越就可在核构型对应的 r_c 处发生。假如能够满足当代表点在接近 r_c 时，混合自旋态的相互作用被"开启"，而且很有效的条件出现了，那么，

图5.7 （a）在零级近似中，系间窜越是被严格禁阻的；（b）在 S 态和 T 态势能曲线的交叉点附近，自旋混合的机制可被应用，于是系间窜越就变得部分允许

这组条件就是我们经常所遇到的两个波动间的共振。这不仅要求在 r_c 处存在着能改变自旋多重性的磁场，而且还要求代表点在处于 r_c 附近区域的周期内，相互作用必须能够被有效地操作。当然，这对于任何类型的非辐射跃迁而言，不论是电子的、振动的或自旋的，以及在波动共振时的某些特征上，在条件上的要求都是十分精确的。

5.10 分子中系间窜跃的选择规则

从 3.21 节知道：如果当（1）涉及跃迁的轨道具有 $p_x \to p_y$ 轨道跳跃特征，而产生轨道角动量；以及（2）轨道跃迁是被定域于单原子上，这些用以决定分子系间窜越选择规则［公式（5.6）］[8]的条件得以满足时，有机分子的自旋-轨道相互作用在 r_c 附近可有效地促进系间窜越。

取羰基作为样本，对自旋-轨道耦合作定性的分析。羰基的单重态可从 n,π* 或 π,π* 组态衍生得到。公式（5.8）～公式（5.11）中给出了从羰基的 S_1 态开始，在不同的起始和终止电子组态下四种可能的系间窜越类型。其相应的跃迁则在图 5.8 及图 5.9 中示意性地给出。

$$^1n,\pi^* \to {}^3\pi,\pi^* \qquad [见图 5.8 （a）] \qquad (5.8)$$
$$^1n,\pi^* \to {}^3n,\pi^* \qquad [见图 5.8 （b）] \qquad (5.9)$$
$$^1\pi,\pi^* \to {}^3n,\pi^* \qquad [见图 5.9 （a）] \qquad (5.10)$$
$$^1\pi,\pi^* \to {}^3\pi,\pi^* \qquad [见图 5.9 （b）] \qquad (5.11)$$

如果假设系间窜越的速率直接与自旋-轨道耦合的大小相关联［公式（3.22）］，那么可通过评估起始态的几个组态来估计其大小，从而决定是否有一个限定的一级相互作用，而这一相互作用需遵守耦合了最终态下任一原子轨道组态的自旋-轨道耦合选择规则[10]（亦即，是否对任何限制的原子轨道组态，有定域于单原子上的 $p_x \to p_y$ 轨道跳跃发生）。

首先，我们考虑 $^1n,\pi^* \to {}^3\pi,\pi^*$ 的系间窜越（ISC）［图 5.8（a）］。图 5.8（a）中给出代表 $^1n,\pi^*$ 态的两个主要的原子轨道。$^1n,\pi^* \to {}^3\pi,\pi^*$ 跃迁在其主要的原子轨道组态之上，有着零级的自旋-轨道耦合［图 5.8（a）右侧］：π*(↑)→n(↓)。其结果是使系间窜越（ISC）能通过氧原子上的单中心 $p_x \to p_y$ 相互作用而触发。此外，高度亲电的半充满 n 轨道可通过从 π 轨道吸引一个电子，而为电子跃迁提供一种实质性的驱动力[11]。因此，就可推演出一个由于有效的自旋-轨道耦合，而使 $^1n,\pi^* \to {}^3\pi,\pi^*$ 的系间窜越成为允许的选择定律。

其次，再考虑 $^1n,\pi^* \to {}^3n,\pi^*$ 的系间窜越［图 5.8（b）］。这种情况下的 ISC 并不涉及轨道的改变。图 5.8（b）示出了代表 n,π* 态的两个主要的原子轨道。而不论哪种代表轨道，零级的自旋-轨道耦合都是不可能的，这是因为不论是 n(↑)→n(↓)，还是 π*(↓)→π*(↑)，电子跃迁都不会产生出沿着键轴的轨道角动量，也就不涉及有 $p_x \to p_y$ 的单原子轨道跳跃。因此，对于 $^1n,\pi^* \to {}^3n,\pi^*$ 的跃迁而言，也就没有零级的自旋-轨道耦合，即在零级时 ISC 是被禁阻的。

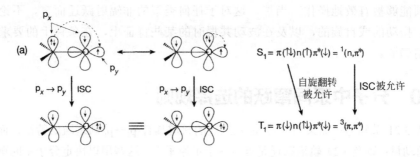

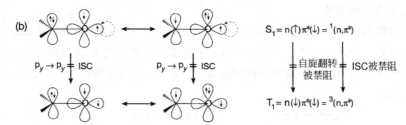

图5.8 对于允许的 $^1(n,\pi^*) \to {}_3(\pi,\pi^*)$ 及禁阻的 $^1(n,\pi^*) \to {}^3(n,\pi^*)$ 系间窜越的定性轨道描述

现在，考虑 $^1\pi,\pi^* \to {}^3n,\pi^*$ 跃迁 [图5.9 (a)]，以及 $^1\pi,\pi^* \to {}^3\pi,\pi^*$ 跃迁 [图5.9 (b)] 中的自旋-轨道耦合作用。从 $^1\pi,\pi^*$ 态出发，我们必须考虑代表态共振形式（图5.9）的三种原子轨道组态。对于 $^1\pi,\pi^* \to {}^3n,\pi^*$ 跃迁，通过图5.9 可以看出，有两种原子轨道组态（中部的和右侧的组态）存在与 $^3n,\pi^*$ 态的零级单中心 $p_x \to p_y$ 自旋-轨道耦合。因此，通过自旋-轨道耦合，$^1\pi,\pi^* \to {}^3n,\pi^*$ 跃迁是允许发生的，系间窜越在零级下也是允许的。另一方面，通过考察图5.9 (b) 中对 $^1\pi,\pi^* \to {}^3\pi,\pi^*$ 跃迁起贡献作用的代表轨道发现，任何单重态和三重态组态之间 [图5.9 (b)] 都不存在零级的自旋-轨道耦合作用。因此，在零级层面 ISC 是禁阻的。

根据以上分析结果，可以推演出下列零级中羰基的 $S_1 \to T_1$ 系间窜越的选择规则（即 El-Sayed 规则）[8]：

$$S_1(n,\pi^*) \to T_1(n,\pi^*) \qquad 禁阻 \qquad (5.12)$$

$$S_1(n,\pi^*) \to T_1(\pi,\pi^*) \qquad 允许 \qquad (5.13a)$$

$$S_1(\pi,\pi^*) \to T_1(n,\pi^*) \qquad 允许 \qquad (5.13b)$$

$$S_1(\pi,\pi^*) \to T_1(\pi,\pi^*) \qquad 禁阻 \qquad (5.14)$$

由这些样本所推演得到的规则可普遍性地用于 n,π^* 和 π,π^* 态，而不局限于羰基化合物，它们对任何含有 n,π^* 和 π,π^* 跃迁的体系都是适用的。

由实验测得的烷基酮[12]、二苯酮[13]以及芘甲醛[14]的 k_{ST} 值分别约为：$10^8 s^{-1}$，$10^{11} s^{-1}$

和 $10^7 s^{-1}$，它们可用作为羰基化合物 $S_1 \rightarrow T_1$ 系间窜越的速率基准。图 5.10 概括了由公式（5.12）～式（5.14）所给出的跃迁实例，其速率常数的大小与能使单重态和三重态发生有效混合的临近距离相关。

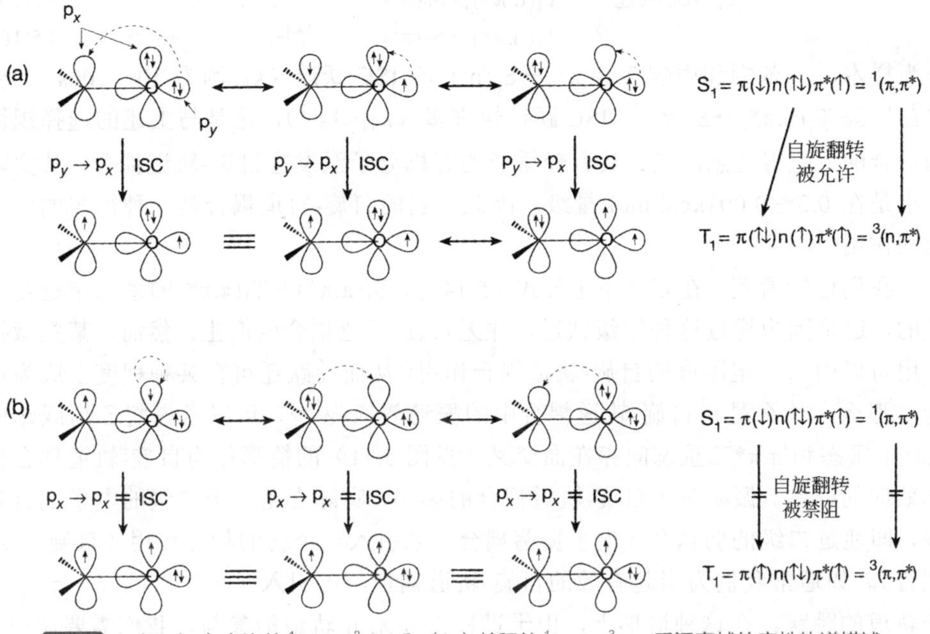

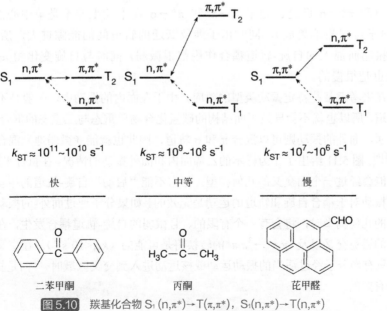

图 5.9 对于（a）允许的 $^1\pi,\pi^* \rightarrow {}^3n,\pi^*$ 和（b）禁阻的 $^1\pi,\pi^* \rightarrow {}^3\pi,\pi^*$ 系间窜越的定性轨道描述

图 5.10 羰基化合物 $S_1(n,\pi^*) \rightarrow T(\pi,\pi^*)$，$S_1(n,\pi^*) \rightarrow T(n,\pi^*)$ 以及 $S_1(\pi,\pi^*) \rightarrow T(\pi,\pi^*)$ 系间窜越不同速率的例子

通过对 $S_0{\rightarrow}T_1$ 跃迁中自旋-轨道耦合机制的拓展，我们推演出对于 $T_1{\rightarrow}S_0$ 系间窜越最理想的进程是单原子上的 $p_x{\rightarrow}p_y$ 跃迁。因此我们可得出如公式（5.15）和式（5.16）的选择规律：

$$T_1{\rightarrow}S_0 \text{跃迁} \qquad T_1(n,\pi^*){\rightarrow}S_0(n^2) \qquad \text{允许} \qquad (5.15)$$

$$T_1(n,\pi^*){\rightarrow}S_0(\pi^2) \qquad \text{禁阻} \qquad (5.16)$$

作为样本，二苯酮和丙酮 $T_1(n,\pi^*){\rightarrow}S_0(n^2)$ 的 ISC 跃迁（k_{TS} 约为 $10{\sim}100s^{-1}$）要比芘甲醛 $T_1(n,\pi^*){\rightarrow}S_0(\pi^2)$ 的 ISC 跃迁快许多（$k_{ST}<1s^{-1}$），这是与上述的选择规律相符合的。值得注意的是：具有轻原子的有机分子激发态自旋-轨道耦合，其实际大小是在 0.3～0.001kcal/mol 量级。因此，它的自旋-轨道耦合是一种很弱的电子扰动作用[7]。

我们已经看到：在零级下［公式（5.14）］，$S_1(\pi,\pi^*){\rightarrow}T_1(\pi,\pi^*)$ 的系间窜越是禁阻的，这是因为通过这种零级跃迁，并无自旋-轨道耦合的产生。然而，某些微扰作用可以引入一定限度的自旋-轨道耦合作用，从而使跃迁可在某种程度上成为可能。那么，什么是在自旋-轨道耦合中的振动效应呢[15]？可以考虑将乙烯或苯的 π,π^* 单重态和 π,π^* 三重态间存在面交叉（见图 5.11）的情形作为自旋-轨道耦合振动效应的样本。振动对于自旋-轨道耦合的影响，实际上是一个二级的电子耦合效应，即通过二级的弱耦合（电子振荡耦合）来引入一个弱的相互作用（自旋-轨道耦合）。如通常我们为引起有效的自旋-轨道耦合，可引入一个需要的 $\sigma{\rightarrow}\pi^*$ 单原子轨道的跳跃。在这种情形下，由于过程中并无 n 轨道的参与，我们需要调用 σ 和 σ^* 轨道来和 π,π^* 态作用。这意味着，需要振动来混合那些具有 $p_x{\rightarrow}p_y$ 跃迁特征的 $\sigma{\rightarrow}\pi^*$ 和 $\pi^*{\rightarrow}\sigma$ 跃迁。由于 $\sigma{\rightarrow}\pi^*$ 和 $\pi^*{\rightarrow}\sigma$ 在本性上并不是单中心的跃迁（π 和 π^* 电子可强烈地离域），同时由于涉及跃迁的轨道间的能隙过大，所以一般来说，由振动而混入的自旋-轨道耦合作用都很微弱，同时与自旋变化相关的那些跃迁一般也是很慢的。

现在来考虑某些特定振动类型的效应。由于在面内的振动中，一般是不能混合 π 和 σ 轨道，所以也就不会导致平面结构的碳氢化合物单重态与三重态的混合（图 3.1）；另一方面，面外的振动则可以混合 π 和 σ 轨道，因此也就能（微弱地）混合单重态与三重态[16]。图 5.11 给出了作为样本的乙烯面内和面外振动的情况。在执行平面振动时，分子可能会经过一个面交叉的几何构型，但它不能"启动"自旋-轨道的相互作用，因为平面振动对于耦合自旋和轨道的运动是无效的。如果分子通过面外-的振动的方式引入交叉的几何构型时，将会有一个有限的、且微弱的自旋-轨道耦合发生，在这种情况下，面的避免交叉以及 $^1\pi,\pi^*{\rightarrow}^3\pi,\pi^*$ 的转换将是可能的（$k_{ST}<10^7s^{-1}$）。在交叉的几何构型上，只有当分子经过适当的振动运动或核运动进入到交叉区域时，"门是打开的"才是实际有效的。

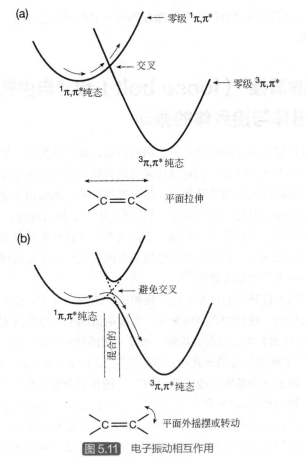

图 5.11 电子振动相互作用

（a）不引起态混合的平面振动，因此于一级时仍坚持着零级的交叉；
（b）可引起态的混合和面避免交叉的面外振动

5.11 分子结构与非辐射跃迁效率和速率间的关系：诱导电子非辐射跃迁的伸缩和扭曲机制

现在，我们要描述一个用以联系分子电子结构与其激发态非辐射跃迁概率关系的理论。在 5.2 节和 5.3 节的讨论中，已知该理论的重要特色就是在于对非辐射跃迁来说，存在着一个特别有利的"临界几何构型"（r_c）的概念。因此，一个有关非辐射跃迁过程与分子结构相关联的理论，必须要把临界几何构型与分子结构联系起来。面的交叉与面的接触（第 6 章）以及深的和浅的激发态极小处，都和这一临界的几何构型相对应（图 5.2 和图 5.3）。在第 6 章中，我们将考虑如何运用相关图（correlation diagram）的方法，对分子的电子结构与零级面交叉的出现进行联系。在 5.12 节中，我们要考虑如何通过键的伸缩和扭曲振动，来引起"面的接触"和它们与分子电子结构的关系。

而在 5.13 节中还会看到从"面匹配"的激发态极小处的非辐射跃迁，是如何与分子电子结构相关联的。

5.12 "油滑栓"（loose bolt）和"自由转子"效应：促进体与接受体的振动

对于某些有可能作为非辐射跃迁促进剂的振动，如某些既能"携带"代表点于能面上运动到达接近于 r_c 的区域，同时又可通过所提供的适当的电子振动相互作用来帮助"触发"非辐射跃迁发生的特殊振动，是可能存在的。然而由于非辐射跃迁后能量守恒必须精确地保持，因此，某些振动（或在环境中分子间的碰撞）必须要在跃迁中，作为所涉电子态间能差的接受体。假如一个振动不但可以作为诱导电子非辐射跃迁的促进物，而且还可在跃迁中担当所产生过剩能量的接受体，那么这样的振动在触发电子非辐射跃迁中应当是特别有效的[17]。

有机分子中两种较典型的样本式促进物和接受体振动是 C—C σ 键的伸缩振动和 C=C π 键的弯曲振动。这两种类型的振动，在极端情况下（伸缩的 C—C 键的断裂，和 C=C 键的严重弯曲）可引起面的接触。通过 σ 键的伸缩振动（a），以及通过 π 键的弯曲振动（b）所引起面接触的示意图，分别于图 5.12（a）和 5.12（b）中列出。伸缩或弯曲振动可伴随激发势能面（波函数，$*\Psi$）上的代表点到达接近于 r_c 附近的区域。如果这类相同的振动可引起 $*\Psi$ 和基态波函数（Ψ）间的电子振动混合，那么在接近 r_c 处的，从 $*\Psi$ 到 Ψ 的非辐射跃迁就变得有可能发生。在某些情况下，这种相同的振动可在 $*\Psi$ 和 Ψ 间的跃迁中作为对过剩能量接受的一种方法。伸缩振动很类似于某些机械运动部分中的"油滑栓"（loose bolt），这种油滑栓往往可通过机械上别的运动部件来设定并驱动[17a]，因此它可取得由别的运动部件所产生的动能。在分子情况下，过剩的能量可导致键的完全分解，也就是说，这种促进的伸缩振动可导致振动过程相关原子不可逆转的分离。

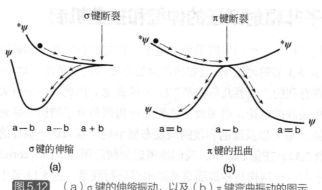

图 5.12 （a）σ 键的伸缩振动，以及（b）π 键弯曲振动的图示
在 90° 的扭曲下，双键可断裂为单键

在双键弯曲运动的情况下 [图 5.12 (b)]，实际情况更类似于可接受过剩能量，并进行旋转的"自由转子"，而不是"油滑栓"。在这种情况下，C=C π 键的弯曲可以导致顺-反异构化的发生。

有关自由转子和油滑栓的实验样本对于非辐射跃迁（例如内转换）的影响可在共轭芳香化合物的荧光分析中得到验证。例如，在 25℃时，反-1,2-二苯乙烯（**1**）的荧光很弱（Φ_F =0.05），顺-1,2-二苯乙烯（**2**）则无荧光（Φ_F =0.00）[18]。但另一方面，结构受阻抑的 1,2-二苯乙烯衍生物 **3** 和 **4** 的荧光则很强（$\Phi_F \approx 1.0$）[19]。

1
$\Phi_F = 0.05$

2
$\Phi_F = 0.00$

3
$\Phi_F = 1.0$

4
$\Phi_F = 1.0$

由于顺-1,2-二苯乙烯的苯基在空间的相互作用可为分子在*R 时（S_1 和 T_1）提供一个固有的扭矩，亦即，为围绕 C=C π 键中心的扭曲提供一种趋势，从而在沿着 π,π* 面上引入一个自由转子。在 S_1 态时，态的能量可通过扭曲而很快降低 [见图 5.12 (b)，更详细的讨论可见 6.17 节]。扭曲运动可引起 S_1 到达最有利于发生非辐射跃迁并回到 S_0 态的几何构型 r_c。虽说 **1** 也可在 S_1 态沿着 C=C 键而扭曲，但它缺乏可产生一个扭矩而导致有效的自由转子效应的空间相互作用，其结果是使 **1** 在*R 时沿着 C=C 键的扭曲运动比化合物 **2** 的慢。此时 **1** 的荧光可以与内转换以及系间窜越两者相竞争。

对于环状化合物 **3** 和 **4** 沿着 C=C 键的扭曲运动，因结构限制而严重受阻。结果这些分子由于是相对刚性的，不能采用与起始态 S_0 的几何构型有很大不同的方式。于是，在 S_1 能面上的代表点也就不能移动到有利非辐射转换的扭曲核构型 r_c 附近的区域。其结果使荧光的发射过程相较于内转换及系间窜越占有完全的优势（$\Phi_F \approx 1.0$）。除了结构的约束外，低温和刚性的分子环境也能阻抑扭曲的运动，而抑制非辐射转换（疑有误）。如果在低能量的扭曲几何构型下代表点被较小的势垒（约 3～5kcal/mol）分离，低温下（约 77K），在激发态的寿命内这些势垒可能不会被超越，而是以有效的发射形式出现。刚性的环境可相应地看作是对旋转势能面的一种扰动，因为这里引入了一个可以对抗扭曲的势垒[20]。这些通过环境（如溶剂）而增加的势垒，由于在扭曲 C=C 键时要求邻近分子有一定的位移，如果扭曲是实质性的，则在刚性的环境中将是一个难于进行的过程。

自由转子效应也可被操控并使其有利于单重态（S_1 经内转换到 S_0，和经系间窜越到 T_1）或三重态（$T_1 \rightarrow S_0$ 的系间窜越）的非辐射跃迁。如文献 [21] 所说明的 1-苯基环庚烯（**5**）的三重态，在室温下，相对于比它更为刚性和更受结构约束的 1-苯基环丁烯（**6**）化合物，可经历一个非常快速的系间窜越过程。这一结果可被解释为由于 C=C

键的扭曲而导致面的接触所致［图5.12（b），见5.7节的讨论］。因为对这些运动来说，**5** 比 **6** 要更为柔韧灵活，在 T_1 态中，**5** 可以很快的速率移向扭曲的构型，因而它可进行很快的系间窜越过程。

容易   困难

1-苯基环庚烯   1-苯基环丁烯
5   **6**
$k_{TS} = 4 \times 10^9 \, s^{-1}$ $k_{TS} = 6 \times 10^7 \, s^{-1}$

另一方面，可采用烷基苯[22]非辐射衰变中的数据作为内转换中"油滑栓"效应[17a]的例子。例如，甲苯（**7**）的荧光量子产率 $\Phi_F \approx 0.14$，它的内转换速率约为 $10^7 s^{-1}$，然而，叔丁基苯（**8**）的荧光量子产率是 $\Phi_F \approx 0.032$，它的内转换速率更快为 $10^8 s^{-1}$，比前者要快一个数量级。

甲苯**(7)**   叔丁基苯**(8)**

$\Phi_F \approx 0.14, k_{IC} \approx 10^7 s^{-1}$ $\Phi_F \approx 0.032, k_{IC} \approx 10^8 s^{-1}$

这说明：从 **7** 到 **8** 荧光量子产率 Φ_F 减小的机制并不是由于系间窜越或光反应所致。实际情况是叔丁基的 σ 键充当了"油滑栓"，加速其内转换并使其达到接近于 10 的倍数［可能是通过如图5.12（a）的相关机制］。叔丁基的重氢化并不影响内转换的速度，支持这一结论的原因是苯环和叔丁基间 C—C 键的油滑栓所触发的失活，即并非因叔丁基中的 C—H 键所致。

此外，在 77K 下，可观察到 **7**（$\Phi_P^{rel} \approx 1.0$）比 **8**（$\Phi_P^{rel} \approx 0.00$）有着强得多的磷光发射，这一结果为 $T_1 \rightarrow S_0$ 系间窜越[23]中的油滑栓效应提供了进一步的支持。

5.13 大能量间隔"匹配"面间的非辐射跃迁

图5.2（d）中给出了两个虚拟的"匹配"势能面样本。可以认为此种匹配的两个面间并无电子相关性。这种绝热面在本质上应对应于纯的波函数 Ψ_1 和 Ψ_2。在虚拟的例子中，沿着反应坐标，并无两个接近于相同能量势能面的几何构型存在。那么可以问：在此种情况下，两个能面间的非辐射跃迁是否仍能发生呢？答案是肯定的，但是跃迁将会相对较慢。这是因为当代表点发现自己是处于能量极小的 r_c 处，只有激发态 Ψ_2 有着较长寿命，并据此可补偿 Ψ_1 和 Ψ_2 间较弱的耦合，跃迁才能在一个可观测的范围内发生。然而，我们应牢记，匹配势能面间非辐射跃迁的速率比那些列于图5.2（a）、 （b）、（c）以及（e）中临界几何构型时的速率慢得多的原因。在匹配面的情况下，激发势能面上的代表点可被看作是最终将移动到上部能面的极小（r_c）处，并在此停留一段时间，等待一个可触发其跃迁到较低能面的扰动到来的情形。当然，如果扰动的发生需要很长时间，则从上部能面到下部能面发生辐射跃迁的 Franck-Condon（F-C）因子就比较有利，或者代表点还可获得能量，越过某些能垒，而到达其他激发势能面的区域。对于在与较低势能面匹配的激发势能面非辐射跃迁中，怎样对 Franck-Condon 因子[24]的大小，$f_v = \langle \chi_i | \chi_f \rangle^2$ 作出决定呢？FC（f_v）[公式（5.5）]的值一般可用公式（5.17）给出的能隙定律得到。

$$f_v \sim exp(-\Delta E) \tag{5.17}$$

因此，如果 f_e 和 f_s 不是速率的决定因素，那么从 r_c 发生的（匹配的）非辐射跃迁速率将随着 ΔE 的增大，呈指数下降。

有关 Franck-Condon 因子是如何运作并控制图 5.2（d）中自旋-允许（$f_s=1$）过程的速率，可考虑将两个电子激发态间的内转换非辐射过程作为样本。设想两个激发态 S_1 和 S_2（图 5.13）具有在 F 点上经历零级交叉的势能曲线，但其基态的势能曲线则是与 S_1 和 S_2 二者相匹配的。如果跃迁发生于接近 F 点区域的几何构型，则从 $S_2 \rightarrow S_1$ 的跃迁将可在不需有明显的核的位置或动量变化的情况下就可以发生。因为在 F 区域附近，Franck-Condon 因子是有利的（图 3.5）。这样的内转换可期望能较快地发生。然而，相应于直接由 $S_2 \rightarrow S_0$ 的非辐射跃迁的内转换，则是不可能发生的，因为这两个能面并未交叉；亦即 S_2 和 S_0 态是相互匹配的。此外，S_2 和 S_0 间的能隙很大，所以这两个态之间的相互作用也很弱。值得注意的是，$S_2 \rightarrow S_0$ 这种较慢的内转换，几乎经常可与非常快的 $S_2 \rightarrow S_1$ 激发态间的内转换（$10^{12} \sim 10^{13} s^{-1}$）相竞争。这些发现也进一步说明了我们为何期望光化学和光物理过程要起始于 S_1 态的原因，因为 Kasha 定律的基础表明：所有的光化学和光物理过程通常都是从 S_1 或 T_1 开始的，而不考虑激发态或振动能级是否为最初所产生的[1f]。

现在我们要考虑当分子到达 S_1 态的最低振动能级，且在 $v=0$ 能级达到振动平衡时，将会发生些什么？从图 5.13 S_1 态的 $v=0$ 能级上我们可以看到振动的特征函数 χ_{S_0}（S_0 的一个较高振动能级）可在 χ_{S_1}（S_1 态的 $v=0$）常为正值的区域内，从正值到负值快速地振荡。这种情况可在数学上导致重叠积分 $\langle \chi_{S_1} | \chi_{S_0} \rangle$ 的抵消。于是使这种决定 Franck-Condon 因子大小的重叠积分 $\langle \chi_{S_1} | \chi_{S_0} \rangle$ 变得很小，而使得 $S_1 \rightarrow S_0$ 跃迁速率变得很慢。但这一发现与在 F 点附近相互作用区域所见到恰恰相反。在 F 点附近的情况下，χ_{S_1} 和 χ_{S_2}（于 $v=0$ 态）是被置于重叠积分 $\langle \chi_{S_2} | \chi_{S_1} \rangle$ 有着很大正值的情况下的，同时内转换的速度也相对较快（回顾一下 4.8 节、4.12 节和 4.13 节）。这种情况对于有机分子是很普遍的，因此，如果两种跃迁分子波函数的电子部分是可以相互比较时，$S_2 \rightarrow S_1$ 跃迁一般要比 $S_1 \rightarrow S_0$ 的跃迁快，而且更有可能发生。

如上面所讨论的，对于那些具有刚性环状结构，且键的扭曲（自由转子）和伸缩

（油滑栓）受到阻抑的有机分子，趋于发射强的荧光（如上面所讨论的分子 **3** 和 **4**）。现在我们用量子力学的方法，对从 Franck-Condon 原理所获得的非辐射跃迁结果作出理性分析处理。Franck-Condon 原理告诉我们，对于刚性结构的分子，其 $S_1 \rightarrow S_0$ 和 $T_1 \rightarrow S_0$ 的非辐射跃迁是困难的。这是因为存在于分子内的那些束缚，趋向于将分子内的核紧密地约束在一个很小的空间之中。在效果上，这种体系的 S_1 态是被限制在某些只能处于搜寻状态的激发势能面上，这些激发势能面一直尝试寻找和尝试发生诸如"油滑栓"、"自由转子"或自旋-轨道相互作用等过程。因此，它们的荧光效率很高 $\Phi_F \approx 1.0$（例如分子 **3** 和 **4**）。

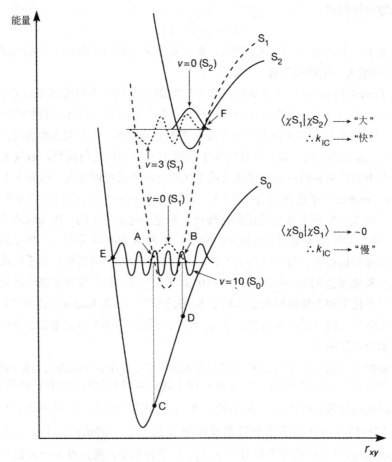

图 5.13 在 S_2 与 S_1，以及 S_1 与 S_0 间的内转换

5.14 影响振动弛豫速率的一些因素

脉冲皮秒（ps）和飞秒（fs）激光光谱学的出现，使得室温下在液体溶液中直接测定发生于皮秒和飞秒时间内的电子和振动弛豫成为可能。对于有机分子[25,26]，其 k_{vib}（振动周期的速率常数）值一般约为 $10^{12} \sim 10^{14} s^{-1}$（表 5.1）。为什么过剩的振动能量能

很快地转移给环境呢？这是因为分子内部的振动以及分子在环境中的振动，都有能力快速地接受分子核运动的能量（包括基态的和激发态的），并把它们转化为各种不同程度的振动模式。由于 *R 在溶液环境中所有的振动、转动以及平动能级多趋于连续化，因此这些能级就可起到经典的热浴作用，并有可能吸收任何数量的激发分子需要处理掉的振动能[26]。

对有机分子基态和电子激发态振动弛豫的直接测量已比较成熟[25]。其一般性的定性结论可概括如下：

（1）对处于给定电子态下的分子，其振动弛豫可在两个时间范畴内发生，第一个范畴（典型的为 $10\sim0.1ps$，$10^{11}\sim10^{13}s^{-1}$）相应于分子内的振动弛豫（IVR）。第二个为较长的时间范畴，这是一个较慢的过程（典型的为 $100\sim10ps$，$10^9\sim10^{11}s^{-1}$），相应于从振动激发分子到溶剂分子的振动能量转移（VET）。

（2）对从 **R 到 *R 的 IVR 过程，电子弛豫一般不是速率限制的（其中的 **R 为激发态的高阶能级，如 S_2 或 S_3）。

（3）在激发态（*R）内的分子内振动弛豫，要比在基态（R）中的稍快些。

（4）大多数有机溶剂在接受过剩的振动能量上，有着接近的效率。

在图 5.14 中给出了以甲醛为样本的电子和振动激发分子振动弛豫过程及其从平衡的 S_1 态出发做的图像化描述。对于处于平衡的 $n,\pi*$ 激发态，电子的运动及其位置是与分子过剩的电子能量相关的，但 S_1 的振动此时是未被激发的，且周围的溶剂分子是"冷的"，也就是说，它们的平动和振动运动是和溶剂的温度平衡的。可以设想内转换是从 S_1 发生的（或是从 T_1 发生的系间窜越）且非辐射跃迁可通过与电子和振动运动相耦合的 C=O 伸缩振动的电子振动相互作用而被促进。这意味着，电子运动及位置的改变（e→e），和 C=O 振动（e→v）是耦合的，而对于从 S_1 到 S_0 的非辐射过程，就会有一个"振动热"的基态（$^\ddagger S_0$，这里 ‡ 代表了过剩振动的激发）存在。每个跃迁，例如 S_1 →$^\ddagger S_0$ 或 T_1→$^\ddagger S_0$ 在它们等能地发生后，都要求将过剩的振动能量在它们"弛豫"到 S_0 前被消散出去。那么，在等能的电子跃迁发生后，这些能量又能去向何处呢？我们设想，这些能量的消散可有如下的方式（图 5.14）：即当电子从 $\pi*$ 轨道跃迁到 n 轨道时，跃迁是通过 C=O 振动的诱导发生，于是就可在 S_0 态产生"热的" ‡C=O 振动。换句话说，C=O 的伸缩振动可充当油滑栓、促进非辐射跃迁到达基态，而振动激发的 ‡C=O 基团，则首先可把它部分的能量经分子内转移,给予 C—H 的弯曲振动（IVR，$10\sim0.1ps$，$10^{11}\sim10^{13}s^{-1}$），然后，再将过剩的振动能在一个较长的时间范围内转移到溶剂之中（分子间的 VET，$100\sim10ps$，$10^9\sim10^{11}s^{-1}$）[25]，使甲醛的激发振动"冷却下来"，而围绕甲醛分子的局域微观温度则可"被加热"。这就是说，与原来激发分子直接相近的溶剂分子有着比宏观平均温度较高的平动和振动能量。

在流动溶液或刚性的基质中，即使它曾是非辐射跃迁的速率决定因素[25,26]，通过溶剂被接受的能量也是很少的。在这一点上，或许有人要问：是否红外辐射（IR）的发光，对于转动和振动能级间的跃迁来说是一个重要的途径。在实验上，非辐射失活和红外辐射（每次失去几个量子）间并无重要的竞争，但和紫外与可见辐射存在竞争。这样一个结论，理论上是服从下列关系的[27]：

$$k = 3h / 64\pi^4 \bar{\nu}^3 \left| H_{21} \right|^2 \approx \langle H_{21} \rangle^2 \tag{5.18}$$

式中，$\bar{\nu}$ 为从态 2 到态 1 路径中发射光子的波数，H_{21} 为跃迁的电偶极矩阵元（5.3 节），而 k 则为自发发射的速率常数。

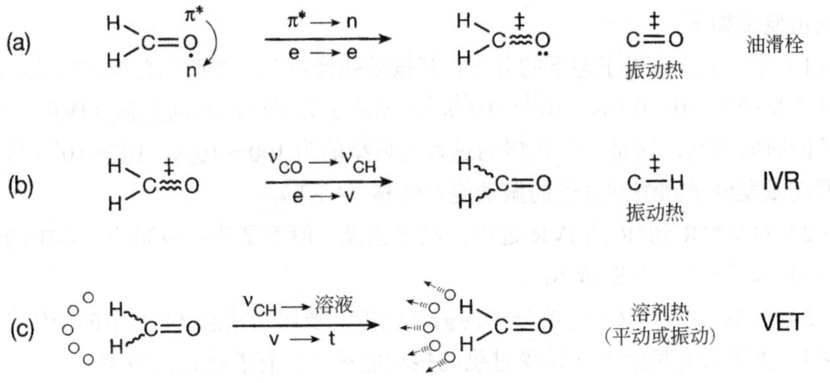

图 5.14 甲醛能量消散的图示说明

(a) 最初激发定域于甲醛 C 与 O 原子间的电子激发能（波浪形线），向振动能的转化，可通过：
(b) 转换为 C—H 键的振动能，以及 (c) 转换为溶剂的平移运动

由于 IR 跃迁的 $\bar{\nu}$ 为 1000cm^{-1} 到 3000cm^{-1} 量级，而 UV 跃迁的 $\bar{\nu}$ 值则在约 30000cm^{-1}。$\bar{\nu}^3$ 项作为存在于上式中的一个约 10^{-3} 的阻抑因子，或是可与紫外-可见发射相比较的一个较大的 IR 发射相对速率。此外，那些涉及纯振动跃迁的偶极矩变化，则通常比从一个电子态到另一个所发生的变化要小。这个因子则可作为另一个红外发射速率在数量级上的阻抑作用。

作为例子[28]，CO_2 的 IR 发射发生于大约 1000cm^{-1}，并具有约 0.1D 的跃迁偶极。这一发现可导致振动发射速率常数 $k \approx 10^2\text{s}^{-1}$。由于在溶液中分子振动失活的速率为 10^{12}~10^{13}s^{-1}，我们可以看到，在凝聚相中振动荧光一般将是振动失活的一个次要途径。作为比较，允许电子跃迁的跃迁偶极是在几个德拜（Debye，D）的量级上，而跃迁也发生在很高的 $\bar{\nu}$ 值下。

5.15 从定量的发射参数来评估非辐射过程的速度常数

一般说来，结合由实验测定的发射寿命（τ_e）和发射量子产率（Φ_e），可提供一个方便的计算单分子内转换非辐射过程速率常数（k_{IC}），以及系间窜越速率常数（k_{ST} 和 k_{TS}）的方法。激发态寿命以及相互转换速率的知识，对于分析光化学问题是十分重要的。基于图 1.4 中工作态能级图的公式（5.19）～公式（5.24），并结合所有吸光后 [公式（5.19）] 期望发生的所有重要的单分子光物理跃迁，就可单独地从光谱数据给

出估计速率常数的方法。为简化起见，可假设不存在不可逆的光化学反应和特殊的双分子猝灭（为 77K 下所得数据的一个好假设）。如希望，这些过程也可容易地被包括进来。

反　　　应	阶　　段	速　　率	公式号
$h\nu + S_0 \rightarrow S_1$	激发	I	（5.19）
$S_1 \rightarrow S_0 + \Delta$	内转换	$k_{IC}[S_1]$	（5.20）
$S_1 \rightarrow T_1 + \Delta$	系间窜越	$k_{ST}[S_1]$	（5.21）
$T_1 \rightarrow S_0 + \Delta$	系间窜越	$k_{TS}[T_1]$	（5.22）
$T_1 \rightarrow S_0 + h\nu$	磷光	$K_P^0[T_1]$	（5.23）
$S_1 \rightarrow S_0 + h\nu$	荧光	$k_F^0[S_1]$	（5.24）

对于激发单重态浓度 $[S_1]$ 的稳态近似可假设：光子的吸收速率（I_{abs}）等于 S_1 态的总失活速率，由此可引出公式（5.25）：

$$I_{abs} = (k_{ST} + k_F^0 + k_{IC})\,[S_1] \qquad (5.25)$$

式中，I_{abs} 为吸光的速率，单位是爱因斯坦·$L^{-1} \cdot s^{-1}$（光子·$L^{-1} \cdot s^{-1}$），而 $[S_1]$ 为激发单重态的瞬态浓度。相类似的，稳态近似可假设三重态的形成速率等于 T_1 态的总失活速率，由此可导出公式（5.26），而其中的 $[T_1]$ 为三重态的瞬态浓度。

$$k_{ST}\,[S_1] = (k_{TS} + k_P^0)\,[T_1] \qquad (5.26)$$

将公式（5.26）重新整理，求解 $[T_1]$ 可得公式（5.27）：

$$[T_1] = k_{ST}\,[S_1] / (k_P^0 + k_{TS}) \qquad (5.27)$$

简而言之，在稳态激发的条件下，从 S_1 或 T_1 出发的各种过程效率或量子产率（Φ），就是研究过程的速率与上述各态的总失活过程速率间的比值（对于 T_1 态，还需考虑从 S_1 态形成 T_1 态的效率）。从常规的能态图（图示 1.4），可以用公式（5.28）~公式（5.32）来表述每个态跃迁的量子产率（Φ）：

$$\Phi_F = k_F^0 / \left(k_F^0 + k_{ST} + k_{IC}\right) \qquad (5.28)$$

$$\Phi_{IC} = k_{IC} / \left(k_F^0 + k_{ST} + k_{IC}\right) \qquad (5.29)$$

$$\Phi_{ST} = k_{ST} / \left(k_F^0 + k_{ST} + k_{IC}\right) \qquad (5.30)$$

$$\Phi_P = \Phi_{ST} \times k_P^0 / \left(k_P^0 + k_{TS}\right) \qquad (5.31)$$

$$\Phi_{TS} = \Phi_{ST} \times k_{TS} / \left(k_P^0 + k_{TS}\right) \qquad (5.32)$$

对于单重态 S_1，Φ_F 等于其荧光速率（k_F^0）与 S_1 的总的失活速率的比值。而 Φ_{ST} 则为系间窜越的速率（k_{ST}）与 S_1 总的失活速率的比值。而 Φ_P 的值不仅依赖于磷光速率常数 k_P^0 与 T_1 的总的失活速率的比值，而且还直接依赖于 Φ_{ST}，即 S_1 转变为 T_1 的概率。例如，如果 $\Phi_{ST}=0$，则就不能直接通过 S_1 的激发来测得磷光，因为从 S_1 产生 T_1 的概率为 0（然而，在第 7 章中可以看到，甚至当 $\Phi_{ST}=0$ 时，仍可通过"三重态敏化剂"的能量转移而间接地得到 T_1）。

单重态的寿命 τ_S 等于 S_1 态的总失活速率常数的倒数 [公式 (5.33)]，而三重态的寿命 τ_T 则等于 T_1 态的总失活速率常数的倒数 [公式 (5.34)]。

$$\tau_S = 1 / (k_F^0 + k_{ST} + k_{IC}) \qquad S_1 \text{的实验寿命} \qquad (5.33)$$

$$\tau_T = 1 / (k_P^0 + k_{TS}) \qquad T_1 \text{的实验寿命} \qquad (5.34)$$

因此，以固有的辐射寿命来定义，$\tau_F^0 = (k_F^0)^{-1}$ 和 $\tau_P^0 = (k_P^0)^{-1}$，就可对能态图中的关键量子产率加以表述如下：

$$\Phi_F = k_F^0 \tau_S \qquad (5.35)$$

$$\Phi_{IC} = k_{IC} \tau_S \qquad (5.36)$$

$$\Phi_{ST} = k_{ST} \tau_S \qquad (5.37)$$

$$\Phi_F = \Phi_{ST} k_P^0 \tau_T \qquad (5.38)$$

$$\Phi_{TS} = \Phi_{ST} k_{TS} \tau_T \qquad (5.39)$$

在实验上，τ_S 和 τ_T 的值可直接通过闪光光解测定 S_1 和 T_1 作为时间函数的衰变加以估测。在 S_1 的情况下，最为方便的对 $[S_1]$ 的监测，通常是通过直接测量在激发脉冲闪光作用后，从 S_1 所发出的作为时间函数的荧光强度。这样，所测得的 τ_S 值就不是仅能应用于 $\Phi_F=1.0$ 情况下的纯的辐射寿命 τ_F^0。与此相类似，对磷光寿命 τ_P 的测量也提供了对 τ_T 直接测量的方法。在三重态情况下，$[T_1]$ 也可通过闪光吸收光谱而加以测定。

通过对 $\Phi_F, \Phi_P, \Phi_{ST}, \tau_S$ 和 τ_T 的测量，就可以对 $k_F^0, k_P^0, k_{IC}, k_{ST}$ 和 k_{TS} 等速率常数予以评价。Φ_{ST} 的测量需要特殊的方法[29]。对于特定的体系，例如在 77K 下的刚性芳烃，从 S_1 的内转换可以忽略，在这种情形下 $\Phi_{ST}=1-\Phi_F$，也就是说，每个不发射荧光的单重态都可假设是经历了系间窜越过程。这种假设的正确性是与不存在 S_1 态的光反应、面的交叉和 S_1 的双分子猝灭过程等相关联。

5.16 从光谱发射数据来评价光物理过程速率的例子

从发射光谱的数据来计算非辐射速率常数的例子[30]，可考虑 1-氯代萘的能态图（图 5.15）。在 77K 时 [见图 4.18 (c)，1-氯代萘的发射光谱]，这一分子显示出很弱的荧光（$\Phi_F=0.06$）和很强的磷光（$\Phi_P=0.54$）。所测得的荧光和磷光寿命[30]分别约为 10×10^{-9}s 和 0.3s。大约有 40%吸收光子的去向未在发射的光子数中得到说明（$\Phi_F+\Phi_P=0.60$）。对于刚性的芳香分子，例如萘，其内转换（$S_1\rightarrow S_0$）并不能和快速的系间窜越（$S_1\rightarrow T_1$）相竞争。按照通常内转换的量子产率 $\Phi_{IC}=0$ 的假设，从下列的表达式 $\Phi_{ST}=1-\Phi_F$ 就可计算出 $\Phi_{ST}=1-0.06=0.94$。既然 $\Phi_{ST}=0.94$，但 Φ_P 仅为 0.54，因此可以推出：$\Phi_{TS}=\Phi_{ST}-\Phi_P=0.40$。

用这些数据和公式 (5.37) 及公式 (5.39)，我们可以分别计算出速率常数 k_{ST} 和 k_{TS}，如公式 (5.40) 和公式 (5.41) 所示：

$$k_{ST}=\Phi_{ST}/\tau_s=0.94/(10^{-8}s)=9.4\times10^7 s^{-1} \quad (5.40)$$

$$k_{TS}=\Phi_{TS}/(\Phi_{ST}\tau_T)=0.40/(0.94\times0.3s)=1.4 s^{-1} \quad (5.41)$$

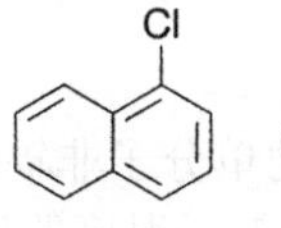

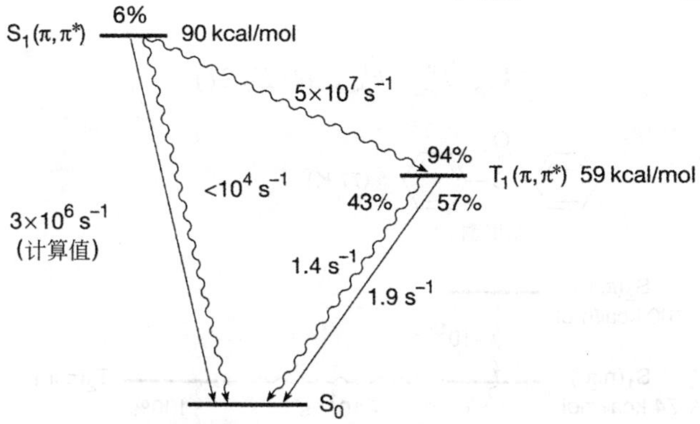

图 5.15 77K 下，1-氯代萘的能态图

如果说 k_{IC} 值不等于 0，但至少比主要的 S_1 态决速失活途径（即 k_{ST}）小 10 倍，我们就可估计出一个 k_{IC} 值的上限：

$$k_{IC}<0.1k_{ST} \quad 或 \quad k_{IC}<0.1k_F \quad (5.42)$$

而发射所固有的或辐射速率常数 k_F^0 和 k_P^0，就可从公式（5.35）和公式（5.38）计算得到。

$$k_F^0=\Phi_F/\tau_S=0.06/(10^{-8}s)=6\times10^6 s^{-1} \quad (5.43)$$

$$k_P^0=\Phi_P/(\Phi_{ST}\tau_P)=0.54/(0.94\times0.3s)=1.9 s^{-1} \quad (5.44)$$

第二个例子可考虑二苯酮（其能态图示于图 5.16）。二苯酮的光谱已于图 4.19（a）中给出。这个分子是接近于无荧光的（$\Phi_F<10^{-4}$），而且只有很短的单重态寿命（$\tau_S\approx10^{-11}s$）。在 77K 下，二苯酮[31]显示出很强的磷光（$\Phi_P=0.90$）和 $6\times10^{-3}s$ 的磷光寿命。由于二苯酮所吸收的光子中，90%为磷光所用，因此最多只有10%S_1态的分子可经历 $S_1\rightarrow S_0$ 的内转换。事实上，它似乎已接近于将所有 S_1 态的分子都经历了向 T_1 态的系间窜越。

$$k_{ST}=\Phi_{ST}/\tau_S=10^{11}s^{-1} \quad (5.45)$$

这种显著的、快的系间窜越速率，对于某些具有 $S_1(n,\pi^*)$ 态并存在紧挨着的 $T(\pi,\pi^*)$ 态的羰基化合物而言，是非常典型的。

二苯酮的 k_{TS} 和 k_P 值可由公式（5.46）给出：

$$k_{TS}=\Phi_{TS}/(\Phi_{ST}\tau_T)=1.7\times10 s^{-1} \quad (5.46)$$

$$k_P = \Phi_P/(\Phi_{ST}\tau_T) = 1.5 \times 10^2 \, \text{s}^{-1} \tag{5.47}$$

假如 Φ_F 太弱，以致难于准确测定时，k_F 值可以间接地加以测定。即通过应用与 ε_{max} 和 τ_F 相关的公式（4.23）求得。对于二苯酮的纯荧光速率 k_F^0 值的 $\tau_F = 10^{-6}$s，就是通过这种方式得到的。

在实验中，观察到的单分子非辐射跃迁速率常数 k_{obs} 常可发现是由不依赖于温度的速率常数（k_{obs}^0）和依赖于温度的速率常数（k_{obs}^T）两部分所组成，如公式（5.48）所示：

$$k_{obs} = k_{obs}^0 + k_{obs}^T \exp(-E_a/RT) \tag{5.48}$$

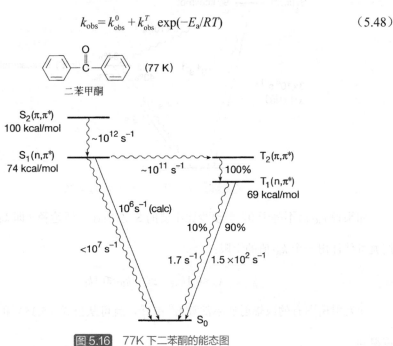

图 5.16　77K 下二苯酮的能态图

k_{obs} 中不依赖于温度的部分可看作是由于分子处于零点运动时所发生的非辐射跃迁引起。由于量子的零点运动是不会停止的，因此这种跃迁甚至可在温度接近 0K 时发生！至于 k_{obs} 中温度依赖的部分，则可看作是那些需要活化能（E_a）的非辐射跃迁。这种跃迁一般服从 Arrhenius 的关系，$\exp(-E_a/RT)$。而活化能可能是与为触发非辐射跃迁的油滑栓或自由转子等的运动所需要克服的能垒相关联。

5.17　内转换（$S_n \to S_1, S_1 \to S_0, T_n \to T_1$）

下列三种最为重要的内转换是有机分子经常遇到的：

（1）从高阶激发单重态（S_n, $n>1$）向最低激发单重态的非辐射跃迁，$S_n \to S_1$（速率常数=k_{IC}^{SS}）。

（2）从高阶激发三重态向最低能级三重态的非辐射跃迁，$T_n \to T_1$（速率常数=k_{IC}^{TT}）。

（3）从最低激发单重态向基态单重态的非辐射跃迁，$S_1 \rightarrow S_0$（速率常数$=k_{IC}$）。

现在，我们要给出一些内转换的例子，并对内转换的速率与电子激发态结构的关系进行讨论。

5.18 *R 的激发态结构与内转换速率的关系

我们首先考虑有关芳烃内转换的某些实验信息。可以从 77 K 下，刚性玻璃基质中的数据开始。在这些条件下，光反应以及双分子的猝灭一般可完全避免，而荧光和磷光则易于进行观察，且经常有很显著的量子产率。此外，刚性基质可以抑制那些通过油滑栓或自由转子的非辐射跃迁，而低温还抑制了需要越过能垒的那些非辐射跃迁。表 5.2 总结了某些相关的荧光（Φ_F）与系间窜越（Φ_{ST}）的量子产率，以及最低单重态能量（E_{S_1}）的数据。下面列出三个对刚性芳烃化合物普遍性的概括总结，并用作为讨论的基础[32a]：

（1）荧光仅能产生于 $S_1 \rightarrow S_0$ 过程；磷光仅能产生于 $T_1 \rightarrow S_0$ 过程；从 S_n 和 T_n 的发射是非常少见的（从 Kasha 规则已知）。

（2）荧光量子产率和磷光量子产率不依赖于起始激发能的大小（从 Vavilov 规则已知）。

（3）荧光和磷光量子产率的和近似地等于 1（从 Terenin 规则已知）。

表 5.2　有机分子的荧光和系间窜越量子产率[①]

分子（S_1 组态）	Φ_F	Φ_{ST}	$1-(\Phi_F + \Phi_{ST})$[②]	E_{S_1}[③]
苯（π, π^*）	0.05	0.25	0.70	110
1,3-二甲苯（π, π^*）	0.35	0.65	<0.05	100
萘（π, π^*）	0.20	0.80	<0.05	92
蒽（π, π^*）	0.70	0.30	<0.05	76
并四苯（π, π^*）	0.15	0.65	0.20	60
并五苯（π, π^*）	0.10	0.15	0.75	50
薁（π, π^*）	0.000	低	低	50
芘（π, π^*）	0.6	低	<0.05	77
苯酮（n, π^*）	0.001	约 1.0	0.05	85
2,3-丁二酮（n, π^*）	0.002	约 1.0	0.05	65
二苯酮（n, π^*）	0.000	约 1.0	0.05	75
5-甲基-2-庚酮（n, π^*）	0.000	0.10	0.90	85
环丁酮（n, π^*）	0.000	0.00	1.0	80
1,3-戊二烯（n, π^*）	0.000	0.00	1.0	100

① 上列数值依赖于溶剂，并与温度相关。因此它们仅是近似值，且倾向于具有代表性。

② 对于 Φ 实验测定的不准确度，所放置的下限为 5%，而对于 Φ_{IC}，此值改为上限。

③ 单重态的（0,0 能级）能量单位为 kcal/mol。

这些规则一般都是从高阶电子激发态到 S_1 态和/或 T_1 态的快速内转换，以及在电子激发态（$S_n \rightarrow S_1$ 和 $T_n \rightarrow T_1$ 过程）内非常快的振动弛豫（$10^{12} \sim 10^{13} s^{-1}$）得到的。另一方面，从 $S_1 \rightarrow S_0$ 的内转换则很慢（大能隙定律，和不良的 Franck-Condon 因子），而那些受环境所限而具有相对刚性的分子，则不能与荧光和系间窜越相竞争。现在让我们来看，为何这一结论可从这些实验数据中推演得到。由于缺乏从 $S_n(n>1)$ 发出的可测荧光，意味着从这些态所发荧光的发光量子产率 $\Phi_F(S_n)$ 应小于 10^{-4}。从其吸收系数 ε（$S_0 \rightarrow S_n$）的数值 [公式（4.23）]，可估计出从 $S_n \rightarrow S_0 + h\nu$ 跃迁的辐射速率常数 $k_F(S_n)$。而从 $k_F(S_n)$ 值以及 Φ_F 实验检测极限，可以计算出 $S_n \rightarrow S_1$ 的非辐射速率极限。

考虑以蒽（图 4.9）为例，来计算从蒽的高阶激发单重态发生内转换的速率。虽然这种荧光并不能从实验中观察到，我们依然可以设法估算高阶单重态 S_n 的荧光速率。例如，已知蒽在波长为 252nm 处 $S_0 \rightarrow S_3$ 吸收极大处的吸收系数 $\varepsilon_{max} \approx 2 \times 10^5$。从公式（4.27）可以有公式（5.49）。

$$k_F^0 \approx 10^4 \varepsilon_{max} \approx 2 \times 10^9 s^{-1} \qquad (5.49)$$

由于

$$\Phi_F^{S_2} = k_F^0 / k_D < 10^{-4} \qquad (5.50)$$

$$k_D > 10^4 k_F \approx 2 \times 10^{13} s^{-1} \qquad (5.51)$$

换句话说，从 S_3 失活到 S_1 的速率常数约为 $10^{13} s^{-1}$，这是分子内振动弛豫（IVR）的速率量级。在当蒽被激发到 S_3 态时，仅 S_1 态的发光可被观察到，因此可以推断：$k_{IC}(S_3 \rightarrow S_1) \approx 10^{13} s^{-1}$。对于多数的有机分子，$k_{IC}(S_n \rightarrow S_1)$ 值是落在 $10^{11} \sim 10^{13} s^{-1}$ 范围内。因此很显然，通过高阶能级内转换的电子弛豫，其速率仅受制于核的振动运动，而并非是电子弛豫。这一结果可依次地说明：$S_n(n>1)$ 态的零级交叉是共有的，而临界几何构型则可在 S_n 振动周期内很容易地达到分子的 $\upsilon=0$ 能级。

由于蒽从 S_1 态发射荧光的量子产率很高（$\Phi_F \approx 0.7$），因此从 $S_1 \rightarrow S_0$ 的内转换最多只能与 S_1 态的一些其他失活模式作一些弱的竞争。在表 5.2 中，我们注意到在 77K 时，很多具刚性结构芳烃化合物的 $\Phi_F + \Phi_{ST} \approx 1$。因此，如早期讨论过的那样，这些化合物在 $S_1 \rightarrow S_0$ 过程中发生的内转换不能超过很小的百分比（测量 Φ 中的实验误差）。

作为另一个样本[32b]，由于芘的单重态衰变（图 4.15）约为 $10^6 s^{-1}$，又由于 $\Phi_F + \Phi_{ST} \approx 1$，因此，可以推断：$k_{IC}(S_1 \rightarrow S_0) < 10^6 s^{-1}$。于是，对于芘而言，就有一接近于 10^6 的因子，将 $S_n \rightarrow S_1$ 内转换的典型速率与 $S_1 \rightarrow S_0$ 的内转换速率区分开来。

相对而言，有关 $T_n \rightarrow T_1$ 内转换速率的直接测定只有很少量的数据。数据缺少的原因可能是技术上的，而不是理论上的。或许有人期望 $T_2 \rightarrow T_1$ 的荧光应当出现于如 $S_1 \rightarrow S_0$ 荧光的效率范围。然而 $T_2 \rightarrow T_1$ 间的能隙一般约在 30kcal/mol，甚至更小。这意味着 $T_2 \rightarrow T_1$ 的荧光必然会有效地和内转换相竞争。因为 T_2 和 T_1 间较小的能隙（5.19 节），可使内转换非常地快。另外，即使这种荧光能有效地发生，它的波长也将出现于大于 800nm 处，而这样的波长在技术上也是难于高灵敏度地进行检测的。

虽然在实验上观测 $T_2 \rightarrow T_1$ 的荧光是很困难的，但在少数的情况下，很弱的 $T_2 \rightarrow T_1$ 荧光已经被观察到了。例如[33]，9,10-二溴蒽（DBA）就显示出有很弱的($\Phi_F \sim 10^{-6}$) $T_2 \rightarrow T_1$ 荧光。从 $T_1 \rightarrow T_2$ 吸收的吸收系数可以推导出 $k_F(T_2 \rightarrow T_1)$ 的值为 $k_F \approx 10^5 s^{-1}$。于是，从 Φ_F 的值和公式（5.27）可推出：$k_{IC}(T_2 \rightarrow T_1) \approx 10^{11} s^{-1}$，考虑到在相互转换的态间存在着较大的能隙，应当说这是一个很合理的数值。间接的证据也支持 9,10-二溴蒽（DBA）[34] 具有约 $10^{11} s^{-1}$ 的 k_{IC} 值。

5.19　内转换（$S_1 \rightarrow S_0$）的能隙定律

当 S_1 和 S_0 间无零级面交叉存在时，$S_1 \rightarrow S_0$ 的内转换必须要通过"Franck-Condon 禁阻"机制发生。也就是说，一个态的核必须经历一个较剧烈的位置与动量的变化才能完成跃迁，这是因为此时两个态中振动波函数的净重叠是很小的[24,35]（图 3.5 与图 5.13）。对于这种情况，$S_1 \rightarrow S_0$ 的内转换速率一般由 Franck-Condon 因子限定，$\langle \chi | \chi \rangle^2 = f_v$。如果取 $10^{13} s^{-1}$ 作为内转换最大速率的数量级估计值，那么从公式（5.5）就可得到公式（5.52）：

$$k_{IC} \approx 10^{13} f_v \tag{5.52}$$

如果有可能从光谱数据来估计 f_v 值[36]。理论和实验证据都说明 f_v 是一个内转换过程中态与态零点振动能级间的能隙 ΔE 的灵敏函数[35]。从公式（5.17）和公式（5.52），可以得到 k_{IC} 的表达式（5.53）：

$$k_{IC} \approx 10^{13} \exp(-\alpha \Delta E) \tag{5.53}$$

式中的 α 为比例常数。能隙规律可归因于 Franck-Condon 因子因随能量间隔（ΔE）的增大，而变得不适用性增大（以指数速度）所致。

在实验上，如表 5.2 的数据中所看到的，对于那些无光化学反应且相对刚性的分子来说，如果 $\Delta E(S_1 \rightarrow S_0)$ 大于 50kcal/mol，则相对于荧光和系间窜越过程而言，$S_1 \rightarrow S_0$ 的内转换一般可以忽略。例如，在 $\Delta E \approx 100$kcal/mol，$f_v \approx 10^{-8}$ 条件下，$k_{IC} \approx 10^5 s^{-1}$。而如果 $\Delta E \approx 50 \sim 60$kcal/mol，$f_v \approx 10^{-5}$，则 $k_{IC} \approx 10^8 s^{-1}$。由于 $S_1 \rightarrow S_0$ 最慢的荧光速率一般是 $> 10^6 s^{-1}$，最慢的 $S_1 \rightarrow T_1$ 的系间窜越速率一般也 $> 10^6 s^{-1}$，如果 $\Delta E(S_1 \rightarrow S_0) > 50$kcal/mol，那么内转换就不利于与荧光或系间窜越相竞争。除非有某些有利于诱导非辐射跃迁的振动运动存在时（亦即，在分子中存在自由转子或油滑栓等），这种竞争才可能变得有利。

从以上的讨论，我们有了 Ermolev 规则的基础［公式（5.54）］[37]。
　　由于 $1 - (\Phi_F + \Phi_{FT}) \approx \Phi_{IC}$，因此 $\Phi_F + \Phi_{ST} = 1$ （5.54）

例如，并四苯与并五苯（表 5.2）有着相对低的单重态能量（分别约为 60kcal/mol 和 50kcal/mol），在 S_1 态可经历大的内转换过程（Φ_{IC} 分别约为 0.20 和 0.75）。而苯较大的 Φ_{IC} 值（0.80）很可能是由于存在着可逆的光反应，或是 S_1 和 S_0 能面的结构存在特殊的面交叉。表 5.2 中所列举的最后三种化合物（5-甲基-2-庚酮，环丁酮以及 1,3-戊二烯），它们从 S_1 态出发的光化学反应，可认为在 Φ_{IC} 中占有很大部分。在极端的情况下，薁（Azulene）（$E_S \approx 40$kcal/mol）可从其 S_1 态出发经历速率约为 $10^{12} s^{-1}$ 的内转换。在这种情况下，其相对较小的 $S_1 \rightarrow S_0$ 能隙，可对其不寻常的快速内转换做出贡献。

5.20 内转换的氘代同位素试验

公式（5.51）能隙定律可通过一种实验性的氘"同位素试验"加以证实。对于高频振动来说，Franck-Condon 因子一般来说是最大的[24,35]。这是因为这种振动的能量越高，需用以匹配振动能量电子能隙的量子数目也就越少。在有机分子中，那些具有最高频率的振动（见表 5.1）常是与 C—H 的伸缩运动（约 3000cm^{-1}）相对应。于是，我们可认为电子-振动能量转移，将像油滑栓似的快速通过如 C—H 的伸缩振动，使能量"泄漏"出去。假如 C—H 的振动被低能量的 C—D 振动取代（约 2200cm^{-1}），那么电子向振动的能量转移速率，就会有实质性的减慢。因此，可以预言：如果 $S_1 \rightarrow S_0$ 跃迁是经历电子-电子振动的机制，则 S_1 的寿命（τ_S）可因 C—D 取代了 C—H 而增大，因为 k_{IC} 减小了 [公式（5.33）]。因此，我们可对内转换采用一种同位素的检测：即假如在 *R 态的失活过程中，k_{IC} 是起到速率的决定作用，则分子中 D 对 H 的取代，将会导致 *R 态失活速度的减小。

实验中，如芳烃[38]的 C—H 键以 C—D 键取代，一般并不显著改变单重态的寿命或荧光量子产率，因而可确认 k_{IC} 不是 S_1 态失活的主要贡献者。例如，在 77K 下，芘- h_{10} 和芘- d_{10} 的荧光量子产率都为 0.90，而其单重态寿命（τ_S）都是 450ns[38c]。由于 $\tau_S = 1/(k_F + k_{ST} + k_{IC})$，以及 τ_S（芘- h_{10}）= τ_S（芘- d_{10}），从化合物 h_{10} 到 d_{10}，k_{IC} 有很大程度的减小，因此可以推断：$k_F + k_{ST} \gg k_{IC}$。重要性在于：虽然芘不存在显著的对 τ_S 或 Φ_F 产生影响的氘同位素效应，但其内转换（$S_1 \rightarrow S_0$）也不像能隙定律（5.19 节）所期望的那样，对 S_1 的失活有着显著的贡献。在 5.27 节中我们将会看到一个大的氘效应作用于 $T_1 \rightarrow S_0$ 的系间窜越过程。

与芳烃中以 D 取代 H，对 τ_S 或 Φ_F 只有很小的影响相比，如将这种取代实现于酮和醛类化合物中，则可出现明显的增强效应。氘代对醛来说，对其 Φ_F 的影响是很显著的，特别是在气相情况下[39]。

例如，当 $H_2C=O$ 通过氘代生成 $D_2C=O$ 后，甲醛的荧光量子产率可增大约 20 倍[39]。很显然，D 对 H 的取代可大大减小 k_{ST} 或 k_{IC}。但目前还不清楚，是否其中也包括了自旋-轨道的相互作用或 Franck-Condon 的阻抑等影响因素。

虽然在丙酮[40]上的氘代效应并不十分显著（如丙酮- h_6 的 $\tau_S = 1.17$ns，而丙酮- d_6 的

τ_S=2.3ns），但这类情况也相当重要。在这种情况下，系间窜越的速率可因氘代而产生特殊地降低，这可能是由于公式（5.5）中 Franck-Condon 项的 f_v 值有所减小所致。

5.21 $S_n \rightarrow S_1$内转换反常减慢实例

薁（Azulene）（**9**）及其衍生物提供了一个与常规准则不同的惊人例外，这就是其 $S_2 \rightarrow S_1$ 的内转换和荧光相比是占优势的[41]（在凝聚相中）。**9** 的 $S_2 \rightarrow S_0$ 的荧光量子产率 $\Phi_F \approx 0.03$（5.14 节），这是违反 Kasha 规则的。而它的某些氟代衍生物[42]，从 $S_2 \rightarrow S_0$ 的荧光量子产率可达 $\Phi_F \approx 0.2$！对于薁的 $S_2 \rightarrow S_0$ 能观察到荧光的原因是与其（$S_2 \rightarrow S_1$）的内转换速率异常地慢（$k_{IC} \approx 7 \times 10^8 s^{-1}$）有关的。这与薁［公式（5.53）］$S_2$ 和 S_1 间的 0,0 能级有着异常大的能隙（约 40kcal/mol）相一致，也就是说，$S_2 \rightarrow S_1$ 的内转换有着相对差的 Franck-Condon 因子［式（5.52）］。

9

薁及其衍生物异常快速的 $S_1 \rightarrow S_0$ 内转换也值得注意（表 5.2）。直接的测量[43]表明：k_{IC}（$S_1 \rightarrow S_0$）约为 $10^{12} s^{-1}$。这么大的速率常数与较小的 E_{S_1} 值和/或与 S_1 和 S_0 面交叉接近于 S_1 态的 v=0 能级相一致。

5.22 $S_1 \rightarrow T_1$的系间窜越

表 5.3 给出了从 S_1 到 T_1 系间窜越速率常数 k_{ST} 测定值的"拓展"。首先，可注意的是 k_{ST} 的最小值（约 $10^6 s^{-1}$）出现于如 El-Sayed 规则所预示的芳烃（芘、萘）类化合物中[11]，这是由于这类体系在经历从 $S_1(\pi,\pi^*) \rightarrow T_1(\pi,\pi^*)$ 的系间窜越时，只有很弱的自旋-轨道耦合作用（5.10 节）。k_{ST} 的最大值（约 $10^{10} \sim 10^{11} s^{-1}$）是出现于带有重原子的分子（例如溴代萘），或是存在可有效地和 $T_1(\pi,\pi^*)$ 态发生混合的 $S_1(n,\pi^*)$ 态的那些分子（例如二苯酮）。然而，除了"重原子"或"n,π^*"效应外，其他一些因素也可能对 k_{ST} 值有所影响，特别是作为公式（5.53）概念下的延伸实例：例如还可认为 k_{ST} 依赖于 S_1 态与实际发生系间窜越那个态（亦即 T_1 态，或一些上部高能阶的三重态 T_n）间的能隙，ΔE_{ST}。

$S_1 \rightarrow T_1$ 跃迁的发生，可通过：① S_1 直接的自旋-轨道耦合到 T_1 的高阶振动能级；或是② S_1 自旋-轨道耦合到上部的 T_n 态，随后快速的 $T_n \rightarrow T_1$ 内转换。

对于情况①，我们期望测定的 k_{ST} 值依赖于 S_1 与 T_1 间的能隙，然而，对于情况②，S_1 和 T_1 间的能隙对于决定 k_{ST} 值并不十分重要。除了单重态-三重态能隙外，我们还期望，S_1 态应具有必需的振动运动，以便于允许分子可以以不同的构象来寻求有效的自旋-轨道耦合机制。

表 5.3　系间窜越（$S_1 \to T_1$）速率及单重态-三重态能隙的代表值

分子	k_{ST}/s^{-1}	$\Delta E_{ST}/(kcal/mol)$	跃迁类型
萘	10^6	30	$S_1(\pi,\pi^*) \to T_1(\pi,\pi^*)$
芘	10^6	30	$S_1(\pi,\pi^*) \to T_1(\pi,\pi^*)$
三联苯	5×10^7	30	$S_1(\pi,\pi^*) \to T_1(\pi,\pi^*)$
1-溴代萘	10^9	30	$S_1(\pi,\pi^*) \to T_1(\pi,\pi^*)$
9-乙酰蒽	$\sim10^{10}$	~5	$S_1(\pi,\pi^*) \to T_2(n,\pi^*)$
芘	$<10^8$	~30	$S_1(\pi,\pi^*) \to T_1(\pi,\pi^*)$
3-溴代芘	$<10^8$	~30	$S_1(\pi,\pi^*) \to T_1(\pi,\pi^*)$
丙酮	5×10^8	5	$S_1(n,\pi^*) \to T_1(n,\pi^*)$
二苯酮	10^{11}	5	$S_1(n,\pi^*) \to T_2(n,\pi^*)$
联苯酰	5×10^8	5	$S_1(n,\pi^*) \to T_1(n,\pi^*)$
2,3-丁二酮	7×10^7	5	$S_1(n,\pi^*) \to T_1(n,\pi^*)$
蒽	1×10^8	小	$S_1(\pi,\pi^*) \to T_2(\pi,\pi^*)$
9,10-二溴蒽	1×10^8	30	$S_1(\pi,\pi^*) \to T_1(\pi,\pi^*)$
			$S_1(\pi,\pi^*) \to T_2(\pi,\pi^*)$
9-氯代蒽	5×10^8	小	$S_1(\pi,\pi^*) \to T_2(\pi,\pi^*)$
9,10-二氯蒽	1×10^8	30	$S_1(\pi,\pi^*) \to T_1(\pi,\pi^*)$
[2.2.2]-二氮杂二环辛烷	$\sim10^6$	25	$S_1(n,\pi^*) \to T_1(n,\pi^*)$

5.23　$S_1 \to T_1$ 系间窜越与分子结构间的关系

　　如何将分子结构、电子组态以及能级等和 k_{ST} 联系起来呢？下面就以芳香烃为样本来进行探讨。在这种情况下，所涉及的仅是 π,π^* 的激发态*R。一个重要的经验性规律（表 5.3）是：在 77K 下，几乎所有芳香烃的 k_{ST} 测量值都落在 $10^6 \sim 10^8\,s^{-1}$ 的范围内。这个速率范围可以和芳香烃的荧光速率常数（k_F^0）范围 $10^6 \sim 10^9\,s^{-1}$ 相比较。因此，大多数的芳香分子都显示出可测定的荧光。但假如 k_F^0 并非最大的，而且测量是在低温下刚性介质中进行，那么就可能有较大的系间窜越出现。

　　为使相关因子影响 $S_1 \to T_1$ 跃迁效率的过程样本化，我们来比较芳香烃蒽[44]和芘[45]的 k_{ST} 值。在每种情况下，都有 $S_1(\pi,\pi^*) \to T_1(\pi,\pi^*)$ 的跃迁发生。但可观察到：在 k_{ST} 的数值上，两者存在近 100 倍的差别（蒽的 $k_{ST} \approx 10^8\,s^{-1}$，而芘的 $k_{ST} \approx 10^6\,s^{-1}$）。在 k_{ST} 值上出现这种差异的可能原因是：①S_1 态和与它发生系间窜越的三重态间，存在着不同的电子耦合程度；②对于芘而言，其 S_1 态和与它发生系间窜越的三重态 T_n 间存在较大尺寸的能隙（这就使它与蒽相比，必将减小芘的自旋-轨道耦合作用）；③在 S_1 态和与它发生窜越的三重态之间，有着不同的自旋-轨道耦合程度，而这种变动在②的基础上已有了定性的解释。在芘的情况下，似乎 S_1 可直接窜越到 T_1 态的激发振动能级[45]。其能隙 ΔE_{ST} 约为 30kcal/mol。而在蒽以及取代蒽的情况下，S_1 也许可窜越到几乎与 S_1

态等能的 T_2 态[46]。因此，在蒽中应存在较小的能隙，以及存在着有利于系间窜越的 Franck-Condon 因子。由于蒽的 S_1 和 T_1 的能隙很小，因此，即使其荧光辐射速率并不随结构或溶剂的变化而有显著变化，蒽的取代以及在给定蒽上的溶剂效应等，均可引起蒽的荧光量子产率发生很大的变化。产生这么大变化的原因是：尽管 k_F 值是不依赖于自旋的常数，k_{ST} 的变化在很大程度上依赖于 T_2 是否有着比 S_1 高或低的能量。例如，蒽和 9,10-二溴蒽有着相似的 k_{ST} 值，这个结果是令人惊奇的，因为这里的 k_{ST} 并未反映出重原子效应。同样令人惊奇的结果是：虽说 9-氯代蒽有着比蒽大的 k_{ST} 值（这是重原子效应所期待的），但是 9,10-二氯代蒽的 k_{ST} 却减小了。这些结果可以从作为"取代"函数的 T_2 能量变动，以及 S_1 能量对 S_2 能量的影响等来加以解释。此外，与 S_1 相关联的溶剂效应也可影响 T_2，这是因为 S_1 可使某些蒽荧光的溶剂依赖性通过 k_{ST} 的变动与 k_F 相关联。

按照理论[47]，三重态的 π,σ^* 和 σ,π^* 与 $S_1(\pi,\pi^*)$ 的混合可产生自旋-轨道耦合，从而使芳香烃的 S_1 含有"三重态"的特征。这种混合必须由电子振动加以诱导，因而对于具有刚性结构的分子而言，S_1 态的混合效率是很低的。然而，对于有效地与 $S_1(\pi,\pi^*)$ 相混合而言，π,σ^* 和 σ,π^* 的三重态能量通常是太高了。对于多数的芳香烃来说，这种较差的混合只可引发较小的 $S_1 \rightarrow T_1$（以及 $T_1 \rightarrow S_0$）系间窜越速率常数。

至于 $S_1(n,\pi^*)$ 态，当 $S_1(n,\pi^*) \rightarrow T_1(n,\pi^*)$ 的跃迁（按照 El-Sayed 规则，这是禁阻的，图 5.8）被涉及时，有关其 k_{ST} 值以及能隙的类似禁阻情况可能出现。例如我们以前提到的，在零级条件下，$S_1(n,\pi^*) \rightarrow T_1(n,\pi^*)$ 跃迁并未产生自旋-轨道耦合。因此，尽管 ΔE_{ST} 很小（约 6kcal/mol）和（推测）存在有利的 Franck-Condon 因子，丙酮（$k_{ST}=5 \times 10^8 s^{-1}$）[48] 和 2,3-丁二酮（$k_{ST}=1 \times 10^8 s^{-1}$）[49] 两者的 $S_1(n,\pi^*) \rightarrow T_1(n,\pi^*)$ 系间窜越都包含着"禁阻的"自旋-轨道机制。还有就是我们曾经也提及 k_{ST} 值可导致芳香烃有强烈的荧光预期，而脂肪酮（例如丙酮）则具有相对小的荧光速率常数（$k_F \approx 10^5 s^{-1}$），这都是与 n→π* 跃迁的轨道禁阻相关联的。对于脂肪酮化合物，典型的净结果应是：$k_{ST} \gg k_F$，因此，$\Phi_{ST} \approx 1$（表 5.3）。然而，环状偶氮烷烃 S_1 和 T_1 间不仅存在较大能隙（$\Delta E_{ST} \approx 25kcal/mol$）[50]，而且还遇到了较差的 Franck-Condon 因子，因而其 k_{ST} 相当小[50]。其结果是某些环状偶氮烷烃，由于表现出相对较慢的系间窜越速率，而显示出有很高的 Φ_F。

无重原子的有机分子，其最大的 k_{ST} 值出现于具有小能隙的 $S_1(n,\pi^*) \rightarrow T_1(\pi,\pi^*)$ 跃迁体系（为 El-Sayed 规则所允许，图 5.8）。例如，二苯酮[13,51] [$k_{ST}=10^{11}s^{-1}$, $S_1(n,\pi^*) \rightarrow T_1(\pi,\pi^*)$，以及 9-苯甲酰基蒽[52] [$k_{ST}=10^{10}s^{-1}$, $S_1(\pi,\pi^*) \rightarrow T_1(n,\pi^*)$]。

分子结构的细微变化对烷基酮类化合物 k_{ST} 值的大小是十分敏感的。例如，丙酮[48] 的 $k_{ST} \approx 5 \times 10^8 s^{-1}$；二叔丁基酮[53] 的 $k_{ST} \approx 10^8 s^{-1}$，而六氟丙酮的 $k_{ST} \approx 10^7 s^{-1}$。这种变化说明：从丙酮到二叔丁基酮，再到六氟丙酮的自旋-轨道耦合或 Franck-Condon 因子是不断减小的。对氘同位素效应及氟取代对 k_{ST} 影响的观察[40]，都反映出与 Franck-Condon 因子的减小趋势相一致。

5.24 $S_1 \rightarrow T_n$ 系间窜越的温度依赖性

有些时候可以发现有机分子的荧光量子产率 Φ_F 和单重态寿命 τ_S 会随温度而变化，由于 k_F^p 通常不依赖于温度[32]，所以某些从 S_1 出发的非辐射过程必然是温度依赖的。的确，从 S_1 态出发的光反应通常具有较小的能垒，因而它具有依赖温度的速率常数。如果与 $v=0$ 的能级相比，S_1 的高阶振动能级有着不同的非辐射跃迁机制，那么系间窜越 $(S_1 \rightarrow T_n)$ 或内转换 $(S_1 \rightarrow S_0)$ 同样也应是温度依赖的。

例如，系间窜越的速率常数可被表述为 [与公式（5.48）相比较]：

$$k_{ST}^{obs} = k_{ST}^0 + A\exp(-E_a/RT) \tag{5.55}$$

式中，A 为频率因子，k_{ST}^{obs} 为实验所观察到的速率常数。某些时候，它在低于某一特定温度时，不依赖于温度；而高于这一温度时，则服从公式（5.55）。对于这种温度依赖关系的一个共同机制是所谓热激活的 $S_1 \rightarrow T_n(n \neq 1)$ 系间窜越。

某些蒽衍生物的系间窜越速率也是温度依赖的[46]。这种规律已经按前面 5.23 节中所叙述的那样，以 $S_1 \rightarrow T_2$ 的系间窜越速率具有温度依赖性加以解释。例如，9,10-二溴蒽的 k_{ST} 可以表述为：$k_{ST} \approx 10^{12}\exp(-E_a/RT)$，这里的 $E_a \approx 4.5 kcal/mol$。在 S_1 和 T_1 间存在较大能隙时，由于不利的 Franck-Condon 因子，会使 $S_1 \rightarrow T_1$ 直接的系间窜越减慢。如果通过三重态-三重态吸收（T-T 吸收）的测定说明跃迁占据的是 T_2，而不是 T_1 的高阶振动能级，那就证实：T_2 处于比 S_1 态高约 4~5kcal/mol 的位置。既然 E_a 值约为 4.5kcal/mol,我们就可以合理设想：一个激活的 $S_1 \rightarrow T_2$ 过程被包含于9,10-二溴蒽（DBA）的温度依赖系间窜越过程之中（见 5.29 节，对蒽 $S_1 \rightarrow T_2$ 系间窜越的更进一步讨论）。

有意思的是：在温度低于约 100K 时，Φ_F 和 τ_S 通常是不依赖于温度的。例如[54]，在 77K 和 4K 两个温度下，萘的 Φ_F 均约为 0.3。这意味着在 4K 到 77K 的两个温度范围内，$k_{ST}(S_1 \rightarrow T_1)$ 并不依赖于温度。这一发现说明：在温度低于 100K 时，公式（5.55）中的能量项与 k_{ST}^0 间的关联性很小。

5.25 系间窜越($T_1 \rightarrow S_0$)

对于下列三个至关重要的非辐射跃迁过程：$S_1 \rightarrow S_0$，$S_1 \rightarrow T_1$ 以及 $T_1 \rightarrow S_0$，只有最后一种情况是没有处于起始的 T_1 态与终止的 S_0 态间的电子态的。因此，磷光和系间窜越二者都应来自共同的 $T_1 \rightarrow S_0$ 电子跃迁。

5.26 $T_1 \rightarrow S_0$ 系间窜越与分子结构间的关系

与 $S_1 \rightarrow S_0$ 内转换的情况一样，如果 $T_1 \rightarrow S_0$ 过程也是通过电子振动的机制发生，那么我们就期望能隙定律［公式（5.17）和公式（5.53）］与氘同位素效应的出现。除了对能隙定律负责的电子-振动效应外，自旋-轨道耦合也是很重要的。但事先也并不清楚究竟是 Franck-Condon 因子（f_v），还是自旋-轨道耦合(f_s)将最终决定 k_{TS} 的值。

表 5.4　三重态能量、磷光辐射速率、系间窜越速率以及磷光量子产率①的一些代表值

分子	E_T/(kcal/mol)	k_P/s^{-1}	k_{TS}/s^{-1}	Φ_P
苯-h_6	85	～0.03	0.03	0.20
苯-d_6	85	～0.03	<0.001	～0.80
萘-h_8	60	～0.03	0.4	0.05
萘-d_8	60	～0.03	<0.01	～0.80
$(CH_3)_2C{=}O$	78	～50	1.8×10^3	0.043
$(CD_3)_2C{=}O$	78	～50	0.6×10^3	0.10

① 在 77K 下的有机溶剂中。

　　然而，对于芳烃类的化合物而言，在 k_{ST} 和三重态能量 $E(T_1)$ 之间存在着清晰的关联[35]。对于 $S_1 \rightarrow S_0$ 过程，我们期望高频率的 C—H 振动可以作为主要的振动受体，以便把电子能量"泄漏"为振动能量[24]。的确，如果以 $\lg k_{ST}$ 对 $E(T_1)$ 作图（要对 C—H 振动的数目加以校正），那么可得到线性关系[35]。这个结果为刚性芳香烃 T_1 的电子能量通过 C—H 振动而"泄漏"，提供了强有力的证据。

　　除了 Franck-Condon 因子外，k_{ST} 值的大小（表 5.4）还可因重原子效应增大自旋-轨道耦合，或是因出现 $^3n,\pi^* \rightarrow S_0$ 跃迁而受到影响。因此，就有了萘的 $k_{TS} \approx 0.4s^{-1}$，而 1-溴代萘的 $k_{TS} \approx 100ts^{-1}$ 的结果。对于不含重原子的有机分子，如 $T_1(n,\pi^*)$ 的酮，迄今已测得的最快 $T_1 \rightarrow S_0$ 窜越速率 $k_{TS} \approx 10^3 s^{-1}$。

5.27　$T_1 \rightarrow S_0$ 系间窜越的能隙定律：氘同位素对系间窜越的影响

　　十分重要的是，内转换能隙定律的数学形式［与能隙 ΔE 的指数依赖关系，公式（5.53）］，同样也适用于 $T_1 \rightarrow S_0$ 的系间窜越[35]。因此，可以预见氘同位素效应也可对 k_{ST} 速率常数起作用。的确，在 77K 下，非辐射的 $T_1 \rightarrow S_0$ 过程中亦可发现明显的氘同位素效应[24,35]。这些结果与 $S_1 \rightarrow T_1$ 跃迁形成尖锐的对照。可以推测，与 $T_1 \rightarrow S_0$ 跃迁相比较，$S_1 \rightarrow T_1$ 跃迁要求存在很小的能隙，以及 S_1 和 T_1 之间有较大面交叉的可能性。例如（表 5.4）在 77K 下，因 C—H 被 C—D 所取代，萘的三重态寿命从大约 2s 增大到 20s 左右，而丙酮的三重态寿命从 0.56ms 增大到 1.7ms。

　　氘代烃三重态的辐射寿命几乎等于辐射寿命的极大值（也就是说在氘代的材料中几乎每个三重态都可辐射跃迁，而在具 C—H 键的芳香三重态中，只有很小一部分的三重态可以辐射跃迁）[55,56]。这一惊人的结果来自 Franck-Condon 因子的差异。换言之，对 C—D 振动而言，其 f_v 要比 C—H 振动的小得多，具体而言，C—D 振动的 f_v 值要比 C—H 振动的 f_v 值小约 20~30 倍[8b]。例如，C_6H_6 和 C_6D_6 的三重态都位于 S_0 之上约 85kcal/mol 处，这对于 C—H 振动而言，约相当于 10 个振动量子。而对具有较低振幅的 C-D 振动而言，则需较大数量的振动量子来平衡这 85kcal/mol 的能量。因此，在氘代材料从 T_1 向 S_0 的转变过程中，要达到 S_0 的振动能级就需要一较大的振幅，而且从 T_1 到 S_0 的系间窜越还是禁阻的。依据油滑栓理论：C—H 的伸缩振动和 C—D 的伸缩振动相比应是一个更大的"油滑栓"。这一发现意味着：C—H 的振动要比 C—D 振动更好地触发 $T_1{\rightarrow}S_0$ 的系间窜越。

5.28 自旋禁阻非辐射跃迁的扰动

重原子效应这一术语已经作为标准术语，用于描述因重原子取代而对自旋禁阻辐射和非辐射跃迁产生的影响[19]。一般而言，周期表中整个第一行的原子（例如 C，N，O，F）都可认为是"轻"原子。通常认为，重原子效应重要影响力，可很大程度上对所有的光物理自旋禁阻的跃迁（包括非辐射的 $S_1{\rightarrow}T_1$，$T_1{\rightarrow}S$，以及辐射的 $S_0{\rightarrow}T_1$，$T_1{\rightarrow}S_0$）产生明显影响，但并不对自旋允许的跃迁（如：内转换 $S_1{\rightarrow}S_0$；荧光 $S_1{\rightarrow}S_0$）等产生显著影响。在这样的近似下，速率常数 k_{ST}、k_{TS} 以及 k_P 等都可通过重原子效应而在一定程度上得到增大，但是对 k_F 和 k_{IC} 则不能。此外，单重态-三重态吸收的吸收系数 $\varepsilon(S_0{\rightarrow}T_1)$ 也可经重原子效应而得到显著增强，但对单重态-单重态吸收的吸收系数 $\varepsilon(S_0{\rightarrow}S_1)$，却不能因重原子效应而产生明显影响。

从公式（5.35）~式（5.39）可预知重原子效应一般会产生下列影响：①减小 $\varPhi_F$（与轻原子相似物比较，由于 k_{ST} 可与 k_F 相竞争所致）；②增大 $\varPhi_{ST}$（与轻原子相似物比较，由于 k_{ST} 可与 k_F 相竞争所致）。

另一方面，对重原子取代的分子，其 $\varPhi_P$ 和 $\varPhi_{TS}$ 值是增大或是减小，则依赖于 k_P 和 k_{TS}（二者均受重原子效应的影响）被影响的程度。

从这些分析可以推断：重原子效应并非是通用的。只有当重原子增大 k_{ST}（k_P 或 k_{TS}）到一定的数值，以致可改变 τ_S（或 τ_T）的情况下，其效应才会发生。在一个实验体系中，重原子效应是否明显，不但依赖于由重原子所引起的附加自旋-轨道耦合是否能与分子中固有的自旋-轨道耦合相比较，而且还依赖于其轻原子相似物的失活速率。

从经验上看，典型的重原子效应是通过溴原子取代而诱导产生的对 k_{ST} 的影响，其速率相当于在 $10^8{\sim}10^9s^{-1}$ 量级上。因此，当 k_F 或 k_{ST} 也处于 10^9s^{-1} 量级或更大时，溴原子就不会对荧光寿命或其量子产率产生显著的影响。实际上，这意味着 $S_1{\rightarrow}T$ 系间窜越的重原子效应对于那些已经有着实质性的自旋-轨道耦合（例如 n,π*态和 π,π*态的耦合），或具有很快的荧光速率，亦或在邻近处并无三重态可与它相混合（例如芘）的体系，仅有很小的影响。后者的一个惊人实例就是四溴代芘，它有着接近 1.0 的荧光量子产率。

5.29 重原子效应对系间窜越的内扰动作用

表 5.5 中列出了一些有关重原子效应对 k_{ST}^0，k_{TS} 以及 k_P^0 影响的例子及数据。当与有着固有的且慢的系间窜越、慢的荧光失活速率的轻原子结构相比较时，重原子效应对于 S_1 态的影响是最为明显的。一个较为经典的例子就是萘及其卤素衍生物。对于轻原子的母体萘，其 k_F^0 和 k_{ST} 两者均约为 $10^6 s^{-1}$，对于这些过程而言，这些数值都是相对较小的。如大家所期望的那样，相对于萘而言，F（被认为是轻原子）对 H 原子的取代也只对其发射效率或速率常数产生了相对较小的影响。然而，如用 Cl、Br、I 依次对 H 进行取代，则可导致 Φ_F 出现极其明显的减小，且伴随着 k_{ST} 和 k_P^0 的依次增大。然而，对于 Φ_P 的影响则并不容易预测，这是由于 k_P^0 和 k_{ST} 两者都将受到重原子的影响。

缺乏重原子效应的第二个实例，是芘有着非常快且有效的荧光（$\Phi_F \approx 0.98$，$k_F^0 \approx 10^9 s^{-1}$）发射[45]。如果重原子效应对于芘的影响与萘的相同，那么 Br 对 H 原子的取代将会使 k_{ST} 增大到约 $10^8 s^{-1}$。然而，从芘到溴代芘的改变并未影响 k_F^0，说明整个过程不受重原子效应的影响，这一现象可借助于存在比传统重原子效应对 k_{ST} 的促进更占优势的快速固有荧光加以解释。

而从蒽到 9-溴代蒽则出现十分明显的 Φ_F 减小和 k_{ST} 增大现象。这与我们所预见的一样，系重原子效应所致（表 5.3）。十分明显，当第 2 个溴原子参与取代时［即从 9-溴代蒽→9,10-二溴代蒽（DBA）］可以导致 Φ_F 的显著增大和 k_{ST} 的减小。这一"逆转的"重原子效应可依据卤素对蒽的影响是在 S_1 态还是在 T_2 态加以解释。在蒽中，因为 T_2 的能量高于 S_1，k_{ST} 发生于 $S_1 \rightarrow T_1$ 过程，然而，对于 9-溴代蒽，T_2 的能量较低且落到了低于或接近 S_1 的能量位置。因此，由 $S_1 \rightarrow T_2$ 的系间窜越机制变得可行，重原子效应可以在此过程中起作用。

然而，对于 9,10-二溴蒽（DBA）的第二个溴原子可引起 T_2 态的能量比 S_1 态的高得多[46]。因此，尽管存在两个溴原子，DBA 仍然具有适当的荧光量子产率（$\Phi_F \approx 0.05$）。这意味着重原子效应不能主导并引起快速的系间窜越。此外，还发现 DBA 的荧光量子产率是极度依赖于溶剂的。这一特殊的行为是可以理解的，因为 9,10-二溴蒽 T_2 的能量只比 S_1 高约 5kcal/mol，溶剂的相互作用可引起 S_1 和 T_2 间的能差发生变化，以致在某些情况下，T_2 的能量可低于 S_1，致使系间窜越很快；而在另外的一些情况下，T_2 的能量又可高于 S_1，致使系间窜越变慢。

S_1 和 T_2 的能量间隔对 DBA 要求：①要么经历活化的系间窜越过程（从 S_1 到 T_2），②要么经历直接的系间窜越过程（从 S_1 到 T_1 的某个高阶振动能级）。任意一个机制都可引起 k_{ST} 的减慢，溶剂效应是由于溶剂致使 S_1 和 T_2 位置移动所致。在溶剂中如 $E(S_1) > E(T_2)$，则 Φ_F 将是最大的。

表 5.5 电子态间内部重原子对跃迁的影响[①]

分子	k_F^0/s^{-1}	k_{ST}/s^{-1}	k_P^0/s^{-1}	k_{TS}/s^{-1}	Φ_F	Φ_P
萘	10^6	10^6	10^{-1}	10^{-1}	0.55	0.05
1-氟代萘	10^6	10^6	10^{-1}	10^{-1}	0.84	0.06
1-氯代萘	10^6	10^8	10	10	0.06	0.54
1-溴代萘	10^6	10^9	50	50	0.002	0.55
1-碘代萘	10^6	10^{10}	500	100	0.000	0.70
芘	2×10^8	10^7	—	—	0.98	—
3-溴代芘	2×10^8	10^7	—	—	0.98	—

① 为 77K 下刚性溶液中的数据。在室温下的 k_{TS} 大小通常受 T_1 的双分子失活或 T_1 的反应所控制。速率常数是近似值。

5.30 系间窜越的外部扰动作用

以分子氧（一种不含重原子的顺磁物种）[57]、氙[58]、有机卤化物[59]以及有机金属化合物[60]等来强化整个 $S_1 \to T_1$ 过程的例子，已为大家所熟知。在有氧的情况下，有几种机制是可能的，包括顺磁诱导的自旋-轨道耦合增强以及能量转移（可同时在被扰动分子中产生 $S_1 \to T_1$ 跃迁，和在氧分子中产生 $T_0 \to S_1$ 跃迁）等。氧效应的效率是依赖于氧的浓度，可以用 $k_{ST}^{O_2}$[O_2]加以表述，这里的 $k_{ST}^{O_2}$ 为氧扰动的双分子速率常数，[O_2]是样品中氧的浓度。系间窜越总的或表观的速率（k_{ST}^{obs}）可给出，并如公式（5.56）所示：

$$k_{ST}^{obs} = k_{ST} + k_{ST}^{O_2}\ [O_2] \tag{5.56}$$

$k_{ST}^{O_2}$ 的典型数值 $\approx 10^{10} \sim 10^9 (mol/L)^{-1} \cdot s^{-1}$[57]，而氧在很多有机溶剂中的溶解度（$O_2$ 在 <1atm 下）约 $10^{-2}mol/L$。因此，$k_{ST}^{O_2}$ [O_2] $\approx 10^8 \sim 10^7 s^{-1}$，只有当 $k_{ST} \approx 10^8 s^{-1}$ 或更小时，这个效应才能显著地看到。例如，在无氧条件下，芘的 $\Phi_{ST} \approx 0.3$（$k_{ST} \approx 10^7 s^{-1}$），而当 O_2 的气压为 1atm（Pa）时，Φ_{ST} 可增大至约 1.0。相同的效应也可在以氙作为 $S_1 \to T$ 的扰动剂时被观察到[58]。

尽管已知 O_2 和 Xe 为有效的 T_1 态猝灭剂，并清楚它不仅可以强化 $T_1 \to S_0$ 过程，而且还可产生其他的猝灭途径（包括反应）。

作为外部重原子效应的重原子，并不需要与芳香核直接相连接，已是很明确的了。为了阐明这类情形，可考虑采用下列的萘衍生物 **11** 和 **12**[61]加以说明。

10

$k_{ST} = 2 \times 10^6\ s^{-1}$

$k_{TS} = 2 \times 10^{-1}\ s^{-1}$

11

$k_{ST} = 300 \times 10^6\ s^{-1}$

$k_{TS} = 40 \times 10^{-1}\ s^{-1}$

12

$k_{ST} = 500 \times 10^6\ s^{-1}$

$k_{TS} = 600 \times 10^{-1}\ s^{-1}$

在 **11** 中"外部"溴的效应对于 k_{ST} 和 k_{TS} 两者都有所增强。k_{ST} 的增强可与 **12** 中溴的"内部"效应相比拟。然而,要注意的是 **12** 的 k_{TS} 要比 **11** 的大许多。这可能是由于在 **12** 中势能面的情况有些不同,它可导致产生较好系间窜越所需的较好的 Franck-Condon 因子。

5.31　非辐射跃迁与光化学过程间的关系

在本章中,我们已对非辐射跃迁的种种途径做了探讨,通过它们,可使电子激发分子"找到路径"而回到它起始的基态。假如我们从一般意义上,把非辐射跃迁看作是将电子的能量转换为核的运动,那么就会使光物理和光化学过程在区别上,变得模糊不清(如图示 1.7 所暗示的那样)[62]。的确,我们可以设想(图 5.17):它们的不同仅仅是核的几何形态变化程度的不同。假如起始基态的几何形态扭曲并不严重,则通过非辐射跃迁回到其起始的几何形态应当是可能的。而假如这种跃迁是在图 5.17 所示的激发势能面上的漏斗处发生,则相对较小的核形态的变化(走向漏斗极小的"右侧")将会使分子过渡到有利于形成产物,而不是反应物的基态核构型。然而,通过漏斗极小"回到左侧"的跃迁,则是激发分子回到它起始基态的光物理跃迁。可以看出,后者在本质上与得到产物的光化学过程并无大的不同。在第 6 章中,我们将可看到这些漏斗,在某些时候,相当于联结激发态和基态势能面的避免交叉(avoided crossing),或锥体交集(conical intersection)。

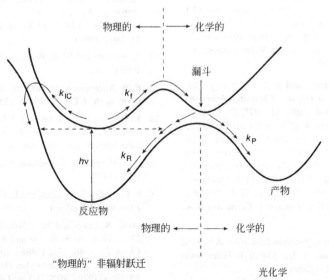

图 5.17　"光物理"和"光化学"非辐射跃迁过程之间可能关系的示意性描述

有关非辐射跃迁和光化学反应的相关概念,可通过普适的势能面理论而紧密地联系在一起。

参 考 文 献

1. See the following references for a discussion of the theory of radiationless processes with a historical perspective. (a) G. W. Robinson, *Excited States*, Vol. 1, E. Lim, ed., Academic Press, New York, 1974, p. 1. (b) M. Kasha, *Light and Life*, W. D. McElroy and B. Gloss, eds., Johns Hopkins Press, Baltimore, MD, 1961, p. 31. (c) M. Kasha, *Comparative Effects of Radiation*, M. Burton, J. S. Kirby-Smith, and J. J. Magee, John Wiley & Sons, Inc., New York, 1960, p. 72. (d) M. Kasha, *Rad. Res.*, *Supl. 2.* 243 (1960). (e) J. B. Birks, *Photophysics of Aromatic Molecules*, John Wiley & Sons, Inc., New York, 1970, p. 142. (f) M. Kasha, *Disc. Faraday Soc.* **9**, 14 (1950). (g) B. R. Henry and M. Kasha., *Annu. Rev. Phys. Chem.* **19**, 163 (1968).

2. (a) C. Zener, *Proc. R. Soc. London* **A137**, 696 (1939); *Proc. R. Soc.* **A140**, 660 (1968). (b) R. B. Bernstein, *Molecular Reaction Dynamics*, Clarendon, Oxford, UK, 1974. (c) E. E. Nikitin, *Russ. Chem. Rev.* **43**, 905 (1974).

3. For excellent texts on photochemistry that integrate spectroscopy and quantum mechanics. (a) M. Klessinger and J. Michl, *Excited States and Photochemistry of Organic Molecules*, VCH Publishers, New York, 1995. (b) J. Michl and V. Bonacic-Koutecky, *Electronic Aspects of Organic Photochemistry*, John Wiley & Sons, Inc., New York, 1990.

4. (a) M. J. S. Dewar and R. C. Dougherty, *The PMO Theory of Organic Chemistry*, Prentice Hall, Englewood Cliffs, NJ, 1975. (b) J. Michl, *Mol. Photochem.* **4**, 253 (1972). (c) L. Salem, C. Leforestier, G. Segal, and R. Wetmore, *J. Am. Chem. Soc.* **97**, 479 (1975). (d) L. Salem, *J. Am. Chem. Soc.* **96**, 3486 (1974). (e) A. Devaquet, *Pure Appl. Chem.* **41**, 535 (1975); (f) A. Devaquet, *Topics Chem.* **54**, 1 (1975). (g) W. G. Dauben, L. Salem, and N. J. Turro, *Acc. Chem. Res.* **8**, 41 (1975).

5. (a) W. Kauzman, *Quantum Chemistry*, Academic Press, New York, 1957, p. 534. (b) E. Teller, *Israel J. Chem.* **7**, 227 (1969).

6. See the folloing for reviews and discussions of the concept of conical intersections in photochemistry. (a) K. B. Lipkowitz and D. B. Boyd, eds., *Reviews in Computational Chemistry*, John Wiley & Sons, *in Computational Chemistry*, John Wiley & Sons, Inc., New York, 2000, Chap. 2. (b) M. A. Robb, *Pure Appl. Chem.* **67**, 783 (1995). (c) F. Bernardi and M. Olivcci, *Chem. Soc. Rev.* 321 (1996).

7. C. H. Ting, *Photochem. Photobio.* **9**, 17 (1969).

8. (a) T. Azumi and K. Matsuzaki, *Photochem. Photobio.* **25**, 315 (1977). (b) E. W. Schlag, S. Schneider, and S. F. Fischer, *Annu. Rev. Phys. Chem.* **22**, 465 (1971). (c) B. R. Henry and W. Sisbrand, *Organic Molecular Photophysics*, J. B. Birks, ed., John Wiley & Sons, Inc., New York, 1969. (d) R. S. Becker, *Theory and Interpretation of Fluorescence and Phosphorescence*, John Wiley & Sons, Inc., New York, 1969.

9. (a) E. C. Lim, Y. H. Li, and R. Li, *J. Chem. Phys.* **53**, 2443 (1970). (b) N. Kanamaru and E. C. Lim, *J. Chem. Phys.* **62**, 3252 (1975).

10. See the following references for excellent reviews of spin–orbit coupling. (a) S. P. McGlynn, T. Azumi, and M. Kinoshita, *Molecular Spectroscopy of the Triplet State*, Prentice-Hall, Englewood Cliffs, NJ, 1969, p. 183. (b) L. Salem and C. Rowland, *Angew. Chem. Int. Ed. Eng.* **11**, 92 (1972). (c) L. Salem, *Pure Appl. Chem.* **33**, 317 (1973).

11. (a) M.A. El-Sayed, *J. Chem. Phys.* **38**, 2834 (1963). (b) M. A. El-Sayed, *J. Chem. Phys.* **36**, 573 (1962). (c) M. A. El-Sayed, *J. Chem. Phys.* **41**, 2462 (1964).

12. A. Halpern and W. R. Ware, *J. Chem. Phys.* **53**, 1969 (1970).

13. R. W. Anderson, R. M. Hochstrasser, H. Lutz, and G. W. Scott, *J. Chem. Phys.* **61**, 2500 (1974).

14. K. Bredereck, T. Forster, and H. G. Oesterlin, *Luminescence or Organic and Inorganic Materials*, John Wiley & Sons, Inc., New York, 1962, p. 161.

15. B. R. Henry and W. Siebrand, *J. Chem. Phys.*, **54**, 1072 (1971).

16. S. L. Madej, S. Okajima, and E. C. Lim, *J. Chem. Phys.* **65**, 1219 (1976).

17. (a) G. N. Lewis and M. Calvin, *Chem. Rev.* **25**, 272 (1939). (b) S. H. Lin and R. Bersohn, *J. Chem. Phys.* **48**, 2732 (1968). (c) G. Calzaferri, H. Gugger, and S. Leutwyler, *Helv. Chim. Acta* **59**, 1969 (1976). (d) S. H. Lin, *J. Chem. Phys.* **44**, 3759 (1969).

18. (a) S. Sharafy and K. A. Muskat, *J. Am. Chem. Soc.* **93**, 4119 (1971). (b) D. Gegion, K. A. Muskat, and R. Fischer, *J. Am. Chem. Soc.* **90**, 12, 3097 (1968).

19. (a) C. D. DeBoer and R. H. Schlessinger, *J. Am. Chem. Soc.* **90**, 803 (1968). (b) J. Saltiel, O. C. Zafirious, E. D. Megarity, and A. A. Lamola, *J. Am. Chem. Soc.* **90**, 4759 (1968).

20. D. Dellinger and M. Kasha, *Chem. Phys. Lett.* **38**, 9 (1976).

21. H. E. Zimmerman, K. S. Kamm, and D. P. Werthemann, *J. Am. Chem. Soc.* **97**, 3718 (1975).

22. W. W. Schloman and H. Morrison, *J. Am. Chem. Soc.* **99**, 3342 (1977).

23. P. M. Froehlich and H. Morrison, *J. Phys. Chem.* **76**, 3566 (1972).

24. (a) G. W. Robinson and R. P. Frosch, *J. Chem. Phys.* **38**, 1187 (1963). (b) G. W. Robinson and R. P. Frosch, *J. Chem. Phys.* **37**, 1962 (1962). (c) D. L. Dexter and W. B. Fowler, *J. Chem Phys.* **47**, 1379 (1967). (d) R. F. Borkman, *Molec. Photochem.* **4**, 453 (1972).

25. See the following references for reviews of vibrational relaxation in solution. (a) L. K. Iwaki and D. D. Dlott, in *Encyclopedia of Chemical Physics and Physical Chemistry,* Vol. III, J. H. Moore and N. D. Spenser, (eds.) Institute of Physics Publishing, Philadephia, 1999. (b) L. K. Iwaki, J. C. Deak, S. T. Rhea, and D. D. Klott, in *Ultrafast Infrared and Raman Spectroscopy,* M. D. Fayer, ed., Dekker, New York, 2001.

26. See the following references for experimental examples of vibrational relaxation. (a) Coumarin derivative. J. P. Maier, A. Seilmeier, A. Loubereau, and W. Kaiser, *Chem. Phys. Lett.* **46**, 527 (1977). (b) Rhoamine G. G. D. Ricard and J. Ducuing, *J. Chem. Phys.* **62**, 3616 (1975). (c) Coronene. C. F. Shank, E. P. Ippen, and O. Teschke, *Chem. Phys. Lett.* **45**, 291 (1977). (d) Carotene. A. N. Macpherson and T. Gillbro, *J. Phys. Chem.* **102**, 5049 (1998). (e) Perylene. Y. Jiang and G. J. Blanchard, *J. Phys. Chem.* **98**, 9417 (1994).

27. G. Herzberg, *Spectra of Diatomic Molecules*, 2nd ed. Van Nostrand, Princeton, NJ, 1950.

28. H. Statz, C. L. Tang, and G. F. Foster, *J. Appl. Phys.* **37**, 4278 (1966).

29. F. Wilkinson, *Organic Molecular Photophysics*, J. B. Birks, ed., John Wiley & Sons, Inc., New York, 1975, p. 95.

30. V. L. Ermolaev and K. J. Svitaskev, *Opt. Spectr.* **7**, 399 (1959).

31. (a) E. H. Gilmore, G. E. Gibson, and D. S. Mc-Clure, *J. Chem. Phys.* **20**, 829 (1952). Correction. (b) E. H. Gilmore, G. E. Gibson, and D. S. Mc-Clure, *J. Chem. Phys.* **23**, 399 (1955).

32. (a) J. B. Birks, *Photophysics of Aromatic Molecules*, John Wiley & Sons, Inc., New York, p. 143ff, 1970. (b) J. B. Birks,*Photophysics of Aromatic Molecules*, John Wiley & Sons, Inc., New York, p. 128.

33. G. D. Gillispie and E. C. Lim, *J. Chem. Phys.* **65**, 2022 (1976).

34. R. O. Campbell and R. S. H. Liu, *J. Am. Chem. Soc.* **95**, 6560 (1973).

35. (a) W. Siebrand, *J. Chem. Phys.* **46**, 440 (1967). (b) W. Siebrand, *J. Chem. Phys.* **47**, 2411 (1967). (c) W. Siebrand, *Symposium on The Triplet State*, Cambridge University Press, Cambridge, UK, 1967, p. 31.

36. J. P. Byrne, E. F. McCoy, and I. G. Ross, *Aust. J. Chem.* **18**, 1589 (1965).

37. V. L. Ermolaev, *Sov.et Phys. Uspekhi* **80**, 333 (1963).

38. (a) J. D. Laposa, E. C. Lim, and R. E. Kellogg, *J. Chem. Phys.* **42**, 3025 (1965). (b) J. B. Birks, *Photophysics of Aromatic Molecules*, John Wiley & Sons, Inc., New York, 1970, p. 122. (c) N. Kanamaru, H. R. Bhattacharjie, and E. C. Lim, *Chem. Phys. Lett.* **26**, 174 (1974).

39. R. C. Miller and E. K. C. Lee, *Chem. Phys. Lett.*, **41**, 52 (1976).

40. (a) A. M. Halpern and W. R. Ware, *J. Chem. Phys.* **54**, 1271 (1971). (b) A. C. Luntz and V. T. Maxson, *J. Chem. Phys.* **26**, 553 (1974).

41. S. Murata, C. Iwanga, T. Toda, and H. Kokubun, *Chem. Phys. Lett.* **15**, 152 (1972).

42. N. Tetreault, R. S. Muthyala, R. S. Liu, R. P. Steer, *J. Phys. Chem. A* **103**, 2524 (1999).

43. (a) J. P. Heritage and A. Penzkofer, *Chem. Phys. Lett.* **44**, 76 (1976). (b) E. P. Ippen, C. V. Shank, and R. L. Woerner, *Chem. Phys. Lett.* **46**, 20 (1977).

44. R. G. Bennett and P. J. McCartin, *J. Chem. Phys.* **31**, 251 (1975).

45. H. Dreekamp, E. Koch, and M. Zander, *Chem. Phys. Lett.* **31**, 251 (1975).

46. (a) A. Kearvill and F. Wilkinson, *J. Chem. Phys.* **125** (1969). (b) A. Kearvill and F. Wilkinson, *Molec. Crystals* **4**, 69 (1968).

47. R. B. Henry and W. Siebrand, *Chem. Phys. Lett.* **54**, 1072 (1971).

48. A. Halpern and W. R. Ware, *J. Chem. Phys.* **53**, 1969 (1970).

49. M. Almgren, *Mol. Photochem.* **4**, 327 (1972).

50. B. S. Solomon, T. F. Thomas, and C. Steel, *J. Am. Chem. Soc.* **90**, 2449 (1968).

51. (a) J. M. Morris and D. F. Williams, *Chem. Phys.*

Lett. **25**, 312 (1974). (b) M. A. El-Sayed and R. Leyerle, *J. Chem. Phys.* **62**, 1579 (1975). (c) M. Batley and D. R. Kearns, *Chem. Phys. Lett.* **2**, 423 (1968).

52. T. Matsumoto, M. Sato, and S. Hiroyama, *Chem. Phys. Lett.*, **13**, 13 (1972).

53. D. A. Hansen and K. C. Lee, *J. Chem. Phys.* **62**, 183 (1975).

54. T. F. Hunter, *Photochem. Photobio.* **10**, 147 (1969).

55. J. B. Birks, T. D. S. Hamilton, and J. Najbar, *Chem. Phys. Lett.* **39**, 445 (1976).

56. R. H. Clark and H. A. Frank, *J. Chem. Phys.* **65**, 39 (1976).

57. (a) B. Stevens and B. E. Algar, *J. Phys. Chem.* **72**, 3468 (1968). (b) B. Stevens and B. E. Algar, *Chem. Phys. Lett.* **1**, 58, (1967). (c) B. Stevens and B. E. Algar, *Chem. Phys. Lett.* **1**, 219, (1967).

58. A. R. Horrocks, A. Kearvill, K. Tickle, and F. Wilkinson, *Trans. Faraday Soc.* **62**, 3393 (1966).

59. F. H. Quina and F. A. Carroll, *J. Am. Chem. Soc.* **98**, 6 (1976).

60. E. Vander Donckt, and C. Vogels, *Spectrochim. Acta* **27A**, 2157 (1971).

61. G. Kavarnos, T. Cole, P. Scribe, J. C. Dalton, and N. J. Turro, *J. Am. Chem. Soc.* **93**, 1032 (1970).

62. (a) D. Phillips, J. Lemaire, C. S. Burton, and W. A. Noyes, *Adv. Photochem.* **5**, 329 (1968). (b) G. S. Hammond, *Adv. Photochem.* **7**, 373 (1969).

第6章

分子光化学原理

6.1 有机光化学反应导论

有机光化学理论是以分子及其电子、振动的核以及电子自旋等作为基本知识单元去理解光物理和光化学过程本质的理论。该理论利用量子力学的定律和方法，如波函数、算子和矩阵元生成势能面，并假设一个代表分子的点沿着势能面运动，在基态与激发态能面间发生跃迁。在第3~5章里，我们已扼要介绍了光物理的过程。本章中我们将对列于图示 1.1 中的反应机制作详细的介绍，并对列于图示 6.1 中的初始光化学反应过程*R→P 予以说明，式中*R 代表热平衡的电子激发态，I 为平衡的基态活性中间体，*I 为活性中间体的平衡电子激发态，F 代表"漏斗"（是一种由激发态到基态的结构，将在 6.11 节中详细讨论），*P 则为产物 P 的平衡电子激发态。图示 6.1 提供了理解有机光化学反应机制的基本概念。本章中将借助势能面对理论与反应机制之间的关系进行评述。

首先介绍基态反应 R→P。图 6.1 描述了反应过程中所假设的基元化学步骤的势能面，作为基元化学反应过程，它应当是沿着势能面从一个能量最低（R）通过一个能量最高（过渡态），而到达第二个能量最低（P）的转换。单一的基元反应是一个协同反应，而不涉及活性中间体（I）。基元化学反应的机制可描述为：①反应过程中分子结构的时间变化序列；②不同结构的能量。代表点（r）表示的是反应过程中核的结构变化

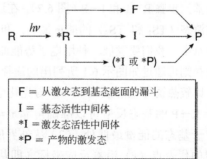

F = 从激发态到基态能面的漏斗
I = 基态活性中间体
*I = 激发态活性中间体
*P = 产物的激发态

图示 6.1　从基态反应物 R 到产物 P 的总反应途径
活性中间体 I 可以是双自由基 I(D)，或者两性离子 I(Z)；
漏斗 F 可以是 Franck-Condon(FC)极小、
避免交叉（AC）或锥体交叉（CI）

（x 轴）和所对应的能量（y 轴）。反应的电子势能面介绍的是反应体系沿着反应坐标势能（PE）的变化。利用这一能面的二维（2D）"切线"仅描述反应坐标则可称为势能曲线。一般来说，在整个 R→P 的反应过程中，存在着一个唯一的、相应于代表点运动序列中能量最低的反应途径，称之为反应坐标（RC），它是反应过程中按照时间顺序把化合物的结构相连而成的。因此，图 6.1 代表了假设的基元反应 R→P 的势能曲线，图中能面上的箭头表示从 R 到 P 的反应过程。

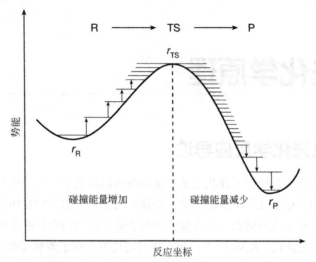

图 6.1　用以描述 R→P 的基元化学步骤的势能曲线

　　图 6.1 所示曲线具有下列的重要特征：（1）相应于 R 的极小；（2）相应于 TS 的极大值；以及（3）相应于 P 的极小。如曲线上的每个点都为 R→P 过程的最低能量处，则此 PE 曲线就相应于该反应的反应坐标（最低能量的途径）。

　　如果在 R 到 P 间的途径中存在着活性中间体（I），那么反应途径就包括了两个连续的基元步骤 R→I 和 I→P（图 6.2）。在这种情况下，沿着反应坐标就会出现两个相当于过渡态（TS₁ 和 TS₂）的能量最高，和一个相当于活性中间体（I）的能量最低。在这一章中，我们要发展一种用电子势能曲线来描述*R→P 整个过程的可能途径，而此种途径则可通过如图示 6.1 所列出的途径进行。

　　比较热诱导基态反应 R→P 与光化学反应*R→P 二者基元的步骤是有意义的。对于 R→P 的基态反应可以准确可靠地给出如下信息（图 6.1）：（1）反应物 R 是始于电子基态的能量最低处；（2）从外界所得的热能可引起那些用以表征瞬态核几何构型的代表点（r）沿着反应坐标（即从 R→P 途径中的最低能量核构型）而移动；（3）代表点可经过一个相应于沿反应坐标的能量最高（TS）的临界几何构型（r_c）；（4）热能可驱使代表点越过过渡态而到达相应于生成物 P 的能量最低。因此，对于基态的热反应基元步骤可以用"单个电子的势能面（或线）"在理论上得到更好的描述。

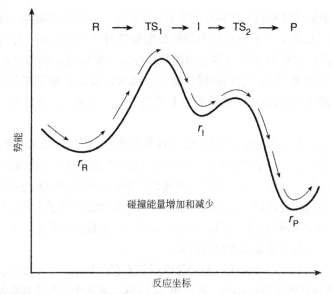

图6.2 活性中间体（I）和两个过渡态（TS₁和TS₂）的反应坐标势能曲线

图 6.2 概括地描述了含有活性中间体（I）的 R→I→P 热反应的势能面。对于许多有机活性中间体而言，从 I→TS₁ 的能垒要高于 I→TS₂ 的能垒。由于从 I 到 P 只有较低的能垒，因此从 I 到 P 的反应速率就比它逆向回到 R 的速度快。代表点沿着反应坐标的移动是因为与溶剂分子碰撞所产生的热能所致。图 6.2 中势能面上的箭头表示代表点从 R 到 P 的变化。

与用单个能面就可对基态的热反应基元步骤予以充分描述的情况不同，描述光化学反应*R→P 至少需要两个能面，即具有 R 和 P 最低的基态能面，和一个表示从*R 开始的初级光化学过程的激发态能面[1]。激发态的电子构型是*R(HOMO)¹(LUMO)¹，它决定着激发态的核运动和结构的稳定性；基态的电子构型是 R(HOMO)²，它决定着基态的核运动和结构稳定性。因此，激发态能面的最高与最低和基态能面的最高与最低并不具有任何必然的联系。这一发现也意味着，从 R→P 基态的反应途径（最低能量的途径）可能和*R→P 的激发态反应途径（最低能量的途径）并无必然的联系。由于我们的描述是定性的，并着重于考察能面的一般性特征，所以我们假设：激发态和基态两者的能面均是近似的最小能量途径，因而类似的 R→P 反应有着近似的反应坐标。

6.2 势能曲线和势能面

在特定电子态（S₁ 或 T₁）下的电子激发态分子（*R），它们的核可能存在着不同的构型，而每一种空间构型都与体系特定的势能（PE）相对应。代表点在不同态的能面上具有特定能量和特定的核几何构型。双原子分子的情况特别简单，因为核间距（r）

是它唯一的用于描述体系核几何构型的变量。因此 r 可以用来描述双原子分子任何态的能量和结构。双原子分子核几何构型的最低势能对核间距作图，得到简单的二维（2D）势能曲线，它近似于谐波振子的抛物线曲线（如图 2.3 和图 2.4）。几乎所有的有机分子都是多原子的，它们的瞬态核几何构型比双原子分子复杂得多，因此有机分子的势能作为核几何构型的函数并非是简单的二维曲线，而是更复杂的多维势能面。

有机分子给定电子态的电子势能 PE 对核构型作图，得到该状态的势能面[1]。虽然不能准确地描述多原子分子的能面，二维势能曲线（例如图 6.1 和图 6.2）仍然可以用来讨论复杂的能面，双原子分子的势能曲线比三维和多维的势能面更直观、更容易解释。这种简化应当是合理的，因为双原子分子的势能曲线包含了有关能量和结构以及它们的变化等相关的重要定性信息。因此，我们将从势能曲线开始，并在需要时作适当修正，使它们成为多维能面有用的近似。

从双原子分子到多原子分子，我们可以用代表有机分子整个核几何构型的单个质量中心（r_c）来替代两个核间的单一核间距（r）。这一质量中心作为我们所熟悉的代表点，像单个的点和（经典）粒子一样沿着势能面移动。从基本的物理学可知，对于一已知的体系，其质量中心仅依赖于体系粒子的质量以及它们之间的相对位置。由于原子在分子结构中的相对位置就是核的几何构型，因此质量中心就是代表核的几何构型相应的变量。

当复杂的束缚粒子（核的聚集体可构成分子的正电场）在外力的作用下移动时，质量中心的运动就像单个粒子受到相同外力时的移动方式一样。将质量中心作为代表点，可使我们更直观地看到复杂的粒子体系沿着势能面进行复杂运动时的能量轨迹。势能曲线的重要拓扑学（亦即定性的几何特征）特征可以推广衍生出势能面的拓扑学特征。势能曲线或三维能面与复杂的多维能面都具有很好的近似，从而为深入了解分子有机光化学的很多重要问题提供了基础。

6.3 经典代表点在势能面上的运动[2]

在势能曲线或势能面上代表点的行为类似于在弯曲的面上滚动的弹球（如图 6.1 和图 6.2 中，假设以箭头来代表弹球的运动）。弹球在沿着势能面运动时，除了位置势能（PE）外还有动能（KE）。由于地球重力场的存在，弹球保持在一个真实的面上。相类似的，在势能曲线上的代表点也被某种类型的力"保持"在势能面上。如果弹球受到外部的作用力（短时间内施加的力）它可以暂时离开表面，但由于重力的存在，它可以迅速地将弹球吸回到表面。那么将代表点吸回到势能曲线上的类似恢复力是什么？这个力简单地说就是库仑（静电）吸引力，也就是由核提供的正电场对于负电子的吸引力。这种将代表点"黏合"于表面上的静电力，类似于使粒子"保持"在表面上的重力，从而使体系处于能量最低态。

从基础物理学知道[2]，作用于势能面代表点上的重力和库仑力两者的大小有着相似的数学形式，作用于粒子上的力（F）等于势能随结构的变化而发生的改变（图 6.1）。

$$F = -\mathrm{dPE}/\mathrm{d}r \tag{6.1}$$

公式（6.1）对于理解代表点的行为十分重要，这是由于该公式可将作用于代表点上的力（F）大小与在给定核几何构型（r）处势能曲线的斜率（$-\mathrm{dPE}/\mathrm{d}r$）相关联。斜率越陡，"拉力"或正核与负电子的作用力越强。斜率越平缓，拉力越小，吸引力也就越小。

经典的有关电子能面间的"跳跃"理论［公式（5.1）］假设当代表点接近于能面的交叉点时，有两种不同的力作用于代表点上（亦即，作用于核构型上），因为在接近交叉点处两个不同的面都在竞相控制代表点的运动。这两种力的性质可从二维的两个面间的经典跳跃理论推演出来。在这种情况下，当代表点接近于其几何构型为 r_c 的面交叉处时，发生面跳跃的概率可由公式（6.2）给出：

$$P = \exp\left(-\Delta E^2/v\Delta s\right) \tag{6.2}$$

式中，P 为在 r_c 处面跳跃的概率；ΔE 为临界几何构型（r_c）处能面间的能隙；v 为沿着失活或反应坐标核运动的速度；Δs 是当代表点接近 r_c 时，两个能面的梯度或斜率的差。依据该经典的理论可知：除了在 r_c 处能面间的能隙外，两个势能面斜率的相对陡度以及代表点的速度是决定两个势能面间跳跃概率的重要因素。

量子力学理论认为势能面间跳跃有两种独立的因子影响着代表点沿着能面的运动。当到达临界几何构型时，波函数的形状发生变化，对应于公式（6.2）中的斜率差（Δs）。这样的解释是合理的，因为梯度（$\mathrm{dPE}/\mathrm{d}r$）是作用于核上的力，梯度越陡，则作用于核上的力就越大，对代表点运动轨迹的影响也就越大。可以设想，如果代表点接近 r_c 时的斜率的差值较小，波函数形状就很相似；在这种情况下，当代表点的运动接近 r 时，就不会经历一个突变。在量子理论中，接近临界几何构型时，波函数进行重组产生振动强度项，代替公式（6.2）中的 i 项。

6.4 碰撞和振动对代表点在能面上运动的影响

何种外力能使代表点（r）在势能面上移动并改变分子几何构型？考虑到溶液中的碰撞对分子的影响，这种碰撞可看作是一种冲击（即在短时间的接触中释出的力），亦即分子与它直接相邻分子（例如形成溶剂笼壁的相邻分子，将于 7.34 节详细讨论）的相互作用。产生冲击力的大小依赖于温度，可在很宽的能量范围内变化，遵循 Boltzman 能量分布定律。在接近室温下每个冲击的平均热能大约是 0.6kcal/mol。与碰撞相关的能量几乎是连续分布的。因此，在接近室温下，碰撞提供了连续能量库，可以与振动能隙相匹配，从而实现快速有效的能量交换（分子间典型的振动能量交换的速度量级约在 $10^9 \sim 10^{11}\mathrm{s}^{-1}$，见 5.14 节）。这些碰撞以及与环境间的能量交换引起了代表点沿着能面上移动，如图 6.1 和图 6.2 所示。

6.5 在势能面上的非辐射跃迁：从*R 到 P 过程中的能面极大、能面极小和漏斗

PE 能面控制分子体系核运动的概念可以从几种不同的观点来加以考虑。从经典的观点看，PE 能是将无穷远处的组成原子转变成特定核几何构型所做的功（力×距离）。从量子力学的观点看，当以适当的量子力学描述（如波函数、算子和矩阵元等）核的运动时，PE 面可复制出实验的观察，并能广泛地应用于实验的具体情况中。很多现象可由单个势能面的控制得以解释。例如，基态反应一般常涉及单个的电子 PE 面，它有一个或多个极大（过渡态），将反应物 R 与活性中间体 I 以及产物 P 分开（图 6.1 和图 6.2）。而光化学反应能面具有基态势能面完全没有的特征，从*R→P 途径中的某处，能面可能接触、交叉或是相互分开。此外，在*R→P 途径中的极小可作为一个到基态能面去的漏斗（F）。我们使用*表示代表点是在激发电子能面上，以波函数*Ψ 描述。电子激发的标记（*）"消失"后，而将它们写作 R、I 或 P，表示代表点是处在电子基态的能面上。很显然，从*R→P 的总过程中，必须要用一个以上的势能面加以描述，亦即它至少要一个*R 代表点的途径所决定的电子激发能面，和另一个最终生成 P 的基态势能面。

在基态的化学反应中，反应物 R 是开始于一个势能面的极小，并经过不同的活性中间体，如 I，或越过一特定过渡态的结构路径得到产物 P（图 6.1 和图 6.2）。另一方面，多数的光化学反应开始于电子的激发能面上 Franck-Condon（光谱的）的极小(*R)，经过非辐射跃迁而使体系到达一活性中间体 I，或不生成活性中间体而经过一个漏斗（F）到达基态产物（P）（图 1.5 假设的势能曲线）。显然，对所有的光化学反应来说，均存在一个能量和结构的区域，在这个区域体系发生电子跃迁，从激发能面到基态能面。这些区域就是可决定代表点的运动和方向的"漏斗"（F），它可使体系快速地跃迁到基态能面，最终生成可分离的产物。

6.6 有机光化学反应的范式

本章拟用电子能面来发展一个通用的范式，从而为定性描述一些如图示 6.1 所示的*R 的重要初级光化学过程（*R→I，*R→F，*R→*I，*R→*P）提供概念性的工具和方法。为了进一步简化，自旋并不被包括在内，因此，每个过程都被假设为自旋保持不变的基本化学步骤。但是我们清楚自旋是隐含的，并且当实验体系有自旋的变化（比如系间窜越或磷光发射）发生时，我们需要明确地对它加以考虑。我们还注意到符号"R"并不必然是代表单个分子，而是代表了初级光化学过程中涉及的所有反应物。此外，符号"*R"是代表状态能量图中所有的激发态（特别如 S_1 和 T_1），而"P"代

表所有在室温下相对稳定，并能被"存放于瓶中"的孤立产物。"存放于瓶中"的说法有着任意性，我们也可将 I、*I、*P 考虑为生成产物，而只是由于其寿命很短，不能装在瓶子中。

整个热反应发生在单个（基态）能面上的，每个光化学反应都要求*R 沿着反应坐标，从激发态能面的某处经过跃迁到达基态（I 或 P）。这意味着描述反应途径的代表点必须在某个 r_c 点处，经历一个从激发态能面（从*R 开始的）到达基态能面（I 或 P）的跃迁过程。从一个电子态到另一个电子态的跳跃可视为电子能面间的跳跃。正如第 5 章中所述，这种电子态间的跳跃对应的是 Born-Oppenheimer 近似的具体表达式（5.3 节），因为它假设电子是"瞬息地"跟随着核的运动而调整着它们在空间的位置。然而，这一跳跃区域内的激发和基态能面二者对核运动的控制存在着竞争性。的确，在跳跃刚完成的一瞬间，作用于核上的力会突然产生差异，作用力将受控于新的而不是原来的那个电子能面。所以，对在结构接近于 r_c 区域内的特定瞬间，核将被对其运动起主导控制作用的能面搞得"不知所措"。这种从一个能面到另一能面跳跃的特征在基态化学中是从未有的，这是光化学反应中的特征。特别是这些特征发生在激发态能面上的"漏斗"（F）上，漏斗在基态反应中是不存在的。

图 1.1 和图 6.1 所示的那些"漏斗"（F），到底是什么呢？所谓的漏斗，就是电子激发态能面的一个核几何构型 r_c，通过这个构型 R 可以跳跃到基态能面（更一般化地说法，跳跃到任何不同的较低能面，包括激发态或基态）。因此，漏斗这一名词是指激发态面的一个临界区域，在这个区域代表点可发生非辐射跃迁而到达较低的能面（或为基态，或为另一个较低的激发态）。这种非辐射跃迁可以通过光物理途径（*R→F→R），也可以通过光化学途径（*R→F→I 或*R→F→P）实现。

从*R→I（图示 6.1）的跃迁是有机光化学中最常遇到的初级光化学过程。这个初级过程包括从电子激发态*R 转变为常见的热平衡的基态活泼有机中间体（I）（典型的有自由基对 RP，双自由基 BR 以及两性离子 Z 等）。一般来说，活性中间体 I 可以被化学捕获，也能通过光谱方法直接检测。图示 6.1 还列举了两个比较少见的初级光化学过程，*R→*I 和*R→*P，即生成活泼中间体的激发态*I 和产物的激发态*P。该过程称为绝热的光化学反应[3]。这种*R 转化为*P 的化学过程全部发生在单个的电子激发能面上。在这种反应中，沿着整个*R→P 转换反应坐标激发态势能面与基态势能面彼此不相互靠近（如图 5.2 的势能面匹配的例子）；换句话说，在*R 与*P 或*R 和*I 间没有漏斗。*R→*I 初级过程中最常见的例子是激基缔合物（R-*-R）和激基复合物（M-*-R）的形成，它们分别是由基态 R 和激发态*R，或者与不同分子的基态 M 和*R 结合而形成的超分子激发态的络合物（4.38 节）。活性中间体的电子激发态*I 是一种与*R 不同的电子激发态，但它有着与*R 类似的光物理和光化学过程。初级光化学过程*R→F（图示 6.1）在到达 P 的途径中不包括类似于常见的平衡活泼有机中间体 I。在 6.9 节中我们将对漏斗问题作详细讨论。

与第 5 章中对非辐射光物理过程的描述一样，非辐射光化学过程也是以几个势能面为例建立一般性的和基础性的能面定性图像。这些结果可用于描述如图示 6.1 中列出的各种跃迁，但并不涉及相关结构和能量的细节。在这一策略下，我们利用一些具体的理论方法将反应坐标与有机光化学重要官能团（如羰基、烯烃、烯酮和芳香化合物）的化学过程联系起来（例如，σ 键的伸展和 π 键的扭转）。该方法是借助于前线轨道理论以及最高占有分子轨道（HOMO）与最低未占有分子轨道（LUMO）的相互作用，推导出从初始的激发态*R 到达 I，F，*I 或*P 的过程中可能发生的初级光化学过程和可能的反应坐标。我们将应用轨道相互作用中的立体化学以及轨道对称守恒产生状态相关图，为阐述图示 6.1 中的 PE 面的本质和其重要特征提供依据。

6.7　以势能面为基础的有机光化学反应的一般性理论

在*R→P 整个过程的理论中，我们对激发态能面的某些特征特别感兴趣。

沿着反应坐标的这些特征有：

（1）在激发能面 r_c 处可用作漏斗（F）的分子结构（几何构型）。因为这些几何构型正是代表点从激发态能面跳跃到基态能面的所在。

（2）*R 到漏斗（F）的能垒大小。因为它决定了*R 的失活路径是通过漏斗还是其他光化学或光物理路径。

（3）*R→P 最快途径的反应坐标所相应的分子几何构型。因为这些几何构型是代表点所经历所有可能的路径。

（4）表征漏斗的"失活"坐标。因为根据 Franck-Condon 原理，这些坐标将决定通过漏斗后随即产生的基态结构。

（5）在*R 与 I 间所存在的能垒。因为该能垒可决定反应是以形成 I 的途径为主，还是以其他*R 失活衰变路径为主。

在理想情况下，通过以上提出的理论可以看到反应途径的结构与能学的细节，并能够了解整个光化学反应途径（亦即"从摇篮到坟墓"，从 R+hν→P 中各个结构之间的联系。此外，这个理论还可用来评价与初级光化学过程相竞争的光物理非辐射过程，*R→R+△，即非辐射跃迁的光物理过程与光化学过程二者之间没有根本的差别，因为两者都是代表点沿激发态势能面的运动，其本质上的不同在于光物理的跃迁*R→R 是"物理变化的"，*R 和 R 在几何构型上是相似的（即在几何意义上并无重大化学的变化），而光化学的转换，*R→I，F，*I 以及*P，则是"化学变化的"，*R 与 I（或是 F，或是*I 或*P）的几何构型不同，因而它们是不同的化学物种（图 5.17）。

近年来，量子力学计算方法的发展能够对激发能面进行计算，并具有相当的可信度[5]。这些方法为一些很难或不可能以常规实验方法研究的光化学反应性质提供了有价值的研究手段。我们将可以看到，这些进展已允许在理论上确认在 5.6 节中所提到的锥形交集点（CI）的存在。尽管这些 CI 不能通过光谱方法直接观察到，但通过计算的指导，可以间接地通过光谱实验加以研究。

以上所讨论的主要适用于不涉及自旋变化的非辐射跃迁。通常来说，已知大量的有机光化学反应经由 $*R(T_1) \rightarrow {}^3I(D)$ 的初级光化学过程。由于分离得到的产物（P）一般是单重态，在整个 ${}^3I(D) \rightarrow {}^1I \rightarrow {}^1P$ 过程中，就必然在某处发生 ISC。因此，除了决定 $*R \rightarrow I$ 光化学过程所需的轨道相互作用模型外，我们还需要自旋相互作用和系间窜越的理论模型，特别是 P 形成以前所发生的 ${}^3I \rightarrow {}^1I$ 过程。在第 3 章中用于描述在自旋态间跃迁的自旋矢量模型可以应用描述双自由基 I(D) 的自旋态间的系间窜越。

6.8　光化学反应中可能的分子结构和可能的反应路径

为了了解初级光化学过程的可能性途径，我们设法沿着由初始的分子结构（*R）到最终可能的平衡分子结构（如活性中间体 I,以及稳定产物 P）的能面上寻找可能的中间体和反应途径。对势能面的研究，有利于我们了解认识有机光反应中所涉及的重要核几何构型。

在了解 PE 曲线和 PE 面的一些重要特点后，发展光化学反应理论中的概念与方法能够帮助我们定性地认识光化学反应的路径。此外,了解前线轨道 HOMO-LUMO 的相互作用也能够帮助我们理解*R 沿着反应坐标的初始运动。这种初始运动的轨迹有利于寻找由*R 到 I 或 F 的路径中的最低能垒。然后，我们列举两个因σ键伸长和键扭曲[1]引起的两个能面间接触的范例。最后，根据某些反应对称性的原理作出轨道和状态相关图，并介绍特定的交叉和分开的势能面。

6.9　从激发态能面到基态能面的"漏斗"的拓扑学：光谱极小、延伸的能面接触、能面的匹配、能面的交叉及分开

整个光化学反应机制的中心问题是如何来确定激发态能面上"漏斗"的位置和电子特征，这些"漏斗"将激发态能面（*R）上的反应部分和处在基态能面（I 或 P）上的反应部分分开。在最常见的有机分子的光化学初始过程中，存在五种普通的能面拓扑学，可将它们作为有机光化学反应的范例。这些拓扑学以二维曲线的形式表示在图 6.3 中的（a）～（e）。

（1）图 6.3（a）中*R 平衡激发态能面的极小 r_c 处出现在反应物（R）基态能面极小的附近。激发态能面上的极小与基态能面上的极小在几何构型上相似，可以称为光谱极小或 Franck-Condon（FC）极小，由此处可以发生*R 的辐射跃迁和非辐射跃迁光物理过程。当这些能面在能量上可以很好地分开时，它们可以用 Born-Oppenheimer 近似来加以描述。图 6.3 中的其他四种拓扑结构中都假定*R 态最初是在光谱 FC 极小处

生成，随后代表点克服某些小的能垒，并在热碰撞的推动下（图6.1）开始沿着图中的反应坐标从左向右运动。可以预料，在*R激发态能面上的FC极小处的几何构型接近于R极小处的构型时，R+$h\nu$→*R过程中改变*R整体的键合情况并不显著。例如，刚性的芳香化合物π,π*态就是这样，这些化合物即使在激发态时也有很多的成键π电子，不易发生扭曲运动。但另一方面，双键受到电子激发π时可发生实质性的键的变化（失去一个π电子，增加一个π*电子），这有利于碳-碳键的扭曲，相应于*R与R的极小几何构型将会有很大的不同，下面讨论的（5）就是这种情况，*R的内转换和发光的光物理过程就出现在FC极小处（第4章和第5章）。

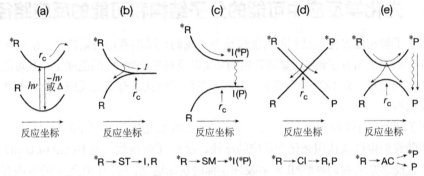

图6.3 描述从电子激发态能面到基态能面的二维PE曲线范例

(a) 基态和FC（光谱）激发态能面，在r_c处有极小值；(b) 在r_c处接触的延伸势能面；(c) 延伸的势能面在r_c处相互匹配；(d) 在r_c处的面交叉；(e) 基态极大的上部，与激发态极小相对应，在r_c处避免交叉

（2）延伸面的"接触"（ST），是激发态能面和基态能面在临界点r_c处的接触［见图6.3（b）］（二者在能量上成为简并或接近简并）。到达r_c后，激发态和基态在延伸的几何变化的结构I处能量相等（或非常接近）；换言之，这两个势能面为了延伸的几何变化而接触（具有相同能量）。这种表面拓扑结构是σ键拉伸并最终导致键的断裂的信号。这种面拓扑结构的初级光化学产物通常为双自由基中间体I(D)（将在6.17节中讨论），它对应着*R→I(D)初级光化学过程。所有羰基化合物n,π*态的初级光化学反应以及所有的σ键伸缩产生"类双自由基"（diradicaloid）物种的初级过程都属于这种情况（图6.8）。在面接触的情况下，激发态能面的跃迁是平缓且连续（绝热）的，不会有势能面间的突然跳跃；从一定意义上说，激发态能面和基态能面"合二为一"，变得不可区分。要注意的是，在r_c处，整个体系继续向生成I的方向变化，或者某些特殊情况下，重新回到R。酮的氢提取和α-断裂反应（图1.1）就是这种延伸的面接触。

（3）延伸面的"匹配"（surface matching, SM），由于激发态能面和基态能面间具有一个较大的能隙（>40kcal/mol），因而在代表点沿激发态能面移动到特定的临界几何构型r_c后，两者之间并不发生明显的相互作用［图6.3（c）］。在这种拓扑结构中，代表点在整个初级光化学过程一直处于激发态能面。初级的光化学产物可以是活性中间体的激发态（*I）或产物的激发态（*P），即（R→*I 或*R→*P）。这种拓扑结构的重要特征是*R 和产物*I(或*P)之间不存在回到基态的漏斗，因而这些反应是绝热的光反应[3]。激基复合物、激基缔合物（4.38 节）、扭曲的分子内电荷转移态（4.42 节）以及激发态的质子转移都是*R→*I 途径最常见的例子[3]。

（4）面"交叉"（surface crossing，SC）是指激发态能面与基态能面在临界几何构型 r_c 处彼此相交 [图 6.3（d）]。这样的交叉点可作为漏斗，使激发态快速地从激发态能面失活至基态能面，速率可达到振动弛豫（$10^{12} \sim 10^{13} s^{-1}$）的量级。对于三维的能面，其能面间的交叉常在 r_c 处形成锥形交集（crossing intersection，CI）的形式（CI 将在 6.12 节详细讨论）。对于这种发生于激发能面上的 CI，核几何构型的确定通常需要通过计算来进行研究[5]。某些在零级近似下被预测为面交叉的，可在一定程度上，在较高的近似水平下仍能得以保持。当代表点经过一个 CI 时，体系是不平衡的，因而 Born-Oppenheimer 近似并不适用。分子内的振动弛豫通常发生于 1~10ps（5.14 节），可起到限制代表点穿过 CI 过程速度的作用，这与电子弛豫是不同的。

（5）平衡的激发态面最低处位于基态能面最高的几何构型（r_c）上方 [图 6.3（e）] 的，而该处也是激发态回到基态能面的一个平衡漏斗。在这种拓扑结构中，r_c 邻近的激发面和基态能面都是绝热的。图 6.3（e）的拓扑结构是个典型的*R→F 过程，其中 F 并不是由面交叉形成的锥形交叉，而是一个 r_c 处的非面交叉处（ASC）。这种被零级近似推测为面交叉的在一级近似中发生了较多的电子混合（换句话说，零级近似并不准确）。这种电子混合导致零级态出现大的能量分裂。重要的是，在基态和激发态波函数间存在着电子的"传承"，而在能面匹配的情况下并不存在。这种"传承"表明尽管有大的能差，激发态和基态能面间仍可发生较弱的相互作用。周环反应是这种 ASC 拓扑结构的一个典型反应，在基态时该反应禁阻，而在激发单重态下却有明显的双键扭曲。面交叉和非交叉的概念将在下一章详细讨论。费米（Fermi）黄金规则将会给出代表点在 ASC 极小处跃迁到较低能态的速率 [公式（3.8）]。

总的来说，从热平衡（绝热）漏斗处发生的面跃迁的速率取决于面间的能隙大小 [图 6.3（a,c,e）]。能隙越大，从激发态到基态能面的非辐射跃迁越慢，这也表明基态与激发态能面之间只有很弱的相互作用，因此费米黄金规则对决定非辐射跃迁速率是有效的近似 [公式（3.8）]。对于面接触 [图 6.3（b）] 和面交叉 [图 6.3（d）]，r_c 处的能隙为零，此时黄金规则就不再适用，在无自旋变化 [比如*R(S₁)→¹I 或 Z 或*R(T₁)→³I 的初级光化学过程] 时，面上的振动弛豫速率决定激发态能面和基态能面间的跃迁的速率。如果能面之间存在较大的能隙 [图 6.3（a,c,e）]，则回到基态的失活过程可能非常慢，以使激发态能面达到完全平衡。这也意味着对应着激发态能面最低处的物种应当可以直接用光谱的方法加以检测。

6.10 从二维 PE 曲线到三维 PE 面：二维到三维的 "跳跃"

图 6.4 中即为图 6.3 的 5 种二维曲线样本的三维化。这些三维图能够更准确地描述势能面控制和引导代表点在其前线轨道与*R 相互作用并进入势能面特定区域后的运动，还能够给出更大范围的基态和激发态能面上结构和能量的可能性。值得注意的是，代表点的实际运动正是处于多维空间中，因而不易想象。好在三维图对于分析常见的光化学体系已经算得上一种可靠的近似。

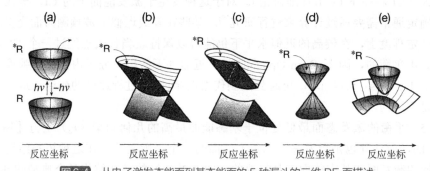

图6.4 从电子激发态能面到基态能面的 5 种漏斗的三维 PE 面描述

（a）基态和 FC，或具有极小的光谱型激发面；（b）延伸面的接触；（c）延伸面的匹配；
（d）延伸面的交叉（锥形交叉）；（e）因强烈避免交叉（ASC），形成基态极大上方的激发态极小

6.11 初始光化学过程中涉及的对应于面回避和面接触的漏斗

首先，让我们考虑 Franck-Condon（光谱的）极小 [图 6.4（a）]，即对应于发生垂直光物理过程（R+$h\nu$→*R 和*R→R+△）的几何构型。*R 和 R 分别是激发态和基态势能面上具有相似核几何构型（也类似于 r_c）的极小。从激发态极小处的辐射跃迁可被认为是"垂直"的，即跃迁并不显著改变核的几何构型；也就是，这些辐射跃迁遵循 Franck-Condon 原理（3.8 节和 4.21 节）。激发态能面上的平衡极小可被认为是所有光物理过程的出发点（荧光、磷光、内转换、系间窜越和 ISC），从这里激发态*R（S_1 或 T_1）回到初始的 R 极小，也是在这里 R 吸收光的能量。光化学反应包含了激发态能面上的代表点从*R 及 Franck-Condon 极小到达其他激发态失活到基态活性中间体 I 或锥形交叉 F（分别是*R→I，或*R→F）的漏斗的几何构型的运动。与 Franck-Condon 极小不同的是，由于 I 和 F 与*R 是不同的化学物种，因此二者的几何构型与处于基态能面的 R 具有很大的差异（这里我们省略了*R→*I 和*R→*P 过程，因为这些转换中并不涉及新的原理）。值得注意的是，在面回避交叉的拓扑结构中 [图 6.4（e）]，ASC 中 r_c 的几

何构型对应着基态极大的几何构型！所以*ASC 漏斗不是一个 Franck-Condon 极小，因为在基态面上，r_c 处的几何构型为一极大而非极小（这里使用符号*是因为极小清晰地出现在电子激发态能面上）。由于在激发态能面的 r_c 附近只有很小的 FC 因子，因此这里到基态能态的跃迁速度很慢（3.5 节）。从图像上看，激发态的振动能级接近于 $v=0$，而基态的振动能级则 $v>>0$，这导致振动波函数间的重叠性很差（第 3 章），从*ASC 到基态能面就需要电子振动的作用。某些可耦合*ASC 回到基态的特殊振动（如弯曲、扭曲）将决定跃迁发生时生成产物的几何构型，而这些几何构型转而又决定基态产物 P 的结构。

涉及 n,π*态的初级过程是最常见的面接触［图 6.4（b）］拓扑结构。这种拓扑结构的初级过程可经*R→I(D)步骤生成双自由基中间体（自由基对或双自由基）产物。面接触、面交叉和面避免交叉都包含了 n,π*和 π,π*态的初级光化学反应中常见的拓扑构型。

6.12 "非交叉规则"及其违例：锥形交叉及其可视化

"非交叉规则"应用于零级近似下，两个能量曲线在几何构型（r_c）处具有完全相同的对称性、能量及核几何构型。这一规则规定，具有完全相同对称性的两个态的势能面，不能相互交叉，而是在 r_c 处相互"避免"。这一规则的含义是：对于一个绝热的势能面（遵循 Born-Oppenheimer 近似的势能面），当两个态具有相同的对称性、能量及几何构型时，如果核的运动不是太快，就常常会有*Ψ（激发态）和 Ψ（基态）波函数的某些量子力学重组，而产生两个绝热的能面。其中一个态的能量高些，而另一个态的能量低些；这就是说，波函数*Ψ（激发态）和 Ψ（基态）间的量子力学重组导致势能面间的相互避免。比如，在零级近似下双原子分子的两个势能曲线可以相互交叉［图 6.3（d）］，但在较高的近似中，分子的扭曲更接近真实，理想的对称性也不再具备，那么两条曲线就呈现出相互避开的情形。

非交叉的规则仅限于所有那些沿着反应坐标在 r_c 处具有高度对称性的分子。实际上，只有轴对称的双原子分子才具有这种高度的对称性。而多原子分子比如有机分子，它们具有多种可能的不同形状和频率的振动，沿着反应坐标的局域几何构型通常就只有很小甚至没有对称性，此时的非交叉规则就不再适用，那么具有相同形式（空间的、振动的和自旋的）的对称性的两个电子态就可能发生交叉。早在多年前，能面的这种特征就已被指出过，但是在 1990 年以前，只有很少的计算与实验证据表明：势能面的交叉到底是否真实，以及势能面的交叉遵循何种规则。例如，1970 年曾有人通过计算激发态势能面提出，有机光化学中单重态势能面间的实际交叉是有可能的。到了 20 世纪 90 年代，计算机和软件技术的进步使得高级的计算成为可能，加上计算势能面法则的完善，得到了两个 PE 能面交叉的确切结论。这些计算强调了在三维能面上接触点的附近具有双锥的结构，双锥的顶点就是 r_c［如图 6.4（d）所示］。这一双锥被称为锥形交叉（CI），它是沿两个轴（能量和反应轴）作图时，两个电子 PE 面的接触而形成[7]。CI 的产生可设想成沿着三维对称轴，势能面的交叉倾斜而引起。现在，理论学家们已普遍接受了这种*R 的单重态能面间的交叉并形成 CI 的理论。

CI 的一个重要的特征是：如果从*R 可以达到 CI，它就能作为一个非常有效的漏斗 F，使代表点迅速地从激发能面到达基态面，进而生成产物 P（光化学过程），或者回到基态的 R（光物理过程）。代表点沿着锥形交叉的"墙"上的运动，本质上是体系的振动弛豫，提供了从激发能面到基态能面的一个有效途径，因此 CI 就成为从激发态能面回到基态能面的有效漏斗。代表点经过锥体顶点的轨迹可能就是锥体墙形成的陡坡（很大的驱动力），从而有效地将激发能面的电子能量转化为基态面上的核运动（振动）。锥形交叉通常不会是具有相同多重性的能面间非辐射失活途径的决速电子瓶颈。当代表点进入交叉区域后，只有一种可能就是从 CI 处回到基态。因此，经过 CI 所发生的反应速率只受限于代表点从*R 到 CI 的速率。如果在*R 和 CI 之间有能垒存在，则越过这些能垒的速率将决定面间窜越的速率。

在激发态到基态跃迁概率（P）的经典表达式中，跃迁概率 P 正比于发生跃迁的两个态间能隙平方的负指数 [公式（6.2）]。由于锥形交叉涉及的一个激发态能面与另一激发态能面或基态能面的交叉点处的能隙为 0，因此能面间跃迁的经典概率为 1，亦即 $P=1$，或者说激发能面间的跃迁概率为 100%。在这种情况下，如果代表点的运动没有自旋禁阻，那么从激发态到基态的跃迁速度仅受限于分子内振动弛豫（IVR）的量级，对于典型的有机分子，也就是 100fs～10ps，或 10^{-13}～10^{-11}s。这样的过程被称为超快的光化学和光物理转换。因此，一般说来，超快非辐射过程的实验现象就可作为 *R→F(CI)的过程的实验证据。例如，从乙烯紫外（UV）光谱峰的加宽（因内转换是如此之快，以至于观测不到任何荧光现象）可计算乙烯在 S_1 激发态上的内转换[8]发生于几十个飞秒的量级（即约 10^{-14}s）。这一时间尺度应是基态下 C=C 键的扭转弯曲振动的时间量级。由于失去了一个 π 电子，得到了一个 π*电子，C=C 键在 $S_1(\pi,\pi^*)$ 态时减弱很多，从而可以推断出，内转换回到 $S_0(\pi)^2$ 态是发生于单重态面上分子的第一次扭曲中。的确，大部分观测到的从*R 开始的发生于 10～100fs 时间量级的反应，可以用来作为产生 CI 的证据，因为这些过程具有振动弛豫的速率（10^{13}～10^{14}s^{-1}），表明从*R 到达某些图示 6.1 中的低能态时，是一类"无能垒的自由降落"。

最后，还应注意到"热"的基态反应有可能发生在从漏斗到基态能面的转换形成初级的保有过剩动能的产物（$^\dagger P_1$）这一过程。这些过剩的动能令代表点能够克服基态能面上较高的反应能垒形成新的产物 P_2：*R→F→$^\ddagger P_1$→P_2。而实际该过程并非可行，因为 IVR 的速率太快，以至从激发态到基态的多余能量并不能被$^\ddagger P_1$ 所"储存"并用来克服在基态势能面上很大的能垒。

6.13 锥体交叉的一些重要且独特的性质

CI [图 6.4（d）] 和 ASC [图 6.4（e）] 间的本质区别是什么呢？ASC 激发态的极小对应着一个热平衡的几何构型（r_c），因此代表点在 r_c 附近的振荡有零点运动的特征。

然而，代表点在 r_c 附近穿过 CI 向基态失活的速率如此之快，以至于没有足够的时间使体系达到热平衡。另外，在代表点接近 CI 的过程中，分子的电子结构开始受控于一种外力，这是遵循 Born-Oppenheimer 近似的平衡物种不会遇到的。后一种情况中，确定了核（r）的位置就能完整地表征其电子结构和反应坐标。而沿平衡势能面有运动轨迹的反应坐标，却存在一个连接 CI 和激发态势能面间"缝合线"的失活坐标[5]。失活坐标的位置并不需要与沿着激发态面上的反应坐标（最低能量的过程）有电子相关。因为代表点的运动轨迹是沿着激发态反应坐标，因此也就有可能碰到 CI。当代表点贯穿失活坐标时，就会到达 CI，并发生一个从激发态能面到较低态能面的快速跳跃。

显然，能够预测相应于失活坐标（即相应于一族相关 CI 的分子几何构型）的分子结构是十分重要的。但是这种预测十分复杂，因为为了预测代表点与失活坐标相遇时的行为，我们不仅需要明确代表点（r）的坐标，还要明确代表点接近失活坐标时的方向和速度。通常，为要明确代表点接近 CI 时的行为信息，我们需要进行清晰的量子力学计算[1,5]，而这超出了本书的范围。不过，本书后面的章节将会讲述不经计算而是通过定性的态相关图（state correlation diagram）就可预测的零级面交叉，从这些面交叉可以预测 CI 的分子构型。

*R 在激发态能面的反应坐标与*R→CI 过程中的失活坐标可能对应着完全不同的分子几何构型。*R 的失活路径依赖于*R→CI 的路径是否易于形成，也就是说，沿着生成*R 的初始光谱极小与失活坐标间的反应坐标上是否有能垒的存在。当含有 CI 时，从*R 极小直接发生的反应可能只有几个飞秒，而当*R 极小与 CI 间存在能垒时则反应时间就会较长。在后一种情况下，失活的速度取决于代表点找到 CI 所需的时间。

图 6.5 是在图 6.4 的基础上更详细地描述了代表点从初始光谱极小 [图 6.5（a）] 出发后沿反应坐标发生初级反应的运动。图 6.5（b）和（c）分别从势能面的角度直观地表达出*R→I 和*R→*I(或*P)过程。

图 6.5（e）中的*R→ASC 过程比较有意思，代表点既可到达产物 P，也可回到 R。原因很简单，因为代表点在激发态能面上是平衡的，它在*R 极小处的振荡既可以经历失活途径（1），振荡使代表点朝向基态能面上 R 的结构方向运动（发生*R 到 R 的光物理内转换过程）；也可以经历途径（2），振荡使代表点朝向基态 P 的结构方向运动（发生光化学的初级过程而得到产物 P）。总之，*R 经历的非辐射过程就是光化学过程或者光物理的失活过程（图 5.17）。

最有意思和最不直观的情形如图 6.5（d）所示，*R 除了可经过内转换转变成 R 外，还会在经过 CI 后生成多种产物（P_1 和 P_2）。这种由代表点经过 CI 时受到在绝热的（热平衡）能面上缺失的某些力的基本性质引起的现象是普遍存在的。对于这些力[1,5]的产生，我们可以定性地获得一些认识，如果考虑到 CI 附近的区域内基态与激发态（更严格地讲，是两个独立的力或矢量，见后面所述）之间的振动混合，这些力就会导致从 CI 生成多种产物。一般来说，一种以上的振动模式就有可能引起激发态和基态能面的重组。重组后的激发态和基态的振动模式使得代表点离开 CI 底部和激发态能面时沿着特定的反应坐标，在特定的方向（有利于混合振动）生成特定的产物［如图 6.5（d）的 R，P_1 或 P_2］。

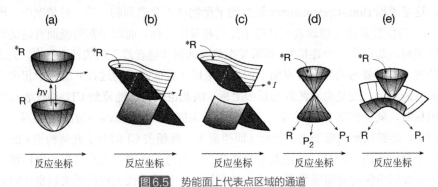

图6.5 势能面上代表点区域的通道

（a）基态和 FC 或光谱的带有极小的激发态能面；（b）延伸面的接触；（c）延伸面的匹配；
（d）面的交叉（锥形交叉）；（e）基态极大上方的激发态极小，由于强烈的避免交叉所致

从以上分析[5]可以得出：如果 CI 附近有几种振动模式来进行重组，那么当代表点经过 CI 时，由于电子振动混合的竞争，即使它只遵循一种反应坐标进入 CI，也有可能存在一种以上的反应坐标。该结果有可能导致产物超过一种，即使代表点初始的轨迹是沿着某一特定的反应坐标，并且它的失活路径是通过单一的 CI。在这种情况下，一个*R 生成了三种产物（R，P_1 和 P_2），如图 6.5（d）所示。代表点速度的方向和能够"捕获"代表点的基态极小将会控制通过 CI 后在基态势能面上的反应性质。

通过比较用作激发能面漏斗的、相应于临界跃迁几何构型的 CI，与熟知的相应于热反应过渡态的基态能面最高处的几何构型，能够更加全面的了解反应历程（图 6.1）。在基态势能面上，从 r 到 P 的途径中必须要经过一个过渡态。而在激发势能面上，r 必须要经过一个沿着*R→P 反应路径某处的漏斗。在基态势能面上，过渡态可通过相应于代表点沿着反应坐标经过其能量最高点的运动的单个矢量来加以表征。相反，CI 则是通过两种相互独立的矢量来表征（一种相应于梯度 dPE/dr，它是使代表点转变成特定结构的推力或拉力，而另一种则相当于态重组的矢量，更有利于相关结构的形成）。两种矢量间的相互作用能够为通过 CI 后实现多重独立的反应途径方向提供可能性。了解 CI 的几何构型、梯度差的方向、态的重组矢量等知识，有助于我们理解涉及 CI 反应途径的光化学。遗憾的是，通常用于研究结构与反应活性关系的定性方法，对 CI 并不适用，因此判断 CI 是否具有沿某一反应坐标的可能性，就必须采用完整的计算方法。

CI 可能位于激发态势能面上远离初始 FC 极小的核几何构型处（比如面接触和面避免交叉中的情形）。如果代表点在激发态势能面上越过失活坐标落入 CI，那么它从激发能面经过的速率将达到振动弛豫的数量级。由于代表点接近 CI 顶端时受到不同竞争力的作用，很容易在基态势能面上生成多种产物。当一个光化学过程中包括 CI 时，其决速步骤位于激发势能面上的代表点在发现并穿越失活坐标后落入 CI 之前的搜索阶段。反应过程*R→CI→P 与协同反应或初级阶段的激发态类似，也就是从*R 到 P 的

过程中没有真正意义上的活性中间体。因此，从机理学的观点看，CI 作为在激发态能面上的漏斗，起到了与基态势能面上的过渡态相类似的作用。CI 和 TS 都描述了过渡结构的几何构型，它们是寿命只有振动量级的瞬态物种。在热反应中，基态 TS 相当于 PE 上的一个点，从这一点反应物生成产物的概率最大。而在光化学反应中，CI 则对应着过渡态向基态跃迁概率最大的那个点。

图 6.6 比较了*R→P 全过程中非辐射失活的两种最常见的情形，并指出了经过 CI 的可能反应途径（图 6.6，左侧）与通过面接触经反应中间体（I）（图 6.6，右侧）的反应途径之间的重要差别，中间部分显示的是 R 的 FC 极小与*R 间的辐射跃迁。

下面让我们分别考虑基于*R 的 FC 极小的两个假想的反应坐标。图 6.6（左侧）显示的是第一种反应坐标*R→CI→P_2+P_3。如果代表点从*R 最初的 FC 几何构型经历一较低的能垒移向左侧，就会到达 CI 区域。失活坐标（对应于所有相关 CI 的最低能量点）则显示出与*R 到 P 路径中的反应坐标 r_c 相交叉。当代表点从激发能面进入 CI 区域时，由于激发态和基态能面梯度差的分离力，以及激发态和基态波函数的重组，因此就会产生分歧点（亦即会发生两条路径）。因此，当它离开 CI 时，代表点就有可能转变成起始反应坐标上的产物 P_2，而且也有可能在离开 CI 后，转变成一新的产物 P_3。事实上，代表点甚至还有可能通过某些轨道而生成 R，从而发生纯粹的光物理非辐射失活过程*R→CI→R。

图 6.6（右侧）显示的是第二个假想的反应坐标*R→CI→P_1。代表点从*R 的几何构型向右侧的活性中间体也是热平衡物种 I 的几何构型运动。该过程很直接，一旦到达面接触就能形成 I。在这种情况下，*R 到 P 的电子结构并不发生突变，且仅有一种产物（P_1）生成。至于代表点究竟是向左移动还是向右移动，取决于*R 和 CI 或 I 之间的能垒 E_a 的存在与否及大小。

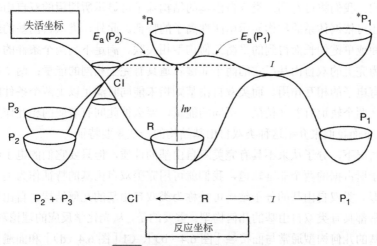

图6.6　两个初级光化学过程图例

左侧：*R→CI→P_2（和/或 P_3），虽然初始的反应坐标是引导代表点生成 P_2，但经过 CI 后，代表点运动的分叉导致可能生成 P_3。右侧：*R→I→P_1，这种情况下只生成 P_1

某些情况下，图 6.6 中的两种拓扑结构是可以"融合"的。涉及 CI 过程从本质上来说是反应坐标和失活坐标（CI 的"能量缝合线"）的交叉。当这一失活坐标经过 I 附近的几何构型时，代表点就可能落入 CI 中，将图 6.6 中的两种情况融合成该反应的类似情形。

6.14 类双自由基结构及其几何构型[1,9]

双自由基在英语中有"diradical"和"biradical"两个术语，某些时候，它们均可被用来描述活性中间体（I）。由于本书的其余部分会经常用到它们，因此本节我们将考察其定义。我们用 diradical（D）一词来代表任何具有两个独立自由基中心也就是两个半充满分子轨道的活性中间体。在有机光化学中这类物种最常见的例子是自由基中心出现于两个分子碎片上的自由基对（RP），和自由基中心出现于单个分子碎片中的双自由基（biradical，BR）。例如丙烷中 C—C 键的均裂产生了一个甲基-乙基自由基对（$CH_3 \cdot + \cdot CH_2CH_3$），而环丙烷的 C—C 键均裂则可产生 1,3-亚丙基的双自由基（$\cdot CH_2CH_2CH_2 \cdot$）。在本书中，无论是甲基-乙基自由基对（RP）还是 1,3-亚丙基的双自由基（BR）都被看作双自由基（D）。因此，本书中被标记为 I(D) 的活性中间体，既可能是自由基对 I(RP)，也可能是双自由基 I(BR)。

类双自由基（diradicaloid 和 biradicaloid）这一术语在光化学文献中用于描述在两个能量相近或相等轨道上占据两个电子的特定结构的电子特征。本书中只采用其中的一个 diradicaloid（类双自由基）来描述某构型下，含有两个非键轨道上的能量相近的分子电子结构。类双自由基概念的重要性在于激发能面上的许多极小都对应着类双自由基的结构。我们将可看到：类双自由基的结构除了可显示所期望的双自由基的特征外，有时还可依据体系的结构显示出两性离子的特征。此外，类双自由基的结构也可与双键扭曲或单键伸长而得到的平衡几何构型相关联。满足下列两个条件的双自由基可被定义为完美的双自由基：它的两个非键轨道具有完全相同的能量；两个非键轨道间完全没有电子的相互作用。而类双自由基则指未能同时满足以上两个条件的任何自由基：要么两个轨道有着（稍微）不同的能量，要么彼此间有着弱的相互作用（或二者兼具）。下面我们来介绍这种类双自由基结构的一些重要特征。

实际情况下，分子从来不具有完美双自由基的性质，但只要它们的电子结构包含被两个电子所占据的两个非键轨道，我们就可用完美双自由基的特征作为类双自由基的零级近似。类双自由基的分子结构可被称为类双自由基的几何结构。自由基对和双自由基通常都具有类双自由基的几何构型。重要的是，从光化学反应的理论观点来看，类双自由基的几何构型通常与面接触［图 6.4（b）］、CI［图 6.4（d）］和面避免交叉的极小［图 6.4（e）］等几何构型相联系。同样的，具有这些几何构型的物种十分重要，因为它们既具有内在的化学活性，还可作为代表点沿反应路径从较高的电子激发态能面向较低的激发态能面或基态失活的漏斗。

　　类双自由基几何构型的一个重要电子特征是它有可能通过两个电子占据一个非键轨道得到 4 个低位电子组态和能态。图 6.7 示出了*R 的 HOMO 和 LUMO（左侧）；完美的双自由基（中间），以及类双自由基（右侧）间的关系。但其相对能量并未标出。

　　对于一个完美双自由基（图 6.7，中间），两个 NB 轨道的能量完全相等（$NB_1=NB_2$），而且在 NB_1 和 NB_2 间不存在轨道重叠。因此在电子组态$(NB_1)^1(NB_2)^1$、$(NB_1)^2$ 以及$(NB_2)^2$ 间并无能差。注意：第一个电子组态为经典的双自由基，而后二者则类似于两性离子。当 NB_1 和 NB_2 的能量不同，且它们间稍有重叠时，电子体系就会从完美的双自由基变成类双自由基（图 6.7，右侧）。对类双自由基而言，其可能构型的能量与比任一两性离子构型 $Z_1=(NB_1)^2$ 和 $Z_2=(NB_2)^2$ 能量低的经典双自由基构型 $D=(NB_1)^1(NB_2)^1$ 的能量不同。但是，由于 D 和 Z 态间的能差可能很小，所以在两种能态间可能会有可能发生重组。这种发生重组的趋势是类双自由基结构的特征。

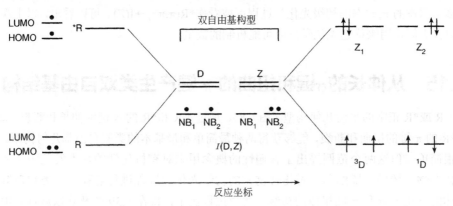

图6.7　激发态、双自由基以及两性离子能面关系的图示说明

　　根据泡利原理，两性离子（Z）的组态一定是自旋配对的单重态：$Z_1=NB_1(\uparrow\downarrow)NB_2()$ 和 $Z_2=NB_1( )NB_2(\uparrow\downarrow)$，其中 NB( ) 是指 NB 中没有电子。由于两种 Z 的组态都有成对电子，所以它们必然是单重态的，也就不需要进行自旋标记。但是电子既可在 NB_1 也可在 NB_2 成对，分别生成 Z_1 和 Z_2，所以它们有两种不同的态。

　　D 的组态具有两种可能的自旋构型：①单重态，$^1D=NB_1(\uparrow)NB_2(\downarrow)$；②三重态，$^3D=NB_1(\uparrow)NB_2(\uparrow)$。在分子轨道的术语中，这种电子组态被称作共价的。

　　从以上分析可以得出一个很重要的结论，即类双自由基的结构（当其 NB_1 和 NB_2 有着稍稍不同的能量或轨道稍有重叠时）很有可能拥有 4 个态（^1D，^3D，Z_1 和 Z_2，图 6.7 右侧）[6]。本书中的符号 Z 是指两个两性离子态 Z_1 和 Z_2，而符号 D 则指两个双自

由基组态 ^1D 和 ^3D。这些态的能量等级和能差均依赖于 NB_1 和 NB_2 的性质。对于碳中心的非键轨道，NB_1 和 NB_2 的能量通常非常相近，而 ^1D 和 ^3D 的共价构型，其能量一般要比电荷分离的 Z 构型低（碳原子不太容易发生堆积或失去电荷，除非它们与某些能释出或获得电子的基团相连接）。因此，当忽略了自旋的影响时，碳中心的类双自由基可以具有两个低能量的 D 态和两个较高能量的 Z 态。在多数情况下，经典的双自由基结构已完全可用来代表 D 态。

许多光反应可以产生双自由基或类双自由基结构作为其光化学的初级产物，也就是说，按照*R→I(D,Z)的初级光化学过程，其中的 I 就是个类双自由基的结构。例如，含有 n,π*态的有机分子的*R→I 初级过程通常就产生一个类双自由基的几何结构，而该过程可被完全看作是*R(n,π*)→I(D)（D=^1D 或 ^3D）。所有的三重态（n,π*或 π,π*）通常遵循*R(T_1)→I(^3D)的路径，因为*R(T_1)→I(^1D)过程违背了自旋的选择规则。另一方面，许多单重态的 π,π*态的初级光化学过程可被看作*R(π,π*)→I(Z)。可以看出，以上观点可以大大简化用来描述光化学反应可能机制的数量。

6.15 从伸长的σ键和扭曲的 π 键产生类双自由基结构

R 或*R 正常的平衡几何构型（图 6.8），通过①R 和*R 的 σ 键的伸长和断裂，②R 和*R 的 π 键的扭曲和断裂，能够获得两种最简单和最基本的类双自由基几何构型。尽管很简单，但这两个范例提出了普遍性的概念用来对有机化学的基本发色团（如羰基化合物、烯烃、烯酮和芳香化合物）的初级光化学过程进行解释、分类和理解。具体的 σ 键伸展和 π 键扭曲的初级光化学过程例子，将在 6.39 节及其以后章节中进行讨论。

6.16 由σ键伸长和键的断裂产生类双自由基几何结构的范例：氢分子σ键的伸长

氢分子（H—H）σ 键的伸长和断裂形成两个氢原子（H·+H·）是任何 σ 键（包括有机分子的 C—C 键）通过伸长和断裂产生类双自由基几何结构的范例。随着 H—H 键的伸长和氢核间距离的增大，代表点（r）最终可达到一个几何位置（r_c），在该处，H—H 键已完全发生断裂，并产生类双自由基的结构 [公式（6.3）][1,6,9]。在基态能面上，这对应于热过程 R→I(D)，而在激发态能面上，则对应于光化学过程*R→I(D,Z)。

$$H—H \longrightarrow H------H \longrightarrow H· +H· \qquad (6.3)$$

σ 键的拉伸   键的断裂
类双自由基   双自由基

当σ键接近完全断裂时，可形成两个简并的氢原子的 1s 轨道。这个几何结构与我们所定义的类双自由基结构类似（即两个非键轨道微弱重叠，并有两个电子占据其中），因此类双自由基的四种电子态是可能的（^1D，^3D，Z_1 和 Z_2；图6.8）。图6.8中列出了 H_2 分子σ键伸长的定性行为，所依据的是：①σ成键（HOMO）与σ*反键（LUMO）轨道的能量行为；②可能的轨道构型以及从这些轨道构型构筑出来的态；③当键被拉伸和断裂时，对应于四种电子态的四种电子能面的行为。将 H_2 的 HOMO 和 LUMO 被 CH_3—CH_3 的 HOMO 和 LUMO 取代后，图6.8就是对 CH_3—CH_3 中碳-碳键拉伸和断裂的定性描述。

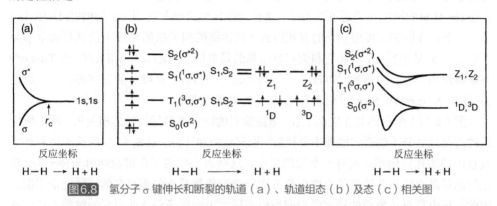

图6.8 氢分子σ键伸长和断裂的轨道（a）、轨道组态（b）及态（c）相关图

接下来我们对 H—H 键拉伸与断裂时其σ和σ*分子轨道的行为做一详细介绍。图6.8（a）中列出了电子轨道相关图，当 H 原子核接近其平衡距离约 0.5Å 时，σ 键 HOMO 轨道的能量相对于σ* LUMO 轨道能量低很多，但当 H—H 键开始拉伸时，其基态和激发态轨道间的能隙不断减小，最终，H—H 键发生断裂，就产生两个能量相等的非键（NB）1s 轨道。这对应着 H_2 受到强烈拉伸（也就是σ键实际已断裂）而形成的类双自由基的几何构型。

由 σ 键断裂产生的类双自由基几何构型可衍生出其电子结构和态，如图6.8（b）所示。依据轨道的组态，从 H_2 的平衡核几何构型而来的四个最低能量的电子态是：$S_0(\sigma)^2$，$T_1(\sigma,\sigma^*)$，$S_1(\sigma,\sigma^*)$ 以及 $S_2(\sigma^*)^2$ [图6.8（b）]。当 H—H 键被拉伸时，σ 键 HOMO 轨道的能量增大，而σ*键 LUMO 轨道的能量降低 [图6.8（a）]。当 H-H 键被拉伸到一定程度，以致氢核离得很远时（约 2～3Å），σ 和 σ*轨道的能量将接近相等，并与一对 NB 原子的 1s 轨道（每个 H 原子上一个）相关联。后者（*）的几何构型（r_c）相当于一个类双自由基的几何构型，正如我们所看到的：4 个电子态（^1D,^3D,Z_1 和 Z_2）将以类双自由基的几何构型存在 [图6.8（b）]。而从完全分离的原子 H+H 所得到 4 个电子组态，按其能量增加的序列（忽略电子交换效应）应为：$^3D(1s_1,1s_2) \approx {}^1D(1s_1,1s_2) << Z_1(1s_1)^2 = Z_2(1s_2)^2$。$^3D$ 和 ^1D 态有着相似的能量，但 ^3D 的能量因存在交换相互作用一般稍低于 ^1D（见第 2 章）。

当代表点移到更远处时，类双自由基的结构将转变为热平衡的中间体 I(D)，这是一种由两个氢原子所组成的双自由基 [图6.8（b）]。对有机分子来说，I(D)通常代表碳中心的自由基对（RP）（如烷基酮的α-裂解）或双自由基（BR）（如环烷酮的α-裂解）等活性中间体。根据单电子水平的近似，两个 D 和两个 Z 态的能量相等。在较高级别的近似下，应用 Hund 规则（2.12 节），可将 ^3D 放置在比 ^1D 能量低的位置。在所有不对称非键轨道的情况下，两个 Z 态将在能量上发生分裂，其中一个非键轨道的能量要比另一个低。至于双自由基能量随着结构发生的变化，已在 2.12 节作过讨论。

有关 H—H 键断裂反应坐标的态相关图，如图 6.8（c）所示。在相关图中，反应物的态与以特定反应坐标为函数的轨道相关产生的产物的态相关联；后者（反应坐标）是指 H—H 键的拉伸。σ轨道可以和每个原子上的 1s 轨道相关联，生成产物中的 $D(1s_1,1s_2)$态。一个定性的相关可用如下的方式得到（更详细的相关图见 6.23 节及其后面章节）：由于基态 S_0 是单重态，因此它和类双自由基的最低能态 $^1D(1s_1,1s_2)$相关联。而 $T_1(\sigma,\sigma^*)$态则必须和类双自由基的 $^3D(1s_1,1s_2)$态相关联，因为后者是唯一的三重态产物。通过排除法，$S_1(\sigma,\sigma^*)$和 $S_2(\sigma^*)^2$两者必然与 Z_1 或 Z_2 相关联。

图 6.8（c）所示的是在能面上任一σ键断裂的轨道能量行为的态相关图。图中所出现的情况与氢分子的真实能面十分接近，根据实验和计算，沿 S_1 和 S_2 的能面在到达类双自由基的几何构型之前有一个浅的极小。这些极小代表了在键拉伸时为使σ和σ^*轨道间能量最小化和两性离子态中电荷分离所需的能量最小化而存在的一种能量平衡。因此，正电荷对负电荷的稳定吸引应当要稍稍大于由原子分离而引起的键的不稳定性的减少。这种浅的极小，一般可被认为适用于所有简单的σ键断裂。图 6.3 和图 6.4 中所示的面拓扑的分类中，绝热的*R→*I 过程是可能的。通过类双自由基的几何构型，我们可以看到 S_1→Z 反应是对应于绝热的*R(S_1)→*I(Z)过程，因为 Z 态就是活性中间体 I 的激发态。

与单重态恰好在 r_c 之前有着浅的极小不同，任何几何构型的三重态都不存在极小，而是最终使得较大的能量差异趋平，三重态面与基态面得以相"接触"[图 6.3（b）]。我们可以把后者归类到对应*R(T_1)→I(D)过程的面接触。当然，参数 S_0 就会有一个相应于能量最低的分子稳定基态几何结构，这是因为由两个电子均进入强的成键 HOMO 轨道而引起基态结构比类双自由基的几何结构有着短得多的核间距。

归纳一下，对相应于简单σ键断裂的面行为范例（图 6.8）可有如下的面的特征，它们可用来解释许多涉及*R 的σ键拉伸和断裂的重要光化学过程：

（1）σ 键被拉伸至断裂时，可产生类双自由基的几何构型，在此结构得到一簇四个（^3D，^1D，Z_1，Z_2）与类自由基相关联的态。

（2）除了远距离外，沿基态面（S_0）上键的所有几何结构都是稳定的。基态与 ^1D 相关联。σ键的热伸长和断裂，需要大的活化能。

（3）沿三重态能面（T_1），所有的几何构型中键都是不稳定的。T_1 的光化学裂解生成 I(^3D)仅需很小甚至根本不需要活化能。

（4）沿 S_1 和 S_2 能面的键是不稳定的，在键拉伸的同时，已被强烈拉伸但尚未断裂的键，可出现一个很浅的极小（它来自弱的两性离子的正负电荷吸引）；这种类双自由基的几何构型要想完成键的断裂而产生 I(Z)，必须要克服一个小的能垒。

氢分子σ键的拉伸和断裂可作为所有涉面接触的光反应的范例 [图 6.3（b）和图 6.4（b）]。这一模型将是理解所有的羰基化合物 n,π*态和许多三重 π,π*态的*R→I(D) 类型反应的很好起点。

6.17 π键的扭转和断裂产生类双自由基几何学结构的范例：乙烯π键的扭曲

C=C π键的扭转和断裂过程中涉及的能面行为轨迹是烯烃光化学中一个很常见的过程。对于这一过程，我们以乙烯分子(CH_2=CH_2) π 键的扭转为例，它为 π 键的扭转和断裂提供了一个很好的范例。当乙烯分子发生扭转时，它最终所达到的核几何构型为两个亚甲基相互垂直（几何学上为 90°）的一种构型，如式（6.4）所示。

假设扭转的过程中碳原子仍保持 sp^2 杂化状态，当接近 90°的几何构型时，两个 CH_2 基团互相垂直，π键发生断裂。此时生成两个简并的非键 p 轨道，分子结构变成类双自由基的几何构型，即 1，2-双自由基，如式（6.4）所示。

平面几何构型　　　　　扭曲几何构型
两个 CH_2 基团在同一平面上　　CH_2 基团互相垂直 　　　　(6.4)

当π键扭转时，π轨道的能量急剧增加，而 π*轨道的能量则由于两个π轨道间的键合重叠减小而急剧下降 [图 6.9（a）]。又由于在 90°的几何构型时，形成了两个等能的正交非键合轨道（无重叠），如果此时碳原子的 sp^2 杂化保持不变，就会形成一个"完美"的双自由基。然而，任何的分子扭曲（如一个或两个碳原子的金字塔化）引起轨道能量简并的失去，或轨道的重叠，都会使"完美的"双自由基变成类双自由基。与σ键被高度拉伸的情况一样，此时的类双自由基的几何构型可能具有两种不同的电子组态（D，Z）和四个不同的电子态（^{1}D，^{3}D，Z_1 和 Z_2）[图 6.9（b）]。当发生 90°的扭曲时（类双自由基构型），π和π*轨道已转变为两个正交的且分别位于两个碳原子上的非键 p 轨道。

四个电子态有可能来自于平面和几何构型扭曲的轨道自旋构型中，如式（6.5）和式(6.6)[1,9]所示：

平面乙烯　　　　　　　$S_0(\pi)^2$, $T_1(\pi,\pi^*)$, $S_1(\pi,\pi^*)$, $S_2(\pi^*)^2$　　　(6.5)
90°扭曲的乙烯　　　　$^3D(p_1,p_2)$,$^1D(p_1,p_2)$, $Z_1(p_1)^2$, $Z_2(p_2)^2$　(6.6)

乙烯*R(π,π*)态 C=C 键的扭转能够大幅缓解出来自 π*电子的电子-电子排斥力。此外，π轨道上电子的离去会大大削弱π键，使*R(π,π*)态的扭转变得容易，π*轨道上引入一个电子更使之进一步变弱，最终 R 中的π键发生断裂。从图 6.9 可注意到，碳-碳键的扭转可导致乙烯所有激发态的能量降低。这种能量的降低，应当是由 S_1 与 S_2 扭曲时形成稳定的两性离子π结构的特征引起的。这样，乙烯分子的扭转使得 S_2、S_1 和 T_1 的电子能量迅速降低，以及电子的激发能够有效地断裂 π 键，导致*R(π,π*)态时碳-碳键键则与能自由旋转的碳-碳单键类似。另一方面，当分子扭转时 S_0 的电子能量增大，这是因为当π键的 p 轨道被去耦时，π键已经断裂了。

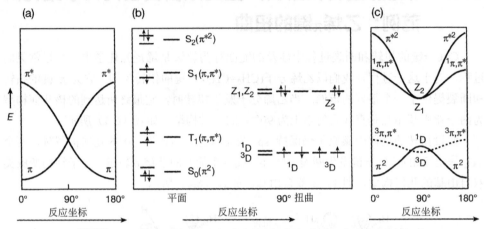

图6.9 对扭曲的 π 键的轨道（a）、轨道组态（b）以及态（c）相关图

以简单的轨道对称性为基础，可以得出 $S_0 \rightarrow {}^1D$、$T_1 \rightarrow {}^3D$、$S_1 \rightarrow Z_1$ 以及 $S_2 \rightarrow Z_2$ 等的态相关，如图 6.9（c）所示。从最初的平面几何结构到扭曲的几何结构（类双自由基），有一对称元素与一个 CH_2 基团的旋转有关[9]。所有的态对称性必须依据此对称元素来定义。虽然严格的态相关性最好用群论和点群分析来得到，但下面的定性描述也能够说明该相关性的基础。

在平面的几何结构中，$S_0(\pi)^2$ 组态的波函数本质上有着共价的特征（两个电子是共享的，而实质上每个碳原子都有一个电子）[1]，亦就是说，平面的乙烯只有很少的离子特征。而 π^2 的波函数（依据原子轨道）有着 $p_1(\uparrow)p_2(\downarrow)$ 的形式。这意味着，对于 $S_0(\pi)^2$，任何时候它只有一个 p 电子接近碳-1，而另一个则接近碳-2（亦即，键是共价的），同时这两个电子还是自旋成对的。因此，S_0 只有很少的 Z 特征。但对于平面几何结构的 $T_1(\pi,\pi^*)$ 组态，电子的自旋平行使得两个电子不会被放置于一个 C 原子的相同 p 轨道上（否则违背泡利规则）。因此，T_1 态是纯的共价态，而且绝对没有离子的特征，它的波函数形式为 ${}^3(\pi,\pi^*)=p_1(\uparrow)p_2(\uparrow)$。

$S_1(\pi,\pi^*)$ 和 $S_2(\pi^*)^2$ 的波函数不同于 $S_0(\pi)^2$，它们之间的差异能够反映出这些态的高能量这一内容。计算表明：前面的两种态可通过两性离子的波函数得到很好的描述，而且扭转越大，其两性离子的特征越明显[1]。当 C=C 键扭转发生时，在 90°的几何构型时 Z 态变为简并的状态（在单个电子的近似下）。而将一个更复杂的方法用于态相关图时则表明：在零级近似下，$S_0(\pi)^2$ 和 $S_2(\pi^*)^2$ 可互相关联，但在 90° 几何构型下能面上有一个强的 ASC（面避免交叉，Avoided Surface Crossing）。这一发现可引起 $S_1(\pi,\pi^*)$ 和 $S_2(\pi^*)^2$ 态上的 ASC 极小和 S_0 态的 ASC 极大。实验证据表明这一简单图示与已知的乙烯及其衍生物和芳烃及其衍生物的 π,π^* 光化学相一致。

总括一下，围绕乙烯双键扭曲的态相关图 [图 6.9（c）] 有以下重要的定性特征：

（1）$S_2(\pi^*)^2$、$S_1(\pi,\pi^*)$ 和 $T_1(\pi,\pi^*)$ 面上，在相应于 Z_2，Z_1 和 ^3D 的类双自由基的 90° 几何构型处，有可能出现作为漏斗的极小。

（2）在 Z_2 的激发态面上有强烈避免交叉性质的极小出现。也就是说，零级的 $S_0(\pi)^2$ 和 $S_2(\pi^*)^2$ 面的交叉是强烈避免的。强烈避免的结果使得绝热面上 $S_2(\pi^*)^2$ 显示一个极小，$S_0(\pi)^2$ 显示一个极大。

（3）$S_0(\pi)^2$ 面极大的几何结构和 ^1D 的几何结构相对应。

（4）$S_0(\pi)^2$ 和 $T_1(\pi,\pi^*)$ 态，以及 S_2 和 S_1 态，可分别在类双自由基 90° 几何构型中相"接触"。这种接触并不像 σ 键断裂时的延伸接触，它仅在接近 90° 的几何构型时才发生。特别重要的是，类双自由基几何构型中的 $S_2(\pi^*)^2$ 与 $S_1(\pi,\pi^*)$ 态是简并的。

（5）所有发生重大扭转的几何构型都具有 $S_2(\pi^*)^2$ 和 $S_1(\pi,\pi^*)$ 两性离子（闭壳）的电子特征。

（6）所有那些不依赖于扭转程度的几何构型都具有 $T_1(\pi,\pi^*)$ 双自由基的电子结构。

在非键轨道间具有较大平均距离的那些几何构型被称之为"宽松"的类双自由基几何构型，例如 H—H 的 $^*R(T_1)$，而那些有着较小平均距离的构型则被称之为"紧密"的类双自由基构型，例如 H—H 的 $^*R(S_1)$。一般来说，作为 S_1 和 T_1 态的类双自由基几何构型的样本，类双自由基 $^*R(S_1)$ 和 $^*R(T_1)$ 态的漏斗可能出现在不同的几何构型处。这种起始构型上的差异可导致轨道构型相同而自旋不同的 $^*R$ 态有着不同的光化学路径。此外，类双自由基结构从定义上来说是非键轨道的，所以当它们的轨道间相互呈接近 90° 取向时，交换积分值 J 通常很小。

由 6.24 节可知，对于热禁阻的基态周环反应，其态相关图与围绕乙烯双键扭转具有相同的拓扑学（图 6.9）。当扭转形成漏斗时，也预示着产生了 CI。这种简单的 π 键扭转例子在解释众多其他含有 C=C 键体系的光化学反应中有着广泛的应用。

6.18 前线轨道相互作用导向能面上的最低能量途径和能垒

基于 σ 键拉伸（图 6.8）和 π 键扭曲（图 6.9）的简单能面可为解释能面如何作用于光激发有机分子中常见的两种重要构型变化提供定性的范例。除了对激发态 $^*R(S_1,S_2$ 以及 $T_1)$ 外，这些能面还描述了基态 R 的可能行为。现在我们要建立一种更一般化的方法来考察能面怎样作用于*R→I（形成双自由基 D）和*R→F→P 这两种重要初级过程的反应途径。后者中，*R 并不能形成一个传统的活性中间休（I），而是从*R 经漏斗（F）直接到 P。我们将从轨道相互作用如何控制有机分子电子激发态（*R）的光化学反应选择最低能量路径开始。对轨道相互作用的考察允许我们建立一组选择规则，或者不严格地说，是建立一组*R 可能发生的初级光反应路径。然后，我们将用能够描述反应坐标和沿初级光化学反应路径出现极大和极小的轨道和态的面能量相关图来分析一些*R→I 和*R→F→P 过程的例子。

我们从所谓"前线轨道相互作用"的概念出发得到某一反应的最低能量反应坐标，然后用一种理想化的对称性来代表能够产生轨道和态相关图的反应坐标[4]，就可以直接获得电子激发能面上出现的能量极小和能垒。前线轨道相互作用的理论基于以下的假设：有机分子的活性大小取决于占据轨道向未占轨道（或半充满轨道）转移电子的最初的相互作用。对前线轨道的分析中，最重要的轨道是有机分子基态的 HOMO 和 LUMO。作为零级近似，激发态与基态具有同样的 LUMO。因此，R 的前线轨道组态为$(HOMO)^2(LUMO)^0$，而*R 的前线轨道的电子组态为$(HOMO)^1(LUMO)^1$。

相互作用的前线轨道的两个重要特征决定了 HOMO 中的电子向空的 LUMO 轨道进行电荷转移（CT）的容易程度：（1）两轨道间的能隙，$\Delta E_{HOMO-LUMO}$；（2）两轨道间正相重叠（成键）的程度，亦即重叠积分的值〈HOMO/LUMO〉。这两个特征与多次出现在微扰理论的公式（3.4）中的一个变数的特征相同：即小的能隙和正相重叠积分是两个态之间建立共振的最好条件。而建立共振程度的大小也就决定了用以稳定这些态的重组程度的大小。对于轨道间可比较的能隙，反应物相互作用的 HOMO 和 LUMO 轨道之间有着较多的正相重叠（相内的，波函数间的相长干涉）时，说明到达 CT 只需较小的能垒，开始反应只需要克服较低的活化能。另一方面，HOMO 轨道和 LUMO 轨道的负相（相外的，波函数的相消干涉）或零的净重叠，则表明到达 CT 需要较大能垒，反应也需要克服大的活化能。

假设一个给定的电子激发能面上*R 的代表点可以选择两条具有不同反应能垒的路径（*R→I_1 和*R→I_2）来发生反应，我们可能会认为具有较低能垒的反应路径似乎可行（或允许），而具有较高能垒的反应路径则不太可行（或禁阻）。实际上，我们是假定反应倾向于按照以下途径进行，即过渡结构中相互作用的轨道之间具有最大程度的正相重叠和最小的能隙。因此，理解起始的或者前线轨道的相互作用就可以为那些可能反应路径的选择规则提供基础（如果可行就说允许的，如果不可行就说是禁阻的）。

在通过前线轨道理论假设了反应路径后，我们就可以从轨道相关图和态相关图中得到激发能面上关于极大与极小的定性信息。构建一个定性的相关图需要具有一个已知（或假设）一定对称性的模型。在相关图的框架中，如果起始的轨道（或态）沿反应坐标生成高能量产物的轨道（或态）需要吸热（上升），那么沿反应坐标会出现较高能量的势垒，而初始轨道（或态）沿着另一反应坐标生成低能量产物轨道（状态）需要放热（下降），那么沿反应坐标会出现较低能量的势垒。因此，从相关性图我们可以得到有关能垒的定性信息。即基于前线轨道的对于可行反应路径的基本选择规则是：相关图中的上升过程可被称为"禁阻的"，而相关图中的下降过程，则被称之为"允许的"。实际上，我们已建立了一种选择规则：即代表点沿轨道（或态）相关赋予了能垒的反应坐标的能面运动（禁阻反应），比沿未被轨道（或态）相关赋予能垒的反应坐标的能面运动（允许的反应），可能性要小得多。需要注意的是：禁阻和允许二词仅指相对速率和相对可能性，并不是绝对的。

6.19 前线轨道的最大正重叠原理[1,4]

为什么前线轨道的最大轨道正相重叠原理可以预测起始（R 或*R)态的反应路径是允许的还是"似乎可能的"（低能量）。根据量子理论，分子轨道是一种具有空间方向性或与固定核框架有关的立体化学方向性的波函数。因此，如果反应由正相重叠引起，则核（及其相关的电子云）在空间的立体化学位置将也会影响到其他方面，使它们也具有较大程度的轨道正相重叠（如轨道间有着较大的能隙）。这种反应路径的立体电子控制原理，是前线分子轨道（FMO）理论的一种应用，该原理假设（轨道间有着较大的能隙）反应速率受控于轨道在空间正相重叠的程度（亦即，沿反应坐标某一核构型将比其他的构型更易于达到，这是因为较大的轨道正相重叠伴随着相对另一个的核取向）。概括地说，最大的正相重叠原理假设：反应速率是和前线轨道的正相重叠（成键）程度成比例关系，而这种重叠则依赖于轨道相互作用的一些细节（例如：立体化学）。本质上来说该原理基本上是定性的，但是它为分析光化学反应，以及快速地推测出可行的或不可行的反应路径提供了强有力的基础。前线轨道理论的重要性是其源于量子力学的规则，即最强的成键是来自当轨道有着相似能量（为共振所必需的）轨道的重叠。

6.20 通过轨道相互作用的稳定性：基于最大正相重叠和最小能隙的选择规则

*R 的化学活性取决于与*R 电子组态相对应的前线分子轨道（FMOs）这一假说中的主要 FMO，通常对应于 HOMO 和 LUMO 轨道。由于 HOMO 在基态所有的占有轨道中能量最高，也最易于变形，同时也最易于给出电子到环境中的亲电（即寻找电子的）位点（如 LUMO）。同时，HOMO 轨道还在基态（R）任何被占有的轨道中具有最大的极化能力和最低的离子化电位。换句话说，HOMO 轨道是最亲核的轨道，它可被看作电子给体。

LUMO 轨道则是基态中的未占据轨道，它能够接受电子（亦即是亲电的），而且是最有可能接受在总的分子能量中具有最小增长的电子云密度。我们假设化学（或光化学）反应的初始扰动可以受到从 HOMO 轨道向 LUMO 轨道的电子转移的协助。有了这个假设，我们就很容易看到电子从一个轨道向另一个轨道的转移实际上是怎样发生的，还能够看到立体化学是如何影响反应路径可能性的。

由于我们在这里仅是定性的考虑，因此可以假设基态分子（R）的 HOMO 轨道和 LUMO 轨道对于激发态*R 的 HOMO 轨道和 LUMO 轨道来说，是一种良好的零级近似。

作为理解基态化学反应化学活性方法的前线 HOMO-LUMO 相互作用的基本原理，是假定当反应物种的 HOMO 和 LUMO 在它们的位置和方向上处于最大正相重叠时（亦即，有着最低的活化焓），大部分化学反应容易发生。虽说相同的基本原理也可应用于激发态*R(S$_1$ 或 T$_1$)反应，但应注意*R 的 HOMOMO 和 LUMOMO 是半充满的（亦即为单个被占据的），是经电子激发而产生的单占据的分子轨道（可称作 singly occupied, SO），因此，它可以是 HOMO 轨道在起作用，也可以是 LUMO 在起作用，当然，也有可能是两者都起作用。

微扰理论（3.5 节）表明：因 FMO 重叠而引起的稳定化能 E_{stab} 可定性地由公式（6.7）给出，这是一个与黄金法则的表达相类似的公式：

$$E_{stab} \approx \langle HOMO \mid LUMO \rangle^2 / \Delta E \tag{6.7}$$

稳定作用（成键）的大小将直接依赖于 FMO 的净的正相重叠大小的平方，并和 ΔE 成反比关系，ΔE 为相关 FMO 间测得的能量差。由于*R 有两个单电子占据轨道（单个占据的 HOMO 轨道和 LUMO 轨道），因此就会产生一些可能的 CT 相互作用，即从这个分子的 HOMO 轨道或 LUMO 轨道到达另一分子（或相同分子的其他基团）的 HOMO 轨道或 LUMO 轨道。

6.21 有机光反应中常见的轨道相互作用

考虑到 CT 的相互作用，*R 的 HOMO 轨道被标注为电子受体（eA）轨道，因为它是半充满的成键轨道，可以继续接受第二个电子进入半充满的 HOMO 轨道；*R 的 LUMO 轨道被标注为电子给体（eD）轨道，因为它是半充满的反键轨道，可通过给出电子到那些寻求电子的低能量轨道而被稳定化。*R 和另一个分子 M 间的初始电子转移（CT）作用可以通过*R 的 HOMO 和 LUMO 轨道与 M 的 HOMO 和 LUMO 轨道的相互作用来决定。在图 6.10 中示出两种可能的轨道相互作用都基于以下的假设，即*R 与 MHOMO 或 LUMO 的能量相似的情况下发生：(1)M 为电子给体，因此，M 的 HOMO 可将电荷转移至*R 的 HOMO。(2)M 为电子受体，因此，*R 的 LUMO 可以转移电荷至 M 的 LUMO。这两种作用阐明*R 可同时具有强氧化剂（从 M 的 HOMOMO 上获得电子）及强还原剂（向 M 的 LUMO 转移一个电子）的能力。在 7.13 节光诱导电子转移的阐述中，*R 的这种"氧化还原"属性将十分重要。

图 6.10 (a) 和 (b) 的两种情况中，哪一种更有可能在实际场合下发生呢？这里假设当改变 M 的给电子和接受电子的特征时，激发态*R 的给电子和接受电子的特征不会改变。定性地说，我们可简单地从能量的角度来考察前线轨道相互作用：即*R 究

竟是作为一个电子给体（半充满的 LUMO 轨道可给出一个电子），还是作为一个电子受体（半充满的 HOMO 轨道，可接受一个电子），将取决于 M 的 HOMO 和 LUMO 相对于*R 的 HOMO 和 LUMO 的能量和电子特征。如果电荷转移是失去能量，则该过程为可行（允许的）。反之，如果是得到能量，则过程为不可行（禁阻的）。

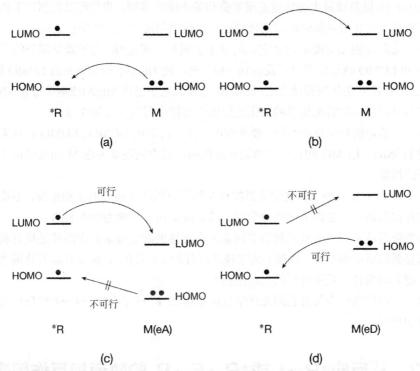

图 6.10　激发态分子（*R）与基态分子（M）间前线轨道相互作用的代表性图示
（a）电子从 M 的 HOMO 转移至*R 的半充满 HOMO 轨道；（b）电子从*R 的 LUMO 转移至 M 的
LUMO 轨道；（c）电子从*R 的 LUMO 到 M(eA)的 LUMO 轨道间可能的转移；
（d）电子从 M(eD)的 HOMO 至*R 的半充满 HOMO 轨道间可能的转移；
在（c）中，电子从 M(eA)的 HOMO 轨道向*R 的 HOMO 轨道的转移是
不可能的，同样在（d）中，电子从*R 的 LUMO 轨道向 M(eA)的
LUMO 轨道的转移也是不可能的

　　与*R 的符号相类似，我们以 M(eD)表示 M 为电子给体，以 M(eA)表示 M 为电子受体。M（eA）为电子受体，即该分子有着低能量的空 LUMO（相对于*R 的 LUMO）和双电子占据的 HOMO（相对于*R 的 HOMO），如图 6.10（c）所示。而 M(eD)为电子给体，则意味着该分子有高能量的双电子充满的 HOMO 和未充填的 LUMO ［见图 6.10（d）］。对于*R+M(eA)的主要前线轨道相互作用将是从*R 半充满的 LUMO 向着 M(eA)空的 LUMO 轨道的电荷转移，这是一种似乎可行的 LUMO(*R)→LUMO(M) 的电荷转移 ［图 6.10（c）］。而*R+M(eD)主要的前线轨道相互作用将是从 M(eD)的充满的 HOMO 轨道向 R 半充满的 HOMO 轨道间的电荷转移，这也是一种可能的

HOMO(M)→HOMO(*R)的电荷转移过程［见图 6.10（d）］。为了使得这些轨道的相互作用更加有效，相互作用的轨道应在能量上尽可能地接近，而轨道的重叠也要尽可能得多并具有正相重叠性，如公式（6.5）所示。此外，对于轨道的相互作用也要有热力学方面的考虑，如释放能量的热力学反应总是比吸收能量的热力学反应更容易发生。

从图 6.10 以及按最大的轨道正相重叠和最小能隙准则，我们可以根据以下的方法来判断轨道相互作用是如何决定光化学反应路径中的最可能发生的核运动。

根据反应物的相对能量建立它们的分子轨道后，确定*R 电子激发部分的半充满 HOMO 和 LUMO 轨道以及分子反应物（M）充满的 HOMO 和未填充的 LUMO 轨道。当然，这需要建立在某些假设之上，比如 M 是作为电子受体 M(eA)或电子给体 M(eD)，而这些假设可以从实验电化学的氧化还原电位数据中得到（见第 7 章）。

对于一给定的假定反应路径，要考虑电子激发部分的 HOMO、LUMO 以及未激发部分的 HOMO、LUMO 间可能的轨道相互作用，这中间还要考虑 M 的接受电子或给出电子的性质。

图 6.10 显示了何种立体化学轨道的相互作用可以产生最好的正相重叠，不论这些轨道相互作用的箭头是向上（热力学有利的）或是向下（热力学不利的）。

考察轨道的正相重叠及其热力学因素可以定性地确定哪条反应路径是最有利的，即具有显著轨道正相重叠（成键）的路径是可行的（允许的），而具有显著轨道负相重叠（反键）的路径，是不可行的（禁阻的）。

以上这些信息可为最有利的光化学反应坐标如*R→I 以及*R→F→P 的反应路径提供定性的指导。

6.22 从反应*R→I 或*R→F→P 的轨道相互作用来选择反应坐标：涉及类双自由基中间体的协同光化学反应和光化学反应的范例

*R→F→P 和*R→I→P 是有机分子中的两类最重要的光化学反应。其中*R→F→P 反应包括 C=C 键的顺-反异构化，以及乙烯、共轭多烯和芳烃 $S_1(\pi,\pi^*)$ 态上的光化学"形式协同"的周环反应等。最常见的光化学周环反应的例子是：电环开环和闭环反应；环加成反应；σ重排等。这些反应遵循光化学周环反应的 Woodward-Hoffmann 规则[10]。而协同的光化学周环反应一定发生在 $S_1(\pi,\pi^*)$ 态，因为如果反应发生在 $T_1(\pi,\pi^*)$ 态，就必须包含自旋的改变，那么反应就不能以协同的方式进行并得到 P，因为后者是单重态的。

*R→I 过程的例子如酮的 $S_1(n,\pi^*)$ 或 $T_1(n,\pi^*)$ 态可能的光化学反应。这些反应包括：氢原子的提取；电子的提取；乙烯的加成；α-或 β-断裂反应等。对于乙烯和芳烃的 $T_1(\pi,\pi^*)$ 态，在*R→I 过程中也很常见。我们将可看到：从轨道相互作用考虑建立选择定则，例如这些具有 n,π*态的可能的光化学反应是相同的，并且仅依赖于轨道的相互

作用而非自旋。然而，态的起始能量决定着初级光化学反应的热力学可行性；又由于 $S_1(n,\pi^*)$ 态比 $T_1(n,\pi^*)$ 态有着较高的能量，因此发生在 $S_1(n,\pi^*)$ 态上的反应一般比发生在 $T_1(n,\pi^*)$ 态上的反应具有更大的热力学驱动力。

对光化学反应如 *R→I 或 *R→F→P 进行理论分析时，我们必须选择恰当的能够描述从反应物到产物的转换中伴随的核几何构型变化的反应坐标。原则上，所有可能的反应坐标都应当加以分析。但在实际上，仅选择从给定的起始激发态开始的最低能量的反应路径。我们可定性地通过轨道相互作用来鉴别这些途径，然后在假设对称性沿着反应坐标保持不变的情况下进行分析。

6.23 电子轨道和态相关图[6,11]

关于激发 PE 能面上的漏斗及能垒等有价值的信息，可以从初级光化学反应例子的态能量相关图中得到。虽然它们只是定性的，但对沿着反应坐标保持特定对称元素的初级光化学反应来说，其轨道和态能量相关图相对易于构建，这些为有关电子激发态能面上漏斗和能垒位置方面提供了重要的信息。轨道相关图是通过考虑沿着反应途径基元步骤的开始与结束的轨道能量和对称性而构作出来的，譬如说常见的 *R→I 的初级过程。此前，我们已介绍了 H—H 分子 σ 键的拉伸和断裂，以及 C=C 键在扭曲情况下的轨道和状态的相关图的范例（图 6.8 和图 6.9）。

借助于轨道和态相关图可以分析光化学初级过程的第一步。特别是与 FMO 理论相结合后，在判断初级光化学反应的途径是否可行及其定性的选择规则问题上，相关图十分有用。对相关图的分析要求对初级光化学过程的起始和结束状态的对称性有所认识。该相关图基于以下的假设：电子对称性与核的几何构型是相互关联的，电子体系将会更容易地向着对称性保持不变或只有很少变动的反应路径前进。

6.24 光化学协同周环反应的范例：环丁烯的电环开环和 1,3-丁二烯的闭环反应

环丁烯的光化学电开环反应以及 1,3-丁二烯的光化学电环闭环反应是通常发生在 $S_1(\pi,\pi^*)$ 态的协同周环反应类型（图 6.11）。由这些范例而来的概念易于扩展到其他光化学电环反应，并应用到其他的"协同"光化学周环反应如环加成和σ重排反应等。由于协同的热化学和光化学反应这一主题可涵盖于众多基础的有机化学课程中，因此这里我们仅给出一个简要的评述，读者可从其他方面查阅到更多资料[4,10]。

轨道的相互作用引出了周环反应的立体化学选择规则。例如，电环反应协同度的关键是与遵循 Woodward-Hoffmann 规则的开环和闭环的立体化学有关（图 6.11）。根据轨道相互作用的正相重叠和能隙选择规则我们预测：环丁烯发生在的 $S_1(\pi,\pi^*)$ 态的

反应中，σ(HOMO)→π(HOMO)以及从 π*(LUMO)→σ*(LUMO)均有分子轨道间最大的电荷转移（CT）可能性，因此二者同样重要。

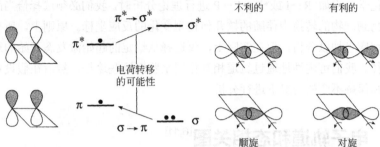

图 6.11　环丁烯 π,π*态的顺旋和对旋开环的轨道相互作用生成 1,3-丁二烯

σ 和 π 的 HOMO 在能量上接近，因而具有最佳的 CT 相互作用。类似地，σ* 和 π* 在能量上也接近，因此它们也有很好的 CT 相互作用。

检测对旋与顺旋过程[10]的轨道对称性（图 6.11，右侧）可以看出：对*R 来说，根据最大的正相重叠规则来说，对旋过程更有利。当轨道以对旋的方式旋转时，σ(HOMO)→π(HOMO)和 π*(LUMO)→σ*(LUMO)的电荷转移相当于轨道的正相重叠，而顺旋运动则与轨道负相重叠相当。对 1,3-丁二烯的电环反应的立体化学预测推测如公式（6.8）和公式（6.9）所示：

$$
\xrightarrow[\text{顺旋}]{h\nu}
\qquad
\begin{array}{l}\text{经轨道相互作用}\\\text{而"禁阻"}\end{array}
\tag{6.8}
$$

$$
\xrightarrow[\text{对旋}]{h\nu}
\qquad
\begin{array}{l}\text{经轨道相互作用}\\\text{而"允许"}\end{array}
\tag{6.9}
$$

因此，从简单的前线轨道相互作用考虑，对于这种四电子体系（热力学可行的反应）来说，对旋的相互转换是光化学所允许的（有利的前线轨道相互作用），顺旋则是光化学禁阻的（不利的前线轨道相互作用）。这些结论十分重要，因为它们基于以下的理论过程：选择一组 π,π*态中可能的初始相互作用决定协同周环反应的立体化学。为了给该选择规则提供更为基本的理论基础并确认这些初始的相互作用是在*R→F→P 反应中进行的，我们需要得到整个反应过程的轨道和态相关图，这将在 6.28 节中讲述。

6.25　涉及以自由基为半充满分子轨道模型的前线轨道相互作用

由于自由基可被定义为具有半充满轨道的物种，因此自由基和分子间的轨道相互作用将是一个很好的用于研究*R 半充满的 HOMO 和 LUMO 与分子间的相互作用的模型（图 6.10）[12]。*R 半充满的 HOMO 可看作是亲电（接受电子）自由基，而 *R 半充满的 LUMO 则可看作是亲核（给予电子）自由基。在图 6.12 中，半充满的轨道用 "SO" 作标号，来表示 "单电子占据"（singly occupied），以区别于分子的 HOMO 和 LUMO。图 6.12 中考虑了自由基的半充满 SO 与有机分子充满的 HOMO（图 6.12 顶部）或有机分子未填充的 LUMO（图 6.12 底部）间的相互作用。

根据量子力学，任何时候两个轨道的相互作用必然产生两个新轨道，一个能量较低（有效的干涉），一个能量较高（无效的干涉）。在图 6.12（a）中，当自由基接近分子时，带有一个电子的 SO 与带有两个电子的分子的 HOMO，发生轨道重组而产生出两个新的轨道。由于只是定性讨论，因此列出的 SO 和 HOMO 能量相等。我们可以看到，相互作用的体系在能量上要比无相互作用体系的能量为低，这是因为三个电子中的两个是被稳定化了（两个成键的相互作用，和一个反键的相互作用，净结果是成键）。在图 6.12（b）中，当自由基接近分子时，SO 带有一个电子，而分子的 LUMO 则是空的。但相互作用后的体系能量上会再次降低，因为单个电子被置于低能量的轨道之中。

从轨道相互作用的定性描述中我们得出以下结论：与分子中全充满的 HOMO 或分子中空的 LUMO 相作用时，自由基可产生出更为稳定的体系。实际上，自由基倾向于与所有的分子形成一种 "复合物"，唯一的问题是其稳定化程度如何。由于 *R 有着 $(HOMO)^1(LUMO)^1$ 电子组态（两个半充满的轨道），所以可得出：电子激发态倾向于与基态分子形成复合物。在 4.38 节中已经看到，某些情况下，稳定作用可充分地引起激发复合物的形成（如激基复合物和激基缔合物）。

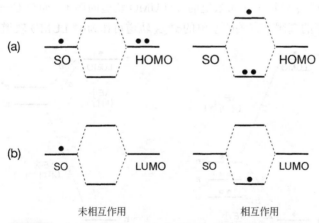

图6.12 （a）自由基的 SO 与分子的 HOMO 间的相互作用；
（b）SO 自由基与分子的 LUMO 的相互作用

注意：SO 或是与双占据的 HOMO，或空的 LUMO 间的相互作用，可以在电性上稳定整个体系

在讨论完自由基和分子的相互作用后，我们来考虑 HOMO 和 LUMO 二者都表现为自由基中心的 *R 光反应，例如：*R→I(D)。作为 *R→I(D) 光反应的范例，我们考察了酮的 *R(n,π*) 态（S_1 和 T_1 态两者）的光化学，其目的是要发展一组酮的 n,π* 态可能

的初级光化学过程。因此，我们需要考察所有可能从 n,π*态与另一分子 M（分子间的反应）或电子激发分子内的基团（分子内的反应）间所发生的轨道相互作用。图 6.10（c）和（d）列出了两种*R 和分子 M 轨道相互作用的极端情况。图 6.13 列出了*R 为 n,π*态时的所有可能性：①在 CT 相互作用中，从 M(eD)的 HOMO 轨道上的一个电子转移到 n,π*态亲电的、半充满 n_0 的 HOMO 轨道；②CT 相互作用从 n,π*态亲核的、半充满 π*LUMO 轨道转移到 M(eA)中空的 LUMO 轨道。

那么，M 中哪个轨道是最常见的亲核（给出电子）的 HOMO，哪个轨道则是亲电（接受电子）的 LUMO 呢？对有机分子 M 来说，有三个最常见 HOMO，分别对应于σ轨道，π 轨道及 n 轨道，和两个最常见的 LUMO 轨道π*和σ*。在图 6.13（左侧）中，列出了 M(eD)的 HOMO 上电子被转移（给出）到 n,π*态半充满的 n 轨道上，而其典型的能量序列为：n>π>σ。当然，这个次序还依赖于 M 的实际结构状况，n 轨道的能量一般不会低于 π 轨道，反键轨道的能量序列通常是σ*>π*。在图 6.13（右侧）列出了 n,π*态可给出 π*电子到 M(eA)的σ*或 π*的 LUMO 轨道上。在 7.14 节中，我们将对电子转移过程的实验和理论进行详细的定量讨论。然而从本章的定性目标看，关于初始轨道相互作用的能量已很清楚，即能量"降低"的电荷转移是可行的，而能量"上升"的电荷转移是不能发生的。

与亲核 CH 键有关的$σ_{CH}$轨道可以作为 eD 的 σHOMO 轨道的例子；C=C←eD 体系中亲核的$π_{C=C}$轨道可作为 eD（电子给体基团）的 πHOMO 轨道的例子；与胺上的 N 原子有关的亲核的 n_N HOMO 轨道可作为 eD 的 n HOMO 轨道的例子。与 C=C→eA 体系有关的亲电 $π*_{C=C}$ 轨道可作为亲电的 π* LUMO 轨道的例子；而与 C—X 键（碳-卤或其他可以拉电子的基团）有关的亲电的$σ*_{C-X}$轨道可作为σ* LUMO 轨道的例子。

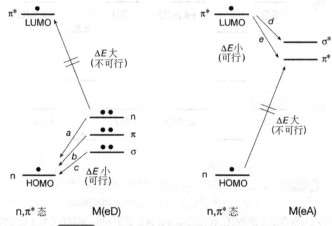

图 6.13 n,π*态和底物间假设的轨道相互作用组

应注意的是：列出的 M(eA)的σ*轨道在能量上要低于 n,π*态的 π*轨道。
这一假设是基于 M(eA)分子具有较强电子吸引的情况，而并非一般的情况

按照轨道相互作用的选择法则，我们认为（图 6.13）n,π*态半充满的 $HOMO(n_O)$

轨道的低能量或允许的反应路径，可涉及如下可能的电荷被转移至半充满 n_O 轨道的相互作用：$\sigma_{CH} \rightarrow n_O$，$\pi_{C=C} \rightarrow n_O$ 和 $n_N \rightarrow n_O$。对于 n,π*态半充满的 LUMO(π*)轨道，我们认为其允许的反应路径涉及如下的电荷从半充满的 π*轨道给出的相互作用：$\pi^*_{C=O} \rightarrow \pi^*_{C=C}$ 和 $\pi^*_{C=O} \rightarrow \sigma^*_{C-X}$。当热力学上有利时，这些轨道相互作用要求是所考虑的反应必须为一组有可能发生的 n,π*态光化学反应。这一结论相当重要，因为它阐明了选择一小部分 n,π*态与潜在试剂分子内和分子间可能的初始相互作用的理论过程。为了确认这些初始相互作用是在 *R→I 反应过程中进行的，我们需要对整个过程考虑一些更基本的轨道和态的相关图。

6.26 轨道和态的相关图[6,10,11]

轨道相关图和态相关图二者都是十分有用的理论工具，便于我们对能面的细节进行更深入的理解，并分析从一种类型的电子组态到另一种类型的转变过程。借助于反应路径中所涉及的**关键轨道**，可获得丰富的信息来考虑相关图，即构建出一幅有用的**轨道相关图**。然后，这个轨道相关图就可用来作为产生态相关图的基础。我们可以在建立轨道相关图时就考虑混合的相互作用，然后构建态的相关图，也可以从无相互作用的轨道相关图构建态相关图，之后再于态的相关性基础上考虑混合的相互作用。不论哪一种情况下，我们都可通过轨道和态相关图推演出能面的一些性质，比如反应物如何与初级光化学产物相联系；如何寻找能面的交叉；以及确定反应是允许的还是禁阻的，亦即是有可能的或是不可能的等。

产生的轨道和态相关图主要依赖于分子和电子的对称性概念（可以是整个分子，或是与反应相关的分子的某个局部）。我们假设读者对化学对称性的概念是熟悉的，这里只简要地描述轨道和状态的对称性。感兴趣的读者想深入地了解这些知识，可参阅相关文献[4,10,12]。

当考虑一个 n,π*态有可能发生的光化学反应时，有关参考平面分子轨道的理想对称性就是十分重要的[6,11]。如果分子有一个对称的参考平面，那么它所有的分子轨道在参考对称面的反映中必然是对称（s）的或是反对称的（a）。按照惯例，对称轨道的对称性符号为 s，而反对称轨道的对称性惯用符号则为 a；对称态的对称性惯用符号为 S，而反对称态的对称性其惯用的符号为 A。对称的（s）意味着波函数的（数学）符号从参考面的一边反映到另一边后是不改变的，而反对称的（a）则意味着在经过对称面的反映后波函数将改变其符号。例如，图 6.14 所示的平面甲醛分子，其 n 轨道具 s 对称性（其波函数在分子平面的上方或下方并不改变其符号），而其 π 轨道及π*轨道则具有 a 对称性（即其波函数在分子平面的上方或下方将改变其符号）。换句话说，n 轨道通过对称平面反映后并不改变波函数的符号（s 对称性），但 π（或 π*）轨道经对称平面反映后，则改变了其符号（a 对称性）。对于半充满的轨道，其轨道对称性的乘积可决定态的对称性，其规则如下：$a \times a$(轨道)=S(态)；$s \times s$(轨道)=S(态)；$s \times a$(轨道)=A(态)。

读者可通过查阅书籍或综述以获得更多的关于轨道和态的对称性的详细信息[13]。

分子平面   n-轨道"面内"的   π*轨道"垂直"于面的
亲电轨道对称性   亲核轨道对称性
$\equiv s$ $\equiv a$

图 6.14   甲醛的对称平面

其 n_0 轨道是位于对称面内,被称为通过对称面反映的对称 (s)。但 π*(以及 π)轨道则
是位于对称面的上方和下方,经对称面的反映后被称之为反对称的 (a)

6.27 选定反应坐标的电子轨道和态相关图的构建

电子轨道和态相关图的构建是始于选择假设具有某些对称元素的反应坐标,从而允许初级化学步骤的反应物的轨道和状态与其初级光反应产物的轨道和状态间相关联。这一选择的坐标基于对轨道相互作用的计算或对实验数据等方面的考虑,它描述了从开始的反应物转换为初级的光化学产物(*R→I)的过程中,核的运动以及几何构型的变化。不过首先是反应物的轨道与初级产物"固有的"轨道间的零级相关[14]。

这种固有轨道的相关性是以对局部电子分布中位相(轨道对称)关系的保持为基础的,也是为了通过简单地比较它们的位相关系,使得反应物的相关轨道能与(看来相似的)产物轨道相关联。在使用固有轨道的相关图时,为了获得预期的相关性,具有相同对称性的轨道可允许有交叉。然后,可从轨道的相关来决定态的相关。态的相关图是通过态的对称性来连接反应物态与初级产物的态而产生的。这种预期的相关性有助于我们进一步认识许多诸如小的能垒或能量陷阱来源,因为它们在考虑对称避免交叉及最终态的相关图构成以前,指出了"MO 在何处发生转化"。

6.28 对于协同光化学周环反应的典型态相关图

简单轨道相互作用的论据与详细的轨道和态相关图都可以对环丁烷的顺旋和对旋开环反应给出相同的预测。读者可参考轨道和态相关性的有关综述[10,12]。在此我们将归纳一些重要的结果,以允许对周环反应进行概括。

6.29 环丁烯和 1,3-丁二烯电环反应的轨道和状态分类:一个协同反应的范例

如图 6.15 所示为环丁烯的电环开环和 1,3-丁二烯的电环闭环反应的态相关图。在

图示中，协同的周环反应仅需要考虑单重态能面，因为三重态的协同反应沿反应坐标要有自旋的变化因而不可能发生。要构建一个完整而现实的态相关图，高阶能态如σ,σ^*以及$(\pi^*)^2$等都必须包含在内。对于 3,4-二甲基环丁烯，其光化学开环反应既可通过顺旋运动发生，也可通过对旋运动发生，S 和 A 分别用来标记这两种运动的对称性[6]。图6.15 的重要特征是：顺旋运动的相关图从 $S_1(\pi,\pi^*)$ 态出发，并和产物 1,3-二烯的高能$S_n(\pi,\pi^*)$ 态相关联，由于这是一个 "升高" 途径，因此反应不可能发生，被称为禁阻。另一方面，对旋运动的相关图中从 3,4-二甲基环丁烯的 $S_1(\pi,\pi^*)$ 出发，和产物 1,3-二烯较低能量的 $S_1(\pi,\pi^*)$ 相关联，由于这是一个 "下降" 途径，因此反应是有可能发生的，被称为允许。

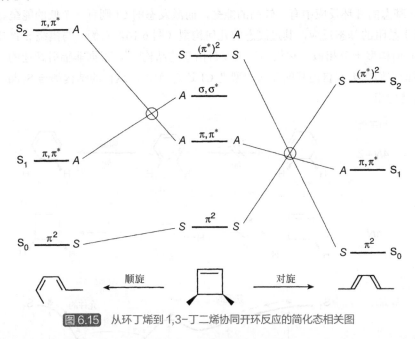

图6.15　从环丁烯到 1,3-丁二烯协同开环反应的简化态相关图

对于电环反应这一特殊范例，其能面拓扑学适用于协同的周环反应[6]。因此，所有基态禁阻的周环反应，都被认为有一个面拓扑学，定性地相当于环丁烯的对旋开环生成丁二烯；而所有基态允许的周环反应，也被认为有一个面的拓扑学，定性地相当于从环丁烯到丁二烯的顺旋开环。

图 6.15 的态相关图中列出了某些能面的交叉（零级的面交叉作为 CI 几何构型的表示）。当有适当的电子相互作用时，相同对称性的交叉态可成为避免的面交叉（ASC）。从相关图中可注意到：在单重态的面间可以有面的交叉。因此，光化学的周环反应就有两种可能的反应机制：一种是通过*R(S₁)→CI→P 过程，另一种是通过*R(S₁)→ASC→P 过程。前者是以 CI 为中间体，以下的结果有利于该途径的发生[15]，如：①在特定的周环反应中[13]，*R 的反应速率在 $10^{13}\sim10^{14}s^{-1}$ 间，远远快于平衡的 ASC（平衡的ASC 应遵循费米黄金规则，其速率在 $10^9 s^{-1}$ 量级或更小）；②某些特定的周环反应并未

观测到 Woodward-Hoffmann 规则中严格的立体规整性，这可能是代表点掉落到 CI 之中；③很多情况下，周环反应可生成不同类型的产物，这又与经 CI 的反应产物有分叉相一致（图6.6，左侧）。由于 CI 和 ASC 间的差别不能直接通过实验证据予以确认，因此，计算是目前唯一可用的研究光化学协同反应的方法。按照我们的想法，在没有获得具体的实验或计算的证据之前，那么该过程可能是经过 CI 也可能是经过 ASC。不过对发生在飞秒量级周环反应的这一观察结果，可作为无能垒的 *R→IC 过程的一个证据。

图6.16 列出的是图6.15 态相关图的进一步简化。任何"协同"周环反应的基本特征都仍然保留。在基态允许的开环反应（图6.16，左侧）中，反应前有一较小能垒；而在激发态的开环途径中，存在一个明显的能垒[14]。对于基态的禁阻反应（图6.16，右侧），基态的开环反应中有一较高的能垒，而激发态的 CI 则有一个低的能垒。

对于禁阻的基态反应，其过渡态的几何构型（图6.16，右侧）与围绕 π 键扭曲到 90° 的几何构型十分相似，它相当于类双自由基的结构[1,9]。根据非辐射跃迁的一般规则，不论它们在类双自由基的几何构型是 CI 还是 ASC，这样的结构都与 S_1 漏斗的临界几何结构相当。

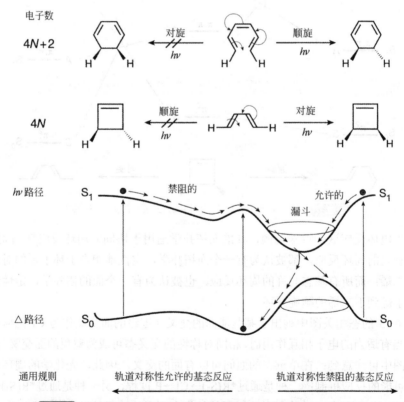

图6.16 简化了的协同周环反应，两个最低单重态面的一般性图示说明

图中示出了 4N 电子和 4N+2 电子反应的选择规则（其中 N=0 或一个整数，而 4N 或 4N+2 为成键或键断裂中所涉电子的数目）

在一级近似下,图6.16的态相关图的拓扑学可扩展到所有如下的协同周环反应中。对于四电子的(或更一般化,$4N$电子的)协同周环反应,其对旋的(或立体化学相当的)途径相应于从图的中心处向右侧移动,而顺旋的(或立体化学相当的)途径则相应于从图的中心向左侧移动。可以看出:四(或$4N$)电子的协同周环反应的光化学对旋一般是允许的,因为它们所要求的有利于轨道重叠的立体化学可容易地达到,并可通过避免交叉或CI使得漏斗回到基态。

至于对有六电子(或更一般化为$4N+2$电子)的协同周环光化学反应,其情况就颇不相同,在那里对旋(或立体化学相当)途径相当于从图的中心到左侧的运动,而顺旋的途径则相应于从图的中心向右侧的运动。因此,协同的对旋光反应是禁阻的。或更准确地说:从S_1出发的协同光化学$4N+2$电子的反应是不可能的,因为为了要达到沿反应坐标协同键合所需要的正相重叠,相应的要求有一个不太有利的立体化学几何构型。而这种不太有利的几何构型则导致在协同反应的途径上出现能垒,使许多其他可引起S_1态快速失活的途径与协同反应相竞争。根据以上的分析,对于这种$4N+2$的电子体系可知:它所发生的过程应该是经过CI或ASC形式的顺旋模式,如图6.16从中部向右侧的运动过程。

6.30　协同的光化学周环反应和锥体的交集[1]

尽管上面我们已十分简洁地对相应于协同周环光化学反应的能面作了说明,但我们必须记住:这些能面是在反应途径保持着高度对称性假设的基础上构建起来的。实际上,这些反应体系沿着反应途径不可能严格地保持这种高度的对称性,这是由于一些因子例如取代的样式、瞬时的分子振动、与邻近分子碰撞而引起对称性的破坏等,都能使分子的几何构型有所扭曲。对于这些非对称的几何结构,其结果是使代表点无需经历与避免交叉 r_c 处相类似构型上的一个显著的避免。然而,r_c 邻近处的几何构型相当于在激发面上的周环极小或漏斗,虽无高度的对称性,但仍很有可能相当于CI,即一种非常有效的可以通过非辐射衰变而到基态去的漏斗(F)。事实上,详细的计算指出这种情况可能具有普遍性。根据相关图,了解周环漏斗区域内的电子态,可以为假设处于周环漏斗相同区域内CI漏斗可能的几何构型提供基础的认识。

6.31　非协同光反应的典型态相关图:含中间体(双自由基和两性离子)[1,9]的反应

大部分已知的有机分子光反应都不是协同的(*R→F→P)。一般情况下,我们认为光化学反应沿反应途径(*R→I)趋于存在反应中间体。最常见的光化学中间体(I)是一类不完全成键而在两个有相近能量的轨道上有两个电子的物种。这些相当于双自

由基（D）的活性中间体为：自由基对（RP）和双自由基（BP）以及两性离子（Z）等。图 6.8 和图 6.9 给出了*R→I 过程中电子特征的本质和 I(D,Z)的性质，分别示列出了与σ键伸长和断裂以及与 π 键的扭曲和弯曲相关联的能面拓扑学。而这两种基本能面拓扑学及 D 与 Z 结构间的关系可由图 6.7 给出。

6.32   固有的轨道相关图[14]

回想相应于绝热能面能态图的构建过程，可以通过下列两种方式的任一种来完成：（1）首先应用有相互作用的零级设想或"固有轨道"相关，得到轨道交叉点处的能面避免，然后用获得的绝热轨道相关构建组态以及绝热态相关图；或（2）留下轨道的面交叉，做出轨道间无相互作用下的零级设想或固有轨道相关，然后将得到非绝热的轨道相关用于构建轨道相关图。最后，依据电子的相互作用得到绝热态的相关图。上述第二种应用固有轨道的步骤对于深入理解存在的一些小的能垒非常有用，这些能垒在许多光化学反应中十分典型，甚至以热力学考虑它们是允许的，按照态的相关图它们也是允许的。其基本的观点是：在开始的相互作用中，在轨道尚未遇到一个可诱导混合和零级轨道面交叉处引起避免的核构型之前，轨道是趋于保持它们一般的对称特征的。这里的要点是假如从*R 出发的固有相关要到达较高能量的轨道，那么在避免交叉处的轨道将具有比起始轨道较高的能量，并在沿着反应的路径中引起势垒。

6.33   小势垒在决定光化学过程效率中的作用

由于光化学的初级过程（*R→I 和*R→F→P）必然要和相对较快的光物理过程（*R→R+$h\nu$或△）相竞争，因此光化学的初级过程只有当*R→I 以及*R→F→P 的过程具有较小甚或无能垒的情况下方是有效的。在态相关的水平上，定性的绝热相关在揭示轨道水平上由于避免交叉而在 PE 能面上产生的（常是很小的）极大常常是不可行的。沿着反应坐标，轨道常趋于追随形状的自然变化；亦即，作为代表轨道的波函数，除了要保持整个态的对称性外，还具有一种自然的趋势来转换它们局部的位相关系和局部的电子分布。此外，在本征相关图中，联系初始态（*R）和终止态（I 或 P）轨道相关性的直线经常允许有交叉，这是为了那些允许轨道混合并产生出绝热相关图的任何相互作用发生以前，就可指出或着重指出那些预想的固有轨道的相关性。这些交叉有助于我们深入了解小能垒（或由于避免交叉或由于 CI 导致的能量极小）的来源，因为它们指出了不存在混合时轨道将在何处发生转变。这样，因任何原因而使得混合变得很弱时，固有轨道的相关性就可成为预测能垒或极小的一种基础。这在一定意义上表明，固有相关的极大或极小是态相关图中的"避免交叉的记忆"。还应注意的是：这些避免交叉的记忆可以用来预测在能面交叉处的几何构型，亦即 CI 会在沿着光化学的途径上发生。

6.34 n,π*态光化学反应的范例

我们以酮的 n,π*态氢提取反应［式（6.10），式中的 X-H 为氢原子给体的一般结构］为例，推导能够生成自由基对和双自由基中间体 I(D)的*R→I 反应的原型轨道和态对称的相关图。

$$*O \qquad H—X \qquad \longrightarrow \qquad OH \qquad ·X$$

$$\text{(6.10)}$$

$$*R \qquad\qquad\qquad I(D)$$

因为饱和 C—H 键仅有很小的亲电特征，我们可以合理地假设：氢的提取反应是通过 n,π*态 n 原子上半充满的 HOMO 轨道和 σ_{CH} 键充满的 HOMO 轨道前线间相互作用而引起。这一反应可被认为起始于 σ(HOMO)→n_O(HOMO)电荷转移的轨道相互作用（图 6.13）。这些轨道和态相关图的结果可以随即应用于涉及 n_N(HOMO)→n_O(HOMO)以及 $\pi_{C=C}$(HOMO)→n_O(HOMO)相互作用的反应（从胺中提取电子和对 C=C π 键的加成）。

由*R(n,π*)激发的酮和醇间的光反应［图 6.17 和式（6.11）］也涉及初级光化学的氢提取，它可生成自由基对中间体作为初级光化学的产物 I(D)[17]。自由基对在 I(D)→P 反应路径中有如下选择：自由基-自由基的偶合和歧化反应，或和分子反应生成新的自由基，新自由基在次级的热反应中生成 P。

酮的*R(n,π*)态和氢给体反应的状态相关图（图 6.17）是一种可产生自由基对和双自由基中间体的，*R(n,π*)态和分子 M(eD)反应的原型反应。因此，图 6.17 可以作为所有从 n,π*态的 n_O 轨道（HOMO）起始的光化学反应的例子。对于多数的烷基酮如丙酮，其 S_1=n,π*，T_1=n,π*，即*R 在两种情况下都是 n,π*。因此，相关图就要寻找 S_1=n,π* 和 T_1=n,π* 以及 $S_0=\pi^2 n^2$ 与产物 I(D,Z)的适当的状态关联。为了构建轨道或态的相关图，我们需要选择一个反应坐标。那么什么是 n,π*态的氢提取反应最合适的反应坐标呢？为了确定最合适的反应坐标，我们必须选择最有利的轨道相互作用，找出那些能导致最有利轨道相互作用的反应物几何构型中的对称元素，然后联系这些对称元素，建立起沿反应坐标的从反应物到初级产物转换的相关性。

具体地说，我们在分析甲醛与氢给体 XH 这一类型的反应中［式（6.10）］，X—H 键的强度在总的*R(n,π*)→I(D)反应中为放热，因而在热力学上有利。假如 X—H 中有着某些不同的 X—H 键，则反应最快的那个应该是相对富电子的那个 X—H 键，该键就相应于高能量的 σ-MO。由于作为氢原子给体的 X—H 键在反应中会断裂，而酮会产生一个 OH 键，所以我们就选择 σ_{XH}(HOMO)→n_O(HOMO)的轨道电荷转移作为反应起始的轨道相互作用。由于作为反应中两个分子取向函数的轨道正相重叠的程度其变化甚微，所以在构筑态的相关图时，我们选择的几何构型要求分子在反应中涉及的所

有原子都是处于同一平面之上（图 6.18，底部），因此，它们所具有的对称元素将处于平面的上方和下方。

我们所得到的轨道和态的相关图如图 6.18 所示，假设用严格的平面方法来代表反应坐标。理想的共平面反应的这一假设可提供一个合理且定性的关于能面的零级描述。一般地说，含有相关反应中心的平面将是一种可加以识别的对称元素，它可用于选择生成类双自由基几何构型的 n,π^* 态的反应坐标。下面我们将详细地来考虑有关这种假设的结果。

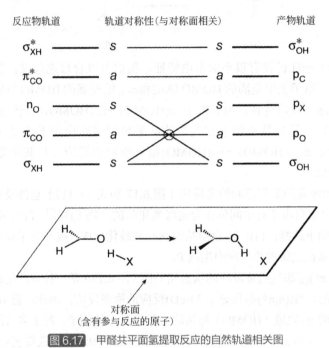

图 6.17 甲醛共平面氢提取反应的自然轨道相关图

6.35 对称面的假设：Salem 图表[6]

图示 6.17 底部的关于理想对称面的扩充，仅需明确提及那些直接包含于电子组态近似中的含核平面，也即 C=O 和 HX 键中的原子。在 $H_2C=O$ 和 H—X 键中，相关的原子有着与 CT 相互作用相关的轨道，它可引起光化学的氢提取反应。在这种假设下，具有相同对称性的态间的相关性，可以通过简单的电子分类和计数方法而作出。反过来，通过应用经典的涉及电子态的共振结构可以简化这种分类和电子计数（图 6.18）。这些共振结构仅能在理想化的轨道上拥有电子，它们既可以是对称的（s）（通过对称平面的理想化反映后并不改变符号），也可以是反对称的（a）（通过对称面理想化的反映后可改变符号）。而这种理想化的对称面的假设，则要求轨道也具有与相关平面一致的对称性和反对称性。

6.36 n,π*态的 n 轨道引发的反应的态相关图：通过共平面反应坐标提取氢

在我们介绍的反应例子中，假设 n,π*态的初级光化学反应是通过给电子的分子 M，从其 HOMO 轨道给出电子到 n,π*态的半充满 HOMO 间的 CT 所引发的。在实验上，这种从给电子分子到亲电 n 轨道间的 CT 相互作用，在引发 n,π*态的轨道相互作用中起到了支配性的作用。例如，酮的 n,π*态的四种最重要的反应（氢原子提取、电子提取、双键加成、α-断裂）都是典型的通过半充满 n 轨道与σ键（氢原子提取和α-断裂）或 π 键（双键加成）或非共享电子对（电子提取）间的相互作用所引起的。因此，这些初级光化学反应中的任一个都可借助图 6.18 所示的相似的轨道和态相关图加以描述。

在对共平面氢提取反应的分析中，图 6.17 的顶部列出了相关轨道。选择共平面的几何形状作为反应坐标是因为它代表了 n_O 和σ_{XH} 轨道间最好的前线轨道相互作用（正相重叠），而且共平面几何形状的假设可以方便地对有关轨道的对称性进行分类。在传统的表示法中（图 6.14），反应物的轨道（图 6.17，左侧）被分为相关的对称平面。任何位于平面上的轨道必须与其对称面相关的反映（即，σ_{XH},n_O 以及σ^*_{XH} 轨道）是 s 对称的。这意味着用于描述轨道的波函数在经过了对称面的上下反映后，符号并不发生改变。而任何存在于平面上下方的、在面内具有节点的轨道，必然都是 a 对称的（如，π_{CO} 和 π^*_{CO} 轨道）。

相关产物的轨道为σ_{OH} 和σ^*_{OH}（二者均为 s 对称的），碳上的 p 轨道（p 位于上和下的，为 a 对称）、X 上的 p 轨道（p_X 在平面内，为 s 对称）以及 O 原子上的 p 轨道（p_O 处于上与下的，为 a 对称）等。从图 6.17 可以看到，初始（零级）轨道相关性在反应中正如相互作用起始时的那样保持不变，这就像轨道的固有轨道相关所预期的那样。应当注意到：$\sigma_{XH} \rightarrow p_X$ 和 $n_O \rightarrow \sigma_{OH}$ 的相关交叉很可能引起能面的相互避免。

对于完全充满的轨道其相关的对称元素通常是完全对称的（S）（亦即，$a \times a = S$ 和 $s \times s = S$），但对两个半充满的轨道则可能为 A(亦即，$s \times a$ 或 $a \times s = A$)或为 $S(a \times a = S$ 或 $s \times s = S$)。由于态的对称性是所有充满的和未充满的轨道的组合（重叠），因而我们可以通过评价合适的反应物和初级产物轨道对称性推演出反应物的态的对称性。

从图 6.17 中的轨道对称性可以方便地推导出反应物和产物的态对称性。例如，S_0 一定是 S 对称的，因为它只有双电子占据的轨道（$a \times a = S$ 或 $s \times s = S$）。而 n,π*态的对称性是 s(n 轨道)$\times a$(π*轨道)$=A$；π, 是π*态的对称性是 a(π轨道)$\times a$(π*轨道)$=S$；$D(p_X,p_C)$ 态的对称性为 $s(p_X) \times a(p_C)=A$；而 Z 态的对称性则必然为 S，因为它只有双电子占据的轨道（$a \times a = S$ 或 $s \times s = S$）。

通过关联相同对称性的态，我们可以进入到零级的态相关图，或 Salem 相关图（图 6.18），根据这一简单的规则就能将反应物的每一个态与相同对称性产物的最低能态相关联，直至所有的反应物态都被连接。出于实用的目的，我们仅需要把反应物的某些

有关态 S_1 和 T_1 与产物的态相关联,然而在图 6.18 中,为了完整性我们也列出了 $S_2(\pi,\pi*)$ 和 $T_2(\pi,\pi*)$ 的相关性。从图 6.18 可以看到,跟随态的对称性,$S_1(n,\pi*)$ 和 $T_1(n,\pi*)$ 态二者可以直接地和产物 I(D) 的最低能态相关联;也就是说,$S_1={}^1n,\pi*$ 可和 ${}^1I(D)$ 相关联,$T_1={}^3n,\pi*$ 可与 ${}^3I(D)$ 相关联等。我们可以说:从 $S_1(n,\pi*)$ 或 $T_1(n,\pi*)$ 出发到形成羰基自由基的共平面氢提取反应,在某种意义上是为态的对称性所允许,即反应物是与最低可能的产物态相关联。通过此,可以说:在零级下,连接给定自旋的起始激发态 $n,\pi*$ 和具有相同自旋的最低能量的初级产物(双自由基)面上并无电子对称赋予的能垒存在。

另一方面,S_2 和 T_2 态(均为 $\pi,\pi*$)与产物 I 激发态相关。这些激发态相对于 S_2 和 T_2 有着更高的能量。因此,如果 S_2 或 T_2 参与到共平面的氢提取反应中,就必须克服由于对称性引起的能垒。由于这种电子轨道相关的对称性可引起能垒的生成,所以通过由 $S_2(\pi,\pi*)$ 或 $T_2(\pi,\pi*)$ 共平面的氢提取反应形成羰基自由基是对称禁阻的。

在零级近似下(图 6.18),沿着反应坐标存在着 S_0 和 S_1 态的面交叉。而在一级近似下,我们必须考虑下列事实,即反应物的靠近并不可能是绝对共平面的。由于两种态交叉的对称性是不同的(因 S_0 的对称形是 S,而 S_1 的对称形是 A),所以交叉是既可保持,也可有微弱的避开。这意味着该种情况比较接近于真实的交叉,或相当于到

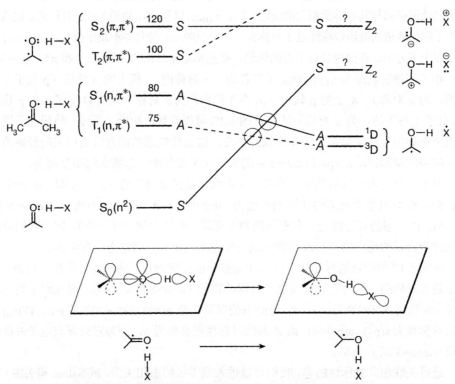

图 6.18 共平面氢提取反应的一级相关图(态的能量单位为 kcal/mol)

注意:由对称引起的交叉,类似于锥体交集的几何构型,因此相关图上由对称引起的交叉,可提供作为锥体交集的几何构型及其位置指南

达了 CI。假如真是如此，则代表点沿反应坐标接近交叉区域时，体系可能会继续沿轨迹生成产物或回到反应物（图 6.6）。

在一级近似下，因交叉能面（自旋对称）的多重性仍然各不相同，因此 $T_1 \rightarrow {}^3D$ 的交叉将保持不变，而能面的相互避免除了电子相互作用外，自旋-轨道的耦合也是需要的。

从图 6.18 可得出结论：从 n,π*态出发，代表点在共平面的氢提取反应中有两条低能量途径。这两条路径（被假设为放热的初级过程）如下所述。

（1）从 $S_1(n,\pi^*)$ 态出发，代表点将沿反应坐标移动，减小其能量直至其几何形状相应于面交叉的形状时为止。这一交叉既可为弱的 ASC，也可为 CI。那么这一 ASC 或 CI 的交叉会发生什么呢？值得注意的是：这些 ASC 或 CI 的出现并不影响反应活性，亦即反应的速度决定于那些接近 S_1 极小处的能垒。然而，从 S_1 态出发的反应效率可能会被减弱，因为进入到 ASC 或 CI 时，只允许部分的 S_1 从激发能面到达 ${}^1D$ 的 S_0（通过非辐射失活提供漏斗是从 S_1 到 S_0 或 D_1）。鉴于此，在零级下，仅有从 S_1 到 ${}^1D$ 的途径被允许。

（2）从 $T_1(n,\pi^*)$ 态出发，代表点可通过 T_1 和 S_0 能面交叉处的运动直接到达 ${}^3D$ 而降低能量。重要的事实是：T_1 的反应活性和效率无论在一级和二级时都相同，因为在能面的交叉中涉及自旋的变化，它在最优的情况下也仅有微弱的避免。

最后，要注意的是：在固有轨道相关图中，当忽略了某些预想的相关性时，可产生小的能垒。

6.37 样本态相关图扩展到达的新境况

结合轨道的相互作用与态的相关图，可将氢提取反应的样本相关图推广到其他的 n,π*态反应中。在轨道水平上，氢提取反应的关键电子特征是从 σ H—X σ轨道到半充满 n_O 轨道的电子转移（图 6.17）。我们可假设：任何电子机制受支配于通过 n_O 轨道亲电进攻的反应，都具有如氢提取反应导出的那种拓扑学（图 6.18）。

例如，我们已经知道酮的 n,π*态可以有以下途径：①从胺（和其他电子给体）中得到电子；②加成到富电子的烯烃；③把能量转移到富电子的不饱和化合物中去。基于轨道相互作用，我们认为通过 n,π*态 n_O 轨道的亲电进攻可以支配着这些反应，而这些反应中的每一步都有可能生成自由基对（RP）或双自由基（BR）中间体。因而对于氢提取反应做出类似的推测也是可能的。换句话说，在图 6.18 中态的相关拓扑学也可应用于如上面讨论的酮 n,π*态的三种反应之中。

6.38 酮的断裂的态相关图[18]

和氢原子提取反应一样，羰基 α-位的σ键的断裂［式（6.11）］是 n,π*态的一种主要的初级光反应类型[11]。例如，丙酮的 n,π*态在 α-断裂后可生成酰基和甲基自由基，如公式（6.11）所示：

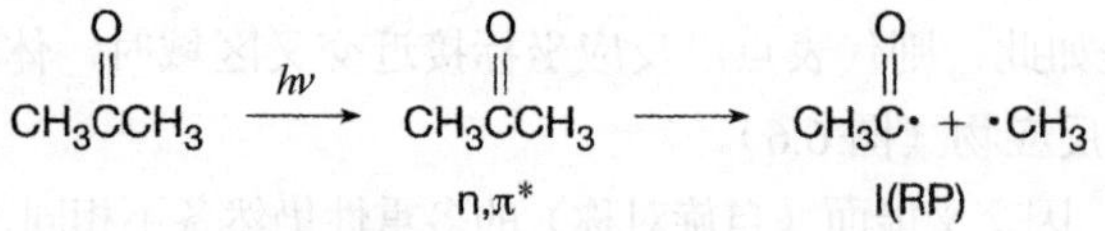

$$
\begin{array}{c} O \\ \| \\ CH_3CCH_3 \end{array} \xrightarrow{h\nu} \begin{array}{c} O \\ \| \\ CH_3CCH_3 \\ n,\pi^* \end{array} \longrightarrow \begin{array}{c} O \\ \| \\ CH_3C\cdot + \cdot CH_3 \\ I(RP) \end{array} \qquad (6.11)
$$

这种情况下的反应坐标实质上应是羰基和甲基碳原子间的分离距离。S_1 和 T_1 态都是 n,π^*态，因此在与反应相关的特征对称平面（图 6.18）中二者都为 A。在类双自由基几何构型下的初级产物可借助两种限定的形式加以描述：（1）相应于弯曲的 $CH_3CO\cdot$ 基团；（2）相应于线性的 $CH_3CO\cdot$ 基团。这两种结构最低能量的电子态相对于特征的对称平面有着不同的电子对称性。$CH_3CO\cdot$ 的弯曲形式中，羰基上的碳原子是 sp^2 杂化，而线性的 $CH_3CO\cdot$ 中羰基的碳为 sp 杂化（图 6.19）。弯曲酰基上产生的自由基位点（sp^2 轨道）保留于对称平面之内，因此它与共平面的 α-断裂为 s 相关。线性的酰基在对称面内有一个 π_s 轨道，而另一个 π_a 轨道则垂直于对称平面。于是，与共平面断裂相关的 π_s 轨道是 s 对称，而 π_a 轨道则是 a 对称的。因此，就有两种简并的电子状态相对对应于线性的酰基-甲基自由基对，一个态（π_s,p）为 S 对称的，而另一个态（π_a,p）为 A 对称的。在反应过程中所产生的不同自由基位点的数目被称之为反应的拓扑度（topicity）[6]。由于 α-断裂可生成弯曲的酰基自由基和烷基自由基，从而产生出两个不同的自由基位点（sp^2 及此处的 p_C 轨道），这就可以说：拓扑度等于 2。在另一方面，当 α-断裂生成线性的酰基自由基和烷基自由基时，可产生 3 个不同的自由基位点（p_C，π_s 和 π_a 轨道），于是拓扑度等于 3。对于后一种情况，π_s 或 π_a 轨道中可能有奇数个电子，这就导致产生两种不同的双自由基对，一个是全部 S 对称（p_C 和 π_s），而另一个则是全部 A 对称（p_C 和 π_a）。

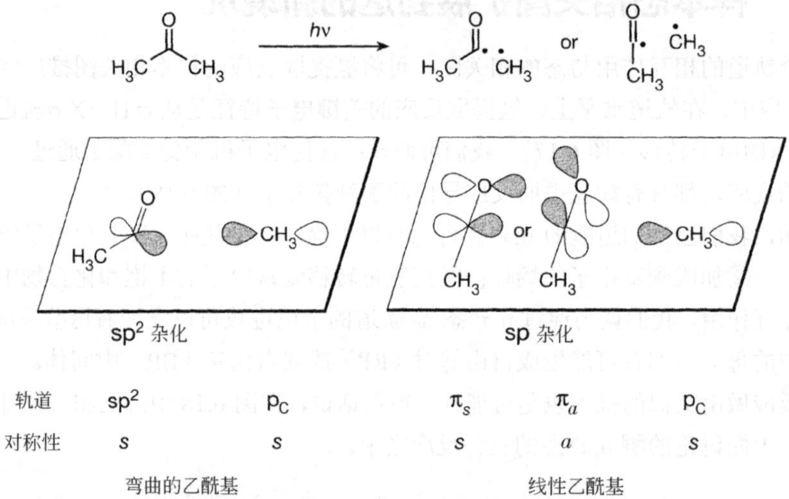

轨道	sp^2	p_C	π_s	π_a	p_C
对称性	s	s	s	a	s
	弯曲的乙酰基		线性乙酰基		

图 6.19 α-断裂相对于对称平面的轨道对称性

拓扑度对相关图的拓扑学具有重要的影响。这里我们以常用的方式来构建 α-断裂反应的相关图。首先我们要分辨出转换过程中的关键轨道的对称性。图 6.20 给出了这些轨道的相关性。值得注意的是：通过鉴别反应的平面，CH_3 上的半充满轨道可假设为 p 轨道，亦即，这个轨道是 s 对称的。

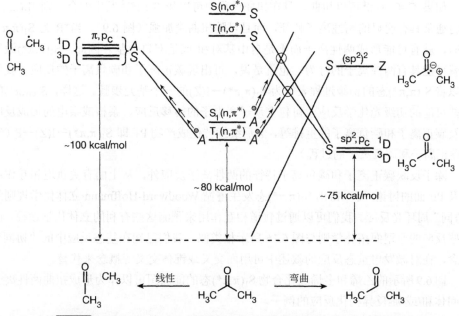

图 6.20 对应于图 6.19 轨道对称的 α-断裂反应的轨道相关图

在断裂形成线性酰基碎片时，最低激发态 $S_1(n,\pi^*)$ 和 $T_1(n,\pi^*)$ 直接与低位的 $^1D(\pi_a,p_C)$ 和 $^3D(\pi_a,p_C)$ 态相关联。但是在断裂形成弯曲酰基自由基时，$S_1(n,\pi^*)$ 和 $T_1(n,\pi^*)$ 态则和激发态 D 也就是 $^*D(sp^2,\pi^*_{CO})$ 相关联。因此，从 n,π^* 态出发到弯曲酰基断裂能面的起始斜率，在这种态试图与某些双自由基激发态（*D）相关联时，可急剧地增大。

出于这些考虑，我们可以推导出：由 n,π^* 态的 α-断裂产生线性酰基碎片是对称允许的，而 n,π^* 态 α-断裂生成为弯曲的酰基碎片则是对称禁阻的[18]。因此，较高拓扑度的反应路径被允许，相反较低拓扑度的途径则被禁阻。

图 6.21 给出了丙酮 α-断裂的态相关图，同时也列出了作为范例的丙酮的态和双自

图 6.21 对应于图 6.20 α-断裂轨道相关图的态相关图：拓扑度为 3 的线性
途径示于左侧，拓扑度为 2 的弯曲途径示于右侧

由基的能量。它断裂为线性碎片的情况，与上面介绍的一样。而在断裂为弯曲酰基碎片的能面上出现了弱的避免交叉。值得注意的是：在 $T_1(n,\pi^*)$ 能面碰到的面交叉常比 $S_1(n,\pi^*)$ 能面出现在较早的位点。而这种较早的面交叉可导致 $T_1(n,\pi^*)$ 的断裂，相对于 $S_1(n,\pi^*)$ 断裂它只需克服较低能量的、施加了对称性的能垒。

从图 6.21 可以看出：丙酮的 α-断裂，不论是沿何种路径，都将是一个活化的过程。然而，如线性的自由基对会因结构效应（如环状酮的环张力释放和酰基或烷基自由基位点的稳定作用等）而使能量有所降低，这就使线性反应的路径可能特别有利，因为沿这一反应坐标不会出现施加了对称性的能垒。

6.39 π, π^* 和 n, π^* 态可能的初级光反应标准组

最常见的有机分子的低能激发态可以分为：$S_1(\pi,\pi^*),T_1(\pi,\pi^*),S_1(n,\pi^*)$ 或 $T_1(n,\pi^*)$ 等。在本章中，我们已经得出：①通过对前线轨道相互作用的考虑，可以预测可能发生的（即低能量的）初级光化学过程；②通过轨道和态相关图给出的"绘制图"（map），得到能面（反应坐标）的网络。基于上述理论，我们可以列出有机分子（如：酮、烯烃、烯酮及芳香化合物）中常见的官能团的 S_1 和 T_1 态的初级光化学反应。

6.40 π, π^* 态可能的初级光化学反应特征

如果 C=C 双键可以扭曲，且在扭曲过程中可以和 $S_2(\pi^*)^2$ 发生混合，则 $S_1(\pi,\pi^*)$ 态将通常具有明显的两性离子特征，而且可随扭曲度加强（图 6.9）。当*R 为 $S_1(\pi,\pi^*)$ 态时，就有可能形成两性离子而不是自由基对和/或是双自由基。因此，$S_1(\pi,\pi^*)$ 激发态就可能具有两性离子的行为，也就是说，可出现碳正离子和碳负离子的反应。我们可以将 $S_1(\pi,\pi^*)$ 态的初级过程表征为 $S_1(\pi,\pi^*) \rightarrow I(Z)$ 的一个基元步骤。这样，$S_1(\pi,\pi^*)$ 的那些可能的初级光化学反应就可包含质子和电子的转移反应、亲核或亲电的加成反应以及碳正离子和碳负离子的重排等，然后继续转化成产物 P，即 $S_1(\pi,\pi^*) \rightarrow I(Z) \rightarrow P$（经 Z 碳正离子和碳负离子的过程）。

除了反映碳正离子和碳负离子特征的两性离子反应外，从上面有关轨道相互作用以及 PE 面的讨论，可以得出 $S_1(\pi,\pi^*)$ 态发生遵循 Woodward-Hoffmann 立体化学规则的"协同"周环光反应。我们可以通过轨道相互作用来预测这些有利的立体化学途径，而这些反应的原型面拓扑学则与图 6.16 所示相类似。我们已知在基态反应中的"协同"概念，在对激发单重态反应的叙述中可用面交叉或锥体交叉等概念来代替。

图 6.9 所示的乙烯和多烯类化合物 $S_1(\pi,\pi^*)$ 态的能面图可以作为形成扭曲两性离子中间体和/或顺-反异构化反应的例子。

从这些简单的理论出发，我们将一些由 $S_1(\pi,\pi^*)$ 态发生且有可能进行的初级光化学反应列出如下：

（1）符合 Woodward-Hoffmann 规则的协同周环反应（如电环化重排、环加成、环消除、σ迁移重排等）；

（2）具有碳正离子反应特征（碳正离子重排、亲核加成等）和碳负离子反应特征的（亲电加成和质子化等）反应；

（3）顺-反异构化反应；

（4）电子转移反应。

假使 $S_1(\pi,\pi^*)$ 态具有上述特征反应的可能性，那么任何一种反应其实际的反应速度都依赖于反应物的结构以及反应条件等。从 $S_1(\pi,\pi^*)$ 态出发的任何一种反应也将依赖于它的反应速度和从 $S_1(\pi,\pi^*)$ 态出发的所有其他光物理和光化学路径之间的竞争。例如，电子转移可能发生的程度（如从 Z 的碳负离子中心到它的碳正离子中心）将取决于 $S_1(\pi,\pi^*)$ 的氧化还原的性质和能量。假如电子转移在能学上是放热的，那么电子转移就很有可能发生；若在能学上是吸热的，那么电子转移就不可能进行。有关电子转移的问题将在第 7 章详细讨论。

由于自旋选择规则还要求基元步骤的自旋守恒，因此 $T_1(\pi,\pi^*)$ 就不能进行协同的周环反应（除非得到产物来自于三重态或沿反应坐标具有很好的自旋-轨道耦合机制，但这两者都是不可能的）。因此，从 $T_1(\pi,\pi^*)$ 态出发就不可能会发生协同周环反应。的确，$T_1(\pi,\pi^*)$ 态的反应应该是典型的碳自由基反应，其主要反应途径是形成了三重态的自由基对或三重态的双自由基，如 $T_1(\pi,\pi^*) \rightarrow {}^3I(D)$。典型的碳中心自由基的反应从定性上相当于氧中心自由基的反应，例如 n,π*态的 n 轨道。当然，这两种类型的自由基反应速度可能差异较大，但其反应类型应是相同的。

用 n_O 作为氧自由基的模型，可以推导出从 $T_1(\pi,\pi^*)$ 态发生的一些可能的初级光化学反应，如下：①氢原子的提取；②电子提取或给出；③不饱和键的加成；④均裂的碎片化；⑤重排形成更稳定的碳中心自由基。

除了上述 5 种初级光化学过程外，和 $S_1(\pi,\pi^*)$ 一样，$T_1(\pi,\pi^*)$ 也具有固有驱动力去扭转双键。这一过程可以导致顺-反异构化或扭曲的双自由基中间体，反过来它还可经过转换形成受力的扭曲基态。要注意的是：当 $S_1(\pi,\pi^*)$ 到 $T_1(\pi,\pi^*)$ 的能隙很大时，它们之间的系间窜越（ISC）效率就会很低[由非辐射跃迁的能隙规则规定，见公式（5.53）]。对于这种情况，典型的例子就是烯烃化合物。然而，由于 $T_1(\pi,\pi^*)$ 的形成还可通过电子能量转移的光敏化过程（见第 7 章），所以 $T_1(\pi,\pi^*)$ 态还可通过这种间接的敏化激发的方法而得到。

关于 $S_1(\pi,\pi^*)$ 态的初级光化学反应有效性的许多实例，已经很好地体现在有机分子光生物化学中。

6.41　n,π*态可能的特征初级光化学过程

n,π*态的光化学可在下列两个主要方面与 π,π*态进行对比：

（1）对于给定的分子，$S_1(n,\pi^*)$和 $T_1(n,\pi^*)$态的光化学定性上来讲是相似的，可借助于速率（比如单重态有着比三重态更高的驱动反应发生所需的能量，反应中关于初级光反应放热性的热力学考虑十分重要）来区别它们在定量上的不同。这一情况与 $S_1(\pi,\pi^*)$及 $T_1(\pi,\pi^*)$态的反应性质的差异是不同的，二者分别是两性离子和/或协同反应，及类双自由基和非协同反应。

（2）n,π^*态的光化学可在很好的近似下产生类双自由基，亦即仅有 $n,\pi^* \to I(D)$ 过程是有可能的。

基于对轨道相互作用的分析（图 6.13），以及假设所有的 n,π^*态反应都是优先经过 D 态，我们可以得出以下结论：n,π^*态的初级光化学过程将产生自由基，它整个的光反应可以模拟自由基化学，从 n 轨道引发，或从 π^*轨道引发。基于这些考虑，我们可推演出那些可能的初级过程的理论观点：

从 n 轨道引发	从 π^*轨道引发
原子提取	原子提取
自由基加成	自由基加成
电子提取	电子给予
α-断裂	α-断裂

虽然理论上原子提取和自由基加成反应都既可从 n 轨道发生、也可从 π^*轨道发生，但前者表现为亲电特征，后者表现为亲核特征。从 n 轨道发生的反应与烷氧基自由基（RO）反应类似，而从 π^*轨道发生的反应，则与羰基自由基（R_2COR）的反应相类似。此外，这些反应的立体电子排布也不相同，取决于哪一个前线轨道支配着与底物之间的电子相互作用。例如，由半充满的 n 轨道来引发这个相互作用，则反应将对那些影响底物接近分子平面，以及接近羰基氧"边缘"的立体化学因素十分敏感。另一方面，如果反应是由 π^*轨道开始，则反应将对影响底物接近羰基官能团所在平面的上部或下部的立体因素十分敏感。

由于 π_{CO}^*轨道是离域的，所以反应可在碳原子上发生，也可在氧原子上发生。如不考虑底物的特殊性，则反应是通过 π^*电子引起，那么仅有碳的加成能产生低能量的双自由基态。对于 π^*轨道的进攻则可产生与氧连接的键，形成电子激发的双自由基，因此会遇到施加了对称的能垒。

6.42 结论：能面可作为反应图表

在本章中，依据电子能面、电子轨道以及态相关图可定性地描述从电子态（*R）到产物（P）的整个过程。这些能面很好地描述了代表点沿反应坐标运动的轨迹，以及当代表点接近面交叉、锥体交叉和激发态极小时所发生的可能结果。Salem 图有助于理解 n,π*态的代表点在能面上的可能性，而来自 Woodward-Hoffman 的能面图则为了解协同的周环反应在能面上的可能性提供了认识基础。对于两种基本的分子运动——单键的拉伸和双键的扭曲，能面也是一个极好的出发点，可以描述一系列的初级光化学反应的反应坐标。这两种运动，第 5 章中已做过讨论，即能够启动非辐射电子失活的所谓"油滑栓"和"自由转子"的运动。在大部分情况下，这些定性的考虑已被定量的量子力学计算所确认。

参 考 文 献

1. (a) M. Klessinger and J. Michl, *Excited States and Photochemistry of Organic Molecules*, VCH Publishers, New York, 1995. (b) J. Michl, *Mol. Photochem.* **4**, 243 (1972). (c) Ref. 1b, p. 257. (d) Ref. 1b, p. 287. (e)*Top. Curr. Chem.* **46**, 1 (1974).

2. For a discussion, see any introductory physics text. The following reference is an example. D. Halliday and R. Resnick, *Physics*, John Wiley & Sons, Inc., New York, 1966.

3. N. J. Turro, J. McVey, V. Ramamurthy, and P. Lechtken, *Angew. Chem., Int. Ed. Engl.* **18**, 572 (1979).

4. See the following references for reviews and discussions of the frontier orbital interactions and orbital symmetry control of organic reactions. (a) K. Fukui, *Top. Curr. Chem.* **15**, 1 (1970). (b) K. Fukui, *Acc. Chem. Res.* **4**, 57 (1971). (c) R. F. Hudson, *Angew. Chem. Int. Ed. Engl.* **12**, 36 (1973). (d) N. D. Epiotis, *Angew. Chem. Int. Ed. Engl.* **13**, 751 (1974). (e) N. J. S. Dewar, *Angew. Chem. Int. Ed. Engl.* **10**, 761 (1971). (f) H. E. Zimmerman, *Acc. Chem. Res.* **4** 272 (1971).

5. (a) M. A. Robb, M. Garavelli, M. Olivucci, and F. Bernardi, **15**, 87 (2000). (b) F. Bernardi, M. Olivucci and M. A. Robb, *Chem. Soc. Rev.* **20**, 321 (1996).

6. (a) L. Salem, *J. Am. Chem. Soc.* **90**, 3251 (1968). (b) W. G. Dauben, L. Salem, and N. J. Turro, *Acc. Chem. Res.* **8**, 41 (1975) and references cited therein.

7. (a) E. J. Teller, *Phys. Chem.* **41**, 109 (1937). E. Teller, *Israel J. Chem.* **7**, 227 (1969).

8. M. Ben-Nun and T. J. Marttinez, *Chem. Phys.* **259**, 237 (2000).

9. See the following references for reviews of the role of diradicals and zwitterions in photoreactions. (a) L. Salem and C. Rowland, *Angew. Chem. Int. Ed. Engl.* **11**, 92 (1971). (b) L. Salem, *Pure Appl. Chem.* **33**, 317 (1973).

10. (a) R. B. Woodward and R. Hoffmann, *Angew. Chem. Int. Ed. Engl.* **8**, 781 (1969). (b) R. B. Woodward and R. Hoffmann, *Acc. Chem. Res.* **1**, 78 (1968). (c) H. C. Longuet-Higgins and E. W. Abrahamson, *J. Am. Chem. Soc.* **87**, 2046 (1965).

11. (a) A. Devaquet, *Top. Curr. Chem.* **54**, 1 (1975). (b) A. Devaquet, *Pure Appl. Chem.* **41**, 535 (1975).

12. I. Fleming, *Frontier Orbitals and Organic Chemistry*, John Wiley & Sons, Inc., New York, 1977.

13. F. A. Cotton, *Chemical Applications of Group Theory*, 3rd ed., John Wiley & Sons, Inc., New York, 1990.

14. B. Bigot, A. Devaquet, and N. J. Turro, *J. Am. Chem. Soc.* **103**, 6 (1981).

15. (a) M. O. Trulson and R. A. Mathies, *J. Phys. Chem.* **94**, 5741. (b) P. J. Reid, S. J. Doig, S. D. Wickhma, and R. A. Mathies, *J. Am. Chem. Soc.* **115**, 4754 (1993). (c) L. A. Walker et al., *Chem. Phys. Lett.*, **242**, 415, 1995.

16. W. T. A. M. Van der Lugt and L. J. Oosterhoff, *J. Am. Chem. Soc.* **91**, 6042 (1969).

17. See the following reference for a discussion. N. J. Turro, C. Dalton, K. Dawes, G. Farrington, R. Hautala, D. Morton, M. Niemczyk, and N. Schore, *Acc. Chem. Res.* **5**, 92 (1972) and references cited therein.

18. N. J. Turro, W. E. Farneth, and A. Devaquet, *J. Am. Chem. Soc.* **98**, 7425 (1976).

第7章

能量转移和电子转移

7.1 能量转移和电子转移概述[1]

第 6 章中,我们已认识到前线分子轨道(FMO)的重叠可导致电子激发态(*R)与第二个分子物种(M)间(或*R 与分子内可接近的反应基团间)产生**弱电子交换相互作用**。而 *R 的半充满 HOMO(最高占据分子轨道)与 M 的 HOMO[以及 *R 的半充满 LUMO(最低未占据分子轨道)和 M 的 LUMO]间的相互作用一般是稳定的,但稳定的程度取决于相互作用轨道间的能量差,以及它们间波函数的正重叠程度(见 6.25 节)。在较好的近似下,前线分子轨道相互作用可决定热化学和光化学反应的反应坐标(势能面上势能的最低点,及势能面上的反应路径)。**电子转移和电子能量转移**是 *R 与 M 间最为重要的两种相互作用。这种转移(传递)可以借助于前线轨道重叠和电子交换相互作用来加以说明。本章[1]将对电子能量转移和电子转移过程一起加以考虑,因为这两个过程都有着共同的前线轨道相互作用,亦即都可以用**轨道重叠**和**电子交换**来加以说明。FMO 相互作用的结果是电子转移(CT)还是能量转移依赖于若干个影响因素,也正是本章所要叙述的主要内容。除此之外,我们还将讨论一类非常重要的电子能量转移过程,这一过程可不涉及分子轨道的重叠,而是通过 *R 的振荡偶极电场诱导 M 的电振荡并形成 *M 激发态。

图示 7.1 中给出了能量转移和电子转移过程的四类基本过程。能量转移,既可通过轨道重叠电子交换机制,也可通过空间振荡电场中偶极-偶极相互作用发生。而电子转移仅能通过轨道重叠电子交换机制发生。图示 7.1 中的第(1)和第(2)种情况是**电子能量的转移**过程。在第(1)种情况下,能量转移是由 *R 和 M 的轨道重叠引起的;在轨道的重叠过程中可发生电子交换作用从而导致能量转移的发生。在第(2)种场合下,能量转移是由 *R 与 M 的电子在周围空间内发生了振荡电偶极场相互作用所致。

(1) 电子交换的能量转移：*R+M→R+*M
　　式中，*R 为能量给体，M 为能量受体
(2) 偶极-偶极的电子能量转移：*R+M→R+*M
　　式中，*R 为能量给体，M 为能量受体
(3) 电子转移：*R(eD)+M(eA)→I(R˙⁺, M˙⁻)
　　式中，*R(eD) 为电子给体，M(eA)为电子受体；I(R˙⁺, M˙⁻) 为 RIP
(4) 电子转移：*R(eA)+M(eD)→I(R˙⁻, M˙⁺)
　　式中，*R(eA)为电子受体，M(eD)为电子给体；I(R˙⁻, M˙⁺)为 RIP

图示 7.1　电子能量转移和电子转移机理的范式

电子交换机制和偶极-偶极相互作用机制间的重要差别在于，后者为两个电场的偶极-偶极相互作用，并不涉及轨道的重叠。由于所涉及的是场的相互作用，偶极-偶极的相互作用可通过远程空间发生。正如磁体偶极场那样，可通过空间发生相互吸引。因此，上述的第（1）和第（2）种情况所代表的是两种完全不同的电子相互作用。每种相互作用有不同的速率常数，它们依赖于如*R 与 M 间的距离、光学性质（特别是它们的振荡强度和跃迁偶极）等因子。对于能量转移过程，通常*R 是能量给体，M 是能量受体。

第（3）种和第（4）种情况为电子转移过程。在第 6 章中我们已经提到*R 可以是电子给体［第（3）种情况］，也可以是电子受体［第（4）种情况］。为了区别这两种情况，我们用符号"eD"来表示*R（或 M）为电子给体的情况，用"eA"表示*R（或 M）为电子受体的情况。对于第（3）种情况，电子转移是经前线轨道重叠相互作用发生的（图 6.10），它导致电子从*R(eD) 的 LUMO 到达 M(eA) 的 LUMO；对于第（4）种情况，电子转移也是通过前线轨道相互作用发生的，它可导致电子从 M(eD)的 HOMO 到达*R(eA)的 HOMO。当我们在讨论有关能量和电子转移过程时，常会交替地使用"电子交换"以及"轨道重叠"等名词。

光诱导电子转移和能量转移中的一些重要参数有：初级光化学过程的速率常数（k），以及影响 k 的一些特征性质，如*R 和 M 间的距离、溶剂极性、*R 和 M 的结构、*R 所具有的电子激发能，以及*R 和 M 的氧化还原电位等。可用 E_{*R} 表示*R 的电子激发能，E_{*M} 表示*M 的电子激发能。对于**能量转移***R+M→R+*M（通过电子交换机制或通过偶极-偶极相互作用机制），初级光化学过程的双分子反应速率常数（k）还强烈地依赖于：总的能量转移过程在能量上是"下山"（可称为放热过程，$E_{*R}>E_{*M}$），还是"上山"（或可称吸热，$E_{*R}<E_{*M}$）的过程？这关系到整个能量转移过程的热力学问题（图 7.1）。严格地说，放能（exergonic）和吸能（endergonic）名词对应于自由能的变化（ΔG），而放热（exothermic）和吸热（endothermic）则对应于热焓（ΔH）的变化。由于这些名词术语对读者来说太熟悉了，因此为方便起见，我们分别使用放热和吸热来表示反应进行中负的自由能（或焓）变化和正的

自由能（或焓）变化。

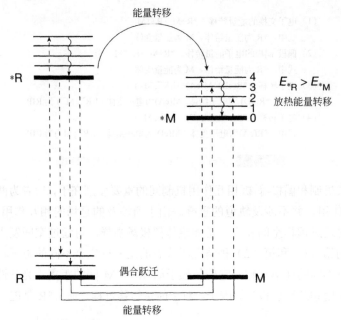

图 7.1 对能量转移过程 *R+M→R+*M 能量上有利的条件

粗线代表每个电子态的最低振动能级，而细线代表每个电子态的激发振动能级

由于 $E_{*R} > E_{*M}$，为保持能量转移过程中的能量守恒，致使 M 的某些振动能级被激发

在流动溶液中，如果整个能量转移过程 *R+M→R+*M 为放热的（即 $E_{*R} > E_{*M}$），能量转移过程一般可以快速进行，其速度可接近于扩散速度（图 7.1）。因为只有在这种情况下，*R 的电子激发能无需热活化即可充分地转移到电子激发态*M，由此导致能量转移速率与*R 和 M 的扩散相互作用过程同步。由于*R 的电子能量高于*M 的电子能量，为了保持能量的守恒，能量转移要求*M 的高振动能级被激发（见图 7.1，$v = 4$ 的情况）。

光诱导电子转移对应于初级的光化学过程 *R→I(RIP)$_{gem}$，其中 I 为离子自由基对：*R+M→I(R$^{·+}$, M$^{·-}$)$_{gem}$，或(R$^{·-}$, M$^{·+}$)$_{gem}$。通过电子转移而产生的离子自由基可命名为"孪生对"，因为离子自由基对的两部分是在电子转移过程中作为电子转移的结果同时生成的。电子转移过程的速率常数（k），不仅取决于*R 的电子激发能，还取决于总的电子转移过程中电化学氧化-还原特性等热力学性质。虽然在上述第（1）、（3）和（4）等情况下，它们的能量转移和电子转移过程在 FMO 重叠的初始阶段，以及在电子交换的相互作用中存在相似性，但是这两种过程在某些重要的方面，即当它们的代表点沿着反应坐标走得更远时，则变得有所不同。

电子转移和能量转移间的一个重要区别是：从*R 到 M 的能量转移，通常不会导致大的电荷重新分布，而是产生出电子激发态*M 以及中性的基态 R；而电子转移过程则要建立起具有较大电荷分离的活性中间体——离子自由基对 I(R$^{·+}$, M$^{·-}$)

或 I(R·⁻, M·⁺)，而且它们的能量特征可以灵敏地受极性的影响，譬如围绕着荷电离子的溶剂化问题。荷电离子的溶剂化过程可理解为：围绕着离子的溶剂分子的分子"重组"，它需要有一定数量的结构"重组"能，而这对决定电子转移的速度来说是十分重要的。在 7.14 节将会对溶剂分子的重组能以及它对电子转移速度的影响作详细的介绍。在较后的章节中，我们还将介绍有关马库斯（Marcus）电子转移理论。

在溶液中，能量与电子转移过程的速度和效率不仅依赖于电子和能量的一些因子，而且还依赖于与分子扩散相关联的一些重要的机制性过程：①能够促使反应物（*R 和 M）进入能量或电子转移可有效发生且可以与*R 的失活过程相竞争的临界距离（r_c）内的扩散过程；②到达临界距离 r_c 后，反应物的反应距离与不反应距离间的相对竞争；③经能量或电子转移生成的初级产物是否能够成功实现不可逆分离。

首先，我们只考虑和分析能引起电子转移和能量转移发生的基本相互作用过程，而不考虑反应物（*R 和 M）进入能量传递或电子转移可有效发生的临界距离（r_c）内扩散过程的细节。然后，我们将考虑将反应物（*R 和 M）引入能量或电子转移可有效发生的临界距离（r_c）内的扩散及结构变化过程。同时，我们也会考虑发生电子转移和能量转移的体系，甚至当反应物（*R 和 M）被某些分子"间隔体"（spacer）框架所分离时的情况。这种间隔体在电子转移和能量转移的时间尺度内，可以是刚性和固定的，也可以是柔性和动态的。值得注意的是，我们也发现某些情况下 σ 键构成间隔体也可在电子和能量转移过程中作为电子的"导体"，而柔性间隔体的动态变化则可控制电子和能量转移的速度和效率（见 7.19节和 7.22 节）。

在液体中，*R 和 M 从混乱的初始位置扩散到溶剂笼中形成碰撞对的过程，可以用扩散速率常数（k_{dif}）予以表征。由于 k_{dif} 值可以决定*R 和 M 作为溶剂笼中碰撞对（colliding partners）能被传送的极限速率，因此 k_{dif} 是一个很重要的溶剂依赖量。所以在能量和电子转移的研究中，标定有机溶剂 k_{dif} 的典型数值具有重要意义。幸运的是，结合溶剂的黏度，通过一个简单的公式 [即德拜方程，见公式（7.1）] 就可容易地计算溶液的 k_{dif}。从公式可见，只要知道了温度（T）和黏度（η），就可方便地估算出扩散控制过程的速率常数（k_{dif}）。

$$k_{dif} = \frac{8RT}{3000\eta} \tag{7.1}$$

式中，η 是溶剂的黏度，泊（poise，P）；R 为气体常数，$8.31 \times 10^7 erg/mol$，或 $1.987cal/(mol \cdot K)$。这里要注意的是：对在室温下典型的非黏性有机溶剂（苯、乙腈、己烷），其 η 约为 $1 \sim 10cP$，因此从公式（7.1）计算，对于非黏性溶剂的 k_{dif} 值约在 $10^9 \sim 10^{10}(mol/L)^{-1} \cdot s^{-1}$ 范围内。这样一个速度范围可以作为在流动溶液中扩散过程的基准，因为它代表了在电子和能量转移中所要求的，实质性的轨道重叠（碰撞）能够发生的

最大速率。扩散过程将在 7.33 节中有更详细的讨论。

前线轨道相互作用与通过电子交换机制发生的电子转移和能量转移过程相关。由于前线轨道相互作用代表的是最开始的轨道重叠过程，因而是弱的相互作用。因此，从量子力学的观点，我们期望对于这种**弱的电子相互作用**，其起始电子态 Ψ_1 和终止电子态 Ψ_2 间跃迁的微扰理论［公式（3.8）］可作为一种良好的近似和较好的理论基础来描述*R 和 M 间的能量和电子转移速度。与所有的电子跃迁一样，在能量转移或电子转移发生时，*R 和 M 间的共振以及能量守恒是必然需要保持的。

7.2 能量和电子转移的电子交换相互作用

"相互作用"这一名词是指两个粒子或波，其中一个与另一个间相互的或相反的力或影响（牛顿第三定律）。对于电子转移来说，电子交换是唯一需要加以考虑的重要相互作用。然而对能量转移（如图示 7.1 所示），则有两种截然不同的相互作用，即电子交换（轨道重叠）相互作用，以及偶极-偶极相互作用（即偶极场重叠），都可触发*R 向 M 的能量转移发生。

就概念和过程的相似性而言，能量转移和电子转移反应（由电子交换相互作用而引起）可以通过轨道相互作用（轨道重叠和电子交换）共同联系在一起加以考虑。图 7.2（a）和（b）从前线轨道（HOMO 和 LUMO）的观点出发，给出了联系这两种电子交换过程的基本轨道相互作用。如图示 7.1 所示，虽说在能量转移的步骤中*R 经常是作为能量的给体，但在光诱导电子转移步骤中，*R 既可作为电子的受体 *R(eA)，也可作为电子给体*R(eD)。在物理文献中，半充满的 HOMO 在分子的电子框架内可被认为是一个"正空穴"；类似的，*R 也可被看作是同时具有一正空穴（一个电子在半充满的 HOMO 中）和一个电子在半充满的 LUMO 中。物理学家把*R 称作**激子**（exciton），亦即一正空穴（半充满的 HOMO）加上一邻近的电子（半充满的 LUMO）。在图 7.2（a）中，将 R 和 M 分别采用符号 D 和 A 代替，代表在电子转移步骤中的电子给体（D）和电子受体（A）。在图 7.2（a）（上左），正空穴开始是出现于 A 上（半充满的 HOMO，$A^{\cdot+}$）。而在图 7.2（a）（上右），正空穴 $A^{\cdot+}$ 已从其开始的位置移向产生 $D^{\cdot+}$ 的位置。从一个分子向另一分子移动半充满 HOMO 的整个过程，可被称作"正空穴的转移"$D+A^{\cdot+} \rightarrow D^{\cdot+}+A$。类似的，图 7.2（a）（下部）给出了从 $D^{\cdot-}$（半充满 LU 中的电子）到受体 A 的 LUMO 的电子转移过程的轨道描述 $D^{\cdot-}+A \rightarrow D+A^{\cdot-}$。要注意的是"电荷转移"这一术语，常常是被用于涉及电子或正空穴转移的一般情况。

在图 7.2（a）中，轨道状况是通过对式（7.2a）和式（7.2b）的总结得到的。对式（7.2a）中的 $A^{\cdot+}$［图 7.2（a）左上］，其轨道状况以近似模拟*R 的半充满 HOMO 轨道电子特征为主要特征，即强调了 $D^{\cdot+}$ 作为正电荷或是一个正在寻找单个电子能使其恢复到电中性的电子"正空穴"属性。这一点可以通过从某个电子给体（D）的 HOMO 中获得一个电子来实现。因此，$D^{\cdot+}$ 的轨道特征可以看作是与如上述的*R 半充满的 HOMO 轨道相类似。在图 7.2（a）（下），$D^{\cdot-}$ 的轨道特征可以看作类似于 *R 半充满 LUMO 那样正在寻找一个能使自身电子可以给出的正电荷或正空穴。因此，在 $A^{\cdot+}$ 和 D 之间的空穴转移只涉及 HOMO 轨道，而在 $D^{\cdot-}$ 和 A 之间的电子转移只涉及 LUMO 的轨道。一般说来，如果式（7.2a）和式（7.2b）中的总步骤是放热的，那么根据总的自由能变化（ΔG），这种电子转移过程是有可能发生的（7.13 节）。

$$A^{\cdot+}(HOMO)^1 + D(HOMO)^2 \rightarrow A(HOMO)^2 + D^{\cdot+}(HOMO)^1 \tag{7.2a}$$

正空穴转移，图 7.2（a）（上）

$$D^{\cdot-}(LUMO)^1 + A(LUMO)^0 \rightarrow D(LUMO)^0 + A^{\cdot-}(HOMO)^1 \tag{7.2b}$$

电子转移，图 7.2（a）（下）

对于涉及电子激发态的能量和电子转移过程，把图 7.1 中的符号 *R 和 M 转换为式（7.3a）～式（7.3c）中的符号 D 和 A 即可。

$$*D+A \rightarrow *D+A \qquad 从 *D 到 A 的能量转移 \tag{7.3a}$$

$$*D+A \rightarrow D^{\cdot+}+A^{\cdot-} \qquad 从 *D 到 A 的电子转移 \tag{7.3b}$$

$$D+*A \rightarrow D^{\cdot+}+A^{\cdot-} \qquad 从 *A 到 D 的电子转移 \tag{7.3c}$$

图 7.2（b）说明了为何涉及 *R 的能量转移和电子转移过程，都可依据前线分子轨道相互作用加以考察。这些弱的初始轨道相互作用，有时被称作 CT 相互作用。这意味着轨道相互作用的结果是：一定数量的电荷可从 *R 向 M（从 *R 的 LUMO→M 的 LUMO）或由 M 向 *R（从 M 的 HOMO→*R 的 HOMO）转移。在这一描述中 [图 7.2（b），上]，总的**能量转移**过程从概念上可以认为是或多或少同步的（负）电子转移和（正的）空穴转移过程的总和[2]。因此，对于通过前线轨道重叠理论对能量转移的表达，可借助于相互作用的起始阶段（等当于部分 CT 的电子交换）来加以描述。

在图 7.2（a）中，半占据 HOMO 轨道的物种（$A^{\cdot+}$）为电子受体，而半占据 LUMO 轨道的分子（$D^{\cdot-}$）则为电子给体。需要强调的是：电子激发态（*R）可同时具有半充满的 HOMO（类似于 $A^{\cdot+}$ 的正空穴）和半充满的 LUMO（类似于 $D^{\cdot-}$ 中的高能量电子），因此 *R 既可作为电子给体 [图 7.2（b），中间]，也可作为电子受体 [图 7.2（b），下]。然而 *R 究竟是作为电子给体还是电子受体，依赖于那些决定整个电子转移过程的放热性因子，也就是说，依赖于 M 接受电子或给出电子的能力。这些因子将在 7.13 节以及随后的章节中作详细讨论。

现在我们要考虑，*R 和 M 从溶液中的初始位置出发，被传送到能以一定效率进行能量或电子转移的距离 r_e 处的可能机制。我们将从流动溶液中常见的情况出发，即考虑从 *R 和 M 在溶剂中最初的随机分离开始，然后经随机的扩散直到它们达到临界

距离 r_c 之中的情形。

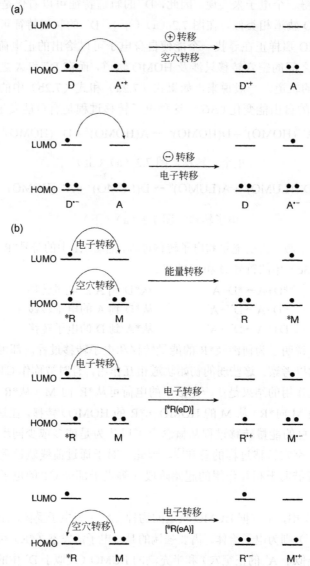

图7.2 （a）作为 CT 的基本步骤，从 D 到 A⁺˙的正空穴转移（上），以及从 D˙⁻ 到 A 的电子转移（下）的前线轨道的图示；（b）在空穴、电子与能量转移间的图示关系[2]

能量转移可看作为并列的双电子转移，即一个电子从给体的 LUMO 向受体的 LUMO 转移，而同时另一个电子从受体的 HOMO 向给体的 HOMO 转移[2]。电子转移这一词通常被用于表达给体和受体 LUMO 轨道的单电子转移。而空穴转移一词则通常被用于表达涉及给体和受体 HOMO 轨道间的电子转移 [图7.2（a）]

　　首先，我们考虑传递机制所覆盖的一般性情况，即通过传送使能量或电子转移在溶液中通过随机的扩散发生的情形，然后将在 7.17 节和 7.22 节进一步考虑以刚性和柔性间隔物分离的特殊情况下的*D 和 A 传输问题。

　　*R 的光化学和光物理过程，经常可能与能量或电子转移的初级过程相竞争。作为能量转移的样本，式（7.4）～式（7.7）中给出了那些有可能与激发给体（*D）和受体（A）间能量转移竞争的步骤。

$$*D \xrightarrow{k_D} D(+h\nu 或 \triangle) \tag{7.4}$$

$$*D+A \xrightarrow{k_{ET}} D+*A \tag{7.5}$$

$$*D+A \xrightarrow{k_w} D+A \tag{7.6}$$

$$*D+A \xrightarrow{k_{rxn}} 化学变化 \tag{7.7}$$

　　式（7.4）代表了由*D 到 D 的非辐射或辐射失活的单分子光物理过程，这类过程可通过速率常数 k_D 而组合在一起。式（7.5）则代表了以 k_{ET} 为速率常数组合的能量转移（ET）步骤。式（7.6）代表所有*D 与 A 间的双分子（反应）"能量损耗（w）"相互作用，这类反应导致由*D 到 D 的"非反应性猝灭"具有双分子反应速率常数（k_w）。式（7.7）代表*D 和 A 间的所有初级光化学反应，其中的 k_{rxn} 为双分子反应的速率常数。

　　需要注意到这些可应用于*D 的诸过程中，只有具速率常数为 k_{ET} 的过程[式（7.5）]可导致能量转移（为方便起见，用大写字母 'ET' 作为**能量转移**的缩写，而以小写字母 'et' 表示**电子转移**）。因而，如果可以测得 A 对于*D "总的双分子猝灭"实验速率常数（k_q），则 k_q 值包含了所有 A 对于*D 的双分子失活模式 [式（7.5）～式（7.7）]，如公式（7.8a）所示：

$$k_q=k_{ET}+k_w+k_{rxn} \tag{7.8a}$$

　　如果在有 A 存在的条件下测得了*D 衰变的实验速率常数 k_{exp}，则所测得的 k_{exp} 值代表了公式（7.8b）所给出的所有作用于*D 的全部单分子（k_D）和双分子（k_Q）过程对*D 的影响总和。

$$k_{exp}=k_D+k_q[A] \tag{7.8b}$$

　　式中，k_D 是在无 A 情况下，*D 衰变的单分子速率常数[式(7.4)]；k_q 为 A 对*D 的总猝灭双分子速率常数 [公式（7.8a）]。

　　能量转移量子效率 ϕ_{ET}（第 4、5 章）相当于*D 分子通过能量转移而衰变的分数 [式（7.5）]。能量转移的量子效率 ϕ_{ET} 由公式（7.9）给出。

$$\phi_{ET} = \frac{k_{ET}[A]}{k_D + k_q[A]} = \frac{k_{ET}[A]}{k_D + (k_{ET} + k_w + k_{rxn})[A]} \tag{7.9}$$

　　在公式（7.9）中的量子效率 ϕ_{ET} 不同于能量转移的量子产率（Φ_{ET}），因为后者要考虑*D 的生成效率（Φ_{*D}），如公式（7.10）所示：

$$\Phi_{ET}=\Phi_{*D}\phi_{ET} \tag{7.10}$$

在公式（7.10）中，Φ_{*D} 为*D 的生成的量子产率。例如，在三重态的情况下，Φ_{*D} 可以是系间窜越（Φ_{ISC}）的量子产率。

7.3 能量转移和电子转移的"简易"机制

令人好奇的是，当*D 与 A 之间没有电子相互作用（即没有电子交换相互作用，和偶极-偶极相互作用），仍可发生能量转移和电子转移的过程！如果在*R 与 M 之间没有分子间的电子相互作用，那么电子或能量转移究竟是怎样发生的呢？答案是：在能量或电子的转移中，存在一种"简易"机制。在该机制的能量转移中，*R 可发射出一个光子（荧光或磷光），随后它被 M 吸收形成*M；而在该机制的电子转移中，*R 可逐出一个电子（光致电离），随之被 M 所接受，从而产生 M˙⁻。这样的过程都可称为"简易"的过程，因为它们都很容易被想象和理解。下面详细地描述一下这种"简易"的能量转移，因为它所涉及的因子与偶极-偶极机制能量转移所涉及的因子十分相似，也和 M 吸收光能形成*M 的有关因子相关。在后一种情况下，"能量给体"是在电磁场中的光子。

一个**简易的**，或是通过**辐射**发光和吸收的能量转移机制，是通过激发给体（*D）的发射光量子[公式（7.11）]与随后的基态受体（A）对已发出光量子的吸收[式（7.12）]所组成[3]。根据那些决定光的吸收和发射效率的原理，例如给体和受体的振子强度（第4章），这一机制很容易理解。我们知道，对通过电子交换或偶极-偶极相互作用发生的能量转移，*D 的寿命会**经常地**因双分子的相互作用而减小 [式（7.5）]，然而对于"简易"机制的能量转移，受体将完全不影响激发给体分子（*D）的发光寿命，或发光概率。然而，如果受体 A 恰好处于光子的路径上，则光子从*D 发出后就会被 A 所截获（实际上，A 不区分它所吸收光子来自灯泡、激光或者某个发光分子*D）。的确，在这种"简易"的能量转移情况下，*D 和 A 甚至可处于不同的物理容器之中！因此如果用另一种方式加以表达，也可将*D 看作为一个"分子灯泡"，它可发射出被 A 所吸收的光子。

总的说来，这种"简易"的辐射能量转移，是通过如式（7.11）和式（7.12）两个连续的步骤发生的。

$$*D \rightarrow D + h\nu \tag{7.11}$$

$$h\nu + A \rightarrow *A \tag{7.12}$$

由于电子能量转移这种"简易"的机制所要求的*D 的发射应是为 A 所能吸收的光子，因此，*D 的发射光谱必须与 A 的吸收光谱重叠。

通过"简易"机制所发生的，从*D 到生成*A 的能量转移速度或单位时间内的概率，取决于多种因素，其中最重要的是：

（1）*D 的发光量子产率（Φ_e^D）。

（2）在*D 所发射光的光程内，A 分子存在的数目（浓度）。

（3）A 分子对光的吸收能力。

（4）*D 的发射光谱与 A 的吸收光谱间的重叠程度，同时还应考虑在重叠波长内，A 的吸收系数。

如上述因素 (1)~(4) 的每一个参数值都是它们的极大，那么这种"简易"的能量转移应当是最优的，然而，假如上述四个条件中的任意一个未能得到满足，则这一过程将是禁阻的。于是，满足 $\Phi_e^D \approx 1$ 的理想条件件是：要求 A 要有高的吸收系数（ε_A），以及*D 的发射光谱与 A 的吸收光谱间有着良好的光谱重叠。至于后面的两个参数，

则可借助于实验的吸收和发射曲线的积分重叠，作为归一化的光谱重叠积分 J，来实现其定量化（图 7.3）。要注意的是，虽然我们通常借助于波长（λ）来表示光谱，但波长并不直接与能量或频率成比例关系；然而，波数 $1/\lambda$，则直接正比于能量。由于光谱重叠积分（J）与*D →D 和 A→*A 的跃迁能量应严格匹配（即，达到发生共振的条件），因此有必要以能量为单位来计算这种重叠。于是，光谱的重叠积分可方便地通过对 $1/\lambda$ 作图而得到（与图 7.3 和图 7.1 相比较），$1/\lambda$ 的单位为 cm^{-1}。这种以厘米的倒数（cm^{-1}）作为能量的单位，可称为**波数**，并用专用的符号 $\bar{\nu}$ 来表示[公式(7.13)]。注意不要把符号 $\bar{\nu}$ 与表示频率的符号（ν）相混淆，ν 的单位是秒的倒数（s^{-1}）。$\bar{\nu}$ 和 ν 二者都直接与能量成比例关系（$E=h\nu=hc\bar{\nu}$）。

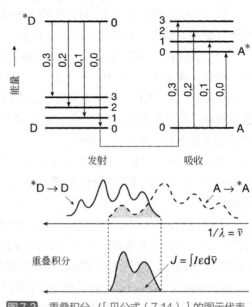

图7.3 重叠积分 J[见公式（7.14）]的图示代表，及其与实验吸收光谱，以及*D 的归一化发射光谱，和 A 的吸收系数的关系（这一重叠积分也可用于能量转移）

$$\bar{\nu} = \frac{1}{\lambda} \tag{7.13}$$

在图 7.3（底部）以图表所示出的光谱重叠积分（J）是根据公式（7.14）的数学积分而给出的，其中 I_D 是以波数为函数的给体发光强度，而 ε_A 则为 A 的吸收系数。

$$J = \int_0^\infty I_D(\bar{\nu})\varepsilon_A(\bar{\nu})d\bar{\nu} \tag{7.14}$$

需要注意的是 ε_A 和 I_D 都是波数 $\bar{\nu}$ 的函数。

在公式（7.14）中，要注意的是：当 ε_A 值很小时，即使*D→D 和 A→*A 跃迁有着良好的重叠，其光谱的重叠积分值 J 还是很小的。不论光谱的重叠积分（J）有多大，ε_A 值越小，A 对光子吸收的概率越小。由于从单重态到三重态直接的吸收值 ε_A 非常小，因此受体激发态*A 一般不可能是三重态的；于是，单重态-三重态以及三重态-三重态的能量转移不能通过这种"简易"的机制进行，而仅有单重态-单重态的能量转移过程有可能通过这种机制进行。

式（7.15）和式（7.16）列出了电子转移过程"简易"的两步机制，它与式（7.11）和式（7.12）给出的"简易"能量转移两步机制相类似。

$$D \xrightarrow{\ h\nu\ } {}^*D \rightarrow D^{\cdot+} + e^{\cdot-}_{solv} \tag{7.15}$$

$$e^{\cdot-}_{solv} + A \rightarrow A^{\cdot-} \tag{7.16}$$

式（7.15）类似于式（7.11）中的光子从*D 中"发出"，或被"逐出"（ejection）。然而在此处，所发出或逐出的物种是在液体中的电子，它可立刻被溶剂分子包围，而产生"溶剂化的电子"（$e^{\cdot-}_{solv}$）。式（7.16）是与式（7.12）中的 A 吸收一个光子相类似。然而，在式（7.16）中，电子被一个适当的受体（A）"吸收"，形成一个负离子自由基（$A^{\cdot-}$）。式（7.15）可称为光离子化的初级光化学过程，它涉及一瞬间的电子激发态（*D）。几乎所有的分子，当它们所吸收光子的能量（$E=h\nu$）超过了分子在溶液中的离子化电位（IP）时，都可发生光离子化；即，$E=h\nu=E_{*R}>IP_R$。激光[4,5]可以提供非常高浓度的可被 D 所吸收的光子。光子的浓度可能达到很高，以致在 D 吸收光子形成*D 后，可接着通过*D 对第二个光子进行吸收，引起如式（7.16）的光离子化过程。

在溶液中，"溶剂化"的电子（电子被溶剂分子所包围）可通过紫外（UV）光谱加以检测，它们也是在水的辐解（radiolysis）过程中，所产生的最重要的物种之一[6]。例如在水溶液中，溶剂化电子吸收的峰值波长 λ_{max} 约为 720nm，其吸收系数 ε_{max} 约为 $20\ 000(mol/L)^{-1} \cdot cm^{-1}$[7]。溶剂化电子的特征反应之一是可通过 N_2O 对它进行清除 [式（7.17）]，这经常作为诊断性检测溶剂化电子是否存在的方法[6]。

$$e^{\cdot-}_{aq} + N_2O + H_2O \longrightarrow N_2 + OH^{\cdot} + OH^- \tag{7.17}$$

吖啶（图示 7.2）可作为经历光离子化的一个有机分子样本。当吖啶在激光激发下发生光离子化，并发射电子时（其符号写作 $e^{\cdot-}_{aq}$，表示电子是被水溶剂化的），这一电子可以与许多底物发生反应，但在这种情况下，浓度足够大的基态吖啶本身是一种良好的清除剂。因此，那些未参与光离子化过程的基态吖啶分子就可与电子发生反应，产生出吖啶的阳离子自由基，并可进一步与水反应而得到一中性的自由基，如图示 7.2 中所示。吖啶为这种"简易"的电子转移提供一个重要的例子，这里电子给体和受体是相同的。已测得的电子捕获的速率常数，$k_{电子捕获}$ 为 $4 \times 10^{10}(mol/L)^{-1} \cdot s^{-1}$。

上述吖啶的光离子化行为绝不是唯一的；实际上，许多有机分子都可经历光离子化过程[4,9,10]。例如，芘（Py）已成为一种在光离子化研究中常用的分子，通过双光子的吸收，可产生溶剂化的电子和芘的阳离子自由基（$Py^{\cdot+}$）[式（7.18）和式（7.19）]。芘所以能较容易地吸收两个光子，可能是因为它具有特别长的单重态和三重态寿命，以及芘的这两个态有着对第二个光子吸收较强的吸收系数。通过光离子化而导致的电子发射，并不一定要在强的极性介质中进行。因此，芘的双光子电离不仅能在水和醇中可以发生，也可在烷烃溶剂内发生。

$$Py + h\nu_1 \longrightarrow {}^*Py \tag{7.18}$$

$$*Py + h\nu_2 \longrightarrow Py^{\cdot +} + e^{\cdot -}_{solv} \qquad (7.19)$$

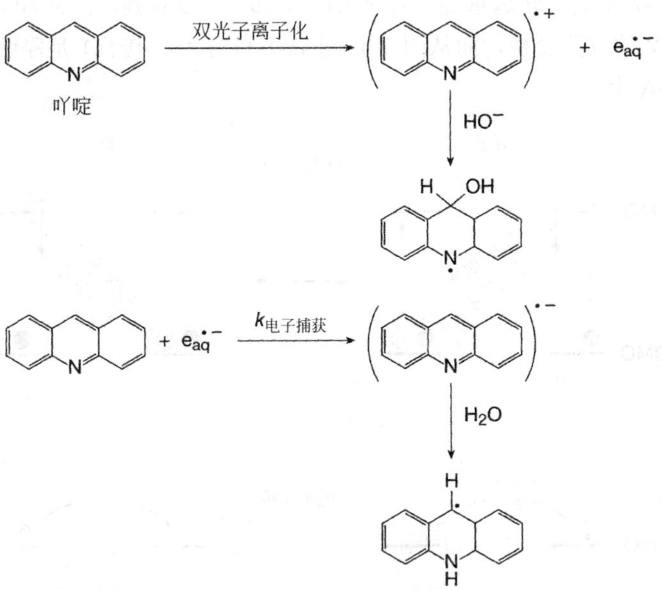

图示 7.2 吖啶在水溶液中经双光子吸收而导致的光离子化[8]
水合电子被基态吖啶分子所捕获，而吖啶的阳离子自由基和阴离子
自由基二者反应可得到中性的自由基产物

7.4 能量和电子转移的机制：相同点和不同点

如图 7.1 中所述，在有机光化学中最常碰到的电子能量转移过程，是发生于 *D 和 A 间的两种截然不同类型的电子相互作用。第 1 种情况是电子交换相互作用（在文献中也称作电子能量转移的"轨道重叠机制"或"电子交换机制"），第 2 种情况是偶极-偶极相互作用（在文献中也称作电子能量转移的"库仑"或"共振机制"）。Dexter[11] 和 Förster[12]分别发展了由电子交换相互作用和偶极-偶极相互作用的能量转移理论。为了纪念能量转移理论的开拓者，电子交换的能量转移有时在文献中也称作为"Dexter"能量转移（图 7.4，下部），而偶极-偶极的能量转移，在文献中，有时也被称作"Förster"能量转移（图 7.4，上部）。在 6.18 节中，我们知道前线轨道的重叠针对于最低能量的光化学反应路径；而这种相同轨道重叠，也针对于交换能量转移中的最低能量路径。当然，电子交换和偶极-偶极能量转移二者还要求应当满足图 7.1 中的能量守恒条件。

在图 7.4 中，为了便于区分，我们可把相互作用的电子标记为电子①和电子②。图 7.4 中所列两种机制间的关键差别是：对于偶极-偶极机制，在 *D 与 A 间的相互作用是通过空间的 *D 和 A 偶极电场的重叠而实现的；而对于交换机制，*D 与 A 间的相互作用则是通过 *D 和 A 的轨道重叠而实现的。偶极-偶极相互作用是通过由 *D 产生的振荡电场（将在下节讨论）而起作用，它不需要有*D 和 A 间的范德华（van der Waals）接触，或是*D 和 A 间的轨道重叠。从图 7.4（下部）可以看到，在 A 和 D 间的电子转移中电子①和②的位置交换，而从图 7.4（上部）可看到，电子①是停留在 D 上，而电子②则留在 A 上。

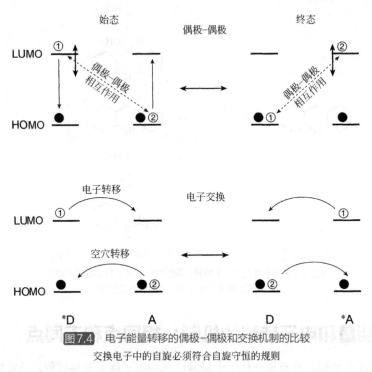

图7.4 电子能量转移的偶极-偶极和交换机制的比较
交换电子中的自旋必须符合自旋守恒的规则

如何能准确描述通过*D 的振荡电场实现的偶极-偶极相互作用呢？一个可以采用的简单图像模型是从经典电磁辐射理论（第 4 章）中得到的，即将分子内所有的电子看作是沿着分子框架某些轴的方向（类似于电子振动）振荡的谐振子（4.2 节）。在经典模型中，基态谐振子中的电子，在基态下是不发生振荡的。然而，*D 有一个激发的电子，按照经典理论，它相当于谐振子的激发态。对谐振子的任何激发态，电子可沿着具一定自然频率（ν_0）的分子骨架进行周期性的谐振。这种沿分子骨架的振荡建立起来的振荡电偶极，与所通过的光波电场振荡电偶极大致相同（4.12 节）。于是根据经典理论，可以设想*D（并非 A）有着一振荡的电偶极，它依次可在围绕*D 的空间周围产生出振荡的电场。

*D 的这种振荡电场对于它附近的 A 的影响，可通过一个非常熟悉且相类似的体系予以形象化，即：电波的发射天线（*D）和接收天线（A）。在经典理论中，A 在初始状态可被看作一非振荡的电接收器，它可能被驱动而与发射天线（*D）的振荡电场间发生共振。假如*D 的电子振荡频率 ν_0 恰好能与 A 振荡的自然频率相匹配，就满足了*D 与 A 间发生共振的第一个必要条件。假如*D 的振荡电场足够强，而且与 A 足够

地相近,以致可与 A 相互作用并诱导 A 发生电子振荡,这样一个经典共振条件的满足,就可使*D 到 A 的偶极-偶极能量转移能够有效发生。依据经典天线(或可调音叉)理论,其能量可在*D 与*A 间往复的流动。按照这一经典模型,能量转移就要求*D 和*A 存在共同的振荡频率(v_0)。当具有共同振荡频率这个条件得到满足时,能量转移的效率将主要决定于:*D 和 A 间的分隔距离(R_{DA});由*D 产生的在分离距离 A 处的振荡强度;在此距离下,A 能否较容易地在同一频率下被驱动从而开始振荡;*D 与 A 间的相对取向等。对于偶极-偶极相互作用经典图像的量子力学修正将在 7.5 节中加以讨论。

按照偶极-偶极能量转移的经典模型,电子并非是通过"分子或轨道进行交换"(图 7.4,下部),而是通过相当于同时发生的两个跃迁过程(*D→D 和 A→*A),即通过*D 的振荡偶极场去触发 A 的振荡偶极场并使二者耦合共振,从而导致能量转移和*A 的形成。在图 7.4 的顶部,*D 和*A 的振荡偶极用垂直的双箭头予以表示。通过偶极-偶极机制,使 A 到*A 的激发与第 4 章中所描述的光吸收经典机理相类似。在光吸收的情况下,光的振荡电磁可提供能与 A 的电子相互作用的振荡电偶极场。因此,激发分子*D 的振荡电子可以看作是可产生*A 的"虚拟光子(virtual photon)"。换句话说,A 的基态不能告诉我们,使 A 激发到*A 的,究竟是来自振荡电磁场的"真实"光子的振荡电磁场,还是来自*D 的振荡偶极电场的"虚拟"光子!

量子力学是借助于*R 和 M 波函数的相互作用(重叠)来处理能量转移(电子交换)和电子转移的。对任一给定的*R 和 M 对,当它们相互靠近时,总存在一定程度的电子交换相互作用和偶极-偶极相互作用,虽然一般而言,在任何给定的距离下,其中的一种作用可能比另一种占有优势。由于电子交换相互作用和偶极-偶极相互作用二者都相对较弱,从量子力学的观点看,电子相互作用可以借助于相互作用的矩阵元进行分析,如同电子跃迁的黄金规则所描述那样(3.5 节)。因此,可以根据公式(7.20)所给出的电子交换和偶极-偶极相互作用所相应的矩阵元,来定性地估计能量转移的速率常数(k_{ET})。

$$k_{ET}(总) \propto [\alpha \langle \Psi(D^*)\Psi(A)|H_{ex}|\Psi(D)\Psi(A^*)\rangle^2 + \beta \langle \Psi(D^*)\Psi(A)|H_{dd}|\Psi(D)\Psi(A^*)\rangle^2]$$

    电子交换相互作用   电子偶极-偶极相互作用   (7.20)

式中的α和β是指两种相互作用的贡献程度。按照量子力学,触发能量转移相互作用的强度(能量),直接正比于相互作用的矩阵元的大小。而从 k_{ET} 给出的能量转移的速率则正比于相互作用强度(能量)的平方。所以,k_{ET} 与相互作用所相应的矩阵元的平方成正比 [公式(3.9)和公式(3.10)]。

在电子交换的情况下,公式(7.20)中的算子 H_{ex} 形式是 $\exp(-R_{DA})$,其中 R_{DA} 为能量给体*D 与能量受体*A 间的距离。这样一个数学形式是合理的,因为一般而言,作为与参考点(如原子核)间的距离的函数,电子波函数的大小总是趋于指数下降的。因此可以期望,对通过电子交换相互作用发生的能量转移的速率常数,也应随*D 与 A 间距离 R_{DA} 的增大,而呈指数下降。

在偶极-偶极能量转移的情况下，算子 H_{dd} 的形式为 $\mu_D \mu_{*A}/R_{DA}^3$，其中μ_D 为图 7.4 中*D 的振荡偶极的强度（与 4.16 节中所讨论的跃迁偶极相同）；μ_{*A} 为*A 的振荡偶极的强度；R_{DA} 为给体与受体间的距离。在公式（7.20）中，由于矩阵元是二次方的，因此通过偶极-偶极相互作用机制的能量转移速率，将随 $1/R_{DA}^3$ 的二次方（亦即 $1/R_{DA}^6$）而下降。

7.5 偶极-偶极相互作用能量转移的图像化：发射天线与接收天线机制

作为偶极-偶极相互作用的一个具体定量模型，可假设在*D 附近的振荡电场与经典振动频率为ν_0的电谐振子天线所产生的电场相类似，而且它在任何瞬间的瞬时振荡或跃迁偶极矩为μ（图7.4，顶部）。如果 $|\mu_0|$ 是跃迁偶极矩μ所能达到的极大值，我们就可用谐振子振荡场的经典表达［公式（7.21）］来确定在任何瞬间 t 时的 μ 值：

$$\mu = \mu_0 \cos(2\pi\nu t) \tag{7.21}$$

式中，t 为时间；ν为振荡频率。在分子术语中，可以将这种*D 上激发电子沿着分子骨架作来回往复运动的电振动振幅，看作为振荡的偶极矩；这种沿着分子骨架的振荡电荷，就像电荷沿着天线所作的往复振荡一样。可以回忆在经典理论中我们认为，基态 A 的电子是根本不能发生振荡的（可认为这种振荡的振幅为零）。如果常见的共振条件（如：正确的频率，限定的相互作用，相同能量的跃迁能隙以及守恒定律等）得以满足，*D 的偶极电子-电荷振荡就可诱导邻近分子电子体系发生振荡，并最终使之激发。这种通过偶极-偶极耦合机制的能量转移，仅仅可能在存在较大的跃迁偶极矩（μ）和跃迁多重性守恒（自旋允许）的条件下发生。因此，只有单重态-单重态能量转移可能按偶极-偶极机制进行。而三重态不论是给体*D 或是受体 A 都不可能具有大的跃迁偶极，即其偶极-偶极相互作用是很弱的，因而它就不可能成为三重态能量转移的机制。然而，在7.9 节中将会看到，电子交换为三重态-三重态的能量转移提供了一种有效的机制。因此，如果发现了由三重态给体到三重态受体的能量转移，则其中必涉及电子转移过程。

对于 $A + h\nu \rightarrow *A$ 的辐射跃迁，其共振条件可由公式（7.22a）给出（跃迁的能量等于频率为ν的光子能量）：

$$\Delta E(A \rightarrow *A) = h\nu \tag{7.22a}$$

从图 7.1（用*D 代替*R，用 A 代替 M）我们记得，能量守恒对于任一种能量转移机制都是绝对必须的。对于分子在*D→D 和 A→*A 跃迁中的能量匹配，一般都包括与振动能级的匹配。在图 7.1 中，由于*D 处于它最低的振动能级（$\upsilon=0$），我们看到公式（7.22b）的能量转移过程可产生出*A 的激发振动能级。

$$\Delta E(*D \rightarrow D) = \Delta E(A \rightarrow *A) \tag{7.22b}$$

由于必须满足公式（7.22b）中的共振条件，我们可导出一个振荡的共同频率（common frequency）。由于$\Delta E = h\nu$，所以$\nu = \Delta E/h$。

7.6 偶极-偶极能量转移的 Förster 理论定量分析

Förster[12]指出：在经典理论中，两个电偶极间的静电相互作用能（E）直接与两相互作用偶极矩［μ_D 和 μ_A，公式（7.21）］的大小相关，并且与给体和受体间距离（R_{DA}）的三次方成反比，如公式（7.23）所示（见 2.39 节有关磁偶极的类似讨论）：

$$E(偶极-偶极) \propto \frac{\mu_D \mu_A}{R_{DA}^3} \tag{7.23}$$

可以看到，决定偶极-偶极相互作用能量（强度）的关键参数是相互作用偶极 μ_D 和 μ_A 的大小，以及它们之间距离 R_{DA} 的三次方。对于 *D↔D 和 A↔*A 的辐射跃迁，Förster[12]分别将其电偶极（μ_D 和 μ_A）与振子强度（f_D 和 f_A）联系起来（第 4 章）。可回想起，振子强度 f_D 和 f_A 的理论值是与实验的吸收系数 ε_D 和 ε_A 相关的［公式（4.18）］，而电磁场和分子内电子相互作用的振子强度（f），则是基于以光波的振荡电场和电子激发态的振荡电子的理想谐振子模型。对于 *D→D 和 A→*A 的辐射跃迁（见第 4 章），经典偶极-偶极相互作用的能量（E）可以借助于 f_D 和 f_A（振子强度可通过吸收系数 ε 而测得）而予以阐明。现在我们可以看出这些因子是如何来控制电子辐射跃迁的强度，以及在任意固定距离（R_{DA}）下控制偶极-偶极能量转移中的偶极相互作用的强度的。对于一个真实体系，通过偶极-偶极相互作用能量转移的最终理论分析，除了考虑溶剂的介电因素（偶极-偶极相互作用依赖于其周围介质的介电常数）外，还必须包括电子的、振动的以及自旋等因素。

量子力学的原理也可应用于公式（7.20），并对经典模型作如下的修饰。由于偶极-偶极相互作用是一种弱的电子相互作用，因此就可用适用于所有弱相互作用体系电子跃迁的量子力学黄金规则［公式（3.8）］来计算偶极-偶极机制的能量转移速率常数［k_{ET}，如公式（7.24a）所示］。对于能量转移过程 *D+A→D+*A 的矩阵元［公式（7.20）的形式］，涉及：起始态波函数 Ψ(*D) Ψ(A)的乘积；终止态波函数 Ψ(D) Ψ(*A)的乘积；以及公式（7.24a）中的偶极-偶极相互作用算子 P_{D-*A}，这一算子涉及混合了起始态波函数 Ψ(*D)和 Ψ(A)，以及引起跃迁到达终止态波函数 Ψ(D)和 Ψ(*A)。按照黄金规则，能量转移速率常数（k_{ET}）的值取决于这一矩阵元的平方［公式（7.24a）］。此外，符号 ρ 为"态密度（density of states）"的量度，它在 *D 和 A 中有着相同的能量，并且也可通过偶极-偶极相互作用而被耦合。*D 和 A 的这样一组"重叠态"可以通过"重叠积分"来定量地表述，其数值可由 ρ 给出。此外，对于能量守恒的跃迁，黄金规则可方便地表述为电子矩阵元的平方，和 Franck-Condon(FC)因子平方的乘积[公式(7.24b)]。式中的 $\langle \chi_i | \chi_f \rangle$ 项与 ρ 相关，是 FC 因子（3.10 节）。这后一项十分重要，因为它简单地给出了：对于可能的能量转移来说，能量的守恒以及电子波函数间良好的正重叠是必要非充分条件。此外，在能量转移中所涉及的态，如起始态（χ_i）和终止态（χ_f），其振动波函数必须要有良好的正重叠（当然，自旋波函数也很重要，但此处为了简化起

见，忽略掉了）。

$$k_{ET} \approx \langle \Psi(*D)\Psi(A)|P_{D \to *A}|\Psi(D)\Psi(*A)\rangle^2 \rho \quad \text{黄金规则} \tag{7.24a}$$

$$k_{ET} \approx \langle \Psi(*D)\Psi(A)|P_{D \to *A}|\Psi(D)\Psi(*A)\rangle^2 \langle \chi_i|\chi_f\rangle^2 \tag{7.24b}$$

因此可以得出以下结论：一般地说，如公式（7.25）所示，k_{ET} 的大小是与相互作用能的平方成正比。一个弱振动的 FC 因子或多重性变化，都会导致出现小的相互作用能，这是因为弱的 FC 因子或自旋的变化都相应于小的跃迁偶极矩。我们可回想起：振子强度是与给定跃迁的固有辐射寿命和吸收系数相关联的［公式（4.20）和公式（4.30）］。通过应用黄金规则［公式（7.24a）］，k_{ET}（偶极-偶极）按公式（7.25）可定量地与 E^2 相关联。从公式（7.25）我们注意到，偶极-偶极能量转移（假设为点偶极）的速度会按偶极间距离（R_{DA}）的六次方的倒数关系而下降。于是，电子能量转移的速度，随着 *D 和 A 间距离的增大，通过 $1/R^6_{DA}$ 的因子而下降。这样一个 $1/R^6_{DA}$ 距离的依赖关系，当能准确地予以测定时，就可以作为区分能量转移是发生于偶极-偶极相互作用，或是发生于电子交换相互作用的基础，因为后者通常是随距离 R_{DA} 呈指数关系下降的（7.10 节）。在图 7.5 中以 ln k_{ET} 相对于给体失活速率呈数（k_0）的下降趋势为 *D 和 A 间距离（R_{DA}）函数，给出了偶极-偶极机制和电子交换机制的能量转移速度依赖性关系。在这个样本中可以看到：对于较小的距离（<10Å），两种相互作用能量转移速率常数>>k_0，因此效率很高。然而，对于 R_{DA}>10Å 的情况，通过交换机制按指数下降的能量转移速度(由于图中取自然对数 ln 作图，使下降呈线性关系)，一般要比偶极-偶极相互作用的 $1/R_{DA}^6$ 关系降得更陡、更快。结果，在下图给定的样本中，当 R_{DA}=30~40Å 时，偶极-偶极能量转移和*D 的衰变仍然是处于竞争之中，但通过电子交换机制的能量转移已不重要了。这个例子表明，通过*D 与 A 间发生偶极-偶极机制能量转移的最佳距离范围，要比典型有机分子的尺寸（5～10Å）大得多（>30Å）。

$$k_{ET}(\text{偶极-偶极}) \propto E^2 \approx \left(\frac{\mu_D \mu_A}{R_{DA}^3}\right)^2 = \frac{\mu_D^2 \mu_A^2}{R_{DA}^6} \tag{7.25}$$

总括地说，从公式（7.25），Förster 理论预示：通过偶极-偶极机制的能量转移速率常数 k_{ET} 可与下列量成比例关系：

（1）与相应于*D→D 跃迁的跃迁偶极矩 μ_D 的平方。

（2）与相应于 A→*A 跃迁的跃迁偶极矩 μ_A 的平方。

（3）与*D 与 A 间距离的六次方的倒数（即 $1/R_{DA}^6$）。

Förster 将振子强度（f）和跃迁偶极（μ）的理论值与实验数值，例如吸收系数（ε）或辐射寿命（k^0）等联系起来。在 4.16 节曾描述了跃迁矩与 ε 和 k^0 等实验量间的关系。从这些关系出发，我们就可推演出 μ^2 和 ε（或 k^0）间存在着直接的比例关系，如式（7.26）和式（7.27）：

$$\mu_D^2(D^* \leftrightarrow D) \to \int \varepsilon_D \quad \text{或} \quad \int k_D^0 \tag{7.26}$$

$$\mu_A^2(A^* \leftrightarrow A) \to \int \varepsilon_A \text{ 或 } \int k_A^0 \tag{7.27}$$

式中，$\int \varepsilon$ 代表整个能量吸收带的实验吸收系数的积分，而 $\int k^0$ 则代表整个发射带的纯辐射速率常数的积分。

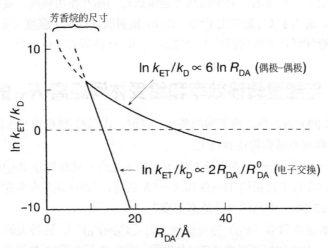

图7.5　能量转移速率常数（k_{ET}）与 *D 的衰减速率常数（k_D）的比值对 *D 和 A 间距离
（R_{DA}）函数的假设性作图

以 $\ln k_{ET}/k_D$ 对 $6 \ln R_{DA}$ 作图（偶极-偶极能量转移），和对 $2R_{DA}/R^0_{DA}$ 的作图（交换能量转移）

由于我们特别关注的是 *D→D 和 A→*A 同步耦合跃迁的能量转移过程，为此，我们选择了 k_D^0 和 $\int \varepsilon_A$ 作为相关的实验项目，来代替式（7.26）和式（7.27）中理论的跃迁偶极矩平方，并得到了 k_{ET} 与一些实验可测的量——如以距离 R_{DA} 为函数的 k_D^0 和 $\int \varepsilon_A$ ——相关联的公式（7.28）。

$$k_{ET}(\text{偶极-偶极}) = \frac{k_D^0 \int \varepsilon_A}{R_{DA}^6} \tag{7.28}$$

最后，k_{ET} 的值也依赖于光谱重叠（图 7.3）。通过对 *D 的发射光谱与 A 的吸收光谱重叠的计算，我们可以得到公式（7.29），依据此，就可由实验数据来算出 k_{ET} 值。

$$k_{ET}(\text{偶极-偶极}) = \alpha \frac{\kappa^2 k_D^0}{R_{DA}^6} J(\varepsilon_A) \tag{7.29}$$

公式（7.29）中的 α 是一个由实验条件所决定的比例常数，例如溶液的浓度和溶剂的折射率等。对于 κ^2 项，则需要考虑：偶极 μ_D 和 μ_A 为矢量的这一事实，以及两个振荡偶极矢量间的相互作用是依赖于偶极在空间中的相互取向。所以从几何上来考虑那些在空间无规取向分布的偶极时，κ^2 可转换为一个等于 2/3 的常数。式中的 $J(\varepsilon_A)$ 项为光谱的密度积分，这是一个除去已包括于积分中受体吸收系数（ε_A）以外的，相似于公式（7.14）的重叠积分值。大的 ε_A 值意味着 A 有着大的振子强度，并能较容易地被驱动进行共振而形成*A。光谱密度积分（图 7.3）是与黄金规则［公式（7.24a）］表达式中的态密度（ρ）相关联的。我们将 ε_A 包含在内是因为，通过归一化重叠积分而给出的相同能量的态的数目就如同每个等能的*D 和 A 跃迁的偶极-偶极相互作用［公式（7.24b）中的 FC 因子］一样，是十分重要的。对于这些等能量跃迁的相互作用强度，要求包含受体的振子强度或 ε_A。而由于 k^0_D 是正比于*D→D+$h\nu$辐射跃迁的振子强度（第 4 章），因此，在考虑对能量给体跃迁偶极的强度中要包括 k^0_D 和*D 的固有辐射寿命。

7.7 k_{ET} 与能量转移效率和给受体间距离 R_{DA} 的关系

从公式（7.29）可预期，当下列的条件具备时，由偶极-偶极相互作用引起的从*D 到 A 的能量转移速率常数将达到极大：

（1）当*D→D 和 A→*A 的跃迁对应于大的（光谱）重叠积分 $J(\varepsilon_A)$ 时。这种大的 $J(\varepsilon_A)$ 值意味着存在许多共振的*D→D 和 A→*A 跃迁，亦即存在着许多在黄金规则公式（3.8）和公式（7.24a）中高的"等能态密度" ρ。

（2）当辐射速率常数（k^0_D）尽可能地大时 ［$k^0_D=(\tau^0_D)^{-1}$］，这种大的 k^0_D 值就意味着*D→D 跃迁具有大的振子强度（f），由此进一步意味着由于*D 的激发电子，振荡跃迁偶极（μ_D）不仅较大，而且是一很强的振子。所以，由*D 所产生的围绕着它邻近空间的偶极场也会很大。现在，*D 就是一个强而有效且能在共振条件得以满足时，诱导其周围空间受体偶极发生振荡的发射天线。

（3）在重叠的区域内，ε_A 值要尽可能得大（图 7.3）。一个大的 ε 值意味着 A→*A 的跃迁具有大的振子强度（f），也即振荡偶极矩（μ_A）很大。当共振条件得到满足时，A 就会是一个很好的接收偶极振荡的天线。

（4）*D 与 A 间的空间距离（R_{DA}）要小于进行有效能量转移所需的临界距离。在实际应用中，可方便地定义一个特定的临界平均距离（R^0_{DA}），在这一临界距离时，从*D 到 A 的电子能量转移速率应等于*D 的失活速率，即 $k_0=k_{ET}[A]$。当 $R_{DA}<R^0_{DA}$ 时，大部分*D 分子就可通过能量转移的途径而失活；当 $R_{DA}>R^0_{DA}$ 时，能量转移的效率就会降低。形象化地来说，就是*D 距离 A 越近，A 所感受到的振荡力场就越强，因此*D 与 A 的相互作用也越强。

（5）对于给定距离下*D 与 A 发生的相互作用，存在一个*D 与 A 间最佳的相对取向，即在这个取向下能量转移可以以最优化的，且最快的速度进行。而其他的一些取向，对能量转移来说则并不十分顺利，且速度很慢。正如前述，两个偶极间的电或磁的相互作用能量与这两个偶极间的夹角 θ 相关（图 2.17）。因此可以说：对于某些取向，即使当它们彼此间非常靠近，甚至达到其临界的平均距离（R^0_{DA}）时，*D 与 A 间的相互作用也很小。的确，即使两偶极都有很大的跃迁偶极，在接近 $\theta\approx54^o$ 的"魔角（magic angle）"时，不论两个偶极在空间上有多么接近（在"点"偶极的近似下），偶极-偶极的相互作用也会接近于零。因此我们可以看到，在进行详细的计算时，不仅要考虑"中心到中心"的距离 R^0_{DA}（基于简单的球形模型），还必须要考虑*D 和 A 偶极的取向情况。

通常在实验中，测定能量转移的效率（Φ_{ET}）要比测定能量转移的速率常数（k_{ET}）更方便。这是因为对在空间无规分离的给定*D/A 对而言，Φ_{ET} 仅依赖于*D 和 A 间的空间距离 R_{DA}。在概念上，能量转移的效率 Φ_{ET} 可以提供起始*D 分子成功地将能量转移至 A 的能量分数信息。如在条件（4）中所指出的，我们可以方便地定义出一个空间距离 R_{DA}，在这一距离下，能量转移的速率等于*D 的总失活速率［如公式（7.30a）和公式（7.30b）所示］。式中 k_D 为实验条件下，当[A]=0 时*D 的实验寿命的倒数。要注意的是：k_D 并非相当于不存在*D 非辐射失活情况下的固有辐射寿命 k^0_D。当公式（7.30a）有效时，由于从*D 到 A 的能量转移速率和*D 的失活速率相当，50%的*D 可因电子能量转移到 A 而被猝灭，而另外 50%的*D 则等同于不存在 A 的情况下，通过*D 的失活过程而猝灭。于是，我们可将满足公式（7.30a）的距离称为"临界分离距离"（R^0_{DA}）。

$$k_{ET}[D^*][A]=k_D[D^*] \text{（当 } R_{DA}=R^0_{DA} \text{ 时）} \tag{7.30a}$$

或者

$$k_{ET}[A]=k_D=\tau_D^{-1} \tag{7.30b}$$

要注意的是：在公式（7.30b）中，k_D 与 τ 分别为*D 衰变过程的总实验速率常数和寿命。在多数实验条件下，*D 的正常实际寿命总要比辐射寿命 τ^0_D 短［见公式（4.30），$\tau^0_D=(k^0_D)^{-1}$］，这是因为在一般情况下，对于*D 的失活来说，非辐射过程总是会与辐射过程相竞争。通过公式（7.31），*D 的发射效率可与测量得到的辐射寿命相关联。

$$\phi_{发射}=\frac{\tau_D}{\tau^0_D} \tag{7.31}$$

当公式（7.30a）中的[A]可通过实验得到，就可计算出能量转移和失活过程速率相同时，*D 与 A 的平均距离 R^0_{DA} 值。当考虑 D 和 A 的几何因素，并假设它们为球形时，R^0_{DA} 和浓度[A]$_0$ 间的关系就能满足公式（7.30a）的标准，并由公式（7.32）给出。

$$R^0_{DA} \text{（单位 Å）}=6.5[A]^{1/3} \text{（[A]的单位为 mol/L）} \tag{7.32}$$

于是，对于通过偶极-偶极机制能量转移的速率常数和效率，可分别根据公式（7.33a）和公式（7.33b），与*D 和 A 间的实际距离 R^0_{DA} 联系起来[12]。

于任意距离时的速率常数：

$$k_{ET} \propto k_D\left(\frac{R^0_{DA}}{R_{DA}}\right)^6=\frac{1}{\tau_D}\left(\frac{R^0_{DA}}{R_{DA}}\right)^6 \tag{7.33a}$$

于任意距离时的效率：

$$\phi_{ET} \propto \left(\frac{R^0_{DA}}{R_{DA}}\right)^6 \tag{7.33b}$$

在公式（7.33a）中，τ_D 是 *D 的实验寿命；R_{DA} 是 *D 和 A 中心间的实际距离；R^0_{DA} 是公式（7.30a）中定义的临界距离；Φ_{ET} 是能量转移的效率 [见公式（7.10）]。因此，当 $R_{DA}=R^0_{DA}$ 时，能量转移的速度就等于失活的速度 [公式（7.30a）和公式（7.30b）]；当 $R_{DA}<R^0_{DA}$ 时，能量转移占有主导地位；而当 $R_{DA}>R^0_{DA}$ 时，则以 *D 的失活为主。

Förster 共振能量转移（通常被称为 FRET）已被广泛地应用于光生物学之中，它可作为一个标尺来测量发色团间的距离。有时，它也被放置于生物分子内，用以检测某些特殊的性质或结构的构象。这类测试的广泛应用已使得许多选定"给体-受体对"的 R^0_{DA} 值被测定[13]。而典型的 R^0_{DA} 是在 10~50Å 范围内[3]，例如：色氨酸-芘（28Å），芘-香豆素（39Å），萘-丹磺酰基（22Å）等。

7.8 偶极-偶极能量转移的实验测试

偶极-偶极能量转移的实验证据，可以通过测定能量转移过程效率（或速度）与距离间的依赖关系获得。如果转移的效率（或速度）与 $1/R^6_{DA}$ 间存在依赖关系，而不是与 R_{DA} 间呈指数关系，就可确认转移为偶极-偶极相互作用所致（图 7.5）。对于那些 *D 与 A 间距离无规的，即并无单一 R_{DA} 值的体系，它们的数据分析就只能得到一个 Φ_{ET} 和 k_{ET} 对距离间的平均依赖关系。通常的步骤是通过设计一个可用精确方式来控制 *D 和 A 间距离的分子间隔体（spacer）来测定 Φ_{ET}（公式 7.34）或 k_{ET} [公式（7.28）和公式（7.30b）]对距离的依赖关系。双类固醇 N(Sp)A（萘-类固醇-蒽）化合物就是一个典型的例子，这里的类固醇（Sp）是间隔体部分（图示 7.3）[14]，用于检测萘（给体）和蒽（受体）发色团间偶极-偶极单重态能量转移对距离的依赖性。于是，通过萘对给体的发光量子产率以及光谱重叠积分的测定，就可依据公式（7.28）中的实验值计算得到 R^0_{DA} 的平均值（再考虑体系的转动构象）。然后，再根据能量转移 $1/R^6$ 的依赖关系，就可对 R_{DA} 值作出评价。在实验上，R_{DA} 的计算值是（19±2）Å，而从分子模型得出的 R_{DA} 值为（21±2）Å，因此，这就为偶极-偶极能量转移机制的距离依赖性提供了一种很好的佐证。

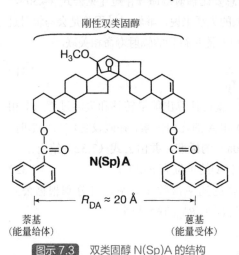

图示 7.3 双类固醇 N(Sp)A 的结构

对于单重态-单重态能量转移与距离间的依赖关系，特别具有启示性的样本是一系列聚 L-脯氨酸低聚物的实验结果 [图示 7.4（a）]。在这一系列中，给体基团（α-萘基能量给体）和氨基取代的受体基团（丹磺酰基能量受体）间的距离范围是从 12Å（$n=1$）到 46Å（$n=12$）之间[15]。这个体系正合适对 Förster 公式作重要的测试，亦即用来评价以距离为函数的能量转移效率。因为在这一距离范围内，对于*D 和 A 的一些关键参数并不会在数值上发生重大的变化，而且适合通过该理论对距离的依赖性做出直观的比较[图示7.4(b)]。当 $n \leq 4(R_{DA}=10\sim20\text{Å})$ 时，单重态-单重态能量转移效率高达100%；随着 n 值（和 R_{DA}）的增大，效率会逐步下降；最终当 $n=12$ 时，效率可减小至约15%。接近50%的能量转移效率出现于35Å左右的距离处，因此该体系的 R^0_{DA} 应为大约35Å。这一结果与该体系所期望的偶极-偶极能量转移的 $1/R^6_{DA}$ 距离依赖关系符合得很好。相反，如果用交换机制拟合该能量传递过程（见下面），其效率的理论预期应以指数关系

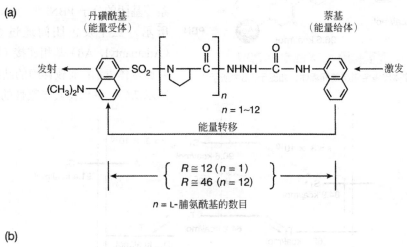

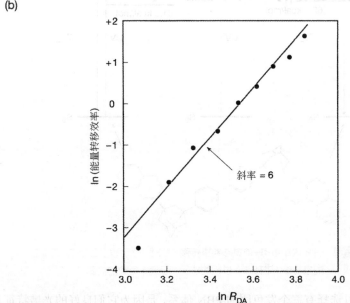

图示 7.4 （a）以聚-L-脯氨酸低聚物来检测按偶极-偶极机制的单重态-单重态能量转移的距离相关性；（b）按公式（7.33b），从（a）图中的能量给体和受体间距离的对数（ln），对能量转移效率的对数（ln）作图

下降，而当*D 与 A 之间距离大于 15Å 时，通过交换机制计算出的能量转移速度和实际速率相比太慢了，以致不能与*D 的衰减相竞争。

依据公式（7.33b），对聚-L-脯氨酸低聚物体系的 ln-ln 作图 ［图示 7.4（b）］。所得直线的斜率为 5.9，可以很好地与公式（7.33b）中 Förster 理论所期望的 R^6 的距离关系相符合。

能量转移结构控制的一个重要的例子是含有三发色团：菲、联苯和萘等基团的分子 PBN[16]。如图示 7.5 所示，三个发色团间通过金刚烷（Adamantyl，Ad）基相连接（图中以阴影球体表示；而较详细的结构可见图示 7.6），并保持其半刚性的构象。

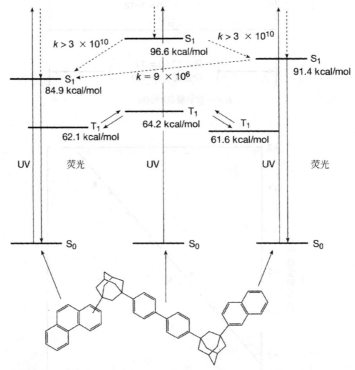

84.9 kcal/mol
94.1 kcal/mol
96.6 kcal/mol

PBN

图示 7.5　三发色团分子 PBN
球体代表金刚烷基间隔体，如图示7.6中所示

S_1 96.6 kcal/mol
$k > 3 \times 10^{10}$
S_1 91.4 kcal/mol
$k > 3 \times 10^{10}$
S_1 84.9 kcal/mol
$k = 9 \times 10^6$
T_1 62.1 kcal/mol
T_1 64.2 kcal/mol
T_1 61.6 kcal/mol
UV　荧光　UV　UV　荧光
S_0　S_0　S_0

图示 7.6　分子内单重态-单重态能量转移（SSET），以及三重态-三重态能量转移（TTET）过程的能量图及速率常数的估测

研究中之所以选择有三个发色团的 PBN 体系，是因为它们良好的光谱特征和三个发色团的单重态能量关系，亦即有可能对三发色团中的一个实现波长的选择激发。这三个发色团的单重态能量分别为：联苯($E_S \approx 97$kcal/mol)，萘（$E_S \approx 92$kcal/mol），和菲的（$E_S \approx 85$kcal/mol）。这些特征使选择性激发其中任一种发色团成为可能。然后，使

激发的发色团成为势能（PE）的给体，而其余的两个发色团则成为势能受体。因此，可依赖于所选择激发的发色团，使能量转移过程既可以是放热的，也可以是吸热的。

例如，如果选择激发三元体（triad）中有着最高单重态能量的联苯发色团，就可导致它与菲和萘两个受体基团间快速而高效的单重态-单重态能量转移，速率常数$>6 \times 10^{10} s^{-1}$。由于联苯作为能量给体，比其他两个能量受体有较高的能量；又由于这些基团间的间距<10Å，所以可预期从激发的联苯到两个受体的能量转移是非常快的。然而，如果选择性激发萘发色团时，相比将能量转移到距离较近但能量较高的联苯发色团的相同的单重态能量转移，单重态的能量转移到达与萘距离较远而能量较低的菲发色团的速度更快效率更高。在这种情况下，观察到的荧光光谱是由萘以及菲发色团的荧光发射所组成。通过将光谱与荧光寿命数据结合，就可测得由萘到菲单重态能量转移的速率常数为$9 \times 10^6 s^{-1}$，效率ϕ_{ET}为37%。鉴于此，可以假设这种长距离的能量转移是通过偶极-偶极的相互作用过程实现。按公式（7.34），就有可能计算出相应于50%转移效率的R_{DA}/R^0_{DA}比值：

$$\phi_{ET} = \frac{1}{1 + [R^6_{DA}/(R^0_{DA})^6]} \tag{7.34}$$

R_{DA}/R^0_{DA}的计算值为 1.1。而从 Förster 理论独立计算偶极-偶极能量转移的R^0_{DA}值为14Å，于是就可得出$R_{DA}=16$Å。

除了单重态-单重态能量转移，PBN 体系的另一个重要特性是可通过实验来测定三重态-三重态的电子能量转移（将于 7.10 节中讨论），而这一转移则是通过交换机制发生的。三个发色团的三重态能量E_T分别为：联苯（≈ 64.2kcal/mol），萘（≈ 62.1kcal/mol），以及菲（≈ 61.6kcal/mol）。由于三重态-三重态的转移必须通过电子交换相互作用发生，所以当其间距>10Å 时，它们转移速率的下降要比偶极-偶极能量转移的下降速度快很多（图 7.5）。而萘和菲发色团，由于相距太远，这对仅适用于三重态能量转移的交换机制是不利的，以至转移不能有效地进行。然而，从激发三重态菲发色团（可通过直接激发或经单重态能量转移而得到）到最低三重态萘发色团的能量转移已被观察到。这一过程可能是通过以稍高能量的联苯发色团为中介的一种活化转移过程完成的。这一经菲和萘间长距离间隔发生能量转移的活化过程，可分两步来完成，即第一步是 ^{3}菲+联苯→菲+^{3}联苯，而第二步则是 ^{3}联苯+萘→联苯+^{3}萘。这一体系中的不同能量转移步骤均被括于图示 7.6 中。

7.9   电子交换过程：由碰撞和轨道重叠机制所引起的能量转移

双分子间的化学相互作用，通常被看作是发生于成对反应分子间的碰撞。而所谓的"通过碰撞"，是指反应物在反应中彼此间充分的靠近，使得它们的电子云可能实现较大的重叠（碰撞对之间的距离要稍小于它们的范德华半径）。在轨道重叠的任何区域内，电子交换会不断地发生。如下诸多对光化学家而言感兴趣的过程，都是由分子碰撞而产生的电子交换相互作用引起的：①三重态-三重态能量转移；②单重态-单重态能量转移；③三重态-三重态湮灭；④电子转移。

7.10 电子交换：能量转移的轨道重叠或碰撞机制

对于*D 和 A 为两个球形轨道的简单情况下，轨道间的重叠会随*D 和 A 间距离 R_{DA} 的增大，而呈指数下降。这种指数下降关系是轨道重叠距离依赖性的特征性质。由于能量转移的交换程度是直接与*D 和 A 的轨道重叠相关联的，因此，交换能量转移的速率常数（k_{ET}），也将随*D 和 A 间距离的增大呈指数下降。交换能量转移的速率，除了与*D 和 A 间的距离有关外，还与光谱的重叠积分值 J 直接相关（图 7.3）。如同态间能量转移黄金规则所期望的那样［公式（7.24）］，J 值作为有限轨道重叠的结果，是当*D 和 A 通过电子交换相互作用被耦合时，那些能够满足共振条件的态的数目的一个量度。于是，电子交换能量转移的速率常数[11]可以以公式（7.35a）的形式给出。

$$k_{ET}(交换) = KJ \exp\left(-2R_{DA}/R_{DA}^0\right) \tag{7.35a}$$

其中的 K 是与特定的轨道相互作用相关的一个参数，例如它依赖于*D 和 A 瞬时取向的轨道重叠。参数 J 是归一化的光谱重叠积分［公式（7.14）］，这里的归一化是指发射强度（I_D）和吸收系数（ε_A）都被校正为波数（$\bar{\nu}$）量度的单位面积。重要的是这里的 J 值由于已被归一化，因此它不再依赖于 ε_A 的实际大小。这和偶极-偶极能量转移情况相比有着重要的不同。在偶极-偶极能量转移情况下，ε_A 的大小是在决定整个 J 值的一个直接因子［公式（7.29）］。可以将重叠积分 J 值等同看作是耦合*D 和 A 简并态的密度 ρ 值［公式（3.8）和公式（7.24）］。

公式（7.35b）是通过电子交换能量转移的速率常数 k_{ET} 与距离间依赖关系的一种简便表达。参数 R_{DA} 是*D 和 A 间的距离；R_{DA}^0 则是*D 和 A 发生范德华接触时的距离；k_0 则代表了*D 和 A 在范德华接触时能量转移的速度｛当 $R_{DA}=R_{DA}^0$，则公式（7.35）为 $\exp[-\beta(R_{DA}-R_{DA}^0)]=1$｝。公式（7.35）中的 β 项，代表了对于给定的*D 和 A 对，其距离（R_{DA}）相对于 k_{ET} 值的灵敏性参数。β 的典型值是在 1Å^{-1} 的量级上，当能量转移为放热过程时，它一般并不明显依赖于*D 和 A 的电子特征。这一发现是指：当 R_{DA} 值增大 1Å 时，能量转移的速率常数大致是通过约 1/e 降低的。在 β 值<1 时，意味着 β 值并不对距离十分敏感；在小的 β 值时，能量转移可在跨越很大的距离内发生。可以预期 k_0 的极大值在 $10^{13}s^{-1}$ 量级。从公式（7.35b）可知，当 $k_0=10^{13}s^{-1}$，*D 和 A 碰撞并刚好接触时，亦即 $R_{DA}=R_{DA}^0$，能量转移的速

率应为 $k_0=10^{13}s^{-1}$。

$$k_{ET} \approx k_0 \exp[-\beta(R_{DA}-R_{DA}^0)] \tag{7.35b}$$

在比较偶极-偶极相互作用和电子交换的能量转移过程时，我们注意到它们有以下不同的特征。

（1）偶极-诱导能量转移的速率是按 $1/R_{DA}^6$ 的关系下降，而交换-诱导能量转移的速率则按 $\exp(-R_{DA}/R_{DA}^0)$ 下降。从定量关系上讲，这意味着当*D和A分子的间距增大到超过一个或两个分子的直径（5~10Å）时，速率常数 k_{ET}（交换作用）就可降低到一可忽略的较小值（相对于*D的寿命，如图7.5所示）。

（2）偶极-诱导转移的速率依赖于*D→D和A→*A辐射跃迁的吸收系数（ε），但交换诱导转移的速率并不依赖于*D→D和A→*A跃迁的吸收系数。

（3）通过偶极机制的能量转移效率（给体寿命下的转移分数 $\approx k_{ET}/k_D$）主要依赖于A→*A跃迁的振子强度（因为*D→D跃迁的较小吸收系数可被较慢的辐射速率常数所补偿），并与*D发射的量子产率直接相关，而交换相互作用能量转移的效率并不直接与这些实验量相关。

（4）Förster[12]和Dexter[11]两个理论都预示 k_{ET} 与光谱重叠积分 J 是直接相关的，但Förster理论在计算 J 时，要包含A→*A跃迁的吸收系数。

7.11 导致激发态产生的电子转移过程

设想通过电子交换机制形成激发态*A的过程可以经过两电子同时转移的途径实现（图示7.7）。这不仅要求*D的HOMO和A的HOMO轨道重叠，同时要求*D的LUMO和A的LUMO轨道也有所重叠。如图示7.7（b）：空穴转移 $D^{\bullet+}+A^{\bullet-}\to D+{}^*A$，以及

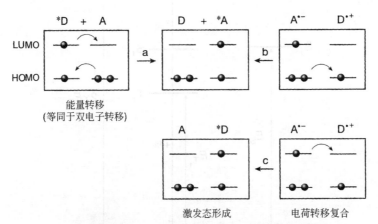

图示7.7 通过电子交换过程形成D和*A的机制

从左边到中间图框的转换相应于能量转移，而从右边到中间图框则为电子转移，其中D可作为空穴的给体（顶部）或电子给体（底部）

图示 7.7（c）：电子转移 $D^{\bullet-}+A^{\bullet+}\rightarrow *D+A$，激发态*A 也可以从离子自由基对（$D^{\bullet+}$，$A^{\bullet-}$）出发，经电子或空穴转移过程得到。我们注意到如果两个电子的交换不是"全部协同"的话，图示 7.7 右侧所示的电荷分离结构就可能对能量转移作出部分贡献。也就是说，在电子转移过程中能发挥重要作用的类激基复合物在上述能量转移过程中亦可作为一中间体存在（4.36 节）。通过对基本原理的考虑，我们可预期，随研究体系的不同，应该存在着不同 CT 程度的连续结构，即从弱的 CT 激基复合物到完全的电子转移。

7.12 三重态–三重态湮灭（TTA）：通过电子交换相互作用能量转移的特例

一般说来，分子的最低三重态（T_1）和它基态（S_0）间的能隙（$\Delta E_{T_1\text{-}S_0}$）要大于最低激发单重态（$S_1$）和最低三重态（$T_1$）间的能隙（$\Delta E_{S_1\text{-}T_1}$）[公式（7.36）]。

$$\Delta E_{T_1\text{-}S_0} > \Delta E_{S_1\text{-}T_1} \tag{7.36}$$

对于一个给定的体系，如公式（7.36）成立的话，那么当两个三重态相遇时（图7.6），将会有足够的电子激发能（$2\Delta E_{T_1\text{-}S_0}$）来促使两个分子中的一个成为激发单重态（$S_1$），而另一个则可弛豫到基态（$S_0$）。公式（7.37）就代表了这样一种情况，式中的两个三重态分子是由相同基态分子衍生得到，而公式（7.37）中两个三重态的相互作用产生一个激发单重态和一个基态单重态的反应，就被称为三重态-三重态的湮灭（T-T Annihilation，TTA）。

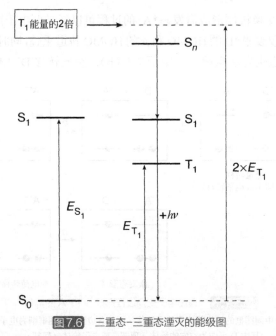

图 7.6 三重态–三重态湮灭的能级图

S_1 和 T_1 的相对能级，通常使两个三重态能量的总和足够产生一个 S_1 态和一个 S_0 态的分子

$$*D(T_1) + *D(T_1) \xrightarrow{\ k_{TTA}\ } *D(S_1) + D(S_0) \quad \Delta H < 0 \quad (7.37)$$

两个三重态的湮灭生成两个单重态，乍看似对自旋守恒规则有所违反，因为自旋守恒规则要求：在一个基元步骤的前后，电子自旋的取向应当是不变的。然而，我们从自旋统计学中可以发现一些重要的结果，即有可能允许两个三重态的组合。表 7.1 指出：当两个随机的三重态相遇时，存在着三种可能的途径使电子自旋组合。如 $T_+(\uparrow\uparrow)+T_-(\downarrow\downarrow)$ 的自旋组合，在服从自旋守恒的条件下，可生成两个单重态。如表 7.1 中的情况 1，假设图 7.6 所确定的能量条件得到满足，就可得到形成 $S_0(\uparrow\downarrow)+S_0(\uparrow\downarrow)$，或是 $S_1(\uparrow\downarrow)+S_0(\uparrow\downarrow)$ 的结果。

表 7.1　两个三重态相互作用的自旋统计学结果

序号	T_n	$T_{n'}$	总自旋 $S=T_n+T_{n'}$	箭头标识	双重度=(2S+1)	终态名称，符号
1	$T_{+1}(\uparrow\uparrow)$	$T_{-1}(\downarrow\downarrow)$	0	$\uparrow\downarrow\uparrow\downarrow$	1	单重态，S
2	$T_{+1}(\uparrow\uparrow)$	$T_0(\downarrow\uparrow)$	+1	$\uparrow\uparrow\downarrow\uparrow$	3	三重态，T
3	$T_{+1}(\uparrow\uparrow)$	$T_{+1}(\uparrow\uparrow)$	+2	$\uparrow\uparrow\uparrow\uparrow$	5	四重态，Q

我们注意到，对于始态 $T_+(\uparrow\uparrow)+T_-(\downarrow\downarrow)$ 与终态 $S_0(\uparrow\downarrow)+S_0(\uparrow\downarrow)$ 或 $S_1(\uparrow\downarrow)+S_0(\uparrow\downarrow)$，体系中都含有两个 $\uparrow\uparrow$ 自旋和两个 $\downarrow\downarrow$ 自旋。所以在这种自旋取向下，对其反应物和产物而言，它们的总自旋取向是相同（亦即为守恒的），因而整个过程是自旋允许的。从表 7.1 还可看到，有一些由两个三重态自旋的可能组合，不能形成两个单重态产物，但同时又遵守着自旋选择规则。如对表 7.1 中的情况 2，由于其中两个自旋的相互抵消使得 $T_+(\uparrow\uparrow)+T_0(\uparrow\downarrow)$ 导致的结果为：净的总自旋为 1($\uparrow\uparrow\uparrow\downarrow$)，即允许终态整个为三重态。对于表中的情况 3，$T_+(\uparrow\uparrow)+T_+(\uparrow\uparrow)$ 所导致的结果为净的总自旋为 2($\uparrow\uparrow\uparrow\uparrow$)，因此，其允许的终态应是全部的五重态。在情况 1 下的三重态-三重态湮灭速率常数一般是接近于扩散速率控制的速率常数（表 7.2）。

表 7.2　在溶液中三重态-三重态湮灭的典型速率常数[20~22]

底物	参考	溶剂	T/K	$k_{TTA}/[10^9 L/(mol \cdot s)]$
蒽	[20]	甲苯	258	2.74
蒽	[20]	甲苯	298	4.10
1,2-苯并蒽	[21]	n-己烷	296	20.3
芘	[22]	环己烷	室温	7±2
芘	[22]	十二烷	室温	5±1
芘	[22]	十六烷	室温	1.9±0.2

概要地说，存在三种可能的途径能使两个三重态自旋组合，且遵循自旋守恒规则（表 7.1 和图 7.7）：一种组合是产生出单重态（其净的总自旋=0），另一种组合是产生三重态（净的总自旋=1），而第三种组合则可产生五重态（净的总自旋=2）。从总的自旋来看，可能的自旋态数目（多重度）为：单重态=1，三重态=3，五重态=5，即总的有 9 种态。

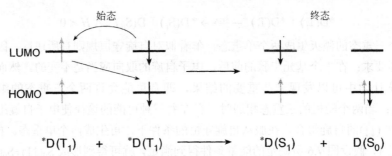

图 7.7 三重态–三重态湮灭的电子交换相互作用而导致*D(S₁)+D(S₀)的图像表示

在这些相互作用中，仅有 1/9 的三重态-三重态相遇可具有符合电子
交换相互作用发生的正确自旋构型（表 7.1）

从统计学可知：只有 3/9 的"相遇"机会，可以导致具有$*D(T_1)+*D(T_1)\rightarrow *D(T_1)+D(S_0)$反应类型的三重态产物生成。这种相遇类型代表了两个起始三重态之一被猝灭的形式。在图像上，这一过程相当于下列的自旋图式：$T_+(\uparrow\uparrow)+T_0(\downarrow\uparrow)\rightarrow T_+(\uparrow\uparrow)+S_0(\downarrow\uparrow)$。而实际效果则是：一个 T_1 态被另一 T_1 态诱导而形成了 S_0 态，这是一个自旋催化的系间窜越例子[17]。

如果通过三重态-三重态湮灭（TTA）产生的$*D(S_1)$荧光发射效率能够被测到，那么得到的将是**长寿命的荧光**。按照公式（7.37），虽然$*D(S_1)$本身只有很短的寿命，但这个态是通过寿命相对较长的$*D(T_1)$而得，因此，只要$*D(T_1)$还存在着，$*D(S_1)$的浓度将会持续地得到补充。这种长寿命荧光的**表观寿命**就可以达到三重态寿命的量级，因为三重态是在 TTA 的慢过程中发生荧光发射的直接前体。即荧光是在作为决速的 TTA 阶段后，以快速动力学的步骤发生的。三重态寿命的真实数值则依赖于在实验条件下三重态失活的衰变模式[18,19]。于是，TTA 所产生的延迟荧光可归之为"P-型"的延迟荧光，它不同于那种由单重态激发所形成的"E-型"延迟荧光。

TTA 的速率常数（k_{TTA}）通常很大，它接近扩散速率常数（见表 7.2 中的代表性数值）。

7.13 电子转移：机制和能量学原理

现在，我们开始对电子转移过程[23]作详细的讨论。电子转移可引起电荷分离，而电荷的分离在光化学反应中有着多种表现形式。在第 4 章中，我们已经看到 CT 是如何帮助激基缔合物和激基复合物形成的，它们都反映出在反应物间存在电荷分离或电荷移动的特征。如公式（7.38）～式（7.41）中所示，本节所讲述的将是涉及整个电子转移过程的情况，既可以是激发态和基态间电荷转移的形式，也可以是带有不同电荷基态物种间的电子或空穴转移的形式。公式（7.38）中激发态作为电子给体，而公式（7.39）中则作为电子受体。

从激发态开始（或到激发态）的电荷转移（电子转移）：

$$*D + A \rightarrow D^{+\cdot} + A^{-\cdot} \qquad (7.38)$$

或

$$D + *A \rightarrow D^{+\cdot} + A^{-} \tag{7.39}$$

电子转移:

$$D^{-\cdot} + A \rightarrow D + A^{-\cdot} \tag{7.40}$$

空穴转移:

$$D + A^{+\cdot} \rightarrow D^{+\cdot} + A \tag{7.41}$$

结合经验预测及热力学考虑,电子转移反应的速度将和反应总的自由能变化相关联。如总的自由能变化为负值(放热),则对电子转移反应有利;如总的自由能变化为正值(吸热),则对电子转移反应不利。从这点出发,我们可直观地猜想,电子转移速度将依赖于电子转移基元步骤的放热大小。但从电子转移理论(7.14 节)中将会看到,理论将会对我们的这种直觉进行较大的修正!

在 7.2 节中我们注意到:相对于基态 R 而言,激发态*R 是更好的氧化剂和还原剂。这一原则对于 S_1 和 T_1 态都是正确的。图 7.8 中给出了一般化的分子轨道(MO)基础,并将基态 R 的离子化电位(IP)与激发态*R 的离子化电位(*IP),以及基态 R 的电子亲和能(EA)与激发态*R 的电子亲和能(*EA)进行比较。从图 7.8 中可得到如下的一些结论:

(1)激发态(*R)的*EA 要高于基态(R)的 EA。由于在分子中加入一个电子一般是放热的,因此,任何分子从其离子化极限到达半充满的、能量较低的成键 HOMO 轨道,要比从离子化极限到达反键的 LUMO 轨道,释放出更多的能量。所以,将一个电子加到*R 中通常要比加到 R 中释出更多的能量。

(2)对于激发态(*R)而言,它的*IP 值是较低的,这是因为相比于 R,从*R 的 LUMO 轨道中移去一个反键电子要比从 R 的 HOMO 轨道中除去非键或成键电子,消耗更少的能量。

从图 7.8 的分析我们可得出一明显且重要的普遍性结论,即与 R 相比,任一个*R 既是较好的还原剂(较低的 IP),也是较好的氧化剂(较高的 EA)。*R 的这些能量特征对于它的电子转移反应是非常重要的。

与图 7.8 相关联的能量是指在气相中的情况(而图中"真空"一词代表的是不受分子束缚的自由电子的能量)。对在气相中基态的电子转移反应[公式(7.42)],其基态电子转移的自由能变化(ΔG_{et})可由公式(7.43)给出。

$$D + A \rightarrow D^{+\cdot} + A^{-\cdot} \tag{7.42}$$

$$\Delta G_{et} = (IP)_D - (EA)_A \tag{7.43}$$

对于激发态给体(*D)[公式(7.38)]在激发态电子转移中的自由能变化(*ΔG_{et}),因电子激发能(E_{*D})的存在,而与公式(7.43)有所不同。后者的电子激发能可以用作为自由能对*D 的电子作功,并在电子从*D 的 LUMO 轨道转移到 A 的 LUMO 轨道的过程中帮助电子移动。于是，对于反应式（7.38）和反应式（7.39），分别对应有公式（7.44）和公式（7.45），它们在计算总的 $*\Delta G_{et}$ 值时已对激发能做了考虑（式中的下标是指所考虑的反应）。

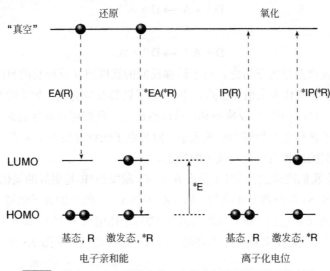

图7.8 基态（R）和激发态（*R）氧化和还原过程的轨道表述

$$*\Delta G_{(7.38)} = (\text{IP})_D - (\text{EA})_A - E_{*D} \qquad (7.44)$$

$$*\Delta G_{(7.39)} = (\text{IP})_D - (\text{EA})_A - E_{*A} \qquad (7.45)$$

ΔG 中的下标指的是它们所采用的公式。

按照热力学原理，反应中自由能的变化值越负，则反应越是放热（即有更多的热量被释出）。通过与公式（7.43）相比较，我们从公式（7.44）和公式（7.45）中可以看到，不论 *R 是作为电子给体［反应式（7.38）］或电子受体［反应式（7.39）］，处于激发态中的 CT 总是比在基态时更为有利地发生。但是，在目前的理论框架下，能量释出时，电子亲和能值被指定为一正值！结果，当电子加入到分子中时，一般有能量释出，因此 EA 的正值越大，反应的自由能值就越负。在公式（7.44）和公式（7.45）中，如将这些符号原则考虑进去，则 $-(\text{EA})_A$ 项，一般可对自由能提供一个负的贡献。而且 $-E_{*D}$ 和 $-E_{*A}$ 项也经常相应为一负的能量（因电子激发是被定义为一正的能量）。因此，$(\text{EA})_A$ 和 E_{*A}、E_{*D} 的值越大，气相中电子转移反应的负的总自由能也越大。

由于与 R 相比，*R 具有相对低的 IP 和相对高的 EA 值，因此从有机光化学的观点可以定性地期望：在溶液中的电子转移过程基本上是放热的。然而，为了定量地处理溶液中的电子转移过程，需要借助一个方法将公式（7.44）和公式（7.45）气相条件下的 ΔG_{et} 转化为液相中的 ΔG_{et}。很明显，我们期望通过对电子转移［例如，反应式（7.38）和反应式（7.39）］产生的带电物种溶剂化过程的考虑，对气相中的 ΔG 值进行一个重要的修正。对在溶液中电子转移过程的自由能变化可通过两种截然不同的方法予以评估：

（1）可先对气相光诱导电子转移反应的 $*\Delta G$ 值进行计算 [如用公式（7.44）对反应（7.38）的计算]，然后，再对电子转移反应中涉及的所有参与物（如 $*D, *A, D^+$ 和 A^-）的溶剂化能，加以考虑并进行校正。

（2）测定溶液中氧化和还原的实验电化学电位 $E^{\circ}{}_{(D^+/D)}$ 和 $E^{\circ}{}_{(A/A^-)}$，然后用它们来直接计算溶液中电子转移的 ΔG。

　　虽然方法（1）和（2）在理论上都是正确的，但是方法(1)需要的某些参量往往很难得到高精确度的数值。例如，$*D$ 或 D^+ 的溶剂化能（从气相到溶液）就很难用实验方法测得。另一方面，对于方法（2），由于关键性的电化学参数一般可较容易得到，或是可用标准的电化学技术（如，循环伏安法）测得。因此，方法（2）是最为常用的，它也是本书中所采用的方法[23]。

　　通过与法拉第常数（$\mathscr{F}$）相乘，电化学电位的数值被转化为校正值。于是，溶液中反应式（7.38）的自由能，就可通过公式（7.46）计算得到：
在溶液中：

$$\Delta G_{7.38} \approx \mathscr{F}E^{\circ}{}_{(D^{+\cdot}/D)} - \mathscr{F}E^{\circ}{}_{(A/A^-)} - E_{*D} \qquad (7.46)$$

式中，$\mathscr{F}$ 为法拉第常数（9.65×10^4C/mol）；$E^{\circ}{}_{(D^+/D)}$ 和 $E^{\circ}{}_{(A/A^-)}$ 分别为 D 和 A 所适用的电化学电位；E_{*D} 为 $*D$ 的电子激发能。值得注意的是，按电化学的习惯，$E^{\circ}{}_{(D^+/D)}$ 和 $E^{\circ}{}_{(A/A^-)}$ 都被表达为还原电位。即两个反应都可被表示为 $A+e \rightarrow A^-$ 和 $D^+ + e \rightarrow D$。由于这样一种原则，所以在计算总的 ΔG 值时，必须十分仔细地注意 $E^{\circ}{}_{(D^+/D)}$ 和 $E^{\circ}{}_{(A/A^-)}$ 的符号。在公式（7.46）中所用的 "$\approx$" 符号，是为了要强调这只是一个近似的表达。在对有关涉及 CT 光化学反应进行定量分析时，还存在着两个经常需要的重要近似：

　　（1）E_{*D} 项通常代表 PE，所以它总是为焓（ΔH）而不是自由能（ΔG）。自由能还应包含有熵项（ΔS）；即，$\Delta G = \Delta H - T\Delta S$。于是就有，$\Delta G = E_{*D} - T\Delta S_{*D}$，其中的 ΔS_{*D} 为 $*D$ 的激发熵。虽然熵项常可被忽略，或假定它是可忽略的，但是如果激发物种的构象自由度（见 7.29 节中对熵的讨论）有很大的变化时，或是围绕着始态与终态的溶剂重组能有着很大的不同时，则熵的贡献也可能是非常显著的[24,25]。

　　（2）当两个带有相反电荷的粒子相互靠近时，与之伴随的就是库仑能增益的出现（即有更负的自由能变化）。如公式(7.38)，对于两个中性分子间的电子转移反应所产生的一个负离子（A^-）和一个正离子（D^+）。其库仑修正项正比于 $-e^2/\varepsilon r$ 项，其中 e 为电子的电荷，ε 为溶剂的介电常数，而 r 则为 D^+ 和 A^- 间的距离。作为一级近似，距离 r 可以取两个离子的半径和。通过这一公式，我们可以看到，随着带电物种间距的增大，以及溶剂介电常数的增大，给予 ΔG 的最终贡献将会下降。在非极性的溶剂中（ε 值很小），当 D^+ 和 A^- 十分靠近时（r 很小），库仑项就不能忽略，然而，随着溶剂极性的增大（ε 值很大），该值就会减小，甚至在 r 值也很小时，该项也可予以忽略。（见图 7.9 中某些作为溶剂与 D^+ 与 A^- 间距离函数的库仑项数值）。

图示 7.8 给出了一个用于计算电子转移反应 ΔG 的样本[25]：电子转移是从萘的激发单重态（S_1）出发，到 1,4-二氰基苯的基态（S_0）。相关的电化学电位 $E^{\circ}_{(D^+/D)}$ 和 $E^{\circ}_{(A/A^-)}$，是在乙腈中以"标准的甘汞电极"为参比电极测得的。（除了要小心注意对应于电子转移的符号惯例外，还必须仔细确定与 $E^{\circ}_{(D^+/D)}$ 和 $E^{\circ}_{(A/A^-)}$ 值测定相关的参比电极。例如氢电极和甘汞电极二者都是常用的标准参比电极，除非已进行了适当的校正不然就必须搞清所使用的是何种电极，以排除因两种不同的标准使数据发生混淆）。图示 7.8 中，在乙腈中反应 ΔG 的计算值为-17.6kcal/mol。因此，电子转移是明显放热的，并且在直观上可以预期反应的速率常数很大。的确，其反应的速率常数为大约 1.8×10^{10}L/(mol·s)，已达到乙腈中的扩散速率了。

萘 (S_1)　　　1,4- 二氰苯 (S_0)

自由基离子

$E^{\circ}_{D^+/D} = +1.60$ V　　　$E^{\circ}_{A/A^-} = -1.64$ V

$E(S_1) = 3.94$ eV $= 90.9$ kcal/mol

$\Delta G^{\circ} = \mathscr{F}E^{\circ}_{D^+/D} - \mathscr{F}E^{\circ}_{A/A^-} - E^{*}_D - 0.2$

$\Delta G^{\circ} = 36.9 - (-37.8) - 90.9 - 0.2 = -16.4$ (kcal/mol)

k (电子转移) $= 1.8 \times 10^{10}$ L/(mol·s)

图示 7.8 在乙腈溶剂中，萘（给体）的激发单重态与作为受体的 1,4-二氰苯间的电子转移过程[25]

图示 7.8 中反应的逆向过程，可称为"电子回传"（back electron transfer）或逆向的电子转移反应：即萘的阳离子自由基（$D^{•+}$）+1,4-二氰苯的阴离子自由基（$A^{•-}$）→萘（D）+1,4-二氰苯（A）。电子回传反应产生出萘和 1,4-二氰苯二者的基态，其 ΔG 值约为-75kcal/mol。因此，电子回传是一很强的放热反应。图示 7.8 是光诱导电子转移过程通常情况下的一个样本；其正向的电子转移*D+A→$D^{•+}$+$A^{•-}$ 是放热反应，而逆向的电子回传反应 $D^{•+}$+$A^{•-}$→D+A 则是更强的放热反应。有关这部分内容，我们将在随后的 7.14 节中作进一步详细阐述，那时我们会发现：当超越了一定的界限后，放热越多，实际上将会引起电子转移的速率常数降低。

现在我们来考虑两个相反电荷离子所经历的库仑稳定化效应。在引入了相反电荷稳定化能（$-e^2/\varepsilon r$）的"库仑项"后，公式（7.46）可变为公式（7.47）：

$$\Delta G_{7.38} \approx \mathscr{F}E^{\circ}_{(D^{•+}/D)} - \mathscr{F}E^{\circ}_{(A/A^{-•})} - E*_D - N_A(e^2/4\pi\varepsilon_0\varepsilon r) \qquad (7.47)$$

式中，N_A 为阿伏伽德罗常数；e 是电子的电荷（1.60×10^{-19}C）；ε_0 为真空的介电常数 [8.85×10^{-12}C²/(N·m)]；ε 为溶剂的介电常数；r 是两个电荷间的距离。公式（7.48a）提供了一种可以对两个电荷在不同介电常数的溶剂中，于不同间距时库仑项的能量计算方法。

$$库仑项 = N_A \frac{e^2}{4\pi\varepsilon_0 \varepsilon r} = \frac{331.5}{\varepsilon r} \,(\text{kcal/mol})\,(r\text{单位为Å}) \qquad (7.48a)$$

图 7.9 给出的是介电常数从 2.27（苯）到 80.2（水）的范围内代表性溶剂的库仑项大小。从图 7.9 中，我们注意到，在极性很强的溶剂，如在水和乙腈中，由于这些溶剂的 ε 值很大，因此，即使在 $D^{+\bullet}$ 和 $A^{-\bullet}$ 非常接近时，库仑项（如与 E_{*D} 的值相比）也非常小。例如，在水中，其间距约为 2Å 时，库仑项 <1kcal/mol。相反，在非极性的溶剂中，库仑项可变得相当大，而有利于离子的缔合，不利于离子的解离。例如在苯中，电荷的间距约 2Å 时，其库仑项约 10kcal/mol。这些数值应当与室温下的分子平均热动能（KE，其值约为 1kcal/mol）相比较。从公式（7.47）中还可注意到：当离子走向更远的分离距离时（$r \to \infty$），库仑项可降为零。然而，在计算电子转移过程的 ΔG^0 时，即使它们在电子转移发生后，其中一些或全部的"碰撞对"都可最终相互分离至无限远处，我们一般感兴趣的还是**与新生离子**形成相关的自由能的变化，这些新生离子相间的距离一般为几个 Å，甚至更小（典型的，它们系来自二者的相遇或碰撞对）。

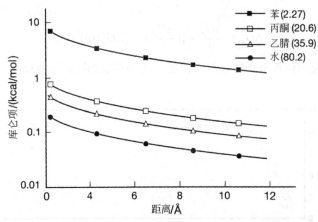

图7.9 对在不同介电常数（ε 值在括号中）溶剂中计算得出的库仑项的半指数对作用距离作图

由于电子转移反应的结果常可发生荧光猝灭现象，所以在适当的 *R 和 A 对间，双分子电子转移荧光猝灭的动力学分析可被称为 "Stern-Volmer 分析"[25]，它提供了一种测定速率常数（k_{et}）的实验方法。通过应用 Stern-Volmer 分析，作为电子转移过程中自由能的函数，大量这类体系的 k_{et} 值已被测定得到[25]。例如，在图 7.10 中给出了在乙腈中使用不同的猝灭剂，对电子转移荧光猝灭的速率常数（k_{et}）与电子转移反应放热间的依赖关系（这种 k_{et} 对 ΔG 的作图，可称为 Rehm-Weller 作图）[26]。所测得的 k_{et} 值范围可从约 10^6 L/(mol·s) 跨越到约 2×10^{10} L/(mol·s)，而 2×10^{10} L/(mol·s) 这一速率常数已接近于乙腈中的扩散速率常数。而在这一速率跨度内，对于所研究的电子转移过程的自由焓变化而言，变化范围则是从大约 5～−60kcal/mol。由于乙腈 ε 值很高，因此其库仑项的贡献很小（图 7.9）。在以 k_{et} 对 ΔG^{o}_{et} 的作图中，可以看到：当反应为吸热（$\Delta G^{o}_{et}>0$）时，ΔG^{o}_{et} 的值越正，速率常数越是急剧下降。图 7.10 中最为显著的特征是当 k_{et} 值达到约 2×10^{10}L/(mol·s)的平台处，即放热度约为−10kcal/mol 后，k_{et} 的值将保持为扩散控制值，并一直延续到 ΔG^{o}_{et} 所能达到的最大负值。于是，如因某些原因增大了反应的放热性，即超出−10kcal/mol 后，电子转移实验速率常数的测量值也不会再增大或减小。因此可以得出结论：当 ΔG_{et} 接近到−10kcal/mol 时，这一测量过程将受控于某些别的因素，而不再由电子转移控制。的确，在图 7.10 中的平台区域，其速率常数 k_{et} 值近似地与预期中乙腈的扩散速率常数 k_{dif} 大致相当 [$k_{dif}\approx 2 \times 10^{10}$L/(mol·s)]。因此可以得出结论，在平台区电子转移过程已不再是限速过程，而由扩散过程予以代替。**这一发现意味着，电子转移真正的速率常数不能在平台区内进行测定，因为在这里，扩散已成为限速的步骤，而不是电子转移。**

图 7.10 中的数据符合公式（7.48b），式中的 $\Delta G^{\neq}_{et}$ 为电子转移的活化自由能，而 k_{et} 则为经电子转移而引起猝灭的实验速率常数。

$$k_{et} = k_0 \exp(-\frac{\Delta G^{\neq}_{et}}{RT}) \tag{7.48b}$$

这里的

$$\Delta G^{\neq}_{et} = \frac{\Delta G_{et}}{2} + \{(\frac{\Delta G_{et}}{2})^2 + [\Delta G^{\neq}_{et}(0)]^2\}^{\frac{1}{2}} \tag{7.48c}$$

ΔG_{et} 项为每个反应体系电子转移的自由能，而 $\Delta G^{\neq}_{et}(0)$ 则是等能反应（$\Delta G_{et}=0$）下的活化自由能。

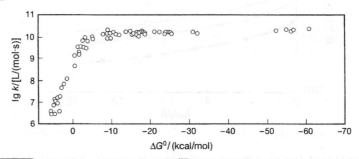

图 7.10　在乙腈中，对激发态荧光猝灭[26]的 lg(k_{et})作图（Rehm−Weller 作图）

ΔG_{et} 的值可以按照公式（7.48d），从电化学的还原和氧化电位，以及激发态的能量数据计算得到。

$$\Delta G_{et} = E^{ox}_{1/2}(D) - E^{red}_{1/2}(A) - E_{ex}(A) + \Delta E_{库仑} \tag{7.48d}$$

式中，$E^{ox}_{1/2}(D)$ 和 $E^{red}_{1/2}(A)$ 是给体和受体的电化学电位；$E_{ex}(A)$ 为所涉单重态或三重态的激发能；$\Delta E_{库仑}$ 为在所用溶剂中，为使电荷分离的库仑能。要注意的是，在公式（7.48d）中，我们使用的是忽略掉法拉第常数的氧化还原电位（参看图 7.46 和图 7.47），并将氧化还原电位的单位换算为能量单位。这在文献中是一种普遍的处理，大家都知道，$E_{1/2}^{ox}(D)$ 和 $E_{1/2}^{red}(A)$ 也可用自由能单位来加以表达。

现在，我们要通过理论分析来处理这些结论，使我们能了解有关电子转移机制的细节，并将 k_{et} 值与某些实验量（如反应的放热性）联系起来。

7.14 电子转移的 Marcus 理论

电子转移过程 $D+A \rightarrow D^{*+}+A^{*-}$ 与 $*D+A \rightarrow D^{*+}+A^{*-}$，表面上看似乎是两个最为简单且可能发生的化学反应，因为在电子转移反应中并无新键的生成和键的断裂发生。而其主要化学过程似乎就是电子"改变了它的所有者"，即从 D（或*D）上的一个轨道移动到 A 上的另一个轨道。然而，这一概念上的简单步骤涉及建立与溶剂强烈相互作用的离子对（D^{*+} 和 A^{*-}）。的确，对于新的荷电的分子体系 D^{*+} 和 A^{*-}，由于必然会在溶剂化过程中经历重大的结构"重组"，直至完成体系的调节和稳定化，因此，在能量转移过程中未被明确考虑的溶剂效应必须在此加以考虑。因此，很清楚，溶剂的重组以及相反的电荷对它们自身以及对溶剂的影响（库仑项，图 7.9），在任何一种电子转移的理论中都必须要在定量方面加以考虑。于是，尽管它们在表观上的简单和具有普遍性，以及在很多生物与技术领域中的重要性，电子转移过程定量理论的明确表达，却困扰了理论化学家们好几十年。到目前为止，光诱导电子转移在自然界最重要的"应用"是光合作用，在该过程中，太阳能被植物所捕获，并通过一系列重要的电子转移过程，将水和二氧化碳转化为支持生命所必须的两种物质——氧气和碳水化合物。

电子转移现代理论的开端可追溯到 Libby 在 1952 年所发表的开创性文章[27]，文章正确地指出"溶剂重组"对控制基态电子转移反应速度，即 $D+A \rightarrow D^{*+}+A^{*-}$，存在潜在的重要性。例如，如果一个电子转移反应在极性很大的溶剂中（例如，水或乙腈）发生。当中性的电子给体分子 D（溶剂化）转化为离子 D^{*+}（溶剂化）时，D 和 D^{*+} 的电子结构在电荷分布方面有着显著不同。因此可以预期，D（溶剂化）和 D^{*+}（溶剂化）的溶剂化球，必然要在电子转移后生成的 D^{*+} 和 A^{*-} 的新生电荷处，发生显著的溶剂偶极重组。这种在电子转移反应中，从反应物到产物过程的溶剂分子重组引起的自由能的变化，可称之为"溶剂重组能"。甚至是对同一种分子间简单的电荷置换（translocation）[公式（7.49a）]，因 R 与 R^{*+} 周围溶剂分子排列的不同，溶剂球也需要在从 R^{*+}（溶剂化）$\rightarrow$ R（溶剂化）以及 R（溶剂化）$\rightarrow R^{*+}$（溶剂化）过程中同时发生重组。早期一个很重要并得到很好研究的且关于同种分子间电子交换反应的实例，来自于无机化学中 Fe^{2+} 和 Fe^{3+} 之间的电子转移 [式（7.49b）]。使用同位素标记的 R^+ 和 R，可以容易地区分公式（7.49b）中反应物与产物的区别。例如，在公式（7.49a）中，*指的是铁（Ⅱ）的同位素；即$[*Fe(H_2O)_6]^{2+}$，它可转移一个电子到铁（Ⅲ），即$[Fe(H_2O)_6]^{3+}$。这种自交换的反应消除了一个能够明显影响化学反应速率的因素；即反应物和产物之间的相对自由能差。对于同种分子间的电子交换反应，反应物与产物的能量是相同的。

$$R^{*+}（溶剂化）+ R(溶剂化) \longrightarrow R（溶剂化）+ R^{*+}（溶剂化） \qquad (7.49a)$$

$$[*Fe(H_2O)_6]^{2+}+Fe(H_2O)_6^{3+} \longrightarrow [*Fe(H_2O)_6]^{3+}+[Fe(H_2O)_6]^{2+} \qquad (7.49b)$$

在该理论中，Libby[27]认为［图 7.11（a）］电子转移的速率要远远地大于分子内键的重组或溶剂的重组速率，所以溶剂结构的变化应在电子从 R 到 R^{*+}的转移或跳跃之后发生。图 7.11（a）中给出 Libby 理论的原理，即假设首先发生电子转移或跳跃，然后再发生反应物的内部结构以及外部溶剂结构的重组。在这一前提下，对于公式（7.49a）中电子转移过程，溶剂变化必然会在 R 和 R$^+$周围发生。电子从 R 到 R^{*+}的跳跃过程类似于电子从 HOMO 跃迁到 LUMO 形成电子激发态的过程。按照这一类似，电子的跳跃可期望符合 FC 原理的"垂直"跃迁原则，这说明通过电子跳跃（或电子转移）所形成产物的几何结构，应与反应物的几何结构相同。在图 7.11（a）中，这一特性是通过所示的 R^{*+}有着比 R 更小的球形（因为正电荷的吸引会使电子更加接近于核的框架所致）予以说明，而且 R 的球形应更为松散且为椭圆形。电子转移发生瞬间，R 和 R^{*+}形状是处于一种"不正常"或混乱状态下的结构，这是由于在发生垂直跃迁的瞬间，新形成的 R^{*+}与它在电子转移前一样，仍然是较小的球形。而新形成的 R 也和它在电子转移发生前一样，仍然是较大的椭圆形。此外，在电子转移发生后的瞬间，溶剂分子仍取向于新形成的 R^{*+}周围，如同它在 R 周围一样，而围绕着新形成的 R，则仍如围绕原来的 R^{*+}一样，就像它们并未发生任何的变化。但从体系的势能和自由能来看，这种状况显然在动力学上是不稳定的。两种类型的重组将必然发生，它们是：（1）与电子转移相关联的电子和振动重组，可称为**内部的分子重组**；以及（2）溶剂为适应电子转移后形成的新的电子结构而发生的溶剂重组，可称之为**外部溶剂重组**，或简称为**溶剂重组**。

从图 7.11（a）对电子转移的陈述来看，这种"垂直"的电子跳跃类似于光子的吸收，如果它发生于需要重组时间的内部和外部结构重组之前，则就要求有重要的正的能量输入。这种相应于跳跃的正的能量数值可以用符号 λ 代表。而如图 7.49（a）中所示，假如核的重组并不先于电子转移步骤之前，则这一相应于总的内部和外部重组能的正的能量（λ），就是这一等能的电子转移反应中发生电子转移所必需的。我们可以看到，虽然在现代的电子转移理论中，对于 FC 激发的概念已有了重大的修正，但是总的重组能（λ）仍然被保留在 Marcus 对 Libby 理论[28,29]修正基础上的现代理论中，并作为一个重要的参数出现。值得注意的是，λ 可被定义为活化能，因而它总是一个正的能值。这一点对于我们同时讨论 λ 和 ΔG° 二者时是十分重要的，因为反应的自由能与此不同，它依赖于反应是吸热的（$\Delta G^\circ > 0$，正的值）还是放热的（$\Delta G^\circ < 0$，负的值），即它既可以是正的、也可以是负的。

Marcus[28,29]指出，对于一个对应于电子转移的，从基态能面到激发态能面发生垂直跃迁的热反应来说，不可能突然要求输入一个巨大的热脉冲。这样的过程，只有当体系吸收一个能量为 $\lambda = h\nu$ 的光子时才有可能。于是，Marcus 总结出，垂直的电子跳跃

不可能是热的电子转移反应中的速度限制步骤，但它在光诱导的电子转移反应中则是
有可能的。

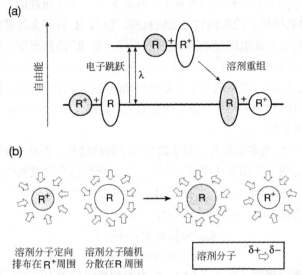

(a) 中电子转移过程可看作为分步的过程，它被假设在电子转移发生时无任何的溶剂重组
（沿着反应坐标的垂直跃迁）。而溶剂重组可作为一不同的步骤而随后发生（沿着反应坐标的
水平方向移动）。不同的外形说明了 R 和 R^{+}的不同溶剂化（或是不同的分子结构）。
形状中的阴影可作为一种标记，当在电子交换发生过程中，帮助我们跟踪每一物种。
虽说在实验中我们不能给所研究的分子或离子涂以阴影，但是可用同位素进行标记

图 7.11　（a）相同分子间的电子转移反应［式（7.49a）］；（b）伴随着反应式（7.49a）
而出现的内部（注意尺寸的改变）和外部（注意溶剂的重组）变化的形象化作图

Marcus 认为：在基元热电子转移过程中，其限速特征是仅要求涉及电子转移过程
的分子和溶剂能够克服两个 PE 面交叉点处的能垒（例如，图 7.12）。代表点沿着反应
坐标移动至交叉点处，就相应于完成了电子转移过程的最低能量路径，而达到反应物
与溶剂的重组。只要分子和溶剂的结构重组已经发生，且代表点已位于反应物和产物
PE 面交集的交叉点处（在反应坐标上，电子转移的过渡态、可用符号$^{\neq}$表示），那么只
要有一个弱的电子相互作用，就能触发从 R 到 R^{+}的电子转移发生。

Marcus 的注意力集中于电子转移过程中的一个重要问题：亦即，一个体系电子转
移的发生，需要多大以及什么性质的重组能（λ）的变化？换句话说，就是沿着反应坐
标交叉点处的电子转移如要发生，反应物和溶剂重组需要有什么样的能量要求？早期
的理论曾试图提供一个基础原理用于处理涉及有关金属离子的电子转移过程；对于这
些金属离子体系，"内层（inner sphere）"这一名词是用于代表直接与金属离子配合物
键合的配体。而"外层（outer sphere）"这个名词指的是与金属离子配合物溶剂化相关
的溶剂分子。将这些早期的术语推广到现代的电子转移理论中，反应物和溶剂的能量
可在概念上分为两类，即所谓内层的（分子）和外层的（超分子）重组能。在 Marcus

有关有机分子的理论中，内层一词是指反应物和产物的内部分子坐标（例如，键长和键角），而外层是指反应物和产物分子周围的溶剂分子排布（超分子效应）。

对于公式（7.49a）中同种反应的例子，假如 R 是一个非极性的分子，则溶剂分子（即便是有很大的偶极矩）的取向将是很随机的。但当 R 具有大的偶极矩时，就可预期将有大量的溶剂分子被组织起来围绕在 R 周围。在 R^{+} 的情况下，极性溶剂分子的偶极趋于将其负端指向 R^{+}。于是，我们可以在图 7.11（b）中看到反应（7.49）中非极性有机分子的示意图，即溶剂分子将是随机地围绕在 R 分子周围，但是在 R^{+} 周围，溶剂就变得高度有序和紧密组织。为了简化起见，在图 7.11（b）中，我们假设反应物和产物都是球形对称的。

Marcus 理论[29]的基本假设是，对于简单电子转移过程，在两个 PE 曲线的交叉点处反应物仅需有弱的电子相互作用就可发生。正如我们已多次见到的，量子力学告诉我们，涉及弱电子相互作用过程的速率常数，可以借助"黄金规则"予以表达 [见：为电子转移速率常数（k_{et}）而修正过的公式（3.8）]。

$$k_{obs} \approx \rho[\langle \psi_1|P'_{1-2}|\psi_2 \rangle]^2 \tag{3.8}$$

$$k_{et} \approx \rho\langle \psi_1|P_{et}|\psi_2 \rangle^2 \tag{3.8a}$$

我们将通过黄金规则 [公式（3.8）] 给出的抽象的量子力学模型与更为物理直观的 Arrhenius 公式模型联系起来，可得公式（7.50a）和公式（7.50b）。

$$k_{et} = A \exp(-\Delta G^{\neq}/RT) \tag{7.50a}$$

$$k_{et} = \nu_N \kappa \exp(-\Delta G^{\neq}/RT) \tag{7.50b}$$

公式（7.50a）中的"A 因子"或"指前因子"，对于单分子反应（或对于双分子反应，但其两组分的浓度均为 1mol/L 时）可以秒的倒数（s^{-1}）为单位，它代表了代表点在处于面交叉点附近时，即处于电子转移的过渡态时，从反应物曲线跳跃到产物曲线的概率（图 7.12）。对于一个概率为 1，完整而允许的跨越，其指前因子的值约为 10^{13}s^{-1}。如果曲线交叉的发生需要有较大的电子、振动、超分子或自旋重组时，则观察到的"A"值就会大大降低。在公式（7.50b）中，ν_N 为电子因子，它可有效地决定 k_{et} 可能的最大值；κ 为发射系数，它是当反应物到达反应的过渡态时，即到达反应物的内部和外部坐标都处于一种临界排布时，反应物成功地转变为产物的概率。

在公式（7.50a）和（公式 7.50b）中，如过渡态反应理论中所假设的那样，exp(-$\Delta G^{\neq}/RT$) 项是我们所熟悉的速率对自由活化能的指数依赖关系。

通过比较公式（3.8）与公式（7.50a）可以得出：A 因子是与 $\langle \psi_1|P'_{1-2}|\psi_2 \rangle^2$ 项相关的，而该项将决定代表点在两个能面交叉点处发生状态转换的概率或难易度。$\langle \psi_1|P_{et}|\psi_2 \rangle^2$ 项的值越大，则两个态看来越是相似，在交叉点处使反应物转变为产物态的概率也就越大。exp(-$\Delta G^{\neq}/RT$) 项是与 FC 因子以及与黄金规则表达式中的态密度（ρ）值相一致的。在直观上，我们可通过到达交叉点时所需的内层和外层的重组能来对 exp(-$\Delta G^{\neq}/RT$) 和 ρ 间的关系进行解释，其必然与焓（即在内部重组时所发生的键的拉伸和弯曲，和外部重组时发生的偶极-偶极相互作用）和熵（于内部重组时所发生的键

的变紧或变松和转动，以及于外部重组时所引起的溶剂运动的变紧或变松）相关联。

当ΔG°=0 时，我们对公式（7.50）中样本反应的各项意义加以明确。对于这一情况，相应于相同反应物和产物间等能的电子转移［例如，公式（7.49）中的反应］。在图 7.12 中，反应物（R）的势能曲线以左侧的抛物线表示，而右侧的抛物线代表产物（P）的势能曲线。*x* 轴代表在产物生成过程中，反应物和溶剂几何结构的变化。我们认识到这些具有相同抛物线形式的曲线，代表了以距离为函数的谐振子模式的PE（图2.16）。这种谐振子近似、抛物线形的能量曲线可作为一种有力的工具，使我们能从几何学出发对涉及电子转移过程中的，以内、外层重组能为函数的能量转移反应速率常数，作出某些明确的预测。

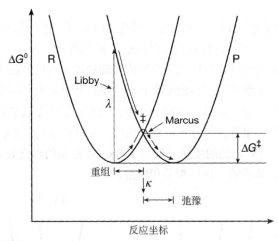

图 7.12 对ΔG°=0 电子转移反应的势能描述（符号 ‡ 代表过渡态）

从图 7.12，我们可定义出某些重要的参数，作为 Marcus 理论定量计算 k_{et} 值的基础。

（1）重组能 λ，对应于从反应物（R）基态抛物线的极小处垂直跃迁到与产物（P）抛物线的相交处。这种热的垂直跃迁相当于吸收了一个可引起 FC 电子迁移的光子（*hν*=λ）（使代表点从 R 抛物线，向着高能量位置的 P 抛物线作垂直迁移）。从 Libby 理论可知（图 7.10），λ 可以看作为在任何内外层重组前，电子转移所需的组织能（organization energy）。

（2）活化自由能（ΔG‡），代表了从反应物 PE 曲线的极小出发，到达过渡态构型（TS‡）所需的自由能。反应物（R）需要从内部与外部来重组它们的核与电子，以满足电子转移发生的需要。相比于通常仅用于 R 的核坐标，"反应坐标"一词可有着更宽泛的应用；这里，它所考虑的不仅是 R 的核坐标（内层），而且还考虑了环境的坐标，特别是溶剂的重组（外层）。一旦 TS‡（即两抛物线的交点，过渡态）已经达到，代表点的一些轨迹就会继续向前到达产物（P）能面，而另一些则会被"反射"回到反应物去。

（3）发射系数（transmission coefficient）κ，给我们提供了一个为到达 TS‡ 所需的重组概率，而重组将随着代表点沿产物能面移动，随后快速地弛豫到 P。

（4）反应的热力学自由能（ΔG°），代表了反应物和产物间的自由能差（代表 R 和 P 抛物线的极小），在图 7.12 的样本中，该值为零。

现在我们将解释：为何 Marcus 能认识到可以从数学抛物线形 PE 曲线相交的几何学中取得信息，而将 k_{et} 与参数 λ、ΔG° 及 $\Delta G^{\neq}$ 定量地联系起来。

图 7.12 中，给出了反应物 R 的抛物线势能曲线于反应坐标的某处与产物（P）的抛物线势能曲线相交。该处即对应于过渡态（$TS^{\neq}$）。能量曲线作为反应物、产物以及溶剂的内层或外层重组二者反应坐标的函数，代表虚拟等能（$\Delta G^\circ=0$）热反应的反应物和产物的**平衡自由能**。而溶剂则是被假设为沿着反应坐标，以连续方式重组其坐标。

图 7.13 中给出了早期 Libby 的理论与现在 Marcus 的电子转移理论间的本质性区别。在 Libby 理论中，代表点被假设为以付出最初急剧上升所需能量为代价，首先通过最初的从反应物垂直跳跃，然后到达产物的势能曲线并到达产物 [图 7.13（a）]。此过程中没有明显的电子跳跃所需要的（等于 λ）热源，因此它是不可能的。而在 Marcus 的理论中，代表点只需付出低得多的能量代价，就能达到电子转移的过渡态$^{\neq}$。于是，热能就被用来沿着反应坐标重组分子结构（内层）和溶剂结构（外层），以及克服两个势能曲线在交叉点（$TS^{\neq}$）处的能垒（图 7.13b）。在能面的相交处，无论是电子被转移到反应物或产物，体系的自由能都是相同的。

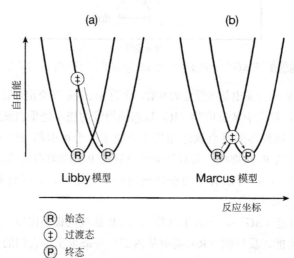

图 7.13 在 Libby（a）与 Marcus（b）模型中，电子转移路径所需自由能的比较

对于一系列结构上相关的反应，当反应变得更为放热（可使ΔG°变得更负），或活化能（$\Delta G^{\neq}$）变得更低时，化学家们更习惯于那种直观而具吸引力的原理。对于这一原理的基础，我们可通过考虑两个抛物线交叉点（它相应于 $\Delta G^{\neq}$）的行为特征（图 7.14）来加以理解。如相对于反应物曲线的极小，产物抛物线曲线的极小（通常为右侧的曲

线）将随ΔG°变得更负（沿着 y 轴）而不断地降低。然而沿着反应坐标（沿 x 轴上）的两个曲线则并未发生移动。

随着反应放热性的增加（ΔG°变得更负），$\Delta G^{\neq}$的值（相应于代表 R 和 P 抛物线的交叉点，和过渡态 TS$^{\neq}$）也会有所变化，并可在反应物（R）和产物（P）能量曲线的垂直位移上得到反映。图 7.14 给出产物势能曲线极小值的相对垂直位移相对于反应物曲线的演变过程（ΔG°变得更负）。

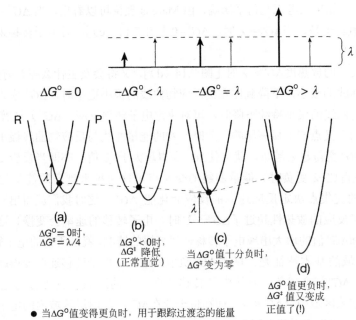

图 7.14 根据 Marcus 理论，当产物（P）曲线相对于反应物（R）曲线垂直向下移动时（ΔG°变得越负），活化能在开始时有所降低（从 a→b），当交叉点处于反应物（R）曲线的最低点时$\Delta G^{\neq}$为零（c），最后，则随着ΔG°变得更负，而使 $\Delta G^{\neq}$重新增大（c→d）

在图中（c）的情形后，所有更负的ΔG°值区域，可统称为电子转移的 Marcus 反转区。

在图上部的图示中，细箭头代表的为λ，粗箭头代表的是$-\Delta G$

假如我们考虑曲线的几何构型，并沿着 y 轴将它与 PE 联系起来，就可考虑以等能情况开始 [ΔG°=0，图 7.14（a）]，增大电子转移反应的放热性。现在，设想"将ΔG°的值垂直地向下拉"（类似于窗帘那样！），使产物的抛物线离开反应物抛物线上固定的能量极小处。这样就相当于在保持两个曲线的极小沿反应坐标轴（x 轴）的距离不变的前提下，改变 R 和 P 极小间的能差（y 轴）。对于在ΔG°=0 的初始能量曲线的情况下，还可注意相应于从反应物极小到产物能量曲线的垂直距离 λ 值。现在，就让我们将右方的产物曲线相对处于左侧的反应物曲线向下移动 [图 7.14（a）～（d）]，这相当于使反应的放热性越来越大 [使得ΔG°从（a）到（b）到（c）再到（d），越来越负]。

通过对图 7.14（b）中曲线的考察，可以发现：化学家们的"直觉"（即当ΔG°变得越来越负时，能垒 $\Delta G^{\neq}$可能会有明显的降低），迄今为止是正确的。但 $\Delta G^{\neq}$的这种降低只是简单的几何结果，这是因为我们保持了固定在 x 轴上的曲线形状（即保持了与反应坐标相关联的反应结构），并且简单地将产物曲线的左侧部分移向能量相对于反应物曲线极小的能量方向。结果，使相应于 $\Delta G^{\neq}$ 的交叉点（TS$^{\neq}$）越来越接近于反应物势能曲线的极小，从而使 $\Delta G^{\neq}$ 的值下降。

确实，当到达某一特定的 ΔG° 值时［图 7.14（c）］，交叉点穿过了反应物曲线的极小！在这一特殊的 ΔG° 值下，电子转移过程就没有能垒了，并且电子转移的速率也达到极大。的确，如果只考虑几何学影响，由 Marcus 理论可以看出，当 $\Delta G^{\neq}=0$ 时，ΔG° 等于 λ 的负值。于是，当 $\Delta G^{\circ}=-\lambda$ 时，$\Delta G^{\neq}=0$［图 7.14（c）］，对电子转移来说，就不需要活化能了！

但是当反应的放热度 $\Delta G^{\circ}>-\lambda$ 时［图 7.14（d）］，又将会发生什么呢？前面曾讲过，当右侧产物曲线的极小，下降到比左侧反应物曲线的极小更小时，ΔG° 成为一更大的负值。当产物曲线的极小持续下降时，可对决定电子转移反应（$\Delta G^{\neq}$）过渡态（TS$^{\neq}$）反应活化能的交叉点产生显著影响。此时产物的能量曲线与反应物曲线极小的上部左侧相交，当 ΔG° 变得越来越负，就可使 ΔG° 变得越大于 $-\lambda$ 值。亦即当反应变得更为放热时（ΔG° 变得比 $-\lambda$ 更负时）能量曲线的交叉点可移向越来越高的能量位置处。由于能量曲线的交集点决定反应速率的反应活化能 $\Delta G^{\neq}$，这时我们就得出一个非常规的结论，即当反应的放热性超过了 $\Delta G^{\circ}=-\lambda$ 时，电子转移的速率会变慢！这种当超过 $\Delta G^{\circ}=-\lambda$ 时，随 ΔG° 值的增大出现电子转移速率变慢的情况，就是所谓的电子转移的"反转区"。该区域的基本特征是：随着 ΔG° 负值的增长，电子转移速率变得越来越慢。因此，对于随 ΔG° 越变越负，而使电子转移速率增大的区域，就可称为电子转移的"正常区"，在该区域中，$\Delta G^{\circ}<-\lambda$。而在位于或在 $\Delta G^{\circ}=-\lambda$ 附近区域内的电子转移，由于 $\Delta G^{\neq}\approx0$，可称为"无能垒区"。

通过将几何学原理应用于图 7.14 中的抛物线，Marcus 揭示了一些重要的几何学关系，使得某些实验量，如 k_{et}、λ、$\Delta G^{\neq}$ 及 ΔG° 之间，建立起了定量的关系。

（1）在假设势能曲线的形状不能改变的条件下，以及沿着 x 轴方向反应物和产物曲线极小间的距离为一常数时（对于类似的反应，有着类似的反应坐标），可以得出公式（7.51a）～公式（7.51d）中 λ、$\Delta G^{\neq}$ 和 ΔG° 间的定量关系。作为开始，首先推演得到了 $\Delta G^{\neq}$、ΔG° 和 λ 之间的二次方关系：

$$\Delta G^{\neq}=(\Delta G^{\circ}+\lambda)^2/4\lambda \tag{7.51a}$$

通过代数重排，公式（7.51a）可转换为公式（7.51b）：

$$\Delta G^{\neq}=(\Delta G^{\circ}/\lambda+1)^2/4\lambda \tag{7.51b}$$

（2）从特殊的等能条件 $\Delta G^{\circ}=0$，及公式（7.51a），可得公式（7.51c）：

$$\Delta G^{\neq}=\lambda/4 \tag{7.51c}$$

（3）从公式（7.51b），以及在 $-\Delta G^{\circ}=\lambda$ 的特殊条件下，可有公式（7.51d）：

$$\Delta G^{\neq}=0 \tag{7.51d}$$

（4）从公式（7.50b），以及在公式（7.51a）中 $\Delta G^{\neq}$ 的一般关系，可建立起 k_{et}、λ、

$\Delta G^{\neq}$ 以及 ΔG^o 间的相互关系，如公式（7.52）所示：

$$k_{et}=\nu_N \kappa \exp{(-\Delta G^{\neq}/RT)}=\nu_N \kappa \exp{\{[(-\Delta G^o+\lambda)^2/4\lambda]/RT\}} \tag{7.52}$$

公式（7.51a）～公式（7.51d）和公式（7.52）给出了电子转移反应的实验速率常数（k_{et}）、活化能（$\Delta G^{\neq}$）、反应的放热性（ΔG^o，为一负值）以及重组能（λ，正值）间的理论联系。考虑体系从 $\Delta G^o=0$（$\Delta G^{\neq}=\lambda/4$），到 $-\Delta G^o=\lambda$（此时 $\Delta G^{\neq}=0$），再到 $-\Delta G^o=2\lambda$（此时 $\Delta G^{\neq}=\lambda/4$）这些看似任意，实际却是 ΔG^o 值系统范围内不同区间内的情形是很有益处的。从教学的角度看，这一范围清晰地显示出活化能（$\Delta G^{\neq}$）：从起始的 $\Delta G^o=0$ 的 $\Delta G^{\neq}=\lambda/4$ 开始，当 $-\Delta G^o<\lambda$ 时，$\Delta G^{\neq}$ 不断地下降，直到 $-\Delta G^o=\lambda$ 时为止；接着，当 $-\Delta G^o>\lambda$ 时，$\Delta G^{\neq}$ 又开始增大，而当 $-\Delta G^o=2\lambda$ 时，$\Delta G^{\neq}$ 值又回复到 $\Delta G^{\neq}=\lambda/4$。

接下来讨论有关从图 7.14 中，当反应放热性（ΔG^o）增大时推演得到的电子转移的一些重要结论：

（1）从 $\Delta G^o=0$ 到 $-\Delta G^o<\lambda$ 的任意负值，是所谓的"正常区"[图 7.14（a）→（b）]。从公式（7.51a）可知，在该区域内只要 $-\Delta G^o<\lambda$，则电子转移的速率将随放热性的增大而**持续地增大**，这是因为在这一反应放热属于"正常"的区域内，$\Delta G^{\neq}$ 的值将**持续地减小**（可以用从 $-\Delta G^o$ 到 λ 的箭头来比较）。从公式（7.51b），可以从数学角度推出一个理由来解释为什么在正常区中，当反应变得更为放热时，电子转移的活化自由能（$\Delta G^{\neq}$）将减小，从而使反应速率常数 k_{et} 值增大。在该重要的区域中，参数 ΔG^o 总是负值，而 λ 则被定义为正值（能量增加）。由于反应的放热性增大，ΔG^o 可变得越负，于是，公式（7.51b）中的 $(\Delta G^o+\lambda)^2$ 值会下降，直到 $-\Delta G^o=\lambda$ 时，接近于零。从公式 7.52，$k_{et}=\nu_N \kappa \exp{(-\Delta G^{\neq}/RT)}$，可以看出：此处的 $\exp{(-\Delta G^{\neq}/RT)}$ 值会随 $\Delta G^{\neq}$ 变得更负而增大；因此，在一固定的温度下，k_{et} 会随 $\Delta G^{\neq}$ 值的减小而增大。

（2）在 $-\Delta G^o=\lambda$ 的区域是所谓的无能垒区（$\Delta G^{\neq}=0$）[图 7.14（c）]。可以看到：用于解释此时的电子转移速率成为最大值的数学基础，就是 $\Delta G^{\neq}=0$。当 $-\Delta G^o=\lambda$ 时，从公式（7.51a）和公式（7.51b）可以推出 $\Delta G^{\neq}=0$，而从公式（7.52），就可有：$k_{et}=\nu_N \kappa \exp{(-\Delta G^{\neq}/RT)}=\nu_N \kappa \exp{(0)}=\nu_N \kappa$。这个结果相应于电子转移的极大速率，也就是从反应物到产物交叉点所固有的"零点"速率。因此，在溶液中，对于 $\Delta G^{\neq}=0$ 的情况，电子转移的速率常数总是受扩散控制的。

（3）从 $-\Delta G^o=\lambda$ 到 $-\Delta G^o>\lambda$ 的区域为"反转区"。虽然这一区域看来是与"直觉"相背离的，但是从公式（7.51a）可以看出：用于解释在 $-\Delta G^o>\lambda$ 的条件下，可出现电子转移速度下降的数学基础。在该区域内由于其绝对值大于 λ，当 ΔG^o 值在反转区内持续增大时，$(\Delta G^o+\lambda)$ 项的差值就变得越来越负。由于在公式（7.51a）中，$\Delta G^{\neq}$ 是正比于 $(\Delta G^o+\lambda)^2$，ΔG^o 负值的增大将使 $(\Delta G^o+\lambda)^2$ 项的正值增大。而速率表达式，$k_{et}=\nu_N \kappa \exp{(-\Delta G^{\neq}/RT)}$ 中指数正值的增大，可引起 $\exp{(-\Delta G^{\neq}/RT)}$ 值的减小，从而使 k_{et} 值减小。

图 7.15 中按照 Marcus 的理论 [公式（7.51a）] 给出了不同 λ 值下，自由能和重组能对活化自由能大小的影响。要注意的是：为了保持 Marcus 型曲线的通常形式，图中

用以表示活化能（$\Delta G^{\neq}$）的垂直轴是相反的。这些曲线一般其垂直轴所画的是速率常数（k_{et}）的对数值。还需指出的是，其水平轴从左到右，是相应于放热性的增大。

如公式（7.51c）所给出的，与 $\Delta G^{\circ}=0$ 的垂线相交处的$\Delta G^{\neq}$值相应为 $\lambda/4$。而按公式（7.51c），极大值应出现在相应于 $\Delta G^{\circ}=\lambda$，以及$\Delta G^{\neq}=0$ 时的位置。要注意的是，当λ值增大时，$\Delta G^{\neq}=0$ 的值会移向放热性更强的区域。

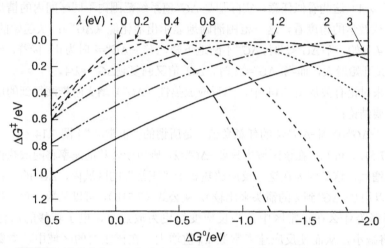

图7.15 按公式（7.51a），在不同重组能（λ）下的活化自由能（$\Delta G^{\neq}$）作图
注意：当λ值增大时，$\Delta G^{\neq}=0$ 的条件（曲线的极大值）可移向更为放热的区域

概括的讲，通过对抛物线交叉简单的几何学考虑，以及对图 7.12 和图 7.14 中某些原理的应用，可允许我们将理论量λ、电子转移的重组能、电子转移的活化自由能$\Delta G^{\neq}$，以及总的反应自由能 ΔG° 等联系起来。由于可以通过公式（7.52）将反应的活化自由能与反应的速率联系起来，因此我们也可将 k_{et} 与λ联系起来。这种重要的关系是通过应用谐振子（抛物线）函数的直接几何学结果描述反应坐标上的 ΔG° 依赖关系得到的。更为重要的是，从公式（7.50c）中可以看出，当$\Delta G^{\circ}>-\lambda$ 时，活化自由能随着ΔG°的变负而增大，也即在理论上可以预示电子转移存在着一个"反转区"。在该区域中，随着电子转移反应变得越负（更多地放热），k_{et} 的值将会减小。

7.15 对电子转移反应坐标的进一步考察

接下来让我们进一步对图 7.12 和图 7.14 水平轴进行考察，并提出有关电子转移反应的坐标实际上代表什么的问题。通常在对反应坐标以较定性的方式进行讨论时，它常被定义为一个给定的反应，即从反应物的最低平衡能量的核构型和围绕反应物的溶剂分子，转化为产物（即 R→P）的反应。实质上，反应坐标为我们提供了一个简化的途径，来表示体系从反应物到产物发展过程中，许多内部与外部坐标的二维（2D）演化过程。在这一演化过程中，反应物内（层）坐标的改变，必然伴随着溶剂结构（外层坐标）的适当变化。

那么在图 7.12 和 7.14 中 R 和 P 势能曲线的交叉点又代表什么意义呢？按照 Marcus 的说法[29]："在这一原子构型中，具有反应物电子波函数（以及由此而来的离子电荷）的假设体系，必须与具有同样构型的产物电子波函数的假设体系有着相同的能量"。

从图 7.12 和图 7.14 中给出的这些曲线反映了内层和外层坐标的变化，可期望重组能 λ 的值通过两部分贡献予以确定。一种贡献是来自反应物与产物分子内坐标的重组(λ 内)，而另一种贡献则来自于电子转移进行中，围绕着反应物和产物周围溶剂分子的重组（λ 外）[见公式（7.53a）]。

$$\lambda = \lambda_内 + \lambda_外 \tag{7.53a}$$

如果在所感兴趣的体系中，有着充分可用的信息，那么这两部分贡献都可独立地加以评估。

λ 内值反映的是反应物和产物结构间的键序和键角的重大变化，所以通过对反应物和产物结构的考察，就可提供直观的 λ 内大小。利用公式（7-53b）[30]就可以精确地计算出参数 λ 内的数值。

$$\lambda_内 = \sum_i \left(\frac{f_i^R f_i^P}{f_i^R + f_i^P} \right) \Delta q_i \tag{7.53b}$$

式中，Δq_i 为原子间距离的变化；f_i 为第 i 个振动的力常数；上标 R 和 P 则分别代表着反应物和产物。典型 λ 内值的大致范围从零到几个 kcal/mol。它通常可用单位电子伏特（eV，1eV≈23kcal/mol）来表示，因为用于计算电化学氧化还原过程的能量单位习惯上都以 eV 加以表达。

外层的重组能可通过公式（7.54a）和公式（7.54b）[28,29]加以估算：

$$\lambda_外 = e^2 \left(\frac{1}{2r_D} + \frac{1}{2r_A} - \frac{1}{r_{AD}} \right) \left(\frac{1}{\varepsilon_{op}} - \frac{1}{\varepsilon_s} \right) \tag{7.54a}$$

$$r_{AD} = r_A + r_D \tag{7.54b}$$

式中，r_A 和 r_D 分别为 A 和 D 的半径；ε_{op} 为介质的介电常数，它相当于电子极化率（ε 是折射率的平方）；ε_s 是静电介电常数，或相应于溶剂偶极的相对介电常数。典型的 λ 外值约为几十 kcal/mol（最常见的为 λ 外<40kcal/mol），但依据所用溶剂的极性，可有较大的不同。

上面列出的关于 λ 的表达，是假设溶剂为一种连续的介电模型，而对于振动项则为谐振子模型。

通常，λ 的典型数值约为几十 kcal/mol。然而可回忆起，当它们为 λ/4[公式(7.51a)]时可直接影响 $\Delta G^{\neq}$。于是，当 λ≈30.0kcal/mol(1.30eV)时，对于等能反应的 $\Delta G^{\neq}$ 应为 7.5kcal/mol；而对于多数放热的反应来说，该值会更低些。对涉及有机分子的共同参数 ΔG^o，在反转区内应当必须是负的，在 $\Delta G^{\neq}$ 超过 λ/4 以前，应当比–60kcal/mol 要更负些 [公式（7.51a）]。

7.16 对光诱导电子转移 Marcus 反转区的实验证明

Marcus 关于当反应驱动力 ΔG° 增大而反应活性减小时，有关电子激发态*R 电子转移存在反转区的预言[29~31]，给实验科学家造成很大的挑战。显然，光诱导电子转移过程是一个很好的用于检测及证实反转区存在的候选者，这是由于电子激发能量对于总反应的贡献总是放热的，因而，这就强化了包括反转区内体系具有很负 ΔG° 值的可能性。然而在 1980 年以前，光诱导电子转移的实验例子都表明，在溶液中，如我们直觉所预料的，由于给体和受体分子可以自由扩散，在开始时，k_{et} 值随着驱动力 ΔG° 的增大而增大，但当驱动力变得很大时，k_{et} 值并未减小，代替它的则是使 k_{et} 达到一极限值：即扩散控制的反应速率常数 k_{dif}（图 7.10）。

光诱导电子转移在反转区实验证据的缺乏意味着：或是电子转移的反转区未能达到；或是根本无反转区的存在；当然，也可能是被快速的扩散过程以及被随后的快的和不可逆的电子转移所掩盖了。后面的那种情况应当是：当电子转移的速率变得等于扩散速率时，电子转移速率已不再是决速步骤，人们所测得的仅是扩散的速率常数 k_{dif}，而不是电子转移速率常数（k_{et}）。在实际效果上，扩散可能对溶液中*R 的电子转移猝灭设置了一个可观察到的速率常数极大值，或所谓的天花板（ceiling）速率常数。这种情况可从图 7.16 中通过所示的扩散速率常数对于实验观察值的影响，而作出定性地说明。在图中，假设在开始时电子转移的速率（图 7.16 右侧）比扩散速度慢，即电子转移的速率常数可被假设处于"正常"的区域内，然而，当电子转移的速率在反应放热性进一步增大时，已经快于扩散速率，这样一个 ΔG° 值如果到达后，就应出现图中的 Marcus 线。但是实验结果显示，从这点开始，猝灭速率已被扩散速率所控制，它已

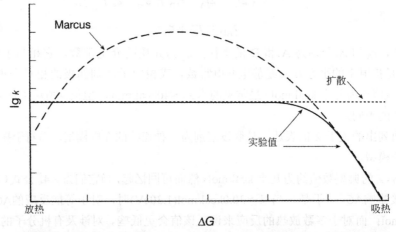

图 7.16 说明了电子转移实验速率常数 k_{et}，在溶液中如何受限于扩散速率常数结果它有效地掩盖了 Marcus 的反转区。图的右侧反应为吸热的，和按 Marcus 方程预测的一致。而 Rehm-Weller 方程 [公式（7.48a）] 并不允许反转区存在（对 ΔG°，$k_{dif} \sim k_{et}$）

不再是电子转移的速率了。换句话说，从这点开始*D 和 A 往一起扩散就成为一个慢的步骤，决速的已不再是电子转移了。因此，这一实验值可被预期为两个区域间的混合（如曲线所示），而不是简单地反映了两种可能速率常数的极小值。有关动力学扩散控制反应的细节，将在 7.34 节作详细讨论。

多年来，图 7.16 中所阐明的扩散控制问题，阻挠了所有试图在液体中证实两个自由扩散分子电子转移 Marcus 反转区存在的尝试。当反转区的 $\Delta G^{\neq}$ 值未超过 $\lambda/4$ 之前（图 7.16 的远右侧），对涉及有机分子的共同参数 ΔG^{o}，其值必须是负的并且要大于-60kcal/mol [见公式（7.51a）]。然而，虽然满足了这些反转区所必需的条件，但对自由扩散的 D 和 A 体系来说，仍然在实验上难于找到反转区的存在。的确，要明确地找到这样一个反转区的实验例子，需要有一定的策略，亦即要能避开扩散控制对于电子转移反应的限制。现在已经证明有三种策略，可以成功地用于通过实验来观察到反转区的存在：

（1）通过将电子转移在一个可强烈抑制 D 和 A 扩散的刚性介质中进行，从而消除扩散的影响。

（2）通过将 D 和 A 连接于一个作为连接体的刚性骨架（D-Sp-A）上，它允许电子转移在溶液中进行，但避免了 D 和 A 的扩散，从而使扩散得以消除。

（3）允许 D 和 A 间扩散和电子转移的发生，而形成 $D^{\cdot+}$ 和 $A^{\cdot-}$，然后再测定从 $D^{\cdot+}$ 和 $A^{\cdot-}$ 到生成 D 和 A 的逆向电子转移单分子反应速率。

为反转区的存在提供有力证据的第一个成功方法是由 Closs 和 Miller[32]通过测量刚性有机体系中，芳香分子间的电子转移而完成的。他们的想法是结合上述的策略（1）和（2）对刚性介质中的 D-Sp-A 体系进行研究。通过利用脉冲辐解的方法，可从先驱物 D-Sp-A 产生出阴离子自由基 $D^{\cdot-}$-Sp-A，然后测量 $D^{\cdot-}$ 转移一个电子到受体 A 的速率，作为反应放热性的函数，这就是总的从 $D^{\cdot-}$-Sp-AD 到 D-Sp-$A^{\cdot-}$ 的电子转移反应。

在实验中，D 和 A 是由刚性的碳氢化合物 Sp：一种基于甾体 5α-雄甾烷（andrestane）结构的刚性分子制得的 D-Sp-A 体系连接，来研究分子内的电子转移。

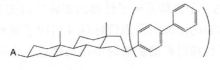

D-Sp-A

所研究的反应涉及通过脉冲辐解使 A-Sp-D 中 D 部分[公式（7.55a）和公式（7.55b）]捕获电子并产生自由基 $D^{\cdot-}$-Sp-A 之后电荷移位的电子转移反应。实验观察到的是从电子给体（联苯部分）到一系列不同的电子受体（A）的过程，这些挑选出的受体可提供一很宽的 ΔG^{o} 值的范围，使之有希望把反转区包括在内。虽说这一经典的实验并不是一个真正的光化学反应，之所以在此讨论，是因为它为反转区的研究提供了一个样本。

$$A\text{-}Sp\text{-}D + e^{-} \longrightarrow A\text{-}Sp\text{-}D^{-} \tag{7.55a}$$

$$A\text{-}Sp\text{-}D^- \xrightarrow{k_{et}} A^-\text{-}Sp\text{-}D \qquad\qquad (7.55b)$$

作为这一开创性研究的实验结果，图 7.17 列出了 8 种不同的受体。理论计算所得的曲线与重组能 λ 为约 1.2eV(27.7kcal/mol)时（其中 $\lambda_内$=0.45eV，$\lambda_外$=0.75eV）所得的实验结果吻合得很好。前面提到：当 $-\Delta G^\circ > \lambda$，体系就进入了反转区。所以，当体系 $-\Delta G^\circ > \sim 1.2$eV 时，速率常数 k_{et} 随着热力学驱动力的增大而减小，确与 Marcus 理论的预测结果相一致（图 7.15，右侧的极大）。在电子转移的研究中，ΔG° 的单位一般用 eV 而不是用有机化学家更熟悉的 kcal/mol，这是因为用于确定 ΔG° 值的实验值通常是从电化学的测量结果推演得到，而电化学一般都用 eV 作为单位，eV 与其他能量单位间的转换关系为：1eV=23.06kcal/mol=96.48kJ/mol。

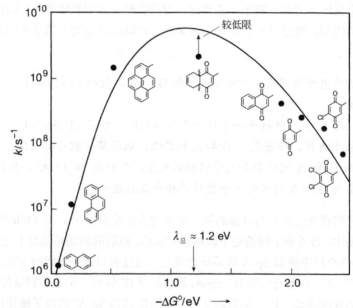

图 7.17 在甲基四氢呋喃溶液中，206K 下，以 ΔG° 为函数的分子内电子转移的速率常数[见公式（7.55b）][34]

图 7.17 中给出的分子内体系电子转移速率常数的变动跨越了近 4 个数量级。重要的是，当速率常数的动态范围也恰好以 4 倍因子减小，其速率与溶液中相同给受体间分子间电子转移过程的扩散速率常数接近。它揭示了扩散是影响电子转移速率的。

在图 7.17 所示的观察结果报道以后，还继续出现了许多有关分子内和分子间电子转移体系中反转区存在的例子。其中一些例子将在 7.23 节中介绍。

7.17 一些证明 Marcus 理论的光诱导电子转移的例子

上面所讨论的 Miller 和 Closs[32~34]的杰出工作，已证明了电子转移 Marcus 理论的基本原理在非光化学体系中的正确性。而了解这些原理在有机光化学中的普适性原则也很重要，现在这些原理的结论已经在光化学反应中得到应用。有趣的是，在大量的 Marcus 理论应用于光化学反应的例子中，最关键的电子转移步骤，经常是经光诱导电子转移生成的"基态"（$D^{\cdot+}$，$A^{\cdot-}$）离子自由基对的电子回传过程。在下面的一些样本中，我们将看到 Marcus 理论的概念是如何来影响电荷分离的效率，以及如何通过电子转移的能学来控制有机光反应最终产物的产率。

7.18　长程电子转移

长程电子转移是指发生电子转移反应的电子给受体间距离远大于它们范德华半径之和的电子转移过程。对长程电子转移反应的了解应当是研究生物学中重要电子转移过程（如光合作用）的基础。为了研究这些过程的机理，首先就要了解电子转移的速率与电子给体 D 和受体 A 间的分离距离 R_{DA}，电子给体和受体的相对取向（这将决定轨道的有效重叠），以及在电子给体和受体间插入介质（如溶剂、刚性连接体、柔性连接体、超分子介质）的性质等因素的依赖关系。

电子转移反应的速率常数依赖于涉及电子转移反应的给体（D）和受体（A）间的电子耦合，而电子耦合则涉及电子转移过程的矩阵元。电子耦合一般由公式（7.24a）给出（在文献中电子转移的矩阵元，常以 V 的符号给出），且 V 值在图 7.17 整个笼类化合物系列中保持不变。同样很重要的是研究不同电子耦合对于电子转移速率的影响。电子耦合的大小依赖于给体 D 和受体 A 波函数的重叠。在弱的电子耦合范围内，如 D 和 A 大致为球状时，可以期望 V 值将随给体和受体距离 R_{DA} 的增大而呈指数下降。

在对整个系列的速率数据的比较中，Franck-Condon 因子应尽可能地保持不变。公式（7.56a）给出了 V 对 R_{DA} 的依赖关系，其中 R_{DA}^0 是 D 和 A 在范德华接触时的距离，而 R_{DA} 则为实际距离，它一般等于或是大于 R_{DA}^0 值，式中的 β 项所反映的是耦合对于距离的敏感度，而 V_0 则是一比例常数，或是"指前因子"。参数 β 反比于给体与受体间的轨道重叠，因此，它与给体和受体轨道间相互作用的大小（和速率常数 k_{et}）成反比。从公式（7.56a）可以看出：由于 β 是正的，因而 β 越大将使（负的）指数项减小。

$$V(R_{DA})=V_0\exp-[\beta(R_{DA}-R_0/2)] \tag{7.56a}$$

电子转移速率的另一个等价表达式可由公式（7.56b）给出。要注意的是：电子转移的表达式与通过电子交换机制的能量转移速率常数表达式 [公式（7.35）] 十分相似。还应加以注意的是，速率常数会随给体-受体间距离的增大而呈指数下降，这是轨道重叠速度限制反应的特征，因为轨道重叠也是反应伴侣间距离的函数，并呈指数下降。

$$k_{et}=k_0\exp[-\beta(R_{DA}-R_0)/2] \tag{7.56b}$$

7.19 长程电子转移的机理：通过空间和通过键的相互作用

图 7.18 中列出了 5 种为研究长程电子转移[35]而合成的化合物，其中以 1,4-二甲氧基萘部分为激发态电子给体（*D），以 1,1-二氰基乙烯部分为电子受体（A），两者通过 5 种不同刚性的非共轭桥为间隔体分子进行连接[35]。桥的长度从 **1** 中的 4 个 σ 键，到 **5** 中的 12 个 σ 键，使得两端的距离可从 **1** 的约5Å，到 **5** 的约14Å。在溶剂中，该电子转移是放热的，k_{et} 值可通过测量萘发色团的荧光猝灭得到，对于某给定分子的 k_{et} 值，其对溶剂的依赖性很小（从苯到乙腈，仅改变了 3 倍或更小些）；然而 k_{et} 值则强烈地显现出依赖于给-受体间的距离，它们分别为：**1** 和 **2** 的 k_{et} 值 $>10^{11}\text{s}^{-1}$（快于荧光技术的测量范围），而 **3**，**4**，**5** 的 k_{et} 值分别约为 $5\times10^{10}\text{s}^{-1}$，$5\times10^{9}\text{s}^{-1}$，和 $5\times10^{8}\text{s}^{-1}$。

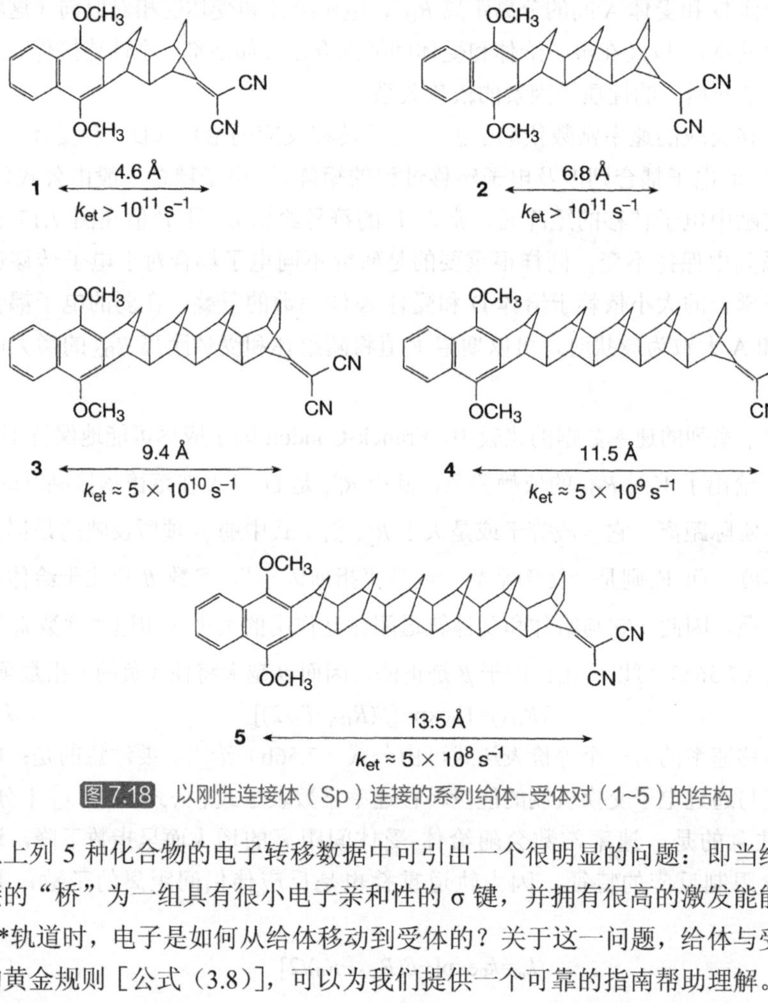

1　4.6 Å　$k_{et} > 10^{11}\text{ s}^{-1}$

2　6.8 Å　$k_{et} > 10^{11}\text{ s}^{-1}$

3　9.4 Å　$k_{et} \approx 5 \times 10^{10}\text{ s}^{-1}$

4　11.5 Å　$k_{et} \approx 5 \times 10^{9}\text{ s}^{-1}$

5　13.5 Å　$k_{et} \approx 5 \times 10^{8}\text{ s}^{-1}$

图 7.18　以刚性连接体（Sp）连接的系列给体-受体对（1~5）的结构

从上列 5 种化合物的电子转移数据中可引出一个很明显的问题：即当给受体体系所连接的"桥"为一组具有很小电子亲和性的 σ 键，并拥有很高的激发能能使电子激发到 σ*轨道时，电子是如何从给体移动到受体的？关于这一问题，给体与受体间电子耦合的黄金规则［公式（3.8）］，可以为我们提供一个可靠的指南帮助理解。一种机制认为: *D 和 A 间的电子耦合是通过常见的*D 和 A 波函数重叠的电子交换相互作用达到的，这一机制称为正常的电子交换相互作用机制。然而，当电子给体与受体间的距离约为 10Å 时，就不能期望电子波函数能有较大的重叠［公式（7.56）］，因为重叠作为距离的函数是按指数减小的。当 **4** 和 **5** 中给体与受体间距离>10Å 时，它们的 k_{et} 值还如此的高，使我们感觉轨道重叠相互作用已不再是此处电子转移过程的理论机制。

另一种给体与受体间电子耦合的机制，是采用连接体 σ 和 σ*轨道的波函数来帮助*D 和 A 之间电子耦合相互作用的传播（propagation），该机制可以称为"电子超交换"（electron superexchange）或是"通过键"的电子耦合机制。这一机制有着很坚实的理论基础，且在多年来[36]已被成功地应用于大量实例之中。图 7.19 给出了通过键（through-bond）耦合的基本过程。即给体的 LUMO 与桥上最接近键的 σ*轨道重叠。这种通过桥的相互作用，一直可传播到与受体相邻的 LUMO。因此，通过键的相互作用，可使电子具有一定的概率出现在受体上。当然也可以是从给体半充满的 HOMO 轨道与桥上最近键的 σ 轨道相重叠，而这种相互作用也可通过桥一直传播到受体的 HOMO。结果，使受体 HOMO 上的电子也有了一定的概率出现在给体的 HOMO 上。

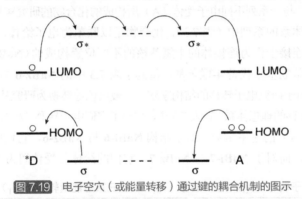

图 7.19 电子空穴（或能量转移）通过键的耦合机制的图示

对于激发态的电子转移，开始时转移的电子是处于*D 的 LUMO 中，而最终电子则被转移到 A 的 LUMO 轨道。给体与受体是被一系列作为连接体的 σ 键连接起来的。如图 7.19 所示，对于每一个 σ 键都有一个充满的 HOMO 和空的 LUMO，连接体内键的 σ HOMO 要比给体和受体 HOMO 的能量低，而它们的 σ* LUMO 又比给体和受体的高。

通过键的耦合存在两种机制，第一种机制涉及通过空间的 LUMO 来混合*D 与 A 波函数，从而耦合*D 的 LUMO 和 A 的 LUMO。在这个机制中，给体的 LUMO 和最近连接体部分的 LUMO 相混合，然后它再依次与下一个更接近受体 A 的连接体的 LUMO 相混合，这种相似的与相邻连接体 LUMO 的混合，一直可延续到与受体 A 的 LUMO 混合为止。这种混合为电子提供了一个通道，使之从*D 的 LUMO 转移到 A 的 LUMO。第二种机制则是"空穴的转移"，即通过它可使受体的 HOMO 与连接体最近的 HOMO 混合，随后可通过连续地与连接体中的键的 HOMO"链"相耦合，而最终与给体 D 的 HOMO 耦合。这种混合为电子从 A 的 HOMO 到*D 的 HOMO 提供了一个通道。但究竟是通过何种途径来进行工作，则取决于给体、连接体与受体的 HOMO 和 LUMO 间的相对能隙，以及相邻轨道的重叠等因素。

通过键的机制可定性地预测：电子转移速率会随给体与受体间 σ 键数目的增多而下降，显然，这与所涉轨道数目的增多导致重叠程度变低有关。在实验上，这种预测也确被图 7.18 中的分子所证实。另外，还可发现与 D 和 A 相连接的那些键的立体化学也很重要，例如在 D 和 A 间 σ 键的数目，与速率常数间的指数关系，只有在相同立体化学的系列中才会存在[37]。可以发现，这一系列化合物的转移速率符合公式（7.57），式中的 V_0 是相隔一个 σ 键的电子耦合，而 N 则为 D 和 A 间 σ 键的数目，ρ 为态密度参数。

$$k_{et}(N)=|V_0|^2[\exp-\beta(N-1)]\rho \tag{7.57}$$

7.20 三重态-三重态能量转移和电子转移的定量比较

由于三重态-三重态能量转移和电子转移都是通过电子交换相互作用发生的，因此可以期望它们具有某些相似的特征。有关反转区的存在，最初的证明[29-31]是通过对以 4-联苯基为电子给体（D）、与一系列不同电子受体（A）所构成的化合物的研究实现的（图 7.17）。但在第二个这类体系的系列中（表 7.3），化合物是以联苯为电子给体，萘为电子受体，然后将它们分别连接于作为连接体的十氢萘核的不同位置构成的（**NaBi-6** 及 **NaBi-7**）。另外，还以 4-二苯酮基来代替 4-联苯基，得到了表 7.3 中的 **NaBz-6** 与 **NaBz-7** 两种化合物。于是这个用于研究电子转移的结构家族，就被出色地转换为研究从二苯酮部分到萘部分三重态能量转移的理想体系。在表 7.3 中，列出了它们电子转移（k_{et}）、空穴转移（k_{ht}）以及能量转移（k_{ET}）的速率常数。对于结构 **NaBi-6** 与 **NaBz-6**，它们的给体与受体基团间有 6 个 σ 键，而对于 **NaBi-7** 与 **NaBz-7**，它们的给体与受体间为 7 个 σ 键。

表 7.3 电子转移（k_{et}）、空穴转移（k_{ht}）以及三重态能量转移（k_{ET}）的速率[①]

化合物	N	k_{et}/s^{-1}	k_{ht}/s^{-1}	k_{ET}/s^{-1}	R_{DA}
Np～～～Bi (1 2 3 4 5 6)	6	3×10^8	6×10^8		6Å
Np～～～Bi (1 2 3 4 5 6 7)	7	5×10^7	6×10^7		7Å
Np～～～Bz (1 2 3 4 5 6)	6			9×10^7	6Å
Np～～～Bz (1 2 3 4 5 6 7)	7			3×10^6	7Å

① 对于电子或空穴转移，给体基团 D 为 Bi，而能量转移的 D 为 Bz。在所有情况下，电子或能量受体均为 Np[37]（Np=2-萘基，Bi = 4-联苯基，Bz=4-二苯酮基）

以三重态转移的速率常数，对电子转移速率常数的对数作图，可得两个过程间的良好相关性。有趣的是：三重态和电子转移速率差的比值因子恰恰为大约 2，这恰好与两个电子转移同时发生的三重态能量转移和单电子转移的电子转移间的 2 与 1 的关系相一致，暗示着前线分子轨道的相互作用 [图 7.2（b）] 的确是起着关键作用。另一个重要的发现是：三重态-三重态的转移并没有显示出强烈的溶剂依赖性，而电子转移一般都有较大的溶剂效应。这个结果也符合人们的预期，因为对于能量转移来说，相互作用的给体-受体完全保持着电的中性，所以能量转移并不期望有很大的溶剂重组和显示出强烈的溶剂极性依赖性。而电子转移则涉及整个带正电的阳离子和带负电的阴离子（离子自由基对 $D^{+\cdot}$，$A^{-\cdot}$）的生成，它们都是带电的。而正是这种离子对可以与溶剂分子间发生很强的相互作用，并经历重大的溶剂重组。对于三重态能量转移速度的变化，从乙腈到己烷不超过 3 倍；而在相同的溶剂变化条件下，电子转移速率的变化则可有几个数量级，这与预期的溶剂依赖性也是一致的。

7.21　分子内的电子、空穴以及三重态转移的关系

对于给体-连接体-受体(D-Sp-A)体系，图 7.2（b）中的电子交换诱导过程的前线轨道图示说明，可借助于电子转移 [公式（7.58a）]、空穴转移 [公式（7.58b）] 或者能量转移 [公式（7.58c）] 等予以表述。在图 7.2（b）中，电子转移可被看作是 D 和 A 中 LUMO 间的电子转移，空穴转移被认为是 D 和 A 中 HOMO 间的电子转移，而能量转移则被认为是涉及 HOMO 和 LUMO 两者的双电子转移。

$$D^{\cdot-}\text{-Sp-A} \rightarrow D\text{-Sp-A}^{\cdot-} \qquad k_{et}\text{（电子转移）} \qquad (7.58a)$$

$$D^{\cdot+}\text{-Sp-A} \rightarrow D\text{-Sp-A}^{\cdot+} \qquad k_{ht}\text{（空穴转移）} \qquad (7.58b)$$

$$^{3}D\text{-Sp-A} \rightarrow D\text{-Sp-}^{3}A \qquad k_{ET}\text{（能量传递）} \qquad (7.58c)$$

对于电子转移和空穴转移，其电子耦合 V [公式（7.56a）] 有着相似的距离依赖性[38]。这一结果表明，电子耦合（V）是通过阴离子（电子转移）连接体的 σ* 反键轨道 LUMO 和阳离子（空穴转移）σ 成键轨道 HOMO 传输。这表明 σ 和 σ* 轨道存在实质上的对称性（图 7.15b）。在这两种情况下，$\beta \approx 1Å^{-1}$ [公式（7.57）]。

7.22　通过柔性连接体连接的给体与受体间的光诱导电子转移

7.16 节已经阐明了以刚性连接体 Sp 连接，所设计合成的 D-Sp-A 体系中电子转移过程的细节。而研究的体系中，两端联有 D 和 A 的柔性链连接体化合物体系也很有趣。在这种柔性连接体情况下，电子转移的动力学将依赖于柔性链的长度，以及由构象变化而引起的某些动态学问题[39]。可以将 $D(Sp)_nA$ 体系作为一个样本加以讨论，其中的 $(Sp)_n$ 就是柔性的连接体，其下标 n 表示具有 n 个 CH_2 单位，$n>1$。

首先，让我们对 $D(Sp)_nA$ 体系的两种极限构象加以考虑：一种构象是 D 与 A 间的链是完全伸展着的，这就使 D 和 A 间的距离即为链的长度，而另一种构象则是链被卷

曲成环，从而使 D 和 A 间的距离十分接近和靠拢（见 3.26 节和 4.41 节有关柔性的双自由基讨论）。当然，许多其他形成了这种或那种的可能构象的形式则应近似地处于两种极限构象之间。对于短链体系（亦即 n 介于 2 到 6 之间）所形成的电子转移前体——如平面状激基复合物的机会还是有的，而 n 很大时（如 $n>6$），这种平面状激基复合物形成的可能性就很小，因为要使链的两端接近，对于熵的损失太大。

D(Sp)$_n$A 一个很好的样本，是以二甲基苯胺为电子给体，芘为电子受体的体系（即如下的 PA$_n$）。在此情况下，芘如果被光激发，可直接通过时间分辨的荧光激光和闪光光解来监测和控制电子转移的柔性链动态学[40]。

PA$_n$ ($6 \leq n \leq 12$)

7.23 溶液中自由扩散物种的 Marcus 反转区实验观测

如 7.14 节中所讨论过的，许多早期打算在溶液中通过 *R 和 A 的反应，来证明液体中反转区存在的尝试最终都失败了，这是由于这些体系中扩散成为了限速的步骤，而不是电子转移。Rehm-Weller 作图（图 7.10）清楚地表明当电子转移反应的速度变为扩散控制时，就会出现电子转移速率的"水平"效应。因而只有当反转区电子转移的速率 k_{et} 降低到比 k_{dif} 慢时，才有可能解决在液体中观察反转区的问题。然而这一假设的可能性 [例如对 D+A→[D$^{\cdot+}$,A$^{\cdot-}$]$_{gem}$ 或是（*D+A→[D$^{\cdot+}$,A$^{\cdot-}$]$_{gem}$）电子转移来说]，迄今还未在实验中出现过，推测认为这可能是由于在反转区所需的放热性在实验上不能达到所致。然而，溶液中反转区的存在可以通过间接的方法，而不是直接观察（D$^{\cdot+}$, A$^{\cdot-}$）对的生成来实现。如图示 7.9 中所示其基本策略是通过提取离子自由基对（geminate radical ionic pair）的逆向电子转移（或电子回传）速率常数 k_{-bet} 来实现。这一基本策略就是要找到一个[D$^{\cdot+}$,A$^{\cdot-}$]$_{gem}$ 体系，它可在离子对的逆向电子转移（速率常数为 k_{-bet}）与离子自由基对的分离（分离速率常数为 k_{sep}）间，建立起一个可加以测量的竞争过程。

图示 7.9 在溶液中测定电子转移速度策略的示意图

符号[A$^{\cdot-}$,D$^{\cdot+}$]$_{gem}$代表碰撞复合物，虽说在某些情况下，电子转移可在碰撞复合物中发生，但其中可能有一个或多个溶剂分子将A$^-$和D$^+$隔开该竞争过程的样本体系应包含一个激发态（*A）时为强电子受体的分子，和一个在基态下为良好电子给体（D）的分子，9,10-二氰蒽（DCA，为*A）和甲基萘（MN，为 D）就是这样一对分子。该体系中，有可能利用捕获剂 4,4′-二甲氧基二苯乙烯（DMS），来捕获从*A 到 D 的电子转移过程生成的自由基对中逃离出笼的自由的离子自由基（free radical ions, FRI）。而自由基对$[A^{\cdot-}, D^{\cdot+}]_{gem}$的电子回传速率常数（$k_{-bet}$）则可通过对自由离子生成的量子效率测定，以及通过已知的离子对向自由离子的分离速率（它被 DMS 所捕获）获得。当离子对的逆向电子转移与离子自由基对的分离成为相互竞争的单分子过程时，给体-受体扩散相遇的事件就可被消除了。

图 7.20 中，给出的某些 DCA/MN 体系的 k_{bet} 测定结果[41,42]，很好地与 Marcus 理论吻合，并得出 $\lambda \approx 1.5eV$。数据显示出：当体系的放热性从约 $-2eV$ 增大到约 $-3eV$ 时，速率常数 k_{-et} 从约 $7 \times 10^9 s^{-1}$ 降到了约 $1 \times 10^8 s^{-1}$（注意：$-\Delta G_{-et}$ 是沿能量轴而画出的）。

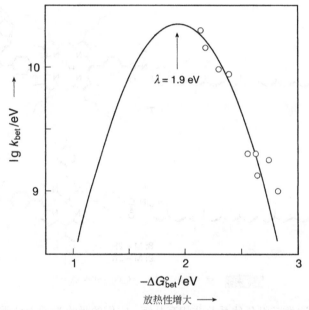

图 7.20 在乙腈中，从芳香碳氢化合物到光激发的氰基芳香化合物的逆向电子转移的速率常数（k_{-et}）对反应放热性（$-\Delta G_{-et}$）负值的作图

曲线与 Marcus 理论很好地吻合。应注意：λ 为观察到 k_{-et} 值是极大处时的放热性（约1.9eV）

7.24 通过控制电子转移驱动力（ΔG）的变化来控制电子转移分离的速度和效率

图 7.21 中给出了一些化合物 **6~9**，通过研究该类化合物的光诱导电子转移过程，可很好地理解电子转移驱动力（ΔG）的变化对光诱导电子转移的控制过程。在对光合作用能量转换机制有了更多的了解后，人们企图模拟这一过程，这一研究领域可被称

为"人工光合作用"研究[43~46]。结构 **6~9** 化合物的光诱导电子转移反应说明：激发态能量和氧化还原性质间的极好平衡，控制了电子转移的效率和动力学。图 7.21 中的化合物 **6~9** 可称为"三组分体系"（triad），因为它们包含有三个非相互共轭的发色团，一个为类胡萝卜素（C，左），一个为卟啉（P，中），另一个为富勒烯(C_{60}，右）[46]，可简写为 C-P-C_{60}。而其中 C_{60} 是一个很好的电子受体。

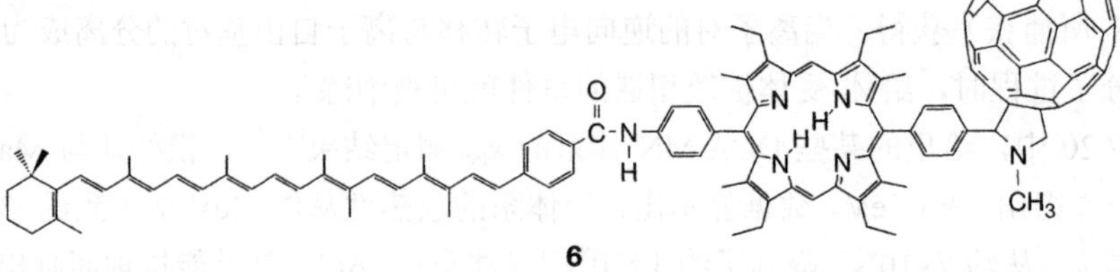

6

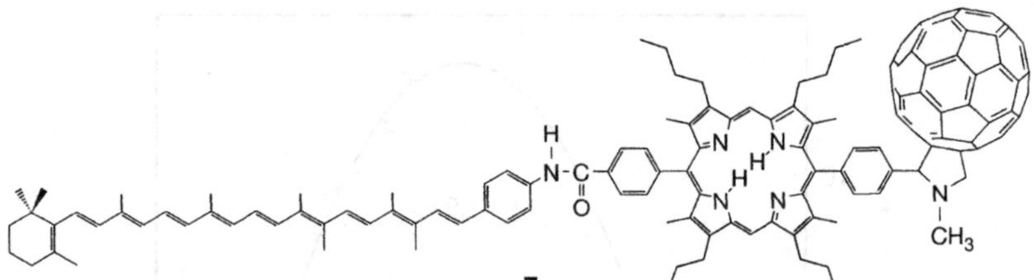

7

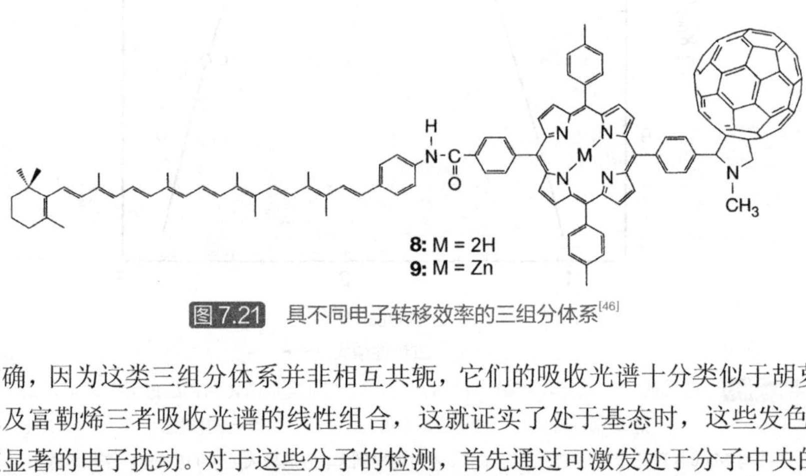

8: M = 2H
9: M = Zn

图 7.21　具不同电子转移效率的三组分体系[46]

的确，因为这类三组分体系并非相互共轭，它们的吸收光谱十分类似于胡萝卜素、卟啉以及富勒烯三者吸收光谱的线性组合，这就证实了处于基态时，这些发色团间并不存在显著的电子扰动。对于这些分子的检测，首先通过可激发处于分子中央的卟啉，使之到达其最低的激发单重态，即通过激发形成 C-^{1}P-C_{60}，其目的是为了得到最大产率的电荷分离态 C$^{\bullet+}$-P-$C_{60}^{\bullet-}$。需注意的是：后者是一个双离子自由基对，这意味着阳离子自由基和阴离子自由基部分不可能进行不可逆的扩散分离。图示 7.10 给出了整个反应过程所涉及的一连串反应的总和，C-P-C_{60} → C$^{\bullet+}$-P-$C_{60}^{\bullet-}$

$$C\text{-}P\text{-}C_{60} \xrightarrow{h\nu} C\text{-}^*P\text{-}C_{60} \xrightarrow{(1)} C\text{-}P\text{-}^*C_{60} \xrightarrow{(2)} C\text{-}P^{\bullet+}\text{-}C_{60}^{\bullet-} \xrightarrow{(3)} C^{\bullet+}\text{-}P\text{-}C_{60}^{\bullet-}$$

图示 7.10　三组分体系 C-P-C_{60} 中的电荷分离

图 7.22 中给出了图 7.21 中，化合物 **6** 在总反应过程中所涉及的活性中间体的能级和反应途径。图 7.22 中列出的能量是基于三组分体系化合物的发射光谱，以及电化学的氧化还原电位得到的。图 7.22 中还给出了电荷分离双自由基 $C^{\bullet+}$-P-C60$^{\bullet-}$ 中单重态-三重态的相互转换。后一个中间体已通过时间分辨光谱的方法直接检出，室温下，它在 2-甲基四氢呋喃中的寿命为 170ns，生成的量子产率为 0.22。在这一物种的衰减中，可优先产生出处于胡萝卜素部分的三组分体系激发三重态 ^{3}C-P-C$_{60}$。

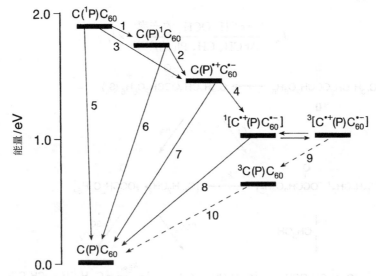

图 7.22 三组分体系 6（图 7.21）被激发后，相关的高能态和相互转换的通道[46]
电荷分离态的能量是通过在极性溶剂中模型化合物循环伏安的数据估计而得

7.25 Marcus 理论在控制产物分布中的应用

值得重视的是：电子转移的速率不仅可影响反应的动态学，而且还影响最终产物及它们的分布。在近年来的一些例子中，我们选择了苄基酯（Benzylic esters）的光化学作为样本进行讨论[47]，并对一系列 1-萘甲基酯（NMEs）光解所得的产物进行讨论，它们可来自其单重态（S$_1$）的均裂（由非成对自旋自由基所生成）和异裂（由电子自旋成对的阴离子或阳离子所生成）的产物。

NMEa X = H	**NMEe** X = 4-CH$_3$O
NMEb X = 4-CN	**NMEf** X = 4-C$_2$H$_5$
NMEc X = 3-CH$_3$O	**NMEg** X = 4,8-(CH$_3$)$_2$
NMEd X = 4-CH$_3$	**NMEh** X = 4,7-(CH$_3$O)$_2$

NME

图示 7.11 展示了上述 NMEa～NMEh 酯类化合物光照后所发生的过程。图示 7.11

中 k_I 代表了产生离子自由基对异裂反应的速率；k_R 为产生自由基对均裂反应的速率。在这个例子中，$k_R \gg k_I$，因此笼中的离子自由基对是通过两步过程生成的，即经过速率为 k_{et} 的电子转移过程形成自由基对再而生成的。由于从自由基中间体释出 CO_2 的速率（k_{CO_2}），可从实验数据中评估得到($k_{CO_2} \approx 4.8 \times 10^9 s^{-1}$)[47]，因此从产物的比值（代表了 k_R 与 k_{CO_2} 间的竞争）就可测得 k_{et} 值，如公式（7.59）所示

$$k_{et} = \frac{Ar\,CH_2\,OCH_3\,的产率}{Ar\,CH_2\,CH_2\,Ph\,的产率} \times k_{CO_2} \tag{7.59}$$

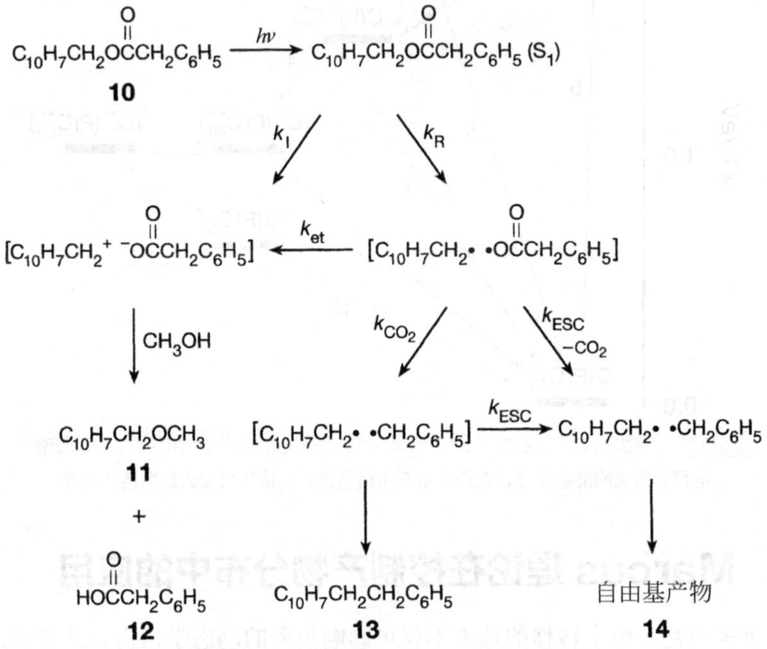

图示 7.11 1-萘甲基酯在甲醇中的光解机制[47]
方括号[ ]代表形成双自由基或离子对的过程

以公式（7.59）推出的速率常数为反应自由能变化的函数作图（图 7.23），得到了类似于体系中包括电子转移正常区，以及 Marcus 反转区的钟形图（图 7.17）。

在图 7.23 的电子转移体系中，自由能的变化可通过如公式（7.47）所给出的方法进行计算，在此它相应于公式（7.60）：

$$\Delta G_{et} = FE^\circ_{(ArCH_2^{\bullet+}/ArCH_2\bullet)} - FE^\circ_{(PhCH_2CO_2\bullet/PhCH_2CO_2^{\bullet-})} - N_A \frac{e^2}{4\pi\,\varepsilon_o\varepsilon\,r} \tag{7.60}$$

由于在电子转移中包括了基态反应，式中的 E_{*D} 项可被略去，于是，公式可简化为

$$\Delta G_{et} = FE^\circ_{(ArCH_2^{\bullet+}/ArCH_2\bullet)} + B \tag{7.61}$$

公式说明：系列化合物自由能的变化来自于系列化合物中 $ArCH_2$ 上取代基的不同，及将所有其他各项合并的 B 值的不同。所以图 7.23 中的横轴是以电极电位 E^o（而不是以 ΔG）为函数作图的，这是这类研究中的共同惯例。这一体系可为电子转移如何能控制产物的分布［见公式（7.59）］，以及当自由能变化同时出现正常区和 Marcus 反转区时，Marcus 理论如何对生成产物的变动与反应自由能间的不正常依赖关系作出解释，提供了一个清晰的例子。

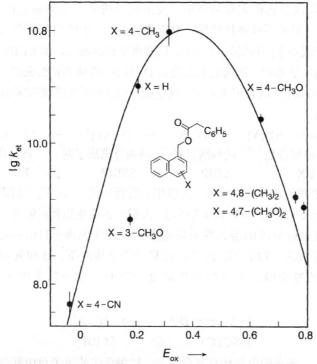

图 7.23 在自由基对转化为离子对时，$\lg k_{et}$ 对电子转移 E° 值作图[47]
当 λ=0.39eV 时，曲线与 Marcus 理论相符合

7.26 电荷转移到自由离子的结构连续性：激基复合物、接触的离子对、溶剂分离的离子自由基对以及自由的离子对

当给体接近于受体时（其中被电子激发的可以是给体，也可是受体），对那些沿着反应坐标有可能出现的中间步骤的顺序，以及电子转移产物自由基离子对的推测，从概念上讲应该是十分有用的。这种操作，可以对沿着反应坐标**可能存在的中**间体作出系统回顾。作为特殊的样本［公式（7.62a）］，我们可假设给体是电子激发物种（*D），而且当*D 与 A 相遇时，首先形成相遇复合物（encounter complex），

对于激发定域于 D 的情况，可以使用符号$(*D,A)_{ex}$表示，然后，后者就可形成离域激发的激基复合物，并可以用符号$*(D,A)_{ex}$表示，这一中间体常对 CT 的稳定性有很大的贡献。

其次，我们可以设想在激基复合物中发生了电子转移，它可转换为共生的**接触离子自由基对**（CRIP，以符号 $D^{+\cdot},A^{-\cdot}$ 表示），接着，通过在离子对间插入一个或多个溶剂分子，形成共生且**溶剂分离**的**离子自由基对**（SSRIP，可用符号 $D^{+\cdot}(S)A^{-\cdot}$ 表示）。最后，可以设想它在大量溶剂中，发生离子的分离并形成自由的离子自由基（FRI，$D^{+\cdot}+A^{-\cdot}$）。沿着假设路径的每一个步骤，在不同的阶段都将会与其他可能的路径，如化学反应或电子回传等进行竞争。这些离子自由基对，如 CRIP，SSRIP 和 FRI 等，都是相似的化学物种，因为它们都是由 $D^{+\cdot}$ 和 $A^{-\cdot}$ 两种单元组成的。然而它们形成 D+A 的电子回传速度可以有很大差别，这是由于电子转移的距离依赖性以及所涉及的重组能等引起的。

$$*D+A \rightarrow *(D,A) \rightarrow D^{+\cdot},A^{-\cdot} \rightarrow D^{+\cdot}(S)A^{-\cdot} \rightarrow D^{+\cdot}+A^{-\cdot} \qquad (7.62a)$$

激基复合物　　　接触离子对　　　溶剂分离离子对　　　自由离子对
　　EX　　　　　　CRIP　　　　　　SSRIP　　　　　　FIP

在 7.13 节中我们曾看到：和电子转移相关的能量项，与电荷间的距离有着强烈的依赖关系［见公式（7.47）和公式（7.55）］。人们可容易地想到：依据产生它们的反应性质和用于稳定电荷分离的溶剂性质等的不同，新生的离子自由基对可具有很不相同的初始结构［公式（7.62a）］。此外，在某些特定情况下，D 和 A 可能会形成**基态电荷转移稳定的复合物**，并会直接伴随复合物的激发而发生电子转移。如公式（7.62b）所示。

$$D+A \rightleftharpoons D,A \xrightarrow{hv} D^{+\cdot},A^{-\cdot} \qquad (7.62b)$$

　　（GSCTC）　　　　　　　　（CRIP）
　基态的电荷转移复合物　　接触偕生的离子自由基对

在这种情况下，起初的离子自由基对（$D^{+\cdot},A^{-\cdot}$）必然是共生的 CRIP，这是由于为了生成基态的 CT 复合物，它们必须是相互接触的。于是，起始的共生离子自由基对 $D^{+\cdot},A^{-\cdot}$ 间并未插入溶剂分子而进行溶剂分离。

或者换一种方式，一个组成相同的离子自由基对，也可通过先激发 D 而形成*D，然后*D 和 A 通过扩散过程结合到一起形成能够发生电子转移的相遇复合物。式（7.64）中给出了这两种可能的情况，其中的（S）代表处于给体与受体间的溶剂分子。在两种情况下，所涉及的静电相互作用应当是不同的，并受公式（7.48）控制。

$$*D+ A \rightleftharpoons *D(S)A \rightarrow *D,A \rightarrow D^{+\cdot},A^{-\cdot} \ (CRIP) \qquad (7.63)$$

$$*D+ A \rightleftharpoons *D(S)A \rightarrow D^{+\cdot}(S)A^{-\cdot} \ (SSRIP) \qquad (7.64)$$

反应（7.64）的产物为 SSRIP——$D^{+\cdot}(S)A^{-\cdot}$，它与反应（7.63）所得的产物 CRIP（$D^{+\cdot},A^{-\cdot}$）有所不同。$D^{+\cdot}(S)A^{-\cdot}$ 中的溶剂分子（S）"屏蔽"了电荷从 $D^{+\cdot}$ 和 $A^{-\cdot}$ 间的传递：这一屏蔽效应在极性溶剂中是很强的（见图 7.9）。相比较而言，对于中性分子，

溶剂效应在能量转移过程中并没有像电子转移中这么明显。且可预期只具有较小的效应（例如由于偶极的取向）。

通过四硝基甲烷（A）与 9 位取代蒽（D，其中，Y=H, CH$_3$, NO$_2$）形成的基态复合物的光解而形成的离子对，作为在基态下 CT 复合物的光化学样本，已得到了详细的研究[48a]。

O$_2$N —— NO$_2$ (NO$_2$, NO$_2$)

A   D

公式（7.65）给出了当前使用的两种命名类型。

$$\text{D,A} \xleftarrow{k_1} \text{CRIR} \underset{k_{-2}}{\overset{k_2}{\rightleftharpoons}} \text{SSRIP}$$
$$\text{D,A} \xleftarrow{k_1} \text{D}^+,\text{A}^- \underset{k_{-2}}{\overset{k_2}{\rightleftharpoons}} \text{D}^+ / \text{A}^- \tag{7.65}$$

在室温下的二氯甲烷中，对于母体蒽（D，其中 Y=H），公式（7.65）中各步骤的速率常数分别为 $k_1=9\times10^8\text{s}^{-1}$；$k_2=9\times10^8\text{s}^{-1}$；$k_{-2}=4.3\times10^7\text{s}^{-1}$。此外，从 CRIP 到 SSRIP 间转化的自由能为 $\Delta G_2=1.8$kcal/mol。从 ΔG_2 为正值，可以说明 CRIP 比 SSRIP 更稳定，另外 k_2 值对 Y 的性质很不敏感，但 k_1 值却可从 $3\times10^8\text{s}^{-1}$（Y=CH$_3$）变到 $3.6\times10^9\text{s}^{-1}$（Y=NO$_2$）。$k_1$ 值还强烈依赖于溶剂，在非极性溶剂中电荷的重合很快。于是，对于 Y=H 的化合物，其 k_1 可从二氯甲烷中的 $9\times10^8\text{s}^{-1}$，到苯中的 $7.1\times10^9\text{s}^{-1}$，再到正己烷中的 $>4\times10^{10}\text{s}^{-1}$（即为扩散控制的）。

为了简化起见，公式（7.62b）中基态的复合物可由直接激发生成的 CRIP 表示，然而，该过程也可看成是分两步发生的，例如最初可激发产生一个"不弛豫"的（或 Franck-Condon）CRIP，然后，再经历构象和溶剂的重组，到达最低能量态或弛豫的 CRIP 构象 [公式（7.66）]。对于 1,2,4,5-四氰基苯与苯、甲苯以及三甲苯[48b]等反应生成的 CRIPs，其弛豫时间（τ_d）约在 0.5～2ps 之间。

$$\text{D,A} \xrightarrow{hv} (\text{CRIP})_{\text{FC}} \xrightarrow{\tau_d} (\text{CRIP})_{\text{弛豫}} \tag{7.66}$$

公式 7.66 中列出的步骤对应于图 7.24 中势能面图示的过程。要注意让基态 CT 复合物与激发态 CRIP 间核坐标的偏差尽可能小。换句话说，这两种状态有着不同的弛豫几何构型，以及不同的振动频率（亦即，有着不同宽度的抛物线型）。激发可导致达到 Franck-Condon 态，然后弛豫。应当注意到：图 7.24 与图 7.13（a）Libby 的电子转移模型类似。然而，图 7.24 中的情况，并不与能量守恒冲突，这是由于电子转移所需要的能量是通过对光子的吸收来供应的（这些能量，也就是 Marcus 理论中所指的重组能 λ）。图 7.24 还指出了 CRIP 为电子激发态，而非基态！CRIP 是激发态的推论也可从公式（7.62）得到，该公式指出*D 通过扩散靠近 A 生成的 EX,*(D,A) 是 CRIP 的前体。而 CRIP 作为激发态最引人注目的证据是：它仍有可能发射出一个光子，即使较弱的

FC 因子导致这一过程出现的概率并不大。

CRIP 和 SSRIP 具有不同的电子特征[48b]，由于 CRIP 中离子的轨道有着较大的重叠，因而 CRIP 中两个分子间的电子耦合要比 SSRIP 中的大。这种重叠上的差异可以达到两个数量级[48b]。另一方面，CRIP 的溶剂重组能一般也比 SSRIP 低，这主要是由溶剂重组项（$\lambda_{\text{外}}$）所引起的。一般说来，我们总期望 SSRIP 的溶剂外壳是相对疏松的，因此，相比于有着相对紧密外壳包围的 CRIP，它拥有更多的动态行为。也就是说，围绕着 SSRIP 的溶剂外壳的结构确定性较差。CRIP 和与之对应的 SSRIP 间的另一重要差别是两者中只有 CRIP(D$^{+\cdot}$,A$^{-\cdot}$)可期望有发射光谱，这是因为它的 FC 因子有利于通过发射而回到基态的 D,A 复合物。然而 SSRIP(D$^{+\cdot}$/A$^{-\cdot}$)则并不具有一个可通过发射到达的，具明确定义的 FC 基态。因为溶剂分子分离了 D$^+$ 和 A$^-$，导致两者间只有很弱的电子重叠和较低的振荡强度（见第 4 章）。相反，基态电荷转移复合物（D,A）的激发将会直接生成 CRIP(D$^{+\cdot}$,A$^{-\cdot}$)。

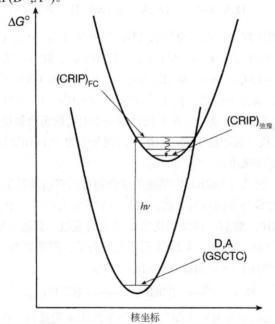

图 7.24 基态电荷转移复合物的激发和弛豫

CRIPs 和 SSRIPs 显然都是瞬态物种，在正常条件下，它们或是瓦解为 D,A 对，或是分离为自由的离子 D$^{+\cdot}$+A$^{-\cdot}$。假如 D,A 对不能形成基态的复合物，那么它们将成为溶剂笼中简单的碰撞对，而且会快速分离为自由的 D 和 A。类似地，SSRIPs 也会在典型的时间范围内（$10^{-7} \sim 10^{-9}$s），很快地分离为 FRI。随后，我们将在溶剂笼效应内容部分对这些过程进行考查。式（7.67）中给出了有关离子自由基对分离动力学的关系式。

$$\overline{D^+(S)A^-} \xrightarrow{k_{sep}} D^+ + A^-$$
$$\text{(SSRIP)} \qquad\qquad \text{自由的自由基离子} \qquad\qquad (7.67)$$

k_{sep} 的典型数值[48~51]介于 $10^7 \sim 10^9 s^{-1}$ 之间，这一数值在极性溶剂中通常会高一些，但对分子结构细节的影响并不十分灵敏。

7.27 激基复合物与接触的离子自由基对间的比较

在第 4 章中，我们曾将激基复合物看作是由 CT 相互作用稳定的激发态复合物。电荷转移的稳定化作用可以从很弱（如电荷转移复合物）跨越到很强的（如涉及完整的电子转移）作用范围。因此依据 CT 的程度，可以用能展现出从给体到受体部分或接近完整的 CT 的激基复合物等价表示 CRIP。辐射的和非辐射的逆向电子转移过程是一种自发的跃迁，在这个过程中，在 D,A 对和 D$^{\bullet+}$,A$^{\bullet-}$ 对间的能差可分别通过光的发射，或 D,A 间核的运动（热），以及溶剂等而予以耗散。于是，纯 CRIP（激基复合物）的荧光发射可将逆向的电子转移描述成起始材料在接触的基态对（D,A）中的再生过程。在激发态跃迁后，反应对（partner）可处在一个排斥的基态能面上，它们最终是分离（真正的激基复合物）还是仍保持接触，则依赖于该"反应对"形成基态 CT 复合物的趋势。

现在让我们来考虑 CRIP 在经历了辐射跃迁到达基态接触对 D,A 时的情况，即 CRIP→D,A+$h\nu$。图 7.25 以图示阐明了这一过程。图中振动（梯状）能级底部的粗线代表了 D,A 和 D$^{\bullet+}$,A$^{\bullet-}$ 的最低振动能级，而细线则主要是代表与溶剂运动相关的低频模式，亦即这些线所代表的振动运动代表决定外部重组 $\lambda_{外}$ 的振动运动。在最终态为 D,A 时，多数情况下只有 CRIP 的最低振动态是活跃的，其他的振动模式只是在跃迁到基态后，才能被活化。为简化起见，我们开始所假设的例子中，仅 D,A 的最低振动能级（$\nu=0$）是活跃的。

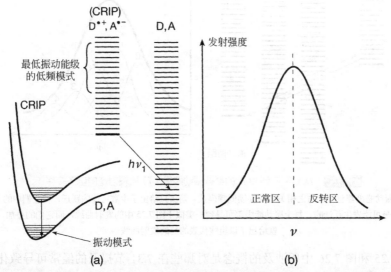

图 7.25 （a）从 CRIP 到基态的 D,A 对辐射的逆向电子转移图示；（b）以频率为函数的发射强度图

对于图 7.25 中的假设体系，每个发射频率都对应于不同的能量，或对应于与每个态对应的低频模式间跃迁的自由能 ΔG_f。对于任意一个 CRIP 和 DA 低频模式间的组合概率，可通过具有"正常区"与"反转区"的 Marcus 型依赖关系给出。于是，在低频下的发射光谱可代表正常区，而在高频下的发射光谱则代表了 Marcus 反转区[52]。

如图 7.26 所示，对于图 7.25 中真实的体系，一系列 D,A 的振动模式都可认为是活性的，其中的每一个都与一系列不同的溶剂低频率模式相关联。

图 7.26 中的每个高斯曲线（标有数字的细线）代表了从 CRIP 的最低电子振动能级、到 D,A 的不同电子振动能级（用 j=0,1,2 或 3,4 区别）的跃迁，其中的每条线（trace）都是 Marcus 型的自由能曲线（图 7.15）。它们的总和就给出了总的观察到的发射强度。要注意在这样的解释中，重要的是从 CRIP 或激基复合物所得的每个发射光谱都代表一个对 Marcus 电子转移理论的论述。发射谱的长波一侧反映的仅是在能量上稍有利的过程。然而另一方面，短波长一侧反映的则是在能量上较为有利的过程，但是，由于已处在 Marcus 反转区影响下，其发射的概率就减小了，同时也降低了其发射强度。这些发射带的真实形状应当是这些因子相互影响的结果。图 7.27 中就给出了这样一个可导致发射能量稍有不同的两个相关体系的经典例子。

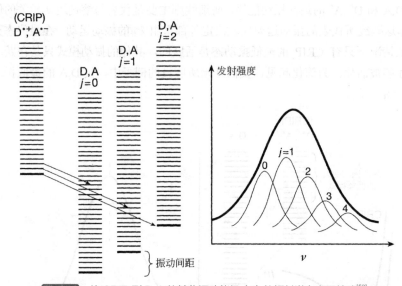

图 7.26 从 CRIP 到 D,A 的某些振动能级（j）的辐射逆向电子转移[52]

每个振动能级都有一个与之相关的准连续低频模式。箭头只给出了少数可能的跃迁，但它们中的多数都是可能发生跃迁的。每个振动能级都可导致一类似于图 7.25 中的发射曲线，而它们的叠加，就给出了以粗线代表的总的发射曲线

图 7.25 和图 7.26 中所涉及的概念是对那些在 7.31 节提及的经常可导致化学发光或生物发光现象激发态形成的理论基础。图 7.25 和图 7.26 并不包括从 CRIP 到 D,A 的

非辐射电子转移，而这些过程通常会与发光过程相竞争，它们可以用 CRIP 到 D,A 溶剂能级的上部水平线加以表示。

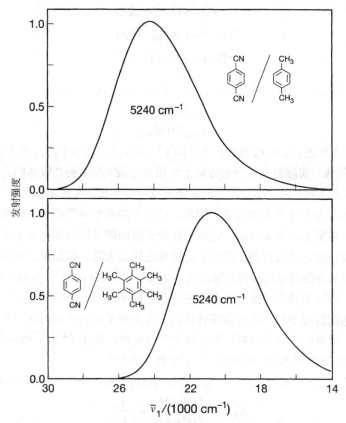

图 7.27　以波数作图的 1,4-二氰苯与芳香烃在二氯甲烷中激基复合物的归一化发射光谱（波数正比于能量）
注意：两图有着相同的带宽（5240 cm^{-1}）

7.28　能量转移和电子转移的平衡

　　现在，我们要来讨论有关能量和电子转移过程的可逆性问题。迄今为止，我们只讨论过不可逆的能量和电子转移过程 *D+A→D$^{\cdot+}$+A$^{\cdot-}$，这是因为作为逆过程的 D$^{\cdot+}$+A$^{\cdot-}$→*D+A，在振动弛豫发生后一般是吸热的。上面提到的一些逆向电子转移代表了很放热的情况，因而它们就成为产生基态 D 和 A 的不可逆的 D$^{\cdot+}$+A$^{\cdot-}$→D+A 过程。然而，在某些有利的条件下，能量转移的过程可以是可逆的。

7.29　能量转移的平衡

　　要建立能量转移平衡，就需要满足能量受体有一定的浓度，以及能量转移速率常数足够大这些前提条件，以便使激发态的主要衰变模式通过能量转移过程［反应（7.70）］，而不通过*D 或*A 的一级或二级过程发生［反应（7.68）及反应（7.69）］。

$$*D \xrightarrow{k_D} D\ (+h\nu\ 或\Delta) \tag{7.68}$$

$$*A \xrightarrow{k_A} A\ (+h\nu\ 或\Delta) \tag{7.69}$$

$$*D+A \underset{k_{-ET}}{\overset{k_{ET}}{\rightleftharpoons}} D+*A \tag{7.70}$$

对于可逆的能量转移，必须满足公式（7.71）和公式（7.72）。

$$k_{ET}[A]>k_D \tag{7.71}$$

$$k_{-ET}[D]>k_A \tag{7.72}$$

对于单重激发态，k_D 和 k_A 值通常是 $\geq 10^8 s^{-1}$，而在流动溶剂中，k_{ET} 最大值将在 $10^9 \sim 10^{10} L/(mol \cdot s)$ 量级，实际值在放热的方向上可稍小于最大值，但在吸热的方向上则要小很多。这些边界条件说明：单重态间能量转移反应的平衡，在典型的光化学低浓度（D 与 A 浓度）实验条件下是很少见的。因此，虽说在溶液中单重态能量转移的平衡是可能的，但由于单重态的寿命较短，它就不像分子间的能量转移那样易于实现。然而，如果当这些发色团通过某种类型的分子连接体连接起来时，情况就会有所不同。在这种情况下，单重态的能量转移可足够地快，从而使平衡得以发生。前面（7.8 节）我们已经介绍了一些这类体系快速单重态能量转移的例子。

与单重态的情况不同，经历能量转移的三重态分子间的平衡可在一系列情况下较容易地实现，这是由于对于相对长寿命的三重态而言，公式（7.71）和公式（7.72）中的 k_D 和 k_A 值常比单重态时的数值低 3~4 个数量级[53a]。

通过公式（7.73），可给出经历了能量转移的激发态间达到平衡的能量转移平衡常数：

$$K_{ET} = \frac{[D][A^*]}{[D^*][A]} = \frac{k_{ET}}{k_{-ET}} \tag{7.73}$$

能量转移的自由能 ΔG_{ET} 与平衡常数 K_{ET} 相关联，如公式（7.74）所示：

$$\Delta G_{ET}=-RT \ln K_{ET} \tag{7.74}$$

而 ΔG_{ET} 的值也依次可与 ΔH_{ET}、ΔS_{ET} 等，通过公式（7.75）关联：

$$\Delta G_{ET}=\Delta H_{ET}-T\Delta S_{ET} \tag{7.75}$$

对于总的能量转移步骤（ΔH_{ET}）的焓变涉及*D 和*A 的能量极小值，亦即给体与受体弛豫的三重态能量。这一能量值来源于涉及垂直跃迁或 FC 跃迁的辐射过程（发射或吸收）（见第 4、5 章）。

由于在能量转移过程中，重组能的变化一般较小，在实践过程中可假设 $\Delta S_{ET} \approx 0$，于是，一般可近似表述为：

$$\Delta G_{ET} \approx \Delta H_{ET} \tag{7.76}$$

如公式（7.76）有效，就可从光谱测定（如磷光）及能量转移平衡对*D 和*A 的能量作出直接的比较。这一设想仅在分子的外形或其构象自由度变化很小时，是合理的。对于刚性的稠环分子，如萘或稠二萘等的三重态都符合这一标准。而那些激发后可使构象自由度发生很大变化的分子（如联苯，在三重态时会丧失其内部的活动性），就会导致$\Delta S \approx 0$假设的不成立。

萘　　　　　　　稠二萘

正如预期的那样，萘-稠二萘体系（稠二萘作为给体）中给受体都接近于刚性分子，因此，可以发现其ΔS_{ET}仅为0.04G/mol[53b]。相反，对于二苯酮（给体）和联苯（受体）体系[53b]，其ΔS_{ET}=-1.8G/mol，而对于4-甲基二苯酮和4-甲基联苯体系[53b]，其ΔS_{ET}=-2.0G/mol，表明在三重态能量转移中，联苯所失去的熵比通过二苯酮所收回的更多。

二苯酮　　　　　　　联苯

7.30　基态下的电子转移平衡

在基态物种间存在着大量的电子转移平衡的例子。例如，存在着 D 的离子自由基与基态电子受体 A 间的基态平衡［公式（7.77）］：

$$D^{\cdot+} + A \underset{k_{-et}}{\overset{k_{et}}{\rightleftharpoons}} D + A^{\cdot-} \tag{7.77}$$

如对应的电化学电位可从式（7.78）得到时，公式（7.77）中的平衡常数就很容易估算得到：

$$E^{\circ}_{(D/D^-)} - E^{\circ}_{(A/A^-)} - (RT/\mathcal{F})\ln K_{ET} \tag{7.78}$$

当公式中适当的动力学数据都能得到时，反应（7.77）的平衡常数也可通过公式（7.79）予以确定。

$$K_{ET} = k_{et}/k_{-et} \tag{7.79}$$

公式（7.80）提供了一个基态电子转移平衡的例子[54]，该例子从大量文献中得到，并和超氧离子$O_2^{\cdot-}$的化学过程有关：

$$\tag{7.80}$$

在 22℃下：k_{et}=5×10^6 L/(mol·s)；k_{-et}=2×10^8 L/(mol·s)；K_{et}=0.023

7.31 激发态的电子转移平衡

涉及电子激发态的平衡电子转移反应也可用类似于公式（7.78）的公式表述。例如，我们可用先前的例子写出相同的公式，但现在它是作为一可逆的过程，通过公式（7.81）给出的。

$$*D+A \underset{k_{-et}}{\overset{k_{et}}{\rightleftharpoons}} D^{\bullet+}+A^{\bullet-} \tag{7.81}$$

当能忽略熵项时，公式（7.46）提供了对 ΔG_{et} 的估算。而另一个包含熵项的更为精确的表达式，则由公式（7.82）给出：

$$\Delta G_{et} = \mathcal{F} E^{\circ}_{(D^+/D)} - \mathcal{F} E^{\circ}_{(A/A^-)} - \Delta H_{et} + T\Delta S^{\circ}_{et} \tag{7.82}$$

对于公式（7.81）中的能量转移平衡（即存在自由离子的激发态和基态），一般是不能被观察到的。这是因为，如公式（7.81）所示，可达到激发给体的逆向反应（速率常数 k_{-et}），在能量上一般要比产生基态的逆向反应 [如公式（7.83），速率常数 k_{bet}] 不利得多。

$$D^{\bullet+}+A^{\bullet-} \xrightarrow{k_{bet}} D+A \tag{7.83}$$

于是，当 $k_{bet} \gg k_{-et}$ 时，公式（7.83）将会比公式（7.82）更有优势，从而使得反应（7.81）的平衡过程不会发生。

7.32 电子转移反应导致激发态的生成：化学发光反应

公式（7.84）给出了在溶液中，离子复合而产生激发态的过程：

$$D^{\bullet+}+A^{\bullet-} \xrightarrow{k_{bet}} *D+A \tag{7.84}$$

式中，*D 为电子激发态，它可与最初参与反应（生成 $D^{\bullet+}+A^{\bullet-}$）的激发态相同或不同。可以说，这是一个将复合的化学能转化为电子激发能的化学激发反应的例子。当公式（7.84）中生成的*D 可发射光子时，这一反应就可称为**化学发光反应**。

考虑图示 7.8 中的逆向电子转移反应。从萘的离子自由基到 1,4-二氰苯间逆向反应的放热约 75kcal/mol。这一数值实质上要高于萘的三重态能量（约 60kcal/mol）。因此，通过图示 7.8 中的逆向反应生成三重态的反应，在能量上是可能的。

对于 $D^{\bullet+}$ 与 $A^{\bullet-}$ 间的电子转移，存在两种情况可对电子激发态的形成有所贡献，它们是：

（1）逆向电子转移回到基态（$D^{\bullet+}+A^{\bullet-} \rightarrow D+A$）处于 Marcus 反转区内（很大的 ΔG°_{et}），该过程是被禁阻的；于是，因激发产物（例如 $D^{\bullet+}+A^{\bullet-} \rightarrow *D+A$）生成的 ΔG°_{et} 较小，在动力学上就更有利。

（2）当三重态离子自由基对经历逆向电子转移时，由于自旋选择规则的限制，可以阻抑 D+A（单重态产物）的生成，但却允许 D 或 A 的激发三重态形成，即从 $^3(D^{\cdot+},A^{\cdot-}) \rightarrow {}^1(D,A)$ 是自旋禁阻的，而从 $^3(D^{\cdot+},A^{\cdot-}) \rightarrow {}^3D,A$ 或 $^3(D^{\cdot+},A^{\cdot-}) \rightarrow D,^3A$ 是自旋允许的，而且如果该过程是放热的，那么反应将是很可能发生的[55]。

图 7.28 阐明了在上述（1）的情况下，即体系处于 Marcus 反转区内，从逆向电子转移形成激发态的过程。能量曲线清晰地说明：基态形成（较高的放热反应）所需的活化能高于激发态形成所需的活化能。

在已被表征过该类效应的许多体系中，芘-N,N-二甲基苯胺体系表现最为出色。如公式（7.85）所示[56,57]，芘的三重激发态（^3Py）是通过芘的阴离子自由基（$Py^{\cdot-}$）和二甲基苯胺的阳离子自由基（$DMA^{\cdot+}$）反应生成的。

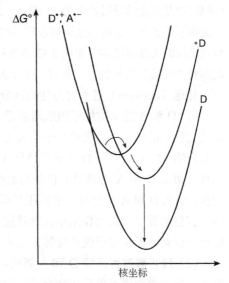

图 7.28　离子复合而导致化学发光的势能曲线[见反应(7.84)]

注意：基态的生成发生于反转区内

$$Py^{\cdot-} + DMA^{\cdot+} \longrightarrow {}^3*Py + DMA \qquad (7.85)$$

仅有芘的三重态在能量上接近于离子自由基对前体；而 Py 单重态的形成则需要显著地吸热。反应（7.85）的发生可以通过对芘的延迟荧光加以检测，而单重态芘则可通过三重态-三重态的湮灭产生，如反应（7.86）和反应（7.87）所示。

$$^3*Py + {}^3*Py \xrightarrow{k_{TTA}} {}^1*Py + Py \qquad (7.86)$$

$$^1*Py* \xrightarrow{k_F} Py + h\nu_f \qquad (7.87)$$

可以回想，公式（7.86）所给出的这种反应（即三重态三重态湮灭）一般以接近扩散极限的方式发生（见表 7.3）。

反应（7.85）不仅可出现于溶液中自由的离子自由基之间，而且也可发生在将芘和苯胺通过柔性连接体共价连接的化合物中。这种情况下，过程可有效地涉及双自由基或双自由基离子对。对于以长的柔性烷基链作为连接体的连接体系，可允许芘和苯胺相互间紧密接近，并使其电子云能有效地重叠。这种体系一般效率都很高[58,59]（亦即 7.22 节中 PN_n 结构中 n 处于 6～12 之间）。

7.33　溶液中能量转移和电子转移过程的分子扩散作用

在前面的章节中，已经介绍了有关能量和电子转移可能的相互作用类型，及其机制特征的基础背景。不论相互作用的机制是电子交换，还是偶极-偶极过程，决定对*R

（此处的*是指光诱导过程中的 D 或 A）最为有效的关键因素应当是从给体到受体传送能量或电子的机制。这种传送可以取得某些在分子性质上的优势，如在 D 和 A 分子间以共价键连接的柔性连接体（如在 7.32 节所叙述的化学发光体系），或者如在 7.3 节中所描述的那种"简易"的机制等，亦即，D 和 A 分别对于电子或光子的释出，或捕获的能力。

传送（delivery）过程可方便地区分为下列三种类型：

（1）D 和 A 经结构的预组织而邻近。D 和 A 二者可被"预组织"（preorganization），而使它们中的任一个在吸收光子后与另一个相互邻近。例如，D 和 A 可以形成电荷转移复合物（D,A），它的 D 分子总是与 A 分子靠得很近，如同分子间的（超分子）键合那样。如果 D 和 A 是通过共价键与柔性连接体（如 CH_2-基所构成的链）的两端进行连接，那么 D 和 A 就会有一定的相互靠近概率，而这种概率则取决于链末端的构象平衡。在自然界中，光合作用单元就是通过预组织光合作用所需各组分（如吸光的电子给体叶绿素分子和电子受体醌等）来利用这种传输过程的。

（2）经扩散过程而使 D 和 A 邻近。在液体中，开始的 D 和 A 处于一种任意的位置上，流动的介质可使反应物有足够的迁移率来相互靠近。我们可以设想这一情况如同材料或分子输运方法的一种。最常见的是将 D 和 A 的移动看作是一种"无规行走"模式。在此模式中 D 和 A 的位移可以看作是一系列以随机的固定长度从一个起始位置到下一位置的"跳跃"。

（3）经过能传输能量或电荷的传导介质。在这种情况下，介质（溶剂、键、空间）可用来传输电子激发能或是电子。在前面讨论过的有关能量或电子转移"简易"机制中的一样本例子中，真空空间可作为光子传输的介质。在某些情况下，连接体也可证明是给体和受体间的一个传输或"通信"的部分。此外，通过连接体的能量迁移，即*D 轨道与连接体轨道的重叠，也能使*D 与 A 间通过 σ 键产生弱的耦合（7.19 节）。

7.34 通过扩散控制的能量转移样本

我们的第一个有关能量转移扩散控制的样本，是以*R=*D 和 A 为基态受体的体系，总的能量转移过程示于公式（7.88）：

$$*D + A \longrightarrow D + *A \tag{7.88}$$

为了过程的分析，我们作了如下假设：反应（7.88）是一个放热反应（图 7.1），*D 的寿命和 A 的浓度应该满足：*D 可在离其最近的区域看到"无规"分布的 A。在典型的情况下，这一假设只有在*D 的寿命>10^{-8}s，和 A 的浓度<0.1mol/L 时才能成立。

现在我们来更精确地讨论，我们所说的"相遇"及由*D 和 A 进一步形成的"相遇复合物"到底是什么。当*D 和 A 通过扩散相互接近到 2～5 Å 的距离时，由于它们的相互邻近（虽说其间可有一个或多个溶剂分子隔离），它们就会有一个在同一空间区域内停留一定时间周期的统计概率（依照"无规行走"的理论）。当*D 与 A 达到这个距离时，它们就会在同一个空间区域，一定时间周期内发生"统计性键合"。因此我们也就可以说：*D 和 A 已经形成了"相遇复合物"。在 7.1 节中，引入了符号*D/A 来代表相遇复合物，其中的*D 和 A 间可被一个或几个溶剂分子隔离，而符号（*D,A）则表示处于溶剂笼中的一对分子，它可用"碰撞复合物"或"笼对"（caged pair）等加以命名并描述这种情况。*D/A 对可被认为是通过扩散而达到相互邻近，并在一定时间周期内的"统计键合"。假如*D 和 A 相互扩散致使距离接近到碰撞接触时，就可认为已到达处于溶剂笼中的情况。为简化起见，在下面的讨论将要涉及*D,A 变成溶剂笼中碰撞对（*D,A）的情形。而相遇复合物（*D/A）可看作是碰撞复合物（*D,A）的前体。

*D 和 A 的成功相遇将导致依据下列事件进行的能量转移发生［公式（7.88）］：

（1）*D 和 A 二者在溶液中扩散直至它们相遇，而形成相遇复合物(*D/A)，并最终变为碰撞复合物（*D,A）中的伙伴。

（2）在碰撞复合物（*D,A）内*D 和 A 的碰撞过程中，就会发生*D 和 A 的轨道重叠以及*D 和 A 间的电子交换相互作用，该作用最终可以导致能量转移，并生成电子激发态处于 A 上而不是 D 上的新的碰撞复合物(D,*A)。虽然能量转移在原则上是可逆的，即*D,A 和 D,*A 可在碰撞复合物间来回往复地传递"激发能"；但是，如果*A 比*D 的激发能量低，则能量转移就成为放热的（图 7.1）。因此，碰撞复合物 D,*A 最终就会成为主要的物种。由于振动弛豫可弛豫到 D,*A 碰撞复合物的最低振动能级，而此时，要再重新形成*D,A 就需要克服很高的活化能。在这种情况下，能量转移就是不可逆的了。

（3）碰撞复合物（D,*A）可分解成为自由的分子 D+*A，这一相互分离过程是通过扩散的无规行走实现的。

不可逆能量转移的步骤，均被归纳于图示 7.12 中。

$$*D + A \xrightarrow{\text{扩散}} *D,A \xrightarrow{\text{能量转移}} D,*A \xrightarrow{\text{扩散分离}} D + *A$$

图示 7.12 代表上述的过程（1）、（2）导致能量转移以及给体与受体的分离

应注意到在（2）中提到的*D 和 A 间的相遇概率，并非指交换作用和分离仅在一次碰撞后就发生，而可能是碰撞对在碰撞复合物的寿命内，经历了**多次碰撞和交换作用**后才发生的。在溶剂笼中，碰撞对（*D,A）间的多次碰撞现象可称之为**笼效应**。笼效应对于自由基对在经历自旋演变与逃逸的竞争中，是十分重要的。

扩散相遇常通过光化学与光物理过程与*D 的自发或诱导衰变过程竞争。为简化起见，假定光化学的初级过程并不重要，而将所有竞争的光物理失活途径都合并在一起，组成一个总的单分子速率常数 k_D［于是公式（7.89）就等于 7.12 节中讨论过的公式（7.4）］。

$$*D \xrightarrow{k_D} D \qquad (7.89)$$

$$*D + A \xrightarrow{k_{dif}} *D,A \xrightarrow{k_{ET}} D,*A \xrightarrow{k_{-dif}} D + *A \qquad (7.90)$$

注意到在公式（7.90）中所有的步骤都写成了不可逆的形式，因此这将"真正"是一个扩散控制的能量转移的例子。该例子中，每一个*D 和 A 间的相遇，都可生成

"笼对"，并在它们发生分离之前，成功实现能量转移。公式（7.90）可以看成是公式（7.5）中所涉步骤的详细扩充。每个单独的基元步骤都可与其他的能量耗损过程相竞争，尽管在能量转移接近于扩散控制时，这些竞争一般是很少碰到的。对于整个能量转移过程的唯一要求是其高的效率，亦即 A 的浓度要足够大，而能使所有*D 的衰变主要通过能量转移，而不是通过公式（7.89）中的衰变过程进行，亦即，公式（7.91）的条件实际有效时。

$$k_{dif} [A] \gg k_D \tag{7.91}$$

再次要强调的是，在溶剂笼（*D,A）中，*D 和 A 间的碰撞并非每次都必然会导致能量转移。唯一的要求是，在相遇复合物的不可逆分解发生之前，能量转移与*A 的振动弛豫已经发生，亦即，能量转移必须发生于"笼"的寿命范围内。这一概念可在公式（7.92）列出的事件序列中得到说明。于是，能量转移的扩散控制并不能证明，能量转移是由碰撞所控制的。这一区别十分重要，因为我们在 7.13 节中已经看到，扩散控制可以多年来掩盖 Marcus 电子转移反转区，只有当扩散过程被消除，且不再成为碰撞复合物形成的决定因素时（如以刚性介质或分子连接体等阻抑扩散时），Marcus 反转区的存在才被实验所证实。

自由扩散的分子→一次相遇→多次碰撞→一次有效的碰撞而产生不可逆的电子转移

$$\tag{7.92}$$

7.35 对扩散控制过程速率常数的估算

对于*D 和 A 间扩散控制能量转移过程的 k_{dif} 值，可以从溶剂的黏度以及所涉能量转移中分子扩散性质的信息加以估算。公式（7.93）和式（7.94）代表了常用于估算 k_{dif} 值大小的简化公式：

$$k_{dif} = 4\pi N_A \sigma D \times 10^{-3} \tag{7.93}$$

$$\sigma = r_A + r_D \tag{7.94}$$

公式（7.93）中，N_A 为阿伏伽德罗常数；σ 是相互作用的距离，一般常取两种反应物半径之和［即公式（7.94）中的 r_A 和 r_D］；D 为扩散系数，是 D 和 A 单独扩散系数 D_D 和 D_A 之和（注意，式中的 10^{-3} 因子，是为了将 m^3 单位转化为 L 的）。

对在相对小的溶剂分子中较大溶质分子的扩散，可用公式(7.95)对 D_D 或 D_A 的扩散系数进行估算：

$$D_A = \frac{kT}{6\pi \eta r_A} \tag{7.95}$$

式中，k 为玻尔兹曼常数；η 为溶剂黏度。假设 $r_A \approx r_D$（类似尺寸的分子），再将公式（7.93）与公式（7.95）相结合，可以得到公式（7.96），即本章 7.1 节中已介绍过的公式。

$$k_{dif} = \frac{8RT}{3000\eta} \tag{7.96}$$

公式（7.96）即众所周知的 Debye 方程[60]，它在给定的温度下，可允许简单地基于溶剂的黏度数据，方便地估算出扩散控制过程的速率常数（它假设小分子的尺寸并非是一重要的因子）。

黏度通常都用泊松（poise）为单位，由于这是一 cgs 制单位（厘米-克-秒制），它要求气体常数 R 也用同样的单位制加以表（$R=8.31\times10^7$erg/mol）。一些常见有机溶剂的黏度和 k_{dif} 值已于表 7.4 中列出。而对于"非黏性溶剂"k_{dif} 的典型值，其范围约在$3\times10^9\sim4\times10^{10}$L/(mol·s)之间（可见表 7.3）。

表 7.4　25℃下不同溶剂中，按公式（7.1）计算得到的代表性扩散速率常数

溶剂	黏度/cP	k_{dif}/[L/(mol·s)]
烃类		
戊烷	0.24	2.7×10^{10}
己烷	0.31	2.1×10^{10}
环己烷	0.98	6.6×10^9
庚烷	0.42	1.5×10^{10}
辛烷	0.55	1.2×10^{10}
异辛烷	0.50	1.3×10^{10}
十二碳烷	1.51	4.3×10^9
十六碳烷	3.3	1.9×10^9
醇类		
甲醇	0.55	1.2×10^{10}
乙醇	1.20	5.4×10^9
异丙醇	0.45	1.4×10^{10}
乙二醇	20	3.3×10^8
芳香化合物		
苯	0.65	1.0×10^{10}
甲苯	0.59	1.1×10^{10}
其他溶剂		
乙腈	0.34	1.9×10^{10}
四氯化碳	0.90	7.3×10^9
四氢呋喃	0.46	1.4×10^{10}
氯仿	0.54	1.2×10^{10}
氯甲烷	0.41	1.6×10^{10}
水	0.89	7.4×10^9

当实际的扩散系数（D）和临界距离（σ）已知时，就可用公式（7.93）较好地估算 k_{dif} 值。图 7.29 是在通常的溶剂黏度范围内，k_{dif} 的期望值相对于溶剂黏度作图。一般说来，当我们谈及典型的非黏性溶剂或流体溶剂时，可以认为该溶剂的黏度范围是

在：$0.2\text{cP} \leqslant \eta \leqslant 2\text{cP}$。

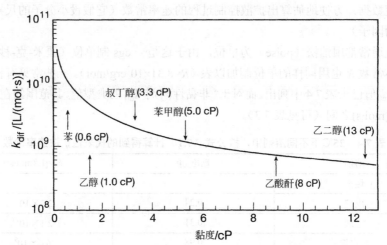

图 7.29 在 25°C 下常用的黏度范围内，基于德拜公式(公式 7.96)的 k_{dif} 计算值

注意：黏度单位通常为"厘泊" cP（$1\text{cP}=0.01\text{P}$），泊松为黏度的 cgs 制单位

扩散控制能量转移过程的实验准则，一般可归属于下列类型中的一个或几个：

（1）实验观察到的双分子速率常数（k_{obs}）接近于公式（7.93）或公式（7.96）的计算结果。

（2）如公式（7.96）所预期的那样，k_{obs} 的实验值为 T/η 的函数。

（3）本质上讲，k_{obs} 值不随各类不同结构*D 的猝灭剂而变化，亦即，k_{obs} 值的大小是溶剂的性质，而与 D 和 A 分子结构的细节无关。

（4）对于不同的猝灭剂，k_{obs} 值可以达到一个相应于那个溶剂中的双分子反应速率常数极限值。对于达到这一"水平"的能量转移 k_{obs} 值，其情况类似于在电子转移中 Marcus 反转区中掩盖实际电子转移速率的情形。

真正扩散控制能量转移过程的实例并不常见。对于一个真正的扩散控制过程，最引人注目的实验准则也许就是公式（7.96）所指出的情形，即研究过程的速率常数与溶剂黏度间的严格相关性。已观察到的这样一个实例[61]是联乙酰对萘[61]的荧光猝灭单重态-单重态能量转移速率常数正比于 η^{-1}，该过程可发生于黏度范围从 0.34cP（己烷）到 17.2cP（液体石蜡）的溶剂中。在这个例子中，猝灭可能是通过简单的重叠电子交换机制单重态-单重态能量转移实现。在此情况下，可以推断：*D 和 A 的每次相遇都可导致能量转移。所得数据与有效电子转移所需猝灭范围约 11Å 相一致。十分有必要指出的是：虽说每次相遇都可导致*D 的猝灭，但在碰撞复合物中，*D 和 A 实际的能量转移过程，可能需要多次的*D 和 A 的碰撞。的确，约 11Å 的猝灭范围表明：即使*D 和 A 间有一个（或两个）分子相隔离时，某些能量转移仍然能够发生。

扩散控制反应并不限于涉及电子激发态的反应。例如，叔丁基自由基在低黏度溶剂中的自反应，就可显示出扩散控制行为，同时还伴随一个期望通过溶剂简单扩散（0.5kcal/mol 以内）的活化能。有许多反应可以"接近"，但并非到达扩散控制。这些反应可以分为以下两组。

第 1 组：由自旋统计因子来决定相遇物的哪一个组分对反应有着正确自旋相位的反应。这种情况在分子氧（基态为三重态）经三重态敏化形成单重态氧的情况中是常见的，其三重态-三重态的淬灭（7.12 节）导致扩散控制的相遇概率统计因子仅为 1/9[20]。类似的情况还出现于自由基的自反应中（如上面提到的叔丁基自由基的情况），其实际过程中仅有 1/4 的相遇可以实现对于生成产物的正确自旋相位。除了速率常数作为 k_{dif} 的一个恒定分数外，这些体系均表现出典型的扩散控制过程（例如，在它们的温度依赖性上）。

第 2 组：公式（7.90）中的第一步是可逆的一类反应，将在 7.36 节中加以讨论。

7.36 近程-扩散控制反应的实例：碰撞复合物的可逆生成

如式（7.97）和式（7.98）所示，可通过简单修改，使图示 7.89、图示 7.90 中的能量转移过程包含可逆性因素：

$$*D \longrightarrow D \tag{7.97}$$

$$*D + A \underset{k_{-dif}}{\overset{k_{dif}}{\rightleftharpoons}} *D,A \overset{k_{ET}}{\longrightarrow} D,*A \underset{k_{-dif}}{\overset{k_{-dif}}{\rightleftharpoons}} D + *A \tag{7.98}$$

当公式（7.98）中出现可逆步骤时，*D 和 A 间反应的观测速率常数，可由公式（7.99）给出：

$$k_{obs} = \frac{k_{dif} k_{ET}}{k_{-dif} + k_{ET}} \tag{7.99}$$

要注意的是：如 $k_{-dif} \ll k_{ET}$ 时，公式（7.99）就可简化为 7.35 节中所讨论的情况以及 $k_{dif} = k_{obs}$。而所有其他的情况都将导致 $k_{obs} < k_{dif}$，而使反应不再为扩散控制，虽然它们可以达到这个极限。应注意的是：公式（7.99）是以不能观察到 Marcus 反转区存在的 Rehm-Weller 作图（图 7.10）为基础的，这是由于当 $k_{-dif} \ll k_{ET}$ 时，溶液中所测得的速度受扩散所限制。

如果假设 k_{ET} 近似地不依赖于溶剂黏度，那么很容易从公式（7.99）中看出，在低黏度溶剂中，反应不受扩散控制，而在高黏度的溶剂下，亦即当 $k_{-dif} \ll k_{ET}$，则可变为受扩散控制。还应注意：当溶剂在宏观水平上变得更加黏稠时，溶剂笼的"墙"可以增大对笼内自由基对分离的阻抑。这一发现是溶剂的一个重要的**超分子效应**。在效果上，当（*D,A）对的寿命增大时，在（*D,A）对发生分离前，溶剂笼中*D 和 A 间的碰撞次数将增多，从而使能量转移的效率接近或达到 1。

如图 7.30 所示，从苯戊酮（$E_T \approx 73$kcal/mol）到 2,5-二甲基-2,4-己二烯（$E_T \approx 58$kcal/mol）放热的三重态能量转移，是一个有关黏度与能量转移速率关系的例子。在一系列惰性溶剂中[62]，所测得的三重态能量转移的 k_{obs} 值并不与溶剂黏度的倒数呈线性关系[62]。要注意的是，仅在 $\eta \geqslant 2cP$ 时（即黏度范围为黏性流体范围时），实验的速率常数才接近于扩散控制过程。

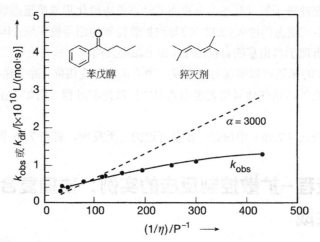

图 7.30 用公式（7.96）计算得到的从苯戊酮到 2,5-二甲基-2,4-己二烯的三重态能量转移 k_{obs} 的理论值（虚线），与在 25.5℃ 下测得的实验值对 $1/\eta$ 的作图比较[63]

7.37 笼效应

对比两个相同分子在气相中或溶液中的碰撞行为是很有益处的。气相中分子的运动可形象化的看作是巨大气体空间内无障碍的直线运动。在直线运动下，它只有很少的机会与另一分子相遇而中断直线运动。对于中性分子来说，相遇一般伴随着一个"弹性碰撞"，这意味着在"碰撞复合物"中的两个伙伴可被立即弹回，而相互分离，并获得另一个新的轨迹，并不会有再次的相遇，或再次的碰撞发生。气相中这种分子间的碰撞模式，可称为经典的"台球"模式。在这个模型中，两分子在气相中的相遇是由一次碰撞构成的，其典型持续时间约为 10^{-12}s（亦即，为两个重粒子间很弱的键合振动的时间尺度）。因此在气相的情况下，其规则是：**一次相遇，一次碰撞，并伴随不可逆的分离**。

而两个分子在溶液中的碰撞情况则大不相同。在溶液中，D 和 A 首先形成相遇复合物（D/A），并最终在溶剂"笼"中形成碰撞复合物（D,A）。和气相中的情况相比较，两个碰撞的伙伴会发现它们自己处在一个非常"拥挤的环境"中，其周围完全被溶剂分子所包围，亦即（D,A）被溶剂分子包围在一个"笼"中，而溶剂笼的"墙壁"在一定时间周期内可限制 D 和 A，并使其成为碰撞对。结果，这一成对的碰撞复合物，在从溶剂笼中出来前，可经历多次的碰撞，再进一步开始无规行走，并导致不可逆的扩散。从效果上看，在分子从溶剂墙上找到可使碰撞伙伴扩散外出的"小洞"之前，包围分子碰撞对的溶剂墙可导致分子对变成与碰撞相关，并能够与"墙"或分子间相互发生多次碰撞而"反弹"，直到它们中的一个伙伴可通过溶剂墙扩散出去，并形成溶剂分隔对 D(S)A。这种溶剂笼的模型说明，溶液中相遇分子间的碰撞会在碰撞伙伴的分离前"成组"地发生，而这种情况与气相中的情况截然不同。在气相中，伴随着碰撞的是碰撞伙伴在单次碰撞后的立即分离。而相同的溶剂分子既可阻抑溶液中（黏性溶剂）两个分子碰撞复合物的形成，也可阻止已形成的碰撞复合物发生分离。于是，它可导致"长寿命"的笼内相遇物。在碰撞复合物中，碰撞对 D 和 A 的碰撞，要比随机分布于溶液中的其他 D 和 A 分子的碰撞，有着更高的彼此发现和碰撞的概率。与气相中相比，溶液中碰撞复合物碰撞对 D 和 A 能够实现多次碰撞的趋势可称之为溶剂的"笼效应"。

笼效应的基本概念，以及在溶剂笼中对分子对间碰撞的控制，已通过液体中分子的 2D 机制模型给出了清晰的说明[63]，而且很有说服力的是：当"溶剂"颗粒的密度增大时，亦即颗粒的尺寸增大时（图 7.31），两个"溶质"分子间的碰撞也可成组地发生。

图 7.31 中给出了溶剂笼机制研究模型器件的示意图。该器件由平整地带有曲折（Zigzag）状边缘（Ⅰ）的导电铜板（或铜盘）和与铜盘分离的金属旋钮（白色圆，Ⅲ）组成，金属旋钮连接于电池一个极上，而铜盘则与另一电极相连接。许多不导电的木球（图 7.31 中黑色圆）分散于圆盘上，并将单个的导电金属球（白色圆，Ⅱ）也加入到这组木球之中。这些不导电的木球可以代表溶剂分子，而单个导电球和中央的金属旋钮则代表两个最终可形成碰撞复合物的在溶液中溶解的分子。当碰撞复合物形成时（白球Ⅱ撞击到中央的金属旋钮），Ⅱ与Ⅲ的碰撞次数，可通过金属球与中央旋钮的相互接触而实时监测，因为每次白球Ⅱ撞击到中央的金属旋钮的碰撞都导致电池环路电流的中断，即可通过电现象记录下来（如通过电灯的发光，或其他记录装置等）。在该"实验"的演示时，可将铜盘置于振荡器上使铜盘剧烈震荡，而装置中的曲折状边缘可使振荡器的有序运动转化成小球的无序运动，从而模拟溶质和溶剂分子的随机热运动。

图 7.31 左下方所给出的实验结果是以加入绝缘球的不同"密度"（数目）为函数的。图 7.31（a）（为低密度，类似气相）中给出的是在盘中加入了 25 个绝缘木球"低密度"下碰撞而得的电脉冲频率结果。而图 7.31（b）所给出的是当铜盘中加入 50 个绝缘木球（高浓度，类似溶液）"高密度"下碰撞而得的电脉冲频率结果。图 7.31（a）和（b）结果的比较说明了笼效应的重要特征：即在足够高的密度下，"溶质"分子间的碰撞是成组出现的。根据密度依赖关系，在低密度下，每组所含的平均碰撞约为一次的那些组所代表的是气相下的情况［图 7.31（a）］。而在高溶剂密度下，即液体中的情况，其中每组可含的平均碰撞数有 5 次或更多。当设备的铜盘表面覆盖率达到 72%时，在每次相遇的过程中，大约可有 20 次碰撞发生。一个重要的结论是：如两分子在溶剂笼中变得十分接近和碰撞时，它们可以在一有效的时间段内保持碰撞相邻，即存在着溶剂笼效应。

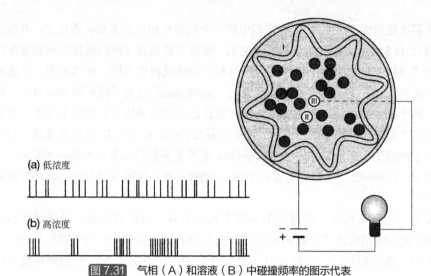

图 7.31 气相（A）和溶液（B）中碰撞频率的图示代表

应注意，在两种情况下，碰撞的平均次数是相同的（基于 Rabinowitch 和 Wood[63]以及 Laidler[64]
给出的代表图）。Ⅰ是曲折状边缘，它将小球限制在器件的中部；Ⅱ是处于一组不导电
木球中的导电球；当Ⅱ与Ⅲ碰撞时，电路闭合，灯闪一下，代表一次碰撞

这种"惰性"球彼此发生机械碰撞的模型是液体中*D 和 A 发生能量转移的一种合适的模型。然而，对于电子转移的研究，更重要的是区分反应对在溶剂笼中是相互接触的，还是被一个或几个溶剂分子所分隔着的。

7.38 扩散的距离-时间相互关系

当考虑溶液中*D 衰变的竞争过程时，重要的是要有一个分子从其初始位置经无规行走而扩散到一定距离处所需的时间基准。扩散系数（D）可作为得到这一时间基准的一个参量，公式（7.95）给出了 D 和温度 T、分子尺寸 r_A 以及溶剂黏度 η 间的关系。

7.2 节中曾经提到的"无规行走"，是指分子从某个原点位置出发，经过无规律的步骤，或由不同长度和角度的跳跃而组成的运动[64]。在溶液中扩散分子的运动有着非常复杂的样式，其方式主要是由扩散分子与其他分子，尤其是与可使这些分子具有不同长度和不同角度无规跳跃的溶剂分子的随机碰撞决定的。于是，在溶液中分子的运动可被认为是遵循无规行走的扩散特征。公式（7.100）无规行走的理论可预示：一个扩散粒子从其原点位置出发，经时间 t 后的平均位移 x 是与该粒子的扩散系数 D 相关的。

$$x = \sqrt{2Dt} \qquad (7.100)$$

这样一个十分简单的表达式，已经考虑了溶液中分子无规行走位移这种复杂而曲折的运动样式。图 7.32 给出的是小分子在非黏性（$D \approx 10^{-5} \text{cm}^2/\text{s}$）和黏性（$D \approx 10^{-10} \text{cm}^2/\text{s}$）溶剂中所达到的位移，后者代表的是相对黏性的体系，例如聚合物的溶液。

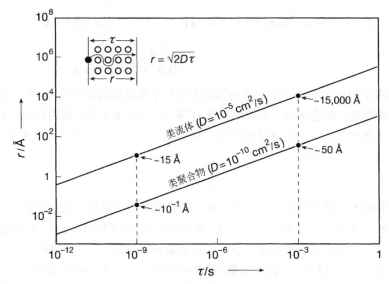

图 7.32　有机小分子在流动的（非黏性）和类似聚合物的（黏性）溶剂中，扩散距离与时间的作图

作为样本，可考虑室温下氧气在水中的平均穿越距离，其中扩散系数约为 $10^5 cm^2/s$。这个扩散系数对应于 $5×10^9 L/(mol·s)$ 量级时的速率常数。经 1ps 后，氧气分子从其起始原点出发仅扩散了 1～2Å，这个数值比溶剂分子的尺寸还小。然而，在数微秒后，氧气分子扩散的距离已>10000Å，这个距离已经等于数百个溶剂分子的尺寸了！

对溶剂笼可持续多长时间的估计，也是有重要信息价值的。我们用公式（7.100）来计算时间 t：25℃下，在非黏性的溶剂如苯中，其扩散系数（D）约为 $2×10^{-5} cm^2/s$。假设：当一个分子完成了一次相遇，其移动的距离相当于几个溶剂分子的尺寸（如 $x≈10Å$，约相当于 2 个苯分子大小），通过公式（7.100），就能估算出所需时间约为 $2.5×10^{-10}s$ 或 250ps。在这一时间内，分子对可以经历多次的碰撞。前面已经提过[64]：由于这种分子尺寸的位移是由大量单个路段所构成的复杂而曲折的过程(无规行走)，因此公式（7.100）甚至可应用于这类更小位移的情况。从这种计算中还可得到溶剂笼寿命的标准。如果我们取碰撞复合物为原点，并认为当分子对已分开到约 10Å 时，分子对已经是随机的了，那么在苯的溶剂笼中，相遇复合物的寿命就可计算得到，约为 100ps。这一时间尺度对于非黏性液体中（如苯中）碰撞对保持接触的最长时间的确定是很重要的。

7.39　涉及荷电物种体系中的扩散控制

认识到电子转移情况下电荷对反应物和产物的影响可能是完全不同的是十分重要的。例如，让我们假设起始不带电荷的给体与受体对，通过从 *D 转移一个电子到 A 而发生相互作用 [公式（7.101）]。

$$*D + A \underset{k_{-dif}}{\overset{k_{dif}}{\rightleftarrows}} *D,A \xrightarrow{k_{et}} D^{+\cdot},A^{-\cdot} \xrightarrow{k^c_{dif}} D^{+\cdot} + A^{-\cdot}$$
$$\downarrow k_{bet}$$
$$D,A \xrightarrow{k_{dif}} D+A$$

(7.101)

在公式（7.101）的例子中，库仑效应并不对不带电荷的反应物*D 和 A 的初始相遇有明显的影响，但它在离子自由基产物 $D^{+\cdot}$ 和 $A^{-\cdot}$ 间产生了相互吸引作用，使自由基对的分离速度比它们在不带电时慢得多。亦即，如公式（7.102）所示，那里的上标"c"就表示为一带电荷的物种。

$$k^c_{dif} < k_{dif}$$

(7.102)

光诱导电子转移后伴随着发生的反应一般是逆向电子转移，我们在公式(7.103)中用下标"bet"表示。要注意的是：从 $A^{-\cdot}$ 到 $D^{+\cdot}$ 的逆向电子转移（k_{bet}）可再生 D 和 A 的基态，除非 D 或 A 有一个处于离子自由基对和 D+A 基态之间的低能量的激发态（例如，三重态）（见 7.32 节）。随着相遇的时间尺度增大（由于库仑吸引力作用），从相遇复合物中扩散出去的速率就下降了，而逆向电子转移的概率就会增大 [公式（7.103）]。

$$\text{逆向电子转移（bet）的概率} = \frac{k_{bet}}{k_{bet} + k^c_{dif}}$$

(7.103)

即，虽然起始的电子转移反应可以很高效的发生，但快速的逆向电子转移也可使*D 和 A 的总反应效率降低。

上面的扩散方程需要加以修正，以调整因带电粒子相互作用所带来的静电影响。静电势（U_{es}）可由公式（7.104）给出[60,64]：

$$U_{es} = \frac{Z_A Z_B e^2}{4\pi\varepsilon_o \varepsilon r}$$

(7.104)

式中，Z_A 和 Z_B 为所涉离子所带的电荷；e 为电子的电荷；ε_o 为真空介电常数；ε 为溶剂的介电常数；r 为荷电粒子 Z_A 和 Z_B 中心间的距离。当 Z_A 或 Z_B 为零时，U_{es} 的值为零。

例如，当临界的分离距离为 3Å 和 $Z_A Z_B = 1$ 时，水（$\varepsilon=80$）中的校正项为 0.25，乙腈（$\varepsilon=36$）中为 0.03，而在二氯甲烷（$\varepsilon=8.9$）中为 1.6×10^{-8}；当 $Z_A Z_B = -1$ 时，在不同溶剂中的校正项分别变为 2.6，5.2 和 21。换句话说，使两个带不同电荷的离子相互接近或靠拢，要比使两个中性物种靠拢更为容易（通过修正项）。然而，对于两个相同的电荷，因存在相互排斥作用（$Z \geqslant 1$）而难以靠近。

7.40 概要

电子转移和电子能量转移在光化学中是非常重要的。在电子能量转移中有两种重要的机制，即：偶极-偶极相互作用机制和电子交换相互作用机制。电子转移可通过轨道重叠的相互作用，或通过其间有一个或多个溶剂分子，或在体系内电子的给体和受体间存在着刚性间隔体时，通过 σ 键而发生。能量转移和电子转移要求在给体和受体分子间有一种传送的机制。给体和受体的相遇，以及它们随后的分离，对于决定电子能量转移和电子转移的效率是至关重要的。根据电子转移理论可以预测并发现，当一个电子转移过程为强烈放热时，该过程有可能处于电子转移的"反转"区域（inverted region），而在这个区域内，转移的反应速度会随电子转移变得更为放热而减小。

　　自然界就是利用了光诱导电子转移反转区的有利条件来设计光合作用的机理。在光合作用中，关键性的光化学步骤是光诱导电子转移。为了能够顺利得到储能产物，最初通过无产物生成的逆向电子转移路径生成离子自由基对的过程是受到抑制的，这就是因为该过程是强烈放热的，并处于 Marcus 反转区内。

参 考 文 献

1. N. J. Turro, *Modern Molecular Photochemistry*, Chapter 9, University Science Books, Mill Valley, CA, 1991.

2. G. L. Closs, M. D. Johnson, J. R. Miller, P. Piotrowiak, *J. Am. Chem. Soc.* **111** (10), 3751 (1989).

3. J. B. Birks, *Photophysics of Aromatic Molecules*. Wiley-Interscience, New York, 1970.

4. P. L. Piciulo and J. K. Thomas, *J. Chem. Phys.* **68**, 3260 (1978).

5. H. Kawazumi, Y. Isoda, and T. Ogawa, *J. Phys. Chem.* **98**, 170 (1994).

6. R. V. Bensasson, E. J. Land, and T. G. Truscott, *Flash Photolysis and Pulse Radiolysis*. Pergamon Press, New York, 1983.

7. G. L. Hug, *Optical Spectra of Nonmetallic Inorganic Transient Species, in Aqueous Solution*.

   National Bureau of Standards, Washington, 1981, Vol. NSRDS-NBS 69, p. 160.

8. A. Kellmann and F. Tfibel, *J. Photochem.* **18**, 81 (1982).

9. A. Kellman and F. Tfibel, *Chem. Phys. Let.* **69**, 61 (1980).

10. J. T. Richards, G. West, and J. K. Thomas, *J. Phys. Chem.* **74**, 4137 (1970).

11. D. L. Dexter, *J. Chem. Phys.* **21**, 836 (1953).

12. T. Förster, *Fluorenzenz Organische Verbindungen*. Vandenhoech and Ruprecht: Göttingen, 1951.

13. P. G. Wu, L. Branch, *Anal. Biochem.* **218**, 1 (1994).

14. S. A. Latt, H. T. Cheung, and E. R. Blout, *J. Am. Chem. Soc.* **87**, 995 (1965).

15. L. Stryer and R. P. Haugland, *Proc. Natl. Acad. Sci. U.S.A.* **58**, 720 (1969).

16. Z. Tan, R. Kote, W. N. Samaniego, S. J. Weininger, and W. G. McGimpsey, *J. Am. Chem. Soc.* **103**, 7612 (1999).

17. A. L. Buchachenko and V. L. Berdinsky, *Chem. Rev.* **102**, 603 (2002).

18. J. B. Birks, *Chem. Phys. Lett.* **2**, 417 (1968).

19. C. A. Parker and C. G. Hatchard, *Trans. Faraday Soc.* **59**, 284 (1963).

20. J. Saltiel and B. W. Atwater, *Adv. Photochem.* **14**, 1 (1988).

21. B. Stevens and M. I. Ban, *Trans. Faraday Soc.* **60**, 1515 (1964).

22. C. Bohne, E. B. Abuin, and J. C. Scaiano, *J. Am. Chem. Soc.* **112**, 4226 (1990).

23. G. J. Kavarnos, *Fundamentals of Photoinduced Electron Transfer*, VCH Publishers, New London, CT, 1993, p. 359.

24. D. Zhang, G. L. Closs, D. D. Chung, and J. R. Norris, *J. Am. Chem. Soc.* **115**, 3670 (1993).

25. G. Kavarnos, *Topics Curr. Chem.* **156**, 21 (1990).

26. D. Rehm and A. Weller, *Isr. J. Chem.* **8**, 259 (1970).

27. W. F. Libby, *J. Phys. Chem.* **56**, 863 (1952).

28. R. A. Marcus, *J. Chem. Phys.* **24**, 966 (1956).

29. R. A. Marcus, *Can. J. Chem.* **37**, 155 (1959).

30. G. J. Kavarnos and N. J. Turro, *Chem. Rev.* **86**, 401 (1986).

31. R. A. Marcus, *Disc. Faraday Soc.* **29**, 21 (1960).

32. J. R. Miller, L. T. Calcaterra, and G. L. Closs, *J. Am. Chem. Soc.* **106**, 3047 (1984).

33. G. L. Closs and J. R. Miller, *Science* **240**, 440 (1988).

34. G. L. Closs, L. T. Calcaterra, N. J. Green, K. W. Penfield, and J. R. Miller, *J. Phys. Chem.* **90**, 3673 (1986).

35. H. Oevering, M. N. Paddonrow, M. Heppener, A. M. Oliver, E. Cotsaris, J. W. Verhoeven, and H. S. Husch, *J. Am. Chem. Soc.* **109**, 3258 (1987).

36. R. Hoffmann, *Acc. Chem. Res.* **4**, 1 (1971).

37. G. L. Closs, P. Piotrowiak, J. M. MacInnis, and G. R. Fleming, *J. Am. Chem. Soc.* **110**, 2652 (1988).

38. M. D. Johnson, J. R. Miller, N. S. Green, and G. L. Closs, *J. Phys. Chem.* **93**, 1173 (1989).

39. M. Winnik, *Chem. Rev.* **81**, 491 (1981).

40. Y. Hirata, Y. Kanda, and N. Mataga, *J. Phys. Chem.* **87**, 1659 (1983).

41. I. R. Gould and F. Farid, *Acc. Chem. Res.* **29**, 522 (1996).

42. I. R. Gould, J. E. Moser, B. Armitage, and S. Farid, *J. Am. Chem. Soc.* **111**, 1917 (1989).

43. D. Kuciauskas, P. A. Liddell, A. L. Moore, T. A. Moore, and D. Gust, *J. Am. Chem. Soc.* **120**, 10880 (1998).

44. P. A. Liddell, D. Kuciauskas, J. P. Sumida, B. Nash, D. Nguyen, A. L. Moore, T. A. Moore, and D. Gust, *J. Am. Chem. Soc.* **119**, 1400–1405 (1997).

45. D. Kuciauskas, P. A. Liddell,; S. Lin, S. G. Stone,; A. L. Moore, T. A. Moore, and D. Gust, *J. Phys. Chem. B* **104**, 4307 (2000).

46. J. L. Bahr, D. Kuciauskas, P. A. Liddell, A. L. Moore, T. A. Moore, D. Gust, *Photochem. Photobiol.* **72**, 598 (2000).

47. D. P. DeCosta and J. A. Pincock, *J. Am. Chem. Soc.* **111**, 8948 (1989).

48a. T. Yabe and J. K. Kochi, *J. Am. Chem. Soc.* **114**, 4491–4500 (1992).

48b. I. R. Gould, D. Ege, J. E. Moser, and S. Farid, *J. Am. Chem. Soc.* **112**, 4290 (1990).

49. B. R. Arnold, D. Noukakis, S. Farid, J. L. Goodman, and I. R. Gould, *J. Am. Chem. Soc.* **117** (15), 4399 (1995).

50. H. Masuhara and N. Mataga, *Acc. Chem. Res.* **14**, 312 (1981).

51. I. R. Gould, R. H. Young, R. E. Moody, and S. Farid, *J. Phys. Chem.* **95**, 2068 (1991).

52. I. R. Gould and S. Farid, *J. Photochem. Photobiol. A: Chem.* **65**, 133 (1992).

53a. A. Kira and J. K. Thomas, *J. Phys. Chem.* **78**, 196 (1974).

53b. F. Gessner and J. C. Scaiano, *J. Am. Chem. Soc.* **107**, 7206–7207 (1985).

54. K. B. Patel and R. L. Willson, *J. Chem. Soc., Faraday Trans. I* **69**, 1597 (1973).

55. A. Weller and K. Zachariasse, *J. Chem. Phys.* **46**, 4984 (1967).

56. H. J. Werner, H. Staerk, and A. Weller, *J. Chem. Phys.* **68**, 2419-2426 (1978).

57. A. Weller, F. Nolting, and H. Staerk, *Chem. Phys. Lett.* **96**, 24-27 (1983).

58. A. Weller, H. Staerk, and R. Treichel, *Faraday Discuss. Chem. Soc.* **78**, 271 (1984).

59. Y. Tanimoto, N. Okada, M. Itoh, K. Iwai, K. Sugioka, F. Takemura, R. Nakagaki, and S. Nagakura, *Chem. Phys. Lett.* **136**, 42-46 (1987).

60. P. Debye, *Trans. Electrochem. Soc.* **82**, 265 (1942).

61. J. B. Birks, M. S. S. C. P. Leite, *J. Phys. (B), Atom. Molec. Phys.* **3**, 417 (1970).

62. P. J.Wagner and I. Kochevar, *J. Am. Chem. Soc.* **90**, 2232 (1968).

63. E. Rabinowitch and W. C. Wood, *Trans. Faraday Soc.* **32**, 1381 (1936).

64. K. J. Laidler, *Chemical Kinetics*. 3rd ed., Harper and Row, New York, 1987, p. 531.